分析检测中心全景图

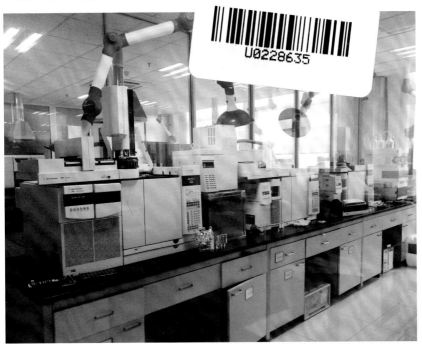

气相色谱检测室全景图

01

实验室全景

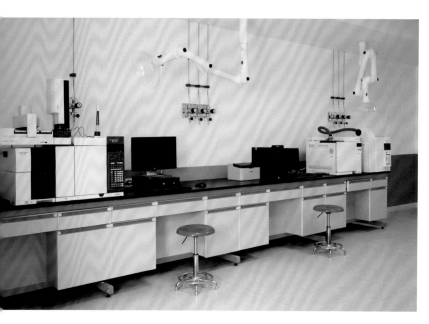

气相色谱－质谱联用检测室（左侧为气相色谱－质谱联用仪，右侧为顶空气相色谱仪）

液相色谱检测室全景图

电感耦合等离子体发射光谱仪
(Agilent 700 series ICP-OES)

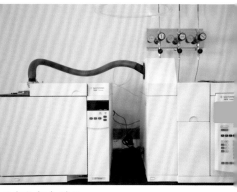

顶空气相色谱仪
(Agilent GC7820A+HS 7697A)

傅里叶变换红外吸收光谱仪
(Perkin Elmer Spectrum TWO+UATR two)

高效液相色谱仪
(Agilent HPLC 1260 Infinity)

高效液相色谱仪
(Waters e2695+2998PDA)

02

部分仪器外观

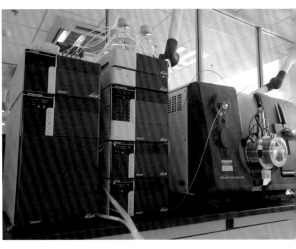

高效液相色谱仪
（岛津 LC-20AD+SPD-20A）

高效液相色谱 - 质谱联用仪
（AB SCIEX HPLC+TRIPLE QUAD 4500）

加速溶剂萃取仪
（DIONEX ASE 350）

气相色谱 - 质谱联用仪
（Agilent GC 7890B+MSD5977A）

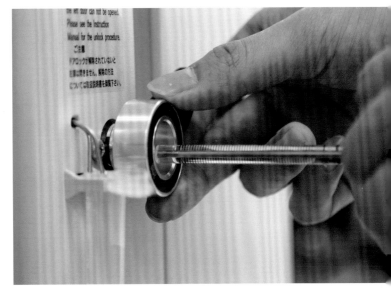

高效液相色谱进样操作 1

高效液相色谱进样操作 2

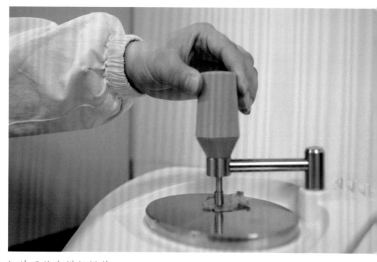

红外吸收光谱仪操作
（放置测试样品，图中橙色物为测试用的高分子材料）

气相色谱仪进样操作 1

气相色谱仪进样操作2

氘灯（紫外吸收光谱仪的光源）

各种类型闪耀光栅（光谱仪的单色器）

光电池（光谱仪的检测器）　光电管（光谱仪的检测器）

光电倍增管（光谱仪的检测器）

仪器部件实物图

空心阴极灯（原子吸收光谱仪光源）

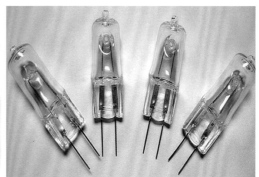

卤钨灯（可见分光光度计的光源）

毛细管色谱柱
（气相色谱仪用，Agilent HP-5）

能斯特灯（红外吸收光谱仪的光源）

色谱柱（高效液相色谱法用，SHIMADZU-GL，图中红色箭头方向指流动相淋洗方向）

化验员必读

仪器分析

入门 提高 拓展

黄一石 吴朝华 主编

化学工业出版社

·北京·

全书共 8 章，内容包括引言、电位分析法、紫外 – 可见分光光度法、红外吸收光谱法、原子吸收光谱法、气相色谱法、高效液相色谱法、答疑与解惑（附答案）。介绍了常用仪器分析方法的基本原理、仪器结构和使用方法、应用范围、条件选择与优化、定性方法与定量方法。

书中涉及的仪器既有生产实际中的常用仪器，也有具有较大应用潜力的新型仪器，内容新颖、实用。每种方法均安排有多个典型应用实例，分析项目涉及化学、化工、冶金、食品、医药、生物、环境监测等方面，同时编写了实用且具有启发性的选择题与问答题，并附有答案。本书还编写了不同仪器分析方法具有科学性、趣味性和前瞻性的阅读材料。书末附录 1 至附录 4 可供查阅常用数据，附录 5 常见分析化学术语汉英对照可为学习者提供参考。

本书既可满足各行业化验员的学习和提高需求，也可作为职业技术院校教学用书，以及仪器分析人员操作指南和指导手册。

图书在版编目（CIP）数据

化验员必读. 仪器分析入门　提高　拓展 / 黄一石，

吴朝华主编 . —北京：化学工业出版社，2018.4（2021.11重印）

ISBN 978-7-122-31671-4

Ⅰ . ①化… Ⅱ . ①黄…②吴… Ⅲ . ①化验员 - 基本

知识②仪器分析 - 基本知识　Ⅳ . ① TQ016 ② O657

中国版本图书馆 CIP 数据核字（2018）第 042829 号

责任编辑：王文峡　　　　　　　装帧设计：尹琳琳
责任校对：边　涛

出版发行：化学工业出版社（北京市东城区青年湖南街13号　邮政编码100011）
印　　装：大厂聚鑫印刷有限责任公司
880mm×1230mm　1/32　印张19¼　彩插4　字数610千字
2021 年11月北京第1版第2次印刷

购书咨询：010-64518888　　　　　　售后服务：010-64518899
网　　址：http://www.cip.com.cn

近年来，随着人们生活水平的不断提高，对产品和环境质量问题高度关注。国家把推动发展的立足点转到提高质量和效益上来。由此检验检测行业迎来发展的春天，同时也带来巨大的挑战，社会亟需大量的一线高素质技术技能型质量检验人员。为了适应国家的发展战略，培育具有"执著专注、作风严谨、精益求精、敬业守信、推陈出新"工匠精神的化验员，我们编写了《化验员必读 仪器分析入门 提高 拓展》一书。

本书主要内容包括目前检验检测行业最常用的 6 种仪器分析方法：电位分析法、紫外 - 可见分光光度法、红外吸收光谱法、原子吸收光谱法、气相色谱法、高效液相色谱法。本书由浅入深、通俗易懂、立足实用、强化操作技能与创新能力。每一种分析方法包括：足够的理论基础知识、仪器的通用结构与操作方法、分析操作条件的选择与优化、典型应用实例、常见问题的答疑与解惑，引领化验员在工作中轻松学会仪器的校验、日常维护保养、简单故障排除，提升其操作技巧、培养解决问题的能力和独立创新能力，积累工作经验，养成良好的实验室工作习惯，能高效、高品质地完成各项分析检测任务，成为出色的新一代化验员。

为便于化验员学习、理解和掌握分析方法基本原理、仪器构造与分析流程，本书绘制了大量精美的图片与示意图；为便于化验员熟练掌握仪器分析方法，本书通过应用实例编写了详尽的实验步骤、实验关键点、结果分析与评价；为拓展化验员的知识面，激发化验员的求知欲，培养化验员的创新能力，本书编写了具有科学性、趣味性和前瞻性的阅读材料；为帮助引导化验员自学，便于化验员自我测试学习效果，本书编写了实用且具有启发性的选择题与问答题，并附有答案。

本书在编写时采用了最新的国家标准、计量标准和分析术语，并附有常见分析化学术语汉英对照表。

　　本书既可满足化学、化工、冶金、食品、医药、生物、环境监测等行业化验员的学习和提高需求，也可作为职业技术院校教学用书，以及仪器分析人员操作指南和指导手册。

　　本书由黄一石、吴朝华主编。编写过程中得到了俞建君、左银虎、徐瑾、贺琼、赵欢迎、李智利、傅春霞、徐景峰、徐科、叶爱英、李颖超、丁敬敏、李弘的大力协助，并提出建设性意见，李慧、夏丽、方荣卫、李豪、崔雪、姚希、雷涛、徐冬妹、郝薇、郭婷婷、李向荣、贾志、陆川、王秀红、马杰、陈芳、王心乐、王艳、黄华、何秀玲、张智玮、马少杰、方丹彤、邓康、赵淑楠、陈泽宏、刘莎在查找资料和整理文本等工作中提供了帮助，在此一并表示衷心的感谢。

　　本书力求严谨，但限于编者水平，内容取舍难免存在疏漏，恳请专家和读者指出批评、指正意见，不胜感谢。

　　期待《化验员必读　　仪器分析入门　提高　拓展》带给您新的体验和收获，并能得到您的厚爱和关注！

编　者

2018 年 1 月

目录
Contents

引言 00 / 001

电位分析法 01 / 005

紫外－可见分光光度法 02 / 075

红外吸收光谱法 03 / 163

原子吸收光谱法 04 / 224

气相色谱法 05 / 302

高效液相色谱法 06 / 420

答疑与解惑（附答案）07 / 512

附　　录 / 575

参考文献 / 595

引言

0.1 仪器分析法及其特点

仪器分析法是以测量物质的物理和物理化学性质为基础的分析方法。由于这类方法通常要使用较特殊的仪器，因而称之为"仪器分析"。

随着科学技术发展，分析化学在方法和实验技术上都在发生着日新月异的变化，特别是仪器分析法吸收了当代科学技术最新成就，不仅强化和改善了原有仪器的性能，而且推出了很多新的分析测试仪器，为科学研究和生产实际提供了更多、更新和更全面的信息，成为现代实验化学的重要支柱。因此，常用仪器分析方法的一些基本原理和实验技术是每位分析人员必须要掌握的基础知识和基本技能，因为一旦掌握了这些知识和技能，将会迅速而精确地获得物质系统的各种信息，并能充分利用这些信息做出科学的结论。

仪器分析用于试样组分的分析具有操作简便而快速的特点，特别是对于低含量（如质量分数为 10^{-8} 或 10^{-9} 数量级）组分的测定，更是有令人惊叹的独特之处，而这样的样品若采用化学方法来测定是徒劳的。另外，绝大多数分析仪器都是将被测组分的浓度变化或物理性质变化转变成某种电性能（如电阻、电导、电位、电容、电流等），因此仪器分析法容易实现自动化和智能化，使人们摆脱传统的实验室手工操作。仪器分析除了能完成定性定量分析任务外，还能提供化学分析法难以提供的信息，如物质的结构、组分价态、元素在微区的空间分布等。当然应该指出，仪器分析用于成分分析仍存在一定局限性。除了由于方法本身所固有的一些原因之外，还有一个共同点就是准确度不够高，通常相对误差在百分之几左右，有的甚至更大。这样的准确度对低含量组分的分析已能完全满足要求，但对常量组分就不能达到像化学分析法所具有的高的准确度。因此，在选择方法时，必须考虑这一点。此外，进行仪器分析之前，时常需要用化学方法对试样进行预处理（如富集、除去干扰物质等）。同时，进行仪器分析一般都要用标准物质进行定量工作曲线校准，而很多标准物质却需要用化学分析法进行准确含量的测定。因此，正如著名分析化学家梁树权先生所说"化学分析和仪器分析同是分析化学两大支柱，两者唇齿相依，相辅相成，彼此相得益彰"。

0.2 仪器分析的基本内容和分类

仪器分析法内容丰富、种类繁多，为了便于学习和掌握，将部分常用的仪器分析法按其最后测量过程中所观测的性质进行分类并列表如下。

本书重点介绍紫外 - 可见分光光度法、红外吸收光谱法、原子吸收光谱法、电位分析法、气相色谱法、高效液相色谱法。

方法的分类	被测物理性质	相应的分析方法（部分）
光学分析法	辐射的发射	原子发射光谱法（AES）
	辐射的吸收	原子吸收光谱法（AAS），红外吸收光谱法（IR），紫外 - 可见吸收光谱法（UV-Vis），核磁共振波谱法（NMR），荧光光谱法（AFS）
	辐射的散射	浊度法，拉曼光谱法
	辐射的衍射	X 射线衍射法，电子衍射法
电化学分析法	电导	电导法
	电流	电流滴定法
	电位	电位分析法
	电量	库仑分析法
	电流 - 电压特性	极谱分析法，伏安法
色谱分析法	两相间的分配	气相色谱法（GC），高效液相色谱法（HPLC），离子色谱法
其他分析法	质荷比	质谱法

0.3 仪器分析的发展趋势

现代科学技术的发展、生产的需要和人民生活水平的提高对分析化学提出了新的要求，特别是近几年来，环境科学、资源调查、医药卫生、生命科学和材料科学的发展和深入研究对分析化学提出更为苛刻的要求。为了适应科学发展，仪器分析随之也将出现以下发展趋势。

（1）创新方法　进一步发展高精密度、高灵敏度、高空间分辨率的高效仪器和测量方法，以满足现代高新技术、环境科学和生命科学对低至 $10^{-12}g/g$ 以至单个原子或分子水平杂质的检测；同时要求在测定低至 $10^{-6} \sim 10^{-9}$ 量级的微量样品的超痕量分析时排除体系其它复杂成分对目标成分测定的干扰。

（2）分析仪器自动化与智能化　包括过程控制分析、人工智能及专家系统。自动化与智能化将代替繁琐的手工操作，减少主观因素对测定结果的干扰，加快获取和解析检测信息的速度，提高分析结果的准确度。

（3）新型动态分析检测和非破坏性检测　离线的分析检测不能瞬时、直接、准确地反映生产实际和生命环境的情景实况，不能及时控制生产、生态和生物过程。运用先进的技术和分析原理研究建立有效而实用的实时、在线和高灵敏度、高选择性的新型动态分析检测和非破坏性检测将是 21 世纪仪器分析发展的主流。目前生物传感器如酶传感器、免疫传感器、DNA 传感器、细胞传感器等不断涌现；纳米传感器的出现也为活体分析带来了机遇。

（4）多种方法的联合使用　仪器分析多种方法的联合使用可以使每种方法的优点得以发挥，每种方法的缺点得以补救。联用分析技术已成为当前仪器分析的重要方向。

（5）扩展时空多维信息　随着环境科学、宇宙科学、能源科学、生命科学、临床化学、生物医学等学科的兴起，现代仪器分析的发展已不再局限于将待测组分分离出来进行表征和测量，而且成为一门为物质提供尽可能多的化学信息的科学。随着人们对客观物质认识的深入，某些过去所不甚熟悉的领域（如多维、不稳态和边界条件等）也逐渐提到日程上来。采用现代核磁共振波谱、质谱、红外吸收光谱等分析方法，可提供有机物分子的精细结构、空间排列构型及瞬态变化等信息，为人们对化学反应历程及生命的认识提供了重要基础。

（6）分析仪器微型化及微环境的表征与测定　包括微区分析、表面分析、固体表面和深度分布分析、生命科学中的活体分析和单细胞检测、化学中的催化与吸附研究等。分析仪器的微型化特别适于现场快速分析。

　　此外，发展有毒物质的非接触分析方法和遥测技术，对于研究区域大气污染物在地面和大气不同高度的跟踪监测及确定污染源、周围环境、气象条件对污染物的影响是一种经济而有效的方法；而生物大分子及生物活体物质的表征与测定则是生命科学的重要组成部分。总之仪器分析正在向快速、准确、自动、灵敏及适应特殊分析的方向迅速发展。

电位分析法

1.1 基本原理

1.1.1 概述

电位分析法是电化学分析法的一个重要组成部分。

电化学分析是利用物质的电学及电化学性质进行分析的一类分析方法,是仪器分析的一个重要分支。

电化学分析法的特点是灵敏度、选择性和准确度都很高,适用面广。由于测定过程中得到的是电信号,因而易于实现自动化、连续化和遥控测定,尤其适用于生产过程的在线分析。随着科学技术的飞速发展,近年来电化学分析在方法、技术和应用上也得到了长足进展,并呈蓬勃发展的趋势。

根据测量电学参数的不同,电化学分析法可分为电位分析法、库仑分析法、极谱分析法、电导分析法及电解分析法等(本书只介绍电位分析法和库仑分析法)。这些电化学分析尽管在测量原理、测量对象及测量方式上都有很大差别,但它们都是在一种电化学反应装置上进行的,这种反应装置就是电化学电池。

1.1.1.1 电化学电池

电化学电池是化学能和电能进行相互转换的电化学反应器,它分为原电池和电解池两类。原电池能自发地将本身的化学能转变为电能,而电解池则需要外部电源供给电能,然后将电能转变为化学能。电位分析法是在原电池内进行的,而库仑分析法、极谱分析法和电解分析法是在电解池内进行的。电化学电池均由两支电极、容器和适当的电解质溶液组成。图 1-1 是 Cu-Zn 原电池示意图;图 1-2 是 Cu-Zn 电解池示意图。

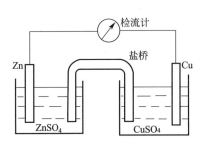 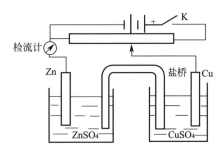

图 1-1　Cu-Zn 原电池示意图　　　图 1-2　Cu-Zn 电解池示意图

为了简化对电池的描述,通常可以用电池表达式表示。如上述原电池可以表示为

（－）Zn｜ZnSO₄（$x$mol·L^{-1}）‖CuSO₄（$y$mol·L^{-1}）｜Cu（＋）

单竖线"｜"表示不同相界面;双竖线"‖"表示盐桥,说明有两个接界面。双竖线两侧为两个半电池,习惯上把正极写在右边,负极写在左边。

1.1.1.2　电位分析法的分类和特点

电位分析法是将一支电极电位与被测物质的活(浓)度❶有关的电极(称指示电极)和另一支电位已知且保持恒定的电极(称参比电极)插入待测溶液中组成一个化学电池,在零电流的条件下,通过测定电池电动势,进而求得溶液中待测组分含量的方法。它包括直接电位法和电位滴定法。

直接电位法是通过测量上述化学电池的电动势(见图 1-3),从而得知指示电极的电极电位,再通过指示电极的电极电位与溶液中被测离子活(浓)度的关系,求得被测组分含量的方法。直接电位法具有简便、快速、灵敏、应用广泛的特点,常用于溶液 pH 和一些离子浓度的测定,在工业连续自动分析和环境监测方面有独到之处。近年来,随着各种新型电化学传感器的出现,直接电位法的应用更加广泛。

---

❶当溶液的浓度很小时,可以将活度近似地看作浓度。

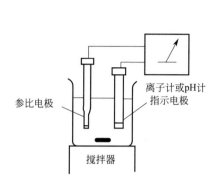

图 1-3 直接电位法示意图

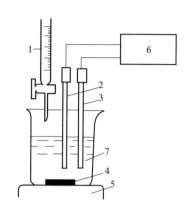

图 1-4 电位滴定示意图

1—滴定管；2—指示电极；3—参比电极；
4—铁芯搅拌棒；5—电磁搅拌器；
6—高阻抗毫伏计；7—试液

电位滴定法是通过测量滴定过程中电池电动势的变化来确定滴定终点的分析方法（见图 1-4）。与化学分析法中滴定分析不同的是电位滴定的滴定终点是由测量电位突跃来确定，而不是由观察指示剂颜色变化来确定。因此，电位滴定法分析结果准确度高，容易实现自动化控制，能进行连续和自动滴定，广泛用于酸碱、氧化还原、沉淀、配位等各类滴定反应终点的确定，特别是那些滴定突跃小、溶液有色或浑浊的滴定，使用电位滴定可以获得理想的结果。此外，电位滴定还可以用来测定酸碱的离解常数、配合物的稳定常数等。

1.1.2 电位分析法的理论依据

将金属片 M 插入含有该金属离子 M^{n+} 的溶液中，此时金属与溶液的接界面上将发生电子的转移，形成双电层，产生电极电位，其电极半反应为

$$M^{n+} + ne^- \rightleftharpoons M$$

电极电位 $\varphi_{M^{n+}/M}$ 与 M^{n+} 活度的关系，可用能斯特（Nernst）方程式表示

$$\varphi_{M^{n+}/M} = \varphi_{M^{n+}/M}^{\ominus} + \frac{RT}{nF} \ln a_{M^{n+}} \tag{1-1}$$

式中，$\varphi_{M^{n+}/M}^{\ominus}$ 为标准电极电位，V；R 为气体常数，8.3145J·

$mol^{-1} \cdot K^{-1}$；T 为热力学温度，K；n 为电极反应中转移的电子数；F 为法拉第（Faraday）常数，96486.7C $\cdot$ mol^{-1}；$a_{M^{n+}}$ 为金属离子 M^{n+} 的活度，$mol \cdot L^{-1}$。当离子浓度很小时，可用 M^{n+} 的浓度代替活度。为了便于使用，用常用对数代替自然对数。因此在温度为 25℃ 时，能斯特方程式可近似地简化成式（1-2）：

$$\varphi_{M^{n+}/M} = \varphi^{\ominus}_{M^{n+}/M} + \frac{0.0592}{n} \lg a_{M^{n+}} \tag{1-2}$$

由式 (1-2) 可以得知，如果测量出 $\varphi_{M^{n+}/M}$，那么就可以确定 M^{n+} 的活度。但实际上，单支电极的电位是无法测量的，它必须用一支电极电位随待测离子活度变化而变化的指示电极和一支电极电位已知且恒定的参比电极与待测溶液组成工作电池，通过测量工作电池的电动势来获得 $\varphi_{M^{n+}/M}$ 的电位。设电池为

$$(-) M \mid M^{n+} \parallel \text{参比电极} \bullet (+)$$

则电动势（用 E 表示）为

$$E = \varphi_{(+)} - \varphi_{(-)} + \varphi_{(L)}$$

式中，$\varphi_{(+)}$ 为电位较高的正极的电极电位；$\varphi_{(-)}$ 为电位较低的负极的电极电位；$\varphi_{(L)}$ 为液体接界电位，其值很小，可以忽略 ❷。

所以

$$E = \varphi_{参比} - \varphi_{M^{n+}/M} = \varphi_{参比} - \varphi^{\ominus}_{M^{n+}/M} - \frac{0.0592}{n} \lg a_{M^{n+}} \tag{1-3}$$

式 (1-3) 中 $\varphi_{参比}$ 在一定温度下都是常数，因此，只要测量出电池电动势，就可以求出待测离子 M^{n+} 的活度，这是直接电位法的定量依据。

若 M^{n+} 是被滴定的离子，在滴定过程中，电极电位 $\varphi^{\ominus}_{M^{n+}/M}$ 将随着被滴定溶液中的 M^{n+} 的活度即 $a_{M^{n+}}$ 的变化而变化，因此电动势 E 也随之不断变化。当滴定进行至化学计量点附近时，由于 $a_{M^{n+}}$ 发生突变，因而电池电动势 E 也相应发生突跃。因此通过测量 E 的变化就可以确定滴定的终点，根据标准滴定溶液消耗的体积可以计算出被测物的含量，这是电位滴定法的基本理论依据。

---

❶ 参比电极可作正极，也可作负极，由两电极电位的高低而定。

❷ 在两种组成不同或浓度不同的溶液接触界面上，由于溶液中正负离子扩散通过界面的迁移率不相等，破坏界面上电荷平衡，形成双电层，产生一个电位差。这电位差称为液体接界电位。在实际测试中，由于使用了盐桥，使液体接界电位减到很小，在电动势计算中可忽略不计。

1.1.3 参比电极

参比电极是用来提供电位标准的电极。对参比电极的主要要求是：电极的电位值已知且恒定，受外界影响小，对温度或浓度没有滞后现象，具备良好的重现性和稳定性。电位分析法中最常用的参比电极是甘汞电极和银-氯化银电极，尤其是饱和甘汞电极（SCE）。

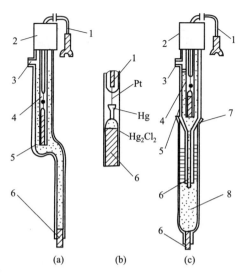

图 1-5　甘汞电极

(a) 单盐桥型；(b) 电极内部结构；(c) 双盐桥型
1—导线；2—绝缘帽；3—加液口；4—内电极；
5—饱和 KCl 溶液；6—多孔性物质；
7—可卸盐桥磨口套管；8—盐桥内充液

1.1.3.1 甘汞电极

（1）电极组成和结构　甘汞电极由 Hg_2Cl_2-Hg 混合物和 KCl 溶液组成。其结构如图 1-5 所示。

甘汞电极有两个玻璃套管，内套管封接一根铂丝，铂丝插入纯汞中，汞下装有甘汞和汞（Hg_2Cl_2-Hg）的糊状物；外套管装入 KCl 溶液，电极下端与待测溶液接触处是熔接陶瓷芯或玻璃砂芯等多孔物质。

（2）甘汞电极的电极反应和电极电位　甘汞电极的半电池为 Hg，Hg_2Cl_2（固）｜KCl（液）

电极反应为

$$Hg_2Cl_2 + 2e^- \rightleftharpoons 2Hg + 2Cl^-$$

25℃时电极电位为

$$\varphi_{Hg_2Cl_2/Hg} = \varphi^{\ominus}_{Hg_2Cl_2/Hg} - \frac{0.0592}{2}\lg a^2_{Cl^-} = \varphi^{\ominus}_{Hg_2Cl_2/Hg} - 0.0592\lg a_{Cl^-}$$

$$(1\text{-}4)$$

可见，在一定温度下，甘汞电极的电位取决于 KCl 溶液的浓度，当 Cl^- 活度一定时，其电位值是一定的。表 1-1 给出了不同浓度 KCl 溶液制得的甘汞电极的电位值。

表 1-1 25℃时甘汞电极的电极电位

名称	KCl 溶液浓度 /mol·L^{-1}	电极电位 /V
饱和甘汞电极（SCE）	饱和溶液	0.2438
标准甘汞电极（NCE）	1.0	0.2828
0.1mol·L^{-1}甘汞电极	0.10	0.3365

由于 KCl 的溶解度随温度而变化，电极电位与温度有关。因此，只要内充 KCl 溶液、温度一定，其电位值就保持恒定。

电位分析法最常用的甘汞电极的 KCl 溶液为饱和溶液，因此称为饱和甘汞电极（SCE）。

（3）饱和甘汞电极的使用 在使用饱和甘汞电极时，需要注意下面几个问题。

① 使用前应先取下电极下端口和上侧加液口的小胶帽，不用时戴上。

② 电极内饱和 KCl 溶液的液位应保持有足够的高度（以浸没内电极为度），不足时要补加。为了保证内参比溶液是饱和溶液，电极下端要保持有少量 KCl 晶体存在，否则必须由上加液口补加少量 KCl 晶体。

③ 使用前应检查玻璃弯管处是否有气泡，若有气泡应及时排除掉，否则将引起电路断路或仪器读数不稳定。

④ 使用前要检查电极下端陶瓷芯毛细管是否畅通。检查方法是：先将电极外部擦干，然后用滤纸紧贴瓷芯下端片刻，若滤纸上出现湿印，则证明毛细管未堵塞。

⑤ 安装电极时，电极应垂直置于溶液中，内参比溶液的液面应较待测溶液的液面高，以防止待测溶液向电极内渗透。

⑥ 饱和甘汞电极在温度改变时常显示出滞后效应（如温度改变 8℃时，3h 后电极电位仍偏离平衡电位 0.2 ～ 0.3mV），因此不宜在温度变化太大的环境中使用。但若使用双盐桥型电极 [见图 1-5(c)]，加置盐桥可减小温度滞后效应所引起的电位漂移。饱和甘汞电极在 80℃以上时电位值不稳定，此时应改用银 - 氯化银电极。

⑦ 当待测溶液中含有 Ag^+、S^{2-}、Cl^- 及高氯酸等物质时，应加置 KNO_3 盐桥。

1.1.3.2 银 - 氯化银电极

（1）电极的组成和结构 将表面镀有 AgCl 层的金属银丝，浸入一定浓度的 KCl 溶液中，即构成银 - 氯化银电极，其结构如图 1-6 所示。

（2）银 - 氯化银电极的电极反应和电极电位　银 - 氯化银电极的半电池为 Ag，AgCl（固）｜ KCl（液）。

电极反应为

$$AgCl + e^- \rightleftharpoons Ag + Cl^-$$

25℃时电极电位为

$$\varphi_{AgCl/Ag} = \varphi_{AgCl/Ag}^{\ominus} - 0.0592 \lg a_{Cl^-}$$

$$(1-5)$$

可见，在一定温度下银 - 氯化银电极的电极电位同样也取决于 KCl 溶液中 Cl^- 的活度。25℃时，不同浓度 KCl 溶液的银 - 氯化银电极的电位如表 1-2 所示。

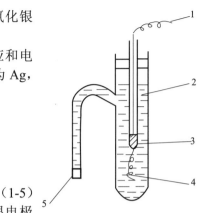

图 1-6　银 - 氯化银电极

1—导线；2—KCl 溶液；3—Hg；4—镀 AgCl 的银丝；5—多孔物质

表 1-2　25℃时银 - 氯化银电极的电极电位

名称	KCl 溶液的浓度 /mol·L^{-1}	电极电位 /V
饱和银 - 氯化银电极	饱和溶液	0.2000
标准银 - 氯化银电极	1.0	0.2223
0.1mol·L^{-1} 银 - 氯化银电极	0.10	0.2880

（3）银 - 氯化银电极的使用　银 - 氯化银电极常在 pH 玻璃电极和其他各种离子选择性电极中用作内参比电极。银 - 氯化银电极不像甘汞电极那样有较大的温度滞后效应，在高达 275℃左右的温度下仍能使用，而且有足够稳定性，因此可在高温下替代甘汞电极。

银 - 氯化银电极用做外参比电极使用时，使用前必须除去电极内的气泡。内参比溶液应有足够高度，否则应添加 KCl 溶液。应该指出，银 - 氯化银电极所用的 KCl 溶液必须事先用 AgCl 饱和，否则会使电极上的 AgCl 溶解，因为 AgCl 在 KCl 溶液中有一定溶解度。

1.1.4　指示电极

电位分析法中，电极电位随溶液中待测离子活（浓）度的变化而变化，并指示出待测离子活（浓）度的电极称为指示电极。

1.1.4.1　金属基电极

金属基电极是以金属为基体的电极，其特点是：它们的电极电位主要来源于电极表面的氧化还原反应，所以在电极反应过程中都发生电子交换。常用的金属基电极有以下几种。

（1）金属 - 金属离子电极　这类电极又称活性金属电极或第一类电极。它是由能发生可逆氧化反应的金属插入含有该金属离子的溶液中构成。例如，将金属银丝浸在 $AgNO_3$ 溶液中构成的电极，其电极反应为

$$Ag^+ + e^- \rightleftharpoons Ag$$

25℃时的电极电位为

$$\varphi_{Ag^+/Ag} = \varphi^{\ominus}_{Ag^+/Ag} + 0.0592\lg a_{Ag^+} \tag{1-6}$$

可见，电极反应与 Ag^+ 的活度有关，因此这种电极不但可用于测定 Ag^+ 的活度，而且可用于滴定过程中，由于沉淀或配位等反应而引起 Ag^+ 活度变化的电位滴定。

组成这类电极的金属有银、铜、镉、锌、汞等，铁、钴、镍等金属不能构成这种电极。金属电极使用前应彻底清洗金属表面。清洗方法是：先用细砂纸（金相砂纸）打磨金属表面，然后再分别用自来水和蒸馏水清洗干净。

（2）金属 - 金属难溶盐电极　金属 - 金属难溶盐电极又称第二类电极。它由金属、该金属难溶盐和难溶盐的阴离子溶液组成。甘汞电极和银 - 氯化银电极就属于这类电极，其电极电位随所在溶液中的难溶盐阴离子活度变化而变化。例如，银 - 氯化银电极可用来测定氯离子活度。由于这类电极具有制作容易、电位稳定、重现性好等优点，因此主要用做参比电极。

（3）汞电极　汞电极是第三类电极的一种，它是由金属汞浸入含少量 Hg^{2+}-EDTA 配合物及被测离子 M^{n+} 的溶液中所组成。

电极体系可表示为 $Hg \mid HgY^{2-}$，MY^{n-4}，M^{n+}。

25℃时汞的电极电位为

$$\varphi_{Hg^{2+}/Hg} = \varphi^{\ominus}_{Hg^{2+}/Hg} + \frac{0.0592}{2}\lg[Hg^{2+}] \tag{1-7}$$

由于溶液中存在如下平衡：

$$
\begin{array}{ccc}
Hg^{2+} + & Y^{4-} & \rightleftharpoons HgY^{2-} \\
& + & \\
& M^{n+} & \\
& \Updownarrow & \\
& MY^{n-4} &
\end{array}
$$

则式 (1-7) 可写为

$$\varphi_{Hg^{2+}/Ag} = \varphi^{\ominus}_{Hg^{2+}/Hg} + \frac{0.0592}{2} \lg \frac{K_{MY^{n-4}}[HgY^{2-}]\ [M^{n+}]}{K_{HgY^{2-}}[MY^{n-4}]} \tag{1-8}$$

式中，$K_{MY^{n-4}}$、$K_{HgY^{2-}}$、$\varphi^{\ominus}_{Hg^{2+}/Hg}$ 均为常数；$[HgY^{2-}]$ 为平衡时 HgY^{2-} 的浓度，由于加入量少，且 HgY^{2-} 的稳定常数很大（$10^{21.80}$），所以 $[HgY^{2-}]$ 在用 EDTA 滴定 M^{n+} 的过程中几乎不变，也可看为常数。滴定至化学计量点时，$[MY^{n-4}]$ 也是常数。因此式 (1-8) 可简化为

$$\varphi_{Hg^{2+}/Hg} = K + \frac{0.0592}{2} \lg [M^{n+}] \tag{1-9}$$

由式 (1-9) 可见，在一定条件下，汞电极电位仅与 $[M^{n+}]$ 有关，因此可用做以 EDTA 滴定 M^{n+} 的指示电极。

（4）惰性金属电极 惰性金属电极又称零类电极。它是由铂、金等惰性金属（或石墨）插入含有氧化还原电对（如 Fe^{3+}/Fe^{2+}，Ce^{4+}/Ce^{3+}，I_3^-/I^- 等）物质的溶液中构成的。例如铂片插入含 Fe^{3+} 和 Fe^{2+} 的溶液中组成的电极，其电极组成表示为 $Pt \mid Fe^{3+}$，Fe^{2+}。

电极反应为 $\qquad Fe^{3+} + e^- \Longrightarrow Fe^{2+}$

25℃时电极电位为 $\quad \varphi_{Fe^{3+}/Fe^{2+}} = \varphi^{\ominus}_{Fe^{3+}/Fe^{2+}} + 0.0592 \lg \dfrac{a_{Fe^{3+}}}{a_{Fe^{2+}}} \tag{1-10}$

由式 (1-10) 可见，这类电极的电位能指示出溶液中氧化态和还原态离子活度之比。但是，惰性金属本身并不参与电极反应，它仅提供了交换电子的场所。

铂电极使用前，先要在 $w(HNO_3) = 10\%$ 硝酸溶液中浸泡数分钟，然后清洗干净后再用。

1.1.4.2 pH 玻璃电极

（1）pH 玻璃电极的构造 pH 玻璃电极是测定溶液 pH 的一种常用指示电极，其结构如图 1-7 所示。它的下端是一个由特殊玻璃制成的球形玻璃薄膜厚约 $0.08 \sim 0.1$mm，膜内密封以 0.1mol·L^{-1}HCl 内参比溶液，在内参比溶液中插入银 - 氯化银作内参比电极。由于玻璃电极的内阻很高，因此电极引出线和连接导线要求高度绝缘，并采用金属屏蔽线防止漏电和周围交变电场及静电感应的影响。

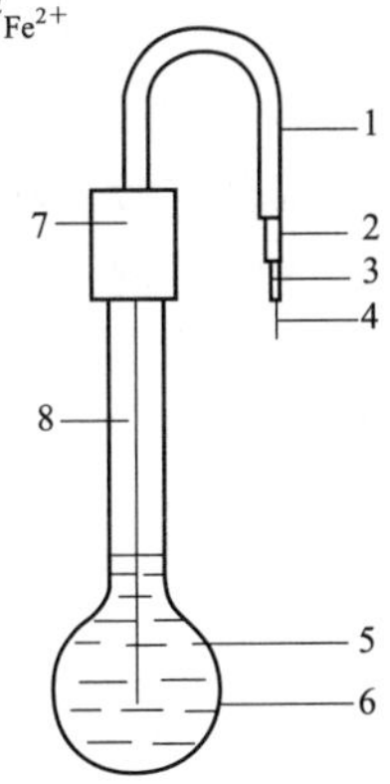

图 1-7 pH 玻璃电极的结构示意图
1—外套管；2—网状金属屏；3—绝缘体；4—导线；5—内参比溶液；6—玻璃膜；7—电极帽；8—银 - 氯化银内参比电极

pH 玻璃电极之所以能测定溶液 pH，是由于玻璃膜与试液接触时会产生与待测溶液 pH 有关的膜电位。

（2）膜电位　pH 玻璃电极的玻璃膜由 SiO_2、Na_2O 和 CaO 熔融制成。由于 Na_2O 的加入，Na^+ 取代了玻璃中 Si（IV）的位置，Na^+ 与—O^-之间呈离子键性质，形成可以进行离子交换的点位—Si—O—Na^+。当电极浸入水溶液中时，玻璃外表面吸收水产生溶胀，形成很薄的水合硅胶层（见图 1-8）。水合硅胶层只容许氢离子扩散进入玻璃结构的空隙并与 Na^+ 发生交换反应。

$$—Si—O^-—Na^+ + H^+ \longrightarrow Si—O^-—H^+ + Na^+$$

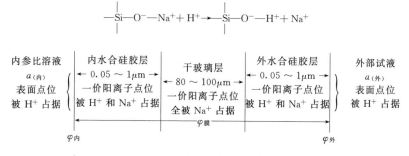

图 1-8　pH 玻璃电极膜电位形成示意图

当玻璃电极外膜与待测溶液接触时，由于水合硅胶层表面与溶液中的氢离子的活度不同，氢离子便从活度大的朝活度小的相迁移。这就改变了水合硅胶层和溶液两相界面的电荷分布，产生了外相界电位。玻璃电极内膜与内参比溶液同样也产生内相界电位。可见，玻璃电极两侧的相界电位的产生不是由于电子得失，而是由于氢离子在溶液和玻璃水化层界面之间转移的结果。根据热力学推导，25℃时，玻璃电极内外膜电位可表示为

$$\varphi_{膜} = \varphi_{外} - \varphi_{内} = 0.0592 \lg a_{H^+(外)} / a_{H^+(内)} \qquad (1-11)$$

式中，$\varphi_{外}$ 是外膜电位，V；$\varphi_{内}$ 是内膜电位，V；$a_{H^+(外)}$ 是外部待测溶液的 H^+ 的活度；$a_{H^+(内)}$ 是内参比溶液 H^+ 的活度。由于内参比溶液的 H^+ 活度 $a_{H^+(内)}$ 恒定，因此，25℃时式 (1-11) 可表示为

$$\varphi_{膜} = K' + 0.0592 \lg a_{H^+(外)} \qquad (1-12)$$

或
$$\varphi_{膜} = K' - 0.0592 \, pH_{外} \qquad (1-13)$$

式中，K' 由玻璃膜电极本身的性质决定，对于某一确定的玻璃电极，其 K' 是一个常数。由式 (1-13) 可以看出，在一定温度下，玻璃电极的膜电位与外部溶液的 pH 呈线性关系。

从以上分析可以看到，pH 玻璃电极膜电位是由于玻璃膜上的钠离子与水溶液中的氢离子以及玻璃水化层中氢离子与溶液中氢离子之间交换的结果。

（3）不对称电位　根据式 (1-11)，当玻璃膜内、外溶液氢离子活度相同时，$\varphi_{膜}$ 应为零，但实际上测量表明 $\varphi_{膜} \neq 0$，玻璃膜两侧仍存在几到几十毫伏的电位差，这是由于玻璃膜内、外结构和表面张力性质的微小差异而产生的，称为玻璃电极的不对称电位 $\varphi_{不}$。当玻璃电极在水溶液中长时间浸泡后，可使 $\varphi_{不}$ 达到恒定值，合并于式 (1-13) 的常数 K' 中。

（4）玻璃电极的电极电位　玻璃电极具有内参比电极，通常用 Ag-AgCl 电极，其电位是恒定的，与待测 pH 无关。所以玻璃电极的电极电位应是内参比电极电位和膜电位之和：

$$\varphi_{玻璃} = \varphi_{AgCl/Ag} + \varphi_{膜} = \varphi_{AgCl/Ag} + K' - 0.0592 \, pH_{外}$$
$$\varphi_{玻璃} = K_{玻} - 0.0592 pH_{外} \tag{1-14}$$

其中 $\qquad\qquad K_{玻} = \varphi_{AgCl/Ag} + K'$

可见，当温度等实验条件一定时，pH 玻璃电极的电极电位与试液的 pH 呈线性关系。

（5）pH 玻璃电极的特点和使用注意事项　使用 pH 玻璃电极测定溶液 pH 的优点是不受溶液中氧化剂或还原剂的影响，玻璃膜不易因杂质的作用而中毒，能在胶体溶液和有色溶液中应用。缺点是本身具有很高的电阻，必须辅以电子放大装置才能测定，其电阻又随温度而变化，一般只能在 5 ~ 60℃ 使用。

在测定酸度过高（pH < 1）和碱度过高（pH > 9）的溶液时，其电位响应会偏离线性，产生 pH 测定误差。在酸度过高的溶液中测得的 pH 偏高，这种误差称为"酸差"。在碱度过高的溶液中，由于 a_{H^+} 太小，其他阳离子在溶液和界面间可能进行交换而使得 pH 偏低，尤其是 Na^+ 的干扰较显著，这种误差称为"碱差"或"钠差"。现在商品 pH 玻璃电极中，231 型玻璃电极在 pH > 13 时才发生较显著碱差，其使用 pH 范围是 1 ~ 13；221 型玻璃电极使用 pH 范围则为 1 ~ 10。因此应根据被测溶液具体情况选择合适型号的 pH 玻璃电极。使用玻璃电极时还应注意如下事项。

① 使用前要仔细检查所选电极的球泡是否有裂纹，内参比电极是否浸入内参比溶液中，内参比溶液内是否有气泡。有裂纹或内参比电极未浸入内

参比溶液的电极不能使用。若内参比溶液内有气泡，应稍晃动以除去气泡。

② 玻璃电极在长期使用或贮存中会"老化"，老化的电极不能再使用。玻璃电极的使用期一般为一年。

③ 玻璃电极玻璃膜很薄，容易因为碰撞或受压而破裂，使用时必须特别注意。

④ 玻璃球泡沾湿时可以用滤纸吸去水分，但不能擦拭。玻璃球泡不能用浓 H_2SO_4 溶液、洗液或浓乙醇洗涤，也不能用于含氟较高的溶液中，否则电极将失去功能。

⑤ 电极导线绝缘部分及电极插杆应保持清洁干燥。

1.1.4.3 离子选择性电极

离子选择性电极是一种电化学传感器，它是由对溶液中某种特定离子具有选择性响应的敏感膜及其他辅助部分组成。前面所讨论的 pH 玻璃电极就是对 H^+ 有响应的氢离子选择性电极，其敏感膜就是玻璃膜。与 pH 玻璃电极相似，其他各类离子选择性电极在其敏感膜上同样也不发生电子转移，而只是在膜表面上发生离子交换而形成膜电位。因此这类电极与金属基电极在原理上有本质区别。由于离子选择性电极都具有一个传感膜，所以又称为膜电极，常用符号"SIE"表示。

（1）离子选择性电极的分类 离子选择性电极自 20 世纪 70 年代以来发展迅速，迄今研制的电极品种已达几十种，并广泛应用于各领域的科研和生产中。根据 IUPAC（International Union of Pure and Applied Chemistry，国际纯粹与应用化学联合会）建议，以敏感膜材料为基本依据，将离子选择性电极分为基本电极和敏化离子选择性电极两大类，基本电极是指敏感膜直接与试液接触的离子选择性电极。敏化离子选择性电极是以基本电极为基础装配成的离子选择性电极。具体分类如下。

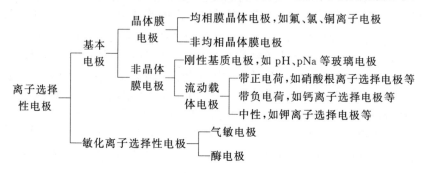

（2）离子选择性电极的基本构造　离子选择性电极种类繁多，各种电极的形状、结构也不尽相同，但其基本构造大致相似。

如图1-9所示，离子选择性电极由电极管、内参比电极、内参比溶液和敏感膜构成。电极管一般由玻璃或高分子聚合材料制成。内参比电极常用银-氯化银电极。内参比溶液一般由响应离子的强电解质及氯化物溶液组成。敏感膜由不同敏感材料做成，它是离子选择性电极的关键部件。敏感膜用胶黏剂或机械方法固定于电极管端部。由于敏感膜内阻很高，故需要良好的绝缘，以免发生旁路漏电而影响测定。

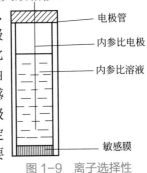

电极管
内参比电极
内参比溶液

敏感膜

图 1-9　离子选择性
电极基本结构

（3）离子选择性电极膜电位　将某一合适的离子选择性电极浸入含有一定活度的待测离子溶液中时，在敏感膜的内外两个相界面处会产生电位差，这个电位差就是膜电位（$\varphi_膖$）。膜电位产生的根本原因是离子交换和扩散。

离子选择性电极的膜电位与溶液中待测离子活度的关系符合能斯特方程，即25℃时

$$\varphi_膖 = K \pm \frac{0.0592}{n_i} \lg a_i \qquad (1-15)$$

式中，K 为离子选择性电极常数，在一定实验条件下为一常数，它与电极的敏感膜、内参比电极、内参比溶液及温度等有关；a_i 为 i 离子的活度；n_i 为 i 离子的电荷数。当 i 为阳离子时，式中第二项取正值；i 为阴离子时该项取负值。

（4）离子选择性电极的主要性能参数

① 离子选择性电极的选择性　理想的离子选择性电极应是只对特定的一种离子产生电位响应，其他共存离子不干扰。但实际上，目前所使用的各种离子选择性电极都不可能只对一种离子产生响应，而是或多或少地对共存干扰离子产生不同程度的响应。考虑到干扰离子的存在，式 (1-15) 可以改写为

$$\varphi_膖 = K \pm \frac{0.0592}{n} \lg (a_i + K_{ij} a_j^{n_i/n_j}) \qquad (1-16)$$

式中，i 为待测离子；j 为干扰离子；n_i、n_j 分别为 i 离子和 j 离子的电荷；K_{ij} 称为选择性系数，其意义为在相同实验条件下，产生相同电位

的待测离子活度 a_i 与干扰离子活度 a_j 的比值。即

$$K_{ij}=\frac{a_i}{a_j^{n_i/n_j}} \qquad (1\text{-}17)$$

例如，$n_i=n_j=1$，$K_{ij}=0.01$，则 $a_i/a_j=100$，这说明 j 离子活度为 i 离子活度 100 倍时，j 离子所提供的电位才等于 i 离子所提供的电位。换句话说，电极对 i 离子的敏感程度是 j 离子的 100 倍。显然，K_{ij} 越小越好。如果 $K_{ij}<1$，说明电极对 i 离子有选择性的响应；当 $K_{ij}=1$，说明电极对 i 离子与 j 离子有同等的响应；当 $K_{ij}>1$，说明电极对 j 离子有选择性的响应。例如，一支 pH 玻璃电极对 Na^+ 的选择性系数 $K_{H^+,Na^+}=10^{-11}$，这说明该电极对 H^+ 的响应比对 Na^+ 的响应灵敏 10^{11} 倍，此时 Na^+ 对 H^+ 的测定没有干扰。

选择性系数 K_{ij} 随实验条件、实验方法和共存离子的不同有差异，它不是一个常数，数值在手册中能查到，但不能直接利用 K_{ij} 的文献值作分析测试时的干扰校正。通常商品电极都会提供经实验测定的 K_{ij} 值数据。可利用此值估算干扰离子对测定造成的误差，判断某种干扰离子存在下测定方法是否可行。计算式为：

$$相对误差=\frac{K_{ij}a_j^{n_i/n_j}}{a_i} \qquad (1\text{-}18)$$

例 1-1 有一 NO_3^- 选择性电极，对 SO_4^{2-} 的电位选择性系数 $K_{NO_3^-,SO_4^{2-}}=4.1\times10^{-5}$。用此电极在 $1.0mol\cdot L^{-1}H_2SO_4$ 介质中测定 NO_3^-，测得 $a'_{NO_3^-}=8.2\times10^{-4}\ mol\cdot L^{-1}$。问 SO_4^{2-} 引起的误差是多少？

解 根据式（1-18）有

$$相对误差=\frac{4.1\times10^{-5}\times1.0^{\frac{1}{2}}}{8.2\times10^{-4}}=5.0\%$$

因此，SO_4^{2-} 引起的测量误差为 5.0%。

② 响应时间　电极的响应时间又称电位平衡时间，它是指离子选择性电极和参比电极一起接触试液开始，到电池电动势达到稳定值（波动在 1mV 以内）所需的时间。离子选择性电极的响应时间越短越好。电极响应时间的长短与测量溶液的浓度、试液中其他电解质的存在情况、测量的顺序（由高浓度到低浓度或者相反）及前后两种溶液之间

浓度差等有关；也与参比电极的稳定性、溶液的搅拌速度等有关。一般可以通过搅拌溶液来缩短响应时间。如果测定浓溶液后再测稀溶液，则应使用纯水清洗数次后再测定，以恢复电极的正常响应时间。

③ 温度和 pH 范围　使用电极时，温度的变化不仅影响测定的电位值，而且还会影响电极正常的响应性能。各类选择性电极都有一定的温度使用范围。电极允许使用的温度范围与膜的类型有关。一般使用温度下限为 $-5℃$ 左右，上限为 $80 \sim 100℃$，有些液膜电极只能用到 $50℃$ 左右。

离子选择性电极在测量时允许的 pH 范围与电极的类型和所测溶液浓度有关。大多数电极在接近中性的介质中进行测量，而且有较宽的 pH 范围。如氯电极适用的 pH 范围为 $2 \sim 11$，硝酸银电极对于 $0.1mol \cdot L^{-1}$ NO_3^- 适用 pH 为 $2.5 \sim 10.0$，而对 $10^{-3}mol \cdot L^{-1}$ NO_3^- 时适用 pH 为 $3.5 \sim 8.5$。

④ 线性范围及检测下限　离子选择性电极的电位与待测离子活度的对数值只在一定的范围内呈线性关系，该范围称线性范围。线性范围测量方法是：将离子选择性电极和参比电极与不同活度（浓度）的待测离子的标准溶液组成电池并测出相应的电池电动势 E，然后以 E 值为纵坐标，$\lg a_i$（或 pa_i）值为横坐标绘制曲线（如图 1-10 所示）。图中直线部分 ab 相对应的活（浓）度即为线性范围。离子选择性电极的线性范围通常为 $10^{-1} \sim 10^{-6}mol \cdot L^{-1}$。

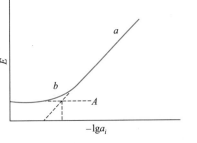

图 1-10　线性范围与检测下限

根据 IUPAC 的建议，曲线（见图 1-10）两直线部分外延的交点 A 所对应的离子活（浓）度称为检测下限。在检测下限附近，电极电位不稳定，测量结果的重现性和准确度较差。

电极的线性范围检测下限会受实验条件、溶液组成（尤其是溶液酸度和干扰离子含量）以及电极预处理情况等的影响而发生变化，在实际应用时必须予以注意。

⑤ 电极的斜率　在电极的测定线性范围内，离子活度变化 10 倍所引起的电位变化值称为电极的斜率。电极斜率的理论值为 $2.303 RT/nF$，在一定温度下为常数。如在 25℃ 时，对一价离子是 59.2mV；对二

价离子是 29.6mV。在实际测量中，电极斜率与理论值有一定的偏差❶，但只有实际值达到理论值的 95% 以上的电极才可以进行准确的测定。

⑥ 电极的稳定性　电极的稳定性是指一定时间（如 8h 或 24h）内，电极在同一溶液中的响应值变化，也称为响应值的漂移。电极表面的玷污或物质性质的变化，影响电极的稳定性。电极的良好清洗、浸泡处理等能改善这种情况。电极密封不良、胶黏剂选择不当或内部导线接触不良等也导致电位不稳定。对于稳定性较差的电极需要在测定前后对响应值进行校正。

（5）各类离子选择性电极的结构和应用

① 晶体膜电极　这类电极的敏感膜由难溶盐的晶体制成。由于晶体结构上的缺陷而形成空穴，空穴的大小、形状和电荷分布决定了只允许某种特定的离子在其中移动而导电，其他离子不能进入，从而显示了电极的选择性。晶体膜电极分为均相和非均相晶体膜两类。均相晶体膜由一种或几种化合物的晶体均匀混合而成，它包括单晶膜和多晶膜两种。

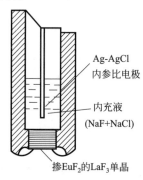

Ag-AgCl
内参比电极

内充液
(NaF+NaCl)

掺EuF₂的LaF₃单晶

图 1-11　氟离子选择电极
内充液为 0.1mol·L⁻¹
NaF + 0.1mol·L⁻¹NaCl

a. 单晶膜电极　典型的单晶膜电极是氟离子选择性电极。氟离子选择性电极的电极膜为 LaF_3 单晶，为了改善导电性，晶体中还掺入少量的 EuF_2 和 CaF_2。单晶膜封在硬塑料管的一端，管内装有 $0.1mol \cdot L^{-1}NaF$ + $0.1mol \cdot L^{-1}NaCl$ 溶液作内参比溶液，以 Ag-AgCl 电极作内参比电极，其结构如图 1-11 所示。

当氟电极插入含氟溶液中时，F^- 在膜表面交换。溶液中 F^- 活度较高时，F^- 可以进入单晶的空穴，单晶表面 F^- 也可进入溶液。由此产生的膜电位与溶液中 F^- 活度的关系在氟离子活度为 $10^{-1} \sim 10^{-6}mol \cdot L^{-1}$ 范围内遵守能斯特方程式。25℃时膜电位为

---

❶ 偏差的大小，一般可用转换系数来表示。转换系数 $= \dfrac{S_{\text{实}}}{S_{\text{理}}} \times 100\%$，当转换系数 ≥ 90% 时电极有着较好的 Nernst 响应。

$$\varphi_{膜} = K + 0.0592 pF^-$$

氟离子选择性电极对 F^- 有很好的选择性，阴离子中除 OH^- 外，均无明显干扰。为了避免 OH^- 的干扰，测定时一般需要控制 pH 在 $5 \sim 6$ 之间。当被测溶液中存在能与 F^- 生成稳定配合物或难溶化合物的阳离子（如 Al^{3+}、Ca^{2+}）时，会造成干扰，需加入掩蔽剂消除。但切不可使用能与 La^{3+} 形成稳定配合物的配位剂，以免溶解 LaF_3 而使电极灵敏度降低。

b. 多晶膜电极　多晶膜电极的电极膜是由一种难溶盐粉末或几种难溶盐的混合粉末在高压下压制而成。一般有三种类型：一是以单一 Ag_2S 粉末压片制成电极，可以测定 Ag^+ 或 S^{2-} 的活（浓）度；二是由卤化银 AgX（AgCl、AgBr、AgI）沉淀分散在 Ag_2S 骨架中制成卤化银-硫化银电极，可用来测定 Cl^-、Br^-、I^-、CN^-、SCN^- 等；三是将 Ag_2S 与另一金属硫化物（如 CaS、CdS、PbS 等）混合加工成膜，制成测定相应金属离子（如 Cu^{2+}、Cd^{2+}、Pb^{2+}）的晶体膜电极。目前以硫化银为基质的电极多不使用内参比溶液，而是在电极内填入环氧树脂填充剂，使电极成为全固态结构，以银丝直接与 Ag_2S 膜片相连。这种电极可以在任意方向倒置使用，且消除了压力和温度对含有内部溶液的电极所加的限制，特别适宜于对生产过程的监控检测。

c. 非均相膜电极　这类电极的电极膜是将 Ag_2S、AgX 等难溶盐分别与一些惰性高分子材料如硅橡胶、聚氯乙烯等混合，采用冷压、热压、热铸等方法制成。属于这类的电极有 SO_4^{2-} 电极、PO_4^{3-} 电极、S^{2-} 电极、I^- 电极、Br^- 电极、Cl^- 电极等。

均相与非均相晶体膜电极的原理及应用相同，表 1-3 列出了常用晶体膜电极的品种和性能。

表 1-3　晶体膜电极的品种和性能

电极	膜材料	线性响应浓度范围 c/mol·L^{-1}	适用 pH 范围	主要干扰离子	可测定离子
F^-	LaF_3+Eu^{2+}	$5\times10^{-7}\sim1\times10^{-1}$	$5\sim6.5$	OH^-	F^-
Cl^-	$AgCl+Ag_2S$	$5\times10^{-5}\sim1\times10^{-1}$	$2\sim12$	Br^-, $S_2O_3^{2-}$, I^-, CN^-, S^{2-}	Ag^+, Cl^-
Br^-	$AgBr+Ag_2S$	$5\times10^{-6}\sim1\times10^{-1}$	$2\sim12$	$S_2O_3^{2-}$, I^-, CN^-, S^{2-}	Ag^+, Br^-
I^-	$AgI+Ag_2S$	$1\times10^{-7}\sim1\times10^{-1}$	$2\sim11$	S^{2-}	Ag^+, I^-, CN^-
CN^-	AgI	$1\times10^{-6}\sim1\times10^{-2}$	>10	I^-	Ag^+, I^-, CN^-
Ag^+, S^{2-}	Ag_2S	$1\times10^{-7}\sim1\times10^{-1}$	$2\sim12$	Hg^{2+}	Ag^+, S^{2-}

续表

电极	膜材料	线性响应浓度范围 $c\ /\ mol \cdot L^{-1}$	适用pH范围	主要干扰离子	可测定离子
Cu^{2+}	$CuS + Ag_2S$	$5 \times 10^{-7} \sim 1 \times 10^{-1}$	$2 \sim 10$	Ag^+, Hg^{2+}, Fe^{3+}, Cl^-	Cu^{2+}
Pb^{2+}	$PbS + Ag_2S$	$5 \times 10^{-7} \sim 1 \times 10^{-1}$	$3 \sim 6$	Cd^{2+}, Ag^+, Hg^{2+}, Cu^{2+}, Fe^{3+}, Cl^-	Pb^{2+}
Cd^{2+}	$CdS + Ag_2S$	$5 \times 10^{-7} \sim 1 \times 10^{-1}$	$3 \sim 10$	Pb^{2+}, Ag^+, Hg^{2+}, Cu^{2+}, Fe^{3+}	Cd^{2+}

② 非晶体膜电极　非晶体膜电极主要包括刚性基质电极和流动载体电极两类。

a. 刚性基质电极：这类电极主要是指以玻璃膜为敏感膜的玻璃电极。改变玻璃膜的组分和含量，可以制成对不同阳离子有响应的离子选择性电极，如对溶液中 H^+ 有响应的 pH 玻璃电极（前面已讨论过）和对 K^+、Na^+、Ag^+、Li^+、Rb^+、Cs^+、NH_4^+ 等有响应的 pK、pNa、pAg、pLi、pRb、pCs 等电极。

b. 流动载体电极：这类电极又称液态膜电极或离子交换膜电极。这类电极的敏感膜是液体，它是由电活性物质金属配位剂（即载体）溶在与水不相混溶的有机溶剂中，并渗透在多孔性支持体中构成。敏感膜将试液与内充液分开，膜上的电活性物质与被测离子进行离子交换。

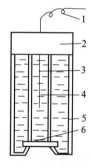

根据电活性物配位剂在有机溶剂中所存在的形态，可将液膜电极分为带正电荷流动载体电极、带负电荷流动载体电极和中性流动载体电极三种。

带正电荷流动载体电极用于测定阴离子，其活性物质主要是季铵盐的大阳离子、邻菲罗啉与过渡金属配合物的阳离子，以及碱性染料类阳离子如亚甲基蓝等。该类电极有 NO_3^- 电极、 ClO_4^- 电极、 BF_4^- 电极等。

带负电荷流动载体电极用于测定阳离子，其活性物质主要是烷基磷酸盐如二癸基磷酸根（BDCP）、羧基硫醚、四苯硼酸盐等。钙离子选择性电极是这类电极的一个典型例子，其结构如图 1-12 所示。它的内参比电极为

图 1-12　钙离子选择性电极构造示意图

1—导线；2—电极管；3—内参比电极；4—内参比溶液；5—离子交换剂；6—疏水性纤维素多孔薄膜

Ag-AgCl，电极内参比溶液为 0.1mol·L^{-1}CaCl$_2$ 溶液，电极内两侧管装有液体活性物质载体即离子交换剂，该交换剂是 0.1mol·L^{-1} 二癸基磷酸钙溶于苯基磷酸二辛酯的溶液，底部为疏水性的多孔纤维素渗析膜，将电极内的离子交换剂与待测液分开。由于离子交换剂含有疏水基团，使交换剂不与待测液相混。它又含有亲水基团，可使交换剂与待测液中的钙离子进行交换。电极内的液体离子交换剂渗入多孔薄膜形成了液体膜，被测钙离子与膜接触后，在膜上进行离子交换，从而产生膜电位。

钙离子选择性电极在钙离子物质的量浓度为 $10^{-1} \sim 10^{-5}$mol·L^{-1} 范围内符合能斯特方程。

电极在 pH 为 5～11 范围内受 H$^+$ 浓度影响很小。在 Na$^+$ 或 K$^+$ 超过 Ca^{2+} 量千倍时，仍不干扰 Ca^{2+} 的测定。主要的干扰离子是 Zn^{2+}，不过可以加入适量的乙酰丙酮或其他配位剂的办法加以掩蔽。

c. 中性载体电极的电活性物质是电中性的有机大分子环状化合物，它只对具有适当电荷和原子半径的离子进行配位，因此，适当的载体可使电极具有很高的选择性。这类电极中典型的例子是钾离子选择性电极。钾离子选择性电极的离子交换剂是中性的缬氨霉素，将其溶于有机溶剂二苯醚并渗入多孔薄膜中，形成对 K$^+$ 具有选择性响应的敏感膜，它可在一万倍 Na$^+$ 存在下测定 K$^+$。

③ 敏化离子选择性电极　敏化离子选择性电极是在基本电极上覆盖一层膜或其他活性物质，通过某种界面的敏化反应（如气敏反应或酶敏反应）将试剂中被测物质转变成能被基本电极响应的离子。这类电极包括气敏电极和酶电极。

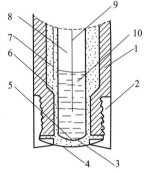

图 1-13　气敏氨电极的结构示意图

1—电极管；2—电极头；3，6—内充液；4—透气膜；5—离子电极的敏感膜；7—参比电极；8—pH 玻璃膜电极；9—内参比电极；10—内参比液

a. 气敏电极：是对某气体敏感的电极，用于测定试液中气体含量，其结构是一个化学电池复合体。它以离子选择性电极与参比电极组成复合电极，将此复合电极置于塑料管内，再在管内注入电解质溶液，并在管的端部紧贴离子选择性电极的敏感膜处装有只让待测气体通过的透气膜，使电解质和外部试液隔开。图 1-13 是气敏氨电极的结构示意图。

气敏氨电极是以 pH 玻璃电极为指示电极，Ag-AgCl 电极为参比电极组成复合电极，复合电极置于装有 $0.1mol \cdot L^{-1}NH_4Cl$ 溶液（内充溶液）的塑料套管中，管底用一层极薄的透气膜与试液隔开。测定试样中的氨时，向试液中加入强碱，使其中铵盐转化为氨，氨气通过透气膜进入 NH_4Cl 溶液中，并建立了下列平衡关系：

$$NH_3 + H_2O \rightleftharpoons NH_4^+ + OH^-$$

由于气体与内充溶液发生反应，使内充溶液中 OH^- 活度发生变化，即内充溶液 pH 发生变化。pH 的变化由内部 pH 复合电极测出，其电位与 a_{NH_3} 的关系符合能斯特方程。即：

25℃时 $$\varphi = K - 0.0592\lg a_{NH_3} \tag{1-19}$$

已研制成的气敏电极，除氨电极外还有 CO_2、NO_2、SO_2、H_2S、HCN 等电极。

需要指出的是，气敏电极实际上已将外参比电极装在内充溶液中成为一个工作电池，因此称它为"电极"并不确切。

b. 酶电极：是将酶的活性物质覆盖在离子选择性电极的敏感膜表面上。当某些待测物与电极接触时，在酶的催化作用下，被测物质转变成一种基本电极可以响应的物质。由于酶是具有特殊生物活性的催化剂，它的催化反应具有选择性强、催化效率高、绝大多数催化反应能在常温下进行等优点，其催化反应的产物如 CO_2、NH_3、CN^-、S^{2-} 等，大多能被现有的离子选择性电极所响应。特别是它能测定生物体液的组分，所以备受生物化学和医学界的关注。近年来发展了不少新型的电极，已发展为系列的生物电化学传感器，如组织传感器、微生物传感器、免疫传感器和场效应晶体管生物传感器等。

由于酶的活性不易保存，酶电极的使用寿命短，这就使酶电极的制备变得不容易。但随着科学技术的高度发展，适合于各种需要的传感器还会不断地出现。

 **阅读材料**

超微电极和纳米电极

近年来，电分析化学在方法、技术和应用方面得到长足发展并呈蓬勃上升的趋势。在方法上，追求超高灵敏度和超高选择性的倾向导致宏观向微观尺度迈进，出现了不少新型的电极体系；在技术上，随着表面科学、纳米技术和物理谱学等的兴起，利用交叉学科方法将声、光、电、磁等功能有机地结合到电化学界面，从而达到实时、现场和活体监测的目的；在应用上，侧重生命科学领域中有关问题研究，如生物、医学、药物、人口与健康等，为解决生命现象中的某些基本过程和分子识别作用显示出潜在的价值，已引起生物界的关注。

由于医学临床生理生化测量的需要，希望能检测单个细胞中的液体，因而发展了尖端直径在 1mm 以下的微电极。直径为几个微米甚至小于 $0.5\mu m$ 的电极称超微电极。超微电极具有传质快、响应迅速、信噪比高等优良的电化学性质，适合微量和痕量分析及电极过程动力学研究。

当超微电极的直径进一步降低至纳米级时，则出现不寻常的传质过程，乃至发生量子现象，带来许多新的性质。这些性质集中反映在极高的传质速率和极高的分辨率两方面，它使研究单一分子成为可能。它大大地扩展了实验的时空局限，为在微观上研究电化学过程提供了有效手段。

1.2 直接电位法

直接电位法应用最多的是 pH 的电位测定和离子选择性电极法测定溶液中离子活度。

1.2.1 直接电位法测定 pH 值

1.2.1.1 测定原理

pH 是氢离子活度的负对数，即 $pH = -\lg a_{H^+}$。测定溶液的 pH 通常用 pH 玻璃电极作指示电极（负极），甘汞电极作参比电极（正极），与待测溶液组成工作电池［现在多采用将玻璃电极和甘汞电极组合在一起的 pH 复合电极，其使用方法见 1.2.1.4（1）］，用精密毫伏计测量电池的电动势（如图 1-14 所示）。工作电池可表示为

$$玻璃电极 | 试液 \| 甘汞电极$$

25℃时工作电池的电动势为

$$E = \varphi_{SCE} - \varphi_{玻} = \varphi_{SCE} - K_{玻} + 0.0592pH_{试}$$

由于式中 φ_{SCE}，$K_{玻}$ 在一定条件下是常数，所以上式可表示为

$$E = K' + 0.0592pH_{试} \tag{1-20}$$

可见，测量溶液工作电池的电动势 E 与试液的 pH 呈线性关系，据此可以进行溶液 pH 的测量。

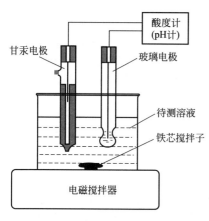

甘汞电极

玻璃电极

酸度计
(pH计)

待测溶液

铁芯搅拌子

电磁搅拌器

图 1-14　电位法测定溶液 pH 值

1.2.1.2　溶液 pH 的测定

式 (1-20) 说明，只要测出工作电池电动势，并求出 K' 值，就可以计算试液的 pH。但 K' 是个十分复杂的项目，它包括了饱和甘汞电极的电位、内参比电极电位、玻璃膜的不对称电位及参比电极与溶液间的接界电位，其中有些电位很难测出。因此实际工作中不可能采用式 (1-20) 直接计算 pH，而是用已知 pH 的标准缓冲溶液为基准，通过比较由标准缓冲溶液参与组成和待测溶液参与组成的两个工作电池的电动势来确定待测溶液的 pH。即测定一标准缓冲溶液（pH_S）的电动势 E_S，然后测定试液（pH_x）的电动势 E_x。

由式（1-20）可知，25℃时，E_S 和 E_x 分别为

$$E_S = K'_S + 0.0592pH_S$$

$$E_x = K'_x + 0.0592pH_x$$

在同一测量条件下，采用同一支 pH 玻璃电极和 SCE，则上两式中 $K'_S \approx K'_x$，将二式相减得

$$pH_x = pH_S + \frac{E_x - E_S}{0.0592} \qquad (1\text{-}21)$$

式中 pH_S 为已知值，测量出 E_x、E_S 即可求出 pH_x。通常将式 (1-21) 称为 pH 实用定义或 pH 标度。实际测定中，将 pH 玻璃电极和 SCE 插入 pH_S 标准溶液中，通过调节测量仪器上的"定位"旋钮使仪器显示出测量温度下的 pH_S 值，就可以达到消除 K 值、校正 ❶ 仪器的目的，然

---

❶ 校正酸度计方法有"一点校正法"和"二点校正法"两种。一点校正法的具体方法是：制备两种标准缓冲溶液，使其中一种的 pH 大于并接近试液的 pH，另一种小于并接近试液的 pH。先用其中一种标准缓冲液与电极对组成工作电池，调节温度补偿器至测量温度，调节"定位"调节器，使仪器显示出标准缓冲液在该温度下的 pH。保持定位调节器不动，再用另一标准缓冲液与电极对组成工作电池，调节温度补偿钮至溶液的温度处，此时仪器显示的 pH 应是该缓冲液在此温度下的 pH。两次相对校正误差在不大于 0.1pH 单位时，才可进行试液的测量。

二点校正法则是先用一种 pH 接近 7 的标准缓冲溶液"定位"，再用另一种接近被测溶液 pH 的标准缓冲液调节"斜率"调节器，使仪器显示值与第二种标准缓冲液的 pH 相同（此时不动定位调节器）。经过校正后的仪器就可以直接测量被测试液。实际工作中，根据对测量精度要求选择校准方法，要求低的可用一点校正法，实验室测量 pH 值多采用二点校正法。

后再将电极对浸入试液中，直接读取溶液 pH。

由式 (1-21) 可知，E_x 和 E_S 的差值与 pH_x 和 pH_S 的差值呈线性关系，直线斜率 $\left(S=\dfrac{2.303RT}{F}\right)$ 是温度函数，在 25℃ 时直线斜率值为 0.0592。为保证在不同温度下测量精度符合要求，在测量中要进行温度补偿和斜率补偿。温度补偿和斜率补偿都是为了校正电极斜率的变化，但温度补偿是补偿因溶液温度变化引起电极斜率的变化，而斜率补偿是补偿电极本身斜率与理论值的差异。现在生产的酸度计和离子计基本上都设有这些功能，有的仪器将二者合并称为"斜率"旋钮。

由于式 (1-21) 是在假定 $K_S'=K_x'$ 情况下得出的，而实际测量过程中往往因为某些因素（如试液与标准缓冲液的 pH 或成分的变化，温度的变化等）的改变，导致 K' 值发生变化。为了减少测量误差，测量过程应尽可能使溶液的温度保持恒定，并且应选用 pH 与待测溶液相近的标准缓冲溶液。

1.2.1.3 pH 标准缓冲溶液

pH 标准缓冲溶液是具有准确 pH 的缓冲溶液，是 pH 测定的基准，故缓冲溶液的配制及 pH 的确定是至关重要的。我国国家标准物质研究中心通过长期工作，采用尽可能完善的方法，确定了 30 ~ 95℃ 水溶液的 pH 工作基准，它们分别由七种六类标准缓冲物质组成。这七种六类标准缓冲物质分别是四草酸钾、酒石酸氢钾、苯二甲酸氢钾、磷酸氢二钠-磷酸二氢钾、四硼酸钠和氢氧化钙。这些标准缓冲物质按 GB/T 9724—2007《化学试剂　pH 值测定通则》规定配制（配制方法见表 1-4），标准缓冲溶液 pH 均匀地分布在 1 ~ 13 的 pH 值范围内。标准缓冲溶液的 pH 值随温度而变化，表 1-5 列出不同温度时各标准缓冲溶液的 pH 值。

表 1-4　标准缓冲溶液的配制

名称	配制方法
草酸盐标准缓冲溶液	称取 12.71g 四草酸钾 [$KH_3(C_2O_4)_2 \cdot 2H_2O$]，溶于无 CO_2 的水，稀释至 1000mL，此溶液浓度 c [$KH_3(C_2O_4)_2 \cdot 2H_2O$] 为 0.05mol·$L^{-1}$
酒石酸盐标准缓冲溶液	在 25℃ 时，用无 CO_2 的水溶解外消旋的酒石酸氢钾（$KHC_4H_4O_6$），并剧烈振摇至饱和溶液
邻苯二甲酸盐标准缓冲溶液	称取 10.21g 于 110℃ 干燥 1h 的邻苯二甲酸氢钾（$C_6H_4CO_2HCO_2K$），溶于无 CO_2 的水，稀释至 1000mL，此溶液浓度 $c(C_6H_4CO_2HCO_2K)$ 为 0.05mol·L^{-1}

续表

名称	配制方法
磷酸盐标准缓冲溶液	称取 3.40g 磷酸二氢钾（KH_2PO_4）和 3.55g 磷酸氢二钠（Na_2HPO_4），溶于无 CO_2 的水，稀释至 1000mL，磷酸二氢钾和磷酸氢二钠需预先在 (120 ± 10)℃干燥 2h。此溶液浓度 $c(KH_2PO_4)$ 为 $0.025mol \cdot L^{-1}$，$c(Na_2HPO_4)$ 为 $0.025mol \cdot L^{-1}$
硼酸盐标准缓冲溶液	称取 3.81g 四硼酸钠（$Na_2B_4O_7 \cdot 10H_2O$），溶于无 CO_2 的水，稀释至 1000mL。存放时应防止空气中 CO_2 进入。此溶液浓度 $c(Na_2B_4O_7 \cdot 10H_2O)$ 为 $0.01mol \cdot L^{-1}$
氢氧化钙标准缓冲溶液	于 25℃，用无 CO_2 的水制备 $Ca(OH)_2$ 的饱和溶液。$Ca(OH)_2$ 溶液的浓度 $c\left[\frac{1}{2}Ca(OH)_2\right]$ 应在 $0.0400 \sim 0.0412mol \cdot L^{-1}$。存放时应防止空气中 CO_2 进入。一旦出现浑浊，应弃去重配 $Ca(OH)_2$ 溶液的浓度可以苯酚红为指示剂，用 HCl 标准滴定溶液 $[c(HCl) = 0.12mol \cdot L^{-1}]$ 滴定测出

注：表中"配制方法"引自 GB/T 9724—2007《化学试剂　pH 值测定通则》，"通则"规定配制标准缓冲溶液须用 pH 基准试剂，实验用水应符合 GB/T 6682—2008《分析实验室用水规格和试验方法》中三级水规格。

表 1-5　不同温度时各标准缓冲溶液的 pH 值

温度/℃	草酸盐标准缓冲溶液	酒石酸盐标准缓冲溶液	邻苯二甲酸盐标准缓冲溶液	磷酸盐标准缓冲溶液	硼酸盐标准缓冲溶液	氢氧化钙标准缓冲溶液
0	1.67	—	4.00	6.98	9.46	13.42
5	1.67	—	4.00	6.95	9.40	13.21
10	1.67	—	4.00	6.92	9.33	13.00
15	1.67	—	4.00	6.90	9.27	12.81
20	1.68	—	4.00	6.88	9.22	12.63
25	1.68	3.56	4.01	6.86	9.18	12.45
30	1.69	3.55	4.01	6.85	9.14	12.30
35	1.69	3.55	4.02	6.84	9.10	12.14
40	1.69	3.55	4.04	6.84	9.06	11.98

注：表中数据引自 GB/T 9724—2007。

　　一般实验室常用的 pH 基准试剂是苯二甲酸氢钾、混合磷酸盐（KH_2PO_4-Na_2HPO_4）及四硼酸钠。目前市场上销售的"成套 pH 缓冲剂"就是上述三种物质的小包装产品，使用很方便。配制时不需要干燥和称量，直接将袋内试剂全部溶解稀释至一定体积（一般为 250mL）即可使用。配好的 pH 标准缓冲溶液应贮存在玻璃试剂瓶或聚乙烯试剂瓶中，硼酸盐和氢氧化钙标准缓冲溶液存放时应防止空气中 CO_2 进入。

标准缓冲溶液一般可保存 2 ～ 3 个月。若发现溶液中出现浑浊等现象，不能再使用，应重新配制。

1.2.1.4 测量仪器及使用方法

（1）酸度计的类型、组件和仪器校准方法 测定溶液 pH 值的仪器是酸度计（又称 pH 计），是根据 pH 的实用定义设计而成的。酸度计是一种高阻抗的电子管或晶体管式的直流毫伏计，它既可用于测量溶液的 pH，又可以用作毫伏计测量电池电动势。根据测量要求不同，酸度计分为普通型、精密型和工业型 3 类；按其精密度不同可分为 0.1pH、0.02pH、0.01pH 和 0.001pH 等不同的等级；使用者可以根据需要选择不同类型、不同等级的仪器。

酸度计一般由两部分组成，即电极系统和高阻抗毫伏计。电极与待测溶液组成原电池，以毫伏计测量电极间电位差，电位差经放大电路放大后，由电流表或数码管显示。

实验室用酸度计型号有多种，目前使用较多的是数显式精密酸度计和采用微处理技术、液晶显示、全中文操作界面的智能型精密酸度计。不同型号的酸度计其自动化程度有所不同，仪器上的旋钮、按键或附件也可能有所不同，但仪器的基本功能大致相似。

① 复合电极及其使用方法 测定溶液 pH 值用的指示电极和参比电极分别是 pH 玻璃电极和饱和甘汞电极（其使用方法参见本书 1.1.3.1 和 1.1.4.2），目前实验室测定溶液 pH，一般使用将 pH 玻璃电极和饱和甘汞电极组合在一起的 pH 复合电极（见图 1-15）。pH 复合电极最大

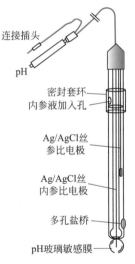

连接插头

pH

密封套环
内参液加入孔

Ag/AgCl丝
参比电极

Ag/AgCl丝
内参比电极

多孔盐桥

pH玻璃敏感膜

图 1-15 复合电极结构

优点是使用方便，它不受氧化性或还原性物质的影响，且电极平衡速度较快。使用复合电极要注意以下几个问题。

a. 使用时电极下端的保护帽应取下，取下后应避免电极的敏感玻璃泡与硬物接触，防止电极失效。使用后应将电极保护帽套上，帽内应放少量外参比补充液（3mol·L^{-1}KCl），以保持电极球泡湿润。

b. 使用前发现帽中补充液干涸，应在 3mol·L^{-1}KCl 溶液中浸泡数

小时，以保证电极性能。

c. 使用时电极上端小孔的橡皮塞必须拔出，以防止产生扩散电位，影响测定结果。溶液可以从小孔加入。电极不使用时，应将橡皮塞塞入，以防止补充液干涸。

d. 应避免将电极长期浸泡在蒸馏水、蛋白质溶液和酸性溶液中，避免与有机硅油接触。

e. 经长期使用后，如发现斜率有所降低，可将电极下端浸泡在氢氟酸溶液（质量分数为4%）中3～5s，用蒸馏水洗净，再在 $0.1mol \cdot L^{-1}$ HCl溶液中浸泡，使之活化。

f. 被测溶液中如含有易污染敏感球泡或堵塞液接界的物质而使电极钝化，会出现斜率降低，发生这种现象应根据污染物的性质，选择适当的溶液清洗，使电极复新。如：污染物为无机金属氧化物，可用浓度低于 $1mol \cdot L^{-1}$ 的HCl溶液清洗；污染物为有机脂类物质，可用稀洗涤剂（弱碱性）清洗；污染物为树脂高分子物质，可用酒精、丙酮或乙醚清洗；污染物为蛋白质、血细胞沉淀物，可用胃蛋白酶溶液（$50g \cdot L^{-1}$）与 $0.1mol \cdot L^{-1}$HCl溶液混合后清洗；污染物为颜料类物质，可用稀漂白液或过氧化氢溶液清洗。

g. 电极不能用四氯化碳、三氯乙烯、四氢呋喃等能溶解聚碳酸酯树脂的清洗液清洗，因为电极外壳是用聚碳酸酯树脂制成的，其溶解后极易污染敏感球泡，从而使电极失效。同样也不能使用复合电极去测上述溶液。

② 仪器校准　任何一种pH计都必须经过校准后，才可测量样品的pH值。校正酸度计方法有"一点校正法"、"二点校正法"和"多点校正法"。常用的是"二点校正"法。

一点校正法的具体操作是：制备两种标准缓冲溶液（通常使用25℃时pH为6.86和pH为4.00或pH为9.18），使其中一种的pH值大于并接近试液的pH值，另一种小于并接近试液的pH值。先用其中一种标准缓冲液与电极组成工作电池，调节温度补偿器至测量温度，调节"定位"调节器，使仪器显示出标准缓冲液在该温度下的pH值。保持定位调节器不动，再用另一标准缓冲液与电极对组成工作电池，调节温度补偿钮至溶液的温度处，此时仪器显示的pH值应是该缓冲液在此温度下的pH值。两次相对校正误差在不大于0.1pH单位时，才可进行试液的测量。

二点校正法则是先用一种pH接近7的标准缓冲溶液"定位"，再用另一种接近被测溶液pH值的标准缓冲液调节"斜率"调节器，使仪器显示值与第二种标准缓冲液的 pH 值相同（此时不动定位调节器）。经过校正后的仪器就可以直接测量被测试液。

实际应用中，如果测量准确度要求不高（如精度要求在 ±0.1pH 以下），可使用一点校正法；对精密级的实验室用 pH 计必须使用二点校正法。校准时，若使用的是手动调节的 pH 计，应在两种标准缓冲液之间反复操作几次，直至不需再调节定位和斜率钮，pH 计就可准确显示两种标准缓冲液 pH 值，则校准过程结束。此后，在测量过程中零点和定位旋钮就不应再动。若使用的是智能式 pH 计，则不需反复调节，因为其内部已贮存几种标准缓冲液的 pH 值可供选择、而且可以自动识别并自动校准，但要注意标准缓冲液选择及其配制的准确性。

（2）测量溶液 pH 值的步骤（以使用 PHSJ-3F 型酸度计为例）

① 仪器使用前准备　打开仪器电源开关预热 20min。将多功能电极架插入电极架座内，将 pH 复合电极和温度传感器夹在多功能电极架上［见图 1-16(a)］，并分别将复合电极和温度传感器的插线柱插入仪器的测量电极插座和温度传感器插座内［见图 1-16(b)］。用蒸馏水清洗 pH 复合电极和温度传感器，并用滤纸吸干电极外壁上的水。

(a) 正视图

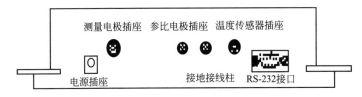

(b) 后视图

图 1-16　PHSJ-3F 型酸度计视图

② 校正仪器　PHSJ-3F 型酸度计是一种智能型精密酸度计，其精度为 0.01pH，校正应使用二点校正法对仪器进行校正，具体步骤如下。

a. 将已清洗过的 pH 复合电极和温度传感器放入 pH 标准缓冲溶液 A（pH 为 6.86，25℃）中，轻晃试杯，按"校准"键，再按"▲、▼"键，使仪器处于"手动标定"状态（也可使用自动挡，详细操作请参阅仪器使用说明书），再按"确认"键，仪器即进入"标定 1"工作状态。此时，仪器显示"标定 1"以及当时测得的 pH 值和温度值；当显示屏上的 pH 读数趋于稳定后，按"▲、▼"键，调节仪器显示值为标准缓冲溶液 A 在所测温度下的 pH 值，再按"确认"键，仪器显示"标定 1 结束！"以及当前的 pH 值和斜率值。

b. 将电极和温度传感器取出，移去标准缓冲溶液 A，用蒸馏水清洗干净，用滤纸吸干电极外壁水，放入 pH 标准缓冲溶液 B（pH 为 4.00 或 pH 为 9.18，根据样品酸碱性而定）中；再按"校准"键，使仪器进入"标定 2"工作状态，仪器显示"标定 2"以及当前的 pH 值和温度值；当显示屏上的 pH 值读数趋于稳定后，按"▲、▼"键，调节仪器显示值为标准缓冲溶液 B 在所测温度下的 pH 值，再按"确认"键，仪器显示"标定 2 结束！"以及 pH 值和斜率值，仪器完成二点标定。

此时，pH、mV 和等电位点键均有效。如按下其中某一键，则仪器进入相应的工作状态。

③ 测量溶液 pH 值　移去标准缓冲溶液，清洗电极和温度传感器，并用滤纸吸干电极外壁水，再用待测溶液洗三次；取一洁净试杯（或 100mL 小烧杯），用待测试液（A）荡洗三次后倒入 50mL 左右试液；将电极和温度传感器插入被测试液中，轻摇试杯以促使电极平衡。按下"pH"键，此时屏幕上显示的数值即为待测溶液的 pH 值。待数字显示稳定后，读取并记录被测试液的 pH 值。平行测定两次。

1.2.2　直接电位法测定离子活（浓）度

1.2.2.1　测定原理

与 pH 的电位法测定相似，离子活（浓）度的电位法测定也是将对待测离子有响应的离子选择性电极与参比电极浸入待测溶液组成工作电池，并用仪器测量其电池电动势（如图 1-17 所示）。例如，用氟离子选择性电极测定氟离子的活（浓）度，其工作电池为

$$SCE \parallel 试液（a_{F^-} = x）\mid 氟离子选择性电极$$

则 25℃时，电池电动势与 a_{F^-} 或 pF（pF $= -\lg a_{F^-}$）的关系为

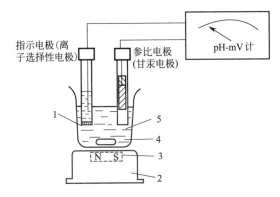

图 1-17 离子活（浓）度的电位法测定装置

1—容器；2—电磁搅拌器；3—旋转磁铁；
4—玻璃封闭铁搅棒；5—待测试液

$$E = K' - 0.0592 \lg a_F \qquad (1\text{-}22)$$

或 $$E = K' + 0.0592 \text{pF} \qquad (1\text{-}23)$$

式中，K' 在一定实验条件为一常数。

用各种离子选择性电极测定与其响应的相应离子的活度时可用下列通式：

$$E = K' \pm \frac{2.303RT}{nF} \lg a_i \qquad (1\text{-}24)$$

当离子选择性电极作正极时，对阳离子响应的电极，K' 后面一项取正值；对阴离子响应的电极，K' 后面一项取负值。

与测定 pH 同样原理，K' 的数值也决定于离子选择性电极的薄膜、内参比溶液及内外参比电极的电位，它同样是一项很复杂的项目，也需要用一个已知离子活度的标准溶液为基准，比较包含待测溶液和包含标准溶液的两个工作电池的电动势来确定待测试液的离子活度。但目前能提供离子选择性电极校正用的标准活度溶液，除用于校正 Cl^-、Na^+、Ca^{2+}、F^- 电极用的标准参比溶液 NaCl、KF、$CaCl_2$ 外，其他离子活度标准溶液尚无标准。通常在要求不高并保证离子活度系数不变的情况下，用浓度代替活度进行测定。

1.2.2.2　定量分析方法

（1）离子选择性电极测定离子浓度的条件　离子选择性电极响应的是离子的活度，活度与浓度的关系是：

$$a_i = \gamma_i c_i \tag{1-25}$$

式中，γ_i 为 i 离子的活度系数；c_i 为 i 离子的浓度。

因此，要用离子选择性电极测定溶液中被测离子浓度的条件是：在使用标准溶液校正电极和用此电极测定试液这两个步骤中，必须保持溶液中离子活度系数不变。由于活度系数是离子强度的函数，因此也就要求保持溶液的离子强度不变。要达到这一目的的常用方法是：在试液和标准溶液中加入相同量的惰性电解质，称为离子强度调节剂。有时将离子强度调节剂、pH 缓冲溶液和消除干扰的掩蔽剂等事先混合在一起，这种混合液称为总离子强度调节缓冲剂，其英文缩写为"TISAB"。TISAB 的作用主要有：第一，维持试液和标准溶液恒定的离子强度；第二，保持试液在离子选择性电极适合的 pH 范围内，避免 H^+ 或 OH^- 的干扰；第三，使被测离子释放成为可检测的游离离子。例如，用氟离子选择性电极测定水中的 F^- 所加入的 TISAB 的组成为 NaCl（$1mol \cdot L^{-1}$）、HAc（$0.25mol \cdot L^{-1}$）、NaAc（$0.75mol \cdot L^{-1}$）及柠檬酸钠（$0.001mol \cdot L^{-1}$）。其中 NaCl 溶液用于调节离子强度；HAc-NaAc 组成缓冲体系，使溶液 pH 保持在氟离子选择性电极适合的 pH 范围（$5 \sim 5.5$）之内；柠檬酸作为掩蔽剂消除 Fe^{3+}、Al^{3+} 的干扰。

值得注意的是，所加入的 TISAB 中不能含有能被所用的离子选择性电极所响应的离子。

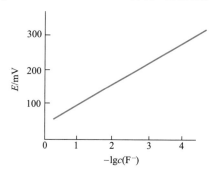

图 1-18 F⁻的标准曲线

（2）标准曲线法 在所配制的一系列已知浓度的含待测离子的标准溶液中，依次加入相同量 TISAB，并插入离子选择性电极和参比电极，在同一条件下，测出各溶液的电动势 E，然后以所测得电动势 E 为纵坐标，以浓度 c 的对数（或负对数值）为横坐标，绘制 E-lgc_i 或 E-（$-lgc_i$）的关系曲线[1]。图 1-18 是 F⁻的标准曲线。

---

[1] 当 c_i 浓度以物质的量浓度 mol·L⁻¹ 表示时，由于其数值小，宜用 $-lgc$ 作横坐标，如果 c_i 以 μg·L⁻¹ 表示时，其数值大，用 lgc 为横坐标较为方便。标准曲线不一定是通过零点的直线，电位值不一定是正值，也可以是负值。对于阴离子，浓度越大，电位值越小。

在待测溶液中加入同样量的同一 TISAB 溶液，并用同一对电极测定其电池电动势 E_x，再从所绘制的标准曲线上查出 E_x 所对应的 $\lg c_x$，换算为 c_x。

由于 K' 值容易受温度、搅拌速度及液接电位等的影响，标准曲线不是很稳定，容易发生平移。实际工作中，每次使用标准曲线都必须先选定 1～2 个标准溶液测出 E 值，确定曲线平移的位置，再分析试液。若试剂等更换，应重做标准曲线。采用标准曲线法进行测量时实验条件必须保持恒定，否则将影响其线性。

标准曲线法主要适用于大批同种试样的测定。对于要求不高的少数试样，也可用一个浓度与试液相近的标准溶液，在相同条件下，分别测出 E_x 与 E_s，然后用与 pH 实用定义相似的公式计算出。即

$$\lg c_x = \lg c_s + \frac{E_x - E_s}{S}$$

式中，c_x、c_s 分别为待测试液和标准溶液的浓度；E_x、E_s 分别为相同条件下测得待测溶液与标准溶液的电动势；S 为电极的斜率，其值可通过两份不同浓度标准溶液在相同条件下测量出的 E 值用

$S = \dfrac{E_1 - E_2}{\lg c_1 - \lg c_2}$ 求得。

（3）标准溶液加入法　分析复杂样品时宜采用标准溶液加入法，即将标准溶液加入到样品溶液中进行测定。具体做法是：在一定实验条件下，先测定体积为 V_x、浓度为 c_x 的试液电池的电动势 E_x，然后在其中加入浓度为 c_s、体积为 V_s 的含待测离子的标准溶液（要求：V_s 约为试液体积的 1%，而 c_s 则为 c_x 的 100 倍左右），在同一实验条件下再测其电池的电动势 E_{x+s}，则 25℃时

$$E_x = K' + \frac{0.0592}{n} \lg \gamma c_x$$

式中，γ 为离子活度系数；n 为离子的电荷数。同理

$$E_{x+s} = k' + \frac{0.0592}{n} \lg \gamma' (c_x + \Delta c)$$

式中，γ' 为加入标准溶液后，溶液离子活度系数；Δc 为加入标准溶液后，试液浓度的增量，其值为

$$\Delta c = \frac{c_s V_s}{V_x + V_s}$$

由于 $V_s \ll V_x$，因而　　　　$$\Delta c = \frac{c_s V_s}{V_x} \tag{1-26}$$

则
$$\Delta E = E_{x+s} - E_x = \frac{0.0592}{n} \lg \frac{\gamma'(c_x + \Delta c)}{\gamma c_x}$$

因为 $\gamma \approx \gamma'$，则

$$\Delta E = \frac{0.0592}{n} \lg \frac{c_x + \Delta c}{c_x}$$

令 $S = \frac{0.0592}{n}$，则

$$c_x = \Delta c (10^{\Delta E/S} - 1)^{-1} \tag{1-27}$$

因此，只要测出 ΔE、S，计算出 Δc，就可以求出 c_x。

标准溶液加入法的优点是，只需要一种标准溶液，溶液配制简便，标准溶液和待测溶液中待测离子是在非常接近的条件下测定的，因而测量结果更可靠，适于组成复杂的个别试样的测定。不过需要提出的是，标准溶液加入法需要在相同实验条件下测量电极的实际斜率（简便的测量方法是：在测量 E_x 后，将所测试液用空白溶液稀释 1 倍，再测定 $E_{x'}$，则 $S = \dfrac{|E_{x'} - E_x|}{\lg 2} = \dfrac{|E_{x'} - E_x|}{0.301}$）。

例 1-2 用氯离子选择性电极测定果汁中氯化物含量时，在 100mL 的果汁中测得电动势为 — 26.8mV，加入 1.00mL，$0.500 \text{mol} \cdot \text{L}^{-1}$ 经酸化的 NaCl 溶液，测得电动势为 — 54.2mV。计算果汁中氯化物浓度（假定加入 NaCl 前后离子强度不变）。

解 应用式 (1-26)
$$\Delta c = \frac{c_S V_S}{V_x}$$

则
$$\Delta c = \frac{0.500 \times 1.00}{100}$$

利用式 (1-27)
$$c_x = \Delta c (10^{\Delta E/S} - 1)^{-1}$$

则
$$c_x = \frac{0.500 \times 1.00}{100} \times \left[10^{\frac{(54.2-26.8) \times 10^{-3}}{0.0592}} - 1 \right]^{-1}$$

$$= 2.63 \times 10^{-3} \ (\text{mol} \cdot \text{L}^{-1})$$

（4）格氏作图法　格氏（Gran）作图法相当于多次标准加入法。假如试液的浓度为 c_x，体积为 V_x，加入浓度为 c_S 含待测离子的标准溶液

V_S 后，测得电池电动势为 E，则

$$E = K' + S\lg\frac{c_x V_x + c_s V_S}{V_x + V_S}$$

即 $$(V_x + V_S)10^{E/S} = (c_x V_x + c_s V_S)10^{K'/S} \qquad (1\text{-}28)$$

在体积为 V_x 的试液中，每加一次待测离子标准溶液 V_SmL 就测量一次电池电动势 E，并计算出相应的 $(V_x + V_S)10^{E/S}$，再在一般坐标纸上，以此值为纵坐标，以加标准溶液体积 V_S 为横坐标作图，将得一直线，如图 1-19 所示。

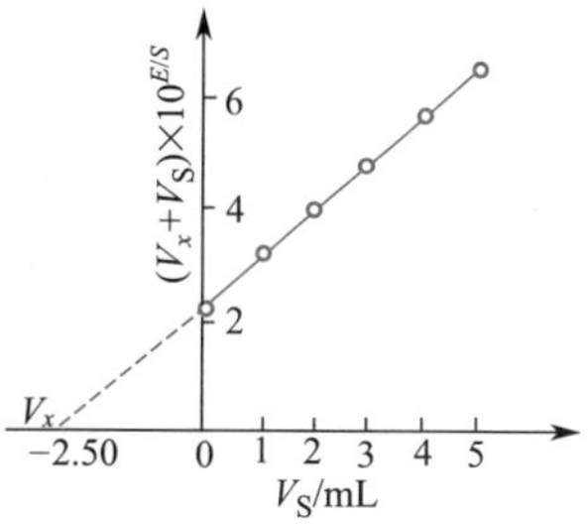

将直线外推，在横轴相交于 V_x（见图 1-19）。此时

$$(V_x + V_S)10^{E/S} = 0$$

根据式 (1-28)，则

$$c_x V_x + c_s V_S = 0$$

$$c_x = \frac{c_s V_S}{V_x}$$

所以 $\qquad\qquad\qquad (1\text{-}29)$

图 1-19 格氏作图法

格氏作图法具有简便、准确及灵敏度高的特点。现在市场上可以购到的格氏坐标纸，它可以避免将 E 换算 $10^{E/S}$ 数学计算，加快分析速度。格氏作图法适于低浓度物质的测定。

（5）浓度直读法　与使用酸度计测量试液 pH 相似，测定溶液中待测离子的活（浓）度，也可以由经过标准溶液校正后的测量仪器上直接读出待测溶液 pX 值或 X 的浓度值，这就是浓度直读法。它简便快速，所用的仪器称为离子计。

1.2.2.3　测量仪器及使用方法

（1）测量仪器　离子选择性电极法测量离子活（浓）度的仪器包括指示电极、参比电极、电磁搅拌器及用来测量电池电动势的离子计。离子计也是一种高阻抗、高精度的毫伏计，其电位测量精度高于一般的酸度计，而且稳定性好。为了使电极的实际斜率达到理论值，各型号离子计都设置了斜率校正电路，通过改变比例放大器的放大倍数完成斜率校正。国产离子计型号多，目前有直读浓度式数字离子计，以及带微处

理机多功能离子计等。实际工作中应根据测定要求来选择。

（2）PXSJ-216型离子计的使用方法　PXSJ-216型离子计是一种智能型实验室用离子计，可以测量溶液的电位、pH、pX、浓度值以及温度值，仪器设有多种斜率校准方法，测量结果可以贮存、删除、查阅、打印或传送到PC机。PXSJ-216型离子计由主机和JB-1A型电磁搅拌器两部分组成（见图1-20）。

图 1-20　PXSJ-216 型离子计

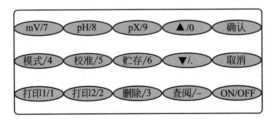

mV/7	pH/8	pX/9	▲/0	确认
模式/4	校准/5	贮存/6	▼/.	取消
打印1/1	打印2/2	删除/3	查阅/--	ON/OFF

图 1-21　仪器键盘示意图

PXSJ-216型离子计主机键盘上共有15个操作键（见图1-21），其中除"确认""取消""ON/OFF"是单功能以外，其他的键都是复用的，它们有两个功能，即功能键和数字键，需要使用某功能时，按这些键可以完成相应的功能，而需要输入数据时，这些键又是数字键。其中"模式/4"键可用于有关浓度测量以及浓度打印、浓度查阅、浓度删除等的操作。

①仪器安装

a. 将仪器及JB-1A型电磁搅拌器平放工作台面上，分别将测量电极、参比电极和温度传感器安装在JB-1A型电磁搅拌器的电极架上（见图1-20）。

b. 拔去测量电极1和测量电极2插座上的短路插头，将玻璃电极接入测量电极1插座或测量电极2插座内（**注意!** 另一个暂不使用的测量电极插口必须接短路插头，否则仪器无法进行正确测量）；将甘汞电极接入参比电极接线柱上；将温度传感器的插头插入温度传感器插座上；将打印机连接线接入 RS232 接口内；将通用电源器接入电源插座内。这样，就可以接通电源开机了。

② 检查并开机　检查仪器后面的电极插口上是否插有电极或短路插头，位置是否与仪器设置的电极插口相一致（必须保证插口处连接有测量电极或者短路插头，否则有可能损坏仪器的高阻器件），其他附件是否连接正确。检查完毕，按下"ON/OFF"键。

③ 进入仪器的起始状态　按下"ON/OFF"键后，显示屏显示仪器型号和厂家商标。数秒后，仪器自动进入电位测量状态［见图 1-22(a)］。显示屏上方显示当前测量的 mV 值，下方为仪器的状态提示，即表示当前为 mV 测量状态，电极插口设置为 1 号。

在此状态下，可以根据需要直接按"pH/8"或"pX"键进行 pH 或者 pX 测量，显示如图 1-22(b) 和图 1-22(c) 所示。显示屏显示当前使用的电极斜率值，图 1-22 中 pH 和 pX 的电极斜率分别为 59.159 和 59.159（pH 和 pX 具有各自独立的电极斜率值）。以上三种状态统称为仪器的起始状态，在此状态下可以完成仪器所有功能。

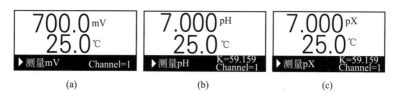

图 1-22　仪器起始状态

④ 选择仪器电极插口　为了保证测量的准确，在使用前应检查测量电极插口的位置是否与仪器设置的电极插口相一致，如果不是，则需要重新选择电极插口，此时只需在仪器的起始状态下，按下"取消键"，仪器显示如图 1-23 所示，按"▲"或"▼"键，移动光标至实际测量电极的位置，然后按"确认"键，仪器即将电极插口选择为电极插口 2，并返回起始状态。

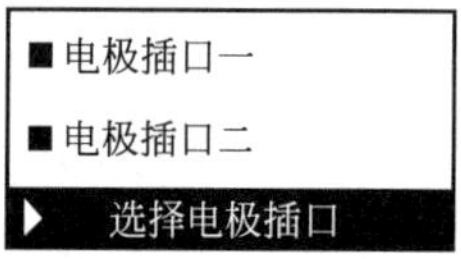

■ 电极插口一
■ 电极插口二
▶　选择电极插口

图 1-23　选择电极插口

⑤ pX 测量时的斜率校准　因为仪器的 pH、pX 测量使用各自独立的斜率，其相应的斜率校准方式有所不同；另外，在浓度测量时，对

应不同的浓度测量模式（包括直读浓度、已知添加、试样添加、GRAN法四种浓度测量模式），其斜率校准方式也有不同。因此除电位测量外，其余的pH、pX和浓度测量都需要进行斜率校准。下面介绍pX测量时的斜率校准方法（pH测量时的斜率校准和浓度测量时的斜率校准请参阅仪器说明书）。

a. 选择斜率核准方式。pX测量时的斜率校准方式有一点校准、二点校准和多点校准三种。在仪器的起始状态，按"pX"键，使仪器处于pX测量状态，然后按"校准"键，进入选择斜率校准方式［如图1-24(a)所示］。按"▲"或"▼"键，翻看斜率校准方式，选择二点校正法，再按"确认"键即可进行相应的斜率校准。斜率校准方式中二点校准是最常用的斜率校准法，它是通过测量两种不同标准溶液的电位值，计算出电极的实际斜率值。二点校准步骤如下（其他斜率校准方式的操作方法请参阅仪器说明书）。

b. 进行二点校准。选择二点校准并按"确认"键后，仪器显示"电极插入标液一"。将电极和温度传感器清洗干净并吸干外壁水后，放入盛有已知pX值的"标准溶液一"的试液杯中。稍后，仪器显示要求输入"标液一"的pX值［见图1-24(b)］，输入标液一的pX值"4"，输入完毕，按"确认"键，仪器显示标液一的电位和温度值［见图1-24(c)］。等显示稳定后，按"确认"键，仪器显示"电极插入标液二"字样。此时，将电极和温度传感器从标液一中取出，清洗干净并吸干外壁水，放入"标准溶液二"中。仪器要求输入标液二的pX值，输入标液二的pX值后，按"确认"键，仪器即显示标液二的电位和温度值。等显示稳定后，按"确认"键，仪器即显示出校准好的电极斜率。至此，二点校准结束，按"确认"键，返回仪器的起始状态。

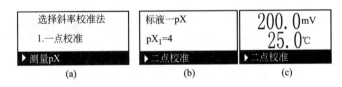

图1-24　pX测量时的斜率校准

⑥ pX测量　在进行过pX测量时的斜率校准后，取出电极和温度传感器，用去离子水清洗干净，再用被测溶液润洗三次后，放入盛有被测试液的试杯中，按"pX"键，将仪器切换到pX测量状态，此时仪器

显示的是当前的被测溶液的 pX 值和温度值。

1.2.2.4　影响测量结果准确度的因素

在直接电位法中影响离子活（浓）度测定的因素主要有以下几种。

（1）温度　根据式 (1-24)，温度的变化会引起直线斜率和截距的变化，而 K' 值所包括的参比电极电位、膜电位、液接电位等均与温度有关。因此在整个测量过程中应保持温度恒定，以提高测量的准确度。

（2）电动势的测量　电动势测量的准确度直接影响测定结果准确度，电动势测量误差 ΔE 与分析测定误差的关系是：

$$相对误差 = \frac{\Delta c}{c} = 0.039n\Delta E \qquad （1\text{-}30）$$

式中，n 为被测离子电荷数；ΔE 为电动势测量绝对误差，mV。由式 (1-30) 可知，对一价离子，当 $\Delta E=1\text{mV}$ 时，浓度相对误差可达 3.9％；对二价离子，则高达 7.8％。因此，测量电动势所用的仪器必须具有较高的精度，通常要求电动势测量误差小于 $0.1 \sim 0.01\text{mV}$。

（3）干扰离子　干扰离子能直接为电极响应的，则其干扰效应为正误差；干扰离子与被测离子反应生成一种在电极上不发生响应的物质，则其干扰效应为负误差。例如，Al^{3+} 对氟离子选择性电极无直接影响，但它能与待测离子 F^- 生成不为电极所响应的稳定的络离子 AlF_6^{3-}，因而造成负误差。消除共存干扰离子的简便方法是，加入适当的掩蔽剂掩蔽干扰离子，必要时则需要预分离。

（4）溶液的酸度　溶液测量的酸度范围与电极类型和被测溶液浓度有关，在测定过程中必须保持恒定的 pH 范围，必要时使用缓冲溶液来维持。例如，氟离子选择性电极测氟时 pH 控制在 $5 \sim 6$。

（5）待测离子浓度　离子选择性电极可以测定的浓度范围约为 $10^{-1} \sim 10^{-6}\text{mol} \cdot \text{L}^{-1}$。检测下限主要决定于组成电极膜的活性物质性质，此外还与共存离子的干扰、溶液 pH 等因素有关。

（6）迟滞效应　迟滞效应是指对同一活度值的离子试液测出的电位值与电极在测定前接触的试液成分有关的现象。也称为电极存储效应，它是直接电位法出现误差的主要原因之一。如果每次测量前都用去离子水将电极电位清洗至一定的值，则可有效地减免此类误差。

1.2.2.5　直接电位法的应用

直接电位法广泛应用于环境监测、生化分析、医学临床检验及工业生产流程中的自动在线分析等。表 1-6 列出了直接电位法中部分应用实例。

表 1-6　直接电位法部分应用举例

被测物质	离子选择电极	线性浓度范围 c /mol·L^{-1}	适用的 pH 范围	应用举例
F^-	氟	$10^0 \sim 5 \times 10^{-7}$	$5 \sim 8$	水，牙膏，生物体液，矿物
Cl^-	氯	$10^{-2} \sim 5 \times 10^{-8}$	$2 \sim 11$	水，碱液，催化剂
CN^-	氰	$10^{-2} \sim 10^{-6}$	$11 \sim 13$	废水，废渣
NO_3^-	硝酸根	$10^{-1} \sim 10^{-5}$	$3 \sim 10$	天然水
H^+	pH 玻璃电极	$10^{-1} \sim 10^{-14}$	$1 \sim 14$	溶液酸度
Na^+	pNa 玻璃电极	$10^{-1} \sim 10^{-7}$	$9 \sim 10$	锅炉水，天然水，玻璃
NH_3	气敏电极	$10^0 \sim 10^{-6}$	$11 \sim 13$	废气，土壤，废水
醇	气敏电极			生物化学
氨基酸	气敏电极			生物化学
K^+	钾微电极	$10^{-1} \sim 10^{-4}$	$3 \sim 10$	血清
Na^+	钠微电极	$10^{-1} \sim 10^{-3}$	$4 \sim 9$	血清
Ca^{2+}	钙微电极	$10^{-1} \sim 10^{-7}$	$4 \sim 10$	血清

 阅读材料

"pH"的来历和世界上第一台 pH 计

"pH"由丹麦化学家彼得·索伦森在 1909 年提出。索伦森当时在一家啤酒厂工作，经常要化验啤酒中所含氢离子浓度。每次化验结果都要记载许多个零，这使他感到很麻烦。经过长期潜心研究，他发现用氢离子的负对数来表示氢离子浓度非常方便，并把它称为溶液的 pH。就这样"pH"成为表述溶液酸碱度的一种重要数据。

第一台 pH 计是由美国的贝克曼在 1934 年设计制造的。他的一位同学尤素福在加利福尼亚的一个水果培育站工作，经常要测定用二氧化硫气体处理过的柠檬汁的pH。他求助于贝克曼，帮他设计一台能测定溶液 pH 的仪器。贝克曼利用业余时间，制作了一台电子放大器，将其与玻璃电极、灵敏电流计组成一台 pH 计，效果很好。这就是世界上第一台 pH 计。

第一台 pH 计的研制成功使贝克曼很受鼓舞。后来他辞去了教学工作，专门开办了一个 pH 计生产工厂，专心致志从事 pH 计的设计和制造工作。他发明的 pH 计为研究分析化学和生物化学创造了条件。

1.3 电位滴定法

1.3.1 基本原理

电位滴定法是根据滴定过程中指示电极电位的突跃来确定滴定终点的一种滴定分析方法。

进行滴定时，在待测溶液中插入一支对待测离子或滴定剂有电位响应的指示电极，并与参比电极组成工作电池。随着滴定剂的加入，则由于待测离子与滴定剂之间发生化学反应，待测离子浓度不断变化，造成指示电极电位也相应发生变化。在化学计量点附近，待测离子活度发生突变，指示电极的电位也相应发生突变。因此，测量电池电动势的变化，可以确定滴定终点。最后根据滴定剂浓度和终点时滴定剂消耗体积计算试液中待测组分含量。

电位滴定法不同于直接电位法，直接电位法是以所测得的电池电动势（或其变化量）作为定量参数，因此其测量值的准确与否直接影响定量分析结果。电位滴定法测量的是电池电动势的变化情况，它不以某一电动势的变化量作为定量参数，只根据电动势变化情况确定滴定终点，其定量参数是滴定剂的体积，因此在直接电位法中影响测定的一些因素如不对称电位、液接电位、电动势测量误差等在电位滴定中可得以抵消。

电位滴定法与化学分析法的区别是终点指示方法不同。普通的滴定法是利用指示剂颜色的变化来指示滴定终点；电位滴定是利用电池电动势的突跃来指示终点。因此，电位滴定虽然没用指示剂确定终点那样方便，但可以用在浑浊、有色溶液以及找不到合适指示剂的滴定分析中。另外，电位滴定的一个诱人的特点是可以连续滴定和自动滴定。

1.3.2 电位滴定装置

电位滴定的基本仪器装置如图 1-25 所示。

1.3.2.1 滴定管

根据被测物质含量的高低，可选用常量滴定管或微量滴定管、半微量滴定管。

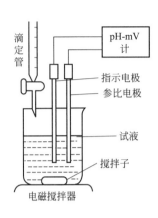

滴定管

pH-mV计

指示电极
参比电极

试液

搅拌子

电磁搅拌器

图 1-25　电位滴定装置示意图

1.3.2.2　电极

（1）指示电极　电位滴定法在滴定分析中应用广泛，可用于酸碱滴定、沉淀滴定、氧化还原滴定及配位滴定。不同类型滴定需要选用不同的指示电极，表 1-7 列出各类滴定常用的电极和电极预处理方法，以供参考。

（2）参比电极　电位滴定中的参比电极一般选用 SCE。实际工作中应使用产品分析标准规定的指示电极和参比电极。

1.3.2.3　高阻抗毫伏计和电磁搅拌器

高阻抗毫伏计可用酸度计或离子计代替。

表 1-7　电极选择参考

滴定方法	电极系统 （指示－参比）	说　明
1. 水溶液中和法	玻璃-饱和甘汞	（1）玻璃电极：新电极在使用前应在水中浸泡 24h 以上，使用后立即清洗，并浸于水中保存 （2）饱和甘汞电极：使用时电极上端小孔的橡皮塞必须拔出，以防止产生扩散电位，影响测定结果。电极内氯化钾溶液中不能有气泡，以防止断路。溶液内应保持有少许氯化钾晶体，以保证氯化钾溶液的饱和。注意电极液络部不被玷污或堵塞，并保证液络部有适当的渗出流速
	复合电极	复合电极：使用时电极上端小孔的橡皮塞必须拔出，以防止产生扩散电位，影响测定结果。电极的外参比补充液为氯化钾溶液（$3mol \cdot L^{-1}$），补充液可以从上端小孔加入。测量完毕不用时，应将电极保护帽套上，帽内应放少量氯化钾溶液，以保持电极球泡湿润。电极避免长期浸在蒸馏水、蛋白质溶液和酸性氟化物溶液中，并避免与有机硅油脂接触
2. 氧化还原法	铂-饱和甘汞	铂电极：使用应注意电极表面不能有油污物质，必要时可在丙酮或铬酸洗液中浸洗，再用水洗涤干净

续表

滴定方法	电极系统 （指示－参比）	说　明
3. 银量法	银－饱和甘汞	（1）银电极：使用前用细砂纸将表面擦亮，然后浸入含少量硝酸钠的稀硝酸（1＋1）溶液中，直到有气体放出为止，取出用水洗干净 （2）双盐桥型饱和甘汞电极：盐桥套管内装饱和硝酸铵或硝酸钾溶液，其他注意事项与饱和甘汞电极相同
4. 非水溶液酸量法	玻璃－饱和甘汞（冰乙酸作溶剂）	（1）玻璃电极：用法与水溶液中和法相同 （2）双盐桥型饱和甘汞电极：盐桥套管内装饱和氯化钾的无水乙醇溶液。其他注意事项与饱和甘汞电极相同
5. 非水溶液碱量法	玻璃－饱和甘汞（醇或乙腈作溶剂）	玻璃电极和双盐桥型饱和甘汞电极与非水溶液酸量法相同

注：摘自 GB/T 9725—2007。

1.3.3 滴定终点的确定方法

1.3.3.1 实验方法

进行电位滴定时，先要称取一定量试样并将其制备成试液。然后选择一对合适的电极，经适当的预处理后，浸入待测试液中，并按图 1-25 连接组装好装置。开启电磁搅拌器和毫伏计，先读取滴定前试液的电位值（读数前要关闭搅拌器），然后开始滴定。滴定过程中，每加一次一定量的滴定溶液就应测量一次电动势（或 pH），滴定刚开始时可快些，即测量间隔可大些（如可每次滴入 5mL 标准滴定溶液测量一次），当标准滴定溶液滴入约为所需滴定体积的 90% 的时候，测量间隔要小些。滴定进行至近化学计量点前后时，应每滴加 0.1mL 标准滴定溶液测量一次电池电动势（或 pH）直至电动势变化不大为止。记录每次滴加标准滴定溶液后滴定管相应读数及测得的电位或 pH。根据所测得的一系列电动势（或 pH）以及相应的滴定消耗的体积确定滴定终点。表 1-8 内所列的是以银电极为指示电极，饱和甘汞电极为参比电极，用 $0.1000\text{mol} \cdot \text{L}^{-1}$ $AgNO_3$ 溶液滴定 NaCl 溶液的实验数据。

表 1-8　以 0.1000mol · L⁻¹AgNO₃ 溶液滴定含 Cl⁻溶液

加入 AgNO₃溶液的体积 V/mL	电动势值（对 SCE）E/mV	$\dfrac{\Delta E}{\Delta V}$ / mV·mL⁻¹	$\dfrac{\Delta^2 E}{\Delta V^2}$ / mV·mL⁻²
5.00	62		
		2①	
15.00	85		
		4	
20.00	107		
		8	
22.00	123		
		15	
23.00	138		
		16	
23.50	146		
		50	
23.80	161		
		65	
24.00	174		
		90	
24.10	183		
		110	
			2800②
24.20	194		
		390	
			4400
24.30	233		
		830	
			-5900
24.40	316		
		240	
			-1300
24.50	340		
		110	
			-400
24.60	351		
		70	
24.70	358		
		50	
25.00	373		
		24	
25.50	385		
		22	
26.00	396		

① $\dfrac{\Delta E}{\Delta V}=\dfrac{E_{n+1}+E_n}{V_{n+1}-V_n}=\dfrac{(85-62)\text{mV}}{(15.00-5.00)\text{mL}}=2.3\text{mV}\cdot\text{mL}^{-1}\approx2\text{mV}\cdot\text{mL}^{-1}$。

② $\dfrac{\Delta^2 E}{\Delta V^2}=\dfrac{(\Delta E/\Delta V)_{m+1}-(\Delta E/\Delta V)_m}{V_{均m+1}-V_{均,m}}=\dfrac{(390-110)\text{ mV}\cdot\text{mL}^{-1}}{(24.25-24.15)\text{ mL}}=2800\text{mV}\cdot\text{mL}^{-2}$。

1.3.3.2　终点的确定方法

　　电位滴定终点的确定方法通常有三种：E-V 曲线法，$\Delta E/\Delta V$-$\overline{V}$ 曲线法，二阶微商法（见图 1-26）。

　　（1）E-V 曲线法　以加入滴定剂的体积 V（mL）为横坐标以相应的电动势 E（mV）为纵坐标，绘制 E-V 曲线。E-V 曲线上的拐点（曲线斜率最大处）所对应的滴定体积即为终点时滴定剂所消耗体积（V_{ep}）。拐点的位置可用下面的方法来确定：作两条与横坐标成 45°的 E-V 曲线的平行切线，并在两条切线间作一与两切线等距离的平行线，该线与 E-V 曲线交点即为拐点［见图 1-26(a)］。E-V 曲线法适于滴定曲线对称的情况，而对滴定突跃不十分明显的体系误差大。

　　（2）$\Delta E/\Delta V$-$\overline{V}$ 曲线法　此法又称一阶微商法。$\Delta E/\Delta V$ 是 E 的变化值与相应的加入标准滴定溶液体积的增量的比。如表 1-8 中，在加入

AgNO₃ 体为 24.10mL 和 24.20mL 之间，相应的

$$\frac{\Delta E}{\Delta V}=\frac{194-183}{24.20-24.10}=110$$

其对应的体积 $\bar{V}=\frac{24.20+24.10}{2}=$ 24.15（mL）

将 $\bar{V}$ 对 $\Delta E/\Delta V$ 作图，可得到一呈峰状的曲线［见图 1-26(b)］，曲线最高点由实验点连线外推得到，其对应的体积为滴定终点时标准滴定溶液所消耗的体积（即 V_{ep}）。用此法作图确定终点比较准确，但手续较烦。

（3）二阶微商法　此法依据是一阶微商曲线的极大点对应的是终点体积，则二阶微商（$\Delta^2E/\Delta V^2$）等于零处对应的体积也是终点体积。二阶微商法有作图法和计算法两种。

① 计算法　如表 1-8 中，加入 AgNO₃ 体积为 24.30mL 时，$\Delta^2E/\Delta V^2 = 4400$ mV·mL^{-2}；加入 AgNO₃ 体积为 24.40mL 时，$\Delta^2E/\Delta V^2 = -5900$mV·mL^{-2}。

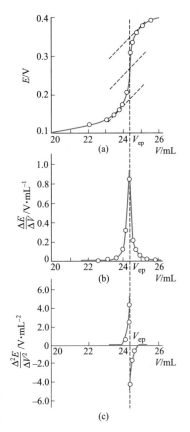

图 1-26　图解法确定电位滴定终点

则终点必然在 $\frac{\Delta^2E}{\Delta V^2}$ 为 $+4400$ 和 -5900 所对应的体积之间，即在 $24.30 \sim 24.40$mL 之间。可以用内插法计算，即

滴定体积/mL	24.30	V_{ep}	24.40
$\Delta^2E/\Delta V^2$	$+4400$	0	-5900

$$\frac{24.40-24.30}{-5900-4400}=\frac{V_{ep}-24.30}{0-4400}$$

$$V_{ep}=24.30+\frac{0-4400}{-5900-4400}\times0.10=24.34（mL）$$

② $\Delta^2 E / \Delta V^2 - \overline{V}$ 曲线法　以 $\Delta^2 E / \Delta V^2$ 对 $\overline{V}$ 作图，得图 1-26(c) 曲线，曲线最高点与最低点连线与横坐标的交点即为滴定终点体积。

1.3.4　自动电位滴定法

在上述电位滴定过程中，用人工操作进行滴定并随时测量、记录滴定电池的电位，最后通过绘图法或计算法来确定终点，这种方法麻烦且费时。随着电子技术和自动化技术发展，出现了以仪器代替人工滴定的自动电位滴定计。

1.3.4.1　自动电位滴定终点的确定

自动电位滴定仪确定终点的方式通常有三种：第一种是保持滴定速度恒定，自动记录完整的 $E\text{-}V$ 滴定曲线，然后再根据前面介绍的方法确定终点；第二种是将滴定电池两极间电位差同预设置的某一终点电位差❶相比较，两信号差值经放大后用来控制滴定速度。近终点时滴定速度降低，终点时自动停止滴定，最后由滴定管读取终点滴定剂消耗体积；第三种是基于在化学计量点时，滴定电池两极间电位差的二阶微分值由大降至最小，从而启动继电器，并通过电磁阀将滴定管的滴定通路关闭，再从滴定管上读出滴定终点时滴定剂消耗体积。这种仪器不需要预先设定终点电位就可以进行滴定，自动化程度高。

1.3.4.2　ZDJ-4A 自动电位滴定仪介绍

商品自动电位滴定仪有多种型号，如 ZD-2、ZDJ-3D、ZDJ-4A、ZDJ-5 和梅特勒 T50 等。下面以 ZDJ-4A 自动电位滴定仪为例说明自动电位仪的使用方法。

ZDJ-4A 自动电位滴定仪（见图 1-27）采用微处理技术、液晶显示屏，操作者可利用其滴定专用软件与计算机进行人机对话。仪器设有预滴定、预设终点滴定、空白滴定或手动滴定等功能。滴定系统采用抗高氯酸腐蚀的材料，可进行多种滴定反应。利用操作软件可对滴定模式进行选择和编辑，实现遥控操作，并进行多种统计结果的计算，显示并打印出有关测试参数、滴定曲线图和测量结果。

（1）仪器主要技术参数　ZDJ-4A 自动电位滴定仪主要技术参数见表 1-9。

---

❶ 先用手动方法对待测试液进行预滴定做 $E\text{-}V$ 曲线，并以此确定滴定终点的电位。

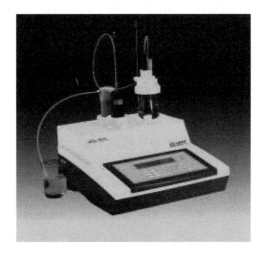

图1-27　ZDJ-4A自动电位滴定仪外形图

表1-9　ZDJ-4A自动电位滴定仪主要技术参数

项目	[H$^+$]/pH	电位值/mV	温度/℃
测量范围	0.00 ～ 14.00	－1800 ～ 1800.0	－5.0 ～ 105.0
分辨率	0.01pH	0.1	0.1
基本误差	±0.01pH±1个字	±0.03％ FS	±0.3℃ ±1个字
滴定管容量允差/mL	10mL滴定管	20mL滴定管	
	±0.025	±0.035	
滴定管输液或补液速度/s	50±10（滴定管满度时）		
滴定分析重复性/%	0.2		
滴定控制灵敏度/mV	±2		

（2）仪器安装

① 安装环境要求　操作室环境温度为5 ～ 35℃，室内相对湿度不大于80％；供电电源为交流220V±22V，频率为50Hz±1Hz，如达不到要求，应配备稳压电源。仪器需有良好接地，实验室除地磁场外，无强电磁场干扰。操作室内要有通风装置，装有化验盆、水龙头等设施，工作台坚固防振。实验室还应备有专用废液收集桶，配有窗帘，避免阳光直射。

② 仪器安装

a.详细阅读仪器说明书。按仪器说明书，检查仪器零部件是否齐全。

b. 安装搅拌器和溶液杯。把电极杆旋入主机面板右上角螺孔内，旋紧。在电极杆上装上搅拌器，并用紧固螺钉锁紧搅拌器，然后在其上方再装上溶液杯支架，并旋紧固定螺钉。

c. 安装滴定管。安装滴定管时，先将活塞连杆拔出，将滴定管上的活塞杆插入顶杆的燕尾槽内，往下压紧旋转滴定管，检查是否吻合，旋紧滴定管上的压紧螺母。

d. 连接输液管，安放溶液杯。将最长的一根作为进液管，最短的一根作为连接三通阀和滴定管，另一根输液管连接三通阀和滴定毛细管，旋紧接口处螺母，以防止液体泄漏。注意，输液管安装要平整不能弯折，应呈现自然弯曲状态旋紧时，输液管不能有位移和弯折现象。将滴液管插在支架上的滴液管孔内。在溶液杯里放入搅拌子，将溶液杯装在溶液杯支架上，并调整好位置，使之置搅拌器上（见图1-28）。

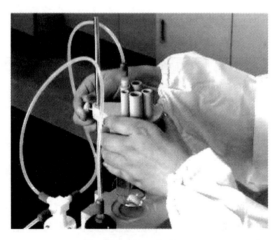

图1-28　安放溶液杯

e. 安装电极连接电源。将搅拌器电源插头插入仪器后面板搅拌器插座内（见图1-29）。按具体分析需要，安装上电位滴定所需电极，如酸碱滴定可选择pH复合电极和温度传感器。安装时，先拔出复合电极电极套，再将电极插头插入仪器后面板测量电极1插座内（**注意！** 测量电极2的插座上接有Q9短路插头不能拔出，必须保证测量电极2上的Q9插头短路良好），将电极插入溶液杯支架上的电极孔内。将温度传感器插头插入仪器后面板温度电极插座内，传感器同样也插入溶液杯支架上的孔内。在洁净且干燥的溶液杯中移进一定量的试液，放入搅拌子，小心移动电极支架，将电极和温度传感器浸入试杯溶液中。连接仪器电源。

f.仪器与计算机连接。连接计算机与仪器RS232通信接口；连接打印机。

g.开启计算机，安装仪器工作软件（软件由厂商提供）。

（3）仪器操作键的功能和使用　仪器面板上设有22个键（见图1-30），分别为0～9数字键、"·""－""F1""F2""F3""mV/pH""标定""模式""设置""搅拌""打印"和"退出"键，其中有些键为共用键。下面简要介绍这些键的功能和使用方法。

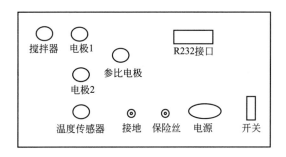

图1-29　仪器后面板示意图

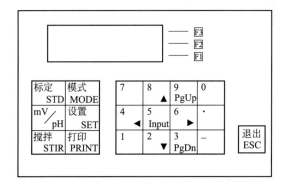

图1-30　面板键盘位置示意图

① 0～9数字键 "·" 和 "－" 用于数据输入，其中数字键"2""4""6""8"分别兼作下调、左调、右调、上调键用，"3""9"分

别为兼作PgDn（下页）和PgUp（上页）键，"5"兼作"Input"键，这些都是共用键。左调和右调键、下调和上调健在许多状态下，用于移动光条和调节数值。在设置过程中，左调或右调键可选择终点数，黑色表示选中；按上调或下调键可移动光标进行选项；PgDn键和PgUp键用于菜单翻页；Input键用于模式名称输入。

② F1、F2、F3键 它们分别表示在仪器当前状态下，显示屏右边小方格中所显示的相应的功能。例如仪器在某状态下，与F1相应位置的显示屏右方格显示"滴定"，此时按下F1键仪器进入滴定功能；与F2相应位置的显示屏右方格显示"补液"，此时按下F2键，仪器进入补液功能；F3对应"清洗"，按"F3"键，仪器进入清洗功能。若仪器在某另一状态下，F2键对应"设置"，按F2键，仪器进行参数修改；F3键对应"下页"，按F3键，仪器显示屏将显示下页内容。

③ 模式键 按下此键，仪器进入模式滴定功能，包括模式的载入、模式参数的修改、模式删除以及模式的生成等（详细操作方法请阅读说明书）。

④ 设置键 用于设置参数，包括用于设置测量电极插口、滴定管、滴定管系数、日期、时间、预滴定参数和预控滴定参数等（详见说明书）。

⑤ mV/pH键 用于mV、pH两种测量状态之间的切换。

⑥ 标定键 用于标定电极的斜率。

⑦ 打印键 用于检测打印机，打印滴定结果、滴定数据、滴定曲线等。

⑧ 搅拌键 用于启动搅拌器并可设置搅拌速度。

⑨退出键 用于退出仪器的当前功能模式。按下此键，仪器退出当前的功能模式，返回到上一次菜单。

（4）滴定模式简介 仪器设有如下5种滴定模式。

① 预滴定模式 这是仪器主要滴定模式之一，许多模式滴定都要从预滴定模式产生，仪器可通过预滴定模式自动找到滴定终点，从而生成专用滴定模式。

② 预设滴定终点 如果操作者已知滴定终点的pH或电位值，可用预设终点滴定功能进行滴定。此时只需输入终点数，如终点pH或电位值或预控点值（预控点是指快速滴定到慢速滴定的切换点），即可进行滴定。

③ 模式滴定　仪器提供两种专用模式滴定。A模式为HCl滴定NaOH；B模式为$K_2Cr_2O_7$滴定Fe^{2+}；其余模式滴定需要操作者先进行预滴定，取得滴定参数，再通过按"模式"键，将所得参数储存于仪器中方可生成专用滴定模式。此后只需载入此模式即可进行滴定（模式生成方法详见说明书）。

④ 手动滴定　仪器通过设定添加体积进行手动滴定，利用手动滴定模式可帮助操作者找到滴定终点，从而生成专用滴定模式。

⑤ 空白滴定　该模式适用于滴定剂消耗少（1mL以下）的滴定体系。在此模式中，仪器每次添加体积为0.02mL，操作者可以修改此参数，也可以自己设置预加体积数，以加快滴定速度，从而以此寻找滴定终点，生成专用滴定模式。

（5）仪器参数设置　仪器参数设置包括设置电极插口、设置滴定管、设置滴定管系数、设置搅拌器开始速度、设置预滴定参数、设置预控滴定参数、设置日期和时间、设置打印机类型等。

① 电极插口设置　当电极插在电极插口1时，必须相应地将电极插口设置为"插口1"［参见图1-31（a）］；如若电极插在插口2上，则应将电极插口设置为"插口2"。操作如下：在仪器的起始状态下，按设置键，仪器进入设置模式。仪器光标显示在"电极插口"上，按"F2"设置键，再按"PgDn"或"PgUp"键，使仪器显示"电极插口2"，然后按"F2"确认即可。

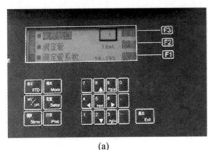 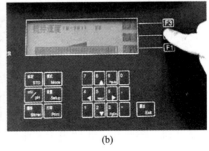

(a)　　　　　　　　(b)

图 1-31　仪器参数设置

② 滴定管设置　仪器提供10mL和20mL两种体积滴定管，操作时应根据所选择的滴定管体积进行设置。例如使用20mL滴定管应将滴定管设置为20mL。否则将直接导致仪器不能正确显示滴定溶液的体积。

设置操作方法是：在仪器的起始状态下，按仪器"设置"键，仪器进入设置模式，移动光标至滴定管上，按"F2"设置键，再按"PgDn"或"PgUp"键，使仪器显示"滴定管20mL"，按"F2"确认键，确认设置。

③ 滴定管系数设置　每支滴定管均标有滴定系数，使用时应按以下方法设置：按"设置"键，进入设置模式，按"▼"键，使光标显示在滴定管系数上，按"F2"，按上调或下调键，调节滴定管系数至已知数值，调节完毕，按"F2"确认键，确认设置。

④ 预滴定参数设置　一般情况下不必设置预滴定参数，因为仪器一般已能满足滴定要求。当预滴定突跃偏低或噪声太大，无法正确找到滴定终点时，则需将终点突跃设置为"小"。仪器只提供"预滴定结束体积"和"预滴定终点突跃"2个参数量。

a.预滴定结束体积设置。在预滴定时，找到一个滴定终点后，仪器自动进行下一个终点寻找，并不停止滴定，必须按终止键或根据结束体积设置值停止滴定。结束体积缺省值为40mL，可根据实际需要重新设置。设置方法是：按"设置"键进入设置模式，移动光标至"结束体积"，按"F2"设置键，仪器进入"预滴定结束体积"的设置状态，按需要用数字键输入预滴定结束体积值，输入完毕，按"F2"确认键。

b.预滴定终点突跃设置。突跃量大小一般无需修改，因为更动突跃量大小会直接影响下次滴定的终点。若需要更动，先移动光标至"终点突跃"，按"F2"设置键，仪器进入"预滴定终点突跃"设置状态，一般只需选择终点突跃为"大"、"中"、"小"即可。

⑤ 搅拌器速度设置　在预置有一定量被测溶液的溶液杯中放入搅拌子，并将溶液杯置搅拌器上，按下搅拌键，仪器进入搅拌器速度设置状态[参见图1-31（b）]，按上调或下调逐步增加或降低搅拌器速度（也可按"F2"设置键，再输入搅拌速度值，按"F2"确认，退出输入状态），搅拌器即可按新速度开始搅拌。如果输入有误可按"F3"消除键清除后重新输入。

⑥ 打印机设置　仪器兼容PT-16、PT-24和PT-40三种型号打印机，一般多使用PT-40型。使用时应设置相应的型号。设置方法：在起始状态下，按"设置"键，再按"▲"或"▼"键，选中"打印机"，按"F2"设置键，进入打印机设置状态，按"PgDn"或"PgUp"键，选

择对应的打印机型号，选择结束按"F2"确认键。

⑦ 日期设置 按"设置"键，进入设置状态，按"▲"或"▼"键，移动光标至日期上，按"F2"设置键，即可设置日期，再按左调或右调键，移动左右光标至需要设置的年、月、日上，再按左调或下调键调节至具体的年、月、日。

(6) 仪器使用操作步骤 以酸碱滴定（预设终点法）为例。

① 实验前准备

a.仔细阅读仪器说明书和软件使用说明。

b.打开仪器电源开关预热几分钟；打开电脑，进入软件起始状态。

c.清洗输液管并赶走管内气泡。将输液管（管外壁的水已用吸水纸吸干）插入 $0.1000 mol \cdot L^{-1}$ 标液瓶中，将200mL空烧杯放在搅拌器上，按F3清洗键，按上调或下调键选择清洗次数（建议清洗6次以上）。再按下"F2"确认键，仪器开始清洗。清洗过程应检查输液管内是否有气泡或漏液现象，若有气泡可用中指轻弹输液管，使气泡沿液体流动方向排出。输液管清洗完毕界面自动返回起始状态。移去废液杯，将废水倒入废液桶内。

② 标定电极

a.安装电极和温度传感器。安装好分析所需的电极（已按使用规范预先处理好）和温度传感器［安装方法参阅1.3.4.2（2）②e］。将复合电极上护套推上，露出电极内充溶液加液口，用蒸馏水将电极洗净，吸去电极外部水分，移去废液杯。

b.标定电极。在溶液杯（已用标准缓冲溶液润洗过）中倒入标准缓冲溶液（pH＝6.86，25℃），将洁净搅拌子放入杯中。将溶液杯放在搅拌器上，移动支架小心将电极和温度传感器浸入试杯溶液中，开启搅拌器开关。按"搅拌"键，进入设置搅拌速度界面，设定、输入搅拌速度数值，返回仪器起始状态。在仪器起始状态下，按仪器的"标定"键，仪器进入标定状态，此时仪器显示当前溶液的pH值和温度值。待读数稳定后按下"F2"确认键，仪器显示电极的百分斜率和 E_0 值，至此一点标定结束。仪器显示"进行第二点标定？"，按"F2"确认键（如不需要，按"F1"取消键），继续第二点标定。

将第一种标准缓冲液烧杯移出，换上空烧杯，用去离子水洗净电极，吸去外部水分，将烧杯取下。放上盛有另一种标准缓冲溶液（pH=4.00或pH=9.18）的溶液杯，在杯中放入搅拌子，开启搅拌器，仪器进入二点标定工作状态，待读数稳定后按"F2"确认键，仪器显示标定结束，按"F2"确认键或"F1"取消键退出标定模式。

③ 切换测量状态　电极标定完毕，将标准缓冲溶液杯取下，换上空烧杯，用蒸馏水洗净电极，吸去外部水分。按"mV/pH"转换键，使显示切换到pH测量状态。

④ 取样　用移液管移取$0.1mol \cdot L^{-1}$的NaOH溶液10mL，加入40mL去离子水至溶液杯中，将搅拌子（已清洗过）放入溶液杯，取下烧杯换上溶液杯，按溶液杯安装操作。

⑤ 补液　仪器在起始状态下，如果滴定管活塞不在起始点，按"F2"补液键，补液完毕仪器自动返回起始状态，在补液过程中，按"F1"终止键，可停止补液，每次滴定结束，仪器会自动进行补液过程。

⑥ 预设终点滴定设置　在起始状态下，按"F1"滴定键进入滴定模式选择状态，按上调或下调键，移动光标至"预设终点滴定"上，按下"F2"确认键；再按上调或下调键，移动光标至选择"pH滴定"模式，选择完毕按下"F2"确认键。按"F3"搅拌键，仪器显示电极百分斜率和E_0值。按"F1"确认键，进入预设终点参数状态，按左调或右调键，根据不同实验选择相应的终点数（此实验选"1"，黑色表示选中）。选择完毕（黑色表示选中）按"F2"确认键，进入第一终点设置。按"F2"确认键，输入终点pH数值，按"F2"确认键。如果需要设置预控滴定终点前的控制点，则按上调或下调键，移动光标至预控点，再按"F2"设置键，输入所需预控pH值，按"F2"确认键和滴定键，仪器进入自动滴定状态（注：仪器在当时状态下，屏幕上的"延时时间"一般不需更改。在滴定过程中，仪器提供以下几种滴定模式：重复上次滴定、预滴定、预设终点滴定、模式滴定、手动滴定、空白滴定等，这里只介绍预滴定和预设终点滴定，其余滴定模式请阅读说明书）。滴定完毕仪器将提供测量数据，记录并保存相关数据。

⑦ 结束工作　用清洗液或净水清洗仪器滴定管、输液管。关闭仪器电源开关。洗净电极，并对所用电极做好维护保养工作。处理废液，

整理并清洁操作台，填写仪器使用登记表。

(7) 仪器使用注意事项

① 电极输入端"1"、"2"插口在仪器不使用时，必须插上短路插头。

② 在进行滴定分析前输液管需用滴定剂至少清洗6次以上，才能保证分析精度。

③ 进行酸碱滴定时，为了保证测量准确性，电极应先用标准缓冲溶液进行二点标定。

④ 每测完一次都必须用去离子水清洗电极，并用吸水纸吸去电极外壁上的水。

⑤ 选择预设终点滴定法，必须事先已知该被测溶液终点mV值或pH值（可通过预滴定来得到），再设置该溶液的终点值。

(8) 常见故障分析和排除方法　仪器常见故障、产生原因及排除方法见表1-10。

表1-10　仪器常见故障、产生原因及排除方法

现象		产生原因	排除方法
开启电源开关仪器无响应		(1) 电源未接通 (2) 保险丝熔断 (3) 仪器电源开关接触不良	(1) 检查供电电源和连接线 (2) 更换保险丝 (3) 更换仪器电源开关
mV测量不正确		(1) 电极性能不好 (2) 另一电极插口短路不好	(1) 更换新电极 (2) 更换Q9短路插头
pH测量不正确		(1) 电极性能不好 (2) 另一电极插口短路不好 (3) 电极插口设置错误	(1) 更换新电极 (2) 更换Q9短路插头 (3) 重新设置正确的电极插口
预滴定找不到终点		(1) 终点突跃太小 (2) 滴定剂或样品错误 (3) 终点体积较小 (4) 电极选择错误	(1) 将突跃设置为"小" (2) 更换滴定剂或正确取样 (3) 改用"空白滴定"模式 (4) 正确选择电极
预滴定找到假终点		预滴定参数设置不合适	将滴定突跃设置为"大"
滴定模式错误	预滴定找到假终点	预滴找到假终点	将假终点关闭
	滴定结果为0.00mL	电极插口选择错误	设置正确电极插口
	找不到终点	模式选择错误	选择正确滴定模式

续表

现象		产生原因	排除方法
预设终点滴定错误	2个以上终点时参数设置完毕后无法进行滴定	参数设置错误	重新设置正确参数
	滴定时显示"预控点设置错误"	参数设置错误或电极插口设置错误	重新设置正确预控点,设置正确的电极插口
搅拌器不转		(1)搅拌器没连接 (2)搅拌设置错误 (3)搅拌器坏 (4)溶液杯内无搅拌子	(1)连接好搅拌器连线 (2)加快搅拌速度 (3)更换搅拌器 (4)放置搅拌子
输液管有气泡		输液管接口漏液	安装好输液管
机械动作不正常		滴定管安装不正确	安装好滴定管
电极标定错误		(1)pH电极性能差 (2)缓冲溶液配制错误 (3)电极插口选择错误	(1)更换pH电极 (2)重新配制标准缓冲溶液 (3)设置正确的电极插口

1.3.5 永停终点法

永停终点法是电位滴定法的一个特例,原理也有所不同。将两支相同的铂电极插入被测溶液中,在两个电极间外加一个小量电压(10~100mV),观察滴定过程中电解电流的变化以确定终点,这种方法叫做永停终点法。

1.3.5.1 基本原理及终点的确定

当溶液中存在氧化还原电对时,插入一支铂电极,它的电极电位服从能斯特方程,但在该溶液中插入两支相同的铂电极时,由于电极电位相同,电池的电动势等于零。这时若在两个电极间外加一个很小的电压,接正端的铂电极发生氧化反应,接负端的铂电极发生还原反应,此时溶液中有电流通过。这种外加很小电压引起电解反应的电对称为可逆电对。如I_2/I^-电对就是可逆电对,电解反应为$I_2 + 2e^- \rightleftharpoons 2I^-$。反之,有些电对在此小电压下不能发生电解反应,称为不可逆电对,如$S_4O_6^{2-}/S_2O_3^{2-}$电对。例如用$S_2O_3^{2-}$滴定I_2,从滴定开始到化学计量点前,溶液中存在I_2/I^-可逆电对,此时有电流流过溶液;滴定到终点时,溶液中的I_2均被还原为I^-;过量半滴$S_2O_3^{2-}$时,溶液中存在$S_4O_6^{2-}/S_2O_3^{2-}$

不可逆电对，所以电流立即变为零，即电流计指针偏回零，此即滴定终点，终点后再滴加 $S_2O_3^{2-}$ 溶液，电流永远为零，电流计指针永远停在零点。所以称它为"永停"或"死停"终点法。

反之，若以 I_2 滴定 $S_2O_3^{2-}$，在理论终点前，溶液中存在 $S_4O_6^{2-}$/$S_2O_3^{2-}$ 不可逆电对，溶液中无电流流过，电流计指针指零，过了终点，多余的半滴 I_2 与溶液中的 I^- 构成 I_2/I^- 可逆电对，产生电解反应，电流计指针立即产生较大的偏转，表示终点已经达到。

1.3.5.2 永停滴定仪介绍

实验室用永停仪种类很多，如WA-Ⅰ型和WA-Ⅱ型高灵敏微量水分测定仪、ZDJ-3Y全自动永停滴定仪等。下面以WA-Ⅱ型高灵敏微量水分测定仪（见图1-32）为例对永停滴定仪做简单介绍。图1-32为WA-Ⅱ型高灵敏微量水分测定仪的正视图及全套玻璃仪器。

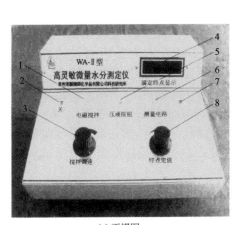

(a) 正视图

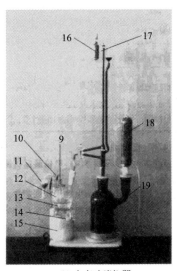

(b) 全套玻璃仪器

图 1-32　WA-Ⅱ型高灵敏微量水分测定仪

1—搅拌电源指示灯；2—搅拌机开关；3—搅拌转速调节旋钮，调节搅拌速度；
4—滴定终点数字显示屏；5—压液按钮，用于自动为滴定管加液；6—测量电路电源指示灯；
7—测量电路开关；8—滴定终点"100"给定旋钮，用于调节仪器的最大指示值；
9—液体、固体试样进样口；10—电极；11—单球干燥管；12—滴定池；13—搅拌子；
14—液出口；15—搅拌器；16—干燥管；17—微量滴定管；18—干燥塔；19—双口瓶

1.3.5.3　WA-Ⅱ型永停滴定仪的使用

（1）准备工作

① 按说明书要求将仪器各部件连接好(见图1-32)，并调试确保能正常使用。

② 在所有干燥器中均装入变色硅胶，用真空脂处理好各玻璃活塞、玻璃标准口塞，然后在干燥的双口瓶中倒入费休试剂。

③ 旋转滴定管玻璃三通阀至上液位置,按仪器面板上压液按钮,待液面上升漫过零点口时即转动三通阀，然后松开压液按钮。

④ 向滴定池中加入20mL无水甲醇，放入搅拌子。

⑤ 打开电磁搅拌开关，由慢到快逐渐调整到所需的转速。

⑥ 打开测量系统开关，拉出终点定值电位器，并调整数字屏读数至100。

（2）卡尔-费休试剂(简称费休试剂)的标定　在适宜的电磁搅拌速度下，在20mL无水甲醇中滴加费休试剂，当数字显示屏上读数为最大值并能保持30s不降时，无水甲醇中的微量水反应恰好反应完全，即达到滴定终点（不计数）。

用微量注射器抽取适量纯水（纯水的具体用量要根据费休试剂的浓度而定，一般控制在费休试剂消耗在3mL左右为宜），并快速将纯水注入反应容器中，记下加水的质量，用费休试剂再次滴定至终点，记录所消耗的试剂体积。平行标定三次。求费休试剂对应于水的滴定度。

（3）样品中微量水含量测定　称取适量样品，从进样口加入滴定容器中，盖上进样口瓶塞，搅拌使其溶解，用费休试剂滴定至读数最大并保持30s不下降即为终点。平行测定三次，根据标定出的费休试剂对应于水的滴定度求样品中微量水含量。

目前，随着电子技术和计算机的不断发展，永停滴定仪向小型化、自动化方向发展，已出现了多种全自动永停滴定仪，具有中文显示、中文输入、中文输出；可以打印标定结果,可以存储测试结果,可以对同一批多组数据进行统计等多种功能，使测定过程更加简单准确。

1.3.6　电位滴定法的特点和应用

电位滴定法与使用指示剂的滴定分析相比有很多的优越性，它除了适用于没有适当指示剂及浓度很稀的试液的各滴定反应类型的滴定外，还特别适用于浑浊、荧光性的、有色的甚至不透明溶液的滴定。采用自动电位滴定仪，还可提高分析精度，减少人为误差，加快分析速度和实现全自动操作。表1-11列出电位滴定法部分应用实例。

表1-11　电位滴定法部分应用举例

滴定方法	参比电极	指示电极	应用举例
酸碱滴定	甘汞电极	玻璃电极 锑电极	在HAc介质中，用$HClO_4$溶液滴定吡啶；在乙醇介质中用HCl滴定三乙醇胺
沉淀滴定	甘汞电极 玻璃电极	银电极 汞电极	用$AgNO_3$滴定Cl^-、Br^-、I^-、SCN^-、S^{2-}、CN^-等 用$Hg(NO_3)_2$滴定Cl^-、I^-、SCN^-和$C_2O_4^{2-}$等
氧化还原滴定	甘汞电极 钨电极	铂电极	$KMnO_4$滴定I^-、NO_2^-、Fe^{2+}、V^{4+}、Sn^{2+}、$C_2O_4^{2-}$等 $K_2Cr_2O_7$滴定Fe^{2+}、Sn^{2+}、I^-、Sb^{3+}等 $K_3[Fe(CN)_6]$滴定Co^{2+}等
配位滴定	甘汞电极	汞电极 铂电极	用EDTA滴定Cu^{2+}、Zn^{2+}、Ca^{2+}、Mg^{2+}和Al^{3+}等多种金属离子

 阅读材料

科学家能斯特

　　能斯特(Walther Hermann Nernst)是德国物理化学家，1864年6月25日生于西普鲁士的布利森，1887年获博士学位。1889年他提出溶解压假说，从热力学导出了电极电位与溶液浓度的关系式，即电化学中著名的能斯特方程，此方程一直在电化学中应用至今。能斯特的这一成果使他在二十多岁时就在电化学界获得了国际声誉。同年，他还引入溶度积这个概念，用来解释沉淀反应。1906年，他又根据对低温现象的研究，得出了热力学第三定律，人们称之为"能斯特热定理"，这个定理有效地解决了计算平衡常数的问题和许多工业生产难题。能斯特因此获得了1920年诺贝尔化学奖。

　　能斯特喜欢从实验研究去发现新的规律。他对可靠的实验结果很感兴趣，但并不在乎仪器样子是否笨重，对拼凑而成的实验装置从不介意。他时常动手自己建立实验仪器（如变压器、压力及温度控制器甚至是微量天平等）。在能斯特的实验室几乎所有的仪器都是按仪器越小越好，组装材料越少越好的前提下建造的。在材料及能源的使用上能斯特是极为节省的，他轻视随便滥用自然资源。能斯特对于物理化学在实际中的应用也非常重视，他是第一个在高压条件下研究合成氨反应的人。

1.4 应用实例

1.4.1 电位法测量水溶液的pH

1.4.1.1 方法原理

在生产、科研和环境监测中常会接触到有关pH的问题，粗略地测pH可用pH试纸，而比较精确地测pH需要用电位法，这就是根据能斯特公式，用酸度计测量电池电动势来确定pH。这种方法常用pH玻璃电极为指示电极（接酸度计的负极）饱和甘汞电极为参比电极（接酸度计的正极）与被测溶液组成电池，则25℃时

$$E_{电池} = K' + 0.0592pH$$

式中，K'在一定条件下虽有定值，但不能准确测定或计算得到，在实际测量中要使用标准缓冲溶液来校正酸度计（即进行"定位"）后，才可在相同条件下测量溶液pH。根据式（1-21）E_x和E_S差值与pH_x和pH_S的差值呈线性关系，直线斜率是温度的函数，在25℃时直线斜率为0.0592。为了保证不同温度下测量精度符合要求，为了补偿由于温度变化造成的误差，测量中需要对电极系统的斜率进行校准。斜率校正有一点校正、二点校正，常用的是二点校正。二点校正需要使用两种标准缓冲溶液，一般先用pH值为6.86（25℃）的标准缓冲溶液定位，然后再用与被测溶液pH接近的标准缓冲溶液测定斜率（精密测量时，要求电极斜率的实际值要达理论值的95％以上）。在测量未知液pH时，一般将样品溶液分成两份，分别测定，测得的pH值读数至少稳定1min。两次测定的pH值允许误差不得大于±0.02。

1.4.1.2 仪器与试剂

（1）仪器 pHSJ-3F酸度计（或其他类型酸度计）；pH复合电极（或使用231型pH玻璃电极和222型饱和甘汞电极）；温度传感器。

（2）试剂

① 两种不同pH的未知液（A）和（B）。

② pH=4.00的标准缓冲液：称取在110℃下干燥过1h的邻苯二甲酸氢钾5.11g，用无CO_2的水溶解并稀释至500mL。贮于用所配溶液荡洗过的聚乙烯试剂瓶中，贴上标签。

③ pH=6.86标准缓冲液：称取已于（120±10）℃下干燥过2h的磷

酸二氢钾1.70g和磷酸氢二钠1.78g，用无CO_2水溶解并稀释至500mL。贮于用所配溶液荡洗过的聚乙烯试剂瓶中，贴上标签。

④ pH=9.18标准缓冲液：称取1.91g四硼酸钠，用无CO_2水溶解并稀释至500mL。贮于用所配溶液荡洗过的聚乙烯试剂瓶中，贴上标签。

⑤ 广泛pH试纸（pH1 ~ 14）。

1.4.1.3　实例内容与操作步骤

（1）标准缓冲溶液配制　配制pH值分别为4.00、6.86和9.18的标准缓冲溶液各500mL。

（2）酸度计使用前准备　接通酸度计电源，预热20min。

（3）电极处理和安装　将在3mol·L^{-1}KCl中浸泡活化8h的复合电极和温度传感器安装在多功能电极架上，并按要求搭建实验装置。用蒸馏水冲洗电极和温度传感器，用滤纸吸干电极外壁水分。

（4）校正酸度计（二点校正法）

① 将选择按键开关置"pH"位置。取一洁净塑料试杯（或100mL烧杯）用pH=6.86（25℃）的标准缓冲溶液荡洗三次，倒入50mL左右该标准缓冲溶液。

② 将电极与温度传感器插入标准缓冲溶液中，小心轻摇几下试杯，以促使电极平衡。

注意！电极不要触及杯底，插入深度以溶液浸没玻璃球泡为限。

③ 按"校准"钮，进行手动"定位"。调节"▲"或"▼"，使数字显示屏稳定显示该标准缓冲溶液在当时温度下的pH。随后将电极和温度传感器从标准缓冲溶液中取出，移去试杯，用蒸馏水清洗，并用滤纸吸干外壁水。

④ 另取一洁净试杯（或100mL小烧杯），用另一种与待测试液（A）pH（可用pH试纸预先测试）相接近的标准缓冲溶液荡洗三次后，倒入50mL左右该标准缓冲溶液。将电极和温度传感器插入溶液中，小心轻摇试杯，致使电极平衡。按"校准"钮，进行手动调"斜率"，调节"▲"或"▼"，将pH值调至溶液温度下的pH值。再按"确认"钮。校正完毕后，仪器显示校正系数K，测定要求K值在90%~100%之间，如不在该范围之内，需要进行重新校正。

（5）测量待测试液的pH值

① 移去标准缓冲溶液，清洗电极和温度传感器，并用滤纸吸干电

极外壁水。取一洁净试杯（或100mL小烧杯），用待测试液（A）荡洗三次后倒入50mL左右试液。

注意! 待测试液温度应与标准缓冲溶液温度相同或接近。若温度差别大，则应待温度相近时再测量。

② 将电极插入被测试液中，轻摇试杯以促使电极平衡。待数字显示稳定（稳定1min）后读取并记录被测试液的pH值。平行测定两次，并记录（**注意!** 两次测定的pH值允许误差不得大于 ±0.02）。

③ 按步骤（4），（5）测量另一未知液（B）的pH[**注意!** 若（B）与（A）的pH相差大于3个pH单位，则酸度计必须重新再用另一与未知液（B）pH相近的pH标准缓冲溶液按(4)中③、④步骤进行校正，若相差小于3个pH单位，一般可以不需重新校正]。

（6）结束工作　关闭酸度计电源开关，拔出电源插头。取出pH复合电极用蒸馏水清洗干净后浸泡在电极套中。取出温度传感器用蒸馏水清洗，再用滤纸吸干外壁水分，放在盒内。清洗试杯，晾干后妥善保存。用干净抹布擦净工作台，罩上仪器防尘罩，填写仪器使用记录。

1.4.1.4　注意事项

① 酸度计的输入端（即测量电极插座）必须保持干燥清洁。在环境湿度较高的场所使用时，应将电极插座和电极引线柱用干净纱布擦干。读数时电极引入导线和溶液应保持静止，否则会引起仪器读数不稳定。

② 标准缓冲溶液配制要准确无误，否则将导致测量结果不准确。

③ 若要测定某固体样品水溶液的pH值，除特殊说明外，一般应称取5g样品（称准至0.01g）用无CO_2的水溶解并稀释至100mL，配成试样溶液，然后再进行测量。

由于待测试样的pH常随空气中CO_2等因素的变化而改变，因此采集试样后应立即测定，不宜久存。

④ 注意用电安全，合理处理、排放实验废液。

1.4.1.5　数据处理

分别计算各试液pH的平均值。

1.4.1.6　思考题

① pH玻璃电极对溶液中氢离子活度的响应，在酸度计上显示的pH

值与氢离子活度之间有何定量关系？

② 在测量溶液的pH时，既然有用标准缓冲溶液"校正"这一操作步骤，为什么在酸度计上还要有温度补偿装置？

③ 测量过程中，读数前轻摇试杯起什么作用？读数时，是否还要继续晃动溶液？为什么？

1.4.2　氟离子选择性电极测定饮用水中氟的含量

1.4.2.1　方法原理

以氟离子选择电极为指示电极,饱和甘汞电极为参比电极,可测定溶液中氟离子含量。工作电池的电动势E,在一定条件下与氟离子活度a_{F^-}的对数值成直线关系,测量时,若指示电极接正极,则$E = K' - 0.05921g\, a_{F^-}$（25℃）。

当溶液的总离子强度不变时,上式可改写为

$$E = K - 0.05921g\, c_{F^-}$$

因此在一定条件下,电池电动势与试液中的氟离子浓度的对数呈线性关系,可用标准曲线法或标准加入法进行测定。

温度、溶液pH、离子强度、共存离子均会影响测定的准确度。因此为了保证测定准确度,需向标准溶液和待测试样中加入TISAB,以使溶液中离子平均活度系数保持定值,并控制溶液的pH和消除共存离子干扰。

使用离子计也可以对氟离子进行浓度直读测量（即测溶液的pF^-值）,其方法与测定溶液中pH的方法相似。但要注意保持标准溶液和水样的离子强度基本相同。

1.4.2.2　仪器与试剂

（1）仪器　离子计或精密酸度计；饱和甘汞电极；电磁搅拌器。

（2）试剂

① 1.000×10^{-1}mol·$L^{-1}F^-$标准贮备液：准确称取NaF（120℃烘1h）4.199g,用去离子水溶解后定量移入1000mL容量瓶中,定容,摇匀。贮于聚乙烯瓶中待用。

② 总离子强度调节缓冲溶液（TISAB）：称取氯化钠58g,柠檬酸钠10g溶于800mL去离子水中,再加冰醋酸57mL,用6mol·L^{-1}NaOH溶液调至pH5.0～5.5之间,然后稀释至1000mL。

③ 含 F^- 自来水水样。

1.4.2.3 实例内容与操作步骤

（1）电极的准备

① 氟电极的准备：氟电极在使用前，宜在 10^{-3}mol·L^{-1} 的 NaF 溶液中浸泡活化 1～2h，然后用去离子水清洗电极数次，直至测得的电位值❶约为－300mV（此值各支电极不同）。**注意!** 电极晶片勿与坚硬物碰擦（晶片上如有油污，用脱脂棉依次以酒精、丙酮轻拭，再用去离子水洗净。为了防止晶片内侧附着气泡，测量前，让晶片朝下，轻击电极杆，以排除晶片上可能附着的气泡）。

② 饱和甘汞电极的准备：取下电极下端和上侧小胶帽。检查饱和甘汞电极内液位、晶体、气泡及微孔砂芯渗漏情况并做适当处理后，用去离子水清洗电极外部，并用滤纸吸干外壁水分后，将电极置电极夹上。

（2）仪器的准备和电极的安装　按仪器说明书，接通电源，预热 20min。接入饱和甘汞电极和氟离子选择性电极。

（3）绘制标准曲线　在 5 只 100mL 容量瓶中，用 1.000×10^{-1}mol·L^{-1} 的 F^- 标准贮备液分别配制内含 10mL TISAB 的 1.000×10^{-2}～1.000×10^{-6}mol·L^{-1} F^- 标准溶液。

将适量的所配制的标准溶液（浸没电极的晶片即可）分别倒入 5 只洁净的塑料烧杯中，插入氟离子选择性电极和饱和甘汞电极，放入搅拌子。启动搅拌器，在搅拌的条件下，由稀至浓分别测量标准溶液的电位值 E。

注意! 读数时应停止搅拌。每测完一次，均要用去离子水清洗至原空白电位值。

（4）水样中氟的测定

① 标准曲线法：准确移取自来水水样 50mL 于 100mL 容量瓶中，加入 10mL TISAB，用蒸馏水稀释至刻度，摇匀，然后倒入一干燥的塑料烧杯中，插入电极。在搅拌条件下待电位稳定后读出电位值 E_x（此溶液别倒掉，留下步实验用）。重复测定 2 次，取平均值。

② 标准加入法：在上步实验［步骤（4）中①］测得电位值 E_x 后的溶液中，准确加入 1.00mL 浓度为 1.000×10^{-4}mol·L^{-1} 的 F^- 标准溶

---

❶ 氟电极在蒸馏水中的电位值又称氟电极的空白电位值。

液。搅拌后，在相同的条件下测定电位值 E_1（若读得电位值变化 ΔE 小于 20mV，则应使用 1.000×10^{-3} mol·L^{-1} 的 F$^-$ 标准溶液，此时实验应重新开始）。重复测定 2 次，取平均值。

（5）结束工作　用去离子水清洗电极数次，直至接近空白电位值，晾干后收入电极盒中保存（电极暂不使用时，宜干放；若连续使用期间的间隙内，可浸泡在水中）。

关闭仪器电源开关。清洗试杯，晾干后放回原处。整理工作台，罩上仪器防尘罩，填写仪器使用记录。

1.4.2.4　注意事项

① 测量时浓度应由稀至浓。每次测定前要用被测试液清洗电极、烧杯及搅拌子。

② 绘制标准曲线时，测定一系列标准溶液后，应将电极清洗至原空白电位值，然后再测定未知液的电位值。

③ 测定过程中搅拌溶液的速度应恒定；读数时应停止搅拌。

1.4.2.5　数据处理

① 以所测出的 F$^-$ 标准溶液的电位值 E 对所对应的标准溶液 F$^-$ 的浓度的对数作图（E-lgc_{F^-}）。从标准曲线的线性部分求出该离子选择性电极的实际斜率，并由 E_x 值求试样中 F$^-$ 的浓度（以 mg·L^{-1} 表示）。

② 根据标准加入法计算公式 [式（1-27）] 求出试样中 F$^-$ 的浓度。

1.4.2.6　思考题

① 为什么要加入总离子强度调节剂？

② 在测量前氟电极应怎样处理，达到什么要求？

③ 试比较标准曲线法和标准加入法的测定结果有何差异？并说明原因。

1.4.3　重铬酸钾法电位滴定硫酸亚铁铵溶液中亚铁含量

1.4.3.1　方法原理

电位滴定法是氧化还原滴定法中最理想的方法。用 $K_2Cr_2O_7$ 滴定 Fe^{2+}，反应如下：

$$Cr_2O_7^{2-} + 6Fe^{2+} + 14H^+ \longrightarrow 2Cr^{3+} + 6Fe^{3+} + 7H_2O$$

本实例利用铂电极作指示电极，饱和甘汞电极作参比电极，与被测溶液组成工作电池。在滴定过程中，由于滴定剂（$Cr_2O_7^{2-}$）加入，待测离子氧化态（Fe^{3+}）与还原态（Fe^{2+}）的活度比值发生变化，因此铂电极的电位也发生变化，在化学计量点附近产生电位突跃，可用作图法或二阶微商法确定滴定终点。

1.4.3.2 仪器与试剂

（1）仪器　离子计（或精密酸度计）；铂电极；双液接甘汞电极；电磁搅拌器；滴定管；移液管。

（2）试剂

① $c\left(\dfrac{1}{6}K_2Cr_2O_7\right)=0.1000\,mol\cdot L^{-1}$ 重铬酸钾标准溶液：准确称取在120℃干燥过的基准试剂重铬酸钾4.903g，溶于水中后，定量移入1000mL容量瓶中，稀释至刻线。

② H_2SO_4-H_3PO_4混合酸（1+1）。

③ 邻苯氨基苯甲酸指示液$2g\cdot L^{-1}$。

④ $w(HNO_3)=10\%$的硝酸溶液。

⑤ 硫酸亚铁铵试液。

1.4.3.3 实例内容与操作步骤

（1）准备工作

① 铂电极预处理：将铂电极浸入热的$w(HNO_3)=10\%$硝酸溶液中数分钟，取出用水冲洗干净，再用蒸馏水冲洗，置电极夹上。

② 饱和甘汞电极的准备：检查饱和甘汞电极内液位、晶体、气泡及微孔砂芯渗漏情况并作适当处理后，用蒸馏水清洗外壁，并吸干外壁上水珠，套上充满饱和氯化钾溶液的盐桥套管，用橡皮圈扣紧，再用蒸馏水清洗盐桥套管外壁，并吸干外壁上水珠，置电极夹上。

③ 在洗净的滴定管中加入重铬酸钾标准滴定溶液，并将液面调至0.00刻线上，置已安装妥当的滴定管夹上。

④ 开启仪器电源开关，预热20min。

（2）试液中Fe^{2+}含量的测定　移取20.00mL试液于250mL的高形烧杯中，加入硫酸和磷酸混合酸10mL，稀释至约50mL。加一滴邻苯氨基苯甲酸指示液，放入洗净的搅拌子，将烧杯放在搅拌器盘上，插入两电极，电极对正确连接于测量仪器上。

开启搅拌器，将选择开关置"mV"位置上记录溶液的起始电位，然后滴加$K_2Cr_2O_7$溶液，待电位稳定后读取电位值及滴定剂加入体积。在滴定开始时，每加5mL标准滴定溶液记一次数，然后依次减少体积加入量为1.0mL、0.5mL后记录。在化学计量点附近（电位突跃前后1mL左右）每加0.1mL记一次，过化学计量点后再每加0.5mL或1mL记录一次，直至电位变化不再大为止。观察并记录溶液颜色变化和对应的电位值及滴定体积。平行测定三次。

（3）结束工作

① 关闭仪器和搅拌电源开关。

② 清洗滴定管、电极、烧杯和搅拌子并放回原处。

③ 清理工作台，罩上仪器防尘罩，填写仪器使用记录。

1.4.3.4 注意事项

① 滴定速度不宜过快，尤其是接近化学计量点处，否则体积不准。

② 滴入滴定剂后，继续搅拌至仪器显示的电位值基本稳定，然后停止搅拌，放置至电位值稳定后，再读数。

1.4.3.5 数据处理

① 计算试液中Fe^{2+}的质量浓度（g/L），求出三次平行测定的平均值和标准偏差。

② 报告测定结果平均值和标准偏差。

1.4.3.6 思考题

① 为什么氧化还原滴定可以用铂电极作指示电极？ 滴定前为什么也能测得一定的电位？

② 本实例采用的两种滴定终点指示方法，哪一种指示灵敏准确且不受试液底色的影响？

1.4.4 卡尔-费休法测定升华水杨酸的含水量

1.4.4.1 方法原理

卡尔-费休法所用的标准滴定溶液是由碘、二氧化硫、吡啶和甲醇按一定比例组成，称为卡尔-费休试剂，其准确浓度一般用纯水标定，然后用它测定样品中的水分含量。卡尔-费休试剂与水的反应方程式如下：

$$I_2 + SO_2 + 2H_2O \rightleftharpoons H_2SO_4 + 2HI$$

本实例将两个铂电极插入滴定溶液中，在两电极间加一小电压
$10 \sim 15mV$。根据半电池反应：

$$I_2 + 2e^- \Longrightarrow 2I^-$$

在滴定过程中，费休试剂与试样中的水分发生反应，溶液中只有
I^-而无I_2存在，则溶液中无电流通过。当费休试剂稍过量时，溶液中同
时存在I^-和I_2，电极上发生电解反应，有电流通过两电极，电流计指针
突然偏转至一最大值并稳定1min以上，此时即为终点。此法确定终点
较灵敏、准确。

1.4.4.2　仪器与试剂

（1）仪器　WA-1型高灵敏度水分测定仪；铂电极；电磁搅拌器；
滴定管；电子天平；称量瓶；微量注射器。

（2）试剂　费休试剂；无水甲醇；升华水杨酸样品；变色硅胶。

1.4.4.3　实例内容与操作步骤

（1）准备工作

① 按说明书要求将仪器各部件连接好，并调试，确保能正常使用。

② 在所有干燥器中均装入变色硅胶，用真空脂处理好各玻璃活塞、
玻璃标准口塞，然后在双口瓶中倒入费休试剂。

③ 向滴定容器中加入20mL无水甲醇，放入搅拌子。打开电磁搅拌
开关，由慢到快逐渐调整到所需转速。

④ 打开测量系统开关，拉出终点定值电位器，并调整数字屏读数
至100。

（2）卡尔-费休试剂的标定　在适宜的电磁搅拌速度下，在20mL
无水甲醇中滴加费休试剂，在临近终点时，可逐滴加入，当数字显示屏
上读数为最大值并能保持30s不降时，无水甲醇中的微量水反应恰好反
应完全，即达到滴定终点。

用微量注射器抽取$3 \sim 5\mu L$纯水（纯水的具体用量要根据费休试剂
的浓度而定，一般控制在费休试剂消耗在3mL左右为宜），并快速将纯
水注入反应容器中，记录加水的质量，用费休试剂再次滴定至终点，记
录所消耗的试剂体积。平行标定三次。求费休试剂对应于水的滴定度。
计算公式如下：

$$T = \frac{m}{V} \times 1000$$

式中，T 为每毫升费休试剂相当于水的质量（mg），$mg \cdot mL^{-1}$；m 为加入纯水的质量，g；V 为消耗的费休试剂体积，mL。

注意！ 加入甲醇中的纯水质量必须准确称量。确定方法是：在用微量注射器抽取 3～5μL 纯水称量后，快速将纯水注入反应容器中，再次称量微量注射器质量，两次质量之差即为加入甲醇中的纯水质量。

（3）升华水杨酸含水量分析（固体试样） 调整滴定容器液位，在适当的搅拌速度下，滴入费休试剂，使显示屏读数升到最大值，并保持30s不下降（不计数）。用电子天平以减量法称取升华水杨酸样品0.5g（称准至0.0001g），从进样口加入滴定容器中，盖上进样口瓶塞，搅拌使其溶解，用费休试剂滴定至读数最大并保持30s不下降即为终点。平行测定三次。按下式计算水杨酸中水分含量（%）：

$$升华水杨酸水分（\%） = \frac{V \times T \times 100}{m \times 1000}$$

式中，V 为滴定消耗费休试剂的体积，mL；T 为费休试剂的滴定度，$mg \cdot mL^{-1}$；m 为升华水杨酸样品的质量，g。

（4）结束工作

① 关闭仪器和搅拌电源开关。

② 清洗滴定管、电极、微量注射器并放回原处。

③ 清理工作台，罩上仪器防尘罩，填写仪器使用记录。

1.4.4.4 注意事项

① 滴定速度不宜过快，尤其是接近化学计量点处，否则体积不准。

② 滴入滴定剂后，继续搅拌至仪器显示的数据基本稳定，放置一会儿再读数。

③ 样品瓶、注射器每次使用后都必须洗涤、干燥。

④ 滴定过程中，读数会不断上升，但必须是显示屏读数显示最大值并保持30s不变才能认为达到终点。

⑤ 标定和测量过程中纯水与样品加入的速度要快，避免吸收空气中的水分。

1.4.4.5 数据处理

① 计算费休试剂的滴定度（$mg \cdot mL^{-1}$），求出三次平行测定的平均值和标准偏差。

② 计算升华水杨酸水分（%），报告样品的结果及偏差。

1.4.4.6　思考题

① 标定卡尔-费休试剂除用纯水外，还可以用其他什么试剂？如有，如何进行测定？

② 本实例当溶液呈现什么样的颜色时，表示滴定将接近终点，需要缓慢滴加费休试剂？

S 本章主要符号的
意义 及 单位

$\varphi^{\ominus}$	标准电极电位，V	a	活度，$mol \cdot L^{-1}$
$\varphi^{\ominus'}$	条件电极电位，V	w_B	B物质的质量分数
φ	电极电位，V	K_{ij}	电极选择性系数
E	电池电动势，V	SCE	饱和甘汞电极
R	摩尔气体常数，8.3145 $J \cdot mol^{-1} \cdot L^{-1}$	SIE	膜电极
T	热力学温度，K	IUPAC	国际纯粹化学与应用化学联合会
F	法拉第（Faraday）常数，96486.7C·mol^{-1}		

表1-12　直接电位法测定水样的pH值操作技能鉴定表

项目	要求	记录	分值	扣分	备注
烧杯的洗涤(5分)	规范√/不规范×		5		
电极预处理和安装(5分)	正确√/错误×		5		
仪器预热（5分）	已预热√/未预热×		5		
试液pH的初测（5分）	正确、规范√/不正确、不规范×		5		不规范扣2分，未测扣5分
标准缓冲溶液的选择(10分)	正确√/不正确×		10		一次选择不正确扣2分
温度调节与pH值的调整(5分)	正确、规范√/不正确、不规范×		5		
原始记录（15分）	完整、及时		5		
	清晰、规范		5		
	真实、无涂改		5		
数据处理（8分）	计算正确		3		
	有效数字正确		5		
平行测定偏差（15分）	<1%		15		
	≥1%、<2%		12		
	≥2%、<3%		9		
	≥3%、<5%		5		
	≥5%		0		

续表

项目	要求	记录	分值	扣分	备注
测量准确度（15分）	pH±0.01		15		
	pH±0.02		8		
	pH±0.03		0		
结论（4分）	合理、完整、明确、规范		4		缺结论扣10分
实验态度（4分）	认真、规范		4		
完成时间（4分）	开始时间		4		每超5min扣1分，超20min此项以0分计
	结束时间				
	分析时间				
总分					

注：本鉴定表是根据本书的仪器型号进行编制的，其他型号的仪器在选用本鉴定表时必须做适当的调整和修改，下同。

表1-13　电位滴定法测定水样中的亚铁离子操作技能鉴定表

项目	考核内容		记录	分值	扣分	备注
容量瓶使用(8分)	规范√/不规范×			8		1处不规范扣1分
移液管使用(10分)	规范√/不规范×			10		1处不规范扣1分
滴定前准备(16分)	仪器预热	已预热√/未预热×		1		
	仪器零点校正	已进行√/未进行×		1		
	滴定管清洗、润洗	正确√/不正确×		1		
	滴定管零刻度调节（静置、调零、残液处理）	正确√/不正确×		2		
	指示电极检查及预处理	正确√/不正确×		2		
	甘汞电极检查（液位，晶体，气泡，胶帽，瓷芯）	已检查√/未检查×		2		
	盐桥瓷芯检查	已进行√/未进行×		1		
	盐桥注液量	正确√/不正确×		1		
	盐桥安装	正确√/不正确×		1		
	搅拌子放入方法	正确√/不正确×		1		
	滴定装置安装	正确√/不正确×		2		
	电极安装（浸入溶液高度，极性选择）	正确√/不正确×		1		
滴定测量(12分)	滴定操作（姿势，速度）	正确√/不正确×		2		
	搅拌速度	正确√/不正确×		2		
	终点附近滴定剂加入体积	适当√/不适当×		2		
	是否在停止搅拌，仪器数字显示稳定后读数	是√/否×		2		
	滴定管尖半滴溶液的处理	正确√/不正确×		2		
	是否有失败的滴定	无√/有×		2		

续表

项目	考核内容		记录	分值	扣分	备注
文明操作 （4分）	实验过程台面	整洁有序√/脏乱×		1		
	废液、纸屑等	按规定处理√/ 乱扔乱倒×		1		
	实验后台面及试剂架	清理√/未清理×		1		
	实验后试剂、 仪器放回原处	已放√/未放×		1		
原始记录 和数据处理 及结果报告 （10分）	原始记录	完整、规范√/欠完 整、不规范×		3		
	法定计量单位和有效数字	正确√/不正确×		2		
	计算方法和计算结果	正确√/不正确×		3		
	报告（完整、明确、清晰）	规范√/不规范×		2		缺结论扣10分
结果评价 （35分）	结果精密度 （相对平均偏差）	<0.2%		15		
		≥0.2%、<0.5%		12		
		≥0.5%、<1%		8		
		≥1%、<2%		4		
		≥2%		0		
	结果准确度	<0.5%		15		
		≥0.5%、<1%		12		
		≥1%、<2%		8		
		≥2%		4		
	完成时间 （从称样到报出结果）	开始时间		5		每超5min扣 1分，超20min 以上此项 以0分计
		结束时间				
		实用时间				
实验态度（5分）		认真、细致		5		可根据实际 情况酌情 扣分
		不认真				
总分						

紫外-可见分光光度法 02

2.1 概述

紫外-可见分光光度法（UV-Vis）是基于物质分子对200 ～ 780nm区域内光辐射的吸收而建立起来的分析方法。由于200 ～ 780nm光辐射的能量主要与物质中原子的价电子的能级跃迁相适应，可以导致这些电子的跃迁，所以紫外-可见分光光度法又称电子光谱法。

2.1.1 紫外－可见分光光度法的分类

许多物质都具有颜色，例如高锰酸钾水溶液呈紫色，重铬酸钾水溶液呈橙色。当含有这些物质的溶液的浓度改变时，溶液颜色的深浅度也会随之变化，溶液越浓，颜色越深。因此利用比较待测溶液本身的颜色或加入试剂后呈现的颜色的深浅来测定溶液中待测物质的浓度的方法就称为比色分析法。这种方法仅在可见光区适用。比色分析中根据所用检测器的不同分为目视比色法和光电比色法。以人的眼睛来检测颜色深浅的方法称目视比色法；以光电转换器件（如光电池）为检测器来区别颜色深浅的方法称光电比色法。随着近代测试仪器的发展，目前已普遍使用分光光度计进行。应用分光光度计，根据物质对不同波长的单色光的吸收程度不同而对物质进行定性和定量分析的方法称分光光度法（又称吸光光度法）。分光光度法中，按所用光的波谱区域不同又可分为可见分光光度法（400 ～ 780nm）、紫外分光光度法（200 ～ 400nm）和红外分光光度法（$3 \times 10^3 \sim 3 \times 10^4$nm）。其中紫外分光光度法和可见分光光度法合称紫外-可见分光光度法。

2.1.2　紫外－可见分光光度法的特点

　　紫外-可见分光光度法是仪器分析中应用最为广泛的分析方法之一。它所测试液的浓度下限可达$10^{-5}\sim10^{-6}$mol·L^{-1}（达微克量级），在某些条件下甚至可测定10^{-7}mol·L^{-1}的物质，因而它具有较高的灵敏度，适用于微量组分的测定。

　　紫外-可见分光光度法测定的相对误差为2%～5%，若采用精密分光光度计进行测量，相对误差可达1%～2%。显然，对于常量组分的测定，准确度不及化学法，但对于微量组分的测定，已完全满足要求。因此，它特别适合于测定低含量和微量组分，而不适用于中、高含量组分的测定。不过，如果采取适当的技术措施，如用差示法则可提高准确度，可用于测定高含量组分。

　　紫外-可见分光光度法分析速度快，仪器设备不复杂，操作简便，价格低廉，应用广泛。大部分无机离子和许多有机物质的微量成分都可以用这种方法进行测定。紫外吸收光谱法还可用于芳香化合物及含共轭体系化合物的鉴定及结构分析。此外，紫外-可见分光光度法还常用于化学平衡等研究。

　　随着现代分析仪器制造技术和计算机技术的迅猛发展，紫外-可见分光光度计也在不断吸收新的技术成果，焕发出新的活力。扫描光栅型分光光度计结合计算机控制等新的技术成果，使得它成为企业分析检验工作中常用的测量分析设备。阵列式探测器的产生直接促成了固定光栅型分光光度计［又称为CCD（PDA）光谱仪或多通道光度计］的设计，使得此类仪器稳定性、适应性更强，测量速度更快。光纤技术使得紫外-可见分光光度计的使用变得更方便，同时也使分光光度计的配置变得更灵活，光纤技术同时也是实现在线测量的重要手段。目前，仪器正朝着小型化、在线化、测量的现场化、实时化方向发展。随着集成电路技术和光纤技术的发展，联合采用小型凹面全息光栅和阵列探测器以及USB接口等新技术，已经出现了一些携带方便、用途广泛的小型化甚至是掌上型的紫外-可见分光光度计。在仪器控制方面，仪器配套软件的开发，提高了仪器自动化和智能化，提升了仪器的使用性能和价值。除了仪器控制软件和通用数据分析处理软件外，很多仪器针对不同行业的应用开发了专用分析软件,给仪器使用者带来了极大的便利。

2.2 基本原理

物质的颜色与光有密切关系, 例如蓝色硫酸铜溶液放在钠光灯(黄光)下就呈黑色;如果将它放在暗处,则什么颜色也看不到了。可见, 物质的颜色不仅与物质本质有关, 也与有无光照和光的组成有关,因此为了深入了解物质对光的选择性吸收,首先对光的基本性质应有所了解。

2.2.1 光的基本特性

2.2.1.1 电磁波谱

光是一种电磁波, 具有波动性和粒子性。光既是一种波, 因而它具有波长(λ)和频率(v);光也是一种粒子, 它具有能量(E)。它们之间的关系为

$$E = hv = h\frac{c}{\lambda} \qquad (2\text{-}1)$$

式中, E为能量, eV(电子伏特); h为普朗克常数(6.626×10^{-34}J·s); v为频率, Hz(赫兹); c为光速, 真空中约为3×10^{10}cm·s^{-1}; λ为波长, nm(纳米❶)。

从式(2-1)可知, 不同波长的光能量不同, 波长愈长,能量愈小, 波长愈短, 能量愈大。若将各种电磁波(光)按其波长或频率大小顺序排列画成图表, 则称该图表为电磁波谱。表2-1列出电磁波谱的有关参数。

2.2.1.2 单色光和互补光

具有同一种波长的光, 称为单色光。纯单色光很难获得, 激光的单色性虽然很好, 但也只接近于单色光。含有多种波长的光称为复合光, 白光就是复合光, 例如日光、白炽灯光等白光都是复合光。

---

❶ 1m $= 10^2$cm $= 10^3$mm $= 10^6$μm $= 10^9$nm。

表2-1　电磁波谱的有关参数

波谱区名称	波长范围	波数/cm^{-1}	频率/MHz	光子能量/eV	跃迁能级类型
γ射线	$5\times10^{-3}\sim$	$2\times10^{10}\sim$	$6\times10^{14}\sim$	$2.5\times10^6\sim$	核能级
	0.14nm	7×10^7	2×10^{12}	8.3×10^3	
X射线	$10^{-2}\sim$	$10^{10}\sim$	$3\times10^{14}\sim$	$1.2\times10^6\sim$	内层电子能级
	10nm	10^6	3×10^{10}	1.2×10^2	
远紫外光	$10\sim$	$10^6\sim$	$3\times10^{10}\sim$		原子及分子的价电子或成键电子能级
	200nm	5×10^4	1.5×10^9	$125\sim6$	
近紫外光	$200\sim$	$5\times10^4\sim$	$1.5\times10^9\sim$		
	400nm	2.5×10^4	7.5×10^8	$6\sim3.1$	
可见光	$400\sim$	$2.5\times10^4\sim$	$7.5\times10^8\sim$	$3.1\sim1.7$	
	780nm	1.3×10^4	4.0×10^8		
近红外光	$0.75\sim$	$1.3\times10^4\sim$	$4.0\times10^8\sim$	$1.7\sim0.5$	分子振动能级
	2.5μm	4×10^3	1.2×10^8	$0.5\sim0.02$	
中红外光	$2.5\sim$	$4000\sim200$	6.0×10^6		
	50μm		$6.0\times10^6\sim$	$2\times10^{-2}\sim$	
远红外光	$50\sim$	$200\sim10$	10^5	4×10^{-4}	分子转动能级
	1000μm			$4\times10^{-4}\sim$	
微波	$0.1\sim$	$10\sim0.01$	$10^5\sim10^2$	4×10^{-7}	
	100cm			$4\times10^{-7}\sim$	
射频	$1\sim1000m$	$10^{-2}\sim10^{-5}$	$10^7\sim0.1$	4×10^{-10}	核自旋能级

　　人的眼睛对不同波长的光的感觉是不一样的。凡是能被肉眼感觉到的光称为可见光，其波长范围为400～780nm。凡波长小于400nm的紫外光或波长大于780nm的红外光均不能被人的眼睛感觉出，所以这些波长范围的光是看不到的。在可见光的范围内，不同波长的光刺激眼睛后会产生不同颜色的感觉，但由于受到人的视觉分辨能力的限制，实际上是一个波段的光给人引起一种颜色的感觉。图2-1列出了各种色光的近似波长范围。

　　日常见到的日光、白炽灯光等白光就是由这些波长不同的有色光混合而成。这可以用一束白光通过棱镜后色散为红、橙、黄、绿、青、蓝、紫七色光来证实。如果把适当颜色的两种光按一定强度比例混合，也可成为白光，这两种颜色的光称为互补色光。图2-2为互补色光示意图。图中处于直线关系的两种颜色的光即为互补色光，如绿色光与紫红色光互补，蓝色光与黄色光互补等，它们按一定强度比混合都可以得到白光，所以日光等白光实际上是由一对对互补色光按适当强度比混合而成。

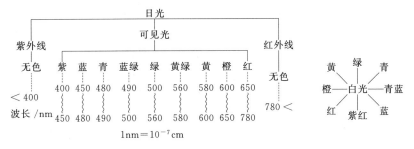

图 2-1 各种色光的近似波长范围   图 2-2 互补色光示意图

2.2.2 物质对光的选择性吸收

2.2.2.1 物质颜色的产生

当一束白光通过某透明溶液时，如果该溶液对可见光区各波长的光都不吸收，即入射光全部通过溶液，这时看到的溶液透明无色。当该溶液对可见光区各种波长的光全部吸收时，此时看到的溶液呈黑色。若某溶液选择性地吸收了可见光区某波长的光，则该溶液即呈现出被吸收光的互补色光的颜色。例如，当一束白光通过 $KMnO_4$ 溶液时，该溶液选择性地吸收了 $500 \sim 560nm$ 的绿色光，而将其他的色光两两互补成白光而通过，只剩下紫红色光未被互补，所以 $KMnO_4$ 溶液呈现紫红色。同样道理，K_2CrO_4 溶液对可见光中的蓝色光有最大吸收，所以溶液呈蓝色的互补光——黄色。可见物质的颜色是基于物质对光有选择性吸收的结果，而物质呈现的颜色则是被物质吸收光的互补色。

以上是用溶液对色光的选择性吸收说明溶液的颜色。若要更精确地说明物质具有选择性吸收不同波长范围光的性质，则必须用光吸收曲线来描述。

2.2.2.2 物质的吸收光谱曲线

吸收光谱曲线是通过实验获得的，具体方法是：将不同波长的光依次通过某一固定浓度和厚度的有色溶液，分别测出它们对各种波长光的吸收程度（用吸光度 A 表示），以波长为横坐标，以吸光度为纵坐标作图，画出曲线，此曲线即称为该物质的光吸收曲线（或吸收光谱曲线），它描述了物质对不同波长光的吸收程度。图2-3所示的是三种不同浓度的 $KMnO_4$ 溶液的三条光吸收曲线。

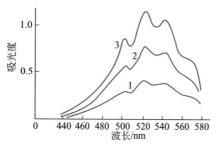

图 2-3　KMnO$_4$ 溶液的光吸收曲线

1—c(KMnO$_4$) = 1.56×10^{-4} mol·L^{-1};
2—c(KMnO$_4$) = 3.12×10^{-4} mol·L^{-1};
3—c(KMnO$_4$) = 4.68×10^{-4} mol·L^{-1}

① 高锰酸钾溶液对不同波长的光的吸收程度是不同的，对波长为525nm的绿色光吸收最多，在吸收曲线上有一高峰（称为吸收峰）。光吸收程度最大处的波长称为最大吸收波长（常以 λ_{max} 表示）。在进行光度测定时，通常都是选取在 λ_{max} 的波长处来测量，因为这时可得到最大的灵敏度。

② 不同浓度的高锰酸钾溶液，其吸收曲线的形状相似，最大吸收波长也一样。所不同的是吸收峰峰高随浓度的增加而增高。

③ 不同物质的吸收曲线，其形状和最大吸收波长都各不相同。因此，可利用吸收曲线来作为物质定性分析的依据。

2.2.2.3　分子吸收光谱产生的机理

（1）分子运动及其能级跃迁　物质总是在不断运动着，而构成物质的分子及原子具有一定的运动方式。通常认为分子内部运动方式有三种，即分子内电子相对原子核的运动（称为电子运动）；分子内原子在其平衡位置上的振动（称分子振动）；以及分子本身绕其重心的转动（称分子转动）。分子以不同方式运动时所具有的能量也不相同，这样分子内就对应三种不同的能级，即电子能级、振动能级和转动能级。图2-4是双原子分子能级跃迁示意图。

由图2-4可知，在同一电子能级中因分子的振动能量不同，分为几个振动能级。而在同一振动能级中，也因为转动能量不同，又分为几个转动能级。因此每种分子运动的能量都是不连续的，即量子化的。也就是说，每种分子运动所吸收（或发射）的能量，必须等于其能级差的特定值（光能量 $h\upsilon$ 的整数倍）。否则它就不吸收（或发射）能量。

通常化合物的分子处于稳定的基态，但当它受光照射时，则根据分子吸收光能的大小，引起分子转动、振动或电子跃迁，同时产生三种吸收光谱。分子由一个能级 E_1 跃迁到另一个能级 E_2 时的能量变化 ΔE 为二能级之差，即

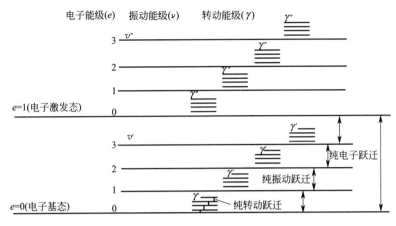

图 2-4 双原子分子能级跃迁示意图

$$\Delta E = E_2 - E_1 = \frac{hv}{\lambda} \qquad (2\text{-}2)$$

（2）分子吸收光谱的产生 一个分子的内能 E 是它的转动能 $E_{转}$、振动能 $E_{振}$ 和电子能 $E_{电子}$ 之和，即

$$E = E_{转} + E_{振} + E_{电子} \qquad (2\text{-}3)$$

分子跃迁的总能量变化为

$$\Delta E = \Delta E_{转} + \Delta E_{振} + \Delta E_{电子} \qquad (2\text{-}4)$$

由图 2-4 可知，转动能级间隔 $\Delta E_{转}$ 最小，一般小于 0.05eV，因此分子转动能级产生的转动光谱处于远红外和微波区。

由于振动能级的间隔 $\Delta E_{振}$，比转动能级间隔大得多，一般为 0.05～1eV，因此分子振动所需能量较大，其能级跃迁产生的振动光谱处于近红外和中红外区。

由于分子中原子价电子的跃迁所需的能量 $\Delta E_{电子}$ 比分子振动所需的能量大得多，一般为 1～20eV，因此分子中电子跃迁产生的电子光谱处于紫外和可见光区。

由于 $\Delta E_{电子} > \Delta E_{振} > \Delta E_{转}$，因此在振动能级跃迁时也伴有转动能级跃迁；在电子能级跃迁时，同时伴有振动能级、转动能级的跃迁。所以分子光谱是由密集谱线组成的带光谱，而不是"线"光谱。

综上所述，由于各种分子运动所处的能级和产生能级跃迁时能量变化都是量子化的，因此在分子运动产生能级跃迁时，只能吸收分子运动相对应的特定频率（或波长）的光能。而不同物质分子内部结构不同，分子的能级也是千差万别，各种能级之间的间隔也互不相同，这样就决定了它们对不同波长光的选择性吸收。

2.2.3 吸收定律

2.2.3.1 朗伯-比耳定律

当一束平行的单色光垂直照射到一定浓度的均匀透明溶液时（见图2-5），入射光被溶液吸收的程度与溶液厚度的关系为

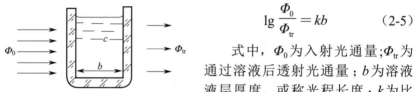

$$\lg \frac{\Phi_0}{\Phi_{tr}} = kb \qquad (2\text{-}5)$$

图2-5 单色光通过盛有溶液的吸收池

式中，Φ_0 为入射光通量；Φ_{tr} 为通过溶液后透射光通量；b 为溶液液层厚度，或称光程长度；k 为比例常数，它与入射光波长、溶液性质、浓度和温度有关。这就是朗伯（S.H.Lambert）定律。

Φ_{tr}/Φ_0 表示溶液对光的透射程度，称为透射比，用符号 τ 表示。透射比越大说明透过的光越多。而 Φ_0/Φ_{tr} 是透射比的倒数，它表示入射光 Φ_0 一定时，透过光通量越小，即 $\lg \dfrac{\Phi_0}{\Phi_{tr}}$ 越大，光吸收越多。所以 $\lg \dfrac{\Phi_0}{\Phi_{tr}}$ 表示了单色光通过溶液时被吸收的程度，通常称为吸光度，用 A 表示，即

$$A = \lg \frac{\Phi_0}{\Phi_{tr}} = \lg \frac{1}{\tau} = -\lg\tau \qquad (2\text{-}6)$$

当一束平行单色光垂直照射到同种物质不同浓度、相同液层厚度的均匀透明溶液时，入射光通量与溶液浓度的关系为

$$\lg \frac{\Phi_0}{\Phi_{tr}} = k'c \qquad (2\text{-}7)$$

式中，k' 为另一比例常数，它与入射光波长、液层厚度、溶液性质和温度有关；c 为溶液浓度。这就是比耳（Beer）定律。比耳定律表

明：当溶液液层厚度和入射光通量一定时，光吸收的程度与溶液浓度成正比。必须指出的是：比耳定律只能在一定浓度范围才适用。因为浓度过低或过高时，溶质会发生电离或聚合而产生误差。

当溶液厚度和浓度都可改变时，这时就要考虑两者同时对透射光通量的影响，则有

$$A = \lg \frac{\Phi_0}{\Phi_{tr}} = \lg \frac{1}{\tau} = Kbc \qquad (2\text{-}8)$$

式中，K 为比例常数，与入射光的波长、物质的性质和溶液的温度等因素有关。这就是朗伯-比耳定律，即光吸收定律。它是紫外-可见分光光度法进行定量分析的理论基础。

光吸收定律表明：当一束平行单色光垂直入射通过均匀、透明的吸光物质的稀溶液时，溶液对光的吸收程度与溶液的浓度及液层厚度的乘积成正比。

朗伯-比耳定律应用的条件：一是必须使用单色光；二是吸收发生在均匀的介质；三是吸收过程中，吸收物质互相不发生作用。

2.2.3.2 吸光系数

式（2-8）中比例常数 K 称为吸光系数；其物理意义是：单位浓度的溶液液层线厚度为 1cm 时，在一定波长下测得的吸光度。

K 值的大小取决于吸光物质的性质、入射光波长、溶液温度和溶剂性质等，与溶液浓度大小和液层厚度无关。但 K 值大小因溶液浓度所采用的单位的不同而异。

（1）摩尔吸光系数 ε 当溶液的浓度以物质的量浓度（mol·L^{-1}）表示，液层厚度以厘米（cm）表示时，相应的比例常数 K 称为摩尔吸光系数，以 ε 表示，其单位为 L·mol^{-1}·cm^{-1}。这样，式（2-8）可以改写成：

$$A = \varepsilon bc \qquad (2\text{-}9)$$

摩尔吸光系数的物理意义是：浓度为 1mol·L^{-1} 的溶液，于厚度为 1cm 的吸收池[1]中，在一定波长下测得的吸光度。

摩尔吸光系数是吸光物质的重要参数之一，它表示物质对某一特定波长光的吸收能力。ε 越大，表示该物质对某波长光的吸收能力越强，测定的灵敏度也就越高。因此，测定时，为了提高分析的灵敏度，通常选择摩尔吸光系数大的有色化合物进行测定，选择具有最大

---

[1] 盛放待测液体的容器，该容器具有两面互相平行、透光且有精确厚度的平面。

ε值波长的光作入射光。一般认为$\varepsilon<1\times10^4$L·mol^{-1}·cm^{-1}灵敏度较低；ε在$1\times10^4\sim6\times10^4$L·mol^{-1}·cm^{-1}属中等灵敏度；$\varepsilon>6\times10^4$L·mol^{-1}·cm^{-1}属高灵敏度。

摩尔吸光系数由实验测得。在实际测量中，不能直接取1mol·L^{-1}这样高浓度的溶液去测量摩尔吸光系数，只能在稀溶液中测量后，换算成摩尔吸光系数。

例2-1 已知含Fe^{3+}浓度为500μg·L^{-1}的溶液用KCNS显色，在波长480nm处用2cm吸收池测得$A=0.197$，计算摩尔吸光系数。

$$c(Fe^{3+})=\frac{500\times10^{-6}}{55.85}=8.95\times10^{-6}\ (mol·L^{-1})$$

$$\varepsilon=\frac{A}{bc}$$

$$\varepsilon=\frac{0.197}{8.95\times10^{-6}\times2}=1.1\times10^4\ (L·mol^{-1}·cm^{-1})$$

（2）质量吸光系数　质量吸光系数适用于摩尔质量未知的化合物。若溶液浓度以质量浓度ρ[1]（g·L^{-1}）表示，液层厚度以厘米（cm）表示，相应的吸光度则为质量吸光度，以a表示，其单位为L·g^{-1}·cm^{-1}。这样式（2-8）可表示为

$$A=ab\rho$$

2.2.3.3　吸光度的加和性

多组分的体系中，在某一波长下，如果各种对光有吸收的物质之间没有相互作用，则体系在该波长的总吸光度等于各组分吸光度的和，即吸光度具有加和性，称为吸光度加和性原理。可表示如下

$$A_{总}=A_1+A_2+\cdots+A_n=\Sigma A_n$$

式中各吸光度的下标表示组分1，2，…，n。

吸光度的加和性对多组分同时定量测定，校正干扰等都极为有用。

2.2.3.4　影响吸收定律的主要因素

根据吸收定律，在理论上，吸光度对溶液浓度作图所得的直线的截距为零，斜率为εb。实际上吸光度与浓度关系有时是非线性的，或者不

---

[1]质量浓度是指每升溶液中所含溶质的克数，单位是g·L^{-1}，用符号ρ表示。

通过零点，这种现象称为偏离光吸收定律。

如果溶液的实际吸光度比理论值大，则为正偏离吸收定律；吸光度比理论值小，为负偏离吸收定律，如图2-6所示。引起偏离吸收定律的原因主要有下面几方面。

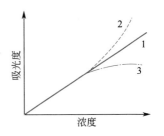

图2-6 偏离吸收定律
1—无偏离；2—正偏离；3—负偏离

（1）入射光非单色性引起偏离 吸收定律成立的前提是入射光是单色光。但实际上，一般单色器所提供的入射光并非是纯单色光，而是由波长范围较窄的光带组成的复合光。而物质对不同波长的吸收程度不同（即吸光系数不同），因而导致了对吸光定律的偏离。入射光中不同波长的摩尔吸光系数差别越大，偏离吸收定律就越严重。实验证明，只要所选的入射光，其所含的波长范围在被测溶液的吸收曲线较平坦的部分，偏离程度就要小（见图2-7）。

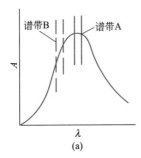
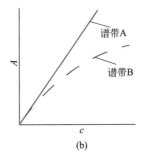

图2-7 入射光的非单色性对吸收定律的影响

（2）溶液的化学因素引起偏离 溶液中的吸光物质因离解、缔合，形成新的化合物而改变了吸光物质的浓度，导致偏离吸收定律。因此，测量前的化学预处理工作十分重要，如控制好显色反应条件，控制溶液的化学平衡等，以防止产生偏离。

（3）比耳定律的局限性引起偏离 严格地说，比耳定律是一个有限定律，它只适用于浓度小于$0.01mol \cdot L^{-1}$的稀溶液。因为浓度高时，吸光粒子间平均距离减小，以致每个粒子都会影响其邻近粒子的电荷分布。这种相互作用使它们的摩尔吸光系数ε发生改变，因而导致偏离比耳定律。为此，在实际工作中，待测溶液的浓度应控制在$0.01mol \cdot L^{-1}$以下。

▼ 阅读材料

为科学家擦亮双眼的光谱仪发明者——本生和基尔霍夫

本生（Robert Wilhelm Bunsen，1811～1899年），德国化学家和物理学家。他17岁大学毕业，19岁获得博士学位。1830～1833年期间在欧洲一些国家的著名实验室和工厂里工作，1838～1851年任马尔堡大学化学教授，1852～1889年任海德堡大学教授，创建了一个著名的化学学派。

基尔霍夫（Gustav Robert Kirchhoff，1824～1887年），德国物理学家。早年就读于柯尼斯堡大学。1847年毕业后至柏林大学任教。1854年经本生推荐任海德堡大学教授。1875年到柏林大学任物理学教授。

本生在科学上的杰出贡献是和基尔霍夫共同开辟出光谱分析领域。1859年，他和基尔霍夫合作设计了世界上第一台光谱仪，并利用这台仪器系统地研究了各物质产生的光谱，创建了光谱分析法。1860年他们用这种方法在狄克海姆矿泉水中发现了新元素铯，1861年又用此仪器分析萨克森地方的一种鳞状云母矿，发现了新元素铷。从此光谱分析不仅成为化学家手中重要的检测手段，同时也是物理学家、天文学家开展科学研究的重要武器。本生还研制出了本生灯、本生光度计、量热器以及本生电池等。

除上面提到的与本生共同的发明、创造外，基尔霍夫在电学理论上也做出了杰出贡献。1845年，他提出了计算稳恒电路网络中电流、电压、电阻关系的基尔霍夫电路定律。另外基尔霍夫研究了太阳光谱的夫琅和费线，在研究过程中得出了关于热辐射的基尔霍夫定律。这给太阳和恒星成分分析提供了一种有效的方法。1862年他又进一步提出了绝对黑体的概念。他的工作为以后量子论的出现奠定了基础。1860年本生荣获科普利奖，1877年本生和基尔霍夫共获第一届戴维奖，1898年本生又获艾伯特奖。

2.3 紫外-可见分光光度计

2.3.1 仪器的基本组成部件

在紫外及可见光区用于测定溶液吸光度的分析仪器称为紫外-可见分光光度计（简称分光光度计）。目前，紫外-可见分光光度计的型号较多，但它们的基本构造都相似，都由光源、单色器、吸收池、检测器和信号显示系统五大部件组成，其组成框图见图2-8。

光源 → 单色器 → 吸收池 → 检测器 → 信号显示系统

图2-8 分光光度计组成部件框图

由光源发出的光，经单色器获得一定波长单色光照射到样品溶液，被吸收后，经检测器将光强度变化转变为电信号变化，并经信号指示系统调制放大后，显示或打印出吸光度 A（或透射比 τ），完成测定。

2.3.1.1　光源

光源的作用是供给符合要求的入射光。分光光度计对光源的要求是：在使用波长范围内提供连续的光谱，光强应足够大，有良好的稳定性，使用寿命长。实际应用的光源一般分为紫外光光源和可见光光源。

（1）可见光光源　钨丝灯是最常用的可见光光源，它可发射波长为325～2500nm范围的连续光谱，其中最适宜的使用范围为380～1000nm，除用作可见光源外，还可用作近红外光源。为了保证钨丝灯发光强度稳定，需要采用稳压电源供电，也可用12V直流电源供电。

目前不少分光光度计已采用卤钨灯代替钨丝灯，如7230型、754型分光光度计等。所谓卤钨灯是在钨丝中加入适量的卤化物或卤素，灯泡用石英制成。它具有较长的寿命和高的发光效率。

（2）紫外光光源　紫外光光源多为气体放电光源，如氢、氘、氙放电灯等。其中应用最多的是氢灯及其同位素氘灯，其使用波长范围为185～375nm。为了保证发光强度稳定，也要用稳压电源供电。氘灯的光谱分布与氢灯相同，但光强比同功率氢灯要大3～5倍，寿命比氢灯长。

近年来，具有高强度和高单色性的激光已被开发用作紫外光源。已商品化的激光光源有氩离子激光器和可调谐染料激光器。

2.3.1.2　单色器

单色器是能从光源辐射的复合光中分出单色光的光学装置。单色器一般由入射狭缝、准光器（透镜或凹面反射镜使入射光成平行光）、色散元件、聚焦元件和出射狭缝等几部分组成。其核心部分是色散元件，起着分光的作用。最常用的色散元件是棱镜和光栅。光栅是利用光的衍射与干涉作用制成的，它可用于紫外-可见及红外光域，而且在整个波长区具有良好的、几乎均匀一致的分辨能力，现在仪器多使用它。

（1）棱镜单色器　棱镜单色器是利用不同波长的光在棱镜内折射率不同将复合光色散为单色光的。棱镜色散作用的大小与棱镜制作材料及几何形状有关。常用的棱镜用玻璃或石英制成。可见分光光度计可以采用玻璃棱镜，但玻璃吸收紫外光，所以不适用于紫外光区。紫外-可见分光光度计采用石英棱镜，它适用于紫外、可见整个光谱区。

　　（2）光栅单色器　光栅作为色散元件具有不少独特的优点。光栅可定义为一系列等宽、等距离的平行狭缝。光栅的色散原理是以光的衍射现象和干涉现象为基础的。常用的光栅单色器为反射光栅单色器，它又分为平面反射光栅和凹面反射光栅两种，其中最常用的是平面反射光栅。由于光栅单色器的分辨率比棱镜单色器分辨率高（可达±0.2nm），而且它可用的波长范围也比棱镜单色器宽。因此目前生产的紫外-可见分光光度计大多采用光栅作为色散元件。近年来，光栅的刻制、复制技术不断地在改进，其质量也在不断地提高，因而其应用日益广泛。

　　值得提出的是：无论何种单色器，出射光光束常混有少量与仪器所指示波长十分不同的光波，即"杂散光"。杂散光会影响吸光度的正确测量，其产生主要原因是光学部件和单色器内外壁的反射和大气或光学部件表面上尘埃的散射等。为了减少杂散光，单色器用涂以黑色的罩壳封起来，通常不允许任意打开罩壳。

2.3.1.3　吸收池

　　吸收池又叫比色皿，是用于盛放待测液和决定透光液层厚度的器件。吸收池一般为长方体（也有圆鼓形或其他形状，但长方体最普遍），其底及两侧为毛玻璃，另两面为光学透光面。根据光学透光面的材质，吸收池有玻璃吸收池和石英吸收池两种。玻璃吸收池用于可见光光区测定。若在紫外光区测定，则必须使用石英吸收池。吸收池的规格是以光程为标志的。紫外-可见分光光度计常用的吸收池规格有0.5cm、1.0cm、2.0cm、3.0cm和5.0cm等，使用时根据实际需要选择。由于一般商品吸收池的光程精度往往不是很高，与其标示值有微小误差，即使是同一个厂出品的同规格的吸收池也不一定完全能够互换使用。所以，仪器出厂前吸收池都经过检验配套，在使用时不应混淆其配套关系。实际工作中，为了消除误差，在测量前还必须对吸收池进行配套性检验（检验方法见2.3.4.1），使用吸收池过程中，也应特别注意保护两个光学面。为此，必须做到以下几点。

　　第一，拿取吸收池时，只能用手指接触两侧的毛玻璃，不可接触光学面。

　　第二，不能将光学面与硬物或脏物接触，只能用擦镜纸或丝绸擦拭光学面。

第三，凡含有腐蚀玻璃的物质（如 F^-、$SnCl_2$、H_3PO_4 等）的溶液，不得长时间盛放在吸收池中。

第四，吸收池使用后应立即用水冲洗干净。有色物造成的污染可以用 $3mol \cdot L^{-1}$ HCl 和等体积乙醇的混合液浸泡洗涤。生物样品、胶体或其他在吸收池光学面上形成薄膜的物质要用适当的溶剂洗涤。

第五，不得在火焰或电炉上加热或烘烤吸收池。

2.3.1.4 检测器

检测器又称接收器，其作用是对透过吸收池的光做出响应，并把它转变成电信号输出，其输出电信号大小与透过光的强度成正比。常用的检测器有光电池、光电管及光电倍增管等，它们都是基于光电效应原理制成的。作为检测器，对光电转换器要求是：光电转换有恒定的函数关系，响应灵敏度要高、速度要快、噪声低、稳定性高，产生的电信号易于检测放大等。

（1）光电池 光电池是由三层物质构成的薄片，表层是导电性能良好的可透光金属薄膜，中层是具有光电效应的半导体材料（如硒、硅等），底层是铁片或铝片（见图2-9）。由于半导体材料的半导体性质，当光照到光电池上时，由半导体材料表面逸出的电子只能单向流动，使金属膜表面带负电，底层铁片带正电，线路接通就有光电流产生。光电流大小与光电池受到光照的强度成正比。

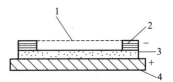

图 2-9 硒光电池结构示意图

1—透明金属膜（金、银或铂）；2—金属集电环，负极；3—半导体，硒；4—基体（铁或铝），正极

光电池根据半导体材料来命名，常用的光电池是硒光电池和硅光电池。不同的半导体材料制成的光电池，对光的响应波长范围和最灵敏峰波长各不相同。硒光电池对光响应的波长范围一般为 $250 \sim 750nm$，灵敏区为 $500 \sim 600nm$，而最高灵敏峰约在 $530nm$。

光电池具有不需要外接电源、不需要放大装置而直接测量电流的优点。其不足之处是：由于内阻小，不能用一般的直流放大器放大，因而不适于较微弱光的测量。光电池受光照持续时间太久或受强光照射会产生"疲劳"现象，失去正常的响应，因此一般不能连续使用2h以上。

（2）光电管 光电管在紫外-可见分光光度计中应用广泛。它是一个阳极和一个光敏阴极组成的真空二极管。按阴极上光敏材料的不同，光电管分蓝敏和红敏两种，前者可用波长范围为 $210 \sim 625nm$；后者可用波长范围为 $625 \sim 1000nm$。与光电池比较，它具有灵敏度高、光敏范围广和不易疲劳等优点。

光电倍增管是检测弱光最常用的光电元件，它不仅响应速度快，能检测 $10^{-8} \sim 10^{-9}s$ 的脉冲光，而且灵敏度高，比一般光电管高200倍。目前紫外-可见分光光度计广泛使用光电倍增管作检测器。

2.3.1.5　信号显示器

由检测器产生的电信号，经放大等处理后，用一定方式显示出来，以便于计算和记录。信号显示器有多种，随着电子技术的发展，这些信号显示和记录系统将越来越先进。

（1）以检流计或微安表为指示仪表　这类指示仪表的表头标尺刻度值分上下两部分，上半部分是百分透射比 τ（原称透光度 T，目前部分仪器上还使用 "T" 表示透射比），均匀刻度；下半部分是与透射比相应的吸光度 A。由于 A 与 τ 是对数关系，所以 A 刻度不均匀，这种指示仪表的信号只能直读，不便自动记录，近年生产的紫外-可见分光光度计已不再使用这类指示仪表了。

（2）数字显示和自动记录型装置　用光电管或光电倍增管作检测器，产生的光电流经放大后由数码管直接显示出透射比或吸光度。这种数据显示装置方便、准确，避免了人为读数错误，而且还可以连接数据处理装置，能自动绘制工作曲线，计算分析结果并打印报告，实现分析自动化。

2.3.2　紫外-可见分光光度计的类型及特点

紫外-可见分光光度计按使用波长范围可分为可见分光光度计和紫外-可见分光光度计两类。前者的使用波长范围是 $400 \sim 780nm$；后者的使用波长范围为 $200 \sim 1000nm$。可见分光光度计只能用于测量有色溶液的吸光度，而紫外-可见分光光度计可测量在紫外、可见及近红外区有吸收的物质的吸光度。

紫外-可见分光光度计按光路可分为单光束式及双光束式两类；按测量时提供的波长数又可分为单波长分光光度计和双波长分光光度计两类。

2.3.2.1 单光束分光光度计

所谓单光束是指从光源中发出的光，经过单色器等一系列光学元件及吸收池后，最后照在检测器上时始终为一束光。其工作原理见图2-10。常用的单光束紫外-可见分光光度计有751G型、752型、754型、756MC型等。常用的单光束可见分光光度计有721型、722型、723型、724型等。

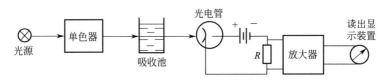

图 2-10　单光束分光光度计工作原理示意图

单光束分光光度计的特点是结构简单、价格低，主要适于做定量分析。其不足之处是测定结果受光源强度波动的影响较大，因而给定量分析结果带来较大误差。

2.3.2.2 双光束分光光度计

双光束分光光度计工作原理如图2-11所示。从光源中发出的光经过单色器后被一个旋转的扇形反射镜（即切光器）分为强度相等的两束光，分别通过参比溶液和样品溶液。利用另一个与前一个切光器同步的切光器，使两束光在不同时间交替地照在同一个检测器上，通过一个同步信号发生器对来自两个光束的信号加以比较，并将两信号的比值经对数变换后转换为相应的吸光度值。

常用的双光束紫外-可见分光光度计有UV-2100、UV-2610等。这类仪器的特点是：能连续改变波长，自动地比较样品及参比溶液的透光强度，自动消除光源强度变化所引起的误差。对于必须在较宽的波长范围内获得复杂的吸收光谱曲线的分析，此类仪器极为合适。

2.3.2.3 双波长分光光度计

双波长分光光度计与单波长分光光度计的主要区别在于采用双单色器，以同时得到两束波长不同的单色光，其工作原理如图2-12所示。

光源发出的光分成两束，分别经两个可以自由转动的光栅单色器，得到两束具有不同波长 λ_1 和 λ_2 的单色光。借切光器，使两束光以一定的时间间隔交替照射到装有试液的吸收池，由检测器显示出试液在波长 λ_1 和 λ_2 的透射比差值 $\Delta\tau$ 或吸光度差值 ΔA，则

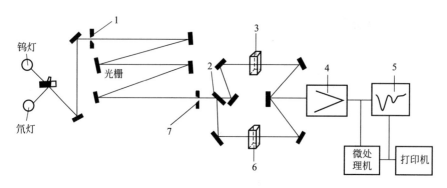

图2-11　双光束分光光度计工作原理

1—进口狭缝；2—切光器；3—参比池；4—检测器；5—记录仪；6—试样池；7—出口狭缝

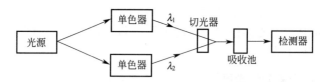

图2-12　双波长分光光度计工作原理示意图

$$\Delta A = A_{\lambda_1} - A_{\lambda_2} = (\varepsilon_{\lambda_3} - \varepsilon_{\lambda_2})bc \qquad (2\text{-}10)$$

由式（2-10）可知，ΔA 与吸光物质 c 成正比。这就是双波长分光光度计进行定量分析的理论根据。

常用的双波长分光光度计有国产 WFZ800S，日本岛津 UV-300、UV-365。

这类仪器的特点是：不用参比溶液，只用一个待测溶液，因此可以消除背景吸收干扰，包括待测溶液与参比溶液组成的不同及吸收液厚度的差异的影响，提高了测量的准确度。它特别适合混合物和混浊样品的定量分析，可进行导数光谱分析等。其不足之处是价格昂贵。

2.3.3　常用紫外-可见分光光度计的使用

目前商品紫外-可见分光光度计品种和型号繁多，虽然不同型号的仪器其操作方法略有不同（在使用前应详细阅读仪器说明书），但仪器上主要旋钮和按键的功能基本类似。下面介绍两种较为常用的分光光度计上主要旋钮和按键的功能及仪器的一般操作方法。

2.3.3.1 UV-1801型紫外－可见分光光度计的使用

UV-1801是通用型具有扫描功能的紫外-可见分光光度计。该仪器具有波长扫描、时间扫描、多波长测定、定量分析（浓度）等多种测量方式，还可扣除吸收池配对误差。可进行数据保存、数据查询、数据删除、数据打印；可对谱图进行缩放、转换、保存和打印。仪器波长范围广，可自动校正波长，自动调零、调100％；自动在钨灯、氘灯光源间进行切换；自动控制钨灯、氘灯的开或关；并具有自诊断（仪器可自动识别包括操作错误在内的大多数错误）和断电保护（可自动存储操作者设置的参数，断电后不会丢失）功能。

（1）仪器主要组成部件　UV-1801紫外-可见分光光度计（外形见图2-13）由光源、单色器、样品室、检测系统、电机控制、微处理器、液晶显示、键盘输入、电源、RS232接口、打印接口等部分组成（见图2-14），其光学系统如图2-15所示。

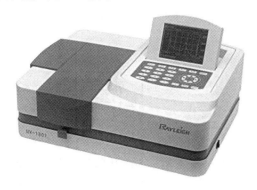

图 2-13　UV-1801 紫外－可见分光光度计外形图

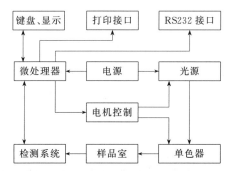

图 2-14　UV-1801 紫外－可见分光光度计组成部件框图

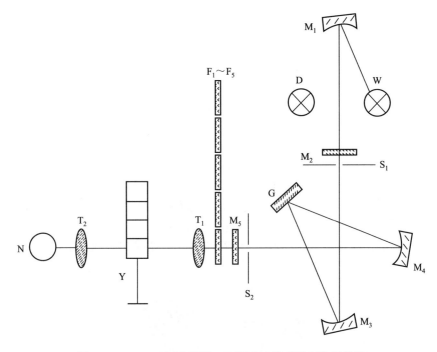

图 2-15　UV-1801 紫外 - 可见分光光度计光学系统图

D—氘灯；W—钨灯；G—光栅；N—接收器；M_1—聚光镜；
M_2，M_5—保护片；M_3，M_4—准直镜；T_1，T_2—透镜；
$F_1 \sim F_5$—滤色片；S_1，S_2—狭缝；Y—样品池

（2）仪器操作方法　使用 UV-1801 紫外 - 可见分光光度计时，可直接连接计算机，使用仪器的操作软件进行操作；也可不连接计算机，直接在主机键盘上操作。下面介绍连接计算机，使用操作软件的仪器操作方法（直接在主机键盘上操作的方法请参阅仪器说明书，本教材不做介绍）。

① 开机自检

a.检查。检查各电缆是否连接正确、可靠，电源是否符合要求，全系统是否可靠接地，若全部达到要求，则可通电运行（**注意!** 若处于高寒地区，仪器在新安装后，应静放 8h 后再通电，以保证仪器系统内部无水汽、结露，并与室温平衡）。

b.打开仪器主机。开启仪器右侧面的电源开关，仪器显示屏先出现开机界面（显示生产厂厂名和仪器型号），然后钨灯点燃，再经 15s 左

右，氘灯点燃（可听到声音）。

c.连接主机与计算机。打开计算机桌面上的软件图标（见图2-16），进入"UV应用程序"主界面（见图2-17）。

点击界面菜单上的"设置"，选择端口，输入仪器后边编号（序列号）进行计算机和仪器的测试连接（一般仪器会自动选择连接端

图 2-16 操作软件图标

口，如不能连接，可检查端口连接线的连接状况、人工选择端口或重新启动计算机进行连接）。连接成功计算机屏幕出现如图2-18所示界面，点击"确定"。此时，计算机屏幕右下方会出现一个信息窗口，会显示仪器编号（为序列号，可参见图2-17），说明计算机和仪器连接已经建立。

图 2-17 UV 应用程序主界面

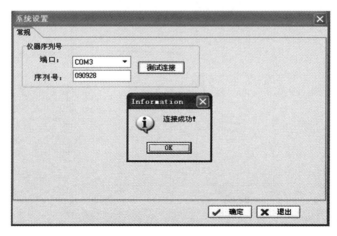

图 2-18 主机与计算机连接

图 2-19 初始化结果

d.进行自检。点击屏幕上主界面左下方"初始化"按钮（参见图 2-17），仪器将进行自检。待五项内容自检成功，全部显示"OK"后（见图 2-19），点击"确定"，仪器自检结束。随后可选择对应的测试项目，利用仪器进行相关测试。

注意! 如果初始化失败，请关闭软件与仪器，看仪器光路是否有挡光块，再重新启动仪器，在氘灯点亮后再打开软件重新连接。

② 扫描被测溶液的吸收光谱

a.单击工具栏菜单上的"光谱扫描"，进入光谱扫描测量方式界面（见图 2-20）。

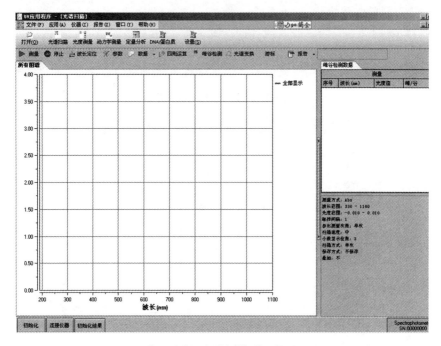

图 2-20 光谱扫描测量界面

b.设置光谱扫描参数

ⅰ.单击工具栏菜单上的"参数",进入光谱扫描参数设置页(见图2-21)。

图2-21 光谱扫描参数设置图

ⅱ.设置参数。点击光谱扫描参数设置页上的"常规"按钮,对测量方式(根据测量需要,选择相应的测量方式)、波长范围(**注意!** 设置波长最小值不得小于190nm,波长最大值不得大于1100nm)、光度范围、取样间隔(一般多设为1nm)、扫描速度(**注意!** 速度越快,扫描图谱的细节部分就显示得比较粗糙;为了获得较为精细的谱图,一般多设为中速或慢速)、参比测量次数(若设为"单次",在测量完毕之后,不更改任何参数,按" ▶ 测量 "继续测量,可直接测量样品,不需要测量参比;若设为"重复",在测量完毕之后,不更改任何参数,按" ▶ 测量 "继续测量,则需要测量参比之后才能测量样品)、扫描方式(多数设"单次",即只扫描一次)、保存方式(多采用自动保存方式)、数据文件(应在此输入自动保存文件路径以及文件名)、样品名称(输入测量样品名称)等参数进行逐一设置。设置完毕,点击"确定"。

c.扫描吸收光谱。单击工具栏菜单上的" ▶ 测量 "按钮,屏幕提示"请将参比拉入光路",将盛有参比液的吸收池放入样品架内,盖上盖,将参比拉入光路,按点击"确定"按钮;参比测量完成,系统再提示"将样品拉入光路",按提示,将参比池取出,放入装有样品液的样品池,点击"确定"按钮,开始扫描样品液光谱;测量完成,提示"扫描完毕",此时点击"OK",界面出现测量结果和相应的图谱,如图2-22所示。

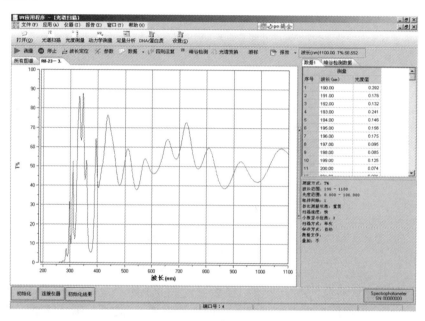

图2-22　光谱扫描结果

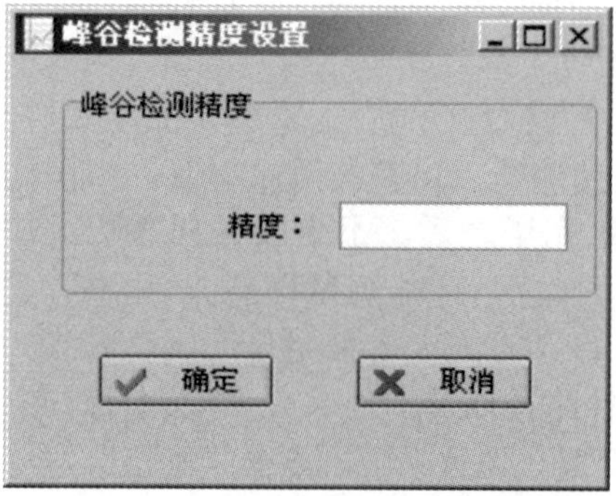

d.检测光谱峰谷波长。单击工具栏菜单上的"峰谷检测"按钮,弹出峰谷检测精度设置窗口,如图2-23所示,输入检测精度(峰谷差值满足条件),设置完毕,按"确定"按钮。系统将峰谷值标注在测量图谱上(见图2-24),并且用列表的形式(峰谷检测数据)将峰谷值显示出来,峰谷检测精度将在表格数据的上方显示,

图2-23　峰谷检测精度设置界面

如图2-24画圈处。

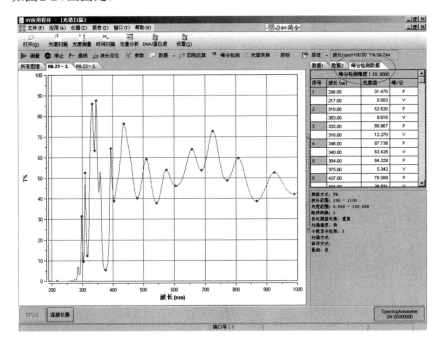

图2-24　谱图峰谷检测界面

注意! 在输入的峰谷检测精度时不能过大，否则将导致部分或全部的峰谷值无法检测，可以首先输入一个较小的数值，根据图2-24中出现的列表数据选择所需数据，再进行一次峰谷精度检测。

e.保存谱图。测量完毕，在图谱上按鼠标右键，点击"保存"。

注意! 测量后的图谱可以根据需要进行放大、缩小、定制、颜色等系列调节，具体操作可按说明书提示进行，因篇幅关系本书在此不做展开。

f.退出光谱扫描。在关闭测量界面时，系统提示"是否保存当前测量数据"，选择"是"，则停留在测量界面，根据需要选择数据标签页来保存数据（若选择"否"则直接退出测量界面）。

注意! 测量完毕之后如果要开启一个新的测量，可以不退出测量界面，直接按"参数"按钮进入到参数设置界面，重新设置新的测量参数。设置完毕之后按"OK"按钮退出，系统自动新增一个新的测量标签页。

③ 光度测量

a.单击工具栏菜单上的"光度测量",便进入光度测量方式,如图
2-25所示。

图2-25 光度测量界面与结果显示

b.光度测量参数设置及测量

ⅰ.点击"参数"进入参数设置对话框,如图2-26所示。

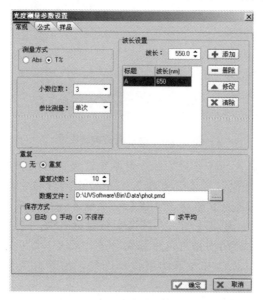

图2-26 光度测量参数设置界面

ⅱ.参数设置。点击光谱扫描参数设置页上的"常规"按钮,对测
量方式(根据测量需要,选择相应的测量方式)、波长设置(该处输入
测定所需波长,点击添加使之成为测定波长)、小数位数(一般多设为
3)、参比测量(该处为参比测量的次数,若设为"单次",在测量完毕
之后,不更改任何参数,按" ▶ 测量 "继续测量,可直接测量样品,

不需要测量参比；若设为"重复"，在测量完毕之后，不更改任何参数，按"▶ 测量"继续测量，则需要测量参比之后才能测量样品）、数据文件（应在此输入自动保存文件路径以及文件名）、保存方式（一般设置为手动）等参数进行逐一设置。常规参数设置完成后，直接点击"公式"，进入如图2-27所示公式设置栏，在标题栏里输入标题，在内容栏里输入计算公式（公式是对测量结果作四则运算，所以在输入公式过程中一定要根据波长的编号来输入，否则系统将不予接受！比如只测量了两个波长，公式中只能出现A、B，不能有C、D等其他出现！），按添加即可。设置完毕，点击"确定"。操作系统将按设置好的内容进行测量。点击"测量"按提示分别测量参比溶液和样品液的吸光度值，系统自动记录相关数据。测量完成，系统根据设置公式计算出测量结果并显示如图2-25所示。

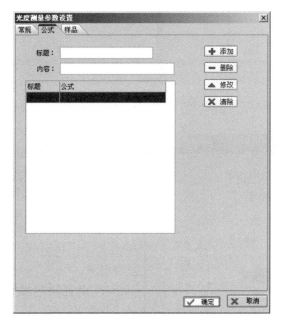

图 2-27　公式设置图

④ 定量分析

a.单击工具栏菜单上的"定量分析"，进入定量分析测量方式界面（见图2-28）。

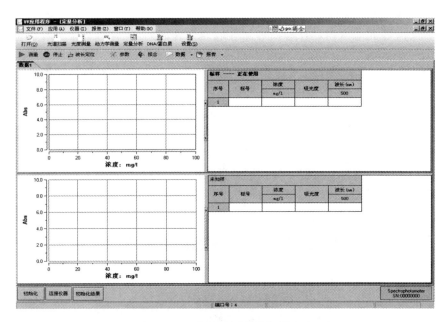

图 2-28　定量分析测量方式界面

图 2-29　比色皿校正参数设置

b.比色皿校正。在进行定量分析前,应先完成比色皿(即吸收池)校正。

ⅰ.进入"比色皿校正"界面。点击菜单上的"仪器",在下拉菜单中,再点击"比色皿校正",系统进入"比色皿校正"界面,如图2-29所示。

ⅱ.设置比色皿校正参数。选择"比色皿校正"为"开";设置需要校正的比色皿个数(除参比池外。如:一般石英皿每盒两个,一个用作参比,另一个用作测量,此时输入"1");设置波长(为定量分析所用波长)。

iii.进行校正。参数设置完毕，按比色皿使用规范清洗干净，倒入蒸馏水，吸干外壁水分，用擦镜纸擦亮光学面，垂直置于比色皿架上。按"校正"按钮，仪器开始校正。按系统提示将参比比色皿及待校正比色皿依次拉入光路。校正完毕，系统将自动关闭比色皿校正窗口。在后面的定量分析中将根据校正数据自动完成校正。

iv.比色皿校正注意事项：第一，比色皿个数指除去参比以外的需要校正的比色皿个数（最小为1）；第二，波长设置时，不能设置相同的波长，波长数目不能超过7个；第三，若在测量中需要对比色皿进行校正，那么在校正比色皿的时候波长设置数目和波长值必须一致，一旦更改波长，则需要重新进行比色皿校正；第四，比色皿校正设置为开的时候，在光度测量、定量分析和DNA/蛋白质测量的时候都使用比色皿校正的值，光谱扫描和时间扫描仍然为常规测量；第五，如果之前进行了比色皿校正，而现在的测量不需要比色皿校正了，不用关闭软件，只需要在比色皿校正界面（见图2-29）选择"关"，按"确定"按钮即可，反之，如果之前进行的是常规测量，而现在需要比色皿校正测量，则在比色皿校正界面输入需要校正的比色皿个数和波长值，按"校正"按钮进行校正；第六，如果整个软件没有关闭，系统都将保存当前的比色皿校正结果，比色皿校正界面显示参数也是最近一次参数设置。

校正完毕，下面就可以进行光度测量或者定量分析了。

c.设置定量分析参数

i.单击工具栏菜单上的"参数"，进入定量分析测量方式的参数设置页（见图2-30和图2-31）。

ii.设置参数。对波长测量方法（包括单波长法、双波长系数倍率法、双波长等吸收点法、三波长法），测量波长进行设置；选择参比测量次数；输入计算公式；选择测量方法（一般选浓度法，系数法需要在系数设置中输入曲线拟合系数）；选择拟合曲线方程次数；确定测量样品的浓度单位；确定是否选择"零点插入"（选择它，拟合曲线将强行过零点）；选择文件保存方式；输入自动保存文件路径和文件名等。

d.建立工作曲线（针对浓度法）。参数设置结束，可进行建立工作曲线的测量（使用浓度法，如果选择了零点插入，则建立的曲线过零点）。

i.测量标准溶液吸光度。点击标样栏上方"标样"进入标样测量，单击"测量"，按提示分别将参比与标样溶液拉入光路进行测量，测量数据直接显示在屏幕上。

图 2-30　定量分析参数设置测量页

图 2-31　定量分析参数设置计算页

　　ⅱ.进行曲线拟合。标样测量完毕，在浓度栏内输入对应标样的浓度值，按"拟合"进行曲线拟合。界面上显示出以上测量参数所建立的曲线，并且显示拟合的相关系数和建立的曲线方程（见图2-32）。

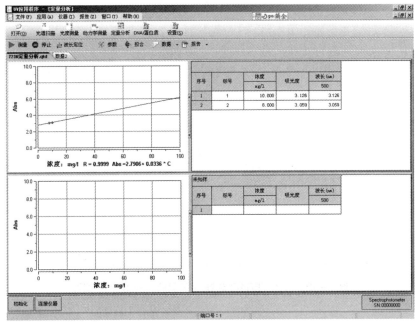

图 2-32　定量分析工作曲线

注意! 如果拟合曲线因为个别参比测量结果不理想，可以在标样栏内点击右键，选择需要删除的标样，删除该条数据，然后重新测量标样和拟合曲线。

　　e.测量样品。将未知样放入样品池内，置吸收池架内盖上盖。点击"未知样"，单击"测量"，按提示将样品拉入光路进行测量。未知样浓度测量结果将直接由系统计算出后在屏幕显示。

　　f.保存数据，打印报告。测量完毕保存拟合曲线和测量数据，并打印出报告（具体方法请查阅软件使用说明书）。

2.3.3.2　UV-7504型紫外-可见分光光度计

　　（1）仪器简介　UV-7504紫外-可见分光光度计具有卤钨灯和氘灯两种光源，适用于200～1000nm波长范围内的测量。它采用低杂光，光栅CT式单色器结构，使仪器具有良好的稳定性、重现性和精确的测量精度；采用最新微机处理技术，具有自动设置$T=0\%$和$T=100\%$的控制功能，以及多种浓度运算和数据处理功能；仪器配有相应的工作软件，使仪器具有波长扫描、时间扫描、标准曲线和多种数据处理等功能；仪器配有标准的RS-232双向通信接口和标准并行打印口，可向计算机发送数据并直接打印测试结果。

UV-7504C紫外-可见分光光度计的外形和键盘分别如图2-33和图2-34所示。

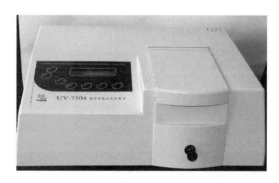

图2-33　UV-7504C 紫外－可见分光光度计外形图

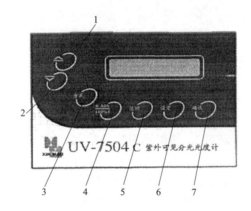

图2-34　UV-7504C 紫外－可见分光光度计键盘

仪器键盘共有七个键组成，其基本功能介绍如下。

1—"▲"键　此键有四个功能：①在浓度状态下（C）按此键，浓度参数自动增加；②在斜率状态下（F）按此键，斜率参数自动增加；③在WL＝×××.×nm（波长改变）按此键，波长参数自动增加；④在仪器完成自检后，波长停在546nm时，按此键可以快速进入预设波长。

2—"▼"键　此键有四个功能：①在浓度状态下（C）按此键，

浓度参数自动减少；②在斜率状态下（F）按此键，斜率参数自动减少；③在WL＝×××.×nm（波长改变）按此键，波长参数自动减少；④在仪器完成自检后，波长停在546nm时，按此键可以快速进入预设波长。

3—"方式"键　按此键仪器的测试模式在吸光度、浓度、透射比间转换。

4—"$\dfrac{0ABS}{100\%T}$"键　在吸光度状态下，按此键仪器自动将参比调为"0.000A"；在透射比状态下，按此键仪器自动将参比调为"100％T"。

5—"返回"键　当仪器设置等方面出现错误时，按此键可以返回到原始状态。

6—"设定"键　按此键第一次显示自动设置的参数，第二次后参数方式将自动切换。

7—"确认"键　按此键为确认一切参数设置有效，若不按此键，则设置无效。

（2）使用方法

① 开机：接通电源，开机预热20min，至仪器自动校正后，显示器显示"546.0nm　0.000A"，仪器自检完毕，即可进行测试。

② 用"方式"键设置测试方式，根据需要选择吸光度（A）、浓度（c）、透射比（T）。

③ 选择分析波长，按设定键屏幕显示"WL＝×××.×nm"字样，按"▲""▼"调节到所需波长，按确认键确认。稍等，待仪器显示出所需波长，并已经把参比调成$A＝0.000$时，即可测试。

④ 将参比样品溶液和被测样品溶液放入样品槽中，盖上样品室盖，将参比溶液推入光路，按"0ABS/100％T"键调节$A＝0/T＝100\%$。

⑤ 当仪器显示"0.000A"或"100％T"后，将待测样品溶液推入光路，依次测试待测样品的数据，记录。

⑥ 测量完毕，取出吸收池，清洗并晾干后入盒保存。关闭电源，拔下电源插头，盖上仪器防尘罩，填写仪器使用记录。

⑦ 清洗各玻璃仪器，收拾桌面，将实验室恢复原样。

2.3.4　分光光度计的检验与维护保养

2.3.4.1　分光光度计的检验

为保证测试结果的准确可靠，新制造、使用中和修理后的分光光度计都应定期进行检定。国家技术监督局批准颁布了各类紫外、可见分光光度计的检定规程❶。检定规程规定，检定周期为半年，两次检定合格的仪器检定周期可延长至一年。在验收仪器时应按仪器说明书及验收合同进行验收。下面简单介绍分光光度计的检验方法。

（1）波长准确度的检验　分光光度计在使用过程中，由于机械振动、温度变化、灯丝变形、灯座松动或更换灯泡等原因，经常会引起仪器上波长的读数（标示值）与实际通过溶液的波长不符合的现象，因而导致仪器灵敏度降低，影响测定结果的精度，需要经常进行检验。

在可见光区检验波长准确度最简便的方法是绘制镨钕滤光片的吸收光谱曲线。镨钕滤光片的吸收峰为528.7nm和807.7nm（见图2-35）。如果测出的峰的最大吸收波长与仪器上波长标示值相差±3nm以上，则需要进行波长调节（不同型号的仪器波长读数的调节方法有所不同，应按仪器说明书或请生产厂家进行波长调节）。

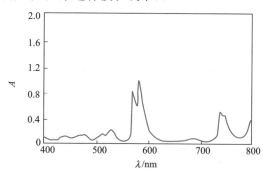

图2-35　镨钕滤光片吸收光谱曲线

在紫外光区检验波长准确度比较实用和简便的方法是：用苯蒸气的吸收光谱曲线来检查。图2-36是苯蒸气在紫外光区的特征吸收峰，利用这些吸收峰所对应波长来检查仪器波长准确度非常方便。具体做法是：在吸收池滴一滴液体苯，盖上吸收池盖，待苯挥发充满整个吸收池后，就可以测绘苯蒸气的吸收光谱。若实测结果与苯的标准光谱曲线不一致表示仪器有波长误差，必须加以调整。

---

❶ 这类规程有：JJG 178—2007《紫外、可见、近红外分光光度计检定规程》；JJG 375—96《单光束紫外-可见分光光度计检定规程》；JJG 682—90《双光束紫外可见分光光度计检定规程》。

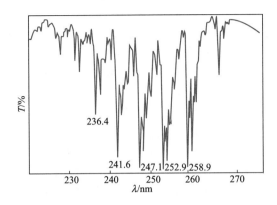

图 2-36　苯蒸气的吸收光谱曲线

（2）透射比正确度的检验　透射比的准确度通常是用硫酸铜、硫酸钴铵、重铬酸钾等标准溶液来检查，其中应用最普遍的是重铬酸钾（$K_2Cr_2O_7$）溶液。

透射比正确度检验的具体操作是：分别配制质量分数 $w(K_2Cr_2O_7)$ = 0.006000 %（即1000g 溶液中含 $K_2Cr_2O_7$ 0.06000g）和 0.001mol·L^{-1} $HClO_4$ 标准溶液。以 0.001mol·L^{-1} $HClO_4$ 为参比，以 1cm 的石英吸收池分别在235nm、257nm、313nm、350nm 波长处测定 $K_2Cr_2O_7$ 的透射比，与表2-2所列标准溶液的标准值比较，根据仪器级别，其差值应在 0.8%～2.5%之内。

表2-2　$w(K_2Cr_2O_7)$ = 0.006000% $K_2Cr_2O_7$ 溶液的透射比

波长/nm	235	257	313	350
透射比	18.2	13.7	51.3	22.9

（3）稳定度的检验　在光电管不受光的条件下，用零点调节器将仪器调至零点，观察3min，读取透射比的变化，即为零点稳定度。

在仪器测量波长范围两端向中间靠10nm 处，例如仪器工作波长范围为360 ～ 800nm，则在370nm 和790nm 处，调零点后，盖上样品室盖（打开光门），使光电管受光，调节透射比为95%（数显仪器调至100%），观察3min，读取透射比的变化，即为光电流稳定度。

（4）吸收池配套性检验　在定量工作中，尤其是在紫外光区测定时，需要对吸收池做校准及配对工作，以消除吸收池的误差，提高测量的准确度。

根据JJG 178—2007规定，石英吸收池在220nm处、玻璃吸收池在440nm处，装入适量蒸馏水，以一个吸收池为参比，调节τ为100％，测量其他各吸收池的透射比，透射比的偏差小于0.5％的吸收池可配成一套。

实际工作中，可以采用下面较为简便的方法进行配套检验：用铅笔在洗净的吸收池毛面外壁编号并标注光路走向。在吸收池中分别装入测定用溶剂，以其中一个为参比，测定其他吸收池的吸光度。若测定的吸光度为零或两个吸收池吸光度相等，即为配对吸收池。若不相等，可以选出吸光度值最小的吸收池为参比，测定其他吸收池的吸光度，求出修正值。测定样品时，将待测溶液装入校正过的吸收池，测量其吸光度，所测得的吸光度减去该吸收池的修正值即为此待测液真正的吸光度。

2.3.4.2 分光光度计的维护和保养

分光光度计是精密光学仪器，正确安装、使用和保养对保持仪器良好的性能和保证测试的准确度有重要作用。

（1）对仪器工作环境的要求 分光光度计应安装在稳固的工作台上（周围不应有强磁场，以防电磁干扰）。室内应避免高温，温度宜保持在5～35℃。室内应干燥，相对湿度宜控制在45％～65％，不应超过80％。室内应无腐蚀性气体（如SO_2、NO_2、NH_3及酸雾等），应与化学分析操作室隔开，应避免阳光直射。

（2）仪器保养和维护方法

① 仪器工作电源一般允许电压为220V±10％，频率为（50±1）Hz的单相交流电。为保持光源灯和检测系统的稳定性，在电源电压波动较大的实验室，最好配备稳压器（有过电压保护）。功率不小于500W的实验室内应有地线并保证仪器有良好接地性。

② 为了延长光源使用寿命，在不使用时不要开光源灯。如果光源灯亮度明显减弱或不稳定，应及时更换新灯。更换后要调节好灯丝位置，不要用手直接接触窗口或灯泡，避免油污沾附，若不小心接触过，要用无水乙醇擦拭。

③ 单色器是仪器的核心部分，装在密封盒内，不能拆开，为防止色散元件受潮生霉，必须定期更换单色器盒干燥剂。

④ 必须正确使用吸收池，保护吸收池光学面（详细方法见2.3.1.3）。

⑤ 光电转换元件不能长时间曝光，应避免强光照射或受潮积尘。

⑥ 仪器液晶显示器和键盘日常使用和保存时应注意防划伤、防水、防尘、防腐蚀，并在仪器使用完毕时盖上防尘罩。长期不使用仪器时，要注意环境的温度和湿度。

⑦ 在使用过程中，吸收池中溶液不能装太满，防止溢出；使用结束必须检查样品室是否积存有溢出溶液，经常擦拭样品室，以防废液对部件或光路系统的腐蚀。

⑧ 定期进行性能指标检测，发现问题及时处理。

（3）常见故障分析和排除方法 仪器常见故障、产生原因及排除方法见表2-3。

表2-3 常见故障分析和排除方法

故障	可能原因	处理办法
开机无反应	①插头松脱 ②保险烧毁	①插好插头 ②更换保险
氘灯（钨灯）自检出错	①氘灯（钨灯）坏 ②氘灯（钨灯）电路坏	①更换氘灯（钨灯） ②联系生产厂家或销售代理
灯定位、滤色片出错	①插头松动 ②电机坏或光耦坏	①检查仪器内部各插头并将其插好 ②联系生产厂家或销售代理
波长自检出错	①样池被挡光 ②自检中开了盖 ③波长平移过多	①排除样池内的挡光物 ②自检中不能开样池盖 ③联系生产厂家或销售代理
测光精度误差、重复性误差超差	①样品吸光度过高（$A>2$） ②在≤360nm波段使用玻璃比色皿 ③比色皿不够干净 ④样池架上有脏物 ⑤其他原因	①稀释样品 ②使用石英比色皿 ③将比色皿擦干净 ④清除样池架上的脏物 ⑤与厂家或代理商联系
出现"能量过低"提示	①样池内有挡光物 ②在≤360nm波段用了玻璃比色皿 ③比色皿不够干净 ④换灯点设置错误 ⑤自检时未盖好样品室盖	①清除样池内的挡光物 ②使用石英比色皿 ③将比色皿擦干净 ④将换灯点设置到340～360nm ⑤盖好样品室盖，重新自检
运行过程出现程序运行错误、死机	①安装环境不符合要求 ②其他原因	①按安装要求改进 ②与厂家或代理商联系

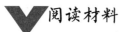

阅读材料

光度分析装置和仪器的新技术

近年来，为适应科学发展的需要，广大分析科研人员正在为克服光度分析的某些局限，探索新的显色反应体系，改进分析分离技术，开发数据处理方法，研制新的仪器设备和方法联用等方面进行着不懈的努力，并取得了一定的成效。

激光器是作为分光光度计光源研究的重点。利用激光器的高发射强度产生了光声和热透镜光度分析方法，用其单色性提高光度分析的光谱分辨和灵敏度，用其易聚焦的特性辐射于毛细管中作为检测光源。在一般光源中，用光发射二极管、钨卤灯或氘灯代替钨灯，不仅光强度增大，使用寿命增长，且响应波长范围扩宽。

目前已研究出各种不同规格大小的吸收池，如体积小至数十微升，长达百米，可由$5\mu m$至$10cm$的可变池；不同性能的吸收池，如可搅拌、可温控、高温、高压、低温及低压池等；不同用途的吸收池，如流动分析用、动力学用、过程分析用和生物分析用的流动池及光纤池等。

常用的光电倍增检测器在长波段灵敏度较差，正在研究和应用各种可在全波长同时记录的检测器，如硅二极管阵列、光敏硅片、电荷耦合器件以及在不同波长处2种或3种以上检测器的联用。还报道了可以测量薄膜厚度，抗原层吸附抗体的直接观察的装置等。

2.4 可见分光光度法

可见分光光度法是利用测量有色物质对某一单色光吸收程度来进行定量的，而许多物质本身无色或色很浅，也就是说它们对可见光不产生吸收或吸收不大，这就必须事先通过适当的化学处理，使该物质转变为能对可见光产生较强吸收的有色化合物，然后再进行光度测定。将待测组分转变成有色化合物的反应称为显色反应；与待测组分形成有色化合物的试剂称为显色剂。在可见分光光度法实验中，选择合适的显色反应，并严格控制反应条件是十分重要的实验技术。

2.4.1 显色反应和显色剂

2.4.1.1 显色反应

显色反应可以是氧化还原反应，也可以是配位反应，或是兼有上述两种反应，其中配位反应应用最普遍。同一种组分可与多种显色剂反应生成不同有色物质。在分析时，究竟选用何种显色反应较适宜，应考虑下面几个因素。

① 选择性好。一种显色剂最好只与一种被测组分起显色反应，或显色剂与共存组分生成的化合物的吸收峰与被测组分的吸收峰相距比较远，干扰少。

② 灵敏度高。要求反应生成的有色化合物的摩尔吸光系数大。当然，实际分析中还应该综合考虑选择性。

③ 生成的有色化合物组成恒定、化学性质稳定，测量过程中应保持吸光度基本不变，否则将影响吸光度测定准确度及再现性。

④ 如果显色剂有色，则要求有色化合物与显色剂之间的颜色差别要大，以减小试剂空白值，提高测定的准确度。通常把两种有色物质最大吸收波长之差称为"对比度"。一般要求显色剂与有色化合物的对比度 $\Delta\lambda$ 在60nm以上。

⑤ 显色条件要易于控制，以保证其有较好的再现性。

2.4.1.2 显色剂

常用的显色剂可分为无机显色剂和有机显色剂两大类。

（1）无机显色剂　许多无机试剂能与金属离子发生显色反应，但由于灵敏度和选择性都不高，具有实际应用价值的品种很有限。表2-4列出了几种常用的无机显色剂，以供参考。

（2）有机显色剂　有机显色剂与金属离子形成的配合物其稳定性、灵敏度和选择性都比较高，而且有机显色剂的种类较多，实际应用广。表2-5列出了几种重要的有机显色剂。

表2-4　几种常用的无机显色剂

显色剂	测定元素	反应介质	有色化合物组成	颜色	λ_{max} /nm
硫氰酸盐	铁	$0.1 \sim 0.8mol \cdot L^{-1}HNO_3$	$[Fe(CNS)_5]^{2-}$	红	480
	钼	$1.5 \sim 2mol \cdot L^{-1}H_2SO_4$	$[Mo(CNS)_6]$ 或 $[MoO(CNS)_5]^{2-}$	橙	460
	钨	$1.5 \sim 2mol \cdot L^{-1}H_2SO_4$	$[W(CNS)_6]$ 或 $[WO(CNS)_5]^-$	黄	405
	铌	$3 \sim 4mol \cdot L^{-1}HCl$	$[NbO(CNS)_4]^{2-}$	黄	420
	铼	$6mol \cdot L^{-1}HCl$	$[ReO(CNS)_4]^-$	黄	420
钼酸铵	硅	$0.15 \sim 0.3mol \cdot L^{-1}H_2SO_4$	硅钼蓝	蓝	$670 \sim 820$
	磷	$0.15mol \cdot L^{-1}H_2SO_4$	磷钼蓝	蓝	$670 \sim 820$
	钨	$4 \sim 6mol \cdot L^{-1}HCl$	磷钨蓝	蓝	660
	硅	弱酸性	硅钼杂多酸	黄	420
	磷	稀 HNO_3	磷钼钒杂多酸	黄	430
	钒	酸性	磷钼钒杂多酸	黄	420

续表

显色剂	测定元素	反应介质	有色化合物组成	颜色	λ_{max}/nm
氨水	铜	浓氨水	$[Cu(NH_3)_4]^{2+}$	蓝	620
	钴	浓氨水	$[Co(NH_3)_6]^{2+}$	红	500
	镍	浓氨水	$[Ni(NH_3)_6]^{2+}$	紫	580
过氧化氢	钛	$1\sim2mol\cdot L^{-1}H_2SO_4$	$[TiO(H_2O_2)]^{2+}$	黄	420
	钒	$6.5\sim3mol\cdot L^{-1}H_2SO_4$	$[VO(H_2O_2)]^{3+}$	红橙	$400\sim450$
	铌	$18mol\cdot L^{-1}H_2SO_4$	$Nb_2O_3(SO_4)_2(H_2O_2)$	黄	365

随着科学技术的发展,还在不断地合成出各种新的高灵敏度、高选择性的显色剂。显色剂的种类、性能及其应用可查阅有关手册。

(3)三元配合物显色体系 前面所介绍的多是一种金属离子(中心离子)与一种配位体配位的显色反应,这种反应生成的配合物是二元配合物。近年来以形成三元配合物为基础的分光光度法已被广泛应用。有些成熟的方法,也已被纳入新修订的国家标准中,原因是利用三元配合物显色体系可以提高测定的灵敏度,改善分析特性。

所谓三元配合物是指由三种不同组分所形成的配合物。在三种不同的组分中至少有一种组分是金属离子,另外两种是配位体;或者至少有一种配位体,另外两种是不同的金属离子,前者称为单核三元配合物,后者称为双核三元配合物。例如:Al-CAS-CTMAC(铝-铬天菁S-氯化十六烷基三甲铵)就是单核三元配合物,而$[FeSnCl_5]$是双核三元配合物。

表2-5 几种常用的有机显色剂

显色剂	测定元素	反应介质	λ_{max}/nm	$\varepsilon/L\cdot mol^{-1}\cdot cm^{-1}$
磺基水杨酸	Fe^{2+}	pH 2～3	520	1.6×10^3
邻菲罗啉	Fe^{2+}	pH 3～9	510	1.1×10^4
	Cu^+		435	7×10^3
丁二酮肟	Ni(Ⅳ)	氧化剂存在、碱性	470	1.3×10^4
1-亚硝基-2-苯酚	Co^{2+}		415	2.9×10^4
钴试剂	Co^{2+}		570	1.13×10^5
双硫腙	Cu^{2+}、Pb^{2+}、Zn^{2+}、Cd^{2+}、Hg^{2+}	不同酸度	$490\sim550$ (Pb520)	$4.5\times10^4\sim3\times10^4$ (Pb6.8×10⁴)
偶氮砷(Ⅲ)	Th(Ⅳ)、Zr(Ⅳ)、La^{3+}、Ce^{4+}、Ca^{2+}、Pb^{2+}等	强酸至弱酸	$665\sim675$ (Th665)	$10^4\sim1.3\times10^5$ (Th1.3×10⁵)

续表

显色剂	测定元素	反应介质	λ_{max}/nm	ε/L·mol^{-1}·cm^{-1}
RAR（吡啶偶氮间苯二酚）	Co、Pd、Nb、Ta、Th、In、Mn	不同酸度	（Nb550）	（Nb3.6×10^4）
二甲酚橙	Zr（Ⅳ）、Hf（Ⅳ）、Nb（Ⅴ）、UO$_2^{2+}$、Bi^{3+}、Pb^{2+}等	不同酸度	530～580（Hf530）	1.6×10^4～5.5×10^4 Hf4.7×10^4
铬天菁S	Al	pH5～5.8	530	5.9～10^4
结晶紫	Ca	7mol·L^{-1}HCl、CHCl$_3$-丙酮萃取		5.4×10^4
罗丹明B	Ca、Tl	6mol·L^{-1}HCl、苯萃取，1mol·L^{-1}HBr异丙醚萃取		6×10^4 1×10^5
孔雀绿	Ca	6mol·L^{-1}HCl、C$_6$H$_5$Cl-CCl$_4$萃取		9.9×10^4
亮绿	Tl B	0.01～0.1mol·L^{-1}HBr、乙酸乙酯萃取，pH3.5苯萃取		7×10^4 5.2×10^4

显色过程的目的是要获得吸光能力强的有色物质，因此三元配合物中应用多的是颜色有显著变化的三元混配化合物，三元离子缔合物和三元胶束配合物。

① 三元混配化合物：金属离子M与一种配位体（A或R）形成配位数未饱和的配合物，再与另一种配位体（R或A）形成配合物，一般通式为A-M-R，称三元混合配位化合物，简称三元混配化合物。例如：pH为0.6～2时，Ti^{4+}与H$_2$O$_2$显色生成［TiO（H$_2$O$_2$）］$^{2+}$黄色配合物，其λ_{max}＝420nm。如果再加入另一种显色剂二甲酚橙（XO）则生成n（Ti^{4+}）：n（H$_2$O$_2$）：n（XO）＝1：1：1的绿色混配化合物，其λ_{max}＝530nm。可见生成的三元配合物的颜色加深了，用于Ti^{4+}的测定其灵敏度高，选择性好（因为产生与H$_2$O$_2$和二甲酚橙同时配位的干扰反应的可能性大大减少了）。

② 三元离子缔合物：金属离子首先与配位体生成配阴离子或配阳离子（配位数已满足），再与带相反电荷的离子生成离子缔合物。三元离子缔合物主要用于萃取光度❶测定，最常用的体系为金属离子M-

❶ 采用适当的有机溶剂将有色物从大体积的水相中萃取到较小体积的有机相中，并在有机相中进行吸光度测量的方法称萃取分光光度法。

电负性配位体（R）-有机碱或染料（A）体系。例如，$[Ti(SCN)_6]^{2-}$
与二安替吡啉甲烷（DAM）在 $2\sim 4mol\cdot L^{-1}$ 的 HCl 介质中生成
$n(Ti):n(DAM):n(SCN^-)=1:2:6$ 的三元离子配合物，
用氯仿萃取，$\lambda_{max}=420nm$，$\varepsilon=8\times10^4 L\cdot mol^{-1}\cdot cm^{-1}$。

③ 三元胶束配合物：带有长链的季铵盐（阳离子表面活性剂）在
水溶液中形成的胶体质点（称胶束）对一些二元配合物有提高稳定性
和增溶作用（称胶束增溶作用），使它们的吸收峰比原二元配合物吸收
峰的波长长，测定的灵敏度也大为提高。例如 Al-CAS 二元配合物的
$\lambda_{max}=535nm$，ε 约为 $4\times10^4 L\cdot mol^{-1}\cdot cm^{-1}$。当有氯化十六烷基三甲
基铵存在时，$\lambda_{max}=587nm$，ε 约为 $10^5 L\cdot mol^{-1}\cdot cm^{-1}$。同时由于表
面活性剂的存在，使溶液 pH 对三元配合物吸光度的影响大为减弱，实
验条件易于控制。

常用的阳离子表面活性剂有长链的正烷基季铵盐类，如氯化十六
烷基三甲基铵（CTMAC）、溴化十六烷基三甲铵（CTMAB）、氯化
十四烷基二甲基苄基铵（Zeph）；烷基吡啶类，如溴化十六烷基吡啶
（CPB）、溴化十四烷基吡啶（TPB）等。与金属离子配位形成二元配阴
离子的配位体常为一些酸性有机染料，如三苯甲烷类酸性染料、铬天菁
S、溴邻苯三酚红、二甲酚橙等。

2.4.2　显色条件的选择

显色反应是否满足分光光度法要求，除了与显色剂性质有关以外，
控制好显色条件是十分重要的。

2.4.2.1　显色剂用量

设 M 为被测物质，R 为显色剂，MR 为反应生成的有色配合物，则
此显色反应可以用下式表示：

$$M+R \rightleftharpoons MR$$

从反应平衡角度上看，加入过量的显色剂显然有利于 MR 的生成，
但过量太多也会带来副作用，例如增加了试剂空白或改变了配合物的组
成等。因此显色剂一般应适当过量。在实际工作中显色剂用量具体是多
少需要经实验来确定，即通过作 $A\text{-}c_R$ 曲线，来获得显色剂的适宜用量。
其方法是：固定被测组分浓度和其他条件，然后加入不同量的显色剂，
分别测定吸光度 A 值，绘制吸光度（A）-显色剂浓度（c_R）曲线（一般

可得如图2-37所示的三种曲线）。若得到是图2-37（a）的曲线，则表明显色剂浓度在 $a \sim b$ 范围内吸光度出现稳定值，因此可以在 $a \sim b$ 间选择合适的显色剂用量。这类显色反应生成的配合物稳定，对显色剂浓度控制不太严格。若出现的是图2-37（b）的曲线，则表明显色剂浓度在 $a' \sim b'$ 这一段范围内吸光度值比较稳定，因此在显色时要严格控制显色剂用量。而图2-37（c）曲线表明，随着显色剂浓度增大，吸光度不断增大，这种情况下必须十分严格控制显色剂加入量或者另换合适的显色剂。

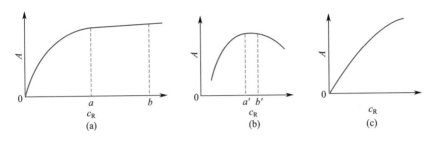

图 2-37　吸光度与显色剂浓度的关系曲线

2.4.2.2　溶液酸度

酸度是显色反应的重要条件，它对显色反应的影响主要有下面几方面。

① 当酸度不同时，同种金属离子与同种显色剂反应，可以生成不同配位数的不同颜色的配合物。例如 Fe^{3+} 可与水杨酸在不同pH条件下，生成配位比不同的配合物。

pH ＜ 4　　　　　$Fe(C_7H_4O_3)^+$　　　　紫红色（1∶1）

pH ≈ 4 ～ 7　　　$Fe(C_7H_4O_3)_2^-$　　　橙红色（1∶2）

pH ≈ 8 ～ 10　　$Fe(C_7H_4O_3)_3^{3-}$　　黄　色（1∶3）

可见只有控制溶液的pH在一定范围内，才能获得组成恒定的有色配合物，得到正确测定结果。

② 溶液酸度过高会降低配合物的稳定性，特别是对弱酸型有机显色剂和金属离子形成的配合物的影响较大。当溶液酸度增大时显色剂的有效浓度要减少，显色能力被减弱。有色物的稳定性也随之降低。因此显色时，必须将酸度控制在某一适当范围内。

③ 溶液酸度变化，显色剂的颜色可能发生变化。其原因是：多数

有机显色剂往往是一种酸碱指示剂，它本身所呈的颜色是随pH变化而变化。例如PAR（吡啶偶氮间苯二酚）是一种二元酸（表示为H_2R）它所呈的颜色与pH的关系如下：

pH 2.1～4.2 　　　　 黄色（H_2R）
pH 4～7 　　　　　　 橙色（HR^-）
pH＞10 　　　　　　 红色（R^{2-}）

PAR可作多种离子的显色剂，生成的配合物的颜色都是红色，因而这种显色剂不能在碱性溶液中使用。否则，因显色剂本身的颜色与有色配合物颜色相同或相近（对比度小），将无法进行分析。

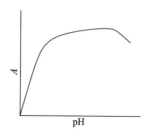

图2-38　吸光度A与pH
关系曲线

④ 溶液酸度过低可能引起被测金属离子水解，因而破坏了有色配合物，使溶液颜色发生变化，甚至无法测定。

综上所述，酸度对显色反应的影响是很大的，而且是多方面的。显色反应适宜的酸度必须通过实验来确定。确定方法是：固定待测组分及显色剂浓度，改变溶液pH，制得数个显色液。在相同测定条件下分别测定其相应的吸光度，作出A-pH关系曲线，如图2-38所示。选择曲线平坦部分对应的pH作为应该控制的pH范围。

2.4.2.3　显色温度

不同的显色反应对温度的要求不同。大多数显色反应是在常温下进行的，但有些反应必须在较高温度下才能进行或进行得比较快。例如Fe^{3+}和邻二氮菲的显色反应常温下就可完成，而硅钼蓝法测微量硅时，应先加热，使之生成硅钼黄，然后将硅钼黄还原为硅钼蓝，再进行光度法测定。也有的有色物质加热时容易分解，例如$Fe(SCN)_3$，加热时褪色很快。因此对不同的反应，应通过实验找出各自适宜的显色温度范围。由于温度对光的吸收及颜色的深浅都有影响，因此在绘制工作曲线和进行样品测定时应该使溶液温度保持一致。

2.4.2.4　显色时间

在显色反应中应该从两个方面来考虑时间的影响：一是显色反应完成所需要的时间，称为"显色（或发色）时间"；二是显色后有色物质色泽保持稳定的时间，称为"稳定时间"。确定适宜时间的方法：配制一份显色溶液，从加入显色剂开始，每隔一定时间测吸光度一次，绘制吸光度-时间关系曲线。曲线平坦部分对应的时间就是测定吸光度的最适宜时间。

2.4.2.5　溶剂的选择

有机溶剂常常可以降低有色物质的离解度，增加有色物质的溶解，从而提高了测定的灵敏度，例如$Fe(CNS)^{2+}$在水中的$K_稳$为200。而在90％乙醇中$K_稳$为5×10^4，可见$Fe(CNS)^{2+}$的稳定性大大提高，颜色也明显加深。因此，利用有色化合物在有机溶剂中稳定性好、溶解度大的特点，可以选择合适的有机溶剂，采用萃取光度法来提高方法灵敏度和选择性。

2.4.2.6　显色反应中干扰及消除

（1）干扰离子的影响　分光光度法中共存离子的干扰主要有以下几种情况。

① 共存离子本身具有颜色。如Fe^{3+}、Ni^{2+}、Co^{2+}、Cu^{2+}、Cr^{3+}等的存在影响被测离子的测定。

② 共存离子与显色剂或被测组分反应，生成更稳定的配合物或发生氧化还原反应，使显色剂或被测组分的浓度降低，妨碍显色反应的完成，导致测量结果偏低。

③ 共存离子与显色剂反应生成有色化合物或沉淀，导致测量结果偏高。若共存离子与显色剂反应后生成无色化合物，但由于消耗了大量的显色剂，致使显色剂与被测离子的显色反应不完全。

（2）干扰的消除方法　干扰离子的存在给分析工作带来不小的影响。为了获得准确的结果，需要采取适当的措施来消除这些影响。消除共存离子干扰的方法很多，此处仅介绍几种常用方法，以便在实际工作中选择使用。

① 控制溶液的酸度。这是消除共存离子干扰的一种简便而重要的方法。控制酸度使待测离子显色，而干扰离子不生成有色化合物。例如：以磺基水杨酸测定Fe^{3+}时，若Cu^{2+}共存，此时Cu^{2+}也能与磺基水杨酸形成黄色配合物而干扰测定。若溶液酸度控制在pH＝2.5，此时铁能与磺基水杨酸形成稳定的配合物，而铜就不能，这样就可以消除Cu^{2+}的干扰。

② 加入掩蔽剂，掩蔽干扰离子。采用掩蔽剂来消除干扰的方法是一种有效而且常用方法。该方法要求加入的掩蔽剂不与被测离子反应，掩蔽剂和掩蔽产物的颜色必须不干扰测定。表2-6列出可见分光光度法中常用的掩蔽剂，以便在实际工作中参考使用。

表2-6　可见分光光度法部分常用的掩蔽剂

掩蔽剂	pH	被掩蔽的离子
KCN	>8	Cu^{2+}、Co^{2+}、Ni^{2+}、Zn^{2+}、Hg^{2+}、Ca^{2+}、Ag^+、Ti^{4+}及铂族元素
	6	Cu^{2+}、Co^{2+}、Ni^{2+}
NH_4F	4～6	Al^{3+}、Ti^{4+}、Sn^{4+}、Zr^{4+}、Nb^{5+}、Ta^{5+}、W^{6+}、Be^{2+}等
酒石酸	5.5	Fe^{3+}、Al^{3+}、Sn^{4+}、Sb^{3+}、Ca^{2+}
	5～6	UO_2^{2+}
	6～7.5	Mg^{2+}、Ca^{2+}、Fe^{3+}、Al^{3+}、Mo^{4+}、Nb^{5+}、Sb^{3+}、W^{6+}、UO_2^{2+}
	10	Al^{3+}、Sn^{4+}
草酸	2	Sn^{4+}、Cu^{2+}及稀土元素
	5.5	Zr^{4+}、Th^{4+}、Fe^{3+}、Fe^{2+}、Al^{3+}
柠檬酸	5～6	UO_2^{2+}、Th^{4+}、Sr^{2+}、Zr^{4+}、Sb^{3+}、Ti^{4+}
	7	Nb^{5+}、Ta^{5+}、Mo^{4+}、W^{6+}、Ba^{2+}、Fe^{3+}、Cr^{3+}
抗坏血酸（维生素C）	1～2	Fe^{3+}
	2.5	Cu^{2+}、Hg^{2+}、Fe^{3+}
	5～6	Cu^{2+}、Hg^{2+}

③ 改变干扰离子的价态以消除干扰。利用氧化还原反应改变干扰离子价态，使干扰离子不与显色剂反应，以达到目的。例如：用铬天菁S显色Al^{3+}时，若加入抗坏血酸或盐酸羟胺便可以使Fe^{3+}还原为Fe^{2+}，从而消除了干扰。

④ 选择适当的入射光波长消除干扰。例如用4-氨基安替吡啉显色测定废水中酚时，氧化剂铁氰化钾和显色剂都呈黄色，干扰测定，但若选择用520nm单色光为入射光，则可以消除干扰，获得满意结果。因为黄色溶液在420nm左右有强吸收，但500nm后则无吸收。

⑤ 选择合适的参比溶液可以消除显色剂和某些有色共存离子干扰（本书2.4.3.2将详细介绍）。

⑥ 分离干扰离子。当没有适当掩蔽剂或无合适方法消除干扰时，应采用适当的分离方法（如电解法、沉淀法、溶剂萃取及离子交换法等），将被测组分与干扰离子分离，然后再进行测定。其中萃取分离法

使用较多，可以直接在有机相中显色。

⑦ 可以利用双波长法、导数光谱法等新技术来消除干扰（这部分内容可以参阅有关资料和专著）。

2.4.3　测量条件的选择

在测量吸光物质的吸光度时，测量准确度往往受多方面因素影响。如仪器波长准确度、吸收池性能、参比溶液、入射光波长、测量的吸光度范围、被测量组分的浓度范围等都会对分析结果的准确度产生影响，必须加以控制。

2.4.3.1　入射光波长的选择

当用分光光度计测定被测溶液的吸光度时，首先需要选择合适的入射光波长。选择入射光波长的依据是该被测物质的吸收曲线。在一般情况下，应选用最大吸收波长作为入射光波长。在 λ_{max} 附近波长的稍许偏移引起的吸光度的变化较小，可得到较好的测量精度，而且以 λ_{max} 为入射光测定灵敏度高。但是，如果最大吸收峰附近有干扰存在（如共存离子或所使用试剂有吸收），则在保证有一定灵敏度情况下，可以选择吸收曲线中其他波长进行测定（应选曲线较平坦处对应的波长），以消除干扰。

2.4.3.2　参比溶液的选择

在分光光度分析中测定吸光度时，由于入射光的反射，以及溶剂、试剂等对光的吸收会造成透射光通量的减弱。为了使光通量的减弱仅与溶液中待测物质的浓度有关，需要选择合适组分的溶液作参比溶液，先以它来调节透射比100%（$A = 0$），然后再测定待测溶液的吸光度。这实际上是以通过参比池的光作为入射光来测定试液的吸光度。这样就可以消除显色溶液中其他有色物质的干扰，抵消吸收池和试剂对入射光的吸收，比较真实地反映了待测物质对光的吸收，因而也就比较真实地反映了待测物质的浓度。

（1）溶剂参比　当试样溶液的组成比较简单，共存的其他组分很少且对测定波长的光几乎没有吸收，仅有待测物质与显色剂的反应产物有吸收时，可采用溶剂作参比溶液，这样可以消除溶剂、吸收池等因素的影响。

（2）试剂参比　如果显色剂或其他试剂在测定波长有吸收，此时应采用试剂参比溶液。即按显色反应相同条件，只不加入试样，同样加入试剂和溶剂作为参比溶液。这种参比溶液可消除试剂中的组分产生的影响。

（3）试液参比　如果试样中其他共存组分有吸收，但不与显色剂反应，则当显色剂在测定波长无吸收时，可用试样溶液作参比溶液，即将试液与显色溶液作相同处理，只是不加显色剂。这种参比溶液可以消除有色离子的影响。

（4）褪色参比　如果显色剂及样品基体有吸收，这时可以在显色液中加入某种褪色剂，选择性地与被测离子配位（或改变其价态），生成稳定无色的配合物，使已显色的产物褪色，用此溶液作参比溶液，称为褪色参比溶液。例如用铬天菁S与Al^{3+}反应显色后，可以加入NH_4F夺取Al^{3+}，形成无色的$[AlF_6]^{3-}$。将此褪色后的溶液作参比可消除显色剂的颜色及样品中微量共存离子的干扰。褪色参比是一种比较理想的参比溶液，但遗憾的是并非任何显色溶液都能找到适当的褪色方法。

总之，选择参比溶液时，应尽可能全部抵消各种共存有色物质的干扰，使试液的吸光度真正反映待测物的浓度。

2.4.3.3　吸光度测量范围的选择

任何类型的分光光度计都有一定的测量误差，但对一个给定的分光光度计来说，透射比读数误差$\Delta\tau$都是一个常数（其值大约在$\pm0.2\%\sim2\%$）。但透射比读数误差不能代表测定结果误差，测定结果误差常用浓度的相对误差$\Delta c/c$表示。由于透射比τ与浓度之间为负对数关系，故同样透射比读数误差$\Delta\tau$在不同透射比处所造成的$\Delta c/c$是不同的，那么τ为多少时$\Delta c/c$最小？

根据朗伯-比尔定律，则$-\lg\tau=\varepsilon bc$。将该式微分后，经整理可得：

$$\frac{\Delta c}{c}=\frac{0.434}{\tau\lg\tau}\Delta\tau \qquad (2\text{-}11)$$

令式（2-11）的导数为零，可求出当$\tau=0.368$（$A=0.434$）时，$\Delta c/c$最小$\left(\dfrac{\Delta c}{c}=1.4\%\right)$。

假设$\Delta\tau=\pm0.5\%$，并将此值代入式（2-11），则可计算出不同透射比时浓度相对误差（$\Delta c/c$），如表2-7所示。

表2-7　不同τ（或A）时的浓度相对误差（设$\Delta\tau = \pm 0.5\%$）

$\tau/\%$	A	$\dfrac{\Delta c}{c}$ / %	$\tau/\%$	A	$\dfrac{\Delta c}{c}$ / %
95	0.022	±10.2	40	0.399	±1.36
90	0.046	±5.3	30	0.523	±1.38
80	0.097	±2.8	20	0.699	±1.55
70	0.155	±2.0	10	1.000	±2.17
60	0.222	±1.63	3	1.523	±4.75
50	0.301	±1.44	2	1.699	±6.38

由表2-7可以看出，浓度相对误差大小不仅与仪器精度有关还和透射比读数范围有关。在仪器透射比读数绝对误差为±0.5％时，透射比在70％～10％的范围内，浓度测量误差约为±1.4％～±2.2％。测量吸光度过高或过低，误差都很大，一般适宜的吸光度范围是0.2～0.8。实际工作中，可以通过调节被测溶液的浓度（如改变取样量，改变显色后溶液总体积等）、使用厚度不同的吸收池来调整待测溶液吸光度，使其在适宜的吸光度范围内。

2.4.4　定量方法

可见分光光度法的最广泛和最重要的用途是作微量成分的定量分析，它在工业生产和科学研究中都占有十分重要的地位。进行定量分析时，由于样品的组成情况及分析要求的不同，因此分析方法也有所不同。

2.4.4.1　单组分样品的分析

如果样品是单组分的，且遵守吸收定律，这时只要测出被测吸光物质的最大吸收波长（λ_{max}），就可在此波长下，选用适当的参比溶液，测量试液的吸光度，然后再用工作曲线法或比较法求得分析结果。

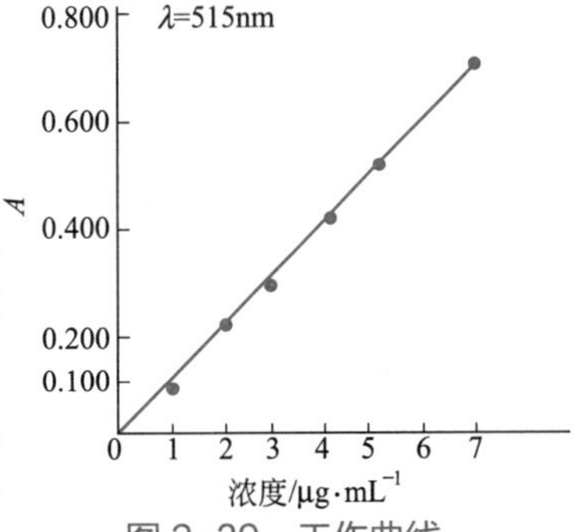

图2-39　工作曲线

（1）工作曲线法　工作曲线法是实际工作中使用最多的一种定量方法。工作曲线的绘制方法是：配制四个以上浓度不同的待测组分的标准溶液，在相同条件下显色并稀释至相同体积，以空白溶液为参比溶液，在选定的波长下，分别测定各标准溶液的吸光度。以标准溶液浓度为横坐标，吸光度为纵坐标，在坐标纸上绘制曲线（如图2-39），此曲线即称为工作曲线（或称标准曲线）。实际工作中，为了避免使用时出差错，在所做的工作曲线上还必须标明标准曲线的名称、所用标准溶液（或标样）名称和浓度、坐标分度和单位、测量条件（仪器型号、入射光波长、吸收池厚度、参比液名称）以及制作日期和制作者姓名。

在测定样品时，应按相同的方法制备待测试液（为了保证显色条件一致，操作时一般是试样与标样同时显色），在相同测量条件下测量试液的吸光度，然后在工作曲线上查出待测试液浓度。为了保证测定准确度，要求标样与试样溶液的组成保持一致，待测试液的浓度应在工作曲线线性范围内，最好在工作曲线中部。工作曲线应定期校准，如果实验条件变动（如更换标准溶液、所用试剂重新配制、仪器经过修理、更换光源等情况），工作曲线应重新绘制。如果实验条件不变，那么每次测量只要带一个标样，校验一下实验条件是否符合，就可直接用此工作曲线测量试样的含量。工作曲线法适于成批样品的分析，它可以消除一定的随机误差。

由于受到各种因素的影响，实验测出的各点可能不完全在一条直线上，这时"画"直线的方法就显得随意性大了一些，若采用最小二乘法来确定直线回归方程，将要准确多了。

工作曲线可以用一元线性方程表示，即

$$y = a + bx \qquad (2\text{-}12)$$

式中，x为标准溶液的浓度；y为相应的吸光度；a、b为回归系数，直线称回归直线。

b为直线斜率，可由下式求出

$$b = \frac{\sum_{i=1}^{n}(x_i - \bar{x})(y_i - \bar{y})}{\sum_{i=1}^{n}(x_i - \bar{x})^2} \qquad (2\text{-}13)$$

式中，$\bar{x}$、$\bar{y}$分别为x和y的平均值；x_i为第i个点的标准溶液的浓度；y_i为第i个点的吸光度（以下相同）。

a为直线的截距，可由式（2-14）求出

$$a=\frac{\sum\limits_{i=1}^{n}y_i-b\sum\limits_{i=1}^{n}x_i}{n}=\bar{y}-b\bar{x} \tag{2-14}$$

工作曲线线性的好坏可以用回归直线的相关系数来表示，相关系数 γ 可用下式求得。

$$\gamma=b\frac{\sqrt{\sum\limits_{i=1}^{n}(x_i-\bar{x})^2}}{\sqrt{\sum\limits_{i=1}^{n}(y_i-\bar{y})^2}} \tag{2-15}$$

相关系数接近1，说明工作曲线线性好，一般要求所作工作曲线的相关系数 γ 要大于0.999。

例2-2 用邻二氮菲法测定 Fe^{2+} 得下列实验数据，请确定工作曲线的直线回归方程，并计算相关系数。

标准溶液浓度 c/ mol·L^{-1}	1.00×10^{-5}	2.00×10^{-5}	3.00×10^{-5}	4.00×10^{-5}	6.00×10^{-5}	8.00×10^{-5}
吸光度 A	0.114	0.212	0.335	0.434	0.670	0.868

设直线回归方程为 $y=a+bx$，令 $x=10^5c$

则得 $\bar{x}=4.00,\bar{y}=0.439$

计算得

$$\sum_{i=1}^{n}(x_i-\bar{x})(y_i-\bar{y})=3.71$$

$$\sum_{i=1}^{n}(x_i-\bar{x})^2=34 \quad \sum_{i=1}^{n}(y_i-\bar{y})^2=0.405$$

则

$$b=\frac{\sum\limits_{i=1}^{n}(x_i-\bar{x})(y_i-\bar{y})}{\sum\limits_{i=1}^{n}(x_i-\bar{x})^2}=\frac{3.71}{34}=0.109$$

$$a=\bar{y}-b\bar{x}=0.439-4\times0.109=0.003$$

得直线回归方程： $\quad y=0.003+0.109x$

相关系数： $\gamma=b\dfrac{\sqrt{\sum\limits_{i=1}^{n}(x_i-\bar{x})^2}}{\sqrt{\sum\limits_{i=1}^{n}(y_i-\bar{y})^2}}=0.109\times\sqrt{\dfrac{34}{0.405}}=0.999$

可见实验所作的工作曲线线性符合要求。

由回归方程得 $A_{试}=0.003+0.109\times10^5c_{试}$

故
$$c_{试}=\frac{A_{试}-0.003}{0.109\times10^5}$$

因而，只要在相同条件下，测出试液吸光度 $A_{试}$ 代入上式，即可得到试样浓度 $c_{试}$。

（2）比较法　这种方法是用一个已知浓度的标准溶液（c_S），在一定条件下，测得其吸光度 A_S，然后在相同条件下测得试液 c_x 的吸光度 A_x，设试液、标准溶液完全符合朗伯-比耳定律，则

$$c_x=\frac{A_x}{A_S}c_S \qquad (2\text{-}16)$$

使用这种方法要求 c_x 与 c_S 浓度接近，且都符合吸收定律。比较法适于个别样品的测定。

2.4.4.2　多组分定量测定

多组分是指在被测溶液中含有两个或两个以上的吸光组分。进行多组分混合物定量分析的依据是吸光度的加和性。假设溶液中同时存在两种组分x和y，它们的吸收光谱一般有下面两种情况。

① 吸收光谱曲线不重叠 ［见图2-40（a）］，或至少可找到在某一波长处x有吸收而y不吸收，在另一波长处y有吸收，x不吸收 ［见图2-40（b）］，则可分别在波长 λ_1 和 λ_2 处测定组分x和y，而相互不产生干扰。

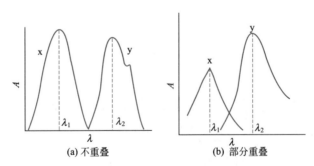

　　（a）不重叠　　　　　　（b）部分重叠

图 2-40　吸收光谱曲线不重叠或部分重叠

② 吸收光谱曲线重叠（见图2-41）时，可选定两个波长 λ_1 和 λ_2 并

分别在λ_1和λ_2处测定吸光度A_1和A_2，根据吸光度的加和性，列出如下方程组：

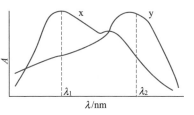

图2-41 吸收光谱曲线重叠

$$\begin{cases} A_1 = \varepsilon_{x_1} bc_x + \varepsilon_{y_1} bc_y \\ A_2 = \varepsilon_{x_2} bc_x + \varepsilon_{y_2} bc_y \end{cases} \quad (2\text{-}17)$$

式中，c_x、c_y分别为x组分和y组分的浓度；ε_{x_1}、ε_{y_1}分别为x组分和y组分在波长λ_1处的摩尔吸光系数；ε_{x_2}、ε_{y_2}分别为x组分和y组分在波长λ_2处的摩尔吸光系数；ε_{x_1}、ε_{y_1}、ε_{x_2}、ε_{y_2}可以用x、y的标准溶液分别在λ_1和λ_2处测定吸光度后计算求得。将ε_{x_1}、ε_{y_1}、ε_{x_2}、ε_{y_2}代入方程组，可得两组分的浓度。

用这种方法虽可以用于溶液中两种以上组分的同时测定，但组分数$n > 3$结果误差增大。近年来由于电子计算机的广泛应用，多组分的各种计算方法得到快速发展，提供了一种快速分析的服务。

例2-3 测定含A和B两种有色物质中A和B的浓度，先以纯A物质做工作曲线，求得A在λ_1和λ_2时$\varepsilon_{A_1} = 4800 \text{L} \cdot \text{mol}^{-1} \cdot \text{cm}^{-1}$和$\varepsilon_{A_2} = 700 \text{L} \cdot \text{mol}^{-1} \cdot \text{cm}^{-1}$；再以纯B物质做工作曲线，求得$\varepsilon_{B_1} = 800 \text{L} \cdot \text{mol}^{-1} \cdot \text{cm}^{-1}$和$\varepsilon_{B_2} = 4200 \text{L} \cdot \text{mol}^{-1} \cdot \text{cm}^{-1}$。对试液进行测定，得$A_1 = 0.580$与$A_2 = 1.10$。求试液中的A和B的浓度。在上述测定时均用1cm比色皿。

由题意根据式（2-17）可以列出如下方程组：

$$\begin{cases} A_1 = \varepsilon_{A_1} bc_A + \varepsilon_{B_1} bc_B \\ A_2 = \varepsilon_{A_2} bc_A + \varepsilon_{B_2} bc_B \end{cases}$$

代入数据得
$$\begin{cases} 0.580 = 4800c_A + 800c_B \\ 1.10 = 700c_A + 4200c_B \end{cases}$$

解方程组得$c_A = 7.94 \times 10^{-5} \text{mol} \cdot \text{L}^{-1}$；$c_B = 2.48 \times 10^{-4} \text{mol} \cdot \text{L}^{-1}$

2.4.4.3 高含量组分的测定

紫外-可见分光光度法一般适用于含量为$10^{-2} \sim 10^{-6} \text{mol} \cdot \text{L}^{-1}$浓度范围的测定。过高或过低含量的组分，由于溶液偏离吸收定律或因仪器本身灵敏度的限制，会使测定产生较大误差，此时若使用差示法就可以解决这问题。

　　差示法又称差示分光光度法。它与一般分光光度法区别仅仅在于它采用一个已知浓度成分与待测溶液相同的溶液作参比溶液（称参比标准溶液），而其测定过程与一般分光光度法相同。然而正是由于使用了这种参比标准溶液，才大大地提高测定的准确度，使其可用于测定过高或过低含量的组分。将这种以改进吸光度测量方法来扩大测量范围并提高灵敏度和准确度的方法称为差示法，差示法又可分为高吸光度差示法、低吸光度差示法、精密差示法和全差示光度测量法四种类型。由于后三种方法应用不多，我们只着重介绍应用于高浓度组分测定的高吸光度差示法。

　　该方法适用于分析 $\tau < 10\%$ 的组分。具体方法是：在光源和检测器之间用光闸切断时，调节仪器的透射比为零，然后用一比待测溶液浓度稍低的已知浓度为 c_0 的待测组分标准溶液作参比溶液，置于光路，调节透射比 $\tau = 100\%$，再将待测样品（或标准系列溶液）置于光路，读出相应的透射比或吸光度。根据差示吸光度值 $A_{测}$ 和试液与参比标准溶液浓度差值呈线性关系，用比较法或工作曲线法 **[注意!** 是用标准溶液浓度 c_S 减参比标准溶液浓度 c_0 即（$c_S - c_0$）的值对相应的吸光度作图**]** 求得待测溶液浓度与标准参比溶液浓度的差值（设为 c'_x），则待测溶液的浓度：$c_x = c_0 + c'_x$。

　　假设以空白溶液作参比，用普通光度法测出浓度为 c_0 的标准溶液 $\tau_0 = 10\%$，浓度为 c_x 的试液 $\tau_x = 4\%$（如图 2-42 中上部分）。用差示法，以浓度为 c_0 的标准溶液作参比调节 $\tau' = 100\%$，这就相当于将仪器的透射比读数标尺扩大了 10 倍，此时试液的 $\tau'_x = 40\%$，此读数落入适宜的范围内（如图 2-42 下部分），从而提高了测量准确度，使普通光度法无法测量的高浓度溶液得到满意的结果。高吸光度差示法误差可低至 0.2%，其准确度可与滴定法或重量法相媲美。

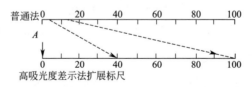

图 2-42　高吸光度差示法标尺扩展示意图

　　使用这种方法要求仪器光源强度要足够大，仪器检测器要足够灵敏。因为只有这样的仪器才能将标准参比溶液调节到 τ 为 100%，否则调节不到。

2.4.4.4 双波长分光光度法

所谓双波长分光光度法就是从光源发出的光经过两个单色器得到两束不同波长（λ_1和λ_2）的单色光，并借助切光器使λ_1和λ_2交替通过同一吸收池（见图2-12），测定两波长下吸光度差值ΔA，求得待测组分含量的方法。

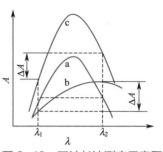

图 2-43 双波长法测定示意图

a, b—组分 a, b 的吸收曲线；
c—两组分混合后的吸收曲线

双波长法测定混合组分通常采用等吸收法。如图2-43所示，当a和b两组分共存时，如果要测定待测组分b的含量，而组分a为干扰组分，则可以选择对干扰组分a具有等吸收的两波长λ_1和λ_2，以λ_1为参比波长，λ_2为测定波长，利用双波长分光光度计对混合液进行测定，测得混合液的吸光度差值为ΔA。根据吸光度加和性，则

$$\Delta A = A_{\lambda_2} - A_{\lambda_1}$$

因为
$$A_{\lambda_2} = A_{\lambda_2}^a + A_{\lambda_2}^b$$
$$A_{\lambda_1} = A_{\lambda_1}^a + A_{\lambda_1}^b$$

则
$$\Delta A = (A_{\lambda_2}^a + A_{\lambda_2}^b) - (A_{\lambda_1}^a + A_{\lambda_1}^b)$$

由于干扰组分a在λ_1和λ_2处具有等吸收，即$A_{\lambda_2}^a = A_{\lambda_1}^a$，所以

$$\Delta A = A_{\lambda_2}^b - A_{\lambda_1}^b = (\varepsilon_{\lambda_1}^b - \varepsilon_{\lambda_2}^b) c_b b \tag{2-18}$$

因此ΔA与待测组分的浓度c_b成正比，而与干扰组分a的浓度无关，这样就可根据ΔA-c工作曲线进行定量测定。值得注意的是，所选择的两波长λ_1和λ_2，除干扰组分在此两波长处的吸光度值要相等外，还要求待测组分在此两波长处的吸光系数的差值要大，这样才能保证测定准确度和灵敏度。

双波长分光光度法适用于混合物和混浊试样的测定。同时由于采用一个吸收池，消除了参比液和吸收池差异的影响，提高了方法的准确度。

2.4.5 分析误差

一种分析方法的准确度，往往受多方面的因素影响，对于分光光度

法来说也不例外。影响分析结果准确度的因素主要是溶液因素误差和仪器因素误差两方面。

2.4.5.1　溶液因素误差

溶液因素误差主要是指溶液中有关化学方面的原因，它包含如下两方面。

（1）待测物质本身的因素引起误差　待测物本身的因素是指在一定条件下，待测物参与了某化学反应，包括与溶剂或其他离子发生化学反应，以及本身发生离解或聚合等。例如 $Cr_2O_7^{2-}$ 在水中存在如下平衡

$$Cr_2O_7^{2-} + H_2O \xrightleftharpoons[浓缩]{稀释} 2CrO_4^{2-} + 2H^+$$

$$(\lambda_{max}=470nm) \qquad (\lambda_{max}=450nm)$$

如果以470nm为入射光波长进行测定，则会产生偏离吸收定律的现象。因此，要避免这种误差产生就必须采取适当措施使溶液中吸光物质的浓度与被测物质的总浓度相等或成正比例地改变。例如 $Cr_2O_7^{2-}$ 在强酸溶液中就可以保证其几乎完全以 $Cr_2O_7^{2-}$ 形式存在，而消除误差。

实际工作中，被测元素所呈现的吸光物质往往随溶液的条件诸如稀释、pH、温度及有关试剂的浓度等不同而改变，因而导致产生偏离吸收定律，产生溶液因素误差。

（2）溶液中其他因素引起误差　除了待测组分本身的原因外，溶液中其他因素，例如溶剂的性质及共存物质的不同，都会引起溶液误差。减除这类误差的方法，一般是选择合适的参比溶液，而最有效的方法是使用双波长分光光度计。

2.4.5.2　仪器因素误差

仪器误差是指由使用分光光度计所引入的误差。它包括如下几方面。

（1）仪器的非理想性引起的误差　例如非单色光引起对吸收定律的偏离；波长标尺未作校正时引起光谱测量的误差；吸光度受吸光度标尺误差的影响等。

（2）仪器噪声的影响　例如光源强度波动，光电管噪声，电子元件噪声等。

（3）吸收池引起的误差　吸收池不匹配或吸收池透光面不平行，吸收池定位不确定或吸收池对光方向不同均会使透射比产生差异，结果产生误差。

总之，实际工作中所遇到情况各不相同，这就要求操作者要在工作中积累经验，以便做出得当的处理。

2.4.6　应用

分光光度法主要用于微量组分定量测定，也能用于常量组分的测定（利用差示法）；可测单组分，也可测多组分。分光光度法还可用于测定配合物组成及稳定常数；确定滴定终点等。下面主要介绍在配合物组成及其稳定常数测定和光度滴定等方面的应用。

2.4.6.1　配合物组成及其稳定常数测定

用分光光度法可以测定配合物的组成，即金属离子 M 与配位剂 R 在形成配合物时的比例关系（也称配位数，即 MR_n 中的 n 的数值）。配位数 n 的测定方法有多种，常用的是摩尔比法和连续变化法。

（1）摩尔比法

设：金属离子 M 与配位剂 R 的反应为

$$M + nR \rightleftharpoons MR_n$$

配制一适当浓度的金属离子 M 标准溶液，分取等体积的数份，再于各份溶液中加入不同量的配位剂 R 并稀释至同一体积，然后在配合物的 λ_{max} 处分别测定溶液的吸光度。以吸光度 A 为纵坐标，以溶液中配位剂与金属离子的物质的量浓度的比值 c_R/c_M 为横坐标作图，得如图 2-44 所示曲线。将曲线上两直线部分延长，交点处所对应的 c_R/c_M 值即为该配合物的配位数 n，即配位化合物的配位比为 1：n。

由图 2-44 中可以看出当 $c_R/c_M < n$ 时，金属离子没有完全配位，随配位剂量的增加，生成的配合物逐渐增多，吸光度不断

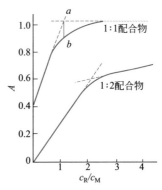

图 2-44　摩尔比法测定配合物的配位比 n

提高。当 $c_R/c_M > n$ 时，M 几乎全部生成 MR_n，吸光度趋于平稳。从理论上讲，应该得到两直线相交图形（如图2-44中虚线所示），但实际上得到的是弧形转角曲线。这主要是配合物离解造成的，配位物稳定常数越小，这种偏离会越大。因而图2-44中，外延两直线交点 a 所对应的浓度是 M 与 R 完全配位达到其配位数而又没有离解时的 MR_n 的浓度，即

$c_M = \dfrac{A_a}{\varepsilon b}$；$b$ 点所对应的浓度则是离解平衡时 MR_n 的浓度，即

$[MR_n] = \dfrac{A_b}{\varepsilon b}$。根据配位反应的平衡关系

$$M + nR \rightleftharpoons MR_n$$

可得出
$$K = \frac{A_b(\varepsilon b)^n}{n^n(A_a - A_b)^{n+1}} \tag{2-19}$$

式中，A_a、A_b 可由 A-c_R/c_M 曲线上查得；εb 可由 $\dfrac{A_a}{c_M}$ 求出，因而利用式（2-19）可以求出配位数为 n 的配合物稳定常数。当 $n=1$ 时，式（2-19）即可写成

$$K = \frac{A_b(\varepsilon b)}{(A_a - A_b)^2} = \frac{A_b A_a}{(A_a - A_b)^2 c_M} \tag{2-20}$$

用摩尔比法确定配合物的配位数适用于稳定性好、离解度小的配合物的测定，离解度大的配合物由于所绘制的 A-c_R/c_M 曲线较为平直，不易确定两直线的交点，因而无法准确确定配位数。

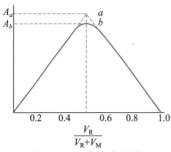

图2-45 连续变化法
确定配位数 n

（2）连续变化法 连续变化法是测定配合物组成应用最广的方法之一。它是保持 $c_M + c_R$ 为恒定值，连续改变 c_M 与 c_R 的相对比值，根据所测的吸光度与这种相对比值的关系曲线确定配合物的组成。

具体方法是：预先配制好物质的量浓度相同的金属离子 M 和配位剂 R 的标准溶液，将两溶液依次按体积比 $V_R/(V_R + V_M)$ 为 0、0.1、0.2、0.3、…、1.0 的比例

混合，各溶液总体积（$V_R + V_M$）保持相同。在同一实验条件下，依次测其吸光度。若 M、R 无吸收，体系中只有 MR_n 有吸收，则以吸光度 A 为纵坐标，以 $\dfrac{V_R}{V_R + V_M}$ 为横坐标作图，得一峰形曲线（见图2-45）。将曲线两侧直线部分延长并相交，由交点对应的 $\dfrac{V_R}{V_R + V_M}$ 值算出配位数 n，

$n = \dfrac{V_R}{V_M}$。如图2-45中，$\dfrac{V_R}{V_M + V_R} = 0.5$，则 $\dfrac{V_R}{V_M} = 1$，所以 $n = 1$，该配合物配位比为 1 ∶ 1。

连续变化法应用前提是体系只形成一种配合物。在体系中可能同时存在几种配合物时，必须用其他方法校验结果。

2.4.6.2 光度滴定法

根据被滴定溶液在滴定过程中吸光度的变化来确定滴定终点的方法称为光度滴定法。

光度滴定通常是用经过改装的光路中可插入滴定容器的分光光度计来进行。通过测定滴定过程中溶液相应的吸光度，然后绘制滴定剂加入体积和对应吸光度的曲线，再根据滴定曲线确定滴定终点。图2-46是用光度法确定 EDTA 连续滴定 Bi^{3+} 和 Pb^{2+} 的终点的实例。吸光度滴定可以在240nm波长处进行。由于 EDTA 与 Bi^{3+} 的配合物的稳定性大于与 Pb^{2+} 的配合物的稳定性，因此 EDTA 首先滴定 Bi^{3+}，在 Bi^{3+} 完全配位后 Pb^{2+} 开始与 EDTA 配位。因为在240nm处 Pb^{2+}-EDTA

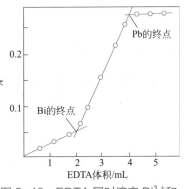

图2-46 EDTA 同时滴定 Bi^{3+} 和 Pb^{2+} 的滴定曲线

的吸收较 Bi^{3+}-EDTA 吸收强烈得多，此时滴定曲线急剧上升，当 Pb^{2+} 全部被滴定后曲线又转向平缓。因此由滴定曲线可得两个滴定终点。

光度滴定曲线的形状是多种多样的，它取决于在给定波长处反应体系各组分的吸收情况。

光度分析中的导数技术

根据光吸收定律，吸光度是波长的函数，即 $A = \varepsilon(\lambda)bc$，将吸光度对波长求导，所形成的光谱称为导数光谱。导数光谱可以进行定性或定量分析，其特点是灵敏度尤其是选择性获得显著提高，能有效地消除基体的干扰，并适用于浑浊试样。高阶导数能分辨重叠光谱甚至提供"指纹"特征，而特别适用于消除干扰或多组分同时测定，在药物、生物化学及食品分析中的应用研究十分活跃。如用于复合维生素、消炎药、感冒药及扑尔敏、磷酸可待因和盐酸麻黄素复合制剂中的各组分的测定而不需预先分离。又如用于生物体液中同时测定血红蛋白和胆红素、血红蛋白和羧络血红蛋白，测定羊水中胆红素、白蛋白及氧络血红蛋白等。在无机分析方面应用也很广，如用一阶导数法最多可同时测定5个金属元素；用二阶导数法同时测定性质十分相近的稀土混合物中的单个稀土元素等。

在导数光度法的基础上，提出的比光谱－导数光度法，因其选择性好及操作简单，目前已用于环境物质、药物和染料的2～3组分同时测定。将导数光度法与化学计量学方法结合，可进一步提高方法的选择性而被关注。

2.5 目视比色法

用眼睛观察比较溶液颜色深浅来确定物质含量的分析方法称为目视比色法，虽然目视比色法测定的准确度较差（相对误差约为5%～20%），但由于它所需要的仪器简单、操作简便，仍然广泛应用于准确度要求不高的一些中间控制分析中，更主要的是应用在限界分析中。限界分析是指要求确定样品中待测杂质含量是否在规定的最高含量限界以下。

2.5.1 方法原理

目视比色法原理是：将有色的标准溶液和被测溶液在相同条件下对颜色进行比较，当溶液液层厚度相同、颜色深度一样时，两者的浓度相等。

根据光吸收定律： $\qquad A_s = \varepsilon_s c_s b_s$

$$A_x = \varepsilon_x c_x b_x$$

当被测溶液的颜色深浅度与标准溶液相同时，则 $A_S = A_x$；又因为是同一种有色物质，同样的光源（太阳光或普通灯光），所以 $\varepsilon_S = \varepsilon_x$，而且液层厚度相等，即 $b_S = b_x$，因此 $c_S = c_x$。

2.5.2　测定方法

目视比色法常用标准系列法进行定量。具体方法是：向插在比色管架上（如图2-47所示）的一套直径、长度、玻璃厚度、玻璃成分等都相同的平底比色管中，依次加入不同量的待测组分标准溶液和一定量显色剂及其他辅助试剂，并用蒸馏水或其他溶剂稀释到同样体积，配成一套颜色逐渐加深的标准色阶。将一定量待测试液在同样条件下显色，并同样稀释至相同体

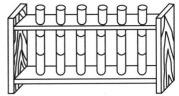

图2-47　目视比色管

积。然后从管口垂直向下观察，比较待测溶液与标准色阶中各标准溶液的颜色。如果待测溶液与标准色阶中某一标准溶液颜色深度相同，则其浓度亦相同。如果介于相邻两标准溶液之间，则被测溶液浓度为这两标准溶液浓度的平均值。

如果需要进行的是"限界分析"，即要求某组分含量应在某浓度以下，那么只需要配制浓度为该限界浓度的标准溶液，并与试样同时显色后进行比较。若试样的颜色比标准溶液深，则说明试样中待测组分含量已超出允许的限界。

2.5.3　目视比色法的特点

目视比色法的优点是：仪器简单、操作方便，适宜于大批样品的分析；由于比色管长度长，自上而下观察，即使溶液颜色很浅也容易比较出深浅，灵敏度较高。另外，它不需要单色光，可直接在白光下进行，对浑浊溶液也可进行分析。

目视比色法的缺点是：主观误差大、准确度差，而且标准色阶不宜保存，需要定期重新配制，较费时。

阅读材料

目视比色分析法的发展

早在公元初，古希腊人就曾用五倍子溶液测定醋中的铁。1795年，俄国人也曾用五倍子的酒精溶液测定矿泉水中的铁。但是比色法作为一种定量分析方法大约开始于19世纪30～40年代。由于这种分析方法快速简便，首先在工厂和实验室得到推广。起初，人们只是利用金属水合离子溶液本身的颜色，用简单的目视法与标准样进行比较，从而得出结论。由于有色金属水合离子种类有限，灵敏度也不高，应用起来并不很有效。后来发展了有机显色剂，分析的灵敏度、普遍性才有了很大提高。为了使比色分析更为精确，化学家曾设计出奈斯勒比色管和实用的蒲夫利希目视比色仪。这两种比色仪器都是将比色的待测溶液与标准液固定在比较特殊的管子里进行目测。

1873年德国化学家菲罗尔特设计了用分光镜取得单色光的目视分光光度计。不久，另一德国化学家又以有色玻璃滤光片代替分光镜，简化了上面的目视比色法，就这样，比色分析在应用中不断地被改进而日益完善、精确。进入20世纪后，比色分析的最重要变化是以光电比色法替代目视比色法，这样就避免了眼睛观察所存在的主观误差。

2.6 紫外分光光度法

2.6.1 概述

紫外分光光度法是基于物质对紫外光的选择性吸收来进行分析测定的方法。根据电磁波谱，紫外光区的波长范围是10～400nm，紫外分光光度法主要是利用200～400nm的近紫外光区的辐射（200nm以下远紫外光辐射会被空气强烈吸收）进行测定。

紫外吸收光谱与可见吸收光谱同属电子光谱，都是由分子中价电子能级跃迁产生的，不过紫外吸收光谱与可见吸收光谱相比，却具有一些突出的特点。它可用来对在紫外光区内有吸收峰的物质进行鉴定和结构分析，虽然这种鉴定和结构分析由于紫外吸收光谱较简单，特征性不强，必须与其他方法（如红外光谱、核磁共振波谱和质谱等）配合使用，才能得出可靠的结论，但它还是能提供分子中具有助色团、生色团和共轭程度的一些信息，这些信息对于有机化合物的结构推断往往是很重要的。紫外分光光度法可以测定在近紫外光区有吸收的无色透明的化合物，而不像可见分光光度法那样需要加显色剂显色后再测定，因此它的测定方法简便且快速。由于具有 π 电子和共轭双键的化合物，在紫外光区会产生强烈的吸收，其摩尔吸光系数可达$10^4 \sim 10^5$L·mol^{-1}·cm^{-1}，因此紫外分光光度法的定量分析具有很高灵敏度和准确度，可测至$10^{-4} \sim 10^{-7}$g·mL^{-1}，相对误差可达1%以下，因而它在定量分析领域有广泛的应用。

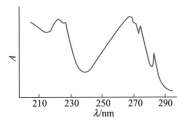

图2-48　茴香醛紫外吸收光谱

紫外吸收光谱与可见吸收光谱一样，常用吸收光谱曲线来描述。即用一束具有连续波长的紫外光照射一定浓度的样品溶液，分别测量不同波长下溶液的吸光度，以吸光度对波长作图得到该化合物的紫外吸收光谱。如图2-48所示的紫外吸收光谱可以用曲线上吸收峰所对应的最大吸收波长λ_{max}和该波长下的摩尔吸光系数ε_{max}来表示茴香醛的紫外吸收特征。

2.6.2　方法原理

2.6.2.1　有机化合物紫外吸收光谱的产生

紫外吸收光谱是由化合物分子中三种不同类型的价电子，在各种不同能级上跃迁产生的。这三种不同类型的价电子是：形成单键的 σ 电子、形成双键的 π 电子和氧或氮、硫、卤素等含未成键的n电子。如甲醛分子所示：

$$
\begin{array}{c}
\text{O}: \leftarrow \text{n 电子} \\
\parallel \ \leftarrow \text{π 电子} \\
\text{H—C} \\
\mid \ \leftarrow \text{σ 电子} \\
\text{H}
\end{array}
$$

电子围绕分子或原子运动的概率分布称为轨。电子所具有的能量不同，它所处的轨道也不同。根据分子轨道理论，σ 和 π 电子所占的轨道称成键分子轨道；n为非键分子轨道。当化合物分子吸收光辐射后，这些价电子跃迁到较高能态的轨道，称为 σ*、π*反键轨道，它们的能级高低依次为：σ ＜ π ＜n＜ π*＜ σ*。当分子吸收一定能量的光辐射时，分子内 σ 电子、π 电子或n电子将由较低能级跃迁到较高能级，即由成键轨道或n非键轨道跃迁到相应的反键轨道中（见图

2-49）。三种价电子可能产生 $\sigma \to \sigma^*$，$\sigma \to \pi^*$，$\pi \to \pi^*$，$\pi \to \sigma^*$，$n \to \sigma^*$，$n \to \pi^*$ 共六种形式电子跃迁，其中较为常见是 $\sigma \to \sigma^*$ 跃迁，$n \to \sigma^*$ 跃迁，$\pi \to \pi^*$ 跃迁和 $n \to \pi^*$ 跃迁四种类型，这些跃迁所需能量大小为

$$\sigma \to \sigma^* > n \to \sigma^* > \pi \to \pi^* > n \to \pi^*$$

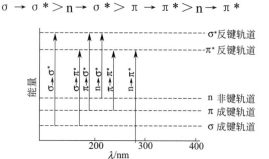

图 2-49   分子轨道能级图及电子跃迁形式

（1）$\sigma \to \sigma^*$ 跃迁   这类跃迁的吸收带出现在200nm以下的远紫外区。如甲烷的 $\lambda_{max} = 125$nm，它的吸收光谱曲线必须在真空中测定。

（2）$n \to \sigma^*$ 跃迁   含有氧、氮、硫、卤素等杂原子的饱和烃衍生物都可发生 $n \to \sigma^*$ 跃迁。大多数 $n \to \sigma^*$ 跃迁的吸收带一般仍然低于200nm，通常仅能见到末端吸收。例如饱和脂肪族醇或醚在 $180 \sim 185$nm，饱和脂肪胺在 $190 \sim 200$nm；饱和脂肪族氯化物在 $170 \sim 175$nm；饱和脂肪族溴化物在 $200 \sim 210$nm。当分子中含有硫、碘等电离能较低的原子时，吸收波长高于200nm（如 CH_3I 的 $n \to \sigma^*$ 吸收峰在258nm）。

（3）$\pi \to \pi^*$ 跃迁   分子中含有双键、叁键的化合物和芳环及共轭烯烃可发生此类跃迁。孤立双键的最大吸收波长小于200nm（例如乙烯的 $\lambda_{max} = 180$nm）。随着共轭双键数增加，吸收峰向长波方向移动。$\pi \to \pi^*$ 跃迁的吸收峰多为强吸收，其 ε 值很大，一般情况下 $\varepsilon_{max} \geq 10^4 L \cdot mol^{-1} \cdot cm^{-1}$。

（4）$n \to \pi^*$ 跃迁   分子中含有孤对电子的原子和 π 键同时存在并共轭时（如含 $\ce{C=O}$，$\ce{C=S}$，$-N=O$，$-N=N-$），会发生 $n \to \pi^*$。这类跃迁的吸收波长大于200nm，但吸收强度弱，ε 一般低于 $100L \cdot mol^{-1} \cdot cm^{-1}$。

一般紫外-可见分光光度计只能提供190 ～ 850nm 范围的单色光，因此只能测量n→σ*和n→π*跃迁以及部分 π → π*跃迁的吸收，无法测量产生200nm 以下吸收的 σ → σ*跃迁。

2.6.2.2 紫外吸收光谱常用术语

（1）生色团和助色团 所谓生色团是指在200 ～ 1000nm 波长范围内产生特征吸收带的具有一个或多个不饱和键和未共用电子对的基团。如 $\diagdown C=C=$，$\diagdown C=O$、$-N=N-$、$-C\equiv N$、$-C\equiv C-$、$-COOH$、$-N=O$ 等。表2-8列出一些生色团的最大吸收波长。

表2-8 常见孤立生色团的吸收特征

生色团	实例	溶剂	λ_{max} /nm	ε_{max} /L·mol^{-1}·cm^{-1}	跃迁类型
$\diagup C=C \diagdown$	$C_6H_{13}CH=CH_2$	正庚烷	177	13000	π → π*
$-C\equiv C-$	$C_5H_{11}C\equiv CCH_3$	正庚烷	170	10000	π → π*
$\diagdown C=N-$	$(CH_3)_2C=NOH$	气态	190，300	5000，—	π → π* n → π*
$-C\equiv N$	$CH_3C\equiv N$	气态	167	—	π → π*
$\diagdown C=O$	CH_3COCH_3	正己烷	186，280	1000，16	n → σ* n → π*
$-COOH$	CH_3COOH	乙醇	204	41	n → π*
$-CONH_2$	CH_3CONH_2	水	214	60	n → π*
$\diagdown C=S$	CH_3CSCH_3	水	400	—	n → π*
$-N=N-$	$CH_3N=NCH_3$	乙醇	339	4	n → π*
$-N\diagup^{O}$	CH_3NO_2	乙醇	271	186	n → π*
$-O-N\diagup^{O}$	$C_2H_5ONO_2$	二氧六环	270	12	n → π*
$-N=O$	C_4H_9NO	乙醚	300，665	100，20	—，n → π*
$\diagdown S=O$	$C_6H_{11}SOCH_3$	乙醇	210	1500	n → π*
$-C_6H_5$	$C_6H_5OCH_3$	甲醇	217，269	640，148	π → π* π → π*

如果两个生色团相邻，形成共轭基，则原来各自的吸收带将消失，并在较长的波长处产生强度比原吸收带强的新吸收带。

所谓助色团是一些含有未共用电子对的氧原子、氮原子或卤素原子的基团。如—OH，—OR，—NH$_2$，—NHR，—SH，—Cl，—Br，—I等。助色团不会使物质具有颜色，但引进这些基团能增加生色团的生色能力，使其吸收波长向长波方向移动，并增加了吸收强度。

（2）红移和蓝移　由于取代基或溶剂的影响造成有机化合物结构的变化，使吸收峰向长波方向移动的现象称为吸收峰"红移"。能使有机化合物的λ_{max}向长波方向移动的基团（如助色团、生色团）称为向红基团。

由于取代基或溶剂的影响造成有机化合物结构的变化，使吸收峰向短波方向移动的现象称为吸收峰"蓝移"。能使有机化合物的λ_{max}向短波方向移动的基团（如—CH$_3$，—O—CO—CH$_3$等）称为向蓝基团。

（3）增色效应和减色效应　由于有机化合物的结构变化使吸收峰摩尔吸光系数增加的现象称为增色效应。由于有机化合物的结构变化使吸收峰的摩尔吸光系数减小的现象称为减色效应。

（4）溶剂效应　由于溶剂的极性不同引起某些化合物的吸收峰的波长、强度及形状产生变化，这种现象称为溶剂效应。例如异丙亚乙基丙酮［H$_3$C（CH$_3$）—C＝CHCO—CH$_3$］分子中有$\pi \rightarrow \pi^*$和$n \rightarrow \pi^*$跃迁，当用非极性溶剂正己烷时，$\pi \rightarrow \pi^*$跃迁的$\lambda_{max} = 230nm$，而用水作溶剂时，$\lambda_{max} = 243nm$，可见在极性溶剂中$\pi \rightarrow \pi^*$跃迁产生的吸收带红移了。而$n \rightarrow \pi^*$跃迁产生的吸收峰却恰恰相反，以正己烷作溶剂时，$\lambda_{max} = 329nm$，而用水作溶剂时，$\lambda_{max} = 305nm$，吸收峰产生蓝移。

又如苯在非极性溶剂庚烷中（或气态存在）时，在$230 \sim 270nm$处，有一系列中等强度吸收峰并有精细结构（见图2-50），但在极性溶剂中，精细结构变得不明显或全部消失呈现一宽峰。

（5）吸收带的类型　吸收带是指吸收峰在紫外光谱中谱带的位置。化合物的结构不同，跃迁的类型不同，吸收带的位置、形状、强度均不相同。根据电子及分子轨道的种类，吸收带可分为如下四种类型。

① R吸收带。R吸收带由德文Radikal（基团）而得名。它是由$n \rightarrow \pi^*$跃迁产生的。特点是强度弱（$\varepsilon < 100 L \cdot mol^{-1} \cdot cm^{-1}$），吸收波长较长（$> 270nm$）。例如CH$_2$＝CH—CHO的$\lambda_{max} = 315nm$（$\varepsilon = 14 L \cdot mol^{-1} \cdot cm^{-1}$）的吸收带为$n \rightarrow \pi^*$跃迁产生，属R吸收带。R吸收带随溶剂极性增加而蓝移，但当附近有强吸收带时则产生红移，有时被掩盖。

② K吸收带。K吸收带由德文Konjugation（共轭作用）得名。它是

由 $\pi \rightarrow \pi^*$ 跃迁产生的。其特点是强度高（$\varepsilon > 10^4 L \cdot mol^{-1} \cdot cm^{-1}$），吸收波长比R吸收带短（217～280nm），并且随共轭双键数的增加，产生红移和增色效应。共轭烯烃和取代的芳香化合物可以产生这类谱带。例如：$CH_2\!=\!CH\!-\!CH\!=\!CH_2$，$\lambda_{max} = 217nm$（$\varepsilon = 10000 L \cdot mol^{-1} \cdot cm^{-1}$），属K吸收带。

③ B吸收带。B吸收带由德文Benzenoid（苯的）得名。它是由苯环振动和 $\pi \rightarrow \pi^*$ 跃迁重叠引起的芳香族化合物的特征吸收带。其特点是在230～270nm（$\varepsilon = 200 L \cdot mol^{-1} \cdot cm^{-1}$）谱带上出现苯的精细结构吸收峰（见图2-50），可用于辨识芳香族化合物。当在极性溶剂中测定时，B吸收带会出现一宽峰，产生红移，当苯环上氢被取代后，苯的精细结构也会消失，并发生红移和增色效应。

④ E吸收带。E吸收带由德文Ethylenic（乙烯型）而得名。它属于 $\pi \rightarrow \pi^*$ 跃迁，也是芳香族化合物的特征吸收带。苯的E带分为 E_1 带和 E_2 带。E_1 带 $\lambda_{max} = 184nm$（$\varepsilon = 60000 L \cdot mol^{-1} \cdot cm^{-1}$），$E_2$ 带 $\lambda_{max} = 204nm$（$\varepsilon = 7900 L \cdot mol^{-1} \cdot cm^{-1}$）。当苯环上的氢被助色团取代时，$E_2$ 带红移，一般在210nm左右；当苯环上氢被发色团取代，并与苯环共轭时，E_2 带和K带合并，吸收峰红移。例如乙酰苯

$\text{（苯环）}-\overset{O}{\overset{\|}{C}}-CH_3$ 可产生K吸收带（$\pi \rightarrow \pi^*$），其 $\lambda_{max} = 240nm$（见图2-51）。

此时B吸收带（$\pi \rightarrow \pi^*$）也发生红移（$\lambda_{max} = 278nm$）。可见K吸收带与苯的E带相比显著红移，这是由于苯乙酮中羰基与苯环形成共轭体系的缘故。

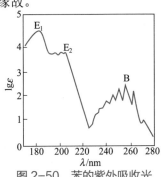

图2-50 苯的紫外吸收光谱曲线（己烷为溶剂）

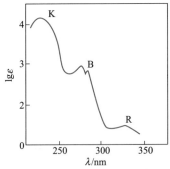

图2-51 乙酰苯的紫外吸收光谱

2.6.3 常见有机化合物紫外吸收光谱

2.6.3.1 饱和烃

饱和单键碳氢化合物只有 σ 电子，因而只能产生 σ → σ*跃迁。由于 σ 电子最不易激发，需要吸收很大的能量，才能产生 σ → σ*跃迁，因而这类化合物在200nm以上无吸收。所以它们在紫外光谱分析中常用作溶剂使用，如己烷、环己烷、庚烷等。

当饱和单键碳氢化合物中的氢被氧、氮、卤素、硫等原子取代时，这类化合物既有 σ 电子，又有n电子，可以实现 σ → σ*和n → σ*跃迁，其吸收峰可以落在远紫外区和近紫外区。例如：甲烷的吸收峰在125nm，而碘甲烷的 σ → σ*跃迁为150 ～ 210nm，n → σ*跃迁为259nm；氯甲烷相应为154 ～ 161nm及173nm。可见，烷烃和卤代烃的紫外吸收很小，它们的紫外吸收光谱直接用于分析这类化合物的价值不大。不过，饱和醇类化合物如甲醇、乙醇都由于在近紫外区无吸收，常被用做紫外光谱分析的溶剂。表2-9列出常用的紫外吸收光谱溶剂允许使用的截止波长。

表2-9 紫外吸收光谱中常用溶剂允许使用的截止波长

溶剂	截止波长/nm	溶剂	截止波长/nm
十氢萘	200	二氯甲烷	235
十二烷	200	1,2-二氯乙烷	235
己烷	210	氯仿	245
环己烷	210	甲酸甲酯	260
庚烷	210	四氯化碳	265
异辛烷	210	N,N-二甲基甲酰胺	270
甲基环己烷	210	苯	280
水	210	四氯乙烯	290
乙醇	210	二甲苯	295
乙醚	210	苄腈	300
正丁醇	210	吡啶	305
乙腈	210	丙酮	330
甲醇	215	溴仿	335
异丙醇	215	二硫化碳	380
1,4-二噁烷	225	硝基苯	380

2.6.3.2 不饱和脂肪烃

（1）含孤立不饱和键的烃类化合物 具有孤立双键或叁键的烯烃或炔烃，它们都产生 π → π*跃迁，但多数在200nm以上无吸收。如乙烯吸收峰在171nm，乙炔吸收峰在173nm，丁烯在178nm。若烯分子中氢被助色团如—OH、—NH$_2$、—Cl等取代时，吸收峰发生红移，吸收强度也有所增加。

对于含有 $\ce{C=O}$、$\ce{C=S}$ 等生色团的不饱和烃类，会产生 π → π* 和 n → π*跃迁，它们的吸收带处于近紫外区甚至到达可见光区。如丙酮吸收峰在194nm（π → π*）和280nm（n → π*），亚硝基丁烷（C$_4$H$_8$NO）吸收峰在300nm（π → π*）和665nm（呈红色，n → π*）。

（2）含共轭体系的不饱和烃 具有共轭双键的化合物，相间的π键相互作用生成大π键，由于大π键各能级之间的距离较近，电子易被激发，所以产生了K吸收带，其吸收峰一般在217～280nm。如丁二烯（CH$_2$＝CH—CH＝CH$_2$）吸收峰在217nm，吸收强度也显著增加（ε＝21000L·mol^{-1}·cm^{-1}）。K吸收带的波长及强度与共轭体系的长短、位置、取代基种类等有关，共轭双键越多，波长越长，甚至出现颜色。因此可据此判断共轭体系的存在情况。表2-10列出共轭双键增加与吸收波长变化关系。

表2-10 共轭双键对吸收波长影响

名称	波长λ$_{max}$/nm	摩尔吸收系数 ε/L·mol^{-1}·cm^{-1}	颜色
己三烯(C＝C)$_3$	258	35000	无色
二甲基八碳四烯(C＝C)$_4$	296	52000	无色
十碳五烯(C＝C)$_5$	335	118000	微黄
二甲基十二碳六烯(C＝C)$_6$	360	70000	微黄
双氢-β-胡萝卜素(C＝C)$_8$	415	210000	黄
双氢-α-胡萝卜素(C＝C)$_{10}$	445	63000	橙
番茄红素(C＝C)$_{11}$	470	185000	红

共轭分子除共轭烯烃外，还有α、β不饱和酮，α、β不饱和酸，芳香核与双键或羰基的共轭等。如乙酰苯由于羰基与苯环双键共轭，因此在它们的紫外吸收光谱中（见图2-51）可以看到很强的K吸收带，另外是苯环的特征吸收B带，以及由—C＝O中n→ π*跃迁而产生的R带。

2.6.3.3 芳香化合物

苯的紫外吸收光谱是由 π → π*跃迁组成的三个谱带（见图2-50），

即E_1、E_2和具有精细结构的B吸收带。当苯环上引入取代基时，E_2和B一般产生红移且强度加强。

如果苯环上有两个取代基，则二取代基的吸收光谱与取代基的种类及取代位置有关。任何种类的取代基都能使苯的E_2带发生红移。当两个取代基在对位时，ε_{max}和λ_{max}都较间位和邻位取代时大。例如：

317nm　　　　　　　　273.5nm　　　　　　　278.5nm

当对位二取代苯中一个取代基为斥电子基，另一个是吸电子基时，吸收带红移最明显的。例如：

269nm　　　　　　　230nm　　　　　　　381nm

稠环芳烃母体吸收带的最大吸收波长大于苯，这是由于它有两个或两个以上共轭的苯环，苯环数目越多，λ_{max}越大。例如苯（255nm）和萘（275nm）均为无色，而并四苯为橙色，吸收峰波长在460nm。并五苯为紫色，吸收峰波长为580nm。

2.6.3.4　杂环化合物

在杂环化合物中，只有不饱和的杂环化合物在近紫外区才有吸收。以O、S或NH取代环戊二烯的CH_2的五元不饱和杂环化合物，如呋喃、噻吩和吡咯等，既有$\pi \rightarrow \pi^*$跃迁引起的吸收谱带，又有$n \rightarrow \pi^*$跃迁引起的谱带。

吡啶是含有一个杂原子的六元杂环芳香化合物，也是一个共轭体系，也有$\pi \rightarrow \pi^*$和$n \rightarrow \pi^*$跃迁。它的紫外吸收光谱与苯相似，同样，喹啉和萘、氮蒽和蒽的紫外吸收光谱也都很相似。

2.6.4　紫外吸收光谱的应用

2.6.4.1　定性鉴定

不同的有机化合物具有不同的吸收光谱，因此根据化合物的紫外吸收光谱中特征吸收峰的波长和强度可以进行物质的鉴定和纯度的检查。

（1）未知试样的定性鉴定　紫外吸收光谱定性分析一般采用比较光谱法。所谓比较光谱法是将经提纯的样品和标准物用相同溶剂配成溶液，并在相同条件下绘制吸收光谱曲线，比较其吸收光谱是否一致。如果紫外光谱曲线完全相同（包括曲线形状、λ_{max}、λ_{min}，吸收峰数目、拐点及 ε_{max} 等）。则可初步认为是同一种化合物。为了进一步确认可更换一种溶剂重新测定后再作比较。

如果没有标准物，则可借助各种有机化合物的紫外可见标准谱图及有关电子光谱的文献资料进行比较。最常用的谱图资料是萨特勒标准谱图及手册，它由美国费城Sadtler研究实验室编辑出版。萨特勒谱图集收集了 46000 种化合物的紫外光谱图，并附有五种索引，便于查找。使用与标准谱图比较的方法时，要求仪器准确度、精密度要高，操作时测定条件要完全与文献规定的条件相同，否则可靠性较差。

紫外吸收光谱只能表现化合物生色团、助色团和分子母核，而不能表达整个分子的特征，因此只靠紫外吸收光谱曲线来对未知物进行定性是不可靠的，还要参照一些经验规则以及其他方法（如红外光谱法、核磁共振波谱、质谱，以及化合物某些物理常数等）配合来确定。

此外，对于一些不饱和有机化合物也可采用一些经验规则，如伍德沃德（Woodward）规则❶、斯科特（Scott）规则❷，通过计算其最大吸收波长与实测值比较后，进行初步定性鉴定（具体规定和计算方法可查分析化学手册）。

（2）推测化合物的分子结构　紫外吸收光谱在研究化合物结构中的主要作用是推测官能团、结构中的共轭关系和共轭体系中取代基的位置、种类和数目。

① 推定化合物的共轭体系、部分骨架。先将样品尽可能提纯，然后绘制紫外吸收光谱。由所测出的光谱特征，根据一般规律对化合物作初步判断。如果样品在 200 ~ 400nm 无吸收（$\varepsilon < 10 \text{L} \cdot \text{mol}^{-1} \cdot \text{cm}^{-1}$）则说明该化合物可能是直链烷烃或环烷烃及脂肪族饱和胺、醇、醚、腈、羧酸和烷基氟或烷基氯，不含共轭体系，没有醛基、酮基、溴或碘。

a.如果在 210 ~ 250nm 有强吸收带，表明含有共轭双键。若 ε 值在 $1 \times 10^4 ~ 2 \times 10^4 \text{L} \cdot \text{mol}^{-1} \cdot \text{cm}^{-1}$ 之间，说明为二烯或不饱和酮；若在 260 ~ 350nm 有强吸收带，可能有 3 ~ 5 个共轭单位。

---

❶ 伍德沃德提出的计算共轭二烯烃、多烯烃及共轭烯酮类化合物的 $\pi \rightarrow \pi^*$ 跃迁最大吸收波长的经验规则是以某一类化合物的基本吸收波长为基础，加入各种取代基对吸收波长所作的贡献，就是该化合物 $\pi \rightarrow \pi^*$ 跃迁最大吸收波长。

❷ Scott规则类似于Woodward规则，用来计算芳香族羧基衍生物 E_2 带的吸收波长。

b. 如果在 $250 \sim 300$ nm 有弱吸收带，ε 为 $10 \sim 100$ L·mol^{-1}·cm^{-1}，则含有羰基；在此区域内若有中强吸收带，表示具有苯的特征，可能有苯环。

c. 如果化合物有许多吸收峰，甚至延伸到可见光区，则可能为一长链共轭化合物或多环芳烃。

按以上规律进行初步推断后，能缩小该化合物的归属范围，然后再按前面介绍的对比法做进一步确认。当然还需要其他方法配合才能得出可靠结论。

② 区分化合物的构型。例如肉桂酸有下面两种构型。

（顺式）
$\lambda_{max} = 280$ nm
$\varepsilon_{max} = 7000$ L·mol^{-1}·cm^{-1}

（反式）
$\lambda_{max} = 295$ nm
$\varepsilon_{max} = 13500$ L·mol^{-1}·cm^{-1}

它们的波长和吸收强度不同。由于反式构型没有立体障碍，偶极矩大，而顺式构型有立体障碍。因此反式的吸收波长和强度都比顺式的大。

③ 互变异构体的鉴别。紫外吸收光谱除应用于推测所含官能团外，还可对某些同分异构体进行判别。例如异丙亚乙基丙酮有如下两个异构体：

（a）

（b）

经紫外光谱法测定，其中的一个化合物在 235nm（$\varepsilon = 12000$ L·mol^{-1}·cm^{-1}）有吸收带，而另一个在 220nm 以上没有强吸收带，所以可以肯定，在 235nm 有吸收带的应具有共轭体系的结构，如（a）所示。而另一个的结构式则如（b）所示。

（3）化合物纯度的检测　紫外吸收光谱能检查化合物中是否含具有紫外吸收的杂质，如果化合物在紫外光区没有明显的吸收峰，而它所含的杂质在紫外光区有较强的吸收峰，就可以检测出该化合物所含的杂质。例如要检查乙醇中的杂质苯，由于苯在 256nm 处有吸收，而乙醇在此波长下无吸收，因此可利用这特征检定乙醇中杂质苯。又如要检查四氯化碳中有无 CS_2 杂质，只要观察在 318nm 处有无 CS_2 的吸收峰就可以确定。

另外还可以用吸光系数来检查物质的纯度。一般认为，当试样测出的摩尔吸光系数比标准样品测出的摩尔吸光系数小时，其纯度不如标样。相差越大，试样纯度越低。例如菲的氯仿溶液，在 296nm 处有强吸收（$\lg\varepsilon = 4.10$），用某方法精制的菲测得ε值比标准菲低10％，说明实际含量只有90％，其余很可能是蒽醌等杂质。

2.6.4.2　定量分析

紫外分光光度定量分析与可见分光光度定量分析的定量依据和定量方法相同，这里不再重复。值得提出的是，在进行紫外定量分析时应选择好测定波长和溶剂。通常情况下一般选择λ_{max}作测定波长，若在λ_{max}处共存的其他物质也有吸收，则应另选ε较大，而共存物质没有吸收的波长作测定波长。选择溶剂时要注意所用溶剂在测定波长处应没有明显的吸收，而且对被测物溶解性要好，不和被测物发生作用，不含干扰测定的物质。

 阅读材料

伍德沃德与"伍氏规则"

伍德沃德R.B.（Robert Burns Woodward）1917年4月10日生于美国马萨诸塞州波士顿；1979年7月8日卒于马萨诸塞州剑桥。

伍德沃德从童年时代就对化学非常有兴趣，常在家中的地下室进行化学实验。16岁时进入麻省理工学院读书，三年后获学士学位，一年后又得到博士学位，年仅20岁。

伍德沃德是当代公认为最杰出的有机化学家之一。他一生获得过24个名誉博士学位，都是世界上许多著名大学授予的，其中有哈佛、剑桥、芝加哥、哥伦比亚、鲁文、皮尔及玛丽·居里和曼彻斯特等大学。他还接受过24次各国最高的奖状和奖金，发表了200余篇论文。伍德沃德以合成复杂天然有机化合物闻名于世，达到了当代有机合成的顶峰。但实际上，他是一位非常全面的化学家，绝不仅仅限于有机合成。他的工作及业绩大致可分为三类：一是提倡仪器分析方法的使用；二是重要理论及方法的创建；三是复杂天然有机化合物结构的测定及合成，但它们彼此之间并不是独立的，而是有着紧密的联系。

在提倡仪器分析方法的使用上，伍德沃德不仅是对某几项工作做出成果，而是强调这个方法的重要，并预见到它将在整个化学领域起到非常重要的作用。例如，紫外光谱已有很久的历史，但直到20世纪40年代，才逐渐在有机化学领域中得到普遍地使用。伍德沃德是这一方法的积极倡议者和开拓者，他预见到仪器分析法才能发挥无可比拟的威力。在研究萜类天然产物的结构时，他通过观察烷基和羰基取代在共轭体系中紫外吸收变化的规则，得到了一系列经验规律，对紫外吸收的应用做出重要的贡献，发现了众所周知的"伍氏规则"。这一贡献使紫外吸收在测定结构时成为非常方便的一种方法。至今人们还在利用这个规则推测共轭二烯、多烯烃及共轭烯酮类化合物的最大吸收波长。伍德沃德的工作不仅在理论上达到很高的境界，应用上也有很高的价值，在生产上也起了很大的作用。

2.7　应用实例

2.7.1　UV-7504型紫外-可见分光光度计的调校

2.7.1.1　仪器和工具

ＵＶ-7504型紫外-可见分光光度计（或其他型号分光光度计），镨钕滤光片。

2.7.1.2　实例内容与操作步骤

在阅读过仪器使用说明后进行以下检查和调试。

（1）开机检查及预热　检查仪器，连接电源，打开仪器电源开关，开启吸收池样品室盖，取出样品室内遮光物（如干燥剂），预热20min。

（2）仪器波长准确度检查和校正

① 可见光区波长准确度检查和校正。

a. 在吸收池位置插入一块白色硬纸片，将波长调节器，从720nm向420nm方向慢慢转动，观察出口狭缝射出的光线颜色是否与波长调节器所指示的波长相符（黄色光波长范围较窄，将波长调节在580nm处应出现黄光）。若相符，说明该仪器分光系统基本正常。若相差甚远，应调节灯泡位置。

b. 取出白纸片，在吸收池架内垂直放入镨钕滤光片，以空气为参比，盖上样品室盖，将波长调至500nm，按"$\dfrac{0ABS}{100\%T}$"键仪器自动将

参比调为0.000A，用样品槽拉杆将镨钕滤光片推入光路，读取吸光度值。以后在500 ～ 540nm波段每隔2nm测一次吸光度值。记录各吸光度值和相应的波长标示值，查出吸光度最大时相应的波长标示值（$\lambda_{max}^{标示}$）。当（$\lambda_{max}^{标示} - 529$）$>$3nm时，则需要调节仪器的波长。反复测529nm±5nm处的吸光度值，直至波长标示值为529nm处相应的吸光度值最大为止，取出滤光片放入盒内。

注意!　每改变一次波长，都应重新调空气参比的零点。

② 紫外光区波长准确度检查和校正。

在紫外光区检验波长准确度常用苯蒸气的吸收光谱曲线来检查。

具体做法是：在吸收池滴一滴液体苯，盖上吸收池盖，待苯挥发充满整个吸收池后，就可以测绘苯蒸气的吸收光谱。若实测结果与苯的标

准光谱曲线不一致表示仪器有波长误差，必须加以调整。

（3）吸收池的配套性检查　JJG 178—2007规定，石英吸收池在220nm处、玻璃吸收池在440nm处，装入适量蒸馏水，以一个吸收池为参比，调节τ为100％，测量其他各池的透射比，透射比的偏差小于0.5％的吸收池可配成一套。

进行配套检验的简便方法介绍如下。

① 用波长调节旋钮将波长调至600nm。

② 检查吸收池透光面是否有划痕的斑点，吸收池各面是否有裂纹。如有则不应使用。

③ 在选定的吸收池毛面上口附近，用铅笔标上进光方向并编号。用蒸馏水冲洗2～3次［必要时可用HCl溶液（1＋1）浸泡2～3min，再立即用水冲洗净］。

④ 用拇指和食指捏住吸收池两侧毛面，分别在4个吸收池内注入蒸馏水到池高3/4，用滤纸吸干池外壁的水滴（**注意!** 不能擦），再用擦镜纸或丝绸巾轻轻擦拭光面至无痕迹。按池上所标箭头方向（进光方向）垂直放在吸收池架上，并用吸收池夹固定好。

注意! 池内溶液不可装得过满以免溅出腐蚀吸收池架和仪器。装入水后，池内壁不可有气泡。

⑤ 盖上样品室盖，将在参比位置上的吸收池推入光路。调零。

⑥ 拉动样品槽拉杆，依次将被测溶液推入光路，读取相应的透射比或吸光度。若所测各吸收池透射比偏差小于0.5％，则这些吸收池可配套使用。超出上述偏差的吸收池不能配套使用。

（4）结束工作　检查完毕，关闭电源。取出吸收池，清洗后晾干入盒保存。在样品室内放入干燥剂，盖好样品室盖，罩好仪器防尘罩。

清理工作台，打扫实验室，填写仪器使用记录。

2.7.1.3　思考题

① 简述波长准确度检查方法。

② 在吸收池配套性检查中，若吸收池架上二、三、四格的吸收池吸光度出现负值，应如何处理？

③ 请设计检查分光光度计零点稳定度和光电流稳定度的操作步骤。

2.7.2　邻二氮菲分光光度法测定微量铁

2.7.2.1　方法原理

可见分光光度法测定无机离子，通常要经两个过程：一是显色过程；二是测量过程。为了使测定结果有较高灵敏度和准确度，必须选择合适的显色条件和测量条件。这些条件主要包括入射波长、显色剂用量、有色溶液稳定性、溶液酸度等。

（1）入射光波长　一般情况下，应选择被测物质的最大吸收波长的光为入射光，这样不仅灵敏度高，准确度也好。当有干扰物质存在时，不能选择最大吸收波长，可根据"吸收最大，干扰最小"的原则来选择波长。

（2）显色剂用量　显色剂的合适用量可通过实验确定。配制一系列被测元素浓度相同不同显色剂用量的溶液，分别测其吸光度，作 A-c_R 曲线，找出曲线平台部分，选择一合适用量即可。

（3）溶液酸度　选择合适的酸度，可以在不同pH缓冲溶液中，加入等量的被测离子和显色剂，测其吸光度，作 A-pH 曲线，由曲线上选择合适的pH范围。

（4）有色配合物的稳定性　有色配合物的颜色应当稳定足够的时间，至少应保证在测定过程中，吸光度基本不变，以保证测定结果的准确度。

（5）干扰的排除　当被测试液中有其他干扰组分共存时，必须采取一定措施排除干扰。一般可以采取以下几种措施来达到目的。

① 根据被测组分与干扰物化学性质的差异，用控制酸度，加掩蔽剂、氧化剂等方法来消除干扰。

② 选择合适的入射光波长，避开干扰物引入的吸光度误差。

③ 选择合适的参比溶液来抵消干扰组分或试剂在测定波长下的吸收。

用于铁的显色剂很多，其中邻二氮菲是测定微量铁的一种较好的显色剂。邻二氮菲又称邻菲罗啉，它是测定 Fe^{2+} 的一种高灵敏度和高选择性试剂，与 Fe^{2+} 生成稳定的橙色配合物。

配合物的 $\varepsilon = 1.1 \times 10^4 L \cdot mol^{-1} \cdot cm^{-1}$，pH为 $2 \sim 9$（一般维持在pH $5 \sim 6$），在还原剂存在下，颜色可保持几个月不变。Fe^{3+} 与邻二氮菲生成淡蓝色配合物，在加入显色剂之前，需用盐酸羟胺先将 Fe^{3+} 还原为 Fe^{2+}。此方法选择性高，相当于铁量40倍的 Sn^{2+}、Al^{3+}、Ca^{2+}、Mg^{2+}、Zn^{2+}；20倍的 Cr（Ⅵ）、V（Ⅴ）、P（Ⅴ）；5倍的 Co^{2+}、Ni^{2+}、Cu^{2+} 等，不干扰测定。

2.7.2.2　仪器与试剂

（1）仪器　可见分光光度计（或紫外-可见分光光度计）一台，100mL容量瓶1个，50mL容量瓶10个，10mL移液管1支，10mL吸量管1支，5mL吸量管3支，2mL吸量管1支，1mL吸量管1支。

（2）试剂

① 铁标准溶液（$100.0 \mu g \cdot mL^{-1}$）　准确称取0.8634g $NH_4Fe(SO_4)_2 \cdot 12H_2O$ 置于烧杯中，加入10mL硫酸溶液 $[c(H_2SO_4) = 3mol \cdot L^{-1}]$，移入1000mL容量瓶中，用蒸馏水稀至标线，摇匀。

② 铁标准溶液（$10.00 \mu g \cdot mL^{-1}$）　移取 $100.0 \mu g \cdot mL^{-1}$ 铁标准溶液10.00mL于100mL容量瓶中，并用蒸馏水稀至标线，摇匀。

③ 盐酸羟胺溶液　$100 g \cdot L^{-1}$（用时配制）。

④ 邻二氮菲溶液　$1.5 g \cdot L^{-1}$，先用少量乙醇溶解，再用蒸馏水稀释至所需浓度（避光保存，两周内有效）。

⑤ 醋酸钠溶液　$1.0 mol \cdot L^{-1}$。

⑥ 氢氧化钠溶液　$1.0 mol \cdot L^{-1}$。

2.7.2.3　实例内容与操作步骤

（1）准备工作

① 清洗容量瓶、移液管及需用的玻璃器皿。

② 配制铁标准溶液和其他辅助试剂。

③ 按仪器使用说明书检查仪器。开机预热20min，并调试至工作状态。

④ 检查仪器波长的正确性和吸收池的配套性。

（2）绘制吸收曲线选择测量波长　取两个50mL干净容量瓶；移取 $10.00 \mu g \cdot mL^{-1}$ 铁标准溶液5.00mL于其中一个50mL容量瓶中，然后在两容量瓶中各加入1mL $100 g \cdot L^{-1}$ 盐酸羟胺溶液，摇匀。放置2min后，各加入2mL $1.5 g \cdot L^{-1}$ 邻二氮菲溶液、5mL醋酸钠（$1.0 mol \cdot L^{-1}$）溶液，用蒸馏水稀至刻线摇匀。用2cm吸收池，以试剂空白为参比，在

440～540nm间，每隔10nm测量一次吸光度。在峰值附近每间隔5nm测量一次。以波长为横坐标，吸光度为纵坐标确定最大吸收波长λ_{max}。

注意！ 每加入一种试剂都必须摇匀。改变入射光波长时，必须重新调节参比溶液吸光度至零。

（3）有色配合物稳定性试验　取两个洁净的容量瓶，用步骤（2）方法配制铁-邻二氮菲有色溶液和试剂空白溶液，放置约2min，立即用2cm吸收池，以试剂空白溶液为参比溶液，在选定的波长下测定吸光度。以后隔10min、20min、30min、60min、120min测定一次吸光度，并记录吸光度和时间（记录格式可参考下表）。

t/min	2	10	20	30	60	120
A						

（4）显色剂用量试验　取6只洁净的50mL容量瓶，各加入10.00 μg·mL^{-1}铁标准溶液5.00mL、1mL100g·L^{-1}盐酸羟胺溶液，摇匀。分别加入0、0.5mL、1.0mL、2.0mL、3.0mL、4.0mL 1.5g·L^{-1}邻二氮菲和5mL醋酸钠溶液，用蒸馏水稀至标线，摇匀。用2cm吸收池，以试剂空白溶液为参比溶液，在选定的波长下测定吸光度。记录各吸光度值（格式参考下表）。

编号	1$^{\#}$	2$^{\#}$	3$^{\#}$	4$^{\#}$	5$^{\#}$	6$^{\#}$
V（R）/mL	0.0	0.5	1.0	2.0	3.0	4.0
A						

（5）溶液pH的影响　在6只洁净的50mL容量瓶中各加入10.00μg·mL^{-1}铁标准溶液5.00mL、1mL 100g·L^{-1}盐酸羟胺溶液，摇匀。再分别加入2mL 1.5g·L^{-1}邻二氮菲溶液，摇匀。用吸量管分别加入1mol·L^{-1}NaOH溶液0.0、0.5mL、1.0mL、1.5mL、2.0mL、2.5mL，用蒸馏水稀释至标线，摇匀。用精密pH试纸（或酸度计）测定各溶液的pH后，用2cm吸收池，以试剂空白为参比溶液，在选定波长下，测定各溶液吸光度。记录所测各溶液pH及其相应吸光度（记录格式参考下表）。

编号	0$^{\#}$	1$^{\#}$	2$^{\#}$	3$^{\#}$	4$^{\#}$	5$^{\#}$
V（NaOH）/mL	0.0	0.5	1.0	1.5	2.0	2.5
pH						
A						

（6）工作曲线的绘制　于6只洁净的50mL容量瓶中，各加入

10.00μg·mL^{-1}铁标准溶液0.00、2.00mL、4.00mL、6.00mL、8.00mL、10.00mL和1mL 100g·L^{-1}盐酸羟胺溶液，摇匀后再分别加入2mL 1.5g·L^{-1}邻二氮菲、5mL醋酸钠溶液，用蒸馏水稀释至标线，摇匀。用2cm吸收池，以试剂空白为参比溶液，在选定波长下，测定并记录各溶液吸光度（记录格式参考下表）。

编号	1$^{\#}$	2$^{\#}$	3$^{\#}$	4$^{\#}$	5$^{\#}$
V（铁标液）/mL	2.00	4.00	6.00	8.00	10.00
A					

（7）铁含量测定　取3只洁净的50mL容量瓶，分别加入适量（以吸光度落在工作曲线中部为宜）含铁未知试液，按步骤（6）显色，测量吸光度并记录。

（8）结束工作　测量完毕，关闭电源，拔下电源插头，取出吸收池，清洗晾干后入盒保存。清理工作台，罩上仪器防尘罩，填写仪器使用记录。清洗容量瓶和其他所用的玻璃仪器并放回原处。

2.7.2.4　注意事项

① 显色过程中，每加入一种试剂均要摇匀。

② 在考察同一因素对显色反应的影响时，应保持仪器的测定条件。在测量过程中，应不时重调仪器零点和参比溶液的$\tau=100\%$。

③ 试样和工作曲线测定的实验条件应保持一致，所以最好两者同时显色同时测定。

④ 待测试样应完全透明，如有浑浊，应预先过滤。

2.7.2.5　数据处理

① 用步骤（2）所得的数据绘制Fe^{2+}-邻二氮菲的吸收曲线，选取测定的入射光波长（λ_{max}）。

② 绘制吸光度-时间曲线；绘制吸光度-显色剂用量曲线，确定合适的显色剂用量；绘制吸光度-pH曲线，确定适宜pH范围。

③ 绘制铁的工作曲线，建立回归方程并计算相关系数。

④ 由试样的测定结果，求出试样中铁的平均含量。计算测定标准偏差。

⑤ 计算铁-邻二氮菲配合物的摩尔吸光系数。

2.7.2.6　思考题

① 实例中为什么要进行各种条件试验？

② 绘制工作曲线时，坐标分度大小应如何选择才能保证读出测量值的全部有效数字？

③ 根据实例，说明测定 Fe^{2+} 的浓度范围。

2.7.3　目视比色法测定水中的铬

2.7.3.1　方法原理

铬在水中常以铬酸盐（六价铬）形式存在，在酸性溶液中，六价铬与二苯碳酰二肼反应生成紫红色配合物，可以借此进行目视比色，测定微量（或痕量）Cr（Ⅵ）的含量。

2.7.3.2　仪器与试剂

（1）仪器　50mL 比色管一套,比色管架,250mL 容量瓶一只，5mL 移液管一支，5mL 吸量管 2 支。

（2）试剂

① 铬［Cr（Ⅵ）］标准贮备液（$\rho = 50.0\text{mg} \cdot L^{-1}$）称取 0.1415g 已在 105～110℃干燥过的分析纯 $K_2Cr_2O_7$ 溶于蒸馏水中，定量转移至 1000mL 容量瓶中，用蒸馏水稀至标线，摇匀。

② 铬［Cr（Ⅵ）］标准操作液（$\rho = 1.00\mu\text{g} \cdot L^{-1}$）移取 5.00mL 铬标准贮备液于 250mL 容量瓶中，用蒸馏水稀释至刻度。

③ 二苯碳酰二肼　称取 0.1g 二苯碳酰二肼于 50mL 的乙醇（$\varphi = 95\%$）中，搅拌使其全部溶解（约 5min）；另取 20mL 浓 H_2SO_4 稀释至 200mL，待其冷却至室温后，边搅拌边将二苯碳酰二肼的乙醇溶液加入其中（此溶液应为无色溶液，如溶液有色，不宜使用），贮于棕色瓶，存放在冰箱中，一月内有效。

2.7.3.3　实例内容与操作步骤

（1）准备工作　选择一套 50mL 比色管，洗净后置比色管架上。

注意! 比色管的几何尺寸和材料（玻璃颜色）要相同，否则将影响比色结果。洗涤时，不能使用重铬酸洗液洗涤，若必须使用，为防止器壁对铬离子的吸附，应依次使用 H_2SO_4—HNO_3 混合酸、自来水、蒸馏水洗涤为宜。

（2）配制铬系列标准溶液　依次移取铬［Cr（Ⅵ）］标准操作液（$\rho = 1.00\mu\text{g} \cdot L^{-1}$）0.00、0.50mL、1.00mL、2.00mL、3.00mL、4.00mL 于 50mL 比色管中，加 40mL 水，摇匀。分别加入 2.50mL 二苯碳酰二肼

溶液后，再用蒸馏水稀至标线，混匀，放置10min。

（3）样品测试　移取水试样若干毫升（以试样显色后的色泽介于标准系列中为宜）于另一支干净比色管，按步骤（2）的方法显色，再用蒸馏水稀释至标线，混匀，放置10min后，与标准色阶进行比较颜色的深浅。

注意! 比色时应尽量在阳光充足而又不直接照射的条件下进行。若夜间或光线不足时，尽量采用日光灯。

（4）记录观察结果。

（5）结束工作　清洗仪器，整理工作台。

2.7.3.4　注意事项

① 为了提高测定准确度，在与样品颜色相近的标准溶液的浓度变化间隔要小些。

② 不能在有色灯光下观察溶液的颜色，否则会产生误差。

③ 观察溶液颜色应自上而下垂直观察。

2.7.3.5　数据处理

根据观测结果和试样体积确定废水中Cr（Ⅵ）含量（以$\mu g \cdot L^{-1}$表示）。

2.7.3.6　思考题

标准色阶的浓度间隔应如何来确定？

2.7.4　邻苯二甲酸二丁酯色度的测定

2.7.4.1　方法原理

浅色液体化学品的色度，GB 605—2006规定，应采用以铂-钴标准液为标准色的目视比色法来测定。此法操作简便，色度稳定，标准色阶易于保存，适用于色调接近铂-钴标准液、澄清透明的浅色液体化学品色度的测定。

液体色度的单位用黑曾（HaZen）来表示，黑曾单位是指每升含1mg以氯铂酸（H_2PtCl_6）形式存在的铂，2mg六水氯化钴（$CoCl_2 \cdot 6H_2O$）的铂-钴溶液的色度。

按一定比例将氯铂酸钾、六水氯化钴和盐酸配成水溶液（铂-钴标准溶液），所得溶液的色调与待测样品色调在多数情况下是相近的，因此用目视法比较样品与铂-钴标准溶液的色泽，可以得出样品的色度。

　　配制不同色度的铂-钴标准溶液，应先配制500黑曾单位的铂-钴标准贮备液，然后移取不同体积的500黑曾单位铂-钴标准贮备溶液，稀释至100mL。移取500黑曾单位铂-钴贮备液的体积应根据所需配制铂-钴标准溶液的黑曾单位数，按下式计算求得。

$$V = (N \times 100)/500$$

　　式中，V为配制100mL N黑曾单位的铂-钴标准液所需500黑曾单位铂-钴标准贮备溶液的体积；N为欲配制的稀铂-钴标准溶液的黑曾单位数。稀铂-钴标准溶液应在使用前配制。

　　用以上方法测定色度时，检测下限为4黑曾单位。色度不大于40黑曾单位时，测定误差为±2黑曾单位。此方法不适用于易碳化物质的测定。

　　化工产品邻苯二甲酸二丁酯一级品色度应小于25黑曾单位。色调比25黑曾单位标准液深，但比60黑曾单位标准液浅的试液属二级品。色调比60黑曾单位标准液深的试液为等外品。

2.7.4.2　仪器与试剂

　　（1）仪器　50mL（或100mL）平底具塞比色管一套，比色管架一个，500mL、250mL容量瓶各一个。

　　（2）试剂　$c(HCl) = 12mol \cdot L^{-1}$HCl溶液、$c(HCl) = 0.1mol \cdot L^{-1}$HCl溶液、$K_2PtCl_6$（基准）、$CoCl_2 \cdot 6H_2O$（分析纯）。

2.7.4.3　实例内容与操作步骤

　　（1）准备工作

　　① 选择一套50mL（或100mL）合格的平底具塞比色管，洗涤后置比色管架上。

　　② 洗涤容量瓶、移液管等需用的玻璃器皿。

　　（2）配制铂-钴标准液

　　① 配制500黑曾单位铂-钴标准贮备溶液　准确称取0.5000g氯化钴（$CoCl_2 \cdot 6H_2O$），0.6228g氯铂酸钾（K_2PtCl_6），溶于50mL浓盐酸（$12mol \cdot L^{-1}$）和适量水中，定量转移至500mL容量瓶中，以蒸馏水稀至标线，摇匀。

　　② 25黑曾单位和60黑曾单位铂-钴标准液配制　计算配制25黑曾单位和60黑曾单位稀铂-钴标准液50mL（或100mL）需要500黑曾单位贮备液体积。分别吸取计算量的铂-钴标准贮备液于干净的比色管中，

用水稀释至50mL（或100mL），摇匀，置比色管架上。

（3）试样色度的判定

① 另取一支干净比色管，注入与标准液相同体积的试液。

② 取下比色管盖，在白色背景下沿轴线方向（自上而下）用目测法将试液与25黑曾单位、60黑曾单位铂-钴标准液作比较。

③ 色调比25黑曾单位标准液浅的试液属一级品；色调比25黑曾单位标准液深，但比60黑曾单位标准液浅的试液属二级品；色调比60黑曾单位深的试液为等外品。记录观察结果。

（4）结束工作 将测定用试液倒入回收瓶，清洗比色管和其他玻璃器皿，并放回原处，清理工作台。

2.7.4.4 注意事项

① 为了提高测定准确度，在样品色度号附近多配几个色度标准，间隔小些。

② 配制500黑曾单位标准液所用试剂的纯度低时，影响试液中铂和钴的有效浓度，会产生测定误差。

③ 500黑曾单位铂-钴标准液应于暗处密封保存，有效期为6个月。

④ 比色时应尽量在阳光充足而不直接照射的条件下进行，光线不足时尽量用日光灯（白炽灯中黄光成分较多）。

2.7.4.5 数据处理

根据比色结果，判定邻苯二甲酸二丁酯的等级。

2.7.4.6 思考题

影响液体色度目测比较的因素是什么？

2.7.5 有机化合物紫外吸收曲线的测绘和应用

2.7.5.1 方法原理

利用紫外吸收光谱定性的方法是：将未知试样和标准样在相同的溶剂中，配制成相同浓度，在相同条件下，分别绘制它们的紫外吸收光谱曲线，比较两者是否一致。或者将试样的吸收光谱与标准谱图（如Sadtler紫外光谱图）对比，若两光谱图λ_{max}和ε_{max}相同，表明是同一物质。

在没有紫外吸收峰的物质中检查有高吸光系数的杂质，也是紫外吸收光谱的重要用途之一。例如，检查乙醇中是否存在苯杂质，只需要测定乙醇试样在256nm处有没有苯吸收峰即可。因为乙醇在此波长无吸收。

2.7.5.2　仪器与试剂

（1）仪器　UV-7504紫外-可见分光光度计（或其他型号仪器），1cm石英吸收池。

（2）试剂　无水乙醇，未知芳香族化合物，乙醇试样（内含微量杂质苯）。

2.7.5.3　实例内容与操作步骤

（1）准备工作

① 按仪器说明书检查仪器，开机预热20min。

② 检查仪器波长的正确性和1cm石英吸收池的成套性。

（2）未知芳香族化合物的鉴定

① 配制未知芳香化合物水溶液　称取未知芳香化合物0.1000g用去离子水溶解后，转移入100mL容量瓶，稀至标线，摇匀。从中移取10.00mL于1000mL容量瓶中，稀至标线，摇匀（合适的试样浓度应通过试验来调整）。

② 用1cm石英吸收池，以去离子水作参比溶液，在200～360nm范围测绘吸收光谱曲线。

（3）乙醇中杂质苯的检查　用1cm石英吸收池，以纯乙醇作参比溶液，在220～280nm波长范围内测定乙醇试样的吸收曲线。

2.7.5.4　注意事项

① 实例中所用的试剂应经提纯处理。

② 石英吸收池每换一种溶液或溶剂都必须清洗干净，并用被测溶液或参比液荡洗三次。

2.7.5.5　数据处理

① 绘制并记录未知芳香化合物的吸收光谱曲线和实验条件；确定峰值波长，计算峰值波长处$A_{1cm}^{1\%}$值（指吸光物质的质量浓度为$10g \cdot L^{-1}$的溶液，在1cm厚的吸收池中测得的吸光度）和摩尔吸光系数，与标准谱图比较，确定化合物名称。

② 绘制乙醇试样的吸收光谱曲线，记录实验条件，根据吸收光谱曲线确定是否有苯吸收峰，峰值波长是多少。

2.7.5.6 思考题

① 试样溶液浓度大小对测量有何影响？实验中应如何调整？

② 如果试样是非水溶性的，则应如何进行鉴定，请设计出简要的实验方案。

2.7.6 紫外分光光度法测定蒽醌含量

2.7.6.1 方法原理

蒽醌化学式为 ，由此可见它会产生 $\pi \rightarrow \pi^*$ 跃迁和

$n \rightarrow \pi^*$ 跃迁。蒽醌在 λ_{251} 处有强吸收，其 $\varepsilon = 45820 L \cdot mol^{-1} \cdot cm^{-1}$；在 λ_{323} 处还有一中强吸收，其 $\varepsilon = 4700 L \cdot mol^{-1} \cdot cm^{-1}$。然而，

工业蒽醌中常常混有副产品邻苯二甲酸酐 ，它在 λ_{251} 处会对蒽醌吸收产生干扰。因此，实际定量测定时选择的波长是 λ_{323} 的吸收，由此可避免干扰。

紫外吸收定量测定与可见分光光度法相同。在一定波长和一定比色皿厚度下，绘制工作曲线，由工作曲线找出未知试样中蒽醌含量即可。

2.7.6.2 仪器与试剂

（1）仪器 紫外-可见分光光度计；石英吸收池；1000mL、50mL容量瓶各一个；10mL容量瓶10个。

（2）试剂 蒽醌；邻苯二甲酸；甲醇（均为分析纯）；工业品蒽醌试样。

2.7.6.3 实例内容与操作步骤

（1）配制蒽醌标准溶液

① $0.100 mg \cdot mL^{-1}$ 的蒽醌标准溶液：准确称取0.1000g蒽醌，加甲醇溶解后，定量转移至1000mL容量瓶中，用甲醇稀释至标线，摇匀。

注意! 蒽醌用甲醇溶解时，应采用回流装置，水浴加热回流方能完全溶解。

② $0.0400 mg \cdot mL^{-1}$ 的蒽醌标准溶液：移取20.00mL质量浓度为 $0.100 mg \cdot mL^{-1}$ 的蒽醌标准溶液于50mL容量瓶中，用甲醇稀至标线，

混匀。

③ 0.0900mg·mL⁻¹邻苯二甲酸酐标准溶液：准确称取0.0900g邻苯二甲酸酐，加甲醇溶解后，定量转移至1000mL容量瓶中，用甲醇稀释至标线，摇匀。

（2）仪器使用前准备

① 打开样品室盖，取出样品室内干燥剂，接通电源，预热20min并点亮氘灯。

② 检查仪器波长示值准确性。清洗石英吸收池，进行成套性检验。

③ 将仪器调试至工作状态。

（3）绘制吸收曲线

① 蒽醌吸收曲线的绘制：移取0.0400mg·mL⁻¹的蒽醌标准溶液2.00mL于10mL容量瓶中，用甲醇稀至标线，摇匀。用1cm吸收池，以甲醇为参比，在200～380nm波段，每隔10nm测定一次吸光度（峰值附近每隔2nm测一次）绘出吸收曲线，确定最大吸收波长。

② 邻苯二甲酸酐吸收曲线绘制：取0.0900mg·mL⁻¹的邻苯二甲酸酐标准溶液于1cm吸收池中，以甲醇为参比，在240～330nm波段，每隔10nm测定一次吸光度（峰值附近每隔2nm测一次），绘出吸收曲线，确定最大吸收波长。

注意！ 改变波长，必须重调参比溶液τ=100%。

（4）绘制蒽醌工作曲线　用吸量管分别吸取0.0400mg·mL⁻¹的蒽醌标准溶液2.00mL、4.00mL、6.00mL、8.00mL于4个10mL容量瓶中，用甲醇稀释至标线，摇匀。用1cm吸收池，以甲醇为参比，在最大吸收波长处，分别测定吸光度，并记录之。

（5）测定蒽醌试样中蒽醌含量　准确称取蒽醌试样0.0100g，按溶解标样的方法溶解并转移至250mL容量瓶中，用甲醇稀释至标线，摇匀。吸取三份4.00mL该溶液于三个10mL容量瓶中，再以甲醇稀释至标线，摇匀。用1cm吸收池，以甲醇为参比，在确定的入射光波长处测定吸光度并记录之。

（6）结束工作

① 实验完毕，关闭电源，取出吸收池，清洗晾干放入盒内保存。

② 清理工作台，罩上仪器防尘罩，填写仪器使用记录。

2.7.6.4　注意事项

① 本实例应完全无水，故所有玻璃器皿应保持干燥。

② 甲醇易挥发，对眼睛有害，使用时应注意安全。

2.7.6.5 数据处理

① 绘制蒽醌及邻苯二甲酸酐的吸收曲线，确定入射光波长。

② 绘制蒽醌的A-c工作曲线，计算回归方程和相关系数。

③ 利用工作曲线，由试样的测定结果，求出试样中蒽醌的平均含量，计算测定标准偏差。

2.7.6.6 思考题

① 本实例为什么要使用甲醇作参比？

② 若既要测蒽醌含量又要测出杂质邻苯二甲酸酐的含量，应如何进行？

③ 为什么紫外分光光度计定量测定中没加显色剂？

S 本章主要符号的
意义 及 单位

E	光子的能量，J（焦耳）或 eV（电子伏特）
h	普朗克（Planck）常数，6.626×10^{-34} J·s
ν	频率，Hz
λ	波长，nm（纳米）或 μm（微米）
Φ_0	入射光通量
Φ_{tr}	透射光通量

τ	透射比
A	吸光度
b	光程长度，cm
c_B	物质 B 的物质的量浓度，$mol \cdot L^{-1}$
ρ_B	物质 B 的质量浓度，$g \cdot L^{-1}$
ε	摩尔吸光系数，$L \cdot mol^{-1} \cdot cm^{-1}$
a	质量吸光系数，$L \cdot g^{-1} \cdot cm^{-1}$

表2-11 紫外可见分光光度计的使用——仪器的调校操作技能鉴定表

项目	考核内容		记录	分值	扣分	备注
开机（3分）	开机预热	正确√/不正确×		1		
	调"0"和"100"操作	熟练√/不熟练×		2		
波长准确度测定（18分）	滤光片放置	正确√/不正确×		5		
	波长调节	正确√/不正确×		5		
	不同波长下吸光度测量	正确√/错误×		8		错一项扣2分
吸收池配套性检验（16分）	吸收池执法	正确√/错误×		4		
	吸收池光面擦拭方法	正确√/错误×		4		
	注液高度	皿高2/3～4/5√/过高或过低×		4		
	皿差测量	正确√/不正确×		4		

续表

项目	考核内容		记录	分值	扣分	备注
零点稳定度检查（10分）	光电管受光	正确√/错误×		5		
	读数正确性	正确√/错误×		5		
光电流稳定度检查（10分）	光电管受光	正确√/错误×		5		
	读数正确性	正确√/不正确×		5		
透射比正确度检查（16分）	参比溶液选择	正确√/错误×		4		
	吸收池使用	正确√/错误×		6		
	测量操作	正确、规范√/不正确、不规范×		6		
记录与结论（12分）	原始记录	及时、规范√/不符要求×		6		
	结论	规范、完整√/不规范或错误×		6		无结论扣10分
文明操作（7分）	清洗玻璃仪器、实训台面整洁	整洁√/不整洁×		3		
	洗涤比色皿控干	已进行√/未进行×		4		
完成时间（4分）	开始时间			4		每超5min扣1分，超20min以上此项以0分计
	结束时间					
	实用时间					
实验态度（4分）	严谨、认真			4		可根据实际情况酌情扣分
总分						

红外吸收光谱法 03

3.1 基本原理

3.1.1 概述

3.1.1.1 红外光的发现

1800 年，英国天文学家赫谢尔（F.W.Herschel）用温度计测量太阳光可见光区内、外温度时，发现红色光以外"黑暗"部分的温度比可见光部分的高，从而意识到在红色光之外还存有一种肉眼看不见的"光"，因此称之为红外光，而对应的这段光区便称之为红外光区。

3.1.1.2 物质对红外光的选择性吸收

接着，赫谢尔在温度计前放置了一个水溶液，结果发现温度计的示值下降，这说明溶液对红外光具有一定的吸收。然后，他用不同的溶液重复了类似的实验，结果发现不同的溶液对红外光的吸收程度是不一样的。赫谢尔意识到这个实验的重要性，于是，他固定用同一种溶液，改变红外光的波长做类似的实验，结果发现同一种溶液对不同的红外光也具有不同程度的吸收，也就是说对某些波长的红外光吸收得多，而对某些波长的红外光却几乎不吸收，所以说，物质对红外光具有选择性吸收。

3.1.1.3 红外吸收光谱的产生

显然，如果用一种仪器把物质对红外光的吸收情况记录下来，这就是该物质的红外吸收光谱图，横坐标是波长，纵坐标为该波长下物质对红外光的吸收程度。

由于物质对红外光具有选择性的吸收，因此，不同的物质便有不同的红外吸收光谱图，所以，便可以从未知物质的红外吸收光谱图反过来求证该物质究竟是什么物质。这正是红外吸收光谱定性的依据。

红外吸收光谱在可见光区和微波区之间，其波长范围约为 $0.75 \sim 1000\mu m$。根据实验技术和应用的不同。通常将红外吸收光谱划分为三个区域，如表 3-1 所示。

表 3-1 红外光区的划分

区域	波长 $\lambda/\mu m$	波长 $\overline{\nu}$ /cm^{-1}	能级跃迁类型
近红外光区	$0.75 \sim 2.5$	$13300 \sim 4000$	分子化学键振动的倍频和组合频
中红外光区	$2.5 \sim 25$	$4000 \sim 400$	化学键振动的基频
远红外光区	$25 \sim 1000$	$400 \sim 10$	骨架振动、转动

其中，远红外吸收光谱是由分子转动能级跃迁产生的转动光谱；中红外和近红外吸收光谱是由分子振动能级跃迁产生的振动光谱。只有简单的气体或气态分子才能产生纯转动光谱，而对于大量复杂的气、液、固态物质分子主要产生振动光谱。由于目前广泛用于化合物定性、定量和结构分析以及其他化学过程研究的红外吸收光谱，主要是波长处于中红外光区的振动光谱，因此本章主要讨论中红外吸收光谱。

3.1.1.4 红外吸收光谱的表示法

样品的红外吸收曲线称为红外吸收光谱，多用百分透射比与波数（τ-$\overline{\nu}$）或百分透射比与波长（τ-λ）曲线来描述。τ-$\overline{\nu}$ 或 τ-λ 曲线上的"谷"是光谱吸收峰，两种吸收曲线的形状略有差异。下面以聚苯乙烯的红外吸收光谱为例加以说明。

比较图 3-1 和图 3-2 发现，τ-λ 曲线"前密后疏"，τ-$\overline{\nu}$ 曲线"前疏后密"。这是因为 τ-λ 曲线是波长等距，而 τ-$\overline{\nu}$ 是波数等距的缘故。一般红外吸收光谱的横坐标都有两种标度，但以波数等距为主。为了防止吸收曲线在高波数（短波长）区过分扩张，通常采用两种比例尺，多以 2000cm^{-1}（$5\mu m$）为界。在红外吸收光谱中，波长的单位用微米（μm），波数的单位为 cm^{-1}，二者的关系为

$$\overline{\nu} = \frac{10^4}{\lambda}$$

(3-1)

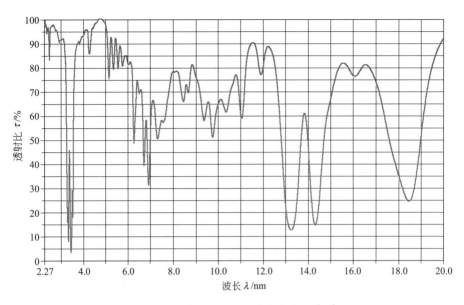

图 3-1　聚苯乙烯的红外吸收光谱图（1）

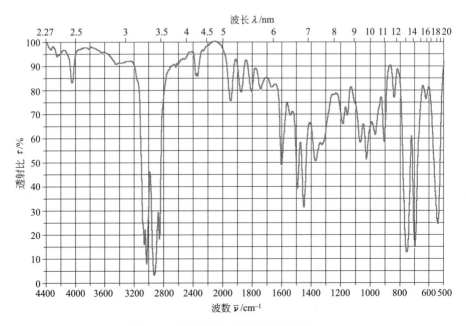

图 3-2　聚苯乙烯的红外吸收光谱图（2）

3.1.1.5　红外吸收光谱法的特点

① 应用面广，提供信息多且具有特征性。依据分子红外吸收光谱的吸收峰位置，吸收峰的数目及其强度，可以鉴定未知化合物的分子结构或确定其化学基团；依据吸收峰的强度与分子或某化学基团的含量有关，可进行定量分析和纯度鉴定。

② 不受样品相态的限制，亦不受熔点、沸点和蒸气压的限制。无论是固态、液态以及气态样品都能直接测定，甚至对一些表面涂层和不溶、不熔融的弹性体（如橡胶），也可直接获得其红外吸收光谱图。

③ 样品用量少且可回收，不破坏试样，分析速度快，操作方便。

④ 现在已经积累了大量标准红外吸收光谱图（如 Sadtler 标准红外吸收光谱集等）可供查阅。

⑤ 红外吸收光谱法也有其局限性，即有些物质不能产生红外吸收峰，还有些物质（如旋光异构体，不同分子量的同一种高聚物）不能用红外吸收光谱法鉴别。此外，红外吸收光谱图上的吸收峰有一些是理论上无法作出解释的，因此可能干扰分析测定，而且，红外吸收光谱法定量分析的准确度和灵敏度均低于可见、紫外吸收分光光度法。

3.1.2　产生红外吸收光谱的原因

3.1.2.1　分子振动

在分子中，原子的运动方式有三种，即平动、转动和振动。实验证明，当分子间的振动能产生偶极矩周期性的变化时，对应的分子才具有红外活性，其红外吸收光谱图才可给出有价值的定性定量信息。因此，下面主要讨论分子的振动。

（1）分子振动方程式　分子振动可以近似地看做是分子中的原子以平衡点为中心，以很小的振幅作周期性的振动。这种分子振动的模型可以用经典的方法来模拟，如图 3-3 所示。对双原子分子而言，可以把它看成是一个弹簧连接两个小球，m_1 和 m_2 分别代表两个小球的质量，即两个原子的质量，弹簧的长度就是分子化学键的长度。这个体系的振动频率取决于弹簧的强度，即化学键的强度和小球的质量。其振动是在连接两个小球的键轴方向发生的。用经典力学的方法可以得到如下计算公式。

图 3-3　双原子分子振动模型

$$\nu = \frac{1}{2\pi}\sqrt{\frac{k}{\mu}} \qquad (3\text{-}2)$$

或

$$\bar{\nu} = \frac{1}{2\pi c}\sqrt{\frac{k}{\mu}} \qquad (3\text{-}3)$$

可简化为

$$\bar{\nu} \approx 1304\sqrt{\frac{k}{\mu}} \qquad (3\text{-}4)$$

式中，ν 是频率，Hz；$\bar{\nu}$ 是波数，cm^{-1}；k 是化学键的力常数，$g \cdot s^{-2}$；c 是光速（$3 \times 10^{10} cm \cdot s^{-1}$）；$\mu$ 是原子的折合质量 $\left(\mu = \frac{m_1 m_2}{m_1 + m_2}\right)$。

一般来说，单键的 k 为 $4 \times 10^5 \sim 6 \times 10^5 g \cdot s^{-2}$；双键的 k 为 $8 \times 10^5 \sim 12 \times 10^5 g \cdot s^{-2}$；叁键的 k 为 $12 \times 10^5 \sim 20 \times 10^5 g \cdot s^{-2}$。

双原子分子的振动只发生在连接两个原子的直线上，并且只有一种振动方式，而多原子分子则有多种振动方式。假设分子由 n 个原子组成，每一个原子在空间都有 3 个自由度，则分子有 $3n$ 个自由度。非线性分子的转动有 3 个自由度，线性分子则只有两个转动自由度，因此非线性分子有 $3n-6$ 种基本振动，而线性分子有 $3n-5$ 种基本振动。

（2）简正振动　分子中任何一个复杂振动都可看成是不同频率的简正振动的叠加。简正振动是指这样一种振动状态，分子中所有原子都在其平衡位置附近作简谐振动，其振动频率和位相都相同，只是振幅可能不同，即每个原子都在同一瞬间通过其平衡位置，且同时到达其最大位移值，每一个简正振动都有一定的频率，称为基频。水（H_2O）和二氧化碳（CO_2）的简正振动如图 3-4 和图 3-5 所示。

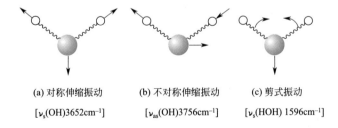

(a) 对称伸缩振动　　　(b) 不对称伸缩振动　　　(c) 剪式振动

[$\nu_s(OH)$3652cm^{-1}]　　[$\nu_{as}(OH)$3756cm^{-1}]　　[$\nu_s(HOH)$ 1596cm^{-1}]

图 3-4　水分子的 3 种简正振动方式

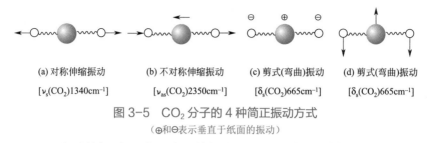

(a) 对称伸缩振动　　　(b) 不对称伸缩振动　　(c) 剪式(弯曲)振动　　(d) 剪式(弯曲)振动
$[\nu_s(CO_2)1340cm^{-1}]$　　$[\nu_{as}(CO_2)2350cm^{-1}]$　　$[\delta_s(CO_2)665cm^{-1}]$　　$[\delta_s(CO_2)665cm^{-1}]$

图 3-5　CO_2 分子的 4 种简正振动方式
（⊕和⊖表示垂直于纸面的振动）

（3）分子的振动形式　分子的振动形式可分为两大类：伸缩振动和变形振动。

①伸缩振动　伸缩振动是指原子沿键轴方向伸缩，使键长发生变化而键角不变的振动，用符号 ν 表示，其振动形式可分为两种：对称伸缩振动，表示符号为 ν_s 或 ν^s，振动时各键同时伸长或缩短；不对称伸缩振动，又称反对称伸缩振动，表示符号为 ν_{as} 或 ν^{as}，指振动时某些键伸长，某些键则缩短。

②变形振动　变形振动是指使键角发生周期性变化的振动，又称弯曲振动。可分为面内、面外、对称及不对称变形振动等形式。

a. 面内变形振动（β）　变形振动在由几个原子所构成的平面内进行，称为面内变形振动。面内变形振动可分为两种：一是剪式振动（δ），在振动过程中键角的变化，类似于剪刀的开和闭；二是面内摇摆振动（ρ），基团作为一个整体，在平面内摇摆。

b. 面外变形振动（γ）　变形振动在垂直于由几个原子所组成的平面外进行。也可以分为两种：一是面外摇摆振动（ω），两个 X 原子同时向面上或面下的振动；二是卷曲振动（τ），一个 X 原子向面上，另一个 X 原子向面下的振动。

c. 对称与不对称变形振动　AX_3 基团或分子的变形振动还有对称与不对称之分：对称变形振动（δ^s）中，三个 AX 键与轴线组成的夹角 α 对称地增大或缩小，形如雨伞的开闭，所以也称之为伞式振动；不对称变形振动（δ^{as}）中，两个 α 角缩小，一个 α 角增大，或相反。

伸缩振动与变形振动各种方式分别如图 3-6 所示。

3.1.2.2　振动能级的跃迁

分子作为一个整体来看是呈电中性的，但构成分子的各原子的电负性却是各不相同的，因此分子可显示出不同的极性。其极性大小可用偶极矩 μ 来衡量。偶极矩 μ 是分子中负电荷的大小 δ 与正负电荷中心的距

离 r 的乘积，即 $\mu = \delta r$，偶极矩单位为德拜（Debye），用 D 表示。例如 H_2O 和 HCl 的偶极矩如图 3-7 所示。

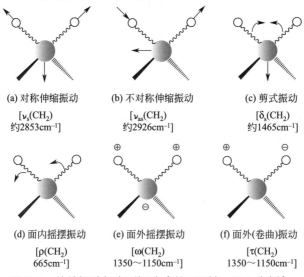

(a) 对称伸缩振动
[$\nu_s(CH_2)$
约2853cm^{-1}]

(b) 不对称伸缩振动
[$\nu_{as}(CH_2)$
约2926cm^{-1}]

(c) 剪式振动
[$\delta_s(CH_2)$
约1465cm^{-1}]

(d) 面内摇摆振动
[$\rho(CH_2)$
665cm^{-1}]

(e) 面外摇摆振动
[$\omega(CH_2)$
1350～1150cm^{-1}]

(f) 面外(卷曲)振动
[$\tau(CH_2)$
1350～1150cm^{-1}]

图 3-6 伸缩振动与变形振动（以亚甲基—CH_2 为例）

（⊕和⊖表示垂直于纸面的振动）

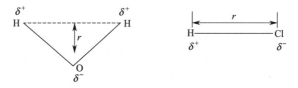

图 3-7 H_2O 和 HCl 分子的偶极矩

分子内原子不停地在振动，在振动过程中 δ 是不变的，而正负电荷中心的距离 r 会发生变化。对称分子由于正负电荷中心重叠，$r = 0$，因此对称分子中原子振动不会引起偶极矩的变化。

用一定频率的红外光照射分子时，如果分子中某个基团的振动频率与它一样，则两者就会发生共振，光的能量通过分子偶极矩的变化而传递给分子，因此这个基团就吸收了一定频率的红外光，从原来的基态振动能级跃迁到较高的振动能级，从而产生红外吸收。如果红外光的振动频率和分子中各基团的振动频率不符合，该部分的红外光就不会被吸收。

实际过程中，分子在发生振动能级跃迁时，不可避免地伴随有转动能级的跃迁，因此无法测得纯振动光谱。所以，红外吸收光谱也叫振 - 转光谱。

3.1.2.3　产生红外吸收光谱的条件

显然，并不是所有的振动形式都能产生红外吸收。那么，要产生红外吸收必须具备哪些条件呢？实验证明，红外光照射分子，引起振动能级的跃迁，从而产生红外吸收光谱，必须具备以下两个条件。

① 红外辐射应具有恰好能满足能级跃迁所需的能量，即物质的分子中某个基团的振动频率应正好等于该红外光的频率。或者说当用红外光照射分子时，如果红外光子的能量正好等于分子振动能级跃迁时所需的能量，则可以被分子所吸收，这是红外吸收光谱产生的必要条件。

② 物质分子在振动过程中应有偶极矩的变化（$\Delta\mu \neq 0$），这是红外吸收光谱产生的充分必要条件。因此，对那些对称分子（如 O_2、N_2、H_2、Cl_2 等双原子分子），分子中原子的振动并不引起 μ 的变化，则不能产生红外吸收光谱。

3.1.3　红外吸收光谱与分子结构关系的基本概念

3.1.3.1　红外吸收峰类型

（1）基频峰　分子吸收一定频率的红外光，若振动能级由基态（$n = 0$）跃迁到第一振动激发态（$n = 1$）时，所产生的吸收峰称为基频峰。由于 $n = 1$，基频峰的强度一般都较大，因而基频峰是红外吸收光谱上最主要的一类吸收峰。

（2）泛频峰　在红外吸收光谱上除基频峰外，还有振动能级由基态（$n = 0$）跃迁至第二（$n = 2$），第三（$n = 3$），…，第 n 振动激发态时，所产生的吸收峰称为倍频峰。由 $n = 0$ 跃迁至 $n = 2$ 时，所产生的吸收峰称为二倍频峰。由 $n = 0$ 跃迁至 $n = 3$ 时，所产生的吸收峰称为三倍频峰。以此类推。二倍及三倍频峰等统称为倍频峰，其中二倍频峰还经常可以观测到，三倍频峰及其以上的倍频峰，因跃迁概率很小，一般都很弱，常观测不到。

除倍频峰外，尚有合频峰 $n_1 + n_2$，$2n_1 + n_2$，…；差频峰 $n_1 - n_2$，$2n_1 - n_2$，…；倍频峰、合频峰及差频峰统称为泛频峰。合频峰和差频峰多数为弱峰，一般在图谱上不易辨认。

取代苯的泛频峰出现在 $2000 \sim 1667 cm^{-1}$ 的区间，主要是由苯环上碳氢面外变形的倍频峰所构成。由于其峰形与取代基的位置有关，所以可通过其峰形的特征性来进行取代基位置的鉴定，其峰形和取代位置的关系如图 3-8 所示。

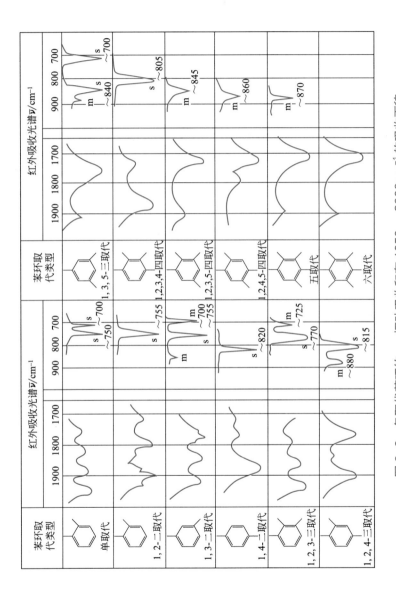

图 3-8　各取代苯环的 γ_{CH} 振动吸收和在 1650 ~ 2000cm^{-1} 的吸收面貌

(~表示约值；s 表示强吸收，m 表示中等强度吸收；1650 ~ 2000cm^{-1} 的吸收均为弱吸收)

（3）特征峰和相关峰　化学工作者参照光谱数据对比了大量的红外谱图后发现，具有相同官能团（或化学键）的一系列化合物具有近似相同的吸收频率，证明官能团（或化学键）的存在与谱图上吸收峰的出现是对应的。因此，可用一些易辨认的、有代表性的吸收峰来确定官能团的存在。凡是可用于鉴定官能团存在的吸收峰，称为特征吸收峰，简称特征峰。如—C≡N 的特征吸收峰在 $2247cm^{-1}$ 处。

又因为一个官能团有数种振动形式，而每一种具有红外活性的振动一般相应产生一个吸收峰，有时还能观测到泛频峰，因而常常不能只用一个特征峰来肯定官能团的存在。例如分子中如有—CH=CH_2 存在，则在红外光谱图上能明显观测到 $\nu_{as(-CH_2)}$、$\nu_{(C=C)}$、$\gamma_{(=CH)}$、$\gamma_{(=CH_2)}$ 四个特征峰。这一组峰是因—CH=CH_2 基的存在而出现的相互依存的吸收峰，若证明化合物中存在该官能团，则在其红外谱图中这四个吸收峰都应存在，缺一不可。在化合物的红外谱图中由于某个官能团的存在而出现的一组相互依存的特征峰，可互称为相关峰，用以说明这些特征吸收峰具有依存关系，并区别于非依存关系的其他特征峰，如—C≡N 基只有一个 $\nu_{(C\equiv N)}$ 峰，而无其他相关峰。

用一组相关峰鉴别官能团的存在是个较重要的原则。在有些情况下因与其他峰重叠或峰太弱，因此并非所有的相关峰都能观测到，但必须找到主要的相关峰才能确认官能团的存在。

3.1.3.2　红外吸收光谱的分区

分子中的各种基团都有其特征红外吸收带，其他部分只有较小的影响。中红外区因此又划分为特征谱带区（$4000\sim1330cm^{-1}$，即 $2.5\sim7.5\mu m$）和指纹区（$1333\sim667cm^{-1}$，即 $7.5\sim15\mu m$）。前者吸收峰比较稀疏，容易辨认，主要反映分子中特征基团的振动，便于基团鉴定，有时也称之为基团频率区。后者吸收光谱复杂：有 C—X（X=C、N、O）单键的伸缩振动，有各种变形振动。由于它们的键强度差别不大，各种变形振动能级差小，所以该区谱带特别密集，但却能反映分子结构的细微变化。每种化合物在该区的谱带位置、强度及形状都不一样，形同人的指纹，故称指纹区，对鉴别有机化合物用处很大。

利用红外吸收光谱鉴定有机化合物结构，必须熟悉重要的红外区域与结构（基团）的关系。通常中红外光区又可分为四个吸收区域（如表 3-2 所示）或八个吸收段，熟记各区域或各段包含哪些基团的哪些振动，对判断化合物的结构是非常有帮助的。

表 3-2 中红外光区四个区域的划分

区域	基团	吸收频率/cm^{-1}	振动形式	吸收强度	说明
第一区域/氢伸缩区	—OH（游离）	3640～3610	伸缩	m, sh	判断有无醇类、酚类和有机酸的重要依据[①]
	—OH（缔合）	3400～3200	伸缩	s, b	判断有无醇类、酚类和有机酸的重要依据
	—NH$_2$	3500～3350	反对称伸缩	m	
	—NH$_2$	3400～3250	对称伸缩	m	
	—NH—	3400～3300	伸缩	m～w	
	—SH	2600～2550	伸缩	w	
	P—H	2450～2280	伸缩	m～w,sh	
	Si—H	2360～2100	伸缩	s, sh	
	B—H	2640～2200	伸缩	s	
	不饱和C—H伸缩振动	＞3000	伸缩		3000cm^{-1}以上的吸收峰表明分子中含不饱和键
	≡C—H	3300	伸缩	s, sh	末端═C—H出现在3085cm^{-1}附近
	═CH$_2$	3080	反对称伸缩	m	
		2975	对称伸缩	m	2975cm^{-1}吸收带会与链烷基的吸收重叠
	苯环中的C—H	～3030 数个吸收峰	伸缩	m	某些芳香族化合物，主吸收带在3000cm^{-1}以下，强度上比饱和C—H稍弱，但谱带较尖锐
	饱和C—H	＜3000			在3000～2800cm^{-1}，取代基影响小
	—CH$_3$	2960±5	反对称伸缩	s	
	—CH$_3$	2870±10	对称伸缩	s	
	—CH$_2$—	2925±5	反对称伸缩	s	三元环中的—CH$_2$出现在3050cm^{-1}
	—CH$_2$—	2850±10	对称伸缩	s	—C—H出现在2890cm^{-1}，很弱
第二区域/叁键区	—C≡N	2260～2210	伸缩	s～m, sh	针状，干扰少
	N≡N	2300～2150	伸缩	m	
	—C≡C—	2260～2100	伸缩	v	R—C≡C—H，2100～2140cm^{-1}; R—C≡C—R′，2190～2260cm^{-1}; 若R′═R，无红外吸收谱带
	—C═C═C—	1950附近	伸缩	v	此外会出现费米共振的倍频带

区域	基团	吸收频率/cm^{-1}	振动形式	吸收强度	说明
第三区域/双键区	—C═C—	1680～1620	伸缩	m，w	C═C 的吸收一般很弱，如两侧取代基团相同，则无红外活性，故不能据此有无吸收判断有无双键
	芳环中 C═C	1600，1580，1500，1450	伸缩	v	苯环的骨架振动，特征吸收，强度可变，一般 1500cm^{-1} 比 1600cm^{-1} 强，1450cm^{-1} 会与 CH$_2$ 吸收峰重叠
	—C═O	1850～1600	伸缩	s	其他吸收带干扰少，是判断羰基（酮类、酸类、酯类、酸酐等）的特征频率，位置变动大
	—CO—（酮）	1715	伸缩	vs	与醛相接近，比醛低 10～15cm^{-1}，不易区分
	—CHO（醛）	1725	伸缩	vs	与酮相接近，但醛在 2820cm^{-1}、2720cm^{-1} 有 2 个中等强度特征吸收峰，后者较尖锐，与其他 CH 不易混淆，易识别
	—COO—（酯）	1735	伸缩	vs	不受氢键影响和溶剂影响，与不饱和键共轭时向低波数位移，强度不变
	—COOH（羧酸）	1760～1710	伸缩	vs	通常以二分子缔合体形式存在，吸收峰在 1725～1700cm^{-1} 附近。在 CCl$_4$ 中单体和二缔合体同时存在，出现 2 条吸收带，单体吸收带在 1760cm^{-1} 附近
	—CO—O—CO—（酸酐）	1820，1760	伸缩	vs	2 条吸收带相对强度不变
	—NO$_2$（脂肪族）	1550	反对称伸缩	s	—NO$_2$ 的特征吸收带
	—NO$_2$（脂肪族）	1370±10	对称伸缩	s	—NO$_2$ 的特征吸收带
	—NO$_2$（芳香族）	1525±15	反对称伸缩	s	—NO$_2$ 的特征吸收带
	—NO$_2$（芳香族）	1345±10	对称伸缩	s	—NO$_2$ 的特征吸收带
	S═O	1220～1040	伸缩	s	

续表

区域	基团	吸收频率/cm^{-1}	振动形式	吸收强度	说明
第四区域/指纹区	C—O	1300～1000	伸缩	vs	C—O 键（酯、醚、醇类）的极性很强，故强度强，常成为谱图中最强的吸收峰
	C—O—C	1150～1070	反对称伸缩	s	醚类 C—O—C $\nu_{as}=$ 1100cm^{-1}±50cm^{-1} 是最强吸收
		1000～900	对称伸缩	m	
	=C—O—C	1275～1200	反对称伸缩	vs	
		1075～1020	对称伸缩	s	
	—CH$_3$	1460±10②	反对称弯曲	m	是—CH$_3$ 的特征吸收
	—CH$_2$	1460±10	对称弯曲	m	也称剪式振动
	—CH$_3$	1370～1380	对称弯曲	s	也称伞式振动，很少受取代基影响，且干扰少，是—CH$_3$ 的特征吸收
	—（CH$_2$）$_n$—，$n>4$	720	面内弯曲	w	4 个或 4 个以上—CH$_2$ 相连时有此吸收峰
	=CH$_2$	910～890	面外摇摆	s	
	—NH$_2$	1650～1560	变形	m，s	
	C—F	1400～1000	伸缩	s	
	C—Cl	800～600	伸缩	s	
	C—Br	600～500	伸缩	s	
	C—I	500～200	伸缩	s	

① 羧酸—COOH 中的 OH 伸缩振动由于缔合而向低波数位移，在 3000～2500cm^{-1} 附近出现一特征宽吸收带。—NH$_4^+$ 在 3300～3030cm^{-1} 有很强的宽吸收带。

② 大部分有机化合物都含有 CH$_3$、CH$_2$，因此此峰经常出现。

注：vs—非常强吸收；s—强吸收；b—宽吸收带；m—中等强度吸收；w—弱吸收；sh—尖锐吸收峰；v—吸收强度可变。

（1）O—H，N—H 键伸缩振动段　O—H 伸缩振动在 3700～3100cm^{-1}，游离的羟基的伸缩振动频率在 3600cm^{-1} 左右，形成氢键缔合后移向低波数，谱带变宽，特别是羧基中的 O—H，吸收峰常展宽到 3200～2500cm^{-1}。该谱带是判断醇、酚和有机酸的重要依据。一级、二级胺或酰胺等的 N—H 伸缩振动类似于 O—H 键，但—NH$_2$ 为双峰，

—NH—为单峰。游离的 N—H 伸缩振动在 $3500 \sim 3300cm^{-1}$，强度中等，缔合将使峰的位置及强度都发生变化，但不及羟基显著，向低波数移动也只有 $100cm^{-1}$ 左右。

（2）不饱和 C—H 伸缩振动段 烯烃、炔烃和芳烃等不饱和烃的 C—H 伸缩振动大部分在 $3100 \sim 3000cm^{-1}$，只有端炔基（$\equiv$C—H）的吸收在 $3300cm^{-1}$。

（3）饱和 C—H 伸缩振动段 甲基、亚甲基、叔碳氢及醛基的碳氢伸缩振动在 $3000 \sim 2700cm^{-1}$，其中只有醛基 C—H 伸缩振动在 $2720cm^{-1}$ 附近（特征吸收峰），其余均在 $3000 \sim 2800cm^{-1}$。和不饱和 C—H 伸缩振动比较可以发现，$3000cm^{-1}$ 是区分饱和与不饱和烃的分界线。

（4）叁键与累积双键段 在 $2400 \sim 2100cm^{-1}$ 范围内的红外吸收光谱带很少，只有 C$\equiv$C，C$\equiv$N 等叁键的伸缩振动和 C$=$C$=$C，N$=$C$=$O 等累积双键的不对称伸缩振动在此范围内，因此易于辨认，但必须注意空气中 CO_2 的干扰（$2349cm^{-1}$）。

（5）羰基伸缩振动段 羰基的伸缩振动在 $1900 \sim 1650cm^{-1}$，所有羰基化合物在该段均有非常强的吸收峰，而且往往是谱带中第一强峰，特征性非常明显。它是判断有无羰基存在的重要依据。其具体位置还和邻接基团密切相关，对推断羰基类型化合物有重要价值。

（6）双键伸缩振动段 烯烃中的双键和芳环上的双键以及碳氮双键的伸缩振动在 $1675 \sim 1500cm^{-1}$。其中芳环骨架振动在 $1600 \sim 1500cm^{-1}$ 之间有 $2 \sim 3$ 个中等强度的吸收峰，是判断有无芳环存在的重要标志之一。而 $1675 \sim 1600cm^{-1}$ 的吸收，对应的往往是 C$=$C 或 C$=$N 的伸缩振动。

（7）C—H 面内变形振动段 烃类 C—H 面内变形振动在 $1475 \sim 1300cm^{-1}$。一般甲基、亚甲基的变形振动位置都比较固定。由于存在着对称与不对称变形振动（对于—CH$_3$），因此通常看到两个以上的吸收峰。亚甲基的变形振动在此区域内仅有 δ_s（约 $1465cm^{-1}$），而 δ_{as} 即 ρ（CH$_2$）出现在约 $720cm^{-1}$ 处。

（8）不饱和 C—H 面外变形振动段 烯烃 C—H 面外变形振动 γ_{C-H} 在 $800 \sim 1000cm^{-1}$。不同取代类型的烯烃，其 γ_{C-H} 位置不同，因此可用以判断烯烃的取代类型。芳烃的 γ_{C-H} 在 $900 \sim 650cm^{-1}$，对于确

定芳烃的取代类型是很有特征的，如图 3-8 所示。

3.1.3.3 影响基团频率位移的因素

分子中化学键的振动并不是孤立的，而要受到分子中其他部分，特别是相邻基团的影响，有时还会受到溶剂、测定条件等外部因素的影响。因此在分子结构的测定中可以根据不同测试条件下基团频率位移和强度的改变，推断产生这种影响的结构因素，反过来求证是何种基团。

那么，影响基团频率位移的因素有哪些呢？一般来说主要有以下两种。

（1）外部因素 试样状态、测定条件的不同以及溶剂极性的影响等外部因素都会引起基团频率的位移。一般气态时 $C = O$ 的伸缩振动频率最高，非极性溶剂的稀溶液次之，而液态或固态的振动频率最低。

同一化合物的气态、液态或固态红外吸收光谱有较大的差异，因此在查阅标准谱图时，要注意试样的状态及制样的方法等。

（2）内部因素

① 电效应 包括诱导效应、共轭效应和偶极场效应，它们都是由于化学键的电子分布不均匀而引起的。

a. 诱导效应 由于取代基具有不同的电负性，通过静电诱导作用，引起分子中电子分布的变化，从而引起键力常数的变化，改变了基团的特征频率。一般来说，随着取代基数目的增加或取代基电负性的增大，这种静电的诱导效应也增大，从而导致基团的振动频率向高频移动。

b. 共轭效应 形成多重键的 π 电子在一定程度上可以移动，例如1,3-丁二烯的四个碳原子都在同一个平面上，四个碳原子共有全部的 π 电子，结果中间的单键具有一定的双键性质，而两个双键的性质亦有所削弱，这就是共轭效应。共轭效应使共轭体系中的电子云密度平均化，结果使原来的双键伸长，力常数削弱，所以振动频率降低。

c. 偶极场效应 在分子内的空间里，相互靠近的官能团之间，才能产生偶极场效应。如氯代丙酮的一种异构体（如左图），卤素和氧都是键偶极的负极，所以发生负负相斥，使羰基

$\left(\begin{array}{c}O\\\parallel\\C\end{array}\right)$ 上的电子云移向两极的中间，增加了双键的电子云密度，力常数增加，因此频率升高。

② 氢键 羰基和羟基之间容易形成氢键，使羰基的频率降低。最明显的是羧酸的情况。游离羧酸的 $C=O$ 伸缩振动频率出现在 $1760cm^{-1}$ 左右，而在液态或固态时，$C=O$ 伸缩振动频率都在 $1700cm$ 左右，因为此时羧酸形成二聚体形式。

氢键使电子云密度平均化，$C=O$ 的双键性减小，因此 $C=O$ 伸缩振动频率下降。

③ 振动的偶合 适当结合的两个振动基团，若原来的振动频率很近，它们之间可能会产生相互作用而使谱峰裂分为两个，一个高于正常频率，一个低于正常频率。这种两个基团的相互作用，称为振动的偶合。例如酸酐的两个羰基，振动偶合而裂分为两个谱峰（约 $1820cm^{-1}$ 和约 $1760cm^{-1}$）。

④ 费米共振 当一个振动的倍频与另一个振动的基频接近时，由于发生相互作用而产生很强的吸收峰或发生裂分，这种现象叫做费米共振。例如：C_6H_5COCl 的 $\nu_{C=O}$ 为 $1773cm^{-1}$ 和 $1736cm^{-1}$。这是由于 $\nu_{C=O}(1774cm^{-1})$ 和 $C_6H_5—C=O$ 间的 $C—C$ 变角振动（$880\sim860cm^{-1}$）的倍频发生费米共振，使 $C=O$ 吸收峰裂分。

⑤ 立体障碍 由于立体障碍，羰基与双键之间的共轭受到限制时，$\nu_{C=O}$ 较高。例如：

(a) $1680cm^{-1}$ (b) $1700cm^{-1}$

在（b）中，由于接在 $C=O$ 上的 CH_3 的立体障碍，$C=O$ 与苯环的双键不能处于同一平面，结果共轭受到限制，因此 $\nu_{C=O}$ 振动频率比（a）稍高。

⑥ 环的张力 环的张力越大，$\nu_{C=O}$ 振动频率就越高。在下面几个酮中，四元环的张力最大，因此它的 $\nu_{C=O}$ 振动频率就最高。

1715cm^{-1} 1745cm^{-1} 1775cm^{-1}

3.1.3.4 影响吸收峰强度的因素

（1）吸收峰强度的表示方法 分子吸收光谱的吸收峰强度，都可用摩尔吸光系数 ε 表示。一般来说，红外吸收光谱中 ε 值较小，而且同一物质的 ε 值随不同仪器而变化，因而 ε 值在定性鉴定中用处不大。所以红外吸收峰的强度通常粗略地用以下 5 个级别表示：

vs	s	m	w	vw
极强峰	强峰	中强峰	弱峰	极弱峰
$\varepsilon > 100$	ε 为 $20 \sim 100$	ε 为 $10 \sim 20$	ε 为 $1 \sim 10$	$\varepsilon < 1$

（2）影响吸收峰强度的因素 峰强与分子跃迁概率有关。跃迁概率是指激发态分子所占分子总数的百分数。基频峰的跃迁概率大，倍频峰的跃迁概率小，合频峰与差频峰的跃迁概率更小。

峰强与分子偶极矩有关，而分子的偶极矩又与分子的极性、对称性和基团的振动方式有关。一般极性较强的分子或基团，它的吸收峰也强。例如 C＝O、OH、C—O—C、Si—O、N—H 等均为强峰，而 C＝C、C＝N、C—C、C—H 等均为弱峰。分子的对称性越低，则所产生的吸收峰越强。例如三氯乙烯的 $\nu_{C=C}$ 在 1585cm^{-1} 处有一中强峰，而四氯乙烯因它的结构完全对称，所以它的 $\nu_{C=C}$ 吸收峰消失。当基团的振动方式不同时，其电荷分布也不同，其吸收峰的强度依次为

$$\nu_{as} > \nu_{s} > \delta$$

但是苯环上的 γ_{Ar-H} 为强峰，而 ν_{Ar-H} 为弱峰。

3.1.4 常见官能团的特征吸收频率

用红外吸收光谱来确定化合物中某种基团是否存在时，需熟悉基团频率。先在基团频率区观察它的特征峰是否存在，同时也应找到它们的相关峰作为旁证。

表 3-3 列举了一些有机化合物的重要基团频率。

表3-3 常见官能团红外吸收特征频率

单位: cm⁻¹

化合物类型	官能团	4000~2500	2500~2000	2000~1500	1500~900	900以下	备注
烷基	—CH₃	2960, 尖 [70] 2870, 尖 [30]			1460 [<15] 1380 [15]		(1) 甲基与 O、N 原子连时, 2870 的吸收向低波数 (2) 偕二甲基使 1380 吸收产生双峰
烷基	—CH₂	2925, 尖 [75] 2850, 尖 [45]			1470 [8]	$725 \sim 720$ [3]	(1) 与 O、N 原子连时, 2850 吸收移向低波数 (2) $-(CH_2)_n-$ 中, $n > 4$ 时, 方有 $725 \sim 720$ 的吸收, 当 n 小时住高波数移动
烷基	△三元碳环	3000~3080 [变化]					三元环上有氢时, 方有此吸收
不饱和烃	=CH₂	3080 [30] 2975 [m]					=CH—, 3020 [m]
不饱和烃	C=C			1675~1600 [m~w]			共轭烯移向较低波数
不饱和烃	—CH=CH₂				990, 尖 [50] 910, 尖 [110]		$\diagdown$C=CH₂, 895, 尖 [100~150] ①
不饱和烃	≡C—H	3300, 尖 [100]					末端炔烃
不饱和烃	—C≡C—		2140~2100 [5] 2260~2190 [1]				同炔炔烃 [m]

续表

化合物类型	官能团	4000~2500	2500~2000	2000~1500	1500~900	900以下	备 注
苯环及稠芳环	C=C			1600, 尖＜100 1580, [变化] 1500, 尖＜100	1450 [m]		
	=CH	3030, ＜60		2000~1600, [5]		710~690 尖 [s]	当该区无别的吸收峰时，可见几个弱吸收峰 苯环单取代；1，3-二取代；1，3，5-及1，2，3-三取代时附加此吸收② 900以下吸收近似于苯环的吸收位置（以相邻氢的数目考虑）
杂芳环	吡啶	3075~3020 尖 [s]		1620~1590 [m] 1500 [m]		920~720 尖 [s]	
	呋喃	3165~3125 [m, w]		~1600, ~1500	~1400		
	吡咯	3490, 尖 [s] 3125~3100 [w]		1600~1500 [变化]，两个吸收峰			NH产生的吸收 =CH产生的吸收
	噻吩	3125~3050		~1520	~1410	750~690 [s]	
醇和酚	游离态						
	伯醇 —CH₂OH	3640, 尖 [70]			1050, 尖 [60~200]		存在于非极性溶剂的稀溶液 [m] 酚, 3610, 尖 [m]; 1200, 尖 [60~200]
	仲醇 —CHOH	3630, 尖 [55]			1100, 尖 [60~200]		

续表

化合物类型	官能团	4000~2500	2500~2000	2000~1500	1500~900	900以下	备注
醇和酚	叔醇 —COH	3620, 尖[45]			1150, 尖[60~200]		
	多聚体	3600, 宽[s]					二聚体, 3600~3500, 常被多聚体的吸收峰掩盖
	分子内氢键: 多元醇	3600~3500 [50~100]					π-氢键, 3600~3500; 螯合键, 3200~2500, 宽[w]
醚	C—O—C				1150~1070 [s]		
	=C—O—C				1275~1200 [s]，1075~1020 [s]		
	△ (环氧)				1250 [s]	950~810 [s]，840~750 [s] w	环上有氢时有3050~3000, [m, w]
酮	链状饱和酮			1725~1705, 尖[300~600]			
	环状酮: 六元环			1725~1705 尖[vs]			五元环③, 1750~1740 尖[vs]; 四元环, 1755, 尖[vs]
	α, β-不饱和酮			1685~1665 尖[vs]，1650~1600 尖[vs]			羰基吸收④，烯键吸收

续表

化合物类型	官能团	4000~2500	2500~2000	2000~1500	1500~900	900以下	备注
醛	饱和醛	2820[w] 2720[w]		1740~1720 尖[vs]			
	α,β-不饱和醛			1705~1680 尖[vs]			α,β,γ,δ-不饱和醛,1680~1660,尖[vs];Ar—CHO,1715~1695,尖[vs]
羧酸	饱和羧酸	3000~2500,宽		1760[1500]	1440~1395[m,s]		1760为单体吸收
	α,β-不饱和羧酸			1725~1700[1500]	1320~1210[s] 920,宽[m]		1725~1700为二聚体吸收,可能有两个吸收,即单体与二聚体吸收
	Ar—COOH			1720[vs] 1715~1690[vs] 1700~1680[vs]			分别为单体及二聚体吸收;α-卤代羧酸,1740~1720[vs]
酸酐	饱和、链状酸酐			1820[vs] 1760[vs]	1170~1045,[vs]		α,β-不饱和酸酐:1775[vs],1720[vs]
	六元环酸酐			1800[vs] 1750[vs]	1300~1175[vs]		五元环酸酐,1865[vs],1785[vs];1300~1200[vs]
酯	饱和链状羧酸酯			1750~1730,尖[500~1000]	1300~1050(两个峰)[500~1000]		
	α,β-不饱和羧酸酯			1730~1715[vs]	1300~1250[vs] 1200~1050[vs]		α-卤代羧酸酯,1770~1745[vs];Ar—COOR®,1730~1715[vs],1180~1110[vs];1300~1250[vs],1300~1250[vs]

续表

化合物类型	官能团	4000~2500	2500~2000	2000~1500	1500~900	900以下	备注
羧酸盐	—COO⁻			1610~1550 [s]	1420~1300[s]		
酰氯	饱和酰氯			1815~1770[vs]			α, β-不饱和酰氯 1780~1750, 尖[vs]
酰胺	伯酰胺 —CONH₂	3500, 3400 双峰[s] (3350~3200, 双峰)					N—H吸收(圆括号内数值为缔合状态吸收峰)。羰基吸收,酰胺I带,1690(1650)、尖[vs];酰胺II带,1600(1640)[s],固态有两个峰
	仲酰胺 —CONH—	3440[s] (3300, 3070)					N—H吸收。羰基吸收,酰胺I带,1680(1665)、尖[vs];酰胺II带,1530(1550)[变化];酰胺III带,1260(1300)[m、s]
	叔酰胺 —CON<			1650(1650)			
胺	伯胺 R—NH₂ 及 Ar—NH₂	3500(3400)[m、s] 3400(3300)[m、s]			1640~1560 [s、m]		圆括号内数值为缔合状态吸收峰
	仲胺 RNH—R′	3350~3310 [w]					
	叔胺 Ar—N<R R′				1350~1260 [m]		Ar—NHR, 3450[m];Ar—NHAr′, 3490[m];杂环上NH, 3490[s]

续表

化合物类型	官能团	4000~2500	2500~2000	2000~1500	1500~900	900以下	备注
胺盐	—NH₃⁺	3000~2000 [s] 宽吸收带上一至数峰		1600~1575 [s], 1550~1500 [s]			—NH₂⁺, 3000~2250 [s], 宽吸收带上一至数峰, 1620~1560 [m]; —NH⁺, 2700~2250 [s], 宽吸收带上一至数峰
腈	R—C≡N		2260~2240, 尖 [变化]				α, β-不饱和腈, 2240~2215, 尖 [变化]; Ar—C≡N, 2240~2215, 尖 [变化]
硫氰酸酯	R—S—C≡N		2140, 尖 [vs]				Ar—S—C≡N, 2175~2160, 尖 [vs]
异硫氰酸酯	R—N=C=S		2140~1990 尖 [vs]				Ar—N=C=S, 2130~2040, 尖 [vs]
亚胺	C=N—			1690~1630 [m]			共轭时移向低波数方向
肟	C=N—OH	3650~3500 宽 [s]		1680~1630 [变化]	960~930		3650~3500 的吸收在缔合时移向低波数方向
重氮	—N=N—			1630~1575 [变化]			
硝基	R—NO₂			1550, 尖 [vs]	1370, 尖 [vs]		Ar—NO₂, 1535, 尖 [vs]; 1345, 尖 [vs]; 亚硝基—NO, 1600~1500 [s]
硝酸酯	—O—NO₂			1650~1600 [s]	1300~1250 [s]		亚硝酸酯—ONO, 1680~1650 [变化]; 1625~1610 [变化]

续表

化合物类型	官能团	4000~2500	2500~2000	2000~1500	1500~900	900以下	备注
含硫化合物	硫醇、—SH	2600~2550 [w]					亚砜 S=O, 1060~1040, 尖 [300]; 砜 1350~1310, 尖 [250~600]; 1160~1120, 尖 [500~900]
	C=S				1200~1050 [s]		
	磺酸盐 R—SO₃⁻ M⁺				1200, 宽 [vs] 1050 [s]		M⁺表示金属离子
卤代物	C—F				1400~1000 [vs]		C—Cl, 800~600 [s]; C—Br, 600~500, [s]; C—I, 500 [s]
含磷化合物	P—H		2440~2280 [m, w]				P—C, 750~650; P=O~R, 1300~1250[s]; P—O—R, 1050~1030[s]; P—O—Ar, 1190 [s]

① 反式二氢, 965cm⁻¹, 尖 [100]; 顺式二氢, 800-650cm⁻¹ [40~100]; 常出峰于 730~675cm⁻¹; 三取代烯, 840~800cm⁻¹, 尖 [40]。

② 苯环上孤立氢 (如本环上五取代), 900~850cm⁻¹[m]; 苯环上两个相邻氢, 820~800cm⁻¹, 尖 [s]; 苯环上有三个相邻氢, 800~750cm⁻¹, 尖 [s]; 苯环上有四个或五个相邻氢, 770~730cm⁻¹, 尖 [s]。

③ 三元环, 1850cm⁻¹, 尖 [极强]; 大于七元环, 1720~1700cm⁻¹ 尖 [极强]。

④ Ar—CO—, 1700~1680cm⁻¹, 尖 [极强]; Ar—CO—Ar, 1670~1660cm⁻¹, 尖 [极强]; α-卤代酮, 1745~1725cm⁻¹, 尖 [极强]。
卤代酮, 1765~1745cm⁻¹, 尖 [极强]; 二酮, 1730~1710cm⁻¹, 尖 [极强]; 苯酯, 1690~1660cm⁻¹, 尖 [极强]。

⑤ CO—O—C=C—, 1700~1745cm⁻¹ [vs]; CO—O—Ar, 1740 [vs]。

注: 1. 本表仅列出常见官能团的特征红外吸收。

2. 表中所列吸收位置均为常见数值。

3. 吸收峰形状标注在吸收位置之后, "尖" 表示尖锐的吸收峰, "宽" 表示宽而钝的吸收峰, 若处于二者之间则不加标注。

4. 吸收峰强度标注在吸收位置及峰形之后的方括号中, "vs", "s", "m", "w" 表示吸收峰的强度, vs: 表示观摩尔吸收系数 (ε) > 200; s: ε 在 75~200 之间; m: ε 在 25~75 之间; w: ε<25 (当有近似的 ε 数值时, 则标注该数值)。

▼ 阅读材料

一种检查肉质的新方法——红外吸收光谱法

在英国的《新科学家》杂志报道了这样一则消息，一些见利忘义的商家在肉类中添加脂肪或内脏等成分，或在羊肉末中掺进牛肉的现象也并不少见，而杜绝这种以次充好的行为在以前没有特别有效的方法。现在，借助红外光谱技术，英国科学家研制出一种肉类检验的新方法，不仅能快速方便地对牛肉、猪肉等不同肉类品种进行区分，而且还能有效地判断市场上销售的肉类中是否掺杂了次品。

英国诺里奇郡食品研究所的科学家在解释这种技术时说，这是因为在家禽不同组织中脂肪、蛋白质和碳水化合物的比例存在着差异，因此，将肉类样品放置于可变频率的红外灯下接受照射，观察其吸收了哪些波长的红外光，再通过计算机分析即可判断出肉类中究竟包含了何种动物组织。

同时，如果能将新型红外吸收光谱分析装置安装在工业传送带上，就可用来对肉类进行大批量的检验，这对肉类及其制品的进出口的检验将有非常大的利用价值。

3.2 红外吸收光谱仪

目前生产和使用的红外吸收光谱仪主要有色散型和干涉型两大类。

3.2.1 色散型红外吸收光谱仪

3.2.1.1 工作原理

色散型红外吸收光谱仪（又称经典红外吸收光谱仪）与紫外 - 可见分光光度计相似，主要由光源、吸收池、单色器、检测器以及记录显示装置 5 个部分组成。

图 3-9 显示了色散型双光束红外吸收光谱仪的工作原理示意。红外光源发出的红外辐射通过反射镜 M_1、M_2 和 M_3、M_4 后，被分成等强度的两束光，一束通过参比池，称参比光束；另一束通过试样池，称测量光束。两束光会合于切光器 M_7。切光器是一个可旋转的扇形反射镜，每秒旋转 13 次，周期性地切割两束光，使参比光束和测量光束每隔 $\frac{1}{13}$ s 交替通过入射狭缝进入光栅（单色器），再交替通过出射狭缝进入检测器。

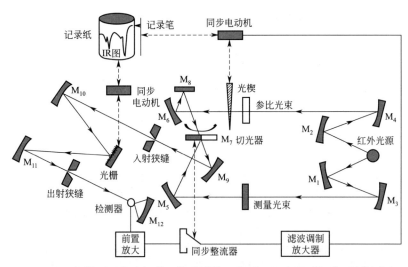

图 3-9　色散型双光束红外吸收光谱仪工作原理示意图（M 为反射镜）

光在单色器内被光栅色散成各种波长的单色光。假定某单色光不被样品吸收，则此两束光强度相等，检测器不产生交流信号。改变波长后，若该波长下的单色光被样品吸收，则两束光强度有差别，检测器上就会产生与光强度成正比的交流信号；该信号经放大、选频、检波和调制及功率放大后，推动同步电动机，带动位于参比光路上的光学衰减器（光楔），使之向减小光强方向移动，直至两束光强度相等，在检测器上无交流信号为止，此时电动机处于平衡状态；记录笔与光楔同步，因而光楔部分的改变相当于试样的透射比，它作为纵坐标直接被绘制在记录纸上；由于光栅的转动可得到波长连续变化的单色光，因此，记录纸即可绘制出透射比随波长（或波数）变化的红外吸收光谱图（即 IR 图）。

3.2.1.2　仪器主要部件

（1）光源　红外光源通常是一种惰性固体，用电加热使其能在较宽的波数范围内发射高强度的连续红外辐射，常用的红外光源有能斯特灯与硅碳棒（见表 3-4）。

能斯特灯是用金属锆、钇、铈或钍等氧化物烧制而成直径为 1 ～ 3mm，长为 2 ～ 5cm 的中空棒或实心棒。室温下不导电，工作前需先预热，加热至 800℃变成导体，开始发光。其优点是发光强度高、稳定性较好；缺点是价格较贵、机械强度差、稍受压或扭动会损伤。

表 3-4 红外吸收光谱仪常用光源

光源名称	选用波数范围 /cm^{-1}	说明
能斯特（Nernst）灯	5000 ～ 400	ZrO_2，ThO_2 等烧结而成
碘钨灯	10000 ～ 5000	
陶瓷光源	9600 ～ 50	适用于 FTIR，需用水冷却或空气冷却
硅碳棒	7800 ～ 50	适用于 FTIR，需用水冷却或风冷却
EVER-GLO 光源	9600 ～ 20	改进型硅碳棒光源
炽热镍铬丝圈	5000 ～ 200	需风冷却
高压汞灯	< 200	适用于 FTIR 的远红外光区

硅碳棒是由碳化硅烧结而成的两端粗、中间细（直径约 5cm，长约 5cm）的实心棒，在低波数区域发光强度较大。与能斯特灯相比，其优点是坚固、寿命长、发光面积大，工作前不需预热；缺点是工作时需要水冷却或风冷却。

（2）样品室 红外光谱仪的样品室一般为一个可插入固体薄膜或液体池的样品槽，如果需要对特殊的样品（如超细粉末等）进行测定，则需要装配相应的附件。

（3）单色器 单色器由狭缝、准直镜和色散元件（光栅或棱镜）通过一定的排列方式组合而成，它的作用是把通过吸收池而进入入射狭缝的复合光分解成为单色光照射到检测器上。

早期的仪器多采用棱镜作为色散元件。棱镜由红外透光材料如 NaCl、KBr 等盐片制成。表 3-5 显示了红外光区中常用光学材料的性能。

表 3-5 红外光区常用光学材料透光范围和物理性能

材料名称	透光范围 $\lambda/\mu m$	折射率	水中溶解度 /(g·100mL^{-1})	熔点 T /K	密度 /(g·mL^{-1})	热导率 /(cgs^{②}×10^{-2})
LiF	0.12 ～ 9.0	1.33	0.27（291 K）	1143	2.64（298 K）	2.7（314 K）
NaCl	0.21 ～ 26	1.54	35.7（273 K）	1074	2.16（293 K）	1.55（289 K）
KCl	0.21 ～ 30	1.49	34.7（293 K）	1049	1.98（293 K）	1.56（315 K）
KBr	0.25 ～ 40	1.56	53.5（273 K）	1003	2.75（298 K）	0.71（299 K）
CsBr	0.3 ～ 55	1.66	124（298 K）	909	4.44（293 K）	0.23（298 K）
CsI	0.24 ～ 70	1.79	44（273 K）	899	4.53	0.27（298 K）
KRS-5^{①}	0.5 ～ 40	2.37	0.05（293 K）	688	7.37（290 K）	0.13（293 K）

① KRS-5：碘溴化铊，TlBrI（thallium-bromide-iodide）。

② 热导率的数值是指在单位时间内，温度梯度为 1（即在单位长度内温度降低 1℃）时通过与温度梯度相互垂直的单位面积传递的热量。国际制中单位是瓦·米$^{-1}$·开$^{-1}$（W·m^{-1}·K^{-1}），cgs 制中单位是卡·厘米$^{-1}$·秒$^{-1}$·度$^{-1}$（cal·cm^{-1}·s^{-1}·℃$^{-1}$）。1cal·cm^{-1}·s^{-1}·℃$^{-1}$＝4.1868×10^{2}W·m^{-1}·K^{-1}。

　　盐片棱镜由于盐片易吸湿而使棱镜表面的透光性变差，且盐片折射率随温度增加而降低，因此要求在恒温、恒湿房间内使用。目前已很少用棱镜制作红外吸收光谱仪。

　　采用闪耀光栅作红外色散元件已得到广泛使用，其优点是分辨率高，且不需要恒温设备。在金属或玻璃坯子上每毫米间隔内刻划数十条甚至上百条的等距离线槽即构成光栅。当红外辐射照射到光栅表面时，产生乱反射现象，由反射线间的干涉作用而形成光栅光谱。各级光栅相互重叠，需要在光栅前面加上前置滤光片以分离高级次的干扰光。

　　（4）检测器　红外吸收光谱仪的检测器主要有高真空热电偶、测热辐射计、气体检测计、热检测器和光检测器等。

　　高真空热电偶的原理是热电偶两端点温度不同将产生温差热电势。当红外光照射在热电偶一端时，温度增加，因此两端点温度不同，产生温差热电势，在回路中有电流通过，其大小随照射的红外光的强弱而变化。为提高灵敏度和减少热传导损失，热电偶通常密封在高真空的容器内。

　　高莱池是常用的气体检测器，其灵敏度较高，结构见图 3-10。当红外光通过盐窗照射到黑色金属薄膜上时，金属膜吸收热能后，气室内氙气温度升高而膨胀，膨胀产生的压力，使封闭气室另一端的软镜膜凸起。与此同时，从光源射出的光到达软镜膜时，将光反射到光电池上，产生与软镜膜的凸出度成正比，也与最初进入气室的辐射成正比的光电流。高莱池可用于整个红外波段，其不足是采用的有机膜易老化、寿命短，且时间常数较大，不适于扫描红外检测。

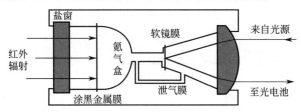

图 3-10　高莱池示意图

　　热检测器和光检测器由于灵敏度高、响应快，多用于傅里叶变换红外吸收光谱仪（FTIR）的检测器。热检测器的工作原理是：把某些热电材料的晶体放在两块金属板中，当光照射到晶体上时，晶体表面电荷分布变化，由此可以测量红外辐射的功率。常用的热检测器有氘代硫酸三甘钛（DTGS）、钽酸锂（$LiTaO_3$）等。光检测器的工作原理是：某些材料受光照射后，导电性能发生变化，由此可以测量红外辐射的变化。

常用的光检测器有锑化铟、汞镉碲（MCT）等。

DTGS 检测器是由氘代硫酸三甘钛晶体制成的，一般将其制成几十微米的薄片，薄片越薄，灵敏度越高，加工越难。制成薄片后，还需在薄片两面引出两个电极通至检测器的前置放大器。DTGS 薄片在红外干涉光的照射下产生极微弱信号，经前置放大器放大后即可送入计算机进行傅里叶变换。DTGS 晶体易潮，使用时常用 KBr、CsI 等盐片将其密封。DTGS/KBr 检测器是测中红外吸收光谱最常用的检测器，通常是 FTIR 的标准配置，特点是检测范围宽（低频端可测到 375cm^{-1}），可在室温下工作，其不足是与 MCT 检测器相比，灵敏度较低，响应时间也不够快。

MCT 检测器是由宽频带的半导体碲化镉和半金属化合物碲化汞混合制成的，主要有 MCT/A（适于 10000～650cm^{-1}）、MCT/B（适于 10000～400cm^{-1}）、MCT/C（适于 10000～580cm^{-1}）3 种类型检测器。MCT 检测器的检测范围比 DTGS 窄，需在液氮温度下使用，但响应速度比 DTGS 快得多，灵敏度大约是 DTGS 的几十倍。

（5）放大器及记录机械装置由检测器产生的电信号是很弱的（如热电偶产生的信号强度约为 10^{-9}V），必须经电子放大器放大。放大后的信号驱动光楔和马达，使记录笔在记录纸上移动以绘制 IR 图。

色散型红外分光光度计可分为简易型和精密型两种类型。前者只有一只 NaCl 棱镜或一块光栅，测定波数范围较窄，光谱的分辨率也较低；后者一般备有几个棱镜，在不同光谱区自动或手动更换棱镜，以获得宽的扫描范围和高的分辨能力。目前精密型红外分光光度计测定的波数范围可扩大到微波区，且能获得更高的分辨率。

3.2.2 傅里叶变换红外吸收光谱仪

傅里叶变换红外光谱仪（FTIR）是红外吸收光谱仪器的第三代。早在 20 世纪初，人们就意识到由迈克尔逊干涉仪所得到的干涉图，虽然是时域（或距离）的函数，但同时却包含了光谱的信息。到 50 年代由 P.Fellgett 首次对干涉图进行了数学上的傅里叶变换计算，将时域干涉图转换成了常见的光谱图。随着电子计算机技术的发展和傅里叶变换快速计算方法的出现，到 1964 年，FTIR 才出现商品化仪器。

3.2.2.1 工作原理

FTIR 仪器主要由迈克尔逊干涉仪和计算机两部分组成，整机工作原理如图 3-11 所示。由红外光源 S 发出的红外光经准直为平行红外光

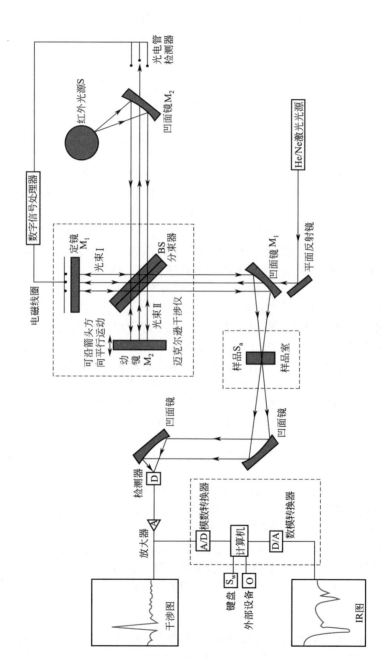

图 3-11　傅里叶变换红外吸收光谱仪（FTIR）工作原理示意图

束进入干涉仪系统，经干涉仪调制后得到一束干涉光。干涉光通过样品 S_a，获得含有光谱信息的干涉信号到达探测器 D 上，由 D 将干涉信号变为电信号。此处的干涉信号是一时间函数，即由干涉信号绘出的干涉图，其横坐标是动镜移动时间或动镜移动距离。这种干涉图经 A/D 转换器送入计算机，由计算机进行傅里叶变换的快速计算，即可获得以波数为横坐标的 IR 图。然后通过 D/A 转换器送入绘图仪而绘出标准 IR 图。

3.2.2.2 迈克尔逊干涉仪

FTIR 仪器的核心部分是迈克尔逊干涉仪（见图 3-11），由定镜、动镜、分束器和探测器组成。定镜 M_1 和动镜 M_2 相互垂直放置，定镜固定不动，动镜可沿图示方向做微小移动，再放置一呈 45°角的半透膜分束器（Beam Splitter，BS，由半导体锗和单晶 KBr 组成）。BS 可让入射的红外光一半透光，另一半被反射。当红外光进入干涉仪后，透过 BS 的光束 II 入射到动镜表面，另一半被 BS 反射到定镜上称为光束 I，光束 I 和光束 II 又被定镜和动镜反射回到 BS 上。同样原理又被反射和透射到探测器 D 上。

若进入干涉仪的是波长为 λ 的单色光，开始时，因 M_1 和 M_2 与分束器 BS 的距离相等（此时 M_2 称为零位），光束 I 和 II 到达探测器时位相相同，发生相长干涉，亮度最大。当动镜 M_2 移动到入射光的 $\lambda/4$ 距离时，则光束 I 和 II 的光程差为半波长（$\lambda/2$），在探测器上两光束的位相差为 180°，此时发生相消干涉，亮度最小。当动镜 M_2 移动 $\lambda/4$ 的奇数倍，即两光束光程差 X 为半波长的奇数倍（如 ±$\lambda/2$[1]，±$3\lambda/2$，±$5\lambda/2$，…）时均会发生类似相消干涉。同样，当动镜 M_2 移动 $\lambda/4$ 的偶数倍时，即两光束光程差 X 为波长的整数倍（如 ±λ，±2λ，±3λ，…）时均会发生相长干涉。因此，当动镜 M 匀速移动时，也即匀速连续改变两光束的光程差，就会得到单色光的干涉图 [见图 3-12（a）]。当入射光为连续波长的多色光时便可得到有中心极大的并向两边衰减的对称干涉图 [见图 3-12（b）]。

实际上，干涉仪中的定镜并非固定不动，在定镜背后装有压电元件或电磁线圈。如图 3-11 所示，He-Ne 激光光束被红外光路中的一面小

---

[1] ± 表示动镜由 0 位向两边的位移，参见图 3-12。

平面反射镜反射到分束器，从分束器中出来的激光干涉信号被红外光路中的 3 个非常小的光电二极管接收（图 3-11 凹面镜 M_1 和 M_2 中间有一个小圆孔，可让激光光束通过），经数字信号处理器（DSP）处理后转换成 3 个激光干涉图。在动镜移动过程中，当 3 个激光干涉图相位不相同时，DSP 将信息反馈给固定镜背后的压电元件或电磁线圈，实时对定镜的倾度进行微调，即对定镜进行实时动态调整，速度可达每秒十几万次，定镜的位置精度小于 0.5nm。具备实时动态调整功能的干涉仪使 FTIR 具有非常出色的重复性与长期稳定性。

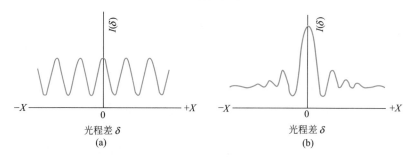

图 3-12　单色光（a）和连续波长多色光（b）的干涉图

在迈克尔逊干涉仪中，核心部分是分束器（BS），其作用是使进入干涉仪中的光，一半透射到动镜上，另一半反射到定镜上，再返回到 BS 时，形成干涉光后送到样品上。不同红外吸收光谱范围所用 BS 不同。BS 价格昂贵，使用中要特别予以保养。表 3-6 显示了 BS 的种类及适用范围。

表 3-6　分束器分类及适用范围

名　称	适用波长范围 /cm^{-1}	名　称	适用波长范围 /cm^{-1}
石英（SiO$_2$-Vis）	25000 ～ 5000	6μm 聚酯薄膜（FIR）	500 ～ 50
石英（SiO$_2$-NIR）	15000 ～ 2000	12μm 聚酯薄膜（FIR）	250 ～ 50
CaF$_2$（NIR-Si）	13000 ～ 1200	23μm 聚酯薄膜（FIR）	120 ～ 30
KBr-Ge（宽范围）	10000 ～ 370	50μm 聚酯薄膜（FIR）	50 ～ 10
KBr-Ge（MIR）	5000 ～ 370		

FTIR 红外吸收谱图的记录、处理一般都在计算机上进行。目前国内外均有比较好的工作软件，如美国 PE 公司的 Spectrum v3.02，它可在软件上直接进行扫描操作，可对 IR 图进行优化、保存、比较、打印等。此外，仪器上的各项参数也可直接在工作软件上进行调整。

3.2.2.3 FTIR 的优点

与经典色散型红外光谱仪相比，FTIR 的优点如下。

（1）扫描速度极快。一般在 1s 内即可完成光谱范围的扫描，适于对快速反应过程的追踪，也便于与色谱仪的联用。

（2）分辨能力高。FTIR 在整个红外光谱范围内可达 $0.1 \sim 0.005 \mathrm{cm}^{-1}$ 的分辨率，高分辨率的干涉仪甚至可以提供 $0.001 \mathrm{cm}^{-1}$ 的分辨率。

（3）测量光谱范围宽（$10000 \sim 10 \mathrm{cm}^{-1}$），测量精度高（$\pm 0.01 \mathrm{cm}^{-1}$），重现性好（0.1%），可用于整个红外光区的研究。

（4）灵敏度高。FTIR 所用光学元件少，无狭缝和光栅分光器，反射镜面大，光通量大，检测灵敏度高（检测限可达 $10^{-9} \sim 10^{-12} \mathrm{g}$），特别适于测量弱信号光谱。

3.2.3 常见红外吸收光谱仪的使用及日常维护

目前国内外的红外吸收光谱仪有多种型号，性能各异，但实际操作步骤基本相似。下面以 PE 公司 Spectrum RX I FTIR 为例说明红外光谱仪的使用。

3.2.3.1 PE Spectrum RX I FTIR 使用方法

图 3-13 和图 3-14 分别显示了 Spectrum RX I FTIR 仪器外形结构图和操作面板，其操作步骤如下：

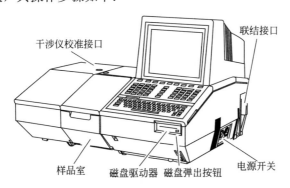

图 3-13 PE Spectrum RX I FTIR 仪器外形结构图

（1）开机 按顺序打开光谱仪主机、计算机显示器和主机、打印机电源开关，预热 20min，打开 Spectrum v3.02 工作软件（主界面见图 3-15）。

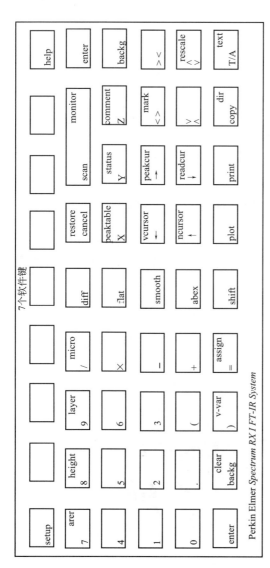

图 3-14 PE Spectrum RX I FT-IR 操作面板图

Perkin Elmer *Spectrum RX I FT-IR System*

setup—设置键（揿下后，光谱仪显示器会在屏幕下方显示各项操作功能，对应于仪器面板上方的 7 个空白软件键）；scan—谱图的扫描；cancel—取消操作；clear—清除当前谱图；enter—确认谱图；backg—背景扫描操作；X、Y、Z—样品扫描通道（可临时存放 3 张谱图）；plot—绘图；print—打印；mark—吸收峰标记；diff—谱图比较；flat—调节基线水平；smooth—谱线平滑；abex—谱图的放大或缩小；text—输入文本；copy—复制；shift—功能切换键（切换至右上角功能）

图 3-15 Spectrum v3.02 工作软件主界面

（2）采集背景光谱

① 回复工厂设置。方法是依次揿操作面板上的 $\boxed{\text{Restore}}$ 、 $\boxed{\text{Setup}}$ 、 $\boxed{\text{Factory}}$ （点击"Setup"键右侧对应的空白软件键）键。值得注意的是，仪器使用完毕关机前应重新完成一次回复工厂设置操作。

② 扫描背景。方法是依次揿操作面板上的 $\boxed{\text{Scan}}$ 、 $\boxed{\text{Backg}}$ 、 $\boxed{4}$ 键（"4"表示扫描次数，可根据需要改变扫描的次数）。也可以在工作软件上直接点击 ⌒BKGrd 扫描背景光谱。

（3）放入测试样品。将固体样品制成片后置于样品室中，或者将液体样品注入液体池后置于样品室中。

（4）采集样品光谱。方法是依次揿操作面板上的 $\boxed{\text{Scan}}$ 、 $\boxed{\text{X}}$ 、 $\boxed{1}$ 键（"X"表示临时存放的通道。共有"X"、"Y"、"Z"3个临时通道，存放在临时通道的光谱应及时保存，否则下次再扫描时就将前次谱图覆盖）。也可以在工作软件上直接点击 ⋁Scan 扫描样品光谱。

在临时通道的光谱图可以使用"Copy"功能将其用软盘拷出后在计算机中的工作软件上进行优化与处理，也可以直接使用仪器操作面板上的"Flat"等功能键处理后再拷出保存。

（5）谱图的优化与处理

① 基线校正。点击"File"下拉菜单下的"Open"打开扫描的样品红外吸收光谱图（见图3-16原始图），该图上方不是很平直。点击"Process"下拉菜单下的"Smooth"，选择"Automatic smooth"，即完成基线校正。基线校正后的谱图与原始图的比较参见图3-16。

② 平滑处理。基线校正后的谱图中可能还存在少量毛刺，此时可进行平滑处理。方法是：选中基线校正后的谱图，点击"Process"下拉菜单下的"Smooth"，选择"Automatic smooth"，即完成平滑处理。平滑处理前后的谱图的比较参见图3-16。

③ 谱图放大。平滑后的谱图透射比最大值接近85%，未达到理想的100%左右，此时可对其进行放大。方法是：选中平滑处理后的谱图，点击"Process"下拉菜单下的"Abex"，弹出对话框（见图3-17）。可选择全波段（Full Range）或所需波段"Limited Range"进行处理，

吸光度数值设置为 1.5 即可。"Abex"前后谱图的比较参见图 3-16。

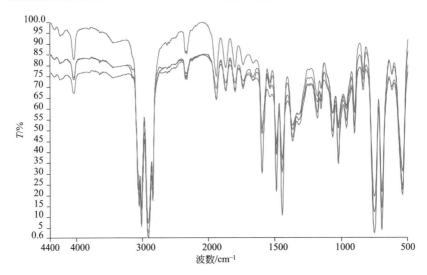

图 3-16　处理前后红外吸收光谱图的比较

图中自下而上分别表示某样品的原始图、

基线校正后、平滑后和"Abex"后的 IR 图

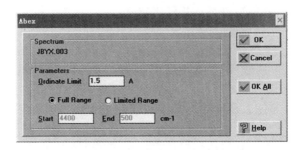

图 3-17　"Abex"对话框

④ 谱图的优化。选定需要优化的谱图，点击主界面上的
图标，弹出对话框（见图 3-18）。在"Ranges"选项中可设置横、纵坐标范围，在"Scale"选项中可设置横、纵坐标刻度大小，在"Graph Colors"选项中可选择格子或背景颜色，在"Spectrum Colors"选项中可选择光谱图的颜色，在"Annotations"选项中可选择是否要添加网格。

经过上述处理后的谱图如图 3-2 所示。

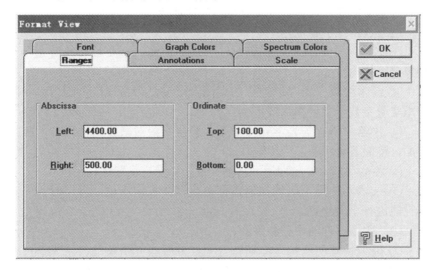

图 3-18　"Format"对话框

除此之外，点击"Process"下拉菜单中的"Absorbance"可将谱图的纵坐标转换成吸光度；点击"Process"下拉菜单中的"Convert X…"可改变谱图的横坐标，比如将图 3-1 的横坐标改成波数（见图 3-2）；点击"Process"下拉菜单中的"Label Peak"可标示每个吸收峰的峰值；点击"Process"下拉菜单中的"Add/Edit Text"可在谱图上编辑文本（如注明样品名称）。

（6）谱图的比对与打印　Spectrum v3.02 工作软件具有强大的谱图比对功能。工作时先扫描部分标准谱图，并将其保存在工作软件中，组成谱图库。分析时即可将所扫描样品谱图与谱图库中的标准谱图进行比对，减少谱图解析的时间。

3.2.3.2　仪器日常维护与保养

（1）工作环境

① 温度　仪器应安放在恒温的室内，较适宜的温度是 15 ～ 28℃。

② 湿度　仪器应安放在干燥环境中，相对湿度应小于 65%。

③ 防震　仪器中光学元件、检测器及某些电气元件均怕震动，应安置在没有震动的房间内稳固的实验台上。

④ 电源　仪器使用的电源要远离火花发射源和大功率磁电设备，同时采用电源稳压设备，并设置良好的接地线。

（2）日常维护和保养

① 仪器应定期保养，保养时注意切断电源，不要触及任何光学元件及狭缝机构。

② 经常检查仪器存放地点的温度、湿度是否在规定范围内。一般要求实验室装配空调和除湿机。

③ 仪器中所有的光学元件都无保护层，绝对禁止用任何东西擦拭镜面，镜面若有积灰，应用洗耳球吹。

④ 各运动部件要定期用润滑油润滑，以保持仪器运转轻快。

⑤ 仪器不使用时用软布遮盖整台机器；长期不用，再用时需先对其性能进行全面检查。

（3）主要部件的维护和保养

① 能斯特灯的维护　能斯特灯是红外吸收光谱仪的常用光源，使用时要求性能稳定和低噪声，因此要注意维护。能斯特灯有一定的使用寿命，要控制时间，不要随意开启和关闭，实验结束时要立即关闭。能斯特灯的机械性能差，容易损坏，因此在安装时要小心，不能用力过大，工作时要避免被硬物撞击。

② 硅碳棒的维护　硅碳棒容易被折断，要避免碰撞。硅碳棒在工作时，温度可达1400℃，要注意水冷或风冷。

③ 光栅的维护　不要用手或其他物体接触光栅表面，光栅结构精密，容易损坏，一旦光栅表面有灰尘或污物时，严禁用绸布、毛刷等擦拭，也不能用嘴吹气除尘，只能用四氯化碳溶液等无腐蚀而易挥发的有机溶剂冲洗。

④ 狭缝、透镜的维护　红外吸收光谱仪的狭缝和透镜不允许碰撞与积尘，如有积尘可用洗耳球或软毛刷清除。一旦污物难以去除，允许用软木条的尖端轻轻除去，直至正常为止。开启和关闭狭缝时要平衡、缓慢。

⑤ 使用后的样品池应及时清洗，干燥后存放于干燥器中。

3.2.3.3　仪器简单故障的排除

表3-7显示了一种典型FTIR仪器常见故障及排除方法。

表 3-7　典型 FTIR 仪器常见故障分析及排除方法

常见故障	产生故障原因	处理方法
干涉仪不扫描，不出现干涉图	计算机与红外仪器通信失败	检查计算机与仪器的连接线是否连接好，重新启动计算机和光学台
	更换分束器后没有固定好或没有到位	将分束器重新固定
	红外仪器电源输出电压不正常	检查仪器面板上灯和各种输出电压是否正常
	分束器已损坏	请仪器维修工程师检查、更换分束器
	控制电路板元件损坏	请仪器公司维修工程师检查
	空气轴承干涉仪未通气或气体压力不够高	通气并调节气体压力
	主光学台和外光路转换后，穿梭镜未移动到位	光路反复切换，重试
	室温太低或太高	用空调调节室温
	He-Ne 激光器不亮或能量太低	检查激光器是否正常
	软件出现问题	重新安装红外操作软件
干涉图能量太低	分束器出现裂缝	请仪器维修工程师检查、更换分束器
	光阑孔径太小	增大光阑孔径
	光路未准直好	自动准直或动态准直
	光路中有衰减器	取下光路衰减器
	检测器损坏或 MCT 检测器无液氮	请仪器维修工程师检查、更换检测器或添加液氮
	红外光源能量太低	更换红外光源
	各种红外光反射镜太脏	请仪器维修工程师清洗
	非智能红外附件位置未调节好	调整红外附件位置
干涉图能量溢出	光阑孔径太大	缩小光阑孔径
	增益太大或灵敏度太高	减小增益或降低灵敏度
	动镜移动速度太慢	重新设定动镜移动速度
	使用高灵敏度检测器时未插入红外光衰减器	插入红外光衰减器
干涉图不稳定	控制电路板元件损坏或疲劳	请仪器维修工程师检查
	水冷却光源未通冷却水	通冷却水
	液氮冷却检测器真空度降低，窗口有冷凝水	MCT 检测器重新抽真空
空气背景单光束光谱有杂峰	光学台中有污染气体	吹扫光学台
	使用红外附件时，附件被污染	清洗红外附件
	反射镜、分束器或检测器上有污染物	请仪器维修工程师检查
空光路检测时基线漂移	开机时间不够长，仪器不稳定	开机 1h 后重新检测
	高灵敏度检测器（如 MCT 检测器）工作时间不够长	等检测器稳定后再测试

阅读材料

现代近红外吸收光谱分析技术简介

　　现代近红外吸收光谱（NIR）分析技术是近年来一门发展迅猛的高新分析技术，越来越引人注目，在分析化学领域被誉为分析"巨人"。这个"巨人"的出现带来了又一次分析技术革命：使用传统分析方法测定一个样品的多种性质或浓度数据，需要多种分析设备，耗费大量人力、物力和大量时间，因此成本高和工作效率低，远不能适应现代化工业的要求。与传统分析技术相比，近红外光谱分析技术能在几秒至几分钟内，仅通过对样品的一次近红外光谱的简单测量，就可同时测定一个样品的几种至十几种性质数据或浓度数据。而且，被测样品用量很小、无破坏和无污染，因此，具有高效、快速、成本低和绿色的特点。NIR分析技术的应用，将显著提高化验室工作效率，节约大量费用和人力，改变化验室面貌。在线NIR分析技术能及时提供被测物料的直接质量参数，与先进控制技术配合，进行质量卡边操作，产生巨大经济效益和社会效益。如法国Lavera炼油厂加工汽油100万吨/年，在线NIR检测节约辛烷值30%，净增效益200万美元/年[Knott D.J Oil&Gas，1997，（3）：39]。中国石化集团公司沧州炼油厂使用NIR-2000近红外光谱仪，一年为厂节省上百万元人民币。因此，它已成为国际石化等大型企业提高其市场竞争能力所依靠的重要技术之一。NIR配合先进控制（APC）推广应用将显著提高工业生产装置操作技术水平，推进工业整体技术进步。

　　近红外吸收光谱产生于分子振动，主要反映C—H、O—H、N—H、S—H等化学键的信息，近红外吸收光谱能够测量绝大多数种类的化合物及其混合物。近红外吸收光谱的测量方式很多，几乎所有物态的有机样品都能测量。因此，近红外光谱分析技术，应用领域非常广泛，主要包括石油及石油化工、基本有机化工、精细化工、冶金、生命科学、制药、农业、医药、食品、烟草、纺织、化妆品、质量监督、环境保护、高校及科研院所等。它可以测定如油品的辛烷值、馏程、密度、凝固点、十六烷值、闪点、冰点、PIONA组成、MTBE含量等，可以测定粮食谷物的蛋白、糖、脂肪、纤维、水分含量等，可以测定药品中有效成分，血液的新鲜程度等，还可以进行样品的种类鉴别，比如酒类和香水的真假辨认、环保中废旧塑料的种类分检等。

3.3 实验技术

3.3.1 红外试样的制备

3.3.1.1 制备试样的要求

① 试样应该是单一组分的纯物质，纯度应大于 98% 或符合商业标准。多组分样品应在测定前用分馏、萃取、重结晶、离子交换或其他方法进行分离提纯，否则各组分光谱相互重叠，难以解析。

② 试样中应不含游离水。水本身有红外吸收，会严重干扰样品谱图，还会侵蚀吸收池的盐窗。

③ 试样的浓度和测试厚度应选择适当，以使光谱图中大多数峰的透射比在 10%～80% 范围内。

3.3.1.2 固体试样

（1）压片法 把 1～2mg 固体样品放在玛瑙研钵中研细，加入 100～200mg 磨细干燥的碱金属卤化物（多用 KBr）粉末，混合均匀后，加入压模内，在压片机上边抽真空边加压，制成厚约 1mm，直径约为 10mm 的透明薄片，然后进行测谱。

① 压片机的构造 压片机的构造如图 3-19 所示，它是由压杆和压舌组成。压舌的直径为 13mm，两个

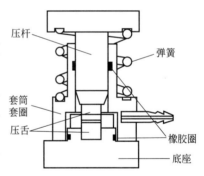

图 3-19 压片机的组装图

压舌的表面光洁度很高，以保证压出的薄片表面光滑。因此，使用时要注意样品的粒度、湿度和硬度，以免损伤压舌表面的光洁度。

② 压片的过程 将其中一个压舌放在底座上，光洁面朝上，并装上压片套圈，研磨后的样品放在这一压舌上，将另一压舌光洁面向下轻轻转动以保证样品平面平整，顺序放压片套筒、弹簧和压杆，加压 10t，持续 3min。拆片时，将底座换成取样器（形状与底座相似），将上、下压舌及中间的样品和压片套圈一起移到取样器上，再分别装上压片套筒及压杆，稍加压后即可取出压好的薄片。

（2）糊状法 将固体样品研成细末，与糊剂（如液体石蜡油）混

合成糊状，然后夹在两窗片之间进行测谱。石蜡油是一精制过的长链烷烃，具有较大的黏度和较高的折射率。用石蜡油做成糊剂不能用来测定饱和碳氢键的吸收情况。此时可以用氯丁二烯代替石蜡油做糊剂。

（3）薄膜法　把固体样品制备成薄膜有两种方法：一种是直接将样品放在盐窗上加热，熔融样品涂成薄膜；另一种是先把样品溶于挥发性溶剂中制成溶液，然后滴在盐片上，待溶剂挥发后，样品遗留在盐片上形成薄膜。

（4）熔融成膜法　样品置于晶面上，加热熔化，合上另一晶片即成，适于熔点较低的固体样品。

（5）漫反射法　样品加分散剂研磨，加到专用漫反射装置中，适用于某些在空气中不稳定，高温下能升华的样品。

3.3.1.3　液体试样

（1）液膜法　也可称之为夹片法。即在可拆池两侧之间，滴上1～2滴液体样品，使之形成一层薄薄的液膜。液膜厚度可借助于池架上的固紧螺钉做微小调节。该法操作简便，适用于对高沸点及不易清洗的样品进行定性分析。

（2）液体池法

① 液体池的构造　如图 3-20 所示，它是由后框架、窗片框架、垫片、后窗片、间隔片、前窗片和前框架 7 个部分组成。一般，后框架和前框架由金属材料制成；前窗片和后窗片为氯化钠、溴化钾、KRS-5和 ZnSe 等晶体薄片；间隔片常由铝箔和聚四氟乙烯等材料制成，起着固定液体样品的作用，厚度为 0.01～2mm。

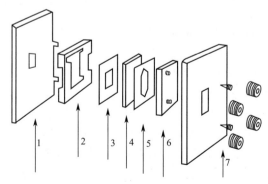

图 3-20　液体池组成的分解示意图

1—后框架；2—窗片框架；3—垫片；4—后窗片；5—聚四氟乙烯隔片；6—前窗片；7—前框架

② 装样和清洗方法　吸收池应倾斜 30°，用注射器（不带针头）吸取待测样品，由下孔注入直到上孔看到样品溢出为止，用聚四氟乙烯塞子塞住上、下注射孔，用高质量的纸巾擦去溢出的液体后，便可进行测试。测试完毕，取出塞子，用注射器吸出样品，由下孔注入溶剂，冲洗 2 ～ 3 次。冲洗后，用吸耳球吸取红外灯附近的干燥空气吹入液体池内以除去残留的溶剂，然后放在红外灯下烘烤至干，最后将液体池存放在干燥器中。

③ 液体池厚度的测定　根据均匀的干涉条纹的数目可测定液体池的厚度。测定的方法是将空的液体池作为样品进行扫描，由于两盐片间的空气对光的折射率不同而产生干涉。根据干涉条纹的数目计算池厚（如图 3-21 所示）。一般选 1500 ～ 600 cm^{-1} 的范围较好，计算公式如下：

$$b = \frac{n}{2}\left(\frac{1}{\overline{\sigma_1} - \overline{\sigma_2}}\right) \tag{3-5}$$

式中，b 为液体池厚度，cm；n 为两波数间所夹的完整波形个数；$\overline{\sigma_1}$、$\overline{\sigma_2}$ 分别为起始和终止的波数，cm^{-1}。

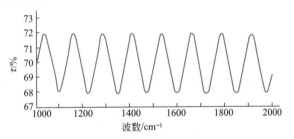

图 3-21　溶液的干涉条纹图

（3）溶液法　将溶液（或固体）样品溶于适当的红外用溶剂中，如 CS_2、CCl_4、$CHCl_3$ 等，然后注入固体池中进行测定。该法特别适用于定量分析。此外，它还能用于红外吸收很强、用液膜法不能得到满意谱图的液体样品的定性分析。在使用溶液法时，必须特别注意红外溶剂的选择，要求溶剂在较大范围内无吸收，样品的吸收带尽量不被溶剂吸收带所干扰，同时还要考虑溶剂对样品吸收带的影响（如形成氢键等溶剂效应）。

3.3.1.4　气体试样

气体样品一般都灌注于如图 3-22 所示的玻璃气槽内进行测定。它

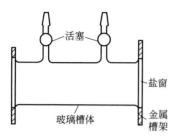

图 3-22　红外气体槽

的两端黏合有可透过红外光的窗片。窗片的材质一般是 NaCl 或 KBr。进样时，一般先把气槽抽真空，然后再灌注样品。

3.3.1.5　聚合物样品

根据聚合物物态和性质不同主要有以下几种类型：

① 黏稠液体，可用液膜法、溶液挥发成膜法、加液加压液膜法、全反射法、溶液法；

② 薄膜状样品，用透射法、镜面反射法、全反射法；

③ 能磨成粉的样品，可用漫反射法、压片法；

④ 能溶解的样品，用溶解成膜法、溶液法；

⑤ 纤维、织物等，用全反射法；

⑥ 单丝或以单丝排列的纤维样品采用显微测量技术；

⑦ 不熔、不溶的高聚物，如硫化橡胶、交联聚苯乙烯等，可用热裂解法。

3.3.2　载体材料的选择

目前以中红外区（波数范围为 $4000 \sim 400 cm^{-1}$）应用最广泛，一般的光学材料为氯化钠（$4000 \sim 600 cm^{-1}$）、溴化钾（$4000 \sim 400 cm^{-1}$）；这些晶体很容易吸水使表面"发乌"，影响红外光的透过。为此，所用的窗片（NaCl 或 KBr 晶体）应放在干燥器内，要在湿度较小的环境里操作。此外，晶体片质地脆，而且价格较贵，使用时要特别小心。对含水样品的测试应采用 KRS-5 窗片（$4000 \sim 250 cm^{-1}$）、ZnSe（$4000 \sim 500 cm^{-1}$）和 CaF_2（$4000 \sim 1000 cm^{-1}$）等材料。近红外光区用石英和玻璃材料，远红外光区用聚乙烯材料。

3.3.3　红外吸收光谱分析技术

3.3.3.1　镜面反射技术

镜面反射技术是收集平整、光洁的固体表面的光谱信息，如金属表面的薄膜、金属表面处理膜、食品包装材料和饮料罐表面涂层、厚的绝缘材料、油层表面、矿物摩擦面、树脂和聚合物涂层、铸模塑料表面等。

在镜面反射测量中，由于不同波长位置下的折光指数有所区别，因此在强吸收谱带范围内，经常会出现类似于导数光谱的特征，这样测出的结果难以解释，需要用 K-K（Kramers-Kronig）变换为一般的吸收光谱，如图 3-23 所示。

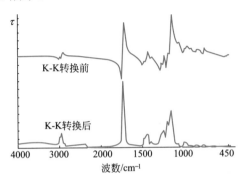

图 3-23　K-K 转换前后图示

3.3.3.2　漫反射光谱技术

漫反射光谱技术是收集高散射样品的光谱信息，适合于粉末状的样品。

漫反射红外光谱测定法其实是一种半定量技术，将 DR（漫反射）谱经过 K-M（Kubelka-Munk）方程校正后可进行定量分析。DR 原谱横坐标是波数，纵坐标是漫反射比，经 K-M 方程校正后，最终得到的漫反射光谱图与红外吸收光谱图相类似，如图 3-24 所示。DR 测量时，无需 KBr 压片，直接将粉末样品放入试样池内，用 KBr 粉末稀释后，测其 DR 谱。用优质的金刚砂纸轻轻磨去表面的方法制备固体样品，可大大简化样品的准备过程，并且在砂纸上测量已被磨过的样品，可以得到高质量的谱图。由于金刚石的高散射性，用金刚石的粉末磨料可得到很好的结果。

3.3.3.3　衰减全反射光谱技术

衰减全反射光谱（ATR）技术是收集材料表面的光谱信息，适合于普通红外光谱无法测定的厚度大于 0.1mm 的塑料、高聚物、橡胶和纸张等样品。

衰减全反射附件应用于样品的测量，各谱带的吸收强度不但与试样

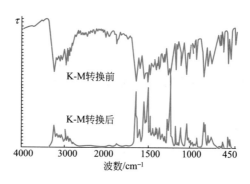

图 3-24　K-M 光谱修正图示

的性质有关，还取决于光线的入射深度以及入射波长、入射角和光在两种介质里的折射率。实际上得到的 ATR 红外光谱图具有长波区入射深度大、吸收强，而短波区入射深度小、吸收弱的特点，所以 ATR 红外光谱图必须经过 MIR 方程校正（见图 3-25）后方可解析。

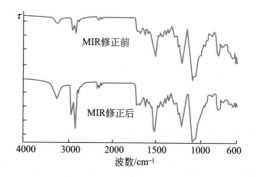

图 3-25　MIR 光谱修正图示

 阅读材料

生物反应过程培养液成分在线检测技术之一
——红外吸收光谱法

　　生物反应过程培养液的特点是组成复杂，有生物活性，且通常气、固、液三态并存，其组分和含量具有时变性，同时培养过程需保证密封和无菌。因此对它的检测最好是在线检测。近年，随着分析仪器和数据处理技术的迅速发展，这种想法已经成为现实，红外吸收光谱法就是其中比较好的一种检测方法。

很多物质对红外线多有一定的吸收能力，且不同的物质有不同特征吸收波段。红外线被吸收的数量与吸收介质的浓度有关，当其中通过待测介质后，其强度按指数规律减弱，符合朗伯-比耳定律。近年来借助光路系统或光导纤维来传递红外光，利用衰减全反射（ATR）原理，采用多次反射复合金刚石、锆等材料制成的红外探头，可适用于包括水溶液或其他强红外吸收溶剂、固体粉末或红外强吸收的样品，红外光进入样品的光程恒定，样品只要与全反射晶体材料紧密贴合即可。1992年，Kun Yu等用在线探头清楚地在线检测了蔗糖水解、大肠杆菌发酵等过程，显示了ATR/FTIR用于在线控制过程的优势。

红外吸收光谱技术的新型探头能耐高温灭菌，可承受高压、强酸、强碱环境，实现原位监测，适用面广，体系中存在气泡、固体颗粒、悬浮物不干扰测定，且不破坏样品，不影响正常培养过程。如果能解决多组分共存时谱峰重叠时的定量分析技术，则红外吸收光谱技术将会有更广阔的发展前景。

3.4 红外吸收光谱法的应用

3.4.1 定性分析

红外吸收光谱的定性分析，大致可以分为官能团定性和结构分析两个方面。官能团定性是根据化合物的特征基团频率来检定待测物质含有哪些基团，从而确定有关化合物的类别。结构分析或称之为结构剖析，则需要由化合物的红外吸收光谱并结合其他实验资料来推断有关化合物的化学结构式。

如果分析目的是对已知物及其纯度进行定性鉴定，那么只要在得到样品的红外吸收光谱图后，与纯物质的标准谱图进行对照即可。如果两张谱图各吸收峰的位置和形状完全相同，峰的相对吸收强度也一致，就可初步判定该样品即为该种纯物质；相反，如果两谱图各吸收峰的位置和形状不一致，或峰的相对吸收强度也不一致，则说明样品与纯物质不为同一物质，或样品中含有杂质。

3.4.1.1 定性分析的一般步骤

测定未知物的结构，是红外吸收光谱定性分析的一个重要用途，它的一般步骤如下。

（1）试样的分离和精制 用各种分离手段（如分馏、萃取、重结晶、层析等）提纯未知试样，以得到单一的纯物质。否则，试样不纯不仅会给光谱的解析带来困难，还可能引起"误诊"。

（2）收集未知试样的有关资料和数据　了解试样的来源、元素分析值、分子量、熔点、沸点、溶解度、有关的化学性质，以及紫外吸收光谱、核磁共振波谱、质谱等，这对图谱的解析有很大的帮助，可以大大节省谱图解析的时间。

（3）确定未知物的不饱和度　所谓不饱和度（U）是表示有机分子中碳原子的不饱和程度。计算不饱和度的经验公式为

$$U = 1 + n_4 + \frac{1}{2}(n_3 - n_1) \tag{3-6}$$

式中，n_1、n_3、n_4 分别为分子式中一价、三价和四价原子的数目。通常规定双键和饱和环状结构的不饱和度为1，叁键的不饱和度为2，苯环的不饱和度为4。

比如 $C_6H_5NO_2$ 的不饱和度 $U = 1 + 6 + (1 - 5)/2 = 5$，即一个苯环和一个 $N = O$ 键。

（4）谱图解析　由于化合物分子中的各种基团具有多种形式的振动方式，所以一个试样物质的红外吸收峰有时多达几十个，但没有必要使谱图中各个吸收峰都得到解释，因为有时只要辨认几个至十几个特征吸收峰即可确定试样物质的结构，而且目前还有很多红外吸收峰无法解释。如果在样品 IR 图的 $4000 \sim 650 cm^{-1}$ 区域只出现少数几个宽峰，则试样可能为无机物或多组分混合物，因为较纯的有机化合物或高分子化合物都具有较多和较尖锐的吸收峰。

谱图解析的程序无统一的规则，一般可归纳为两种方式：一种是按光谱图中吸收峰强度顺序解析，即首先识别特征区的最强峰，然后是次强峰或较弱峰，它们分别属于何种基团，同时查对指纹区的相关峰加以验证，以初步推断试样物质的类别，最后详细地查对有关光谱资料来确定其结构；另一种是按基团顺序解析，即首先按C=O、O—H、C—O、C=C（包括芳环）、C≡N 和—NO_2 等几个主要基团的顺序，采用肯定与否定的方法，判断试样光谱中这些主要基团的特征吸收峰存在与否，以获得分子结构的概貌，然后查对其细节，确定其结构。在解析过程中，要把注意力集中到主要基团的相关峰上，避免孤立解析。对于约 $3000 cm^{-1}$ 的 ν_{C-H} 吸收不要急于分析，因为几乎所有有机化合物都有这一吸收带。此外也不必为基团的某些吸收峰位置有所差别而困惑。由于这些基团的吸收峰都是强峰或较强峰，因此易于识别，并且含有这

些基团的化合物属于一大类，所以无论是肯定或否定其存在，都可大大缩小进一步查找的范围，从而能较快地确定试样物质的结构。按基团顺序解析红外吸收光谱的方法如下。

① 首先查对 $\nu_{C=O}1840 \sim 1630cm^{-1}$（s）的吸收是否存在，如存在，则可进一步查对下列羰基化合物是否存在。

a. 酰胺　查对 ν_{N-H} 约 $3500cm^{-1}$（m-s），有时为等强度双峰是否存在。

b. 羧酸　查对 $\nu_{O-H}3300 \sim 2500cm^{-1}$ 宽而散的吸收峰是否存在。

c. 醛　查对 CHO 基团的 ν_{C-H} 约 $2720cm^{-1}$ 特征吸收峰是否存在。

d. 酸酐　查对 $\nu_{C=O}$ 约 $1810cm^{-1}$ 和约 $1760cm^{-1}$ 的双峰是否存在。

e. 酯　查对 $\nu_{C-O}1300 \sim 1000cm^{-1}$（m-s）特征吸收峰是否存在。

f. 酮　查对以上基团吸收都不存在时，则此羰基化合物很可能是酮；另外，酮的 $\nu_{as,C-C-C}$ 在 $1300 \sim 1000cm^{-1}$ 有一弱吸收峰。

② 如果谱图上无 $\nu_{C=O}$ 吸收带，则可查对是否为醇、酚、胺、醚等化合物。

a. 醇或酚　查对是否存在 $\nu_{O-H}3600 \sim 3200cm^{-1}$（s，宽）和 ν_{C-O} $1300 \sim 1000cm^{-1}$（s）特征吸收。

b. 胺　查是否存在 $\nu_{N-H}3500 \sim 3100cm^{-1}$ 和 $\delta_{N-H}1650 \sim 1580cm^{-1}$（s）特征吸收。

c. 醚　查是否存在 $\nu_{C-O-C}1300 \sim 1000cm^{-1}$ 特征吸收，且无醇、酚的 $\nu_{O-H}3600 \sim 3200cm^{-1}$ 特征吸收。

③ 查对是否存在 C＝C 双键或芳环。

a. 查对有无链烯的 $\nu_{C=C}$（约 $1650cm^{-1}$）特征吸收；有无芳环的 $\nu_{C=C}$（约 $1600cm^{-1}$ 和约 $1500cm^{-1}$）特征吸收；

b. 查对有无链烯或芳环的 $\nu_{=C-H}$（约 $3100cm^{-1}$）特征吸收。

④ 查对是否存在 C≡C 或 C≡N 叁键吸收带。

a. 查对有无 $\nu_{C=C}$（约 $2150cm^{-1}$，w，尖锐）特征吸收；查有无 $\nu_{=C-H}$（约 $3200cm^{-1}$，m，尖锐）特征吸收；

b. 查对有无 $\nu_{C≡N}$（$2260 \sim 2220cm^{-1}$，m-s）特征吸收。

⑤ 查对是否存在硝基化合物　查对有无 ν_{as,NO_2}（约 $1560cm^{-1}$，s）和 ν_{s,NO_2}（约 $1350cm^{-1}$）特征吸收。

⑥ 查对是否存在烃类化合物　如在试样光谱中未找到以上各种基团的特征吸收峰，而在约 $3000cm^{-1}$，约 $1470cm^{-1}$，约 $1380cm^{-1}$ 和 $780 \sim 720cm^{-1}$ 有吸收峰，则它可能是烃类化合物。烃类化合物具有

最简单的红外吸收光谱图。

对于一般的有机化合物，通过以上的解析过程，再仔细观察谱图中的其他光谱信息，并查阅较为详细的基团特征频率材料，就能较为满意地确定试样物质的分子结构。对于复杂有机化合物的结构分析，往往还需要与其他结构分析方法配合使用，详细情况可查阅有关专著。

3.4.1.2 标准谱图的使用

在进行定性分析时，对于能获得相应纯品的化合物，一般通过谱图对照即可。对于没有已知纯品的化合物，则需要与标准谱图进行对照，最常见的标准谱图有 3 种，即萨特勒标准红外光谱集（sadtler，catalog of infrared standard spectra）、分子光谱文献"DMS"（documentation of molecular spectroscopy）穿孔卡片和 ALDRICH 红外光谱库（the Aldrich Library of Infrared Spectra）。

其中"萨特勒"收集的红外吸收谱图最为全面。到 2012 年年底，它已收集 259000 张红外吸收光谱图和 3800 张近红外吸收光谱图，涉及从纯有机化合物到商业化合物等各个系列，并可以以单独数据库的形式选购。为了便于检索，Sadtler 红外吸收光谱数据库分为以下几个大类：聚合物和相关化合物（50570 张），纯有机化合物（158780 张），工业化合物（21950 张），刑侦科学领域（19200 张），环保科技（6340 张）以及无机物和有机金属类（2540 张）。

3.4.1.3 红外吸收光谱图的解析示例

例 3-1 未知化合物 $C_6H_{15}N$，图 3-26 给出其红外吸收光谱图，推测其结构。

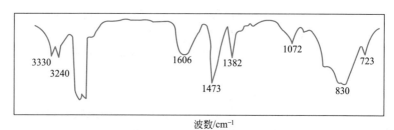

波数/cm^{-1}

图 3-26 未知化合物 $C_6H_{15}N$ 的红外吸收光谱图

由式（3-6）计算得不饱和度 $U = 0$，为饱和化合物，$3330cm^{-1}$ 及 $3240cm^{-1}$ 结合化学式考虑不难看出有—NH_2，$723cm^{-1}$ 表明有—$(CH_2)_n$— 基团，其中 $n > 4$，所以该化合物即为直链伯胺：

$$CH_3-(CH_2)_5-NH_2$$

其中 $1473cm^{-1}$，$1382cm^{-1}$ 为 δ_{CH_3}，$1072cm^{-1}$ 为 ν_{C-N}，$1606cm^{-1}$ 为 δ_{NH_2}。

例 3-2 有一化学式为 $C_7H_6O_2$ 的化合物，其红外光谱如图 3-27 所示，试推断其结构。

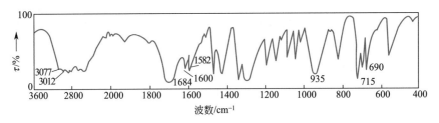

图 3-27　未知化合物 $C_7H_6O_2$ 的红外光谱图

计算不饱和度 $U = 5$，$1684cm^{-1}$ 强峰是 $\nu_{C=O}$ 的吸收，在 $3300 \sim 2500cm^{-1}$ 区域有宽而散的 ν_{O-H} 峰，并在约 $935cm^{-1}$ 的 ν_{C-O} 位置有羧酸二聚体的 ν_{O-H} 吸收，在约 $1400cm^{-1}$、$1300cm^{-1}$ 处有羧酸的 ν_{C-O} 和 δ_{O-H} 的吸收，因此该化合物结构中含—COOH 基团；$1600cm^{-1}$、$1582cm^{-1}$ 是苯环 $\nu_{C=C}$ 的特征吸收，$3077cm^{-1}$、$3012cm^{-1}$ 是苯环的 ν_{C-H} 的特征吸收，$715cm^{-1}$、$690cm^{-1}$ 是单取代苯的特征吸收，所以该未知化合物中肯定存在单取代的苯环。因此，综上所述可知其结构为

例 3-3 某化合物化学式为 $C_{10}H_{10}O$，由核磁共振波谱指出—CH_3 与它相连的碳不带 H，根据图 3-28 的 IR 光谱图推导其结构。

由式（3-6）计算得不饱和度 $U = 6$，从 $771cm^{-1}$、$704cm^{-1}$ 和 $1600cm^{-1}$、$1480cm^{-1}$、$1450cm^{-1}$ 的吸收可以看出存在单取代苯环；由 $2165cm^{-1}$ 和 $675cm^{-1}$、$650cm^{-1}$ 的吸收可估计出有—C $\equiv$ CH（高波数的尖峰被掩盖）；$3220cm^{-1}$ 和 $1400cm^{-1}$ 处的吸收指出有—OH，

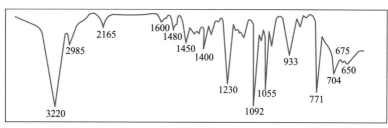

波数/cm⁻¹

图 3-28　未知化合物 $C_{10}H_{10}O$ 的 IR 光谱图

进一步查表得知为叔醇（$1092cm^{-1}$），旁边 α 位有不饱和取代，结合核磁共振波谱所指出的甲基与季碳相连，故可得出该未知化合物的结构为

OH
|
⟨苯环⟩—C—C≡CH
|
CH_3

3.4.2　定量分析

3.4.2.1　红外吸收光谱定量分析基本原理

与紫外吸收光谱一样，红外吸收光谱的定量分析也基于朗伯 - 比耳定律，即在某一波长的单色光，吸光度与物质的浓度呈线性关系。根据测定吸收峰峰尖处的吸光度 A 来进行定量分析。实际过程中吸光度 A 的测定有以下两种方法。

（1）峰高法　将测量波长固定在被测组分有明显的最大吸收而溶剂只有很小或没有吸收的波数处，使用同一吸收池，分别测定样品及溶剂的透光率，则样品的透光率等于两者之差，并由此求出吸光度。

（2）基线法　由于峰高法中采用的补偿并不是十分满意的，因此误差比较大。为了使分析波数处的吸光度更接近真实值，常采用基线法。所谓基线法，就是用直线来表示分析峰不存在时的背景吸收线，并用它来代替记录纸上的 100%（透过坐标）。画基线的方法有以下几种。

当分析峰不受其他峰的干扰，且分析峰对称时，可按图 3-29（a）的方法画基线。图中 AB 为基线，即过峰的两肩作切线，过峰顶 C 作基线的垂线，与基线相交于 E，则峰顶 C 处的吸光度 $A = \lg \dfrac{\tau_0}{\tau}$。

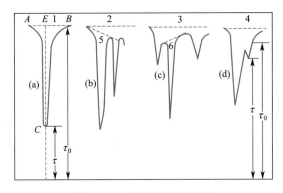

图 3-29 基线画法示意图

如果分析峰受邻近峰的干扰，则可以单点水平切线为基线，如图 3-29（b）中的切线所示。

如果干扰峰和分析峰紧靠在一起，但当浓度变化时，干扰峰的峰肩位置变化不是太厉害，则可以图 3-29（c）中的 3 线作为基线。

对（b）与（c）的情况也可以 5 线和 6 线为基线，但切点不应随浓度的变化而有较大的变化。一般采用水平基线可保证分析的准确度。

3.4.2.2 定量分析测量和操作条件的选择

（1）定量谱带的选择　理想的定量谱带应该是孤立的，吸收强度大，遵守吸收定律，不受溶剂和样品中其他组分的干扰，尽量避免在水蒸气和 CO_2 的吸收峰位置测量。当对应不同定量组分而选择两条以上定量谱带时，谱带强度应尽量保持在相同数量级。对于固体样品，由于散射强度和波长有关，所以选择的谱带最好在较窄的波数范围内。

（2）溶剂的选择　所选溶剂应能很好地溶解样品，与样品不发生化学反应，在测量范围内不产生吸收。为消除溶剂吸收带影响，可采用差谱技术计算。

（3）选择合适的透射区域　透射比应控制在 20%～65% 范围之间。

（4）测量条件的选择　定量分析要求 FTIR 仪器的室温恒定，每次开机后均应检查仪器的光通量，保持相对恒定。定量分析前要对仪器的 100% 线、分辨率、波数精度等各项性能指标进行检查，先测参比（背景）光谱可减少 CO_2 和水的干扰。用 FTIR 进行定量分析，其光谱是把多次扫描的干涉图进行累加平均得到的，信噪比与累加次数的平方根成正比。

3.4.2.3　红外吸收光谱定量分析方法

（1）工作曲线法　在固定液层厚度及入射光的波长和强度的情况下，测定一系列不同浓度标准溶液的吸光度，以对应分析谱带的吸光度为纵坐标，标准溶液浓度为横坐标作图，得到一条通过原点的直线，该直线为标准曲线或工作曲线。在相同条件下测得试液的吸光度，从工作曲线上可查出试液的浓度。

（2）比例法　工作曲线法的样品和标准溶液都使用相同厚度的液体吸收池，且其厚度可准确测定。当其厚度不定或不易准确测定时，可采用比例法。它的优点在于不必考虑样品厚度对测量的影响，这在高分子物质的定量分析上应用较普遍。

比例法主要用于分析二元混合物中两个组分的相对含量。对于二元体系，若两组分定量谱带不重叠，则：

$$R=\frac{A_1}{A_2}=\frac{a_1bc_1}{a_2bc_2}=\frac{a_1c_1}{a_2c_2}=K\frac{c_1}{c_2} \tag{3-7}$$

因 $c_1+c_2=1$，故

$$c_1=\frac{R}{K+R} \tag{3-8}$$

$$c_2=\frac{K}{K+R} \tag{3-9}$$

式中，$K=\frac{a_1}{a_2}$ 是两组分在各自分析波数处的吸收系数之比，可由标准样品测得；R 是被测样品二组分定量谱带峰值吸光度的比值，由此可计算出两组分的相对含量 c_1 和 c_2。

（3）内标法　当用 KBr 压片法、糊状法或液膜法时，光通路厚度不易确定，在有些情况下可以采用内标法。内标法是比例法的特例。这个方法是选择一标准化合物，它的特征吸收峰与样品的分析峰互不干扰，取一定量的标准物质与样品混合，将此混合物制成 KBr 片或油糊状，绘制红外吸收光谱图，则有

$$A_S=a_Sb_Sc_S \tag{3-10}$$

$$A_r=a_rb_rc_r \tag{3-11}$$

将这两式相除，因 $b_s = b_r$，则得

$$\frac{A_s}{A_r} = \frac{a_s}{a_r} \cdot \frac{c_s}{c_r} = Kc_s \tag{3-12}$$

以吸光度比为纵坐标，以 c_s 为横坐标，做工作曲线。在相同条件下测得试液的吸光度，从工作曲线上可查出试液的浓度。

常用的内标物有：$Pb(SCN)_2$，$2045cm^{-1}$；$Fe(SCN)_2$，$1635cm^{-1}$、$2130cm^{-1}$；$KSCN$，$2100cm^{-1}$；NaN_3，$640cm^{-1}$、$2120cm^{-1}$；C_6Br_6，$1300cm^{-1}$、$1255cm^{-1}$。

（4）差示法　该法可用于测量样品中的微量杂质，例如有两组分 A 和 B 的混合物，微量组分 A 的谱带被主要组分 B 的谱带严重干扰或完全掩蔽，可用差示法来测量微量组分 A。很多红外光谱仪中都配有能进行差谱的计算机软件，对差谱前的光谱采用累加平均处理技术，对计算机差谱后所得的差谱图采用平滑处理和纵坐标扩展，可以得到十分优良的差谱图，以此可以得到比较准确的定量结果。

阅读材料

近红外吸收光谱——一种生物医学研究的有效方法

在生物医学领域中，人们一直在探寻能够进行非介入式在体分析、多组分同时测定和快速在线分析的仪器方法。近红外吸收光谱分析技术同时拥有上述优点，因此，其在生物医学领域的应用具有强大的生命力，引起许多研究者的关注。近年来，它在生物医学的研究主要表现在下面几个方面。

① 用于生物反应过程的研究与监测。由于近红外响应速度快，又可进行多组分的同时和无损检测，因此可以获取生物过程中的一些重要变量参数；同时它还可用于生化反应中微生物的鉴别和分类；在生命过程的研究中，被用于测定脑血流量和脑血管中 CO_2 的活性，人体肌肉组织在运动中的氧化代谢等。

② 生物体组织的研究则主要包括皮肤中水分的测定，脑组织的研究等方面。

③ 在临床医学方面，近红外光谱的最大优势在于其对组织的透过性好，能够进行体外或在体的非破坏、非介入分析。主要有全血或血清中血红蛋白载氧量、pH、葡萄糖、尿素等含量的测定。

随着近红外技术、计算机技术、光学技术等的不断发展，研究的不断深入，近红外技术将在生物医学领域中充分发挥出潜力，有望在探索生命过程的奥秘，以及重大疾病预防、诊断、处理上起到更多的实际作用。

3.5 应用实例

3.5.1 苯甲酸的红外吸收光谱测定（压片法）

3.5.1.1 方法原理

不同的样品状态（固体、液体、气体以及黏稠样品）需要相应的制样方法。制样方法的选择和制样技术的好坏直接影响谱带的频率、数目和强度。

对于像苯甲酸这样的粉末样品常采用压片法。实际方法是：将研细的粉末分散在固体介质中，并用压片机压成透明的薄片后测定。固体分散介质一般是金属卤化物（如 KBr），使用时要将其充分研细，颗粒直径最好小于 2μm（因为中红外区的波长是从 2.5μm 开始的）。

3.5.1.2 仪器与试剂

（1）仪器 Perkin Elmer Spectrum RX Ⅰ FT-IR 或其他型号的红外吸收光谱仪；压片机、模具和样品架；玛瑙研钵、不锈钢药匙、不锈钢镊子、红外灯。

（2）试剂 分析纯的苯甲酸，光谱纯的 KBr 粉末，分析纯的无水乙醇，擦镜纸。

3.5.1.3 实例内容与操作步骤

（1）准备工作

① 开机：打开红外吸收光谱仪主机电源，打开显示器的电源，仪器预热 20min；回复工厂设置（揿 Restore ＋ Setup ＋ Factory）；打开计算机，点击 Spectrum v3.01 工作软件图标。

② 用分析纯的无水乙醇清洗玛瑙研钵，用擦镜纸擦干后，再用红外灯烘干。

（2）试样的制备 取 2 ～ 3mg 苯甲酸与 200 ～ 300mg 干燥的 KBr 粉末，置于玛瑙研钵中，在红外灯下混匀，充分研磨（颗粒粒度 2μm 左右）后，用不锈钢药匙取约 70 ～ 80mg 于压片机模具的两片压舌下。将压力调至 28kgf（1kgf ＝ 9.8N）左右，压片，约 5min 后，用不锈钢镊子小心取出压制好的试样薄片，置于样品架中待用。

（3）试样的分析测定

① 背景的扫描 在未放入试样前，扫描背景 1 次（在仪器键盘上揿 scan ＋ backg ＋ 1；或在工作软件上点击 "Instrument" 下拉菜单的 "Scan Background"，设置扫描参数，单击 OK；或者直接点击 Bkgrd 图标）。

② 试样的扫描 将放入试样薄片的样品架置于样品室中,扫描试样 1 次(揿 Scan X or Y or Z ＋ 1;或在工作软件上点击"Instrument"下拉菜单的"Scan Sample",设置扫描参数,点击 OK;或者直接点击 Scan 图标)。

(4)结束工作

① 关机 实验完毕后,先关闭红外工作软件,然后回复工厂设置,关闭显示器电源,关闭红外吸收光谱仪的电源。

② 用无水乙醇清洗玛瑙研钵、不锈钢药匙、镊子。

③ 清理台面,填写仪器使用记录。

3.5.1.4 注意事项

① 在红外灯下操作时,用溶剂(乙醇,也可以用四氯化碳或氯仿)清洗盐片,不要离灯太近,否则,移开灯时温差太大,盐片易碎裂。

② 取出试样薄片时为防止薄片破裂,应用泡沫或其他物质缓冲。

③ 处理谱图时,平滑参数不要选择太高,否则会影响谱图的分辨率。

3.5.1.5 数据处理

① 对基线倾斜的谱图进行校正(在仪器键盘上揿"Flat",在工作软件上点击"Process"下拉菜单里的"Baseline Correction"),噪声太大时对谱图进行平滑处理(在仪器键盘上揿"Smooth",在工作软件上点击"Process"下拉菜单里的"Smooth");有时也需要对谱图进行"Abex"处理,使谱图纵坐标处于百分透射比为 0 ～ 100%的范围内。

② 标出试样谱图上各主要吸收峰的波数值,然后打印出试样的红外吸收光谱图。

③ 选择试样苯甲酸的主要吸收峰,指出其归属。

3.5.1.6 思考题

① 用压片法制样时,为什么要求研磨到颗粒粒度在 2μm 左右?研磨时不在红外灯下操作,谱图上会出现什么情况?

② 对于一些高聚物材料,很难研磨成细小的颗粒,采用什么制样方法比较好?

3.5.2 二甲苯的红外吸收光谱谱图的绘制与比较

3.5.2.1 方法原理

若液体样品的沸点低于 100℃时,可采用液体池法进行红外吸收光谱的分析测定。选择不同的垫片尺寸可调节液体池的厚度,对强吸收的样品应先用溶剂稀释后，再进行测定。

若液体样品的沸点高于 100℃时，可采用液膜法进行红外吸收光谱的分析测定。黏稠的样品也采用液膜法。具体方法：在两个盐片（如 KBr 晶片）之间，滴加 1～2 滴未知样品。使之形成一层薄的液膜。对于流动性较大的样品，可选择不同厚度的垫片来调节液膜的厚度。

用红外吸收光谱对未知样品的定性分析，一个最简单有效的方法是根据样品的来源判断样品的大致范围，然后取标准物质在相同的条件下做红外吸收光谱分析，比较标准物质的谱图与未知样品的谱图，如果两者各吸收峰的位置和形状完全相同，峰的相对吸收强度也基本一致，则可初步判定该样品即为该种标准物质。

3.5.2.2 仪器与试剂

（1）仪器　Perkin Elmer Spectrum RX I FT-IR 或其他型号的红外吸收光谱仪；液体池；3 支 1mL 注射器；两块 KBr 晶片；毛细管数支；擦镜纸。

（2）试剂　邻二甲苯、间二甲苯、对二甲苯（均为 AR）各 1 瓶；三种二甲苯的试样各 1 瓶；无水乙醇（AR）1 瓶。

3.5.2.3 实例内容与操作步骤

（1）准备工作

① 开机　按 3.5.1.3 的方法正常开机。

② 用注射器装上无水乙醇清洗液体池 3～4 次；直接用无水乙醇清洗两块 KBr 晶片，用擦镜纸擦干后，置于红外灯下烘烤。

（2）标样的分析测定

① 扫描背景　方法同 3.5.1.3。

② 扫描标样　在液体池中依次加入邻二甲苯、间二甲苯和对二甲苯标样后，置于样品室中进行扫描，保存。记录下各标样对应的文件名。或者用毛细管分别蘸取少量的邻二甲苯、间二甲苯和对二甲苯标样均匀涂渍于一块 KBr 晶片上，用另一块夹紧后置于样品室中迅速扫描。

（3）试样的分析测定

① 扫描背景　方法同 3.5.1.3。

② 扫描试样　按扫描标样的方法对三种试样进行扫描，记录下各试样对应的文件名。

（4）结束工作

① 关机　按 3.5.1.3 的方法正常关机。

② 用无水乙醇清洗液体池和 KBr 晶片。

③ 整理台面，填写仪器使用记录。

3.5.2.4　注意事项

① 每做一个标样或试样前都需用无水乙醇清洗液体池或两块 KBr 晶片，然后再用该标样或试样润洗 3 ～ 4 次。

② 用液膜法测定标样或试样时要迅速，以防止标样或试样的挥发。

3.5.2.5　数据处理

① 对各谱图进行优化处理，方法同 3.5.1.5。

② 对三种标样的谱图进行比较，指出其异同点。

③ 分析三种试样的谱图，判断各属于何种二甲苯。

3.5.2.6　思考题

① 测定液体样品时，为什么最好用液体池法？

② 液体和 KBr 晶片忌水，在使用过程中不能沾上各种形式的水溶液。

3.5.3　几种塑料薄膜红外吸收光谱的绘制与比较

3.5.3.1　方法原理

塑料薄膜一般由聚乙烯、聚氯乙烯、聚丙烯等制成。不同用途的塑料薄膜主要成分不同，透明的塑料薄膜不需任何处理，可以直接进行红外吸收光谱扫描。然后将获得的试样的红外吸收光谱图与标准谱图对照，便可获知所做塑料薄膜的成分，并对其适用性做出评价。

3.5.3.2　仪器与试剂

（1）仪器　Perkin Elmer Spectrum RX I FT-IR 或其他型号的红外吸收光谱仪、不锈钢剪刀。

（2）试剂　取自不同用途的各类塑料薄膜（至少 3 种）。

3.5.3.3　实例内容与操作步骤

（1）准备工作

① 开机　按 3.5.1.3 的方法正常开机；

② 用不锈钢剪刀将几种塑料薄膜制成大小合适的小片（可以是圆形，也可以是正方形）。

（2）试样的分析测定

① 扫描背景　方法同 3.5.1.3。

② 扫描试样　直接将塑料薄膜固定在样品室中进行扫描，方法同 3.5.1.3。记录下各试样对应的文件名。

③ 打印谱图，并比较几种塑料薄膜红外吸收光谱图的差异。

（3）结束工作

① 关机　按 3.5.1.3 的方法正常关机。

② 整理台面，填写仪器使用记录。

3.5.3.4　注意事项

① 选取的塑料薄膜应尽量透明无色且较薄。

② 深色或透明度不够的塑料薄膜可以使用薄膜法，将塑料薄膜用溶剂溶解，挥发成薄膜后再进行扫描。

3.5.3.5　数据处理

① 对各谱图进行优化处理。

② 分析几种塑料薄膜的红外吸收谱图且与其标准谱图进行对照，判断其各属于何种聚合物。

③ 对几种常见聚合物薄膜的标准谱图进行比较，指出其异同点。

3.5.3.6　思考题

如果使用薄膜法进行试验，应如何进行，可以选择哪些溶剂？

本章主要符号的
意义及单位

λ	波长，nm 或 μm
$\bar{\nu}$	波数，cm^{-1}
ν	频率，Hz
τ	百分透射比，%
k	化学键的力常数，g·s^{-2}
c	光速，cm·s^{-1}
μ	原子折合质量，g
ν	伸缩振动
δ	剪式振动

β	面内变形振动
γ	面外变形振动
ρ	面内摇摆振动
ω	面外摇摆振动
τ	卷曲振动
μ	偶极矩，德拜 D
r	距离，m
ε	摩尔吸光系数，L·mol^{-1}·cm^{-1}

表 3-8 红外吸收光谱仪的使用——压片法绘制固体样品 IR 图技能操作鉴定表

项目	考核内容		记录	分值	扣分	备注
试样制备 （22分）	模具的清洗	规范√/不规范×		2		
	样品的取样量	合理√/不合理×		2		
	KBr 的取样量	合理√/不合理×		2		
	研磨操作	规范√/不规范×		2		
	固体粉末粒度	合理√/不合理×		2		
	固体粉末的添加至模具	规范√/不规范×		2		1处不规范扣1分
	压片机的操作	规范√/不规范×		4		1处不规范扣1分
	固体压片的质量	薄、均匀且透明√/ 厚、不均匀且不透明×		6		1处不规范扣2分
红外 吸收光 谱的绘制 （34分）	除湿机的使用	熟练、规范√ /不熟练、不规范×		4		1处不规范扣2分
	开机预热	适时进行√/不适时×		2		
	固体压片放入专用样品架上	规范√/不规范×		2		
	背景扫描	已规范进行√/未进行×		4		
	样品置于样品室	熟练√/不熟练×		2		
	样品扫描	熟练、规范√ /不熟练、不规范×		4		
	谱图的保存	已规范进行√/未进行×		2		
	Smooth 操作	已规范进行√/未进行×		4		
	Baseline 操作	已规范进行√/未进行×		3		
	Abex 操作	已规范进行√/未进行×		4		
	吸收峰的标示	已规范进行√/未进行×		3		
记录 与结论 （10分）	原始记录	正确、合理√/不符要求×		5		
	结论	规范、完整√ /不规范，错误×		5		无结论扣10分
文明操作 （5分）	清洗模具等设备、放回原处，清理实训台面	已进行√/未进行×		3		
	关闭电源、罩上防尘罩	已进行√/未进行×		2		
数据 处理和 结果评价 （25分）	主要吸收峰归属解析	正确√/不正确×		20		1处错误扣4分
	熟练程度	开始时间		5		每超5min扣1分， 超20min以上 此项以0分计
		结束时间				
		实用时间				
实训态度 （4分）	认真、规范			4		可根据实际情况 酌情扣分
总分						

原子吸收光谱法 04

4.1 概述

4.1.1 原子吸收光谱的发现与发展

原子吸收光谱法是根据基态原子对特征波长光的吸收，测定试样中待测元素含量的分析方法，简称原子吸收分析法。

早在 1859 年基尔霍夫就成功地解释了太阳光谱中暗线产生的原因，并且应用于太阳外围大气组成的分析。但原子吸收光谱作为一种分析方法，却是从 1955 年澳大利亚物理学家 A.Walsh 发表了"原子吸收光谱在化学分析中的应用"的论文以后才开始的。这篇论文奠定了原子吸收光谱分析的理论基础。20 世纪 50 年代末和 60 年代初，市场上出现了供分析用的商品原子吸收光谱仪。1961 年苏联的 Б.В.Льв ов 提出电热原子化吸收分析，大大提高了原子吸收分析的灵敏度。1965 年 J.B.Willis 将氧化亚氮 - 乙炔火焰成功地应用于火焰原子吸收法，大大扩大了火焰原子吸收法的应用范围，自 20 世纪 60 年代后期开始"间接"原子吸收光谱法的开发，使得原子吸收法不仅可测得金属元素还可测一些非金属元素（如卤素、硫、磷）和一些有机化合物（如维生素 B_{12}、葡萄糖、核糖核酸酶等），为原子吸收法开辟了广泛的应用领域。

随着原子吸收技术的发展，推动了原子吸收仪器的不断更新和发展，而其他科学技术的进步，为原子吸收仪器的不断更新和发展提供了技术和物质基础。近年来，使用连续光源和中阶梯光栅，结合使用光导摄像管、二极管阵列多元素分析检测器，设计出了微机控制的原子吸收分光光度计，为解决多元素同时测定开辟了新的前景。微机控制的原子吸收光谱系统简化了仪器结构，提高了仪器的自动化程度，近年来国内外生产的原子吸收光谱仪自动化程度都很高，而且已经发展到了令人赏心悦目的程度，改善了测定准确度，使原子吸收光谱法的面貌发生了重大的变化。

"石墨炉横向加热技术"是世界上许多原子吸收研究人员和仪器设计者重要的攻关成果，其最关键的优点是石墨管内温度均匀，因而原子化效率均匀、原子浓度均匀、稳定性好，可显著地降低基体效应和记忆效应。目前该项技术已日趋成熟，国产的 TAS990、986 型原子吸收分光光度计就是这样的一类仪器。

原子吸收光谱仪属于相对测量的仪器，它对重复性要求很高，特别是石墨炉原子吸收光谱仪更是如此，这就对进样技术提出了高要求。目前国外很多仪器都已采用自动进样器进样，我国近年来进样技术发展速度也很快，带自动进样器的石墨炉原子吸收光谱仪已投入使用。

目前在原子吸收背景扣除技术方面，已出现可变磁场塞曼扣背景的仪器（如 Jena 公司的 AASZeenit 700 型就为三磁场塞曼扣背景）。由于不同的元素需要不同的磁场强度才能产生塞曼裂变，因此三磁场塞曼扣背景是具有创新特色的仪器。它的优点是：可调节分析灵敏度；可扩展固体分析的分析范围；不需换到次灵敏线测试；不需停气测试；不需稀释样品等。

联用技术（色谱-原子吸收联用、流动注射-原子吸收联用）日益受到人们的重视。色谱-原子吸收联用，不仅在解决元素的化学形态分析方面，而且在测定有机化合物的复杂混合物方面，都有着重要的用途，是一个很有前途的发展方向。

4.1.2 原子吸收光谱分析过程

原子吸收光谱分析过程如图 4-1 所示。

试液喷射成细雾与燃气混合后进入燃烧的火焰中，被测元素在火焰中转化为原子蒸气。气态的基态原子吸收从光源发射出的与被测元素吸收波长相同的特征谱线，使该谱线的强度减弱，再经分光系统分光后，由检测器接收。产生的电信号经放大器放大，由显示系统显示吸光度或光谱图。

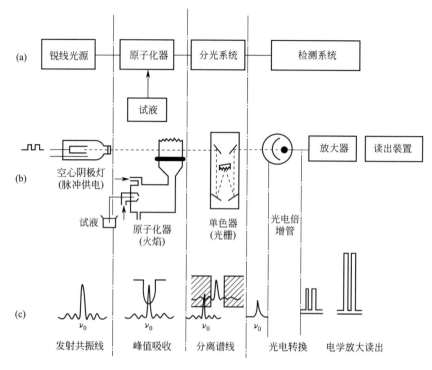

图 4-1　原子吸收光谱分析过程示意图

　　原子吸收光谱法与紫外吸收光谱法都是基于物质对光的吸收而建立起来的分析方法，属于吸收光谱分析，但它们吸光物质的状态不同。原子吸收光谱分析中，吸收物质是基态原子蒸气，而紫外 - 可见分光光度分析中的吸光物质是溶液中的分子或离子。原子吸收光谱是线状光谱，而紫外 - 可见吸收光谱是带状光谱，这是两种方法的主要区别。正是由于这种差别，它们所用的仪器及分析方法都有许多不同之处。

4.1.3　原子吸收光谱法的特点和应用范围

　　原子吸收光谱法有以下特点。

　　（1）灵敏度高检出限低　火焰原子吸收光谱法的检出限每毫升可达 10^{-6}g 级；无火焰原子吸收光谱法的检出限可达 $10^{-10} \sim 10^{-14}$g。

　　（2）准确度好　火焰原子吸收光谱法的相对误差小于 1%，其准确度接近经典化学方法。石墨炉原子吸收法的准确度一般约为 3% ～ 5%。

（3）选择性好　用原子吸收光谱法测定元素含量时，通常共存元素对待测元素干扰少，若实验条件合适一般可以在不分离共存元素的情况下直接测定。

（4）操作简便，分析速度快　在准备工作做好后，一般几分钟即可完成一种元素的测定。若利用自动原子吸收光谱仪可在 35min 内连续测定 50 个试样中的 6 种元素。

（5）应用广泛　原子吸收光谱法被广泛应用于各领域中，它可以直接测定 70 多种金属元素，也可以用间接方法测定一些非金属和有机化合物。

原子吸收光谱法的不足之处是：由于分析不同元素，必须使用不同元素灯，因此多元素同时测定尚有困难。有些元素测量的灵敏度还比较低（如钍、铪、铌、钽等）。对于复杂样品仍需要进行复杂的化学预处理，否则干扰将比较严重。

4.2　基本原理

4.2.1　共振线和吸收线

任何元素的原子都由原子核和围绕原子核运动的电子组成。这些电子按其能量的高低分层分布而具有不同能级，因此一个原子可具有多种能级状态。在正常状态下，原子处于最低能态（这个能态最稳定）称为基态。处于基态的原子称基态原子。基态原子受到外界能量（如热能、光能等）激发时，其外层电子吸收了一定能量而跃迁到不同高能态，因此原子可能有不同的激发态。当电子吸收一定能量从基态跃迁到能量最低的激发态时所产生的吸收谱线，称为共振吸收线，简称共振线。当电子从第一激发态跃回基态时，则发射出同样频率的光辐射，其对应的谱线称为共振发射线，也简称共振线。

由于不同元素的原子结构不同，其共振线也因此各有其特征。由于原子的能态从基态到最低激发态的跃迁最容易发生，因此对大多数元素来说，共振线也是元素的最灵敏线。原子吸收光谱分析法就是利用处于基态的待测原子蒸气对从光源发射的共振发射线的吸收来进行分析的，因此元素的共振线又称分析线。

4.2.2　谱线轮廓与谱线变宽

4.2.2.1　谱线轮廓

　　从理论上讲，原子吸收光谱应该是线状光谱。但实际上任何原子发射或吸收的谱线都不是绝对单色的几何线，而是具有一定宽度的谱线。若在各种频率 ν 下，测定吸收系数 K_ν，以 K_ν 为纵坐标，ν 为横坐标，可得如图4-2所示曲线，称为吸收曲线。曲线极大值对应的频率 ν_0 称为中心频率。中心频率所对应的吸收系数称为峰值吸收系数。在峰值吸收系数一半（$K_0/2$）处，吸收曲线呈现的宽度称为吸收曲线半宽度，以频率差 $\Delta\nu$ 表示。吸收曲线的半宽度 $\Delta\nu$ 的数量级约为 $10^{-3}\sim10^{-2}$nm（折合成波长）。吸收曲线的形状就是谱线轮廓。

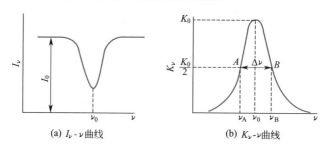

(a) I_ν-ν曲线　　　　(b) K_ν-ν曲线

图4-2　吸收线轮廓

4.2.2.2　谱线变宽

　　原子吸收谱线变宽原因较为复杂，一般由两方面的因素决定：一方面是由原子本身的性质决定了谱线自然宽度；另一方面是由于外界因素的影响引起的谱线变宽。谱线变宽效应可用 $\Delta\nu$ 和 K_0 的变化来描述。

　　（1）自然变宽 $\Delta\nu_N$　在没有外界因素影响的情况下，谱线本身固有的宽度称为自然宽度，不同谱线的自然宽度不同，它与原子发生能级跃迁时激发态原子平均寿命有关，寿命长则谱线宽度窄。谱线自然宽度造成的影响与其他变宽因素相比要小得多，其大小一般在 10^{-5}nm 数量级。

　　（2）多普勒（Doppler）变宽 $\Delta\nu_D$　多普勒变宽是由于原子在空间作无规则热运动而引起的。所以又称热变宽，其变宽程度可用下式表示：

$$\Delta \nu_D = 7.16 \times 10^{-7} \nu_0 \sqrt{\frac{T}{A_r}} \tag{4-1}$$

式中，ν_0 为中心频率；T 为热力学温度；A_r 为元素相对原子质量。

式（4-1）表明，多普勒变宽与元素的相对原子质量、温度和谱线的频率有关，由于 $\Delta \nu_0$ 与 $\sqrt{T}$ 成正比，所以在一定温度范围内，温度微小变化对谱线宽度影响较小。一般来说，被测元素的相对原子质量 A_r 越小，温度越高，则 $\Delta \nu_D$ 就越大（多普勒变宽时，中心频率无位移，只是两侧对称变宽，但 K_0 值减少）。

（3）压力变宽 压力变宽是由产生吸收的原子与蒸气中原子或分子相互碰撞而引起谱线的变宽，所以又称为碰撞变宽。根据碰撞种类，压力变宽又可以分为两类：一是劳伦兹（Lorentz）变宽，它是产生吸收的原子与其他粒子（如外来气体的原子、离子或分子）碰撞而引起的谱线变宽。劳伦兹变宽（$\Delta \nu_L$）随外界气体压力的升高而加剧，随温度的升高谱线变宽呈下降的趋势。劳伦兹变宽使中心频率位移，谱线轮廓不对称，影响分析的灵敏度。二是赫鲁兹马克（Holtzmork）变宽，又称共振变宽，它是由同种原子之间发生碰撞而引起的谱线变宽，共振变宽只在被测元素浓度较高时才有影响。

除上面所述的变宽原因之外，还有其他一些影响因素。但在通常的原子吸收实验条件下，吸收线轮廓主要受多普勒和劳伦兹变宽影响。当采用火焰原子化器时，劳伦兹变宽为主要因素。当采用无火焰原子化器时，多普勒变宽占主要地位。

4.2.3 原子蒸气中基态与激发态原子的分配

原子吸收光谱是以测定基态原子对同种原子特征辐射的吸收为依据的。当进行原子吸收光谱分析时，首先要使样品中待测元素由化合物状态转变为基态原子，这个过程称为原子化过程，通常是通过燃烧加热来实现。待测元素由化合物离解为原子时，多数原子处于基态状态，其中还有一部分原子会吸收较高的能量被激发而处于激发态。这两种不同能态原子数目比值在一定温度下遵循玻尔兹曼分布定律：

$$\frac{N_j}{N_0} = \frac{P_j}{P_0} e^{\frac{-\Delta E}{KT}} \tag{4-2}$$

式中，N_j、N_0 分别为单位体积内激发态和基态原子数；P_j、P_0 分别为激发态和基态能级的统计权重，它表示能级的简并度；ΔE 为激发态与基态两能级间能量差；T 为热力学温度；K 为玻尔兹曼常数。

在原子光谱中，对一定波长的谱线 P_j/P_0 和 ΔE 都是已知的，因此只要火焰温度 T 确定后，就可以求得激发态与基态原子数 N_j/N_0 之比值。表 4-1 列出了某些元素共振激发态与基态原子数的比值。

表 4-1　某些元素共振激发态与基态原子数的比值

元素	谱线 λ /nm	E_i / eV	P_j/P_0	N_j/N_0		
				2000K	2500K	3000K
Na	589.0	2.104	2	0.99×10^{-5}	1.44×10^{-4}	5.83×10^{-4}
Sr	460.7	2.690	3	4.99×10^{-7}	1.13×10^{-5}	9.07×10^{-5}
Ca	422.7	2.932	3	1.22×10^{-7}	3.65×10^{-6}	3.55×10^{-5}
Fe	372.0	3.332		2.29×10^{-9}	1.04×10^{-7}	1.31×10^{-6}
Ag	328.1	3.778	2	6.03×10^{-10}	4.84×10^{-3}	8.99×10^{-7}
Cu	324.8	3.817	2	4.82×10^{-10}	4.04×10^{-5}	6.65×10^{-7}
Mg	285.2	4.346	3	3.35×10^{-11}	5.20×10^{-9}	1.50×10^{-7}
Pb	283.3	4.375	3	2.83×10^{-11}	4.55×10^{-9}	1.34×10^{-7}
Zn	213.9	5.795	3	7.45×10^{-15}	6.22×10^{-12}	5.50×10^{-10}

由式（4-2）可以看出，温度越高 N_j/N_0 值就越大。而在同一温度下，电子跃迁的两能级的能量差 ΔE 越小，共振线频率越低，N_j/N_0 值也就越大。原子化过程常用的火焰温度多数低于 3000K，大多数元素的共振线都小于 600nm。因此对大多数元素来说，在原子化过程中 N_j/N_0 比值都小于 1%（见表 4-1），即火焰中激发态原子数远远小于基态原子数。因此可以用基态原子数 N_0 代替吸收辐射的原子总数。

4.2.4　原子吸收值与待测元素浓度的定量关系

4.2.4.1　积分吸收

原子蒸气层中的基态原子吸收共振线的全部能量称为积分吸收，它相当于如图 4-2 所示吸收线轮廓下面所包围的整个面积，以数学式表示为 $\int K_\nu d\nu$。根据理论推导谱线的积分吸收与基态原子数的关系为

$$\int K_\nu d\nu = \frac{\pi e^2}{mc} f N_0 \qquad (4\text{-}3)$$

式中，e 为电子电荷；m 为电子质量；c 为光速；f 为振子强度，表

示能被光源激发的每个原子的平均电子数，在一定条件下对一定元素，f 为定值；N_0 为单位体积原子蒸气中的基态原子数。

在火焰原子化法中，当火焰温度一定时，N_0 与喷雾速度、雾化效率以及试液浓度等因素有关，而当喷雾速度等实验条件恒定时，基态原子密度 N_0 与试液浓度成正比，即 $N_0 \propto c$，对给定元素，在一定实验条件下，$\dfrac{\pi e^2}{mc} f$ 为常数。因此

$$\int K_v \mathrm{d}v = kc \tag{4-4}$$

式（4-4）表明在一定实验条件下，基态原子蒸气的积分吸收与试液中待测元素的浓度成正比。因此，如果能准确测量出积分吸收就可以求出试液浓度。然而要测出宽度只有 $10^{-3} \sim 10^{-2}$nm 吸收线的积分吸收，就要采用高分辨率的单色器，在目前技术条件下还难以做到。所以原子吸收法无法通过测量积分吸收求出被测元素的浓度。

4.2.4.2 峰值吸收

1955 年 A.Walsh 以锐线光源为激发光源，用测量峰值吸收系数 K_0 方法来替代积分吸收。所谓锐线光源是指能发射出谱线半宽度很窄（Δv 为 $0.0005 \sim 0.002$nm）的共振线的光源。

峰值吸收是指基态原子蒸气对入射光中心频率线的吸收。峰值吸收的大小以峰值吸收系数 K_0 表示。

假如仅考虑原子热运动，并且吸收线的轮廓取决于多普勒变宽，则

$$K_0 = \frac{N_0}{\Delta v_\mathrm{D}} \times \frac{2\sqrt{\pi \ln 2} e^2 f}{mc} \tag{4-5}$$

当温度等实验条件恒定时，对给定元素，$\dfrac{2\sqrt{\pi \ln 2} e^2 f}{\Delta v_\mathrm{D} me}$ 为常数，因此

$$K_0 = k'c \tag{4-6}$$

式（4-6）表明，在一定实验条件下，基态原子蒸气的峰值吸收与试液中待测元素的浓度成正比。因此可以通过峰值吸收的测量进行定量分析。

为了测定峰值吸收 K_0，必须使用锐线光源代替连续光源，也就是说必须有一个与吸收线中心频率 v_0 相同，半宽度比吸收线更窄的发射线作光源，如图 4-1（c）所示。

4.2.4.3 定量分析的依据

虽然峰值吸收 K_0 与试液浓度在一定条件下成正比关系，但在实际

测量过程中并不是直接测量 K_0 值大小，而是通过测量基态原子蒸气的吸光度并根据吸收定律进行定量的。

设待测元素的锐线光通量为 Φ_0，当其垂直通过光程为 b 的均匀基态原子蒸气时，由于被试样中待测元素的基态原子蒸气吸收，光通量减小为 Φ_{tr}（如图 4-3 所示）。

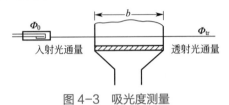

图 4-3　吸光度测量

根据吸收定律，　$\dfrac{\Phi_{tr}}{\Phi_0} = e^{-K_0 b}$

则　　　　　　　　　　$A = \lg \dfrac{\Phi_0}{\Phi_{tr}} = K_0 b \lg e$

即　　　　　　　　　　$A = K_0 b \lg e$　　　　　　　　　　（4-7）

根据式（4-6）　　　　　$K_0 = k' c$

所以　　　　　　　　　$A = k' c b \lg e$

当实验条件一定时：$k' \lg e$ 为一常数，令 $k' \lg e = K$

则　　　　　　　　　　$A = Kcb$　　　　　　　　　　（4-8）

式（4-8）表明，当锐线光源强度及其他实验条件一定时，基态原子蒸气的吸光度与试液中待测元素的浓度及光程长度（火焰法中，燃烧器的缝长）的乘积成正比。火焰法中 b 通常不变，因此式（4-8）可写为

　　　　　　　　　　　$A = K' c$　　　　　　　　　　（4-9）

式中 K' 为与实验条件有关的常数，式（4-8）和式（4-9）即为原子吸收光谱法定量依据。

　阅读材料

化学家的通式"C_4H_4"

厦门大学著名化学家张资教授曾对化学家应具备的素养提出精辟的见解，并巧妙而形象地概括为：化学家的"组成通式"是 C_3H_3。C_3H_3 指的是：Clear—Head

（贤明的头脑）、Clever—Hands（灵巧的双手）和 Clean—Habit（清洁的习惯）。原中国科学院院长卢嘉锡教授对此深表赞赏。从 C_3H_3 可以看出，老一辈化学家对实验方面的要求是非常高的，甚至对应养成干净清洁的习惯也提到了这样高的地位，可见他们治学的严谨态度。

由于现今科学技术迅速发展，科学研究工作的重要性亦日愈增强，贾宗超教授又提出一个新的"CH"，以适应新的要求。这个 CH 即是 Curious—Heart（好奇的精神）。记得一位英国高分子物理化学家说过："'好奇心'乃是研究工作的起点"。对于通式 C_4H_4，我们还可以将意思稍稍引申一下，从碳氢比来看，C_4H_4 是高度不饱和的，应具有很高的化学活性，对许多试剂高度敏感而发生反应。由此对照，作为一个化学家，亦应具有高度活力——精力充沛地、创造性地工作、学习，同时对各种新事物新技术高度敏感——尽可能多地吸收新的科学技术。

4.3 原子吸收分光光度计

4.3.1 原子吸收分光光度计的主要部件

原子吸收光谱分析用的仪器称为原子吸收分光光度计或原子吸收光谱仪。原子吸收分光光度计主要由光源、原子化系统、单色器、检测系统共四个部分组成（见图 4-1）。

4.3.1.1 光源

光源的作用是发射待测元素的特征光谱，供测量用。为了保证峰值吸收的测量，要求光源必须能发射出比吸收线宽度更窄，并且强度大而稳定、背景低、噪声小、使用寿命长的线光谱。空心阴极灯、无极放电灯、蒸气放电灯和激光光源灯都能满足上述要求，其中应用最广泛的是空心阴极灯和无极放电灯。

（1）空心阴极灯

① 空心阴极灯的构造和工作原理　空心阴极灯又称元素灯，其构造如图 4-4 所示。它由一个在钨棒上镶钛丝或钽片的阳极和一个由发射所需特征谱线的金属或合金制成的空心筒状阴极组成。阳极和阴极封闭在带有光学窗口的硬质玻璃管内。管内充有几百帕低压惰性气体（氖或氩）。当在两电极施加 300～500V 电压时，阴极灯开始辉光放电。电子从空心阴极射向阳极，并与周围惰性气体碰撞使之电离。所产生的惰

性气体的阳离子获得足够能量，在电场作用下撞击阴极内壁，使阴极表面上的自由原子溅射出来，溅射出的金属原子再与电子、正离子、气体原子碰撞而被激发，当激发态原子返回基态时，辐射出特征频率的锐线光谱。为了保证光源仅发射频率范围很窄的锐线，要求阴极材料具有很高的纯度。通常单元素的空心阴极灯只能用于一种元素的测定，这类灯发射线干扰少、强度高，但每测一种元素需要更换一种灯。若阴极材料使用多种元素的合金，可制得多元素灯。多元素灯工作时可同时发出多种元素的共振线，可连续测定几种元素，减少了换灯的麻烦，但光强度较弱，容易产生干扰，使用前应先检查测定波长附近有无单色器无法分开的非待测元素的谱线。目前应用的多元素灯中，一灯最多可测 6 ～ 7 种元素。

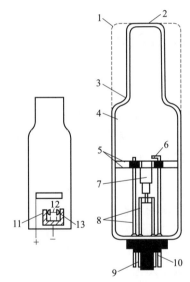

图 4-4　空心阴极灯结构示意图

1—紫外玻璃窗口；2—石英窗口；3—密封；4—玻璃套；5—云母屏蔽；6—阳极；7—阴极；

8—支架；9—管套；10—连接管套；11，13—阴极位降区；12—负辉光区

②　空心阴极灯工作电流　空心阴极灯发光强度与工作电流有关，增大电流可以增加发光强度，但工作电流过大会使辐射的谱线变宽，灯内自吸收增加，使锐线光强度下降，背景增大。同时还会加快灯内惰性气体消耗，缩短灯寿命；灯电流过小，又使发光强度减弱，导致稳定性、信噪比下降。因此，实际工作中，应选择合适的工作电流。

为了改善阴极灯放电特征，常采用脉冲供电方式。

③ 空心阴极灯的使用注意事项

a. 空心阴极灯使用前应经过一段预热时间，使灯的发光强度达到稳定。预热时间随灯元素的不同而不同，一般在 20 ～ 30min 以上。

b. 灯在点燃后可从灯的阴极辉光的颜色判断灯的工作是否正常，判断的一般方法如下：充氖气的灯负辉光的正常颜色是橙红色；充氩气的灯正常是淡紫色；汞灯是蓝色。灯内有杂质气体存在时，负辉光的颜色变淡，如充氖气的灯颜色变为粉红、发蓝或发白光，此时应对灯进行去气处理。具体方法是将灯脚反接（即阴极接正，阳极接负），通电 20mA，直至辉光颜色正常为止。

c. 元素灯长期不用，应定期（每月或每隔两三个月）点燃处理，即在工作电流下点燃 1h。若灯内有杂质气体，辉光不正常，可进行反接处理。

d. 使用元素灯时，应轻拿轻放。低熔点的灯用完后，要等冷却后才能移动。

e. 为了使空心阴极灯发射强度稳定，要保持空心阴极灯石英窗口洁净，点亮后要盖好灯室盖，测量过程不要打开，使外界环境不破坏灯的热平衡。

（2）无极放电灯　无极放电灯又称微波激发无极放电灯，其结构如图 4-5 所示，它是在石英管内放入少量金属或较易蒸发的金属卤化物，抽真空后充入几百帕压力的氩气，再密封。将它置于微波电场中，微波将灯的内充气体原子激发，被激发的气体原子又使解离的气化金属或金属卤化物激发而发射出待测金属元素的特征谱线。

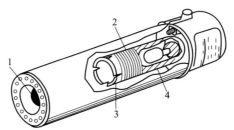

图 4-5　无极放电灯结构示意图

1—石英窗；2—螺旋振荡线圈；3—陶瓷管；4—石英灯管

无极放电灯的发射强度比空心阴极灯大 100 ～ 1000 倍，谱线半宽度很窄，适用于对难激发的 As、Se、Sn 等元素的测定。目前已制成

Al、P、K、Rb、Zn、Cd、Hg、Sn、Pb、As 等 18 种元素的商品无极放电灯。

除上述介绍的两种光源外尚有低压汞蒸气放电灯、氙弧灯等，它们的发射强度也比空心阴极灯大，但使用不普遍。

线光源原子吸收分光光度计，一个灯只能作一个元素，每分析一个元素就要更换一个元素灯，再加上灯工作电流、波长等参数的选择和调节，使原子吸收分析的速度、信息量和使用的方便性等方面受到限制，存在分析速度慢和依赖空心阴极灯的固有特性成原子吸收光谱的致命弱点。克服这些缺点最有效的方法，就是采用连续光源进行多元素测定。近几年来，随着高光谱分辨能力的中阶梯光栅光谱仪技术和具有多通道检测能力的半导体图像传感器技术的日趋成熟，使用连续光源做原子吸收分光光度计（CS-AAS）的光源已经成为可能。2004 年德国耶拿公司（Analytik Jena）成功地设计和生产出世界第一台商品化连续光源原子吸收光谱仪 ContrAA。CS-AAS 采用交叉色散系统和半导体图像传感器的形式，不需要移动光路中的任何部件，可以同时检测从 As 193.76nm 到 Cs 852.11nm 之间的多条任意分析谱线，具有同时多元素定性、定量分析能力，检出限和精密度达到或超过线光源 AAS 的水平，从而使 AAS 仪器发展到一个新的水平。目前，尽管 CS-AAS 对光源、中阶梯光栅、CCD 检测器［为电荷耦合器件，参阅本书 4.3.1.4 中（3）］等多方面都要求很高，整机制造的技术难度也很大，还有许多问题需要进一步深入研究。但是，它无疑是原子吸收光谱仪器发展史上的一个里程碑，是一个革命性的突破，将为原子吸收光谱法的应用开辟一个广阔的新空间。

4.3.1.2 原子化系统

将试样中待测元素变成气态的基态原子的过程称为试样的"原子化"。完成试样的原子化所用的设备称为原子化器或原子化系统。原子化系统的作用是将试样中的待测元素转化为原子蒸气。试样中被测元素原子化的方法主要有火焰原子化法和非火焰原子化法两种。火焰原子化法利用火焰热能使试样转化为气态原子。非火焰原子化法利用电加热或化学还原等方式使试样转化为气态原子。

原子化系统在原子吸收分光光度计中是一个关键装置，它的质量对原子吸收光谱分析法的灵敏度和准确度有很大影响，甚至起到决定性的作用，也是分析误差最大的一个来源。

（1）火焰原子化法

① 火焰原子化器　火焰原子化包括两个步骤，首先将试样溶液变成细小雾滴（即雾化阶段），然后使雾滴接受火焰供给的能量形成基态原子（即原子化阶段）。火焰原子化器由雾化器、预混合室和燃烧器等部分组成，其结构如图4-6所示。

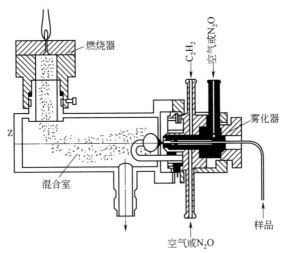

图4-6　火焰原子化器示意图

a. 雾化器　雾化器的作用是将试液雾化成微小的微米级的气溶胶。雾化器的性能会对灵敏度、测量精度和化学干扰等产生影响，因此要求其喷雾要多、雾滴直径要小且均匀，喷雾速度要稳定。目前商品原子化器多数使用气动型雾化器。当具有一定压力的压缩空气作为助燃气高速通过毛细管外壁与喷嘴口构成的环形间隙时，在毛细管出口的尖端处形成一个负压区，于是试液沿毛细管吸入并被快速通入的助燃气分散成小雾滴。喷出的雾滴撞击在距毛细管喷口前端几毫米处的撞击球上，进一步分散成更为细小的细雾。这类雾化器的雾化效率一般为10% ～ 30%。影响雾化效率的因素有助燃气的流速、溶液的黏度、表面张力以及毛细管与喷嘴口之间的相对位置等。

b. 预混合室　预混合室的作用是进一步细化雾滴，并使之与燃料气均匀混合后进入火焰。部分未细化的雾滴在预混合室凝结下来成为残液，残液由预混合室排出口排除，以减少前试样被测组分对后试样被测组分记忆效应的影响。为了避免回火爆炸的危险，预混合室的残液排出管必须采用导管弯曲或将导管插入水中等水封方式（见图4-7）。

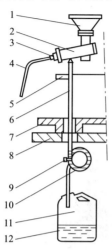

图 4-7　预混合室废液排放系统

1—燃烧头；2—预混合室；
3—雾化器；4—进样毛细管；
5—燃烧室底板；6—废液管；
7—上机底板；8—实验台台板；
9—捆扎带；10—水封圈；
11—废液容器；12—废液

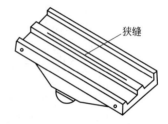

图 4-8　长缝型燃烧器

　　c.燃烧器　燃烧器的作用是使燃气在助燃气的作用下形成火焰，使进入火焰的试样微粒原子化。燃烧器应能使火焰燃烧稳定，原子化程度高，并能耐高温耐腐蚀。预混合型原子化器通常采用不锈钢制成长缝型燃烧器（见图4-8），对于乙炔-空气等燃烧速度较低的火焰一般使用缝长 100～120mm，缝宽 0.5～0.7mm 的燃烧器，而对乙炔-氧化亚氮等燃烧速度较高的火焰，一般用缝长 50mm，缝宽 0.5mm 短缝燃烧器。也有多缝燃烧器，它可增加火焰宽度。

　　d.火焰种类及气源设备　火焰原子化器主要采用化学火焰，常用的火焰有以下几种。

　　（a）空气-煤气（丙烷）火焰。这种火焰温度大约为 1900℃，适用于分析那些生成的化合物易挥发、易解离的元素，如碱金属、Cd、Cu、Pb、Ag、Zn、Au 及 Hg 等。

　　（b）空气-乙炔火焰。这是一种应用最广的火焰，最高温度约为

2300℃，能用以测定 35 种以上的元素，此种火焰比较透明，可以得到较高的信噪比。

（c）N_2O- 乙炔火焰。此种火焰燃烧速度低，火焰温度达 3000℃左右，大约可测定 70 种元素，是目前广泛应用的高温化学火焰，这种火焰几乎对所有能生成难熔氧化物的元素都有较好的灵敏度。

（d）空气 - 氢火焰。这是一种无色的低温火焰，最高温度约2000℃，适用于测定易电离的金属元素，尤其是测定 As、Se 和 Sn 等元素，特别适用于共振线位于远紫外区的元素。

由火焰的种类得知，火焰原子吸收分析常用的燃气、助燃气主要是乙炔、空气、氧化亚氮（N_2O）、氢气、煤气等。

乙炔气体通常由乙炔钢瓶提供。乙炔钢瓶内最大压力为 1.5MPa。乙炔溶于吸附在活性炭上的丙酮内，乙炔钢瓶使用至 0.5MPa 就应重新充气，否则钢瓶中的丙酮会混入火焰，使火焰不稳定，噪声大，影响测定。乙炔管道系统不能使用纯铜制品，以免产生乙炔铜爆炸。乙炔钢瓶附近不可有明火。使用时应先开助燃气再开燃气并立即点火，关气时应先关燃气再关助燃气。

N_2O 又称笑气，对呼吸有麻醉作用，且易爆。氧化亚氮气体通常由氧化亚氮钢瓶提供，钢瓶内装有液态气体，减压后使用。使用 N_2O-C_2H_2 火焰应小心，注意防止其回火，禁止直接点燃 N_2O-C_2H_2 火焰，应严格按操作规程使用。

空气一般由压力为 1MPa 左右的空气压缩机提供。

各类高压钢瓶瓶身都有规定的颜色标志，我国部分高压气体钢瓶的漆色及标志如表 4-2 所示。

表 4-2　部分高压钢瓶漆色及标志

气瓶名称	外表面颜色	字样	字样颜色	横条颜色
氧气瓶	天蓝	氧	黑	—
医用氧气瓶	天蓝	医用氧	黑	—
氢气瓶	深绿	氢	红	红
氮气瓶	黑	氮	黄	棕
乙炔气瓶	白	乙炔	红	—
纯氩气瓶	灰	纯氩	绿	—
氦气瓶	棕	氦	白	—
压缩空气瓶	黑	压缩空气	白	—

续表

气瓶名称	外表面颜色	字样	字样颜色	横条颜色
石油气体瓶	灰	石油气体	红	—
氖气瓶	褐红	氖	白	—
硫化氢气瓶	白	硫化氢	红	红
氯气瓶	草绿	氯	白	白
光气瓶	草绿	光气	红	红
氨气瓶	黄	氨	黑	—
丁烯气瓶	红	丁烯	黄	黑
二氧化硫气瓶	黑	二氧化硫	白	黄
二氧化碳气瓶	黑	二氧化碳	黄	—
氧化亚氮气瓶	灰	氧化亚氮	黑	—
氟氯烷气瓶	铝白	氟氯烷	黑	—
环丙烷气瓶	橙黄	环丙烷	黑	—
乙烯气瓶	紫	乙烯	红	—
其他可燃性气体气瓶	红	(气体名称)	白	—
其他非可燃性气体气瓶	黑	(气体名称)	黄	—

注：摘自我国劳动部"气瓶安全监察规程"。

② 火焰原子化过程　将试液引入火焰使其原子化是一个复杂的过程，这个过程包括雾滴脱溶剂、蒸发、解离等阶段。图4-9是火焰原子化过程的图解。

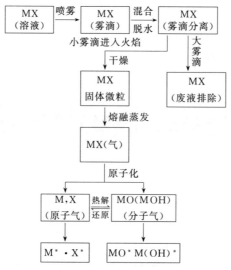

图4-9　火焰原子化过程示意图

在实际工作中，应当选择合适的火焰类型，恰当调节燃气与助燃气比，尽可能不使基态原子被激发、电离或生成化合物。

③ 火焰原子化法特点　火焰原子化法的操作简便，重现性好，有效光程大，对大多数元素有较高灵敏度，因此应用广泛。但火焰原子化法原子化效率低，灵敏度不够高，而且一般不能直接分析固体样品。火焰原子化法这些不足之处，促使了非火焰原子化法的发展。

（2）电加热原子化法

① 电加热原子化器　电热原子化器的种类有多种，如电热高温管式石墨炉原子化器、石墨杯原子化器、钽舟原子化器、碳棒原子化器、镍杯原子化器、高频感应炉、等离子喷焰等。在商品仪器中常用的电热原子化器是管式石墨炉原子化器，其结构如图 4-10 所示。它使用低压（$10 \sim 25V$）大电流（$400 \sim 600A$）来加热石墨管，可升温至 $3000℃$，使管中少量液体或固体样品蒸发和原子化。石墨管长 $30 \sim 60mm$，外径 $6mm$，内径 $4mm$。管上有 1 个小孔用于注入试液。石墨炉要不断通入惰性气体，以保护原子化基态原子不再被氧化，并用以清洗和保护石墨管。为使石墨管在每次分析之间能迅速降到室温，从上面冷却水入口通入 $20℃$ 的水以冷却石墨炉原子化器。

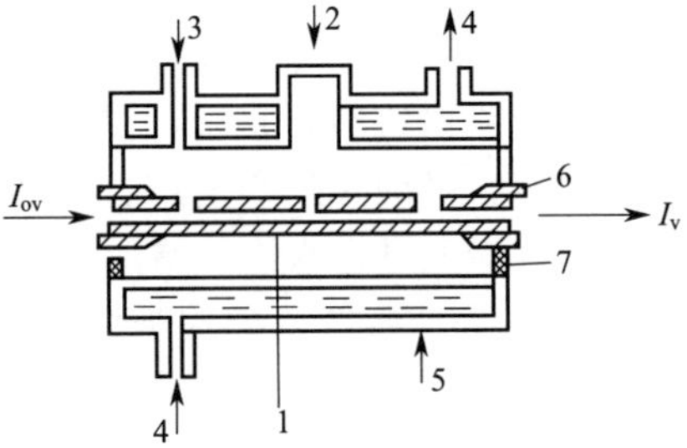

② 管式石墨炉原子化过程　管式石墨炉原子化法采用直接进样和程序升温方式对试样进行原子化，其过程包括干燥、灰化、原子化、净化四个阶段。

a. 干燥阶段　干燥的目的主要是除去试样中水分等溶剂，以免因溶剂存在引起灰化和原子化过程飞溅。干燥温度一般要高于溶剂的沸点，如水溶液一般控制在 $105℃$。

图 4-10　石墨管原子化器示意图

1—石墨管；2—进样窗；3—惰性气体；4—冷却水；5—金属外壳；6—电极；7—绝缘材料

干燥时间取决于进样量体积，一般每微升试液干燥时间约需 $1.5s$。

b. 灰化阶段　灰化的目的是尽可能除掉试样中挥发的基体和有机物或其他干扰元素。适宜的灰化温度及时间取决于试样的基体及被测元素的性质，灰化温度及时间一般通过实验选择。最高灰化温度应以待测元素不挥发损失为限。一般灰化温度 $100 \sim 1800℃$，时间 $0.5 \sim 1min$。

c. 原子化阶　段目的是使待测元素的化合物蒸气汽化，然后解离为基态原子。原子化温度一般可达 2500 ～ 3000℃，原子化时间约为 3 ～ 10s。适宜的原子化温度应通过实验确定。要注意的是：原子化过程中，应停止惰性气体（Ar）的通入以延长原子在石墨炉管中的平均停留时间。

d. 净化阶段　当一个样品测定结束，还需要用比原子化阶段稍高的温度加热，以除去石墨管中残留物质，消除记忆效应，便于下一个试样的测定。

石墨炉的升温程序是微机处理控制的，进样后原子化过程按程序自动进行。

③ 管式炉原子化法的特点　石墨炉原子化效率远比火焰原子化法高；其绝对检出限可达 10^{-12} ～ 10^{-14}g，因此绝对灵敏度也高；采用石墨炉原子化法无论是固体还是液体均可直接进样，而且样品用量少。一般液体试样为 1 ～ 100μL，固体试样可少至 20 ～ 40μg。

石墨炉原子化器相对于火焰原子化器具有体积小、检出限低（约 3 个数量级）、用样量少等特点；石墨炉原子化的缺点主要是基体蒸发时可能造成较大的分子吸收，炉管本身的氧化也产生分子吸收，背景吸收较大，一些固体微粒引起光散射造成假吸收，因此使用石墨炉原子化器必须使用背景校正装置校正。石墨炉原子化器主要包括炉体、电源、冷却水、气路系统等，目前商品仪器的炉体又分为横向加热和纵向加热。纵向加热石墨炉（国产仪器的石墨炉体多为纵向加热）由于要在石墨管两端的电极上进行水冷，造成沿光路方向上存在温度梯度，使整个石墨管内具有不等温性，导致基体干扰严重，影响原子化过程。针对上述问题，商品仪器经过多次的改进，又发展了平台原子化（在改善纵向石墨炉加热方面有很大的贡献）、探针原子化、电容放电强脉冲加热石墨炉，这些技术都在一定程度上或多或少地弥补了纵向加热的缺点，但还是没有解决根本问题。而横向加热石墨炉技术恰恰能解决纵向的不等温性的缺点，它大大增加了管内恒温区域，降低了原子化温度和时间，使得原子浓度均匀且稳定性好，显著地降低基体效应和消除记忆效应，同时还可降低对炉体的要求，增加了石墨管的使用寿命。

（3）化学原子化法　化学原子化法又称低温原子化法，它是利用化学反应将待测元素转变为易挥发的金属氢化物或氯化物，然后再在较低的温度下原子化。

① 汞低温原子化法　汞是唯一可采用这种方法测定的元素。因为

汞的沸点低，常温下蒸气压高，只要将试液中的汞离子用 $SnCl_2$ 还原为汞，在室温下用空气将汞蒸气引入气体吸收管中就可测其吸光度。这种方法常用于水中有害元素汞的测定。

② 氢化物原子化法　此法适用于 Ge、Sn、Pb、As、Sb、Bi、Se 和 Te 等元素测定。在酸性条件下，将这些元素还原成易挥发易分解的氢化物，如 AsH_3、SnH_4、BiH_3 等，然后经载气将其引入加热的石英管中，使氢化物分解成气态原子，并测定其吸光度。

氢化物原子化法的还原效率可达 100%，被测元素可全部转变为气体并通过吸收管，因此测定灵敏度高。由于基体元素不还原为气体因此基体影响不明显。

除上述介绍的三种原子化法外，还有阴极溅射原子化、等离子原子化、激光原子化和电极放电原子化法等，因受篇幅限制本书不再一一介绍，若需要了解这方面的信息请参阅有关专著。

4.3.1.3　单色器

单色器由入射狭缝、出射狭缝和色散元件（棱镜或光栅）组成。单色器的作用是将待测元素的吸收线与邻近谱线分开并阻止其他谱线进入检测器，使检测系统只接受共振吸收线。由锐线光源发出的共振线，谱线比较简单，对单色器的色散率 ❶ 和分辨率 ❷ 要求不高。在进行原子吸收测定时，单色器既要将谱线分开，又要有一定的出射光强度。所以当光源强度一定时，就需要选用适当的光栅色散率和狭缝宽度配合，以构成适于测定的光谱通带来满足上述要求。光谱通带是指单色器出射光谱所包含的波长范围，它由光栅线色散率的倒数（又称倒线色散率）和出射狭缝宽度所决定，其关系为

通带宽度（B）＝缝宽（mm）× 线色散率倒数（nm·mm^{-1}）

在实际工作中，通常根据谱线结构和待测共振线邻近是否有干扰来决定狭缝宽度，由于不同类型仪器单色器的倒线色散率不同，所以不用具体的狭缝宽度，而用"单色器通带"表示缝宽。

狭缝宽度选择过大，使干扰谱线和被测元素特征谱线同时通过单色

---

❶ 色散率指色散元件将波长相差很小的两谱线分开所成的角度或两条谱线投射到聚焦面上的距离的大小。

❷ 分辨率指将波长相近的两条谱线分开的能力。

器狭缝，使测定灵敏度下降；如果狭缝太窄，使光源强度减弱，同样使灵敏度下降。所以在选择狭缝宽度时，应尽量使被测元素的特征线通过，而不让干扰线通过。

4.3.1.4　检测系统

检测系统由光电转换器、信号放大器和显示记录器等组成。

（1）光电转换器　常用的检测器是光电倍增管，它是利用二次电子发射放大光电流来将微弱的光信号转变为电信号的器件。由一个表面涂有光敏材料的光电发射阴极、一个阳极以及若干个倍增极（打拿极）所组成。当光阴极受到光子的碰撞时，发出光电子。光电子继续碰撞倍增极，产生多个次级电子，这些电子再与下一级倍增极相碰撞，电子数依次倍增，经过 $9 \sim 16$ 级倍增极，放大倍数可达 $10^6 \sim 10^9$。最后测量的阳极电流与入射光强度及光电倍增管的增益（即光电倍增管放大倍数对数）成正比。改变光电倍增管的负高压可以调节增益，从而改变检测器的灵敏度。

使用光电倍增管时，必须注意不要用太强的光照射，并尽可能不要使用太高的增益，这样才能保证光电倍增管良好的工作特性，否则会引起光电倍增管的"疲劳"乃至失效。所谓"疲劳"是指光电倍增管刚开始工作时灵敏度下降，过一段时间趋于稳定，但长时间使用灵敏度又下降的光电转换不呈线性的现象。

（2）信号放大器　放大器的作用是将光电倍增管输出的电压信号放大后送入显示器。原子吸收常采用同步解调放大器。它既有放大作用，又能滤掉火焰发射以及光电倍僧管暗电流产生的无用直流信号，从而有效地提高信噪比。

（3）显示记录器　较早的原子吸收光谱仪显示器多采用具有透射比和吸光度两套读数的指示仪表，近年来显示器一般同时具有数字打印和显示、浓度直读、自动校准和微机处理数据功能。

近年一些仪器也采用 CCD 作为检测器，CCD（Charge-Coupled Devices，电荷耦合器件）是一种新型固体多道光学检测器件，它是在大规模硅集成电路工艺基础上研制而成的模拟集成电路芯片。它可以借助必要的光学和电路系统，将光谱信息进行光电转换、储存和传输，在其输出端产生波长-强度二维信号，信号经放大和计算机处理后在末端显示器上同步显示出，如 WFX-910 型便携式原子吸收光谱仪。目前这类检测器已经在光谱分析的许多领域获得了应用。

4.3.2   原子吸收分光光度计的类型和主要性能

原子吸收分光光度计按光束形式可分为单光束和双光束两类，按波道数目又有单道、双道和多道之分。目前使用比较广泛的是单道单光束和单道双光束原子吸收分光光度计。

4.3.2.1   单道单光束型

"单道"是指仪器只有一个光源、一个单色器、一个显示系统，每次只能测一种元素。"单光束"是指从光源中发出的光仅以单一光束的形式通过原子化器、单色器和检测系统。单道单光束原子吸收分光光度计光学系统，如图 4-11 所示。

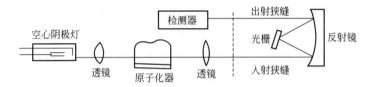

图 4-11   单道单光束型原子吸收分光光度计光学系统示意图

这类仪器简单，操作方便，体积小，价格低，能满足一般原子吸收分析的要求。其缺点是不能消除光源波动造成的影响，基线漂移。国产 WYX-1A、WYX-1B、WYX-1C、WYX-1D 等 WYX 系列和 360、360M、360CRT 系列等均属于单道单光束仪器。

4.3.2.2   单道双光束型

双光束型是指从光源发出的光被切光器分成两束强度相等的光：一束为样品光束通过原子化器被基态原子部分吸收；另一束只作为参比光束不通过原子化器，其光强度不被减弱。两束光被原子化器后面的反射镜反射后，交替地进入同一单色器和检测器。检测器将接受到的脉冲信号进行光电转换，并由放大器放大，最后由读出装置显示。图 4-12 是单道双光束型仪器的光学系统示意图。

由于两光束来源于同一个光源，光源的漂移通过参比光束的作用而得到补偿，所以能获得一个稳定的输出信号。不过由于参比光束不通过火焰，火焰扰动和背景吸收影响无法消除。

国产 310 型、320 型、GFU-201 型、WFX-Ⅱ型等均属此类仪器。

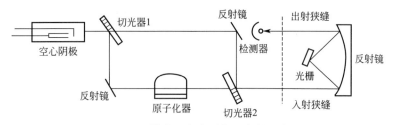

图 4-12 单道双光束型仪器光学示意图

4.3.2.3 双道单光束型

"双道单光束"是指仪器有两个不同光源、两个单色器、两个检测显示系统，而光束只有一路。仪器光学系统示意图见图 4-13。

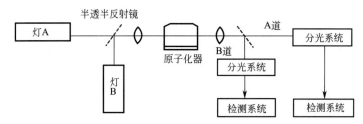

图 4-13 双道单光束型仪器光学系统示意图

两种不同元素的空心阴极灯发射出不同波长的共振发射线，两条谱线同时通过原子化器，被两种不同元素的基态原子蒸气吸收，利用两套各自独立的单色器和检测器，对两路光进行分光和检测，同时给出两种元素检测结果。这类仪器一次可测两种元素，并可进行背景吸收扣除。

这类仪器型号有日本岛津 AA-8200 型和 AA-8500 型。

4.3.2.4 双道双光束型

这类仪器有两个光源，两套独立的单色器和检测显示系统。但每一光源发出的光都分为两个光束，一束为样品光束，通过原子化器；一束为参比光束，不通过原子化器。仪器光学系统如图 4-14 所示。

这类仪器可以同时测定两种元素，能消除光源强度波动的影响及原子化系统的干扰，准确度高，稳定性好，但仪器结构复杂。

多道原子吸收分光光度计可用来作多元素的同时测定。

目前美国 PE 公司推出的 SIM6000 多元素同时分析原子吸收光谱仪，以新型四面体中阶梯光栅取代普通光栅单色器，获取二维光谱。以光

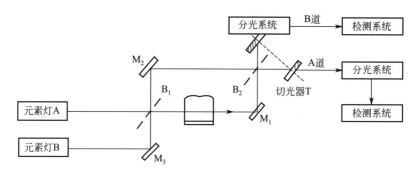

图 4-14　双道双光束型仪器光学系统示意图

M_1，M_2，M_3—平面反射镜；B_1，B_2—半透半反射镜；T—双道切光器

谱响应的固体检测器替代光电倍增管取得了同时检测多种元素的理想效果。

4.3.3　原子吸收分光光度计的使用和维护保养

原子吸收分光光度计型号繁多，不同型号仪器性能和应用范围不同。随着电子技术的不断发展，目前常用的原子吸收分光光度计都已实现自动化控制，仪器的主要操作由仪器的工作软件来实现。下面以TAS990型原子吸收分光光度计为例，简单介绍原子吸收分光光度计的一般使用方法、工作软件操作及日常的维护保养和故障诊断与排除。

4.3.3.1　TAS990原子吸收分光光度计的主要功能和主要技术参数

（1）TAS990原子吸收分光光度计的主要功能　　TAS990原子吸收分光光度计是一款全自动智能化的火焰 - 石墨炉原子吸收分光光度计。该机采用PC机和中文界面操作软件，仪器操作简便，直观易懂。仪器具有氘灯背景校正、自吸背景校正功能。应用先进的电子电路系统和串口通信控制，实现了仪器的波长扫描、寻峰定位、光谱通带宽度、回转元素灯架、原子化器高度和位置、燃气流量、灯电流和光电倍增管负高压等功能的自动调节。该仪器具有火焰/石墨炉原子化器相互切换功能，同时支持对火焰和石墨炉自动进样器的扩展。TAS990型原子吸收分光光度计正面外观图如图 4-15 所示 。

（2）TAS990原子吸收分光光度计的主要技术参数　　波长范围：190.0 ～ 900.0nm；光栅刻线：1200 条 /mm；装置：消像差 C-T 型；

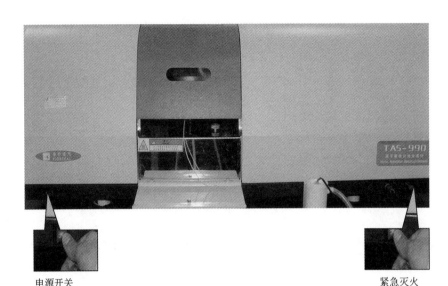

电源开关　　　　　　　　　　　　　　　　　　　　　　　　紧急灭火

图 4-15　TAS990 型原子吸收分光光度计正面外观示意图

波长准确度：±0.25nm；分辨率：优于 0.3nm；光谱带宽：0.1、0.2、0.4、1.0 和 2.0 五挡自动切换；仪器稳定性：30min 内基线漂移 $A < \pm 0.005$。

4.3.3.2　火焰原子吸收分光光度计的操作方法（以 TAS990 型为例）

（1）按仪器说明书检查仪器各部件，检查电源开关是否处于关闭状态，各气路接口是否安装正确，气密性是否良好。

（2）安装空心阴极灯　TAS990 型原子吸收分光光度计有回转元素灯架，可以同时安装 8 只空心阴极灯，使用时通过软件控制选择所需元素灯进行实验。安装空心阴极灯的具体步骤如下：

① 将灯脚的凸出部分对准灯座的凹槽轻轻插入［见图 4-16（a）］；

② 将灯装入灯室，记住灯位编号［见图 4-16（b）］；

③ 拧紧灯座固定螺丝［见图 4-16（c）］；

④ 关好灯室门［见图 4-16（d）］。

（3）打开电源、电脑，对仪器进行初始化

① 打开稳压电源开关，打开电脑，然后打开仪器主机开关，点击电脑桌面的 **AAWin2.0** 图标，进入工作软件。

② 选择联机模式，系统将自动对仪器进行初始化。初始化主要

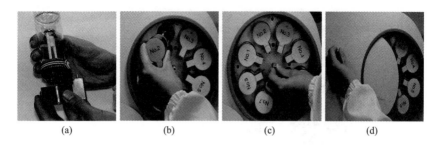

图 4-16　回转元素灯架及空心阴极灯的安装图

对氘灯电机、元素灯电机、原子化器电机、燃烧头电机、光谱带宽电机以及波长电机进行初始化。初始化成功的项目将标记为"√"，否则为"×"。如有一项失败，则系统认为初始化没有成功，这时可以继续进入工作软件，也可以退出。如出现初始化失败，需根据错误提示，查找失败原因，消除后继续初始化至成功。

（4）初始化成功后进入灯选择界面，选择测定元素的元素灯（见图 4-17）。

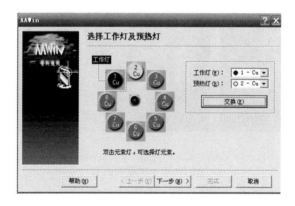

图 4-17　选择工作灯及预热灯

（5）设置元素测量参数　点击"下一步"进入设置元素测量参数界面。

① 设置工作灯电流、预热灯电流、光谱带宽、负高压值、燃烧器高度（燃烧器高度是燃烧缝平面与空心阴极灯光束的垂直距离）和燃气流量等（见图 4-18）。将所需数据设定完成后，系统将会自动进行元素测量参数的调整。

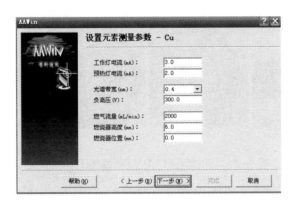

图 4-18　设置元素测量参数对话框

② 调节燃烧器，对准光路

a. 将对光板骑在燃烧器缝隙上 [见图 4-19（a）]；

b. 调节燃烧器旋转调节钮 [见图 4-19（b）]；

c. 调节燃烧器前后调节钮 [见图 4-19（c）]；

（a）　（b）　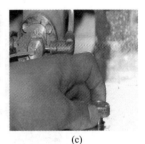（c）

图 4-19　燃烧器调节

d. 使从光源发出的光斑在燃烧缝的正上方，与燃烧缝平行。

（6）选择分析线　参数设置完成后进入分析线设置页。

在下拉菜单中系统提供了待分析元素可供选择的分析线，这些分析线有多条（见图 4-20），选中最佳波长后点击"寻峰"，系统自动进入了寻峰界面，仪器自动将波长调节到所需分析线位置，待出现峰形图（见图 4-21），"关闭"由灰色变为黑色，点击"关闭"，寻峰完成。

（7）设置测量参数　寻峰完成后点击进入元素测量界面（见图 4-25）。

① 在测量界面点击"样品"进入样品设置向导，对校正方法、曲

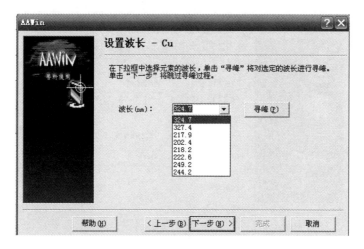

图 4-20　设置特征波长

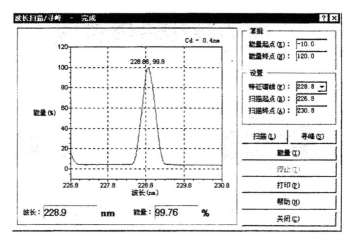

图 4-21　寻峰

线方程、浓度单位进行选择，并输入标准样品名称，"起始编号"设为"1"（见图 4-22）。

　　② 单击"下一步"设置标准样品的浓度及个数：输入标准系列的浓度，可利用增加或减少设置样品个数（标准溶液数量范围在 1～8之间），直接输入标准系列浓度（见图 4-23）。

　　③ 单击"下一步"再单击"下一步"设置未知样品名称、数量、

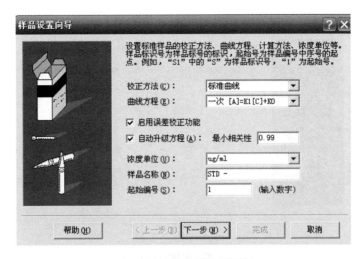

图 4-22 标准样品设置页

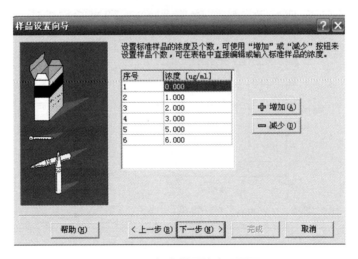

图 4-23 标准样品浓度设置页

编号等信息（见图 4-24）。

④ 单击"完成"结束样品设置向导，返回测量界面。

（8）接通气源、点燃空气 - 乙炔火焰检查空气压缩机、乙炔钢瓶的气体管路连接是否正确？管路及阀门密封性如何？确保无气体泄漏。

① 检查排水安全联锁装置（检查方法：向排水安全联锁装置内连

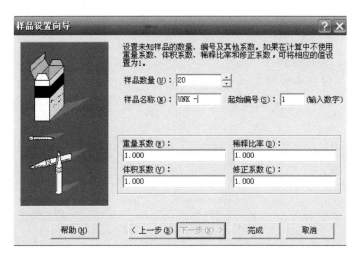

图 4-24　未知样品设置页

续加入蒸馏水，直至有水从废液排放管流出）；开启排风装置电源开关。

② 开启排风装置电源开关排风 10min 后，打开空气压缩机的电源及风扇开关，调节输出压力为 0.25MPa。

③ 开启乙炔钢瓶总阀调节乙炔钢瓶减压阀输出压为 0.07MPa；将燃气流量调节到 $2000 \sim 2400 \mathrm{mL \cdot min^{-1}}$。

④ 点火。选择主菜单中的"点火"按钮，即可将火焰点燃（若火焰不能点燃，可重新点火，或适当增加乙炔流量后重新点火）。点燃后，应重新调节乙炔流量，选择合适的分析火焰。

（9）样品溶液测量

① 待火焰燃烧稳定后，吸喷空白溶剂"调零"。

② 将毛细管提出，用滤纸擦去水分后放入待测标准溶液中（浓度由小到大），点击"测量"按钮，待吸光度稳定后点击"开始"采样读取吸光度值。每测定一个数据，该数据将会自动填入到测量表格中，并且测量谱图中将开始绘制工作曲线，如图 4-25 所示。

③ 吸喷空白溶剂"调零"。用滤纸擦去毛细管水分后吸入未知样品溶液重复②操作，测量样品吸光度，测量数据显示在测量表格中，并自动计算出未知样品浓度。

④ 工作曲线建立后可查看其线性方程、相关系数等参数；点击"视图"、"校准曲线"显示方程的斜率、截距、相关系数。

（10）数据保存　全部测量完成后选择主菜单"文件""保存"输入文件名、选择保存路径，按"确定"即可。

（11）关机操作

① 测量完毕吸喷去离子水 5min；

② 关闭乙炔钢瓶总阀使火焰熄灭，待压力表指针回到零时再旋松减压阀；

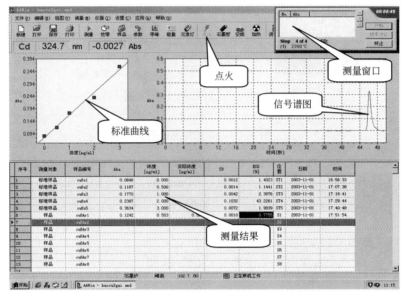

图 4-25　测量状态图

③ 关闭空气压缩机，待压力表和流量计回零后，最后关闭排风机开关；

④ 退出工作软件，关闭主机电源，关闭电脑，填写仪器使用记录；

⑤ 清洗玻璃仪器，整理实验台。

4.3.3.3　石墨炉原子吸收分光光度计操作方法（以 TAS-990G 测铅为例）

（1）按仪器说明书检查仪器各部件，检查电源开关是否处于关闭状态，氩气钢瓶及管路连接是否正确，气密性是否良好。

（2）同"4.3.3.2 火焰原子吸收分光光度计的操作方法"一样，安装铅空心阴极灯。

（3）打开稳压电源开关，打开电脑，进入 Windows 操作系统，然后打开仪器主机开关，点击电脑桌面的AAWin2.0图标，进入工作软件，开始初始化（见图4-26）。

图4-26　仪器初始化

（4）选择元素灯　初始化完成后进入元素灯选择界面（见图4-27），选择铅元素灯。

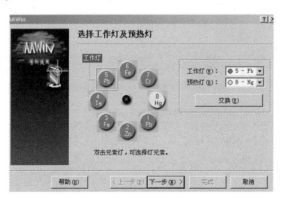

图4-27　元素灯选择

（5）设置测量参数　选择好元素灯后点击"下一步"进入测量参数设置，输入灯电流、光谱带宽、负高压（见图4-28）。

（6）设置测量波长　铅的分析线有多条，通常选择最灵敏线283.3nm。点击"寻峰"，完成波长设置（见图4-29、图4-30）。

（7）选择测量方式　完成寻峰后进入元素测量界面，在测量界面下

图 4-28　测量参数设置

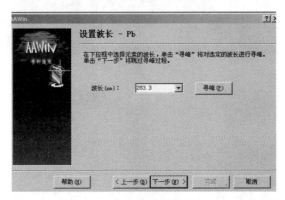

图 4-29　设置测量波长

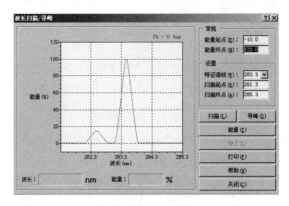

图 4-30　寻峰结果

的"仪器"下拉菜单中选择"测量方法",弹出测量方法设置对话框,选择"石墨炉",点击"确定",选择了石墨炉测量方式(见图4-31)。

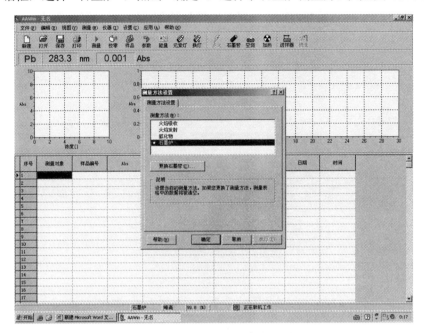

图 4-31　测量方式选择

(8)安装、调节石墨管位置,对准光路　打开氩气钢瓶,调节出口压力为0.5MPa,打开冷却水。点击电脑测量界面的"石墨管",这时石墨炉炉体打开,装入石墨管,点击"确定",关闭石墨炉炉体,完成石墨管的安装。一边手动旋转石墨炉前后、上下调节旋钮,一边观察电脑测量界面的吸光度栏,使吸光度达到最小值(这时石墨管挡光最小)。

(9)选择扣背景方式　在测量界面的"仪器"下拉菜单中点击"扣背景方式",弹出扣背景

图 4-32　扣背景方式选择

方式对话框，选择"氘灯"，点击"确定"，选择了氘灯扣除背景（见图 4-32）。选择氘灯扣背景后点击测量界面的"能量"，进行能量自动平衡，使空心阴极灯的能量与氘灯的能量达到平衡（见图 4-33）。

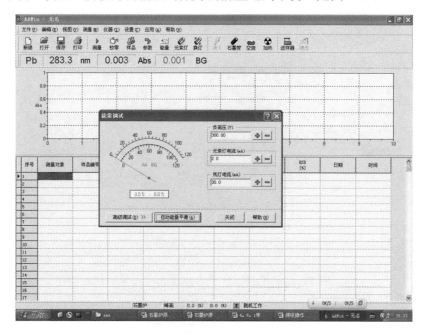

图 4-33　平衡氘灯与空心阴极灯能量

（10）设置石墨炉加热程序　点击"仪器"下拉菜单中的"石墨炉加热程序"，输入石墨炉加热的干燥、灰化、原子化、净化的温度和时间及氩气的流量，然后点击"确定"返回测量界面（见图 4-34）。

（11）设置样品参数　在测量界面点击"样品"进入样品设置向导，对校正方法、曲线方程、浓度单位、样品名称、数量进行设置。

（12）设置测量次数及信号方式　点击测量界面下的"参数"，弹出测量参数对话框，在"常规"中输入标准、空白、试样的测量次数。在"信号处理"中选择峰高或峰面积，积分时间，滤波系数（见图 4-35）。

（13）石墨管空烧　打开石墨炉电源开关，开启通风装置。点击主菜单中的"空烧"（正式分析前，应对新装的石墨管进行空烧，以除去管中杂质），设置空烧时间，点击"确定"开始空烧，一般空烧 2 次即可。

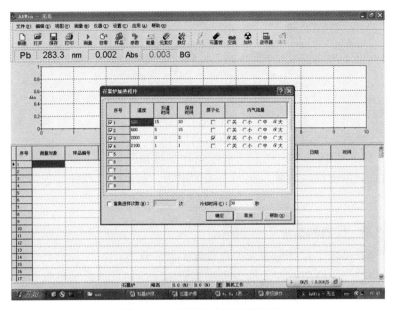

图 4-34　石墨炉加热程序设置

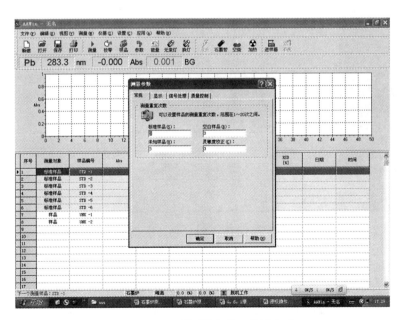

图 4-35　设置测量次数及信号方式

（14）标准曲线绘制，样品测定　用微量进样器吸取 10 ～ 100μL 样品注入石墨管的进样孔中（或通过自动进样器进样）。点击"测量"，弹出测量对话框，点击"开始"，系统将按照前面设置的加热程序开始运行，测量曲线出现在谱图中，并在测量窗口中显示当前石墨管加热温度，以及对每个加热步骤的倒计时。加热步骤完成后系统自动冷却石墨管，冷却结束后可再次进样测量下一个样品。测定结果，吸光度（峰高、峰面积）记录在数据表格中。

（15）结束工作　测定结束后保存测量数据，依序关闭冷却水和氩气钢瓶，关闭通风装置，关闭石墨炉电源，退出操作软件，关闭分光光度计电源，关闭电脑，清洁实验台，填写仪器使用记录。

4.3.3.4　仪器的维护

（1）仪器工作环境要求　在仪器的维护保养中，实验室要求也是非常重要的一个环节，对于原子吸收实验室环境的具体要求见表 4-3。

表 4-3　原子吸收实验室环境要求一览表

温度	恒温 10 ～ 30℃
相对湿度	＜ 70%
供水	多个水龙头，有化验盆（含水封）、有地漏、石墨炉原子吸收应有专用上下水装置
废液排放	实验室备有专用废液收集桶，原子吸收仪器废液排放在与仪器配套的废液桶中
供电	原子吸收设置单相插座若干供电脑、主机使用。要求220V± 10%，如达不到要求需配备稳压电源，通风柜单独供电；石墨炉电源要求220V/40A电源，专用插座
供气	空气由空气压缩机提供，乙炔、氩气由高压钢瓶提供，纯度99.99%
工作台防震	坚固、防震
防火防爆	配备二氧化碳灭火器
避雷防护	属于第三类防雷建筑物
防静电	设置良好接地
电磁屏蔽	有精密电子仪器设备，需进行有效电磁屏蔽
光照	配有窗帘，避免阳光直射
通风设备	配有排风管，仪器工作时产生的废气及时排出室外

（2）仪器的日常维护与保养　对任何一类仪器只有规范操作和正确维护保养才能保证其运行正常，测量结果准确。原子吸收分光光度计的日常维护工作应由以下几方面做起。

① 开机前，检查各电源插头是否接触良好，稳压电源是否完好，仪器各部分是否正常。

② 对新购置的空心阴极灯的发射线波长和强度以及背景发射的

情况，应首先进行扫描测试和登记，以方便后期使用。仪器使用完毕后，要使灯充分冷却，然后从灯架上取下存放。长期不用的灯，应定期在工作电流下点燃，以延长灯的寿命。

③ 定期检查气路接头和封口是否存在漏气现象，以便及时解决。使用过程中应注意下列情况：废液管道的水封液位变低，气体漏气，或燃烧器缝明显变宽，或助燃气与燃气比过大，或使用氧化亚氮 - 乙炔火焰时乙炔流量小于 2L·min^{-1} 等，这些情况都容易发生回火，必须及时处理。仪器设有燃气泄漏报警器，位于仪器内部燃气进口附近，只要接通仪器的外电源它就开始工作（无论仪器电源开关是否打开）。它除了提供异常状态时的安全联锁保护外，还同时提供声音报警。值得提醒的是：在任何时刻，如果有出现异常状况或出现报警声，应立即按下紧急灭火开关（开关位于仪器正面右下角，参见图 4-15），关闭仪器的电源开关，关闭乙炔、氧化亚氮、氢气、空气、氩气等气体管道的主阀门，关闭循环冷却管道的主阀，待查明原因和彻底解决问题后才可以重新开机。

④ 仪器的不锈钢喷雾器为铂铱合金毛细管，不宜测定高氟浓度样品，使用后应立即用水冲洗雾化室，防止腐蚀；吸液用聚乙烯管应保持清洁，无油污，防止弯折；发现堵塞，可用软钢丝清除。

⑤ 预混合室要定期清洗积垢，喷过浓酸、碱液后，要仔细清洗；日常工作后应该用蒸馏水吸喷 5 ～ 10min 进行清洗。

⑥ 燃烧器上如有盐类结晶，火焰呈齿形，可用滤纸轻轻刮去，必要时应卸下燃烧器，用（1 + 1）乙醇 - 丙酮液清洗，如有熔珠可用金相砂纸打磨，严禁用酸浸泡。

⑦ 单色器中的光学元件，严禁用手触摸和擅自调节。为防止光栅受潮发霉，要经常更换暗盒内的干燥剂。备用光电倍增管应轻拿轻放，严禁震动。仪器中的光电倍增管严禁强光照射，检修时要关掉负高压。

⑧ 仪器点火时，先开助燃气，然后开燃气；关闭时先关燃气，然后关助燃气。

⑨ 乙炔钢瓶工作时应直立，严禁剧烈震动和撞击。工作时乙炔钢瓶应放置室外，温度不宜超过 30 ～ 40℃，防止日晒雨淋。开启钢瓶时，阀门旋开不超过 1.5 转，防止丙酮逸出。

⑩ 使用石墨炉时，样品注入的位置要保持一致，以减少误差。工作时，冷却水的压力与惰性气流的流速应稳定。一定要在有惰性气体的条件下接通电源，否则会烧毁石墨管。

（3）仪器常见故障及排除 原子吸收分光光度计常见故障、产生原因及排除方法见表 4-4。

表 4-4　TAS990 型原子吸收分光光度计常见故障及排除方法

故障现象	故障原因	排除方法
1. 电源开关无显示	（1）仪器电源线断路或接触不良	（1）将电源线接好，压紧插头插座，如仍接触不良则应更换新电源线
	（2）仪器保险丝熔断	（2）更换新保险丝
	（3）保险管接触不良	（3）卡紧保险管使接触良好
	（4）电源输入线路中有断路处	（4）用万用电表检查，并用观察法寻找断路处，将其焊接好
2. 初始化中波长电机出现"×"	（1）检查空心阴极灯是否安装并点亮	（1）重新安装灯
	（2）光路中有物体挡光	（2）取出光路中的挡光物
	（3）主机与计算机通信系统联系中断	（3）重新启动仪器
3. 元素灯不亮	（1）检查灯电源连线是否脱焊	（1）重新安装空心阴极灯
	（2）灯电源插座松动	（2）更换灯位重新安装
	（3）空心阴极灯损坏	（3）换另一只灯试试
4. 寻峰时能量过低，能量超上限	（1）元素灯不亮	（1）重新安装空心阴极灯
	（2）元素灯位置不对	（2）重新设置灯位
	（3）分析线选择错误	（3）选择最灵敏线
	（4）光路中有挡光物	（4）移开挡光物
	（5）灯老化，发射强度低	（5）更换新灯
5. 点击"点火"按钮，点火器无高压放电打火	（1）空气无压力或压力不足	（1）检查空气压缩机出口压力
	（2）乙炔未开启或压力过小	（2）检查乙炔出口压力
	（3）废液液位过低	（3）向废液排放安全联锁装置中倒入蒸馏水
	（4）紧急灭火开关点亮	（4）按紧急灭火开关使其熄灭
	（5）乙炔泄漏，报警	（5）关闭乙炔，检查管路，打开门窗
	（6）有强光照射在火焰探头上	（6）挡住照射在探头上的强光
6. 点击"点火"按钮，点火器有高压放电打火，但燃烧器火焰不能点燃	（1）乙炔未开启或压力过小	（1）（2）检查并调节乙炔压力至正常值，重复多次点火
	（2）管路过长，乙炔未进入仪器	
	（3）有强光照射在火焰探头上	（3）挡住照射在火焰探头上的强光
	（4）燃气流量不合适	（4）调整燃气流量
	（5）空压机出口压力太大	（5）调整空压机出口压力
7. 选择氘灯扣背景时背景能量低或者没有	（1）氘灯未启辉	（1）检查氘灯并点亮
	（2）仪器的波长不在 320nm 以下	（2）调整至合适波长
	（3）氘灯半透射反镜角度不合适，氘灯光斑与元素灯光斑不重合	（3）用调试菜单下氘灯电机单步正反转来调整使两束光斑重合
8. 氘灯扣背景测试时扣除倍数低或者不够	元素灯和氘灯的两路光重合不好	主要检查元素灯和氘灯的两路光是否完全重合一致

续表

故障现象	故障原因	排除方法
9. 测试基线不稳定、噪声大	（1）仪器能量低，光电倍增管负高压过高 （2）波长不准确 （3）元素灯发射不稳定 （4）外电压不稳定、工作台振动	（1）检查灯电流是否合适，如不正常重新设置 （2）寻峰是否正常，如不正常重新寻峰 （3）更换已知灯试试 （4）检查稳压电源保证其正常工作，移开震源
10. 测试时吸光度很低或无吸光度	（1）燃烧缝没有对准光路 （2）燃烧器高度不合适 （3）乙炔流量不合适 （4）分析波长不正确 （5）能量值很低或已经饱和 （6）吸液毛细管堵塞，雾化器不喷雾 （7）样品中待测元素含量过低	（1）调整燃烧器 （2）升高燃烧器高度 （3）调整乙炔流量 （4）检查调整分析波长 （5）进行能量平衡 （6）拆下并清洗毛细管 （7）重新处理样品
11. 测试时火焰不稳定	（1）空压机出口压力不稳 （2）乙炔压力很低、流量不稳 （3）燃烧缝有盐类结晶，火焰呈锯齿状 （4）废液管中废液流动不畅或堵塞，或水封没有 （5）排风设备的排风量过大 （6）仪器周围有风	（1）检查空压机压力表 （2）更换乙炔钢瓶 （3）清洗燃烧器 （4）检查废液排出情况，清理或更换废液管，加水并使之形成水封 （5）降低排风设备的排风量 （6）关闭门窗
12. 点击计算机功能键，仪器不执行命令	（1）计算机与主机处于脱机工作状态 （2）主机在执行其他命令还没有结束 （3）通信电缆松动 （4）计算机死机，病毒侵害	（1）重新开机 （2）关闭其他命令或等待 （3）重新连接通信电缆 （4）重启计算机，消除病毒
13. 石墨管更换不自动打开与关闭炉体	（1）氩气压力不正常 （2）气路不顺畅或堵塞 （3）主机与石墨炉电源控制连线连接不好	（1）调整氩气压力为 0.4～0.5MPa （2）检查气路是否顺畅，有无打折死弯 （3）检查主机与石墨炉电源控制连线
14. 石墨炉加热时状态不正常	（1）仪器处于脱机状态 （2）水流量或氩气压力不正常 （3）石墨炉电源开关未打开 （4）主机电路输出信号不正常 （5）石墨炉电源后面板保险开关未合或其保险丝熔断	（1）检查主机与石墨炉电源控制连线是否连接牢固可靠 （2）检查水流量是否大于 $1L \cdot min^{-1}$，氩气压力是否大于 0.5MPa （3）打开石墨炉电源开关 （4）检查主机电路输出信号 （5）合上石墨炉电源后面板保险开关或更换保险熔丝

续表

故障现象	故 障 原 因	排 除 方 法
15. 石墨炉测试时吸光度小或没有	（1）元素灯光斑未能穿过石墨管中心	（1）调整元素灯光斑使之正好穿过石墨管中心
	（2）波长选择有误	（2）选择元素的特征谱线波长
	（3）能量值不合适或很低或已经饱和	（3）调整能量值
	（4）石墨炉升温程序如干燥、灰化、原子化各阶段温度升温时间及保持时间不合适	（4）正确选择合适的石墨炉升温程序
	（5）原子化阶段是否关闭或减少了内气流	（5）重新设置石墨炉加热程序
	（6）积分时间与原子化时间不匹配	（6）重新设置积分时间与原子化时间
	（7）石墨管严重老化	（7）更换石墨管
16. 石墨炉测试时炉体温度过高	（1）水流量过低	（1）检查水流量是否大于 $1L \cdot min^{-1}$
	（2）出水流不顺畅，水冷电极的水路有阻塞物	（2）检查出水流是否顺畅，清除水冷电极的水路阻塞物
	（3）原子化与空烧净化的温度高且时间较长	（3）应保持温度大于 2500℃时的时间总长小于 10s 左右

 阅读材料

石墨原子化新技术

探针原子化技术和平台原子化技术在石墨炉原子吸收法的应用可显著改善某些元素的测定灵敏度，降低基体干扰和化学干扰对测定结果的影响。

探针原子化技术是将几微升至几十微升试样溶液加在一根难熔金属丝探针或石墨探针头上，利用红外线加热使试样液滴蒸干，然后将探针前端连同试样干渣一起插入已预先加热到恒定温度的石墨炉中，从而使试样蒸发并原子化，同时记录相应的原子吸收信号。

平台原子化技术是把一块具有一定形状和大小且各向异性热解石墨或各向同性的普通石墨制成的薄板（称石墨平台），放在正对石墨管加热孔下方的位置，将几微升至几十微升体积的样品溶液加在平台上，适当延长干燥时间并提高干燥的温度，按常规加热程序加热石墨炉，记录瞬时吸收脉冲信号。石墨平台可提供原子化时能满足时间和空间要求的等温条件，以提高灵敏度和消除干扰。同时，平台加热速率比石墨管快，原子化时间短，而且原子在炉内停留时间变化很小，因此吸收脉冲信号大，提高了测定灵敏度。此外平台原子化技术也可用于固体样品的分析，并且可以延长石墨管的使用寿命。

近年来在平台和探针技术基础上发展起来的稳定温度平台石墨炉（Stabilized Temperature Platform Furnace，简称 STPF）被认为是消除基体干扰的有效方法。STPF 技术包括：使用石墨平台，热解涂层石墨管，快速升温，灰化与原子化温度之差不大于 1000℃，采用氩作载气及原子化时停气，积分吸收信号，使用基体改进剂，快速电子信号检测及塞曼效应扣除背景。STPF 技术的应用使得许多复杂组成的试样有效地实现了原子吸收测定。

4.4　原子吸收光谱分析实验技术

4.4.1　试样的制备

4.4.1.1　取样

试样制备的第一步是取样，取样要有代表性，取样量大小要适当。取样量过小，不能保证必要的测定精度和灵敏度，取样量太大，增加了工作量和试剂的消耗量。取样量大小取决于试样中的被测元素的含量、分析方法和所要求的测量精度。

样品在采样、包装、运输、碎样等过程中要防止被污染，污染是限制灵敏度和检出限的重要原因之一。污染源主要来源于容器、大气、水和所用试剂。如用橡皮布、磁漆和颜料对固体样品编号时，可能引入 Zn、Pb 等元素；利用碎样机碎样时，可能引入 Fe、Mn 等元素；使用玻璃、玛瑙等制成的研钵制样，可能会引入 Si、Al、Ca、Mg 等元素。对于痕量元素还要考虑大气污染。在普通的化验室中，空气中常含有 Fe、Ca、Mg、Si 等元素，而大气污染一般说很难校正。样品通过加工制成分析试样后，其化学组成必须与原始样一致。样品存放的容器材质要根据测定要求而定，对不同容器应采取各自合适的洗涤方法洗净。无机样品溶液应置于聚氯乙烯容器中，并维持必要的酸度，存放于清洁、低温、阴暗处；有机试样存放时应避免与塑料、胶木瓶盖等物质直接接触。

4.4.1.2　样品预处理

原子吸收光谱分析通常是溶液进样，被测样品需要事先转化为溶液样品。其处理方法与通常的化学分析相同，要求试样分解完全，在分解过程中不引入杂质和造成待测组分的损失，所用试剂及反应产物对后续测定无干扰。

（1）样品溶解 对无机试样，首先考虑能否溶于水，若能溶于水，应首选去离子水为溶剂来溶解样品，并配成合适的浓度范围。若样品不能溶于水则考虑用稀酸、浓酸或混合酸处理后配成合适浓度的溶液。常用的酸是 HCl、H_2SO_4、H_3PO_4、HNO_3、$HClO_4$，H_3PO_4 常与 H_2SO_4 混合用于某些合金试样的溶解，氢氟酸常与另一种酸生成氟化物而促进溶解。用酸不能溶解或溶解不完全的样品采用熔融法。熔剂的选择原则是：酸性试样用碱性熔剂，碱性试样用酸性熔剂。常用的酸性熔剂有 $NaHSO_4$、$KHSO_4$、$K_2S_2O_7$、酸性氟化物等。常用的碱性熔剂有 Na_2CO_3、K_2CO_3、$NaOH$、Na_2O_2、$LiBO_2$（偏硼酸锂）、$Li_2B_4O_7$（四硼酸锂），其中偏硼酸锂和四硼酸锂应用广泛。

（2）样品的灰化 灰化又称消化，灰化处理可除去有机物基体。灰化处理分为干法灰化和湿法消化两种。

① 干法灰化 干法灰化是在较高温度下，用氧来氧化样品。具体做法是：准确称取一定量样品，放在石英坩埚或铂坩埚中，于 $80 \sim 150℃$ 低温加热，赶去大量有机物，然后放于高温炉中，加热至 $450 \sim 550℃$ 进行灰化处理。冷却后再将灰分用 HNO_3、HCl 或其他溶剂进行溶解。如有必要则加热溶液以使残渣溶解完全，最后转移到容量瓶中，稀释至标线。干法灰化技术简单，可处理大量样品，一般不受污染。广泛用于无机物分析前破坏样品中有机物。这种方法不适于易挥发元素，如 Hg、As、Pb、Sn、Sb 等的测定，因为这些元素在灰化过程中损失严重。对于 Bi、Cr、Fe、Ni、V 和 Zn 来说，在一定条件下可能以金属、氯化物或有机金属化合物形式而损失掉。

干法灰化有时可加入氧化剂帮助灰化。在灼烧前加少量盐溶液润湿样品，或加几滴酸，或加入纯 $Mg(NO_3)_2$、醋酸盐作灰化基体，可加速灰化过程和减少某些元素的挥发损失。

已有一种低温干法灰化技术，它是在高频磁场中通入氧，氧被活化，然后将这种活化氧通过被灰化的有机物上方，可以使其在低于 $100℃$ 的温度下氧化。这种技术优点是能保留样品的形态，并减少由于样品的挥发造成的损失，从容器或大气中引入的污染也较少。

② 湿法消化 湿法消化是在样品升温下用合适的酸加以氧化。最常用的氧化剂是 HNO_3、H_2SO_4 和 $HClO_4$，它们可以单独使用也可以混合使用，如 $HNO_3 + HCl$、$HNO_3 + HClO_4$ 和 $HNO_3 + H_2SO_4$ 等，其中最常用的混合酸是 $HNO_3 + H_2SO_4 + HClO_4$（体积比为 $3 : 1 : 1$）。

湿法消化样品损失少，不过 Hg、Se、As 等易挥发元素不能完全避免。湿法消化时由于加入试剂，故污染可能性比干法灰化大，而且需要小心操作。

目前，采用微波消解样品法已被广泛采用。无论是地质样品，还是有机样品，微波消解均可获得满意结果。采用微波消解法，可将样品放在聚四氟乙烯焖罐中，于专用微波炉中加热，这种方法样品消解快、分解完全、损失少、适合大批量样品的处理工作，对微量、痕量元素的测定结果好。

塑料类和纺织类样品的溶解，应根据样品性质合理选择方法。如聚苯乙烯，乙醇纤维、乙醇丁基纤维，可溶于甲基异丁基酮。聚丙烯酯可溶于二甲基甲酰胺。聚碳酸酯、聚氯乙烯可溶于环己酮。聚酰胺（尼龙）可溶于甲醇，聚酯也可溶于甲醇。羊毛可溶于质量浓度为 $50g \cdot L^{-1}$ NaOH 中。棉花和纤维可溶于质量分数为 12% 的 H_2SO_4 中。

4.4.1.3 被测元素的分离与富集

分离共存干扰组分同时使被测组分得到富集是提高痕量组分测定相对灵敏度的有效途径。目前常用的分离与富集方法有沉淀和共沉淀法、萃取法、离子交换法、浮选分离富集技术、电解预富集技术及应用泡沫塑料、活性炭等的吸附技术。其中应用较普遍的是萃取和离子交换法。

4.4.2 标准样品溶液的配制

标准样品的组成要尽可能接近未知试样的组成。配制标准溶液通常使用各元素合适的盐类来配制，当没有合适的盐类可供使用时，也可直接溶解相应的高纯（99.99%）金属丝、棒、片于合适的溶剂中，然后稀释成所需浓度范围的标准溶液，但不能使用海绵状金属或金属粉末来配制。金属在溶解之前，要磨光并利用稀酸清洗，以除去表面氧化层。

非水标准溶液可将金属有机物溶于适宜的有机溶剂中配制（或将金属离子转变成可萃取化合物），用合适的溶剂萃取，通过测定水相中的金属离子含量间接加以标定。

所需标准溶液的浓度在低于 $0.1mg \cdot mL^{-1}$ 时，应先配成比使用的浓度高 $1 \sim 3$ 个数量级的浓溶液（大于 $1mg \cdot mL^{-1}$）作为贮备液，然后经稀释配成。贮备液配制时一般要维持一定酸度，以免器皿表面吸附。配好的贮备液应贮于聚四氟乙烯、聚乙烯或硬质玻璃容器中。浓度很小（小于 1μg·mL^{-1}）的标准溶液不稳定，使用时间不应超过 1～2d。表 4-5 列出了常用贮备标准溶液的配制方法。

表 4-5　常用贮备标准溶液的配制

金属	基准物	配制方法（浓度 1mg/mL）
Ag	金属银（99.99%）	溶解 1.000g 银于 20mL（1＋1）硝酸中，用水稀释至 1L
	AgNO$_3$	溶解 1.575g 硝酸银于 50mL 水中，加 10mL 浓硝酸，用水稀释至 1L
Au	金属金	将 0.1000g 金溶解于数毫升王水中，在水浴上蒸干，用盐酸和水溶解，稀释到 100mL，盐酸浓度约 1mol/L
Ca	CaCO$_3$	将 2.4972g 在 110℃烘干过的碳酸钙溶于 1∶4 硝酸中，用水稀释至 1L
Cd	金属镉	溶解 1.000g 金属镉于（1＋1）硝酸中，用水稀释到 1L
Co	金属钴	溶解 1.000g 金属钴于（1＋1）盐酸中，用水稀释至 1L
Cr	K$_2$Cr$_2$O$_7$	溶解 2.829g 重铬酸钾于水中，加 20mL 硝酸，用水稀释至 1L
	金属铬	溶解 1.000g 金属铬于（1＋1）盐酸中，加热使之溶解，完全，冷却，用水稀释至 1L

标准溶液的浓度下限取决于检出限，从测定精度的观点出发，合适的浓度范围应该是在能产生 0.2～0.8 单位吸光度或 15%～65% 透射比之间的浓度。

4.4.3　测定条件的选择

为获得灵敏、重现性好和准确的结果，进行原子吸收光谱分析时应对测定条件进行优选。

4.4.3.1　吸收线的选择

每种元素的基态原子都有若干条吸收线，为了提高测定的灵敏度，一般情况下应选用其中最灵敏线作分析线。但如果测定元素的浓度很高，或为了消除邻近光谱线的干扰等，也可以选用次灵敏线。例如，试液中铷的测定，其最灵敏的吸收线是 780.0nm，但为了避免钠、钾的干扰，可选用 794.0nm 次灵敏线作吸收线。又如分析高浓度试样时，为了保持工作曲线的线性范围，选次灵敏线作吸收线是有利的。但对低含量组分的测量，应尽可能选最灵敏线作分析线。若从稳定性考虑，由于空气-乙炔火焰在短波区域对光的透过性较差，噪声大，若灵敏线处于短波方向，则可以考虑选择波长较长的灵敏线。

表 4-6 列出了常用的各元素分析线，可供使用时参考。

表 4-6　原子吸收分光光度法中常用的元素分析线　　　　单位：nm

元素	分析线	元素	分析线	元素	分析线
Ag	328.1，3383	Ge	265.2，275.5	Re	346.1，346.5
Al	309.3，308.2	Hf	307.3，288.6	Sb	217.6，206.8
As	193.6，197.2	Hg	253.7	Sc	391.2，402.0
Au	242.3，267.6	In	303.9，325.6	Se	196.1，204.0
B	249.7，249.8	K	766.5，769.9	Si	251.6，250.7
Ba	553.6，455.4	La	550.1，413.7	Sn	224.6，286.3
Be	234.9	Li	670.8，323.3	Sr	460.7，407.8
Bi	223.1，222.8	Mg	285.2，279.6	Ta	271.5，277.6
Ca	422.7，239.9	Mn	279.5，403.7	Te	214.3，225.9
Cd	228.8，326.1	Mo	313.3，317.0	Ti	364.3，337.2
Ce	520.0，369.7	Na	589.0，330.3	U	351.5，358.5
Co	240.7，242.5	Nb	334.4，358.0	V	318.4，385.6
Cr	357.9，359.4	Ni	232.0，341.5	W	255.1，294.7
Cu	324.8，327.4	Os	290.9，305.9	Y	410.2，412.8
Fe	248.3，352.3	Pb	216.7，283.3	Zn	213.9，307.6
Ga	287.4，294.4	Pt	266.0，306.5	Zr	360.1，301.2

4.4.3.2　光谱通带宽度的选择

选择光谱通带，实际上就是选择狭缝的宽度。单色器的狭缝宽度主要是根据待测元素的谱线结构和所选的吸收线附近是否有非吸收干扰来选择的。当吸收线附近无干扰线存在时，放宽狭缝，可以增加光谱通带。若吸收线附近有干扰线存在，在保证有一定光强度的情况下，应适当调窄一些，光谱通带一般在 0.5～4nm 之间选择。合适的狭缝宽度可以通过实验的方法确定。具体方法是：逐渐改变单色器的狭缝宽度，使检测器输出信号最强，即吸光度最大为止。当然，还可以根据文献资料进行确定，表 4-7 列出了一些元素在测定时经常选用的光谱通带。根据仪器说明书上列出的单色器线色散率倒数，用光谱通带宽度＝线色散率倒数×狭缝宽度，计算出不同的光谱通带宽度所相应的狭缝宽度。

如果仪器上的狭缝不是连续可调的，而是一些固定的数值，这时应根据要求的通带选一个适当的狭缝。

表 4-7　不同元素所选用的光谱通带　　　　单位：nm

元素	共振线	通带	元素	共振线	通带
Al	309.3	0.2	Mn	279.5	0.5
Ag	328.1	0.5	Mo	313.3	0.5
As	193.7	<0.1	Na	589.0[①]	10
Au	242.8	2	Pb	217.0	0.7
Be	234.9	0.2	Pd	244.8	0.5
Bi	223.1	1	Pt	265.9	0.5
Ca	422.7	3	Rb	780.0	1
Cd	228.8	1	Rh	343.5	1
Co	240.7	0.1	Sb	217.6	0.2
Cr	357.9	0.1	Se	196.0	2
Cu	324.7	1	Si	251.6	0.2
Fe	248.3	0.2	Sr	460.7	2
Hg	253.7	0.2	Te	214.3	0.6
In	302.9	1	Ti	364.3	0.2
K	766.5	5	Tl	377.6	1
Li	670.9	5	Sn	286.3	1
Mg	285.2	2	Zn	213.9	5

① 使用10nm通带时，单色器通过的是589.0nm和589.6nm双线。若用4nm通带。测定589.0线，灵敏度可提高。

4.4.3.3　空心阴极灯工作电流的选择

选择原则是：在保证放电稳定和有适当光强输出情况下，尽量选用低的工作电流。空心阴极灯上都标明了最大工作电流，对大多数元素，日常分析的工作电流建议采用额定电流的40%～60%，因为这样的工作电流范围可以保证输出稳定且强度合适的锐线光。对高熔点的镍、钴、钛等空心阴极灯，工作电流可以调大些；对低熔点易溅射的铋、钾、钠、铯等空心阴极灯，使用时工作电流小些为宜。具体要采用多大电流，一般要通过实验方法绘出吸光度-灯电流关系曲线，然后选择有最大吸光度读数时的最小灯电流。

4.4.3.4　原子化条件的选择

（1）火焰原子化条件的选择

① 火焰的选择　火焰的温度是影响原子化效率的基本因素。首先有足够的温度才能使试样充分分解为原子蒸气状态。但温度过高会增加原子的电离或激发，而使基态原子数减少，这对原子吸收是不利的。因

此在确保待测元素能充分解离为基态原子的前提下，低温火焰比高温火焰具有较高的灵敏度。不过对于某些元素，如果温度太低则试样不能解离，反而灵敏度降低，并且还会发生分子吸收，干扰可能更大。因此必须根据试样具体情况，合理选择火焰温度。火焰温度由火焰种类（即火焰中燃气、助燃气的组成）和火焰燃烧状态来确定。当火焰种类选定后（通常使用空气-乙炔焰），还要选合适的助燃比（助燃气与燃气流量比）。同一种火焰，随助燃比的不同火焰的燃烧状态也不同，即火焰的温度、气氛等特征不同。实际工作中，可选用不同的助燃比测定不同元素。火焰有三种燃烧状态：一是化学计量焰（中性火焰），其燃气和助燃气基本上按化学反应计量比混合，这种火焰层次清晰、温度高、干扰少且稳定，除少数金属元素外，大多数金属元素都用化学计量焰测定；二是贫燃焰，其燃气与助烧气之比小于化学计量比，这种火焰燃烧完全、氧化性较强，不利于还原产物的形成，且温度较低，故常用于碱金属元素及高熔点惰性金属测定，但是重现性差；三是富燃焰，其燃气与助燃气比超过正常化学计量比。这种火焰含大量未燃尽燃气，火焰层次模糊，呈黄色，具有强还原性，温度在 2300K 左右，有利于易生成氧化物的元素的测定，如 Cr、Mo、Sn 等分析。不过对 Si、Be、Al、Ti 等特别难解离的元素的原子化还有困难，此时，常选用 C_2H_2-N_2O 焰进行测定，当然也可以用石墨炉原子化器。最佳的流量比应通过绘制吸光度-燃气、助燃气流量曲线来确定。一般空气-乙炔焰的流量在（3∶1）～（4∶1）之间，贫燃火焰在（1∶4）～（1∶6），富燃火焰（1.2∶4）～（1.5∶4）。

② 燃烧器高度选择　不同元素在火焰中形成的基态原子的最佳浓度区域高度不同，因而灵敏度也不同。因此，应选择合适的燃烧器高度使光束从原子浓度最大的区域通过。一般在燃烧器狭缝口上方 2～5mm 附近火焰具有最大的基态原子密度，灵敏度最高。但对于不同测定元素和不同性质的火焰有所不同。最佳的燃烧器高度应通过试验选择。其方法是：先固定燃气和助燃气流量，取一固定样品，逐步改变燃烧器高度，调节零点，测定吸光度，绘制吸光度-燃烧器高度曲线图，选择吸光度大的燃烧器高度为最佳位置。

③ 进样量的选择　试样的进样量一般在 3～6mL·min^{-1} 较为适宜。进样量过大，对火焰产生冷却效应。同时，较大雾滴进入火焰，难以完全蒸发，原子化效率下降，灵敏度低。进样量过小，由于进入火焰的溶液

太少，吸收信号弱，灵敏度低，不便测量。在实际工作中，应测定吸光度随进样量的变化，达到最满意的吸光度的进样量，即为应选择的进样量。

（2）电热原子化条件的选择

① 载气的选择　可使用惰性气体氩或氮作载气，通常使用的是氩气。采用氮气作载气时要考虑高温原子化时产生的干扰。载气流量会影响灵敏度和石墨管寿命。目前大多采用内外单独供气方式，外部供气是不间断的，流量在 $1 \sim 5L \cdot min^{-1}$；内部气体流量在 $60 \sim 70mL \cdot min^{-1}$。在原子化期间，内气流的大小与测定元素有关，可通过试验确定。

② 冷却水　为使石墨管迅速降至室温，通常使用水温为 $20℃$，流量为 $1 \sim 2L \cdot min^{-1}$ 的冷却水（可在 $20 \sim 30s$ 冷却）。水温不宜过低，流速亦不可过大，以免在石墨锥体或石英窗上产生冷凝水。

③ 原子化温度的选择　原子化过程中，干燥阶段的干燥条件直接影响分析结果的重现性。为了防止样品飞溅，又能保持较快的蒸干速度，干燥应在稍低于溶剂沸点的温度下进行。条件选择是否得当可用蒸馏水或空白溶液进行检查。干燥时间可以调节，并和干燥温度相配合，一般取样 $10 \sim 100\mu L$ 时，干燥时间为 $15 \sim 60s$，具体时间应通过实验确定。

灰化温度和时间的选择原则是，在保证待测元素不挥发损失的条件下，尽量提高灰化温度，以去掉比待测元素化合物容易挥发的样品基体，减少背景吸收。灰化温度和灰化时间由实验确定，即在固定干燥条件、原子化程序不变情况下，通过绘制吸光度-灰化温度或吸光度-灰化时间的灰化曲线找到最佳灰化温度和灰化时间。

不同原子有不同的原子化温度，原子化温度的选择原则是，选用达到最大吸收信号的最低温度作为原子化温度，这样可以延长石墨管的使用寿命。但是原子化温度过低，除了造成峰值灵敏度降低外，重现性也会受到影响。

原子化时间与原子化温度是相配合的。一般情况是在保证完全原子化前提下，原子化时间尽可能短一些。对易形成碳化物的元素，原子化时间可以长些。

现在的石墨炉带有斜坡升温设施，它是一种连续升温设施，可用于干燥、灰化及原子化各阶段。近年来生产的石墨炉还配有最大功率附件，最大功率加热方式是以最快的速度 $[(1.5 \sim 2.0) \times 10^3℃ \cdot s^{-1}]$ 加热石墨管至预先确定的原子化温度。用最大功率方式加热可提高灵敏度，并在较宽的温度范围内有原子化平台区。因此可以在较低的原子化温度下，达到最佳原子化条件，延长了石墨管寿命。

④ 石墨管的清洗　为了消除记忆效应，在原子化完成后，一般在 3000℃ 左右，采用空烧的方法来清洗石墨管，以除去残余的基体和待测元素，但时间宜短，否则使石墨管寿命大为缩短。

4.4.4　干扰及其消除技术

原子吸收分析相对化学分析及发射光谱分析手段来说，是一种干扰较少的检测技术。原子吸收检测中的干扰可分为四种类型，它们分别是物理干扰、化学干扰、电离干扰和光谱干扰。明确了干扰的性质，便可以采取适当措施，消除和校正所存在的干扰。

4.4.4.1　物理干扰及其消除

物理干扰是指试样在转移、蒸发和原子化过程中物理性质（如黏度、表面张力、密度和蒸气压等）的变化而引起原子吸收强度下降的效应。物理干扰是非选择性干扰，对试样各元素的影响基本相同。物理干扰主要发生在试液抽吸过程、雾化过程和蒸发过程中。

消除物理干扰的主要方法是配制与被测试样相似组成的标准溶液。在试样组成未知时，可以采用标准加入法或选用适当溶剂稀释试液来减少和消除物理干扰。此外，调整撞击小球位置以产生更多细雾；确定合适的抽吸量等，都能改善物理干扰对结果产生的负效应。

4.4.4.2　化学干扰及其消除

化学干扰是原子吸收光谱分析中的主要干扰。它是由于在样品处理及原子化过程中，待测元素的原子与干扰物质组分发生化学反应，形成更稳定的化合物，从而影响待测元素化合物的解离及其原子化，致使火焰中基态原子数目减少，而产生的干扰。例如，盐酸介质中测定 Ca、Mg 时，若存在 PO_4^{3-} 则会对测定产生干扰，这是由于 PO_4^{3-} 在高温时与 Ca、Mg 生成高熔点、难挥发、难解离的磷酸盐或焦磷酸盐，使参与吸收的 Ca、Mg 的基态原子数减少而造成的。

化学干扰是一种选择性干扰。消除化学干扰的方法如下。

① 使用高温火焰，使在较低温度火焰中稳定的化合物在较高温度下解离。如在空气 - 乙炔火焰中 PO_4^{3-} 对 Ca 测定干扰，Al 对 Mg 的测定有干扰，如果使用氧化亚氮 - 乙炔火焰，可以提高火焰温度，这样干扰就被消除了。

②加入释放剂，使其与干扰元素形成更稳定更难解离的化合物，而将待测元素从原来难解离化合物中释放出来，使之有利于原子化，从而消除干扰。例如上述 PO_4^{3-} 干扰 Ca 的测定，当加入 $LaCl_3$ 后，干扰就被消除。因为 PO_4^{3-} 与 La^{3+} 生成更稳定的 $LaPO_4$，而将钙从 $Ca_3(PO_4)_2$ 中释放出来。

③加入保护剂使其与待测元素或干扰元素反应生成稳定配合物，因而保护了待测元素，避免了干扰。例如加入 EDTA 可以消除 PO_4^{3-} 对 Ca^{2+} 的干扰，这是由于 Ca^{2+} 与 EDTA 配位后不再与 PO_4^{3-} 反应的结果。

④在石墨炉原子化中加入基体改进剂❶提高被测物质的灰化温度或降低其原子化温度以消除干扰。例如汞极易挥发，加入硫化物生成稳定性较高的硫化汞，灰化温度可提高到 300℃。测定海水中 Cu、Fe、Mn 时，加入 NH_4NO_3 则其中的 NaCl 转化为 NH_4Cl，使其在原子化前低于 500℃ 的灰化阶段除去。表 4-8 列出了部分常用的抑制干扰的试剂；表 4-9 列出了部分常见的基体改进剂。

表 4-8　用于抑制干扰的一些试剂

试剂	干扰成分	测定元素	试剂	干扰成分	测定元素
La	$Al,Si,PO_4^{3-},SO_4^{2-}$	Mg	NH_4Cl	Al	Na,Cr
Sr	$Al,Be,Fe,Se,$	Mg,	NH_4Cl	$Sr,Ca,Ba,PO_4^{3-},SO_4^{2-}$	Mo
	$NO_3^-,SO_4^{2-},PO_4^{3-}$	Ca,Sr	NH_4Cl	Fe,Mo,W,Mn	Cr
Mg	$Al,Si,PO_4^{3-},SO_4^{2-}$	Ca	乙二醇	PO_4^{3-}	Ca
Ba	Al,Fe	Mg,K,Na	甘露醇	PO_4^{3-}	Ca
Ca	Al,F	Mg	葡萄糖	PO_4^{3-}	Ca,Sr
Sr	Al,F	Mg	水杨酸	Al	Ca
$Mg+HClO_4$	$Al,Si,PO_4^{3-},SO_4^{2-}$	Ca	乙酰丙酮	Al	Ca
$Sr+HClO_4$	Al,P,B	Ca,Mg,Ba	蔗糖	P,B	Ca,Sr
Nd,Pr	Al,P,B	Sr	EDTA	Al	Mg,Ca
Nd,Sm,Y	Al,P,B	Ca,Sr	8-羟基喹啉	Al	Mg,Ca
Fe	Si	Cu,Zn	$K_2S_2O_7$	Al,Fe,Ti	Cr
La	Al,P	Cr	Na_2SO_4	可抑制16种元素的干扰	Cr
Y	Al,B	Cr	Na_2SO_4+	可抑制 Mg 等十几	Cr
Ni	Al,Si	Mg	$CuSO_4$	种元素的干扰	
甘油，高氯酸	$Al,Fe,Th,稀土,Si,$ $B,Cr,Ti,PO_4^{3-},SO_4^{2-}$	Mg,Ca, Sr,Ba			

---

❶ 在待测试液中加入某种试剂，使基体成分转变为较易挥发的化合物，或将待测元素转变为更加稳定的化合物，以便允许较高的灰化温度和在灰化阶段更有效地除去干扰基体，这种试剂称为基体改进剂。

⑤ 化学分离干扰物质。若以上方法都不能有效地消除化学干扰时，可采用离子交换、沉淀分离、有机溶剂萃取等方法，将待测元素与干扰元素分离开来，然后进行测定。化学分离法中有机溶剂萃取法应用较多，因为在萃取分离干扰物质的过程中，不仅可以去掉大部分干扰物，而且可以起到浓缩被测元素的作用。在原子吸收分析中常用的萃取剂多为醇、酯和酮类化合物。

表4-9　分析元素与基体改进剂

分析元素	基体改进剂	分析元素	基体改进剂	分析元素	基体改进剂	分析元素	基体改进剂
镉	硝酸镁	镉	组氨酸	锗	硝酸	汞	盐酸＋过氧化氢
	Triton X-100		乳酸		氢氧化钠		柠檬酸
	氢氧化铵		硝酸	金	TritonX-100 + Ni	磷	镧
	硫酸铵		硝酸铵		硝酸铵	硒	硝酸铵
锑	铜		硫酸铵	铟	O_2		镍
	镍		磷酸二氢铵	铁	硝酸铵		铜
	铂，钯		硫化铵	铅	硝酸铵		钼
	H_2		磷酸铵		磷酸二氢铵		铑
砷	镍		氟化铵		磷酸		高锰酸钾，
	镁		铂		镧		重铬酸钾
	钯	钙	硝酸		铂，钯，金	硅	钙
铍	铝，钙	铬	磷酸二氢铵		抗坏血酸	银	EDTA
	硝酸镁	钴	抗坏血酸		EDTA	碲	镍
铋	镍	铜	抗坏血酸		硫脲		铂，钯
	EDTA，O_2		EDTA		草酸	铊	硝酸
	钯		硫酸铵	锂	硫酸，磷酸		酒石酸＋硝酸
	镍		磷酸铵	锰	硝酸铵	锡	抗坏血酸
硼	钙，钡		硝酸铵		EDTA	钒	钙、镁
	钙＋镁		蔗糖		硫脲	锌	硝酸铵
镉	焦硫酸铵		硫脲	汞	银		EDTA
	镧		过氧化钠		钯		柠檬酸
	EDTA		磷酸	汞	硫化铵		
	柠檬酸	镓	抗坏血酸		硫化钠		

上述各种方法若配合使用，则效果会更好。

4.4.4.3　电离干扰及其消除

在高温下，原子电离成离子，而使基态原子数目减少，导致测定结果偏低，此种干扰称电离干扰。电离干扰主要发生在电离电位较低的碱金属和部分碱土金属中。消除电离干扰最有效的方法是在试液中加入过量比待测元素电离电位低的其他元素（通常为碱金属元素）。由于加入的元素在火焰中强烈电离，产生大量电子，而抑制了待测元素基态原子的电离。例如测定 Ba 时，适量加入钾盐可以消除 Ba 的电离干扰。一般说，加入元素的电离电位越低，所加入的量可以越少。适宜的加入量由实验确定。加入量太大会影响吸收信号和产生杂散光。

4.4.4.4　光谱干扰及其消除

光谱干扰是由于分析元素吸收线与其他吸收线或辐射不能完全分开而产生的干扰。

光谱干扰包括谱线干扰和背景干扰两种，主要来源于光源和原子化器，也与共存元素有关。

（1）谱线干扰　谱线干扰有以下三种。

① 吸收线重叠。当共存元素吸收线与待测元素吸收波长很接近时，两谱线重叠，使测定结果偏高。这时应另选其他无干扰的分析线进行测定或预先分离干扰元素。

② 光谱通带内存在的非吸收线。这些非吸收线可能出自待测元素的其他共振线与非共振线，也可能是光源中所含杂质的发射线。消除这种干扰的方法是减小狭缝，使光谱通带小到可以分开这种干扰。另外也可适当减小灯电流，以降低灯内干扰元素发光强度。

③ 原子化器内直流发射干扰。为了消除原子化器内的直流发射干扰，可以对光源进行机械调制，或者是对空心阴极灯采用脉冲供电。

当采用锐线光源和交流调制技术时，这三种因素一般可以不予考虑，主要考虑分子吸收和光散射的影响，它们是形成光谱背景的主要因素。

（2）背景干扰　背景干扰是指在原子化过程中，由于分子吸收和光散射作用而产生的干扰。背景干扰使吸光度增加，因而导致测定结果偏高。

分子吸收是指在原子化过程中，由于燃气、助燃气等火焰气体、试液中盐类和无机酸（主要是硫酸和磷酸）等分子或自由基等对入射光吸收而产生的干扰。例如碱金属卤化物（KBr、NaCl、KI 等）在紫外光区有很强的分子吸收；硫酸、磷酸在紫外区也有很强的吸收（盐酸、硝酸及高氯酸吸收都很小，因此原子吸收光谱法中应尽量避免使用硫酸和磷酸）。乙炔 - 空气、丙烷 - 空气等火焰在波长小于 250nm 的紫外区也有明显吸收。

光散射是指试液在原子化过程中形成高度分散的固体微粒，当入射光照射在这些固体微粒上时产生了散射，而不能被检测器检测，导致吸光度增大。通常入射光波长越短，光散射作用越强，试液基体浓度越大，光散射作用也越严重。

石墨炉原子化法的背景干扰比火焰原子化法严重，有时不扣除背景就无法进行测量。消除背景干扰的方法有以下几种。

① 用邻近非吸收线扣除背景　先用分析线测量待测元素吸收和背景吸收的总吸光度，再在待测元素吸收线附近选另一条不被待测元素吸收的谱线（称为邻近非吸收线）测量试液的吸光度，此吸收即为背景吸收。从总吸光度中减去邻近非吸收线吸光度，就可以达到扣除背景吸收的目的。

邻近非吸收线可用同种元素的非吸收线，也可以用其他不同元素的非吸收线，选用其他不同元素的非吸收线时，样品中不得含有该种元素。邻近非吸收线波长与分析波长越相近，背景扣除越有效。例如，Al 的分析线为 309.3nm，可选用 Al 的 307.3nm 非吸收线进行背景扣除。Cr 的分析线为 357.9nm，可用灯内 Ar 惰性气体原子发射线 358.3nm 进行背景扣除。Mg 的分析线为 285.2nm，可用 Cd 的 283.7nm 进行背景扣除。

② 用氘灯校正背景　先用空心阴极灯发出的锐线光通过原子化器，测量待测元素和背景吸收的总和，再用氘灯发出的连续光通过原子化器，在同一波长测出背景吸收。此时待测元素的基态原子对氘灯连续的光谱的吸收可以忽略。因此当空心阴极灯和氘灯的光束交替通过原子化器时，背景吸收的影响就可以扣除，从而进行校正。

氘灯只能校正较低的背景，而且只适于紫外光区的背景校正，可见光区的背景校正可用碘钨灯和氙灯。使用氘灯校正时，要调节氘灯光斑与空心阴极灯光斑完全重叠，并调节两束入射光能量相等。

③ 用自吸收方法校正背景　当空心阴极灯在高电流下工作时，其阴极发射的锐线会被灯内处于基态的原子吸收，使发射的锐线变宽，吸光度下降，灵敏度也下降。这种自吸收现象是客观存在的，也是无法避免的。因此可以先让空心阴极灯在低电流下工作，使锐线光通过原子化器，测得待测元素和背景吸收总和，然后使它再在高电流下工作，再通过原子化器，测得相当于背景的吸收，将两次测得的吸光度数值相减，就可以扣除背景的影响。这种方法的优点是使用同一光源，在相同波长下进行校正，校正能力强。不足之处是长期使用此法会使空心阴极灯加速老化，降低测量灵敏度。

化验员必读
仪器分析入门 / 提高 / 拓展

④ 塞曼效应校正背景　塞曼效应是指谱线在外磁场作用下发生分裂的现象。塞曼效应校正背景是先利用磁场将吸收线分裂为具有不同偏振方向的组分，再用这些分裂的偏振成分来区别被测元素和背景吸收的一种背景校正法。塞曼效应校正背景吸收分为光源调制法和吸收线调制法。光源调制法是将强磁场加在光源上，吸收线调制法是将磁场加在原子化器上，目前主要应用的是后者。所施加磁场有恒定磁场和可变磁场。

塞曼效应校正背景可以全波段进行，它可校正吸光度高达 1.5 ～ 2.0 的背景，而氘灯只能校正吸光度小于 1 的背景，因此塞曼效应背景校正的准确度比较高。

4.4.5　定量方法

4.4.5.1　工作曲线法

工作曲线法也称标准曲线法，它与紫外 - 可见分光光度法的工作曲线法相似，关键都是绘制一条工作曲线。其方法是：先配制一组浓度合适的标准溶液，在最佳测定条件下，由低浓度到高浓度依次测定它们的吸光度，然后以吸光度 A 为纵坐标，标准溶液浓度为横坐标，绘制吸光度（A）- 浓度（c）的工作曲线（见图 4-36）。

用与绘制工作曲线相同的条件测定样品的吸光度，利用工作曲线以内插法求出被测元素的浓度。为了保证测定的准确度，测定时应注意以下几点。

① 标准溶液与试液的基体（指溶液中除待测组分外的其他成分的总体）要相似，以消除基体效应 [1]。标准溶液浓度范围应将试液中待测元素的浓度包括在内。浓度范围大小应以获得合适的吸光度读数为准。

② 随着时间的变化仪器条件会发生微小变化，导致吸光度信号的变化。因此，标准系列溶液与样品溶液的吸光度应在同一时段内测量。

③ 如果样品数量很大，应该观察标准溶液的吸光度是否发生明显变化，如果发生明显变化则应重新进行标准系列斜率校正，或者分段进行测定。

④ 如果样品溶液吸光度超过标准系列最高浓度吸光度，则应稀释样品溶液到标准系列内再重新测定。

---

[1] 基体效应是指试样中与待测元素共存的一种或多种组分所引起的种种干扰。

⑤ 测定过程中要吸喷去离子水或空白溶液来校正零点漂移。如果个别样品吸光度特别高，在测定后也应该吸喷去离子水至吸光度回到零后，再进行下一个样品测定。

⑥ 个别测定数据如果变动大，应重新测定。

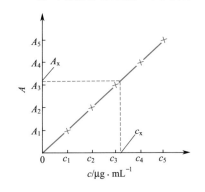

图 4-36 A-c 工作曲线

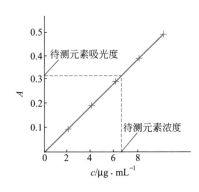

图 4-37 铜工作曲线

工作曲线法简便、快速，适于组成较简单的大批样品分析。

例 4-1 测定某样品中铜含量，称取样品 0.9986g，经化学处理后，移入 250mL 容量瓶中，以蒸馏水稀释至标线，摇匀。喷入火焰，测出其吸光度为 0.320，求该样品中铜的质量分数。

设图 4-37 为铜工作曲线。

由工作曲线查出当 $A = 0.320$ 时，$\rho = 6.2\mu g \cdot mL^{-1}$，即所测样品溶液中铜的质量浓度，则样品中铜的质量分数为

$$\omega(Cu) = \frac{6.2 \times 250 \times 10^{-6}}{0.9986} \times 100\% = 0.16\%$$

4.4.5.2 标准加入法

当试样中共存物不明或基体复杂而又无法配制与试样组成相匹配的标准溶液时，使用标准加入法进行分析是合适的。

标准加入法具体操作方法是：吸取试液四份以上，第一份不加待测元素标准溶液，第二份开始，依次按比例加入不同量待测组分标准溶液，用溶剂稀释至同一的体积，以空白为参比，在相同测量条件下，分别测量各份试液的吸光度，绘出工作曲线，并将它外推至浓度轴，则在浓度轴上的截距，即为未知浓度 c_x，如图 4-38 所示。

使用标准加入法时应注意下面几个问题。

① 相应的标准曲线应是一条通过坐标原点的直线，待测组分的浓度应在此线性范围之内。

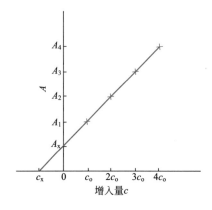

图 4-38　标准加入法工作曲线　　　图 4-39　标准加入法测镁工作曲线

② 第二份中加入的标准溶液的浓度与试样的浓度应当接近（可通过试喷样品和标准溶液比较两者的吸光度来判断），以免曲线的斜率过大或过小，给测定结果引入较大的误差。

③ 为了保证能得到较为准确的外推结果，至少要采用四个点来制作外推曲线。

标准加入法可以消除基体效应带来的影响，并在一定程度上消除了化学干扰和电离干扰，但不能消除背景干扰。因此只有在扣除背景之后，才能得到待测元素的真实含量，否则将使测量结果偏高。

例 4-2　测定某合金中微量镁。称取 0.2687g 试样，经化学处理后移入 50mL 容量瓶中，以蒸馏水稀释至刻度后摇匀。取上述试液 10mL 于 25mL 容量瓶中（共取四份），分别加入镁 0.0、1.0μg、2.0μg、3.0μg、4.0μg，以蒸馏水稀至标线，摇匀。测出上述各溶液的吸光度依次为 0.100、0.200、0.300、0.400、0.500。求试样中镁的质量分数。

根据所测数据绘出如图 4-39 所示的工作曲线，曲线与横坐标交点到原点距离为 1.0，即未加标准溶液镁的 25mL 容量瓶内，含有 1.0μg 镁，这 1.0μg 镁只来源于所加入的 10mL 试样溶液，所以可由下式算出试样中镁的质量分数。

$$\omega(\text{Mg})=\frac{1.0\times10^{-6}}{0.2687\times\dfrac{10}{50}}\times100\%=0.0019\%$$

4.4.5.3 稀释法

稀释法实质是标准加入法的一种形式。设体积为 V_s 的待测元素标准溶液的浓度为 c_s，测得吸光度为 A_s，然后往该溶液中加入浓度为 c_x 的样品溶液 V_x，测得混合液的吸光度为 $A_{(s+x)}$ 则 c_x 为

$$c_x=\frac{\left[A_{(s+x)}(V_s+V_x)-A_sV_s\right]c_s}{A_sV_x}$$

如果两次测量都很准确，则这一方法是快速易行的。因为不需要单独测定样品溶液，此方法需用样品溶液的体积可比标准加入法少。对于高含量样品溶液，亦无需稀释，直接加入即可进行测定，简化了操作手续。

4.4.5.4 内标法

内标法是指将一定量试液中不存在的元素 N 的标准物质加到一定试液中进行测定的方法，所加入的这种标准物质称之为内标物质或内标元素。内标法与标准加入法的区别就在于前者所加入标准物质是试液不存在的；而后者所加入的标准物质是待测组分的标准溶液，是试液中存在的。

内标法具体操作是：在一系列不同浓度的待测元素标准溶液及试液中依次加入相同量的内标元素 N，稀释至同一体积。在同一实验条件下，分别在内标元素及待测元素的共振吸收线处，依次测量每种溶液中待测元素 M 和内标元素 N 的吸光度 A_M 和 A_N，并求出它们的比值 A_M/A_N，再绘制 A_M/A_N-c_M 的内标工作曲线（见图 4-40）。

由待测试液测出 A_M/A_N 的比值，在内标工作曲线上用内插法查出试液中待测元素的浓度并计算试样中待测元素的含量。

在使用内标法时要注意选择好内标元素。该方法要求所选用内标元素在物理及化学性质方面应与待测元素相同或相近；内标元素加入量应接近待测元素的量。在实际工作中往往是通过试验来选择合适的内标元素和内

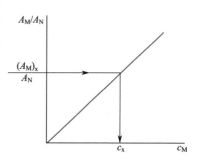

图 4-40 内标工作曲线

标元素量。表 4-10 列举了部分内标元素。

表 4-10　常用内标元素

待测元素	内标元素	待测元素	内标元素	待测元素	内标元素
Al	Cr	Cu	Cd, Mn	Na	Li
Au	Mn	Fe	Au, Mn	Ni	Cd
Ca	Sr	K	Li	Pb	Zn
Cd	Mn	Mg	Cd	Si	Cr, V
Co	Cd	Mn	Cd	V	Cr
Cr	Mn	Mo	Sr	Zn	Mn, Cd

　　内标法仅适用于双道或多道仪器，单道仪器上不能用。内标法的优点是能消除物理干扰，还能消除实验条件波动而引起的误差。

4.4.6　灵敏度、检出限和回收率

　　原子吸收光谱分析中，常用灵敏度、检出限和回收率对定量分析方法及测定结果进行评价。

4.4.6.1　灵敏度

　　根据 1975 年 IUPAC 规定，将原子吸收分析法的灵敏度定义为 A-c 工作曲线的斜率（用 S 表示），即当待测元素的浓度或质量改变一个单位时，吸光度的变化量，其数学表达式为

$$S = \frac{\mathrm{d}A}{\mathrm{d}c} \tag{4-10}$$

或

$$S = \frac{\mathrm{d}A}{\mathrm{d}m} \tag{4-11}$$

　　式中，A 为吸光度；c 为待测元素浓度；m 为待测元素质量。

　　在火焰原子吸收分析中，通常习惯于用能产生 1% 吸收（即吸光度值为 0.0044）时所对应的待测溶液浓度（$\mu g \cdot mL^{-1}$）来表示分析的灵敏度，称为特征浓度（c_c）或特征（相对）灵敏度。特征浓度的测定方法是配制一待测元素的标准溶液（其浓度应在线性范围），调节仪器最佳条件，测定标准溶液的吸光度。然后按下式计算：

$$c_c = \frac{c \times 0.0044}{A} \tag{4-12}$$

　　式中，c_c 为特征浓度，$\mu g \cdot mL^{-1}/1\%$；c 为被测溶液浓度，

$\mu g \cdot mL^{-1}$；A 为测得的溶液吸光度。

在电热原子化测定中，常用特征质量来表示测定灵敏度，即能产生 1%吸收（$A = 0.0044$）信号所对应的待测元素量（μg），又称绝对量。对分析工作显然是特征浓度或特征质量越小越好。

4.4.6.2 检出限

由于灵敏度没有考虑仪器噪声的影响，故不能作为衡量仪器最小检出量的指标。检出限可用于表示能被仪器检出的元素的最小浓度或最小质量。

根据 IUPAC 规定，将检出限定义为，能够给出 3 倍于空白标准偏差的吸光度时，所对应的待测元素的浓度或质量。可用下式进行计算：

$$D_c = \frac{c \times 3\sigma}{A} \tag{4-13}$$

$$D_m = \frac{cV \times 3\sigma}{A} \tag{4-14}$$

式中，D_c 为相对检出限，$\mu g \cdot mL^{-1}$；D_m 为绝对检出限，g；c 为待测溶液浓度，$g \cdot mL^{-1}$；V 为溶液体积，mL；σ 为空白溶液测量标准偏差，是对空白溶液或接近空白的待测组分标准溶液的吸光度进行不少于十次的连续测定后，由下式计算求得的。

$$\sigma = \sqrt{\frac{\sum (A_i - \overline{A})^2}{n-1}} \tag{4-15}$$

式中，A_i 为空白溶液单次测量的吸光度；$\overline{A}$ 为空白溶液多次平行测定的平均吸光度值；n 为测定次数（$n \geq 10$）。

检出限取决于仪器稳定性，并随样品基体的类型和溶剂的种类不同而变化。信号的波动来源于光源、火焰及检测器噪声，因而不同类型仪器的检测器可能相差很大。两种不同元素可能有相同的灵敏度，但由于每种元素光源噪声、火焰噪声及检测器噪声等噪声不同，检出限就可能不一样。因此，检出限是仪器性能的一个重要指标。待测元素的存在量只有高出检出限，才可能可靠地将有效分析信号与噪声信号分开。"未检出"就是待测元素的量低于检出限。

4.4.6.3 回收率

进行原子吸收分析实验时，通常需要测出所用方法的待测元素的回

收率，以此评价方法的准确度和可靠性。回收率的测定可采用下面两种方法

（1）利用标准物质进行测定　将已知含量的待测元素标准物质，在与试样相同条件下进行预处理，在相同仪器及相同操作条件下，以相同定量方法进行测量，求出标样中待测组分的含量，则回收率为测定值与真实值之比，即

$$回收率 = \frac{含量测定值}{含量真实值} \tag{4-16}$$

此法简便易行，但多数情况下，含量已知的待测元素标样不易得到。

（2）利用标准加入法测定　在给定的实验条件下，先测定未知试样中待测元素的含量，然后在一定量的该试样中，准确加入一定量待测元素，以同样方法进行样品处理，在同样条件下，测定其中待测元素的含量，则回收率等于加标样测定值与未加标样测定值之差与标样加入量之比，即

$$回收率 = \frac{加标样测定值 - 未加标样测定值}{标样加入量}$$

显然回收率越接近 1，则方法的可靠性就越高。

 **以火焰原子吸收法测定某试样中铅含量，测得铅平均含量为 $4.6 \times 10^{-6}\%$，在含铅量为 $4.6 \times 10^{-6}\%$ 试样中加入 $5.0 \times 10^{-6}\%$ 的铅标液，在相同条件下测得铅含量 $9.0 \times 10^{-6}\%$，则**

$$回收率 = \frac{(9.0 - 4.6) \times 10^{-6}}{5.0 \times 10^{-6}} \times 100\% = 88\%$$

▼ **阅读材料**

色谱－原子吸收联用技术

　　将原子吸收分析法直接用于某项具体分析工作时，有时灵敏度不够该怎么办？选择另一种更灵敏的方法当然是解决问题的优选途径，但有时难于实现，因为较之原子吸收法更灵敏的方法不多。因此保留原子吸收方法，设法预分离富集样品，使待测元素含量达到方法可测量的范围，仍不失为有效途径。近年来仪器联用技术发展很快，比如气相色谱法（GC）与原子吸收法（AAS) 联用或液相色谱法与原子吸收法联用就可达到这目的。

　　虽然早在 20 世纪 70 年代原子吸收方法发展的初期就有人将其作为气相色谱的检测器，测定了汽油中的烷基铅，但这种 GC-AAS 联用的思路直到 20 世纪 80 年代才引起重视。现在这种联用技术已用于环境、生物、医学、食品、地质等领域，分

析元素也由原来的铅、砷、锡、硒等扩展到 20 多种。色谱－原子吸收联用的方法已不仅用于测定有机金属化合物的含量，而且可进行相应元素的形态分析。

虽然目前色谱－原子吸收联用尚无定型的商品仪器，但原子吸收分光光度计与色谱仪的连接较简单，某些情况下，一支保温金属管自色谱仪出口引入原子吸收仪器即可实现联用目的。

色谱－原子吸收联用方法可以综合色谱和原子吸收两种方法各自的特点，是金属有机化合物和化学形态分析强有力的分析方法之一。它在生命科学中揭示微量元素的毒理和营养作用及在环境科学中正确评价环境质量等方面将会得到更为广阔的发展。

4.5 应用实例

4.5.1 火焰原子吸收分光光度计基本操作和工作曲线法测定水中微量镁

4.5.1.1 方法原理

在一定条件下，基态原子蒸气对锐线光源发出的共振线的吸收符合朗伯－比耳定律，其吸光度与待测元素在试样中的浓度成正比，即

$$A=K' c$$

根据这一关系对组成简单的试样可用工作曲线法进行定量分析。

原子吸收光谱分析中工作曲线法与紫外－可见分光光度分析中的工作曲线法相似。工作曲线是否呈线性受许多因素的影响，分析过程中，必须保持标准溶液和试液的性质及组成接近，设法消除干扰，选择最佳测定条件，保证测定条件一致，才能得到良好的工作曲线和准确分析结果。原子吸收法工作曲线的斜率经常可能有微小变化，这是由于喷雾效率和火焰状态的微小变化而引起的，所以每次进行测定，应同时制作工作曲线，这一点和紫外－可见吸收光度法有所不同。

4.5.1.2 仪器与试剂

（1）仪器 TAS990 型原子吸收分光光度计（或其他型号），镁空心阴极灯，空气压缩机，乙炔钢瓶，100mL 烧杯 1 个，100mL 容量瓶 3 个，50mL 容量瓶 6 个，5mL 移液管 1 支，10mL 移液管 2 支，5mL 吸量管 1 支。

（2）试剂　镁储备液：准确称取经 800℃灼烧至恒重的氧化镁（基准试剂）1.6583g，滴加 1mol·L^{-1}HCl 至完全溶解，移入 1000mL 容量瓶中，稀释至标线，摇匀。此溶液镁的质量浓度为 1.000mg·mL^{-1}。

4.5.1.3　实例内容与操作步骤

（1）配制镁标准溶液

① 配制 ρ_{Mg} = 5.00μg·mL^{-1} 镁标准溶液　先移取 10mL ρ_{Mg} = 1.000mg·mL^{-1} 储备液于 100mL 容量瓶中，用去离子水稀至标线，摇匀，此溶液浓度为 ρ_{Mg} = 0.1000mg·mL^{-1}；再移取 5mL ρ_{Mg} = 0.1000mg·mL^{-1} 标准溶液于 100mL 容量瓶中，稀至标线，摇匀，此溶液浓度即为 ρ_{Mg} = 5.00μg·mL^{-1} 镁标准溶液。

② 配制镁系列标准溶液　用 5mL 吸量管分别吸取 ρ_{Mg} = 5.00μg·mL^{-1} 标准溶液 1.00mL、2.00mL、3.00mL、4.00mL、5.00mL 于 5 个 50mL 容量瓶中，用去离子水稀释至标线，摇匀。这些溶液镁质量浓度分别为 0.100μg·mL^{-1}、0.200μg·mL^{-1}、0.300μg·mL^{-1}、0.400μg·mL^{-1}、0.500μg·mL^{-1}。

（2）制备水样　用 10mL 移液管移取水样 10mL（可根据水质适当调节水样量）于 100mL 容量瓶中，用去离子水稀至标线，摇匀。

（3）按仪器说明书检查仪器各部件，检查电源开关是否处于关闭状态，各气路接口是否安装正确，气密性是否良好。

（4）安装空心阴极灯　将空心阴极灯的灯脚突出部分对准灯座的凹陷处轻轻插入（见本书图 4-16）。

注意！空心阴极灯使用时应轻拿轻放，特别是灯的石英窗应保持干净，避免被划伤。

（5）打开稳压电源开关，打开电脑，然后打开仪器主机开关，点击电脑桌面的 AAWin2.0 图标，进入工作软件。选择联机模式，系统将自动对仪器进行初始化。

（6）设置元素灯　初始化成功后进入灯选择界面，选择测定元素的元素灯（参见图 4-17）。

（7）设置实验条件　点击"下一步"进入"设置元素测量参数"界面设置，按下列测量条件进行设置（本实验是以 TAS990 原子吸收分光光度计为例设置实验条件，若使用其他仪器，应根据具体仪器要求进行参数设置）。

分析线：285.2nm；光谱通带：0.4nm；空心阴极灯电流：2mA；乙

炔流量：1500mL·min^{-1}；燃烧器高度：6mm。

① 设置工作灯电流、预热灯电流、光谱带宽和负高压值等（参见图4-18）。将所需数据设定完成后，系统将会自动进行元素参数的调整。

② 调节燃烧器，对准光路。对光板调节燃烧器旋转调节钮、调节前后调节钮（参见图4-19），使从光源发出的光斑在燃烧缝的正上方，与燃烧缝平行。

③ 选择分析线。参数设置完成后进入分析线设置页，选中测量波长后点击"寻峰"（参见图4-20、图4-21），完成寻峰。

（8）设置测量参数　寻峰完成后点击进入元素测量界面。在测量界面点击"样品"进入样品设置向导（参见图4-22）。

① 在校正方法中选择"标准曲线"。

② 曲线方程中选择"一次方程"。

③ 浓度单位选择"$\mu g \cdot mL^{-1}$"。

④ 输入标准样品名称，本实验为"镁标样"。

⑤ 起始编号为："1"。

⑥ 点击"下一步"设置标准样品的个数及标准系列溶液相应的浓度：$0.100\mu g \cdot mL^{-1}$、$0.200\mu g \cdot mL^{-1}$、$0.300\mu g \cdot mL^{-1}$、$0.400\mu g \cdot mL^{-1}$、$0.500\mu g \cdot mL^{-1}$（见图4-23）。

⑦ 再点击"下一步"，设置未知样品名称（本实验为"镁水样"）、数量、编号等信息（见图4-24）。

点击"完成"结束样品设置向导，返回测量界面。

（9）接通气源、点燃空气-乙炔火焰

① 检查空气压缩机、乙炔钢瓶的气体管路连接是否正确，管路及阀门密封性如何，确保无气体泄漏。

② 开启排风装置电源开关，排风10min后，接通空气压缩机电源，打开空气压缩机，调节输出压力0.25MPa。

③ 检查仪器排水安全联锁装置，确保排水槽中充满水形成水封。开启乙炔钢瓶总阀，调节乙炔钢瓶减压阀输出压为0.07MPa；将燃气流量调节到1200～2000mL·min^{-1}。

④ 选择主菜单中的"点火"按钮，点燃火焰（点燃后适当调小燃气流量至1500mL·min^{-1}左右）。

（10）测量标准系列溶液和镁水样的吸光度

① 待火焰燃烧稳定后，吸喷空白溶剂"调零"。

　　② 将毛细管提出，用滤纸擦去毛细管外壁上的溶液后，放入待测标准溶液中（浓度由小到大），点击"测量"按钮，待吸光度稳定后点击"开始"采样读取吸光度值（**注意！**每测完一个标准溶液都要吸喷空白溶剂"调零"）。待 5 个标准溶液吸光度的测量完成后，仪器会根据浓度和相应的吸光度绘制工作曲线。

　　③ 吸喷试样空白溶剂"调零"。用滤纸擦去毛细管外水后吸入未知样品溶液重复②操作，测量样品吸光度，测量数据显示在测量表格中，并自动计算出未知样品浓度。

　　④ 记录数据　记录测量标准系列溶液及样品溶液的吸光度；点击"视图"、"校准曲线"记录所显示的方程的斜率、截距、相关系数和仪器显示的样品浓度。

　　（11）保存数据　全部测量完成后选择主菜单"文件""保存"输入文件名、选择保存路径，确定即可保存数据。

　　（12）关机操作

　　① 测量完毕吸喷去离子水 5min；

　　② 关闭乙炔钢瓶总阀使火焰熄灭，待压力表指针回到零时再旋松减压阀；

　　③ 关闭空气压缩机，待压力表和流量计回零后，最后关闭排风机开关；

　　④ 退出工作软件，关闭主机电源，关闭电脑，填写仪器使用记录；

　　⑤ 清洗玻璃仪器，整理实验台。

4.5.1.4　注意事项

　　① 仪器在接入电源时应有良好的接地。

　　② 安装好空心阴极灯后应将灯室门关闭，灯在转动时不得将手放入灯室内。

　　③ 点火之前有时需要调节燃烧器的位置，使空心阴极灯发出的光线在燃烧缝的正上方，与之平行。

　　④ 原子吸收分析中经常接触电器设备、高压钢瓶，使用明火，因此应时刻注意安全，掌握必要的电器常识，急救知识、灭火器的使用、使用乙炔钢瓶时不可完全用完，必须留出 0.5MPa，否则丙酮挥发进入火焰使背景增大、燃烧不稳定。

　　⑤ 乙炔为易燃易爆气体必须严格按照操作步骤进行。切记在点火前应先开空气，后开乙炔；结束或暂停实验时应先关乙炔后关空气。点

火时应确保其他人员手、脸不在燃烧室上方，应关上燃烧室防护罩。测定过程中也应关闭燃烧室防护罩，因为高温火焰可能产生紫外线，灼伤人的眼睛。在燃烧过程中不可用手接触燃烧器，不得在火焰上放置任何东西或将火焰挪作他用。火焰熄灭后燃烧器仍有高温，20min内不可触摸。

⑥ 在测量试样前应吸喷空白溶剂调零。

4.5.1.5 数据处理

① 根据所测标准溶液的吸光度数值绘制工作曲线。

② 在工作曲线中根据所测试样的吸光度值查出其浓度，并根据试样稀释倍数进行样品含量计算。

4.5.1.6 思考题

① 如何检查火焰原子化器排水装置是否处于正常工作状态？

② 试验过程中突然停电，应如何处置这一紧急情况？

③ 实际工作中，应如何调整被测样品溶液的吸光度在工作曲线的中间部位？

④ 工作曲线法测定过程常出现曲线不过原点，试分析原因并提出解决办法。

⑤ 使用乙炔钢瓶要注意哪些问题？

4.5.2 火焰原子吸收法测钙的实验条件优化和磷酸根对钙测定的干扰及消除

4.5.2.1 方法原理

在火焰原子吸收法中，分析方法的灵敏度、准确度、干扰情况和分析过程是否简便快速等，除与所用仪器有关外，在很大程度上取决于实验条件。因此最佳实验条件的选择是个重要的问题。本实验以钙的实验条件优选为例，分别对分析线、灯电流、光谱通带、燃烧器高度等因素进行优化选择。在条件优选时，可以进行单个因素的选择，即先将其他因素固定在一水平上，逐一改变所研究因素的条件，然后测定某一标准溶液的吸光度，选取吸光度大且稳定性好的条件作该因素的最佳工作条件。

火焰原子吸收法测定 Ca 时，溶液中存在的 PO_4^{3-} 与 Ca 形成在空气-乙炔火焰中无法完全解离的稳定的磷酸钙，随 PO_4^{3-} 浓度的增高，钙的吸光度下降。此时若加入高浓度的锶盐，则锶盐会先与 PO_4^{3-} 反应释放出 Ca，从而消除了干扰。

4.5.2.2　仪器与试剂

（1）仪器　TAS990 型原子吸收分光光度计（或其他型号），钙空心阴极灯，空气压缩机，乙炔钢瓶；100mL 容量瓶 2 个，50mL 容量瓶 10 个，10mL、5mL 移液管各 2 支，5mL 吸量管 3 支。

（2）试剂

① 标准钙储备液（1000μg·mL^{-1}）　称取经 105 ～ 110℃干燥至恒重的 $CaCO_3$ 约 2.4972g（精确到 0.0002g）置 300mL 烧杯中，加去离子水 20mL，滴加（1 + 1）HCl 溶液至完全溶解，再加 10mL，煮沸除去 CO_2，冷却后移入 1000mL 容量瓶中，用去离子水稀释至标线，摇匀备用。此溶液浓度为 1000μg·mL^{-1}（以 Ca 计）。

② PO_4^{3-} 储备液（1000μg·mL^{-1}）　称取 1.433g 磷酸二氢钾，溶于少量去离子水中，移入 1000mL 容量瓶中，用去离子水稀释至标线，摇匀备用。此溶液浓度为 1000μg·mL^{-1}（以 PO_4^{3-} 计）。

③ Sr 储备液（1000μg·mL^{-1}）　称取二氯化锶（$SrCl_2·6H_2O$）3.04g，溶于 0.3mol·L^{-1}HCl 溶液中，移入 1000mL 容量瓶中，用 0.3mol·L^{-1} HCl 溶液稀释至标线，摇匀备用。此溶液浓度为 1000μg·mL^{-1}（以 Sr 计）。

④ 1%（体积分数）HCl 溶液　移取分析纯盐酸 5mL 置于 500mL 容量瓶中，用去离子水稀释至标线，摇匀备用。

4.5.2.3　实例内容与操作步骤

（1）配制钙标准溶液

① 配制 ρ_{Ca} = 100μg·mL^{-1} 钙标准溶液　移取 10mL ρ_{Ca} = 1000μg·mL^{-1} 钙标准溶液于 100mL 容量瓶中，用去离子水稀释至标线，摇匀，此溶液 ρ_{Ca} = 100μg·mL^{-1}。

② 配制 ρ_{Ca} = 5.00μg·mL^{-1} 钙标准溶液　移取 5mL ρ_{Ca} = 100 μg·mL^{-1} 钙标准溶液于 100mL 容量瓶中，用蒸馏水稀释至标线，摇匀。

（2）进行开机前的各项检查工作（参阅 4.3.3.2 和 4.5.1.3）。

（3）开机、安装调节空心阴极灯　按照正常开机顺序打开仪器，安装空心阴极灯，调节好灯位置，点燃预热；按如下"固定实验条件"进行参数设置（设置操作参见 4.3.3.2 或仪器操作手册）。

火焰类型：空气 - 乙炔火焰；燃气流量：1700mL·min^{-1}；灯电流：3mA；光谱带宽 0.7nm；燃烧器高度 6mm；吸收线波长：422.7nm（本实验是以 TAS990 原子吸收分光光度计为例设置实验条件，若使用其他仪器，应根据具体仪器要求进行参数设置）。

（4）接通气源、点燃空气 - 乙炔火焰、调零调节燃烧器位置；检查排水安全联锁装置；检查空气压缩机、乙炔钢瓶的气体管路连接正确性和管路及阀门密封性；开启排风装置电源开关，排风 10min 后，打开空气压缩机及风扇开关，调节输出压力为 0.25MPa；开启乙炔钢瓶总阀调节乙炔钢瓶减压阀输出压为 0.07MPa，将燃气流量调节到 1700mL·min^{-1}后，点火。待稳定后进行调零。

（5）选择分析线

① 在样品测量界面点击"仪器"下拉菜单中"光学系统"，在工作波长一栏选择需要的分析线；分析线可选择波长为 422.7nm、239.9nm。

② 在其他实验条件固定的情况下选择上述两条分析线分别测量 ρ_{Ca} = 5.00μg·mL^{-1}钙标准溶液的吸光度。以吸光度最大者为最灵敏分析线。

注意！改变分析线应重新进行寻峰操作。

（6）空心阴极灯灯电流的选择

① 在样品测量界面点击"仪器"下拉菜单中"灯电流"，选择不同的灯电流，数值分别为 1mA、2mA、3mA、4mA、5mA。

② 分别在 1mA、2mA、3mA、4mA、5mA 灯电流下，测量 ρ_{Ca} = 5.00μg·mL^{-1}钙标准溶液的吸光度（**注意！**每次改变灯电流后都要在测量界面下点击"能量"，进行"能量自动平衡"，待能量达到 100 后返回测量界面进行正常吸光度测量）。以吸光度最大且稳定者为最佳灯电流。

（7）燃气流量（燃助比）的选择

① 在样品测量界面点击"仪器"下拉菜单中"燃烧器参数"，在"燃气流量"一栏输入不同的乙炔流量，数值分别为 1200mL·min^{-1}、1400mL·min^{-1}、1600mL·min^{-1}、1800mL·min^{-1}、2000mL·min^{-1}、2200mL·min^{-1}。

② 在"固定实验条件"下，分别在 1200mL·min^{-1}、1400mL·min^{-1}、1600mL·min^{-1}、1800mL·min^{-1}、2000mL·min^{-1}、2200mL·min^{-1}不同乙炔流量下，测定 ρ_{Ca} = 5.00μg·mL^{-1}钙标准溶

液的吸光度。绘制吸光度 - 燃气流量曲线，以吸光度最大值所对应的燃气流量为最佳值。

（8）燃烧器高度的选择

① 在样品测量界面点击"仪器"下拉菜单中"燃烧器参数"，在"高度"一栏输入不同的燃烧器高度，数值分别为2.0mm、4.0mm、6.0mm、8.0mm、10.0mm。

② 在"固定实验条件"下，分别在2.0mm、4.0mm、6.0mm、8.0mm、10.0mm不同燃烧器高度下，测定 $\rho_{Ca} = 5.00\mu g \cdot mL^{-1}$ 钙标准溶液的吸光度，绘制吸光度 - 燃烧器高度曲线，以吸光度最大值所对应的燃烧器高度为最佳值。

（9）光谱通带的选择

① 在样品测量界面点击"仪器"下拉菜单中"光学系统"，在"光谱带宽"一栏输入不同的光谱通带，数值分别为0.1nm、0.2nm、0.4nm、1nm、2nm。

② 在"固定实验条件"下，分别在0.1nm、0.2nm、0.4nm、1nm、2nm不同的光谱通带值下，测定 $\rho_{Ca} = 5.00\mu g \cdot mL^{-1}$ 钙标准溶液的吸光度（**注意！**每次改变光谱通带后都须进行"能量自动平衡"）。绘制吸光度 - 光谱通带曲线，以吸光度最大值所对应的光谱通带为最佳值。

（10）测定 PO_4^{3-} 对钙的干扰曲线

① 配制含 PO_4^{3-} 的钙溶液 在5个洁净的50mL容量瓶中分别移取2.5mL $\rho_{Ca} = 100\mu g \cdot mL^{-1}$ 钙标准溶液和不同体积 KH_2PO_4 溶液，用体积分数为1%的HCl溶液稀释至标线，摇匀。此溶液钙的质量浓度为 $5\mu g \cdot mL^{-1}$，PO_4^{3-} 的质量浓度分别为0、2.0$\mu g \cdot mL^{-1}$、4.0$\mu g \cdot mL^{-1}$、6.0$\mu g \cdot mL^{-1}$、8.0$\mu g \cdot mL^{-1}$。

② 用上述试验选出的最佳实验条件测定上述含 PO_4^{3-} 的钙溶液的吸光度。记录各相应吸光度值。

注意！每次更换溶液测量前均要用空白溶剂进行调零。

（11）消除干扰

① 配制以Sr消除 PO_4^{3-} 干扰的试样溶液 取5个洁净的50mL容量瓶，Ca的质量浓度为5$\mu g \cdot mL^{-1}$，含 PO_4^{3-} 均为10$\mu g \cdot mL^{-1}$，含Sr分别为0、25$\mu g \cdot mL^{-1}$、50$\mu g \cdot mL^{-1}$、75$\mu g \cdot mL^{-1}$、100$\mu g \cdot mL^{-1}$，并用体积分数为1%的HCl溶液稀释至标线，摇匀。

② 由稀至浓依次测定上述溶液的吸光度。记录各相应吸光度值。

注意！每次更换溶液测量前均要用空白溶剂进行调零。

（12）实验结束工作　测量完毕吸喷去离子水 5min 后，按关机操作顺序关机，填写仪器使用记录，清洗玻璃仪器，整理实验台。

4.5.2.4　注意事项

① 改变分析线后一定要进行寻峰操作。

② 改变灯电流及光谱通带后可能出现能量超上限，需要进行自动能量平衡。

③ TAS990F 型仪器属半自动仪器，燃烧器位置的调节通过手动进行。

④ 灯电流设置不能太高，否则可能损坏空心阴极灯。

⑤ 光谱通带选择时只能选择仪器提供的固定值，无法连续改变。

4.5.2.5　数据处理

① 绘制吸光度与灯电流的关系曲线，选出最佳灯电流值。

② 绘制吸光度与光谱带宽的关系曲线，选出最佳光谱带宽。

③ 绘制吸光度与燃烧器高度的关系曲线，选出最佳燃烧器高度。

④ 绘制吸光度与燃气流量的变化关系曲线，选出最佳燃气流量。

⑤ 绘制加入 PO_4^{3-} 后的溶液吸光度对所加 PO_4^{3-} 浓度的曲线（即 PO_4^{3-} 对 Ca 的干扰曲线）。

⑥ 绘制加入锶后溶液吸光度对所加入 Sr 的浓度曲线（即 Sr 消除干扰曲线）。

4.5.2.6　思考题

① 在火焰原子吸收法中何谓助燃比？具体工作中为什么要对助燃比进行选择？

② 分别对所绘制 PO_4^{3-} 对 Ca 的干扰曲线和 Sr 消除干扰的曲线进行讨论。

③ 本实验若不采用加入锶的方法进行消除干扰，还可以采用何种方法进行消除干扰？为什么？

4.5.3　原子吸收光谱法测定废水中微量铜

4.5.3.1　方法原理

当试样复杂，配制的标准溶液与试样组成之间存在较大差别时，试样的基体效应对测定有影响，或干扰不易消除，分析样品数量少时，用标准加入法较好。将已知的不同浓度的几个标准溶液加入到几个相同量的待测样品溶液中去，然后一起测定，并绘制工作曲线，将绘制的直线延长，与横轴相交，交点至原点所相应的浓度即为待测试液的浓度。

4.5.3.2　仪器与试剂

（1）仪器　TAS990 原子吸收分光光度计、铜空心阴极灯、50mL 容量瓶 7 个、100mL 容量瓶 2 个、5mL 吸量管 2 支、10mL 移液管 1 支、25mL 移液管 1 支。

（2）试剂

① ρ_{Cu}=100μg·mL^{-1} 的铜标准溶液。称取金属铜 0.1000g，置于 100mL 烧杯中，加 HNO_3（1＋1）20mL，加热溶解。蒸至近干，冷却后加 HNO_3（1＋1）5mL，加去离子水煮沸，溶解盐类，冷却后定量移入 1000mL 容量瓶中，并用去离子水稀至标线，摇匀。

② 稀硝酸溶液（2＋100）。

4.5.3.3　实例内容与操作步骤

（1）配制系列溶液　按下表中所给数据移取溶液于 4 个 50mL 容量瓶中，以（2＋100）稀硝酸稀释至标线，摇匀。

容量瓶编号	1#	2#	3#	4#
含 Cu^{2+}水样 /mL	25.00	25.00	25.00	25.00
100μg·mL^{-1}Cu^{2+}标准液 /mL	0.0	1.0	2.0	3.0
A				

（2）进行开机前的各项检查工作（参阅本书 4.3.3.2 和 4.5.1.3）。

（3）开机、安装并调节空心阴极灯　按照规范的开机顺序打开仪器，安装空心阴极灯，调节好灯位置，点燃预热。

（4）设置实验条件　按如下实验条件进行参数设置（设置操作参见 4.3.3.2 或仪器操作手册）。

火焰类型：空气 - 乙炔火焰；燃气流量：2000mL·min^{-1}；灯电流：3mA；光谱带宽 0.4nm；燃烧器高度 6mm；吸收线波长：324.8nm（本实例是以 TAS990 原子吸收分光光度计为例设置实验条件，若使用其他仪器，应根据具体仪器要求进行参数设置）。

（5）设置测量参数　寻峰完成后点击进入元素测量界面。在测量界面点击"样品"进入样品设置向导（参见图 4-22）。

① 在校正方法中选择"标准加入法"。

② 曲线方程中选择"一次方程"。

③ 浓度单位选择"$\mu g \cdot mL^{-1}$"。

④ 输入标准样品名称，本实验为"铜标样"。

⑤ 起始编号为："1"。

⑥ 点击"下一步"设置标准样品的个数及标准系列溶液相应的浓度（参见图4-23）。

⑦ 点击"下一步"再点击"下一步"，设置未知样品名称（本实验为"水试样"）、数量（标准加入法样品数量为1）、编号等信息（参见图4-24）。点击"完成"，返回测量界面。

（6）接通气源、点燃空气-乙炔火焰、调零　调节燃烧器位置；检查排水安全联锁装置；检查空气压缩机、乙炔钢瓶的气体管路连接正确性和管路及阀门密封性；开启排风装置电源开关，排风10min后，打开空气压缩机及风扇开关，调节输出压力为0.25MPa；开启乙炔钢瓶总阀调节乙炔钢瓶减压阀输出压为0.07MPa，将燃气流量调节到$2000mL \cdot min^{-1}$后，点火。待火焰稳定后吸喷空白溶剂进行调零。

（7）测量系列溶液吸光度　吸入被测溶液（浓度由小到大）点击"测量"，待吸光度稳定后点击"开始"采样读取吸光度值。

注意！每次测量前均要用空白溶剂调零。

4个溶液测量完成后，仪器会根据浓度与吸光度值绘制工作曲线并自动计算出样品浓度。

（8）记录并保存数据。

（9）结束工作　实验结束按规范操作关机，填写仪器使用记录，清洗玻璃仪器，整理实验台。

4.5.3.4　注意事项

① 标准溶液加入量应视水中铜的大致含量来设定，原则是：$2^{\#}$容量瓶中标准加入量与所加试液中铜含量尽量接近。本实验是以水样中铜含量约为$4\mu g \cdot mL^{-1}$来设定铜标准溶液加入量的。

② 经常检查管道，防止气体泄漏，严格遵守有关操作规定，注意安全。

4.5.3.5　数据处理

在坐标纸上绘制铜的标准加入法工作曲线（A-c曲线），并用外推法求得试样中铜的含量。

4.5.3.6　思考题

① 标准加入法有什么特点？适用于何种情况下的分析？
② 标准加入法对待测元素标准溶液加入量有何要求？

4.5.4　石墨炉原子吸收光谱法测定食品类样品中微量铅

4.5.4.1　方法原理

试样经灰化或酸消解后，注入原子吸收分光光度计石墨炉中，电热原子化后吸收 283.3nm 共振线，在一定浓度范围，其吸收值与铅含量成正比，与标准系列比较定量。

4.5.4.2　仪器与试剂

（1）仪器　TAS990 原子吸收光谱仪，附石墨炉、铅空心阴极灯；马弗炉，恒温干燥箱，可调式电热板，可调式电炉，瓷坩埚。

（2）试剂

① 硝酸（优级纯）。

②（1＋1）硝酸溶液　取 50mL 硝酸慢慢加入 50mL 水中。

③ 0.5mol·L^{-1} 硝酸溶液　取 3.2mL 硝酸加入 50mL 水中，稀释至 100mL。

④ 1mol·L^{-1} 硝酸溶液　取 6.4mL 硝酸加入 50mL 水中，稀释至 100mL。

⑤（9＋1）硝酸 - 高氯酸混合酸　取 9 份硝酸与 1 份高氯酸混合。

⑥ 铅标准储备液　准确称取 1.000g 金属铅（99.99%），分次加少量（1＋1）硝酸，加热溶解，总量不超过 37mL，移入 1000mL 容量瓶，加水至刻度，混匀。此溶液 ρ_{Pb}=1.0mg·mL^{-1}。

注意！除非另有规定，本方法所使用试剂均为分析纯。水是 GB/T 6682—2008 规定的一级水。

4.5.4.3　实例内容与操作步骤

（1）样品预处理和试液的制备

① 样品预处理　粮食、豆类样品先去杂物后，磨碎，过 20 目筛，储存于塑料瓶中，保存备用。蔬菜、水果、鱼类、肉类及蛋类等水分含量

高的鲜样，用食品加工机或匀浆机打成匀浆，储于塑料瓶中，保存备用。

② 试液的制备　称取 1 ～ 5g 试样（精确到 0.001g，视铅含量大小而定）于瓷坩埚中，先小火在可调式电热板上炭化至无烟，移入马弗炉 500℃ ±25℃ 灰化 6 ～ 8h，冷却。若个别试样灰化不彻底，则加 1mL（9＋1）硝酸 - 高氯酸混合酸在可调式电炉上小火加热，反复多次直到消化完全，放冷，用 0.5mol·L^{-1} 硝酸溶液将灰分溶解，用滴管将试样消化液洗入或过滤入（视消化后试样的盐分而定）10 ～ 25mL 容量瓶中，用 0.5mol·L^{-1} 硝酸溶液少量多次洗涤瓷坩埚，洗液合并于容量瓶中并定容至刻度，混匀备用；同时做试剂空白试验。

（2）配制铅标准操作液　吸取 ρ_{Pb} ＝ 1.0mg·mL^{-1} 标准储备液 1.0mL 于 100mL 容量瓶中，加 0.5mol·L^{-1} 硝酸溶液至刻度。如此经多次稀释成每毫升含 10.0ng、20.0ng、40.0ng、60.0ng、80.0ng 铅的标准操作液。

（3）按仪器说明书检查仪器各部件，检查电源开关是否处于关闭状态，氩气钢瓶及管路连接是否正确，气密性是否良好。

（4）安装铅空心阴极灯（参阅本书 4.3.3.2）。

（5）打开稳压电源开关，打开电脑，进入 Windows 操作系统，然后打开仪器主机开关，点击电脑桌面的 AAWin2.0 图标，进入工作软件，开始初始化（见图 4-26）。

（6）选择元素灯　初始化完成后进入元素灯选择界面（见图 4-27），选择铅元素灯。

（7）设置测量参数　选择好元素灯后点击"下一步"进入测量参数设置，输入灯电流、光谱带宽、负高压（见图 4-28）。

本实例参考条件为波长 283.3nm，光谱带宽 0.4nm，灯电流 2mA；干燥温度 120℃，20s；灰化温度 450℃，持续 15 ～ 20s；原子化温度：1700 ～ 2300℃，持续 4 ～ 5s；背景校正为氘灯。

注意！实验条件应根据具体使用仪器进行设置。

（8）设置测量波长　选择最灵敏线 283.3nm 为测量波长，之后点击"寻峰"，完成波长设置（见图 4-29、图 4-30）。

（9）选择测量方式　完成寻峰后进入元素测量界面，在测量界面下的"仪器"下拉菜单中选择"测量方法"，弹出测量方法设置对话框，选择"石墨炉"，点击"确定"（见图 4-31）。

（10）安装、调节石墨管位置，对准光路　打开氩气钢瓶，调节出口压力为 0.5MPa，打开冷却水。点击电脑测量界面的"石墨管"，这时石墨炉炉体打开，装入石墨管，点击"确定"，关闭石墨炉炉体，完成石墨管的安装。一边手动旋转石墨炉前后、上下调节旋钮，一边观察电脑测量界面的吸光度栏，使吸光度达到最小值（这时石墨管挡光最小）。

（11）选择扣背景方式　在测量界面的"仪器"下拉菜单中点击"扣背景方式"，弹出扣背景方式对话框，选择"氘灯"，点击"确定"（见图4-32）。选择氘灯扣背景后，点击测量界面的"能量"，进行能量自动平衡（见图4-33）。

（12）设置石墨炉加热程序　点击"仪器"下拉菜单中的"石墨炉加热程序"，输入石墨炉加热的干燥、灰化、原子化、净化的温度和时间及氩气的流量，然后点击"确定"返回测量界面（见图4-34）。

（13）设置样品参数　在测量界面点击"样品"进入样品设置向导，对校正方法、曲线方程、浓度单位、样品名称、数量进行设置。

（14）设置测量次数及信号方式　点击测量界面下的"参数"，弹出测量参数对话框，在"常规"中输入标准、空白、试样的测量次数。在"信号处理"中选择峰高或峰面积，积分时间，滤波系数（见图4-35）。

（15）石墨管空烧　开启石墨炉电源开关，打开通风装置。点击主菜单中的"空烧"，设置空烧时间，然后点击"确定"。

（16）测量标准溶液吸光度，绘制标准曲线　用可调移液器分别吸取铅标准使用液 $10.0ng \cdot mL^{-1}$，$20.0ng \cdot mL^{-1}$，$40.0ng \cdot mL^{-1}$，$60.0ng \cdot mL^{-1}$，$80.0ng \cdot mL^{-1}$ 各 $20 \sim 50\mu L$（视样品中被测物含量定），由稀至浓逐个注入石墨管的进样孔中（或通过自动进样器进样）。点击"测量"，弹出测量对话框，点击"开始"，系统按设置的加热程序开始运行，测量曲线出现在谱图中，并在测量窗口中显示当前石墨管加热温度，以及对每个加热步骤的倒计时。加热步骤完成后系统自动冷却石墨管。

（17）测量试样溶液和试剂空白液吸光度　在相同条件下，分别吸取与标准溶液相同量的空白及试样溶液进样，测其吸光度值，测定的吸光度（峰高、峰面积）记录在数据表格中。

（18）测定结束后保存测量数据，关闭冷却水、氩气钢瓶，关闭通风，退出操作软件，关闭分光光度计电源，关闭石墨炉电源，关闭电脑，清洁实验台，填写仪器使用记录。

4.5.4.4　注意事项

① 对有干扰试样，则注入适量（一般为 $5\mu L$ 或与试样同量）的基体改进剂磷酸二氢铵溶液（质量浓度为 $20g \cdot L^{-1}$，配制方法是：称

取 2.0g 磷酸二氢铵，以水溶解稀释至 100mL）消除干扰。绘制铅标准曲线时也要加入与试样测定时等量的基体改进剂磷酸二氢铵溶液。

② 样品灰化处理时一定不能将坩埚钳的头部接触坩埚内壁，避免引起污染，造成测量结果偏高。

③ 同火焰法不同，石墨炉法的背景干扰严重，必须进行背景校正。

④ 实验中用到的玻璃仪器、坩埚等在用前必须用体积分数为 10% 的硝酸溶液浸泡 24h 以上，再用自来水、蒸馏水（GB/T 6682—2008 中规定的一级水）洗涤。

⑤ 可调移液器在使用前要使用蒸馏水洗涤，然后再用待移溶液润洗。在用移液器进样时要快速一次性将移液器中液体注入到石墨炉中，以免枪头有样品残留。

4.5.4.5 数据处理

① 根据所测标准溶液的吸光度数值绘制工作曲线。

② 在工作曲线中根据所测试样的吸光度值查出其浓度，并根据试样稀释倍数进行样品含量计算。

4.5.4.6 思考题

① 如何将 $\rho_{Pb}=1.0mg \cdot mL^{-1}$ 标准储备液配制成 $\rho_{Pb}=10ng \cdot mL^{-1}$ 的标准操作液？

② 为什么要对石墨管进行"空烧"操作？

③ 如何使用可调移液器？

S 本章主要符号的意义及单位

ν	频率，Hz	N_j	单位体积内激发态原子数
K_ν	基态原子对频率为 ν 的光的吸收系数	N_0	单位体积内基态原子数
		P_j	激发态能级的统计权重
ν_0	谱线的中心频率	P_0	基态能级的统计权重
K_0	峰值吸收系数	T	热力学温度，K
$\Delta\nu$	谱线半宽度，nm	A	吸光度
$\Delta\nu_D$	多普勒变宽，nm	b	火焰法中燃烧器缝长，cm
A_r	相对原子质量	c	试液中待测元素的浓度

表4-11　原子吸收分光光度计的使用——
标准曲线法测自来水中微量镁操作技能鉴定表

项目	考核内容		记录	分值	扣分	备注
容量瓶、移液管的使用（10分）	移液管操作	规范√/不规范×		5		1次错误扣1分
	容量瓶操作	规范√/不规范×		5		1次错误扣1分
开机操作（18分）	检查气路连接正确性和气密性	已进行√/未进行×		1		
	选择和安装空心阴极灯	正确、规范√/不正确、欠规范×		2		
	调节灯电流	合适√/不会或不合适×		2		
	选择光谱带宽	合适√/不会或不合适×		2		
	选择测量波长	正确√/不正确×		1		
	设置燃气流量	正确√/不正确×		2		
	调节燃烧器高度	规范√/不规范×		1		
	选择工作曲线法定量标准系列输入	正确√/不正确×		4		
	打开通风机电源开关，通风10min	已进行√/未进行×		1		
	开机顺序	正确√/错误×		2		
点火操作（6分）	检查废液排放装置	已进行√/未进行×		2		
	开启无油空气压缩机，调节空气压力	正确√/不正确×		1		
	开启乙炔钢瓶，调节乙炔气压力	正确√/不正确×		2		
	点火顺序	正确√/不正确×		1		
测量操作（6分）	测量前吸喷去离子水调零	已进行√/未进行×		2		
	测量顺序	由稀至浓√/随意×		1		
	读数是否在仪器吸光度数值显示稳定后进行	是√/未稳定即读×		1		
	测后是否吸喷去离子水，待读数回零后，再测下一个溶液	是√/未回零×		2		1次未进行扣1分
关机操作（5分）	测试完毕吸喷去离子水5min	已进行√/未进行×		2		
	关闭气路顺序（先关闭乙炔钢瓶，后关闭空气压缩机）	正确、熟练√/不正确×		2		
	10min后，关闭排风机开关	已进行√/未进行×		1		

续表

项目	考核内容		记录	分值	扣分	备注
文明操作 （5分）	实验过程台面	整洁有序 √ / 脏乱 ×		2		
	废液、纸屑等	按规定处理 √ / 乱扔乱倒 ×		2		
	清洗玻璃仪器、实验后试剂放回原处	已放 √ / 未放 ×		1		
报告与 结论 （5分）	原始记录	及时、规范 √ / 不符要求 ×		3		无结论 扣10分
	结论	正确、规范 √ / 不正确、不规范 ×		2		
数据处理 （16分）	工作曲线绘制方法	正确 √ / 不正确 ×		2		
	工作曲线线性（相关系数）	＞0.9999		8		
		＞0.999、≤0.9999		6		
		＞0.990、≤0.999		3		
		≤0.99		0		
	图上注明项目	全项注明		2		缺1项 扣1分
		未注明或缺项				
	计算公式	正确 √ / 不正确 ×		1		
	计算结果	正确 √ / 不正确 ×		2		
	单位及有效数字	正确 √ / 不正确 ×		1		
结果评价 （24分）	结果准确度（相对平均偏差）	＜2%		20		
		≥2%，＜5%		12		
		≥5%，＜10%		6		
		≥10%		0		
	完成时间	开始时间		4		每超5min 扣1分，超 20min以上 此项以0 分计
		结束时间				
		实用时间				
实验态度 （5分）	认真、规范			5		可根据实际情况酌情扣分
总分						

考评员：　　　　　　　日期：

气相色谱法 05

5.1 方法原理

5.1.1 色谱法概述

5.1.1.1 色谱法由来及分类

（1）色谱法的由来　色谱法（chromatography）是一种重要的分离、分析技术。它特别适合于复杂混合物的快速分离分析，在许多领域均有十分广泛的应用。

色谱法是 1906 年由俄国植物学家茨维特（Mikhail.S.Tswett）创立的。他在日内瓦大学研究植物叶子的色素成分时，使用了一根填充活性 $CaCO_3$ 的玻璃管（两端加上小团棉花），并将其与吸滤瓶连接，接着将绿色植物叶子的石油醚浸取液倒入玻璃管顶部，浸取液中的色素就被吸附在 $CaCO_3$ 上，再加入纯净的石油醚进行淋洗，结果植物叶子的几种色素便在玻璃管上展开且相互分离，在管内的 $CaCO_3$ 上形成 3 种颜色 6 个色带（如图 5-1 所示）。这样以来，吸附柱便成为一个有规则的、与光谱相似的色层。接着他继续用纯石油醚进行淋洗，便可得到各色素成分的纯溶液。茨维特在他的原始论文中，把上述分离方法叫做色谱法，把填充 $CaCO_3$ 的玻璃柱管叫做色谱柱（column），把其中的具有大表面积活性 $CaCO_3$ 的固体颗粒称为固定相（stationary phase），把推动被分离的组分（色素）流过固定相的惰性流体（石油醚）称为流动相（mobile phase），把柱中出现的有颜色的色带叫做色谱图（chromatogram）。现在的色谱法所分离的对象早已不限于有色物质，分析已经失去颜色的含义，只是沿用色谱这个名词。

国际纯粹与应用化学联合会（IUPAC）对色谱法的定义是：色谱法是一种物理分离方法，它具有两相，一相固定不动，称为固定相；另一相则按规定的方向流动，称为流动相。混合物之所以能被分离，是由于它们在两相之间进行了多次分配。即当流动相携带混合物流经固定相时，就会与固定相发生作用，由于各组分的结构和性质有差异（如分子尺寸、分子质量、极性、电离常数、手性异构等），与固定相发生作用的作用力大小不同，在两相间的分配系数不同。因此在相同推动力的作用下，各组分在两相间经过反复多次的分配平衡后，在固定相中的滞留时间有长有短，从而按先后顺序流出色谱柱，实现混合物的分离。

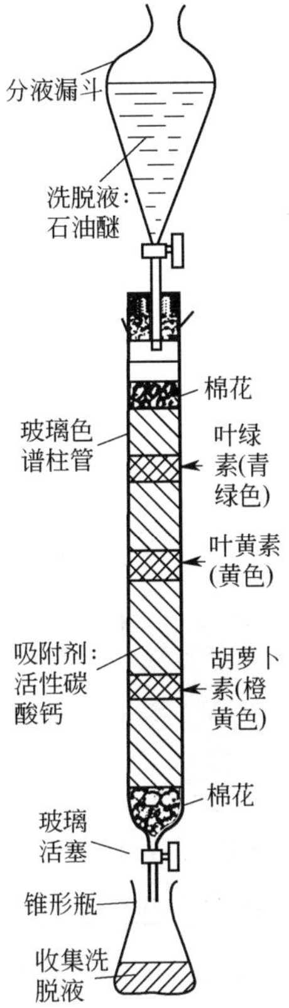

（2）色谱法的分类　色谱法有多种类型，从不同的角度可以有不同的分类方法。通常是按照下述三种方法进行分类的。

① 按流动相所处的状态，色谱法可分为气相色谱法（gas chromatography，GC）、液相色谱法（liquid chromatography，LC）和超临界流体色谱法（supercritical fluid chromatography，SFC）。由于固定相可以是固体吸附剂、固定液（附着在惰性载体上的一薄层有机化合物液体）或者键合固定相（通过化学反应将固定液键合到载体表面），因此，色谱法又有不同的分类，如图 5-2 所示。

② 按固定相使用的形式，色谱法可分为柱色谱（固定相装填在色谱柱中，流动相多柱头向柱尾不断地淋洗）、纸色谱（固定相为滤纸或纤维素薄膜，流动相从滤纸一端向另一端扩散）和薄层色谱（固定相为玻璃板上涂有硅胶或氧化铝等薄层，流动相从薄层板一端向另一端扩散）。柱色谱又可分为填充柱色谱与毛细管柱色谱，而纸色谱与薄层色谱统称为平面色谱。

图 5-1　茨维特吸附色谱分离实验示意图

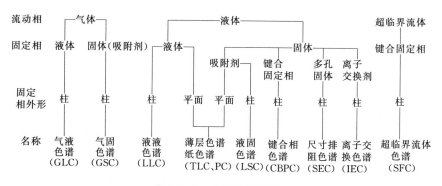

图 5-2　色谱法的分类

③ 按色谱分离过程的物理化学原理进行分类，如表 5-1 所示。

表 5-1　按分离过程的物理化学原理分类

名称	吸附色谱	分配色谱	离子交换色谱	凝胶色谱
原理	利用吸附剂对不同组分吸附性能的差异	利用固定液对不同组分分配性能的差异	利用离子交换剂对不同离子亲和能力的差异	利用凝胶对不同组分分子阻滞作用的差异
平衡常数	吸附系数 K_A	分配系数 K_P	选择性系数 K_S	渗透系数 K_{PF}
流动相为液体	液固吸附色谱	液液分配色谱	液相离子交换色谱	液相凝胶色谱
流动相为气体	气固吸附色谱	气液分配色谱		

目前，应用最广泛的是气相色谱法和高效液相色谱法，本章重点讨论气相色谱法。

5.1.1.2　气相色谱法的分析流程

气相色谱法是一种以气体为流动相采用冲洗法的柱色谱分离技术。其分析流程如图 5-3 所示。N_2 或 H_2 等载气（用来载送试样而不与待测组分作用的惰性气体）由高压载气钢瓶供给，经减压阀减压（压力约为 0.3MPa）后进入净化器，以除去载气中杂质和水分，再由气流调节阀（稳压阀与稳流阀）控制载气压力和流量，然后通过汽化室进入色谱柱、检测器后放空。待载气流量，汽化室、色谱柱、检测器的温度以及记录仪的基线稳定后，液体试样可由进样器进入汽化室，瞬间被汽化为气体并被载气带入色谱柱进行分离，被分离的各组分依次进入检测器被检测。检测器将混合气体中各组分的浓度（$mg \cdot mL^{-1}$）或质量流量（$g \cdot s^{-1}$）转变成可测量的电信号，并经放大器放大后，通过记录器即可得到其色谱图。

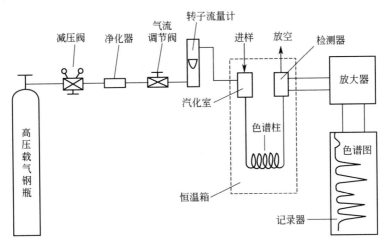

图 5-3 单柱单气路气相色谱仪结构示意图

5.1.1.3 气相色谱法的特点和应用范围

气相色谱法是基于色谱柱能分离样品中各组分，检测器能连续响应，能同时对各组分进行定性定量分析的一种分离分析方法，具有分离效率高、灵敏度高、分析速度快、应用范围广等优点。

分离效率高是指它对性质极为相似的烃类异构体、同位素等有很强的分离能力，能分析沸点十分接近的复杂混合物，如用毛细管色谱柱可分析汽油中 50 ~ 100 多个组分。

灵敏度高是指使用高灵敏度检测器可检测出 $10^{-11} \sim 10^{-14}$g 的痕量物质。

分析速度快是相对化学分析法而言的。完成一个样品的分析，一般仅需几分钟，且所需样品量很少（气体样品仅需要 1mL 左右，液体样品仅需 1μL 左右）。

气相色谱法的上述特点，扩展了它在工业生产中的应用。只要样品在 450℃ 以下能汽化且不分解均可采用气相色谱法进行分析。

气相色谱法的不足之处，首先是不能直接给出定性结果，不能用来直接分析未知物，必须用已知纯物质进行对照；其次，当分析无机物和高沸点有机物时比较困难，需要采用其他色谱分析方法来完成。

5.1.2　色谱分离原理

5.1.2.1　色谱分离过程

色谱分离的基本原理是试样组分通过色谱柱时与填料之间发生相互作用，这种相互作用大小的差异使各组分互相分离而按先后次序从色谱柱后流出。下面以填充柱内进行的分配色谱为例来说明色谱的分离过程。色谱柱内紧密而均匀地装填着涂在惰性载体上的液体固定相（也叫固定液），流动相则连续不断地流经其间，两相充分接触却不互溶。

如图5-4所示，柱色谱中A、B混合物的分离过程如下。

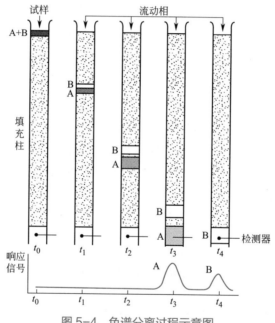

图5-4　色谱分离过程示意图

① 试样刚进入色谱柱时，A、B二组分混合在一起。由于试样分子与两相分子间的相互作用，它们既可进入固定相，也可返回流动相，这个过程叫做分配。当试样进入流动相时，它就随流动相一起沿色谱柱向前移动；当它进入固定相时，就被其滞留而不再向前移动。组分与固定相分子间的作用力（吸附或溶解等）越大，则其越易进入固定相，向前移动的速度就越慢；反之，组分若与流动相分子间的作用力（脱附或挥发等）越大，则其越易进入流动相，向前移动的速度就越快。

② 经过一段时间后，若样品中 A、B 二组分的分配系数不同，则二组分逐渐分离为 B、A＋B、A 几个谱带。

③ 经过连续、反复多次分配（$10^3 \sim 10^6$ 次），二组分分离成 A、B 两个谱带，实现了较好的分离。在分离过程中值得特别注意的是：组分在色谱柱中迁移时开始只是在柱头一条很窄的线，到离开色谱柱时由于自身在系统内的逐渐扩散，这条线就逐渐展宽，从而严重影响到混合物的分离。

④ 组分 A 进入检测器，信号被记录，在记录仪上得到色谱峰 A。

⑤ 组分 B 进入检测器，信号被记录，在色谱峰 A 之后又得到色谱峰 B。

由上述分离过程可知，色谱分离是基于试样中各组分在两相间平衡分配的差异而实现的。平衡分配一般可用分配系数与容量因子来进行表征。

5.1.2.2　分配系数与容量因子

（1）分配系数　组分在固定相与流动相之间发生的吸附、脱附和溶解、挥发的过程，叫分配过程。分配系数是指在一定温度与压力下，组分在两相间达到分配平衡时，组分在固定相与流动相中浓度之比，用 K 表示：

$$K = \frac{c_S}{c_M} \tag{5-1}$$

式中，c_S 为组分在固定相中的浓度，$g \cdot mL^{-1}$；c_M 为组分在流动相中的浓度，$g \cdot mL^{-1}$。

在气相色谱中，K 值取决于组分及固定相的热力学性质，并随柱温、柱压的变化而变化。K 值大，说明组分与固定相的亲和力大，组分在柱中滞留时间长，出峰慢；反之亦然。同一条件下，若两组分的 K 值完全相同，则两组分色谱峰重合，无法分离。因此，不同组分分配系数的差异是实现色谱分离的先决条件。两组分分配系数相差越大，则越容易实现分离。

（2）容量因子　容量因子又称容量比或分配比，是指在在一定温度与压力下，组分在两相间达到分配平衡时，组分在固定相中的质量 p 与在流动相中质量 q 之比，用 k 表示：

$$k = \frac{p}{q} \tag{5-2}$$

5.1.3 色谱图常用术语

5.1.3.1 色谱图与色谱流出曲线

色谱图（也称色谱流出曲线），是指色谱柱流出物通过检测系统时所产生的响应信号对时间或流动相流出体积的曲线图（见图 5-5），一般以组分流出色谱柱的时间（t）或载气流出体积（V）为横坐标，以检测器对各组分的电信号响应值（mV）为纵坐标。

5.1.3.2 色谱图名词术语

（1）基线　当没有组分进入检测器时，色谱流出曲线是一条只反映仪器噪声随时间变化的曲线（即在正常操作下，仅有载气通过检测系统所产生的响应信号曲线），称为基线。操作条件变化不大时，常可得到如同一条直线的稳定基线。图 5-5 中的 OQ 即为基线。

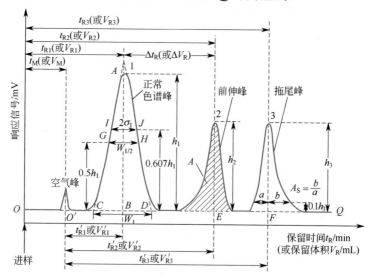

图 5-5　色谱峰与色谱流出曲线图

① 基线噪声　指由各种因素引起的基线起伏，一般用 N 表示，单位为 mV，如图 5-6（a），（b）所示。噪声的测量通常取 $10 \sim 15$ min 内的噪声带来计算，如图 5-6 中的 V_n 所示。

② 基线漂移　指基线随时间单方向的缓慢变化，一般用 M 表示，单位为 mV/h，如图 5-6（c）所示。漂移的测量通常是取 0.5h 或 1h 内

基线的波动来进行计算。由图 5-6 可知，从低电平点 B 作水平线，从高电平点 A 作垂直线，交于 O 点，则漂移 $M = \overline{OA} / \overline{OB}$。

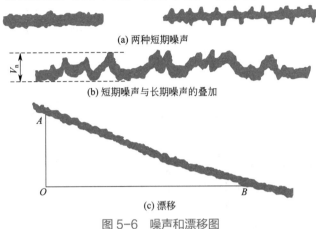

(a) 两种短期噪声

(b) 短期噪声与长期噪声的叠加

(c) 漂移

图 5-6　噪声和漂移图

（2）色谱峰　当有组分进入检测器时，色谱流出曲线就会偏离基线，其输出信号随进入检测器组分浓度的变化而变化，直至组分全部离开检测器，此时绘出的曲线（即色谱柱流出组分通过检测系统时所产生的响应信号的微分曲线），称为色谱峰（如图 5-5 所示）。由图 5-5 可知，色谱图上有一组色谱峰，每个峰至少代表样品中的一个组分。

理论上讲色谱峰应该是对称的，符合高斯正态分布的（图 5-5 中的 1 号色谱峰）；实际得到的色谱峰一般都是不对称的，常见的有以下两种情况。

① 前伸峰　前沿平缓后部陡起的不对称色谱峰（图 5-5 中的 2 号色谱峰）。出现这种情况的原因很多，如进样量太大造成色谱柱超载。

② 拖尾峰　前沿陡起后部平缓的不对称色谱峰（图 5-5 中的 3 号色谱峰）。出现这种情况的原因很多，如色谱柱对某些组分的吸附性能太强。

前伸峰或拖尾峰一般可采用不对称因子 A_S 来进行评价。不对称因子的定义是 10%h 处峰宽被峰顶点至基线垂线所分两部分的比值（如图 5-5 所示），$A_S = b/a$。$A_S > 1$ 时色谱峰为拖尾峰，$A_S < 1$ 时色谱峰为前伸峰。A_S 越接近 1，说明色谱峰越对称。

（3）峰高、峰宽与峰面积峰高或峰面积的大小与各个组分在样品中的含量呈正比关系，是色谱分析法的定量参数，其定义与符号等如表 5-2 所示。

表5-2 峰高、峰宽与峰面积

术语名称	符号	图5-5中位置	定 义
峰高	H	$\overline{AB}$	色谱峰最高点与基线间的距离
标准偏差	σ	$\overline{IJ}/2$	$0.607h$ 处峰宽度的一半
峰宽	W	$\overline{CD}$	在峰两侧拐点[①]处所作切线与基线相交两点间的距离，$W=4\sigma$
半峰宽	$W_{1/2}$	$\overline{GH}$	峰高为一半处的峰宽，$W_{1/2}=2.354\sigma$
峰面积	A	色谱峰2阴影面积	色谱峰与基线延长线所包围图形的面积，$A=1.067hW_{1/2}$

① 色谱流出曲线上二阶导数为0的点，对于正常色谱峰而言拐点在 $0.607h$ 处，即图5-5中的 I、J。

（4）保留值　保留值是用来描述各组分色谱峰在色谱图中的位置，在一定实验条件下，组分的保留值具有特征性，是色谱分析法的定性参数，通常用时间或用将组分带出色谱柱所需载气的体积来表示。保留值的定义与符号等如表5-3所示。

表5-3 保留值的定义与符号

术语名称	符号	图5-5中位置	定义及说明
保留时间	t_R	$\overline{OB}$、$\overline{OE}$、$\overline{OF}$	从进样到组分出现峰最大值时所需时间，即组分在柱中停留的时间
死时间	t_M	$\overline{OO'}$	不被固定相吸附或溶解的组分（如热导检测器选用空气、氢火焰离子化检测器选用甲烷）的保留时间
调整保留时间	t_R'	$\overline{O'B}$、$\overline{O'E}$、$\overline{O'F}$	$t_R'=t_R-t_M$，扣除了死时间的保留时间
保留体积	V_R	$\overline{OB}$、$\overline{OE}$、$\overline{OF}$	$V_R=\overline{F}_ct_R$，从进样到组分出现峰最大值时所消耗流动相的体积[①]
死体积	V_M	$\overline{OO'}$	$V_M=\overline{F}_ct_M$，不被固定相保留的组分通过色谱柱所消耗流动相的体积[②]
调整保留体积	V_R'	$\overline{O'B}$、$\overline{O'E}$、$\overline{O'F}$	$V_R'=\overline{F}_ct_R'=V_R-V_M$，扣除了死体积的保留体积[③]
相对保留值	$r_{i,S}$	—	$r_{i,S}=t_{Ri}'/t_{RS}'=V_{Ri}'/V_{RS}'$，某一组分 i 与基准物质 S 调整保留值之比。$r_{i,S}$ 是柱温与组分性质、固定相及流动相性质的函数，与实验条件如柱径、柱长、填充情况及流动相流速无关，在气相色谱定性分析中应用广泛

① $\overline{F}_c$ 为流动相平均体积流速。因为液体可以认为是不可压缩的，所以在液相色谱中，$\overline{F}_c$ 为实测值；而在气相色谱中，由于气体是可压缩的，因此必须根据色谱柱的工作状态对实验值进行校正。

校正公式为 $\bar{F}_c = F_0 \left[\dfrac{p_0 - p_w}{p_0} \right] \times \dfrac{3}{2} \dfrac{(p_i/p_0)^2 - 1}{(p_i/p_0)^3 - 1} \times \dfrac{T_c}{T_r}$，$F_0$ 是用皂膜流量计测得的柱后流速；p_0 是柱后压，即大气压；p_w 是饱和水蒸气压；p_i 是柱进口压力；T_c、T_r 分别是柱温和室温（用热力学温度表示）。

② 死体积系指色谱柱柱管内固定相颗粒间所剩空间、色谱仪管路连接接头间空间及检测器空间的总和（当后两项很小可忽略不计时，$V_M = \bar{F}_c t_M$）。因此，死时间也可以说是流动相充满柱内空隙体积时所耗费的时间，$t_M = L/\bar{u}$（L 为柱长，cm；$\bar{u}$ 为流动相平均线速度，cm·s^{-1}）。

③ 保留时间因易受到流动相流速的影响而不易测得准确，保留体积与流动相流速无关而更易测准。由于实际上能从色谱图中直接得到保留时间，所以人们更乐于使用较不准确的保留时间作为定性参数。

5.1.4 色谱分析基本理论

色谱工作者用来解释色谱分离过程中各种柱现象和描述色谱流出曲线的形状以及评价柱效有关参数的最常见的理论有塔板理论和速率理论。

5.1.4.1 塔板理论

塔板理论是 1941 年由马丁（Martin）和詹姆斯（James）提出的半经验式理论，他们将色谱分离技术比拟作一个精馏过程，即将连续的气相色谱分离过程看作是许多小段平衡过程的重复。

（1）塔板理论的基本假设 塔板理论把色谱柱比作一个精馏塔，色谱柱由许多假想的塔板组成（即色谱柱可分成许多个小段）。在每一小段（塔板）内，一部分空间由涂在载体上的液相占据，另一部分空间则充满载气（气相），载气占据的空间称为板体积 ΔV。当欲分离的组分随载气进入色谱柱后，就在两相间进行分配。由于流动相在不停地移动，组分就在这些塔板间隔的气液两相间不断的达到分配平衡。

塔板理论假设：

① 在柱内每一小段长度（称理论塔板高度，用 H 表示）内，组分可在气相与液相间很快达到分配平衡；

② 载气进入色谱柱，不是连续的而是脉动式的，每次进气为一个板体积（ΔV_m）；

③ 所有组分开始时都加在 0 号塔板上，且试样沿色谱柱方向的扩散（纵向扩散）可略而不计；

④ 分配系数在各塔板上均为常数。

假设色谱柱由 5 块塔板（即塔板数 $n = 5$）组成，某单一组分的分配比 $k = 1$，进入色谱柱的质量为单位质量 1。当该组分加到 0 号塔板的时候，瞬间分配平衡，由于分配比 $k = 1$，因此该组分在固定相中的质量（m_s）与在流动相中的质量（m_m）均为 0.5。当一个板体积（$1\Delta V$）以脉动方式进入 0 号板时，气相中所含 m_s 部分组分就被顶到 1 号塔板上，在 1 号塔板上的固定相与流动相间进行瞬间快速分配平衡，$m_{s1}=m_{m1}=0.25$；而留在 0 号塔板固定相中质量为 0.5 的组分也会在 0 号塔板的两相间瞬间快速分配平衡，$m_{s0}=m_{m0}=0.25$。此后，每当一个新的板体积载气以脉动的方式进入色谱柱时，上述过程就重复一次，其结果如表 5-4 所示。

表 5-4　组分在 n=5，k=1，m=1 柱内任一板上的分配

塔板号 r		0	1	2	3	4	柱出口
进样	m_m	0.5					0
	m_s	0.5					
进气 $1\Delta V$	m_m	0.25	0.25			此时有 $m_m=0.031$	0
	m_s	0.25	0.25			的组分流出色谱柱	
进气 $2\Delta V$	m_m	0.125	0.125+0.125	0.125			0
	m_s	0.125	0.125+0.125	0.125			
进气 $3\Delta V$	m_m	0.063	0.063+0.125	0.125+0.063	0.063		0
	m_s	0.063	0.125+0.063	0.063+0.125	0.063		
进气 $4\Delta V$	m_m	0.031	0.063+0.063	0.063+0.125	0.063+0.063	0.031	0
	m_s	0.031	0.063+0.063	0.125+0.063	0.063+0.063	0.031	
进气 $5\Delta V$	m_m	0.016	0.016+0.063	0.063+0.094	0.094+0.063	0.063+0.016	0.031
	m_s	0.016	0.016+0.063	0.063+0.094	0.094+0.063	0.063+0.016	

由表 5-4 可知，对于由 5 块塔板组成的色谱柱，在 $5\Delta V$ 体积的载气进入后，组分就开始在柱出口出现，进入检测器产生响应信号，得到组分的色谱峰［如图 5-7（a）所示］，色谱峰上组分的最大浓度处所对应的流出时间或载气板体积数即为该组分的保留时间或保留体积。如果试样为多组分混合物，则经过很多次的平衡后，若各组分的分配系数有差异，则在柱出口处出现最大浓度时所需的载气塔板体积数亦将不同［如图 5-7（b）所示］。因此不同组分的分配系数只要略有差异，仍然可能得到良好的分离效果。

图 5-7 显示的色谱峰峰形明显不对称，拖尾严重，这是由于塔板数太少（n 仅为 5）的缘故。当 $n>50$ 即可得到对称的色谱峰。由于色谱柱的塔板数相当多（n 约为 $10^3\sim10^6$），因此流出曲线可趋于正态分布。

（2）理论塔板数 n　在塔板理论中，每一块塔板的高度称为理论塔板

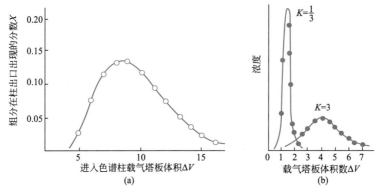

图 5-7 分配系数不同的组分出现浓度最大值时
所需载气塔板体积数也不同

高度，简称板高，用 H 表示。假设整个色谱柱是直的，则当色谱柱长为 L 时，所得理论塔板数 n 为

$$n = \frac{L}{H} \tag{5-3}$$

显然，当色谱柱长 L 固定时，每次分配平衡需要的理论塔板高度 H 越小，则柱内理论塔板数 n 越多，组分在该柱内被分配于两相间的次数就越多，柱效能就越高。

计算理论塔板数 n 的经验式为：

$$n = 5.54 \left(\frac{t_R}{W_{1/2}} \right)^2 = 16 \left(\frac{t_R}{W_b} \right)^2 \tag{5-4}$$

式中，n 是理论板板数；t_R 是组分保留时间；$W_{1/2}$ 是以时间为单位的半峰宽；W_b 是以时间为单位的峰底宽。由上式可知，组分的保留时间越长，峰形越窄，则理论塔板数 n 越大。

（3）有效理论塔板数 n_{eff}　在进行色谱分析时，经常出现一种现象：即计算出的 n 值很大，但分离效能却并不高。这是由于保留时间 t_R 中包括了死时间 t_M，而 t_M 不参加柱内的分配，即理论塔板数还未能真实地反映色谱柱的实际分离效能。为此，提出了有效理论塔板数 n_{eff} 的概念，即以 t'_R 代替 t_R 来计算色谱柱的塔板数。其计算公式为：

$$n_{eff} = \frac{L}{H_{eff}} = 5.54 \left(\frac{t'_R}{W_{1/2}} \right)^2 = 16 \left(\frac{t'_R}{W_b} \right)^2 \tag{5-5}$$

式中，n_{eff} 是有效理论塔板数；H_{eff} 是有效理论塔板高度；t'_R 是组分调整保留时间；$W_{1/2}$ 是以时间为单位的半峰宽；W_b 是以时间为单位的峰底宽。

由于相同色谱条件下对不同物质计算所得到的塔板数是不一样的，所以使用 n_{eff} 或 H_{eff} 对色谱柱柱效能进行评价时，除应注明色谱条件外，还必须指出是对什么物质而言。

5.1.4.2　速率理论

由于塔板理论的某些假设是不合理的，如分配平衡是瞬间完成的，溶质在色谱柱内运行是理想的（即不考虑扩散现象）等，从而导致塔板理论无法说明影响塔板高度的物理因素是什么，也不能解释为什么在不同的流速下测得不同的理论塔板数这一实验事实。但塔板理论提出的"塔板"概念是形象的，"理论塔板高度"的计算也是简便的，所得到的色谱流出曲线方程式是符合实验事实的。速率理论是在继承塔板理论的基础上得到发展的。它阐明了影响色谱峰展宽的物理化学因素，并指明了提高与改进色谱柱效率的方向。它为毛细管色谱和高效液相色谱的发展起着指导性的作用。

（1）速率理论方程式　在速率理论发展的进程中，首先由格雷科夫提出了影响色谱动力学过程的四个因素：在流动相内与流速方向一致的扩散、在流动相内的纵向扩展、在颗粒间的扩散和颗粒大小。

到 1956 年，范第姆特（Van Deemter）在物料（溶质）平衡理论模型的基础上提出了在色谱柱内溶质的分布用物料平衡偏微分方程式来表示，并且设定了柱内区带展宽是由于溶质在两相间的有效传质速率、溶质沿着流动相方向的扩展和流动相的流动性质造成的。从而得到偏微分方程式的近似解，也即速率理论方程式（亦称范第姆特方程式）：

$$H = A + \frac{B}{u} + C\bar{u} \tag{5-6}$$

式中，H 为塔板高度，cm；$\bar{u}$ 为载气的线速度，cm·s^{-1}；A 为涡流扩散项；$B/\bar{u}$ 为分子扩散项；$C\bar{u}$ 为传质阻力项，包括气相传质阻力项 $C_g\bar{u}$ 和液相传质阻力项 $C_l\bar{u}$ 两项。

图 5-8 显示了理论塔板高度 H 与流动相线速度 $\bar{u}$ 之间的关系图。

（2）影响柱效能的因素

① 涡流扩散项　涡流扩散项亦称多路效应项。由于试样组分分子进入色谱柱碰到柱内填充颗粒时不得不改变流动方向，因而它们在气相中形成紊乱的类似"涡流"的流动［见图 5-9（a）］，组分分子所经过的路径长度不同，到达柱出口的时间也不同，因而引起色谱峰的扩张。涡流扩散项所引起的峰形变宽与固定相颗粒平均直径 d_p 和固定相的填充不

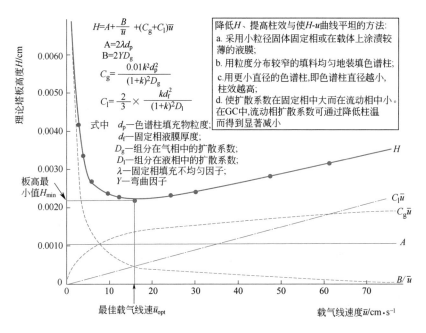

图 5-8 理论塔板高度 H 与流动相线速度 $\bar{u}$ 之间的关系图

均匀因子 λ 有关。显然，使用直径小、粒度均匀的固定相，并尽量填充均匀，可以减小涡流扩散，从而降低塔板高度，提高柱效。对于空心毛细管柱而言，因中间无填充物，不存在涡流扩散，所以 $A=0$。

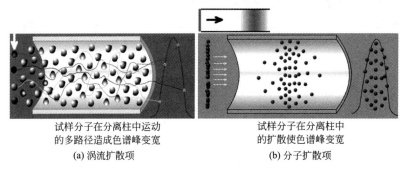

(a) 涡流扩散项   (b) 分子扩散项

图 5-9 涡流扩散项与分子扩散项

② 分子扩散项 分子扩散项亦称纵向扩散项。组分进入色谱柱后，随载气向前移动，由于柱内存在浓度梯度，组分分子必然由高浓度向低浓度扩散（其扩散方向与载气运动方向一致），从而造成色谱峰扩张[如

图 5-9（b）所示]。由图 5-8 可知，分子扩散项与弯曲因子 γ（反映了固定相对分子扩散的阻碍程度，填充柱 $\gamma < 1$，空心柱 $\gamma = 1$）、组分在气相中的扩散系数 D_g（随载气和组分的性质、温度、压力的变化而变化）和载气平均线速 $\bar{u}$ 有关。D_g 越小，组分在气相中停留的时间越长，分子扩散也越大。所以，若加快载气流速，则可减少由于分子扩散而产生的色谱峰扩张。由于 D_g 近似地与载气摩尔质量的平方根成反比，因此使用摩尔质量大的载气可以减小分子扩散项。

③ 传质阻力项 传质阻力项包括 $C_g \bar{u}$ 和 $C_l \bar{u}$ 两项，即 $C\bar{u} = C_g \bar{u} + C_l \bar{u}$（$C_g$、$C_l$ 分别为气相传质阻力系数和液相传质阻力系数）。气相传质阻力是组分从气相到气液界面间进行质量交换所受到的阻力，这个阻力会使柱横断面上的浓度分配不均匀。阻力越大，所需时间越长，浓度分配就越不均匀，峰扩散就越严重。由图 5-8 可知，若采用小颗粒的固定相，以 D_g 较大的 H_2 或 He 作载气（当然，合适的载气种类，还必须根据检测器的类型进行选择），可以减小气相传质阻力，从而提高柱效。

液相传质阻力是指试样组分从固定相的气液界面到液相内部进行质量交换达到平衡后，又返回到气液界面时所受到的阻力，显然这个传质过程需要时间。由于流动状态下组分在两相间的分配平衡不能瞬间达成，所以进入液相的组分分子，因其在液相里有一定的停留时间，当它回到气相时，必然落后于原在气相中随载气向柱出口方向运动的分子，从而造成色谱峰的扩张。由图 5-8 可知，若采用液膜较薄的固定液则有利于液相传质，但液膜不宜过薄，否则会减少样品的容量，降低色谱柱的寿命。当然，D_l 越大，越有利于传质，从而减少色谱峰的扩张。

综上所述，范第姆特方程式较好地说明了色谱柱填充均匀程度、粒度、载气种类与流速、柱温、固定相液膜厚度和组分性质等对柱效、色谱峰扩张的影响，因此其对气相色谱分离条件的选择与优化具有较强的指导意义。

 阅读材料

气相色谱——马丁与辛格（Martin & Synage）

马丁于 1910 年 3 月 1 日出生于英国伦敦一个书香门第，早年就读于著名的贝德福德学校。在学校，他的物理、化学成绩总是名列前茅。1929 年，他进入剑桥大学学习。1932 年大学毕业，1935 年和 1936 年他先后拿到了硕士和博士学位。辛格 1914 年 10 月 28 日出生于英国的利物浦，1936 年他从剑桥大学毕业，1939 年他获得了硕士学位。1941 年马丁、辛格联名发表了第一篇有关分配色谱法的文章，因此，辛格获得了博士学位。

　　1937 年，马丁到剑桥大学与辛格共事。1938 年，他们制成第一台液相色谱仪，但当时还存在很大的缺陷。1940 年，马丁改进设计出一台适用的分配色谱仪。1941 年，马丁和辛格联合发表了第一篇有关分配色谱的文章。1943 年，辛格离开利兹，但他还始终与马丁联系与合作，继续对分配层析法进行探索。1944 年马丁等人在上述探索的基础上，用普通滤纸代替硅胶作为载体，获得了成功。分配色谱法和纸色谱法的发明和推广极大地推动了化学研究，特别是有机化学和生物化学的发展，可以说是分析方法上一次了不起的革命。正是认识到这一意义，诺贝尔评奖委员会将 1952 年的诺贝尔化学奖授予了马丁和辛格。

5.2　气相色谱仪

5.2.1　概述

5.2.1.1　气相色谱仪基本构造

　　气相色谱仪的型号种类繁多，但它们的基本结构是一致的。它们都由气路系统、进样系统、分离系统、检测系统、数据处理系统和温度控制系统六大部分组成。

5.2.1.2　气相色谱仪的分类和工作流程

　　气相色谱仪按气路结构可分为单柱单气路和双柱双气路两种类型。单柱单气路气相色谱仪（见图 5-3）结构简单，操作方便，适用于恒温分析，其工作流程见 5.1.1.2。一些简单的气相色谱仪如上分厂 GC102G 属于这种类型。

　　双柱双气路气相色谱仪（见图 5-10）是将经过稳压阀后的载气分成两路进入各自的色谱柱和检测器，其中一路作分析用，另一路作补偿用。这种结构可以补偿气流不稳或固定液流失对检测器产生的干扰，提高了仪器工作的稳定性，特别适用于程序升温和痕量分析。目前大多数气相色谱仪均属于这种类型，如浙江温岭福立 GC9790、Agilent

GC7890 等。这类仪器的两个色谱柱可以装性质不同的固定相,供选择进样,具有两台气相色谱仪的功能。

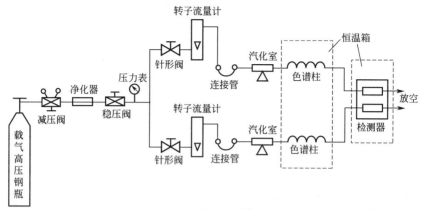

图 5-10 双柱双气路气相色谱仪结构示意图

5.2.2 气路系统

5.2.2.1 气路系统的要求

气相色谱仪中的气路是一个载气连续运行的密闭管路系统。整个气路系统要求载气纯净、密闭性好、流速稳定及流量测量准确。

气相色谱的载气是载送样品进行分离的惰性气体,是气相色谱的流动相。可用的载气为氮气、氢气、氦气、氩气(其中的氦气、氩气由于价格较高,应用较少)。

5.2.2.2 气路系统主要部件

(1)气体钢瓶和减压阀 载气一般由高压气体钢瓶或气体发生器来提供。采用高压钢瓶供气的优点是:供气稳定、纯度高、质量有保证、种类齐全、安装容易、更换方便、投资小、运行成本低、维修量小、净化器简单;其不足是:当地要有供应源、有一定的危险性、需配置专门的气源室、需要制订整套安全使用规章制度。

气体钢瓶是高压容器,其顶部装有开关阀,瓶阀上装有防护装置(钢瓶帽),钢瓶筒体上套有两个用于防震的橡皮腰圈。为了保证安全,各类气体钢瓶都必须定期做抗压试验,每次试验都要有详细记录(如试验日期、检验结论等),并载入气瓶档案。经检验,需降压后使用或报废的气体钢瓶，检验单位还会在瓶上打上钢印说明。

由于气相色谱仪使用的各种气体压力为 0.2 ～ 0.4MPa，因此需要通过减压阀使钢瓶气源的输出压力下降。减压阀是用来将高压气体调节到较小压力（通常将 10 ～ 15MPa 压力减小到 0.1 ～ 0.5MPa）的设备，其结构如图 5-11 所示。

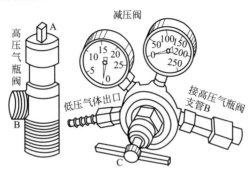

图 5-11　高压气瓶阀和减压阀

使用前需将减压阀用螺旋套帽装在高压气瓶总阀的支管 B 上，然后用活络扳手逆时针旋转打开钢瓶总阀 A，高压气体进入减压阀的高压室，其压力表（0 ～ 25MPa）指示出气体钢瓶内总压。接着沿顺时针方向缓慢转动减压阀 T 形阀杆 C，使气体进入减压阀低压室，其压力表（0 ～ 2.5MPa）指示输出气体管线中的低工作压力。不用气时应先关闭气体钢瓶总阀，待压力表指针指向零点后，再将减压阀 T 形阀杆 C 沿逆时针方向转动旋松关闭（避免减压阀中的弹簧长时间压缩失灵）。实验室常用的减压阀有氢、氧、乙炔气三种。每种减压阀只能用于规定的气体物质，如氢气钢瓶选氢气减压阀；氮气、空气钢瓶选氧气减压阀；乙炔钢瓶选乙炔减压阀等，决不能混用。

在一些偏远地区或者工作场所易燃易爆以及进行野外考查时，使用气体发生器是更为适当的。用于气相色谱仪的气体发生器主要有 H_2、N_2 发生器与空气压缩机。其主要优缺点是：操作安全简单，对安装与放置地点以及环境没有苛刻要求，可获取不同纯度（99.99% ～ 99.9999%）的各类气体，首次投资偏高，使用中需经常维修与保养，部分气体（如 He 与 Ar 等）无发生器装置。

（2）净化管　气相色谱仪使用气体的纯度会对仪器性能产生较大的影响，因此从减压阀出来的气体须先通过净化管净化以除去主要污染物（水、氧与烃类等）后才能进入色谱柱。净化管通常为内径50mm，长200～250mm的金属管，如图5-12所示。

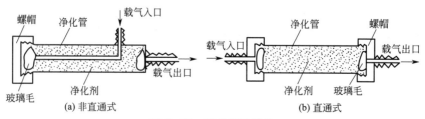

图5-12　净化管的结构

净化管在使用前应该清洗烘干，其方法为：用热的100g·L⁻¹NaOH溶液浸泡0.5h，再用自来水冲洗干净，用蒸馏水清洗后，烘干。净化管内主要装填分子筛、变色硅胶与活性炭，其吸附物质的种类如表5-5所示。净化剂使用一段时间后净化能力会下降以致失去净化功能，此时可将净化剂进行活化后重复使用。活化方法如表5-5所示。

表5-5　净化剂

净化剂	净化物质	活化方法
4A、5A 分子筛	烃、水、H_2S 或油污等	①在空气中加热520～560℃，烘烤3～4h，冷却密封保存。活化温度不要超过680℃，以免分子筛结构破坏。分子筛活化后残留水分越少，则除水效率越高 ②装在过滤器中350℃下通氮气6h
硅胶	水或烃类	普通硅胶粉碎过筛后，用3mol·L⁻¹硅酸浸泡1～2h后用蒸馏水浸至无Cl⁻，180℃烘烤至全部变成蓝色，冷却封装保存
活性炭	烃类	非色谱用活性炭粉碎过筛，用苯浸泡几次以除去硫黄、焦油等杂质后，在380℃下通过水蒸气吹至乳白色物质消失为止，密封保存。使用前160℃下烘烤2h即可

净化管内装填物质的种类取决于对载气纯度的要求，比如特定场合下也可使用 P_2O_5 或 $CaCl_2$ 除水，使用碱石棉除 CO_2。净化管的出口和入口应加上标志，出口应当用少量纱布或脱脂棉轻轻塞上，严防净化剂粉尘流出净化管进入色谱仪。

（3）稳压阀　当气源压力或输出流量波动时，使用稳压阀（又称压力调节器）能输出恒定压力的气体。气相色谱仪中常用的稳压阀是波纹管双腔式稳压阀，其用途主要是：

① 为针形阀提供稳定的气压；

② 接在稳流阀前，提供恒定的参考压力；

③ 在毛细管柱进样分析时，调节供给载气柱前压。

稳压阀使用注意事项是：

① 所用气源应干燥，无腐蚀性、无机械杂质；

② 保证稳压阀的输出压差 $\geqslant 0.05$ MPa；

③ 进、出气口不能接反；

④ 稳压阀长期不用，应把调节旋钮放松，关闭阀，以防弹簧长期受力疲劳而失效。

（4）针形阀　在气路中使用针形阀的目的是为了细微地均匀调节流速，在恒温分析中直接装在稳压阀后调节，在程序升温分析中将它设计在稳流阀中。针形阀使用注意事项是：

① 进、出气口不能接反；

② 严防水、灰尘等机械杂质进入；

③ 阀杆漏气可以更换密封垫圈；

④ 针形阀要想得到稳定的流速，输入压力必须恒定。

（5）稳流阀　在进行程序升温分析时，由于柱温不断升高引起色谱柱阻力不断增加，虽然柱前压保持不变，但载气流量也会发生变化，此时可使用稳流阀（又称压力补偿器）来自动控制载气的稳定流速。稳流阀使用注意事项是：

① 输入气中应无水、无油、无机械杂质；

② 进、出气口不能接反；

③ 柱前压应比稳流阀输入压力小 0.05MPa 以上。稳流阀的输入压力为 $0.03 \sim 0.3$ MPa，输出压力为 $0.01 \sim 0.25$ MPa，输出流量为 $5 \sim 400$ mL·min^{-1}。当柱温从 50℃ 升至 300℃ 时，若流量为 40mL·min^{-1}，此时的流量变化可小于 ±1%。

（6）管路连接　气相色谱仪的管路多数采用内径为 3mm 的不锈钢管，靠螺母、压环和"O"形密封圈进行连接。有的也采用成本较低、连接方便的尼龙管或聚四氟乙烯管，但效果不如金属管好。特别是在使用电子捕获检测器时，为了防止氧气通过管壁渗透到仪器系统造成事故，最好使用不锈钢管或紫铜管。连接管道时，要求既能保证气密性，又不会损坏接头。

（7）检漏　气相色谱仪的气路要认真仔细的进行检漏，气路不密封将会使以后的实验出现异常现象，造成数据的不准确。用氢气作载气时，氢气若从柱接口渗漏进恒温箱，可能会发生爆炸事故。气路检漏常用的方法有两种：一种是皂膜检漏法，即用毛笔蘸上肥皂水涂在各接头上检漏，若接口处有气泡溢出，则表明该处漏气，应重新拧紧，直到不漏气为止。检漏完毕应使用干布将皂液擦净。

另一种是堵气观察法，即用橡皮塞堵住出口处，关闭稳压阀，转子流量计流量为0、压力表压力不下降，则表明不漏气；反之，若转子流量计流量指示不为0，或压力表压力缓慢下降（压力降 ≥ 0.005MPa/0.5h），则表明该处漏气，应重新拧紧各接头以致不漏气为止。

（8）载气流量的测定　载气流量是气相色谱分析的一个重要操作条件，一般采用转子流量计［见图 5-13（a）］和皂膜流量计［见图 5-13（b）、（c）］进行测量，目前高档的气相色谱仪也常采用刻度阀（见图 5-14）或电子气体流量计指示气体流量。

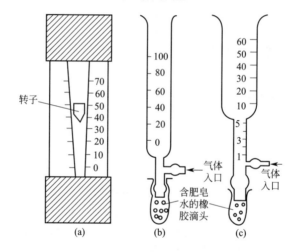

图 5-13　转子流量计与皂膜流量计

（a）转子流量计；（b）皂膜流量计（可用于填充柱）；（c）皂膜流量计（可用于填充柱和毛细管柱）

① 转子流量计。由一个上宽下窄的锥形玻璃管和一个能在管内自由旋转的转子组成，其上、下接口处用橡胶圈密封。当气体自下端进入转子流量计又从上端流出时，转子随气体流动方向而上升，转子上浮高度和气体流量有关，但气体流量与转子的高度却并不成直线关系。因此使用转子流量计测量气体流量时，必须先绘制气体体积流量与转子高度的关系曲线图（不同压力、不同气体流量与转子位置关系不一样）。

② 皂膜流量计。是目前用于测量气体流量的标准方法。它是由一

根带有气体进口的量气管和橡胶滴头组成，使用时先向橡胶滴头中注入肥皂水，挤动橡胶滴头就有皂膜进入量气管。当气体自流量计底部进入时，就顶着皂膜沿着管壁自下而上移动。用秒表测定皂膜移动一定体积时所需时间就可以计算气体流量，测量精度达 1%。

③ 刻度阀。如图 5-14 所示，可利用针形阀、稳流阀上阀旋转的度数（在图中表现为阀旋转的圈数）与流量近似成正比这一原理先绘制圈数与流量的曲线（见图 5-14），然后通过该曲线来查阅气体的近似流量。

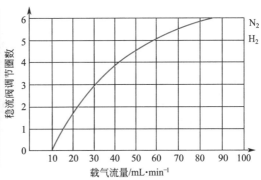

图 5-14　刻度阀与流量曲线图

④ 电子气体流量计。在气体的流路中接入一个流量传感器，流量传感器将气体流量这个物理量转化成与之成正比的模拟量（电压或电流），再将其量化后转成数字量，即可在色谱仪的屏幕上以数字的形式显示出气体的流量。

（9）电子气路控制系统　气相色谱仪气路系统的密封性、阻力变化、载气的流速、压力波动等均会对仪器稳定性、定性与定量分析结果产生较大影响，而辅助气路流量也会对检测器灵敏度和基线稳定性有直接影响。以前的气路系统多采用机械结构的气阻、针形阀、稳压阀等进行控制，气路压力与流量控制的精度与稳定性受到较大的限制。随着电子技术的进步与集成度的提高，电子压力控制和电子流量控制应运而生，极大地提高了系统的稳定性与重现性。

电子气路控制系统（electronic pressure control，EPC）是一种气相色谱仪电子气路控制部件，它采用电子压力传感器和流量控制器，通过计算机计算诸多功能实现气路压力、流量与线速度的控制。EPC

是高档气相色谱仪必备部件之一，日本岛津公司称为自动流量控制系统（AFC），PE公司称为可编程气路控制（PPC），瓦里安公司称为电子流量控制（EFC）。

EPC的主要优点是：①缩短分析时间，提高工作效率；②可采用较低柱温，提高了仪器的稳定性、灵敏度、延长了柱寿命和减少了运行成本；③提高了定性与定量分析重复性和准确度；④减少了分析样品的歧视与分解；⑤全面实现数字化与自动化；⑥节省载气；⑦容易实现仪器的小型化；⑧EPC具有系统内漏气自诊断功能，增加了操作的安全性。

EPC控制方式主要有3种：①压力控制，即控制系统柱前压恒定；②平均线速度控制，即维持毛细管柱内平均线速度不变；③载气流量恒定，即维持毛细管柱内载气流量不变。3种方式均可用于直接全样品进样方法，而压力控制与平均线速度控制通常用于"分流进样"与"不分流进样"。图5-15是毛细管柱分流进样EPC气路控制示意图（日本岛津GC2010型气相色谱仪）。

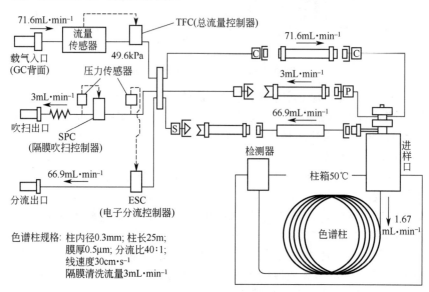

图5-15 分流进样EPC气路控制示意图

如图5-15所示，总流量控制器（TFC）通过柱前压压力传感器反馈输出控制分流控制器（ESC），ESC反过来再控制柱前压力。系

统可根据线速度、柱温、柱内径和柱长等计算并自动设置柱前压为
49.6kPa，同时柱流量也自动地设置为 1.67mL·min^{-1}，总流量设置为
69.8mL·min^{-1}（1.67×40 ＋ 3）。此时 TFC 控制总流量，ESC 控制
柱前压，且均与控制方式无关。若选择"压力控制"方式，则不论柱
温如何变化，柱前压始终保持恒定（49.6kPa）；若选择"平均线速度"
控制方式，则柱前压将随柱温程序升高自动升高，以维持"平均线
速度"恒定。

5.2.2.3 气路系统的日常维护

（1）气体管路的清洗　清洗气路连接金属管时，将该管两端接头
拆下，并将其从色谱仪中取出，先清洁管外壁，再用无水乙醇处理管
内壁，以除去大部分颗粒状堵塞物及易被乙醇溶解的有机物和水分。在
疏通过程中，若管路不通，可用洗耳球加压吹洗，加压后仍无效可用细
钢丝捅针疏通管路，或者使用酒精灯加热管路以使堵塞物在高温下碳化
从而达到疏通的目的。若分析过程可能用到不被乙醇溶解的污染物，则
可选用其他清洗液进行清洗。可供选择的清洗液有萘烷、N，N- 二甲基
酰胺、甲醇、蒸馏水、丙酮、乙醚、氟利昂、石油醚等。清洗完毕，则
可加热该管线并用干燥气体进行吹扫后，即可将管线装回原气路待用。

（2）阀的维护　稳压阀、针形阀及稳流阀的调节须缓慢进行。稳
压阀、针形阀及稳流阀均不可作开关使用；各种阀的进、出气口不能
接反。

（3）流量计的维护　使用转子流量计时应注意气源的清洁。若出现
由于载气中的微量水分进入转子流量计在玻璃管壁吸附一层水雾造成转
子跳动，或者灰尘落入管中将转子卡住等现象时，可将转子取出进行
清洗。

使用皂膜流量计时要注意保持流量计的清洁、湿润，皂水要用澄
清的皂水，或其他能起泡的液体（如烷基苯磺酸钠等）使用完毕应
洗净、晾干（或吹干）放置待用。

5.2.3　进样系统

气相色谱仪的进样系统是将样品引入色谱系统而又不造成系统漏
气的一种特殊装置，它要求能将样品定量引入色谱系统，并使之有效
汽化，然后用载气将样品快速"扫入"色谱柱。进样是气相色谱分析中

误差的主要来源之一。

　　一般气相色谱仪的进样系统包括进样器和汽化室（见图 5-16）两个部分。进样器有注射器、进样阀等手动进样器与自动进样器等。注射器可用于常压气体样品、液体样品（固体样品也可选择合适溶剂溶解后变成液体样品）的进样分析，操作简单、灵活，但操作误差比自动进样器大。高档气相色谱仪一般均配置有自动进样器，实现了气相色谱分析的完全自动化。

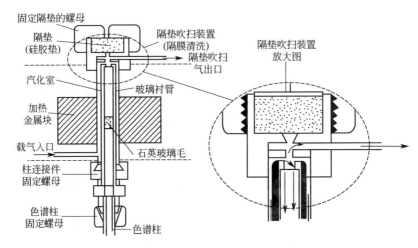

图 5-16　填充柱进样口结构示意图

　　在实际应用中，气体样品进样多采用六通阀定体积进样器（见图 5-17）。载样时［图 5-17（a）］，气体样品由阀接头 1 引入，通过接头 6 进入定量环（loop，也叫定量管），多余的气体样品通过接头 3 连接 2 放空。载气则直接由接头 5 通过接头 4 到色谱柱。进样时［图 5-17(b)］，将阀旋转 60°，此时载气由接头 5 通过接头 6 进入定量环，将环中气体样品带入色谱柱中进行分析。气体进样量的大小取决于定量环的规格。目前定量环的规格主要有 0.5mL、1mL、3mL、5mL 等，可满足不同气体样品进样的需求。六通阀定体积进样器使用温度较高、寿命长、耐腐蚀、死体积小、气密性好，可以在低压下使用。

　　汽化室的作用是将液体样品瞬间汽化为蒸气。它实际上是一个加热器，通常采用金属块作加热体。当用注射器针头直接将样品注入热区时，样品瞬间汽化，然后由预热过的载气（载气先经过已加热的汽化

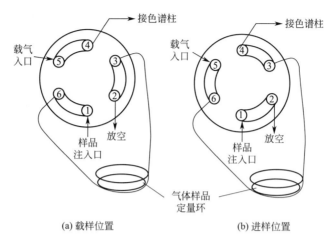

(a) 载样位置　　　　　　　　(b) 进样位置

图 5-17　六通阀工作原理示意图

器管路），在汽化室前部将汽化了的样品迅速带入色谱柱内。气相色谱分析要求汽化室热容量要大，温度要足够高，汽化室体积尽量小，无死角，以防止样品扩散，减小死体积，提高柱效。

5.2.3.1　填充柱进样系统

图 5-16 是一种常用的填充柱进样口。样品由进样器（如微量注射器）引入汽化室，在汽化室的高温下溶剂与样品瞬间汽化成蒸气，被载气带动进入色谱柱。汽化室内不锈钢套管中插入的石英玻璃衬管❶能起到保护色谱柱的作用，同时防止加热的金属表面催化样品发生不必要的化学反应。不同的进样方式需选择不同形状和规格的衬管（如图 5-18 所示）。分析时应保持衬管干净，及时清洗或更换。为防止进样过程中仪器气路系统漏气，一般在进样口放置由硅橡胶材料制成的隔垫。硅橡胶在使用多次后会失去作用，应经常更换。一个隔垫连续使用时间不能超过一周。

由于硅橡胶中不可避免地含有一些残留溶剂或低分子聚合物，且硅

---

❶ 其作用是：①提供一个温度均匀的汽化室，防止局部过热。②玻璃的惰性比不锈钢好，减少了在汽化期间样品催化分解的可能性。③易于拆换清洗，以保持清洁的汽化室表面。一些痕量非挥发性组分会逐渐积累残存于汽化室，高温下会慢慢分解，使基流增加、噪声增大，通过清洗玻璃衬套可以消除这种影响。④可根据需要选择管壁厚度及内径适宜的玻璃衬套，以改变汽化室的体积，而不用更换整个进样加热块。

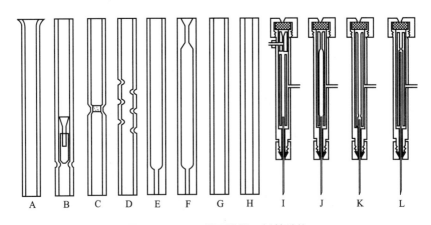

图 5-18　GC 常用进样口衬管结构

A—用于填充柱；B ～ G—用于毛细管柱分流进样；

G，H—用于毛细管柱不分流进样；I ～ L—用于大口径毛细管柱直接进样

橡胶在汽化室高温的影响下还会发生部分降解，这些残留溶剂和降解产物进入色谱柱，就可能出现"鬼峰"（即不是样品本身的峰），影响样品的分析检测。图 5-16 中的隔垫吹扫装置（也叫隔膜清洗装置）可消除这一现象。

　　为避免样品在汽化室的高温下可能发生的热分解，可使用较长的注射器将样品直接打到色谱柱的顶端，使微量液体样品瞬间汽化，直接进入色谱柱的第一块塔板从而提高柱效。这种进样方法称为柱头进样。它特别适合于微量杂质分析，如农药残留量分析。

5.2.3.2　毛细管柱进样系统

　　毛细管柱与填充柱相比内径很细、液膜很薄，柱容量要比填充柱小 2 ～ 3 个数量级。为克服毛细管柱容易引起的进样歧视 ❶ 现象发展出多种进样方式，如常见的分流 / 不分流进样、冷柱头进样、程序升温汽化进样、大体积样品直接进样、大口径毛细管柱直接进样等。下面简单介绍分流 / 不分流进样与大口径毛细管柱直接进样两种进样方式。

---

　　❶ 进样歧视是指注射针插入 GC 进样口时，针尖内的溶剂和样品中易挥发组分会先汽化。无论进样速度有多快，不同沸点组分的汽化速度总是有差异的。当注射完毕抽出针尖时，注射器中残留样品的组成与实际样品的组成是有差异的。一般来说，高沸点组分的残留要多一些。使用自动进样器经校正后可忽略这一歧视作用。另：衬管中的玻璃毛也能有效地减缓进样歧视，因为它能使针尖上的样品尽快分散以加速汽化。

（1）分流 / 不分流进样　分流进样系统如图 5-19（a）所示。进入进样口的载气（总流量 104mL·min^{-1}）分成两个部分：一是隔膜清洗（一般为 1～3mL·min^{-1}，图示流量为 3mL·min^{-1}），二是进入汽化室载气（101mL·min^{-1}）。进入汽化室的载气与样品气体混合后又分成两个部分：大部分经分流出口放空（分流流量 100mL·min^{-1}），小部分进入色谱柱（柱流量 1mL·min^{-1}）。常规毛细管柱的分流比（柱流量与分流流量之比）一般为（20∶1）～（200∶1），大口径厚液膜毛细管柱可为（5∶1）～（20∶1）。图 5-19（a）显示的分流比为 100∶1。分流进样中由于大多数样品被分流放空，因此可防止毛细管柱柱容量超载。

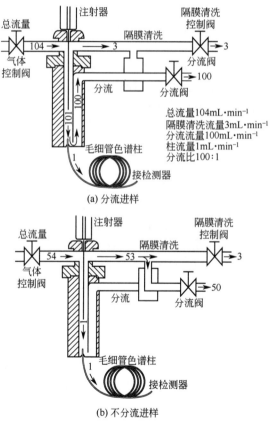

图 5-19　分流 / 不分流进样系统示意图

分流比是分流进样的一个重要参数，其大小要根据样品浓度和进样量来进行选择。一般来说，分流比大，有利于峰形，但样品分流失真较严重；分流比小，进样失真和分流歧视 ❶ 变小，但初始谱带会变宽。在分析结果要求不高的情况下，选择较大的分流比更为有利。

分流进样方式适合于大部分挥发性样品特别是化学试剂的分析，也适合于浓度较高的样品或未知样品的分析。

由于毛细管柱的柱容量非常小，采用分流进样导致进入色谱柱的样品量很小，这对分析低浓度的微量组分和痕量组分极为不利，因此又发展出不分流进样，它兼具直接进样与分流进样的优点，样品几乎全部进入色谱柱，同时又能避免溶剂峰的严重拖尾，且灵敏度比分流进样要高1～3个数量级。

不分流进样系统如图5-19（b）所示。不分流进样就是将分流电磁阀关闭，让样品全部进入色谱柱。不分流进样方式可以消除分流歧视现象，但汽化后的大量溶剂不可能瞬间进入色谱柱会造成溶剂峰严重拖尾，使得早流出组分的色谱峰被掩盖，这种现象称为溶剂效应。消除溶剂效应主要是采用瞬间不分流技术。

所谓瞬间不分流技术即指进样开始时关闭分流电磁阀，使系统处于不分流状态，待大部分汽化的样品进入色谱柱后，开启分流阀，使系统处于分流状态，将汽化室内残留的溶剂气体（也含有少量样品气体）很快从分流出口放空，尽可能消除溶剂拖尾对分析的影响。这种分流状态一直持续到分析结束，至下一个样品开始分析前再关闭分流阀。因此，不分流进样实际上是分流与不分流的结合，并不是绝对不分流。在这个过程中，确定瞬间不分流的时间往往是分析能否成功的关键，其数值大小需要根据样品的实际情况和操作条件进行优化，经验值是45s左右（一般在30～80s之间），通常可保证95%以上的样品进入色谱柱。

不分流进样方式常用于环境分析（如水和大气中痕量污染物的检测）、食品中农药残留检测以及临床和药物分析等。

分流/不分流进样均需选择合适的衬管（见图5-18）。

（2）大口径毛细管柱直接进样　对于一些大口径（内径≥0.53mm）的毛细管柱，由于其柱容量较高，可将其直接接在填充柱进样口，像填

---

❶ 分流歧视是指在一定分流比条件下，样品中不同组分的分流比是不一致的，汽化不太完全的组分比完全汽化的组分可能多分流掉一些样品，导致进入色谱柱的样品组成不同于实际样品的组成。尽量使样品快速汽化是消除分流歧视的重要手段，如采用较高的汽化温度、使用合适的衬管等。

充柱进样一样，所有汽化后的样品全部进入毛细管柱，这就是大口径毛细管柱直接进样。

使用大口径毛细管柱直接进样时需先将填充柱接头换成大口径毛细管柱专用接头，并根据实际情况选择合适的衬管（见图 5-18）。

5.2.3.3 日常维护

（1）进样口的维护 仪器长期使用，硅橡胶微粒会慢慢积聚造成进样口管道堵塞，或者气源净化不够使进样口玷污，此时可对进样口进行清洗。方法是先从进样口处拆下色谱柱，旋下散热片，清除导管和接头部件内的硅橡胶微粒，接着用丙酮和蒸馏水依次清洗导管和接头并吹干，按拆卸的相反程序进行安装，最后进行气密性检查。

（2）微量注射器的维护 微量注射器使用前先用丙酮等溶剂洗净，使用后立即清洗处理（清洗溶液顺序：5%NaOH 水溶液、蒸馏水、丙酮、氯仿，最后用真空泵抽干），以免芯子被样品中高沸点物质玷污而堵塞；切忌用重碱性溶液洗涤，以免玻璃受腐蚀和不锈钢零件受腐蚀而漏水漏气；注射器针尖为固定式者，不宜吸取有较粗悬浮物质的溶液；一旦针尖堵塞，可用 ϕ 0.1mm 不锈钢钢丝串通；高沸点样品在注射器内部分冷凝时，不得强行多次来回抽动拉杆，以免发生卡住或磨损而造成损坏；若发现注射器内有不锈钢氧化物（发黑现象）影响正常使用，可在不锈钢芯子上蘸少量肥皂水塞入注射器内，来回抽拉几次，洗净即可；注射器针尖不宜在高温下工作，更不能用火直接烧，以免针尖退火而失去穿戳能力。

（3）六通阀的维护 六通阀在使用时应绝对避免带有小颗粒固体杂质的气体进入六通阀，否则，在转动阀盖时，固体颗粒会擦伤阀体，造成漏气；六通阀使用一段时间后，应将其卸下进行清洗。

5.2.4 分离系统

分离系统主要由柱箱和色谱柱组成，其中色谱柱是核心，它的主要作用是将多组分样品分离为单一组分的样品。

5.2.4.1 柱箱

在分离系统中，柱箱其实相当于一个精密的恒温箱。柱箱的基本参数有两个：一个是柱箱的尺寸，另一个是柱箱的控温参数。

柱箱的尺寸主要关系到是否能安装多根色谱柱，以及操作是否方便。尺寸大一些是有利的，但太大了会增加能耗，同时增大仪器体积。目前商品气相色谱仪柱箱的体积一般不超过 $15dm^3$。

柱箱的操作温度范围一般在室温～450℃，且均带有多阶程序升温设计，能满足色谱优化分离的需要。部分气相色谱仪带有低温功能，低温一般用液氮或液态 CO_2 来实现的，主要用于冷柱上进样。

5.2.4.2　色谱柱的类型

色谱柱一般可分为填充柱和毛细管柱。

（1）填充柱　填充柱是指在柱内均匀、紧密填充固定相颗粒（或在固定相颗粒上涂渍很薄的液膜）的色谱柱。柱长一般在 1～5m，内径一般为 2～4mm。依据内径大小的不同，填充柱可分为经典型、微型和制备型填充柱。填充柱形状有 U 形和螺旋形，U 形柱效相对较高。柱材料多为不锈钢和玻璃。不锈钢材料质地坚硬、化学稳定性好，是目前常用的材料，缺点是高温时对某些样品有催化效应；硬质玻璃材料表面吸附活性小、化学反应活性差、透明便于观察填充情况，缺点是易碎，是实验室常备的色谱柱。

（2）毛细管柱　毛细管柱又称空心柱，如图 5-20 所示。它比填充柱在分离效率上有很大的提高，可解决复杂的、填充柱难于解决的分析问题。常用的毛细管柱为涂壁空心柱［WCOT，见图 5-21（a）］，其内壁直接涂渍固定液，柱材料大多用熔融石英，即所谓弹性石英柱（熔融石英管外涂聚酰亚胺）。柱长一般在 25～100m，内径一般为 0.1～0.5mm。按柱内径的不同，WCOT 可进一步分为微径柱、常规柱和大口径柱。涂壁空心柱的缺点是柱内固定液的涂渍量相应较小，且固定液容易流失。为了尽可能地增加柱的内表面积，以增加固定液的涂渍量，人们又发明了涂载体空心柱［SCOT，即内壁上沉积载体后再涂渍固定液的空心柱，见图 5-21（b）。］和属于气-固色谱柱的多孔性空心柱［PLOT，即内壁上有多孔层（吸附剂）的空心柱，见图 5-21（c）。］。其中 SCOT 柱由于制备技术比较复杂，应用不太普遍，而 PLOT 柱则主要用于永久性气体和低分子量有机化合物的分离分析。表 5-6 列出常用色谱柱的特点及用途。

5.2.4.3　色谱柱的维护

（1）色谱柱安装时应注意如下几点。

① 选择合适的密封垫材料；

② 避免重复使用密封垫；

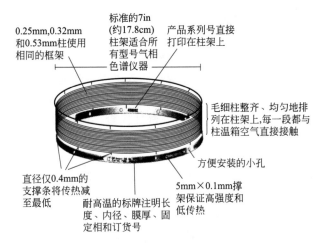

图 5-20 毛细管气相色谱柱的结构

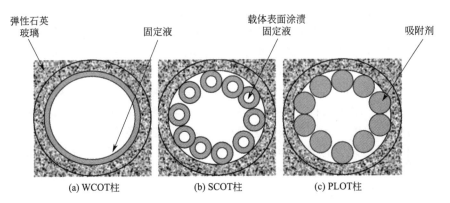

图 5-21 毛细管柱的 3 种填充方式

表 5-6 常用色谱柱的特点和用途

参数		柱长/m	内径/mm	每米柱效 N	进样量/ng	液膜厚度/μm	相对压力	主要用途
填充柱	经典	1~5	2~4	500~1000	$10~10^6$	10	高	分析样品
	微型		≤1					分析样品
	制备		>4					制备纯化合物
WCOT	微径柱	1~10	≤0.1	4000~8000	10~1000	0.1~1	低	快速 GC
	常规柱	10~60	0.2~0.32	3000~5000				常规分析
	大口径柱	10~50	0.53~0.75	1000~2000				定量分析

③ 使用合适的柱切割工具（如陶瓷片或金刚石切割器）进行毛细管柱切割；

④ 安装前确保色谱柱头清洁平整；

⑤ 按厂商要求，结合色谱柱特点插入进样口与检测器适当的位置；

⑥ 毛细管柱必须置于色谱柱架上，不得与柱箱内壁接触；

⑦ 安装完毕必须进行严格的气密性检查，确保接头处不渗漏，否则高温下氧气进入色谱柱会引起固定相的快速降解、柱流失，导致柱效与分离度下降。

（2）新制备的或新安装色谱柱使用前必须进行老化（方法见本书5.3）。色谱柱必须在其使用温度范围内工作，不得超过其最高使用温度，否则易造成固定液的流失或者固定相颗粒的脱落，降低色谱柱的使用寿命。色谱柱使用时应待柱温降至50℃以下再关闭电源和载气，切记温度过高时切断载气，以防氧气扩散进入色谱柱。

（3）新购买的色谱柱使用前须先进行性能测试，并做好记录，存档。色谱柱在使用过程中应定期进行性能测试，记录并与前次测试结果进行比较，了解色谱柱的实际情况，便于在出现分析问题时查找原因，明确问题是否出在色谱柱上。

（4）色谱柱使用过程中出现峰形变差、峰变小、基线漂移、鬼峰等现象时，将色谱柱于高温下进行老化（将停留在色谱柱中的半挥发性污染物冲出）往往能恢复色谱柱性能；毛细管色谱柱使用一段时间后出现峰拖尾、保留时间与灵敏度改变等现象时，将色谱柱前端截去0.3～0.5m（将停留在色谱柱前端的非挥发性污染截去），再安装调试往往能恢复柱性能。

（5）使用老化或截去前端等方法仍然不能恢复色谱柱性能时，可依次使用丙酮、甲苯、乙醇、氯仿和二氯甲烷对色谱柱进行清洗，方法是在色谱柱正常工作时每次进样5～10μL。有时也将色谱柱（仅对键合或交联固定相而言）卸下用20mL左右的二氯甲烷或氯仿等溶剂进行冲洗。上述这些方法均不能恢复色谱柱性能时，可考虑更换色谱柱。

（6）色谱柱暂时不用时，应将其从仪器上卸下，在柱两端套上不锈钢螺帽（毛细管柱用硅橡胶堵上），放在柱包装盒中保存。重新安装毛细管色谱柱时需从柱头截去2～4cm以确保色谱柱内不会有硅胶碎屑。

5.2.5 检测系统

检测系统由检测器与放大器等组成。检测器是测量经色谱柱分离后顺序流出物质成分或浓度变化的器件，相当于色谱仪的"眼睛"。当混合组分经色谱柱分离后进入检测器时，检测器就将各组分浓度或质量的变化情况转换成易于测量的电信号（如电流、电压等），经放大器放大后输出至数据处理系统。因此，检测器的性能好坏直接影响到色谱的定性、定量分析结果。

5.2.5.1 检测器的类型及性能指标

（1）检测器的类型　目前气相色谱仪广泛使用的是微分型检测器，显示的信号是组分在该时间的瞬时量。微分型检测器按检测原理可分为浓度敏感型检测器和质量敏感型检测器。前值响应值取决于载气中组分的浓度，如热导检测器、电子捕获检测器等；后者响应值取决于组分在单位时间内进入检测器的量，与浓度关系不大，如氢火焰离子化检测器、火焰光度检测器等。

若组分在检测过程中分子形式遭到破坏，则该类检测器称为破坏型检测器，如氢火焰离子化检测器等；反之，则称为非破坏型检测器，如热导检测器。

若检测器对所有组分均有响应，则称之为通用型检测器；若检测器仅对具有某些特定性质的组分有响应，则称之为选择型检测器，如电子捕获检测器仅对具有电负性的物质有响应。

（2）检测器的性能指标　检测器的性能指标主要包括噪声与漂移、灵敏度、检测限、线性范围和响应时间等。

① 噪声和漂移　如图 5-6 所示，在没有样品进入检测器的情况下，仅由于检测器本身及其他操作条件（如柱内固定液流失，硅胶垫流失，载气、温度、电压的波动，漏气等因素）使基线在短时间内发生起伏的信号，称为噪声（N，单位 mV）。噪声是检测器的本底信号。使基线在一定时间内对原点产生的偏离，称为漂移（M，单位 mV/h）。良好的检测器要求其噪声与漂移均应很小。

② 线性与线性范围　检测器的线性是指检测器内载气中组分浓度与响应信号成正比关系。线性范围是指被测组分的量与响应信号呈线性关系的范围，以最大允许进样量与最小进样量的比值表示。良好的检测器其线性接近于 1，且线性范围越宽越好。

③灵敏度　检测器的灵敏度（S），也称响应值，是指检测信号（R）对通过检测器组分量（Q）的变化率。若以进入检测器组分量对响应信号作图，可得到一条直线，该直线的斜率即为检测器的灵敏度，即：

$$S = \frac{\Delta R}{\Delta Q} \tag{5-7}$$

浓度敏感型检测器的灵敏度用下式计算：

$$S_g = \frac{Ac_1 c_2 F}{m} \tag{5-7a}$$

质量敏感型检测器的灵敏度用下式计算：

$$S_t = \frac{60 Ac_1 c_2}{m} \tag{5-7b}$$

式中，A 为峰面积，mm^2；c_1 为记录器或数据处理机灵敏度，$mV \cdot mm^{-1}$；c_2 为纸速倒数，$min \cdot mm^{-1}$；F 为载气流速，$mL \cdot min^{-1}$；m 为样品质量，mg。

S_g 单位为 $mV \cdot mL \cdot mg^{-1}$，含义是每毫升载气中含有 $1mg$ 组分时，所产生的毫伏数；S_t 单位为 $mV \cdot s \cdot g^{-1}$，含义是 $1g$ 样品通过检测器时，每秒钟所产生的电位数。

④检出限　检出限（D）又称敏感度，含义为产生 2 倍噪声信号时，单位体积载气或单位时间内进入检测器的组分量，其定义可用下式表示：

$$D = \frac{2N}{S} \tag{5-8}$$

针对不同类型的检测器，检出限也有不同的单位，如 $mg \cdot mL^{-1}$、$g \cdot s^{-1}$ 等。检出限与灵敏度成反比，与噪声成正比，是衡量检测器性能的综合指标。

灵敏度和检出限是从两个不同角度表示检测器对物质敏感程度的指标。灵敏度越大，检出限越小，则表明检测器性能越好。

⑤响应时间　检测器的响应时间是指进入检测器的组分输出达到 63% 所需的时间，一般情况下小于 $1s$。显然，检测器响应时间越小，表明检测器性能越好。

目前可用于气相色谱法的检测器有几十种，最常用的是热导检测器（TCD）、氢火焰离子化检测器（FID）、电子捕获检测器（ECD）、氮磷检测器（NPD）及火焰光度检测器（FPD）等。普及型的气相色谱仪多数配置氢火焰离子化检测器。表 5-7 总结了几种常用检测器的特点和技术指标。

表5-7　常用气相色谱仪检测器的特点和技术指标

检测器	类型	常用载气	最高使用温度/℃	最低检测限	线性范围	主要用途
氢火焰离子化检测器（FID）	质量型准通用型	N_2、Ar	450	丙烷：$<5\times10^{-12}$ $g\cdot s^{-1}$	10^7	有机化合物，特别是碳氢化合物
热导检测器（TCD）	浓度型通用型	H_2、He	400	丙烷：$<4\times10^{-10}$ $g\cdot mL^{-1}$	10^5	永久性气体、有机化合物
电子捕获检测器（ECD）	浓度型选择型	N_2、Ar	420	六氯苯：$<7\times10^{-15}$ $g\cdot s^{-1}$	10^4	有机卤素等含电负性物质的化合物
氮磷检测器（NPD）	质量型选择型	N_2、He	450	用偶氮苯和马拉硫磷混合物测定：$N<1\times10^{-13}g\cdot s^{-1}$；$P<5\times10^{-14}g\cdot s^{-1}$	10^5	含氮和含磷化合物
火焰光度检测器（FPD）	质量型选择型	H_2、He	420	用十二烷硫醇和三丁基膦酸酯混合物测定：$S<1\times10^{-11}g\cdot s^{-1}$；$P<3\times10^{-13}g\cdot s^{-1}$	S:10^3 P:10^4	含硫、含磷、含氮化合物

5.2.5.2　热导检测器

热导检测器（thermal conductivity detector，TCD）是根据被测组分和载气具有不同热导率而设计的一种检测器，亦称热导池。它是最早出现的气相色谱检测器之一，也是目前使用比较普遍的一种检测器。

（1）TCD结构和工作原理

① 结构　热导检测器（见图5-22）由池体和热敏元件构成，有双臂和四臂两种。双臂热导池池体由不锈钢或铜制成，具有两个大小、形状完全对称的孔道，每一孔道装有一根热丝（热敏元件，通常用铼钨丝），其形状、电阻值在相同的温度下，基本相同。四臂热导池则具有四根相同的热丝，灵敏度比双臂热导池约高一倍。目前多数采用四臂热导池。

热导池的气路形式有直通式、扩散式和半扩散式3种，图5-22显示的是直通式双臂热导池。

热导池池体中，只通纯载气的孔道称参比池，通载气与样品的孔道称测量池。双臂热导池参比池与测量池各1个；四臂热导池参比池与测量池各2个。热导池池体积约100～500μL，适用于填充柱；微型热

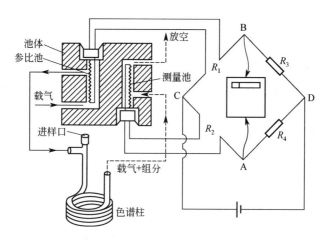

图 5-22　热导池结构与测量电桥

导池（μ-TCD）池体积在 100μL 以下，可与毛细管柱配合使用。

②测量电桥　如图 5-22 所示，参比池与测量池铼钨丝（其电阻值分别为 R_1 与 R_2，温度相同时 $R_1 = R_2$）与另两个固定电阻丝（其电阻值分别为 R_3 与 R_4，$R_3 = R_4$）组成了惠斯通电桥的四个臂，构成惠斯通测量电桥。

③工作原理　热导检测器的工作原理基于：第一，被测组分蒸气与载气具有不同的热导率；第二，热丝电阻值随温度变化而变化；第三，利用惠斯通电桥测量热丝电阻值的变化情况。

a. 通载气与通电后，热丝被加热，同时又由于载气的热传导作用使热丝的热量被带走一部分。平衡后热丝的温度稳定在一个数值。由于参比池和测量池通入的是相同种类与流量的纯载气，因此平衡后参比池和测量池热丝的温度相同，即 $T_1 = T_2$。

b. 参比池和测量池热丝基本相同，在温度相同的情况下其电阻也基本相同，即 $R_1 = R_2$。

c. 由图 5-22 可知，若 $R_1 = R_2$，$R_3 = R_4$，电桥平衡，A、B 两端没有信号输出，记录仪得到的是一条平直的基线。

d. 当载气携带组分进入测量池时（此时参比池中通入的仍然是纯载气），由于载气和待测组分二元混合气体的热导率和纯载气的热导率不同，因此测量池与参比池的散热情况发生变化，平衡后两池孔中热丝的温度发生变化，即 $T_1' \neq T_2'$。

e. 参比池和测量池热丝基本相同，在温度不相同的情况下其电阻也不相同，即 $R_1' \neq R_2'$。

f. 由图 5-22 可知，若 $R_1' \neq R_2'$（此时 R_3' 与 R_4' 仍然相同），则电桥失去平衡，A、B 两端有电压信号输出，记录仪得到组分的色谱峰。

由于载气中待测组分的浓度愈大，测量池中气体热导率改变就愈显著，温度和电阻值改变也愈显著，因此输出的电压信号就愈强，即输出电压信号（色谱峰面积或峰高）的大小与组分浓度成正比，这就是热导检测器的定量理论依据。

（2）性能特征　热导检测器对单质、无机物或有机物均有响应，且相对响应值与使用 TCD 的类型、结构及操作条件等无关，因而通用性好。TCD 的线性范围为 10^5，定量准确，操作维护简单、价廉。不足之处是灵敏度较低。

（3）检测条件的选择　影响热导池灵敏度的因素主要有桥电流、载气性质、池体温度和热敏元件材料及性质。对于给定的仪器，热敏元件已固定，需要选择的操作条件只有载气、桥电流和检测器温度。

a. 载气种类、纯度和流量载气与组分的导热能力（相对热导率见表 5-8）相差越大，TCD 灵敏度越高，因此 TCD 通常选用 H_2 或 He 作载气。用 H_2 作载气灵敏度更高，用 He 作载气更安全。在分析 He 或 H_2 时，可考虑选用 N_2 或 Ar 作载气。毛细管柱接 μ-TCD 时，要求加尾吹气 ❶（与载气种类相同）。

表 5-8　一些化合物蒸气和气体的相对热导率

化合物	相对热导率 He=100	化合物	相对热导率 He=100	化合物	相对热导率 He=100
氦	100.0	乙炔	16.3	甲烷	26.2
氮	18.0	甲醇	13.2	丙烷	15.1
空气	18.0	丙酮	10.1	环己烷	12.0
一氧化碳	17.3	四氯化碳	5.3	乙烯	17.8
氨	18.8	二氯甲烷	6.5	苯	10.6
乙烷	17.5	氢	123.0	乙醇	12.7
正丁烷	13.5	氧	18.3	乙酸乙酯	9.8
异丁烷	13.9	氩	12.5	氯仿	6.0
环己烷	10.3	二氧化碳	12.7		

---

❶ 尾吹气是从色谱柱出口处直接进入检测器的一路气体，又叫补充气或辅助气。其作用一是保证检测器在最佳载气流量条件下工作，二是消除检测器死体积的柱外效应。

载气纯度越高，TCD 灵敏度越高。用 TCD 作高纯气中杂质检测时，载气纯度应比被测气体高 10 倍以上，否则将出倒峰。因此，TCD 检测器最好使用纯度＞ 99.99% 的载气。

TCD 为浓度型检测器，组分峰面积响应值反比于载气流速。因此，检测时要求载气流速保持恒定。在柱分离许可的情况下，可尽量选用低流速。对 μ-TCD，为有效消除柱外峰形扩张，要求载气加尾吹的总流量在 $5 \sim 20$ mL·min^{-1} 左右。参考池的气体流速通常要求与测量池相等，但在程序升温时，可调整参考池之流速至基线波动和漂移最小为佳。

b. 桥电流　一般来说灵敏度 S 值与桥电流（亦称桥流）的三次方成正比，所以增大桥流可快速提高 TCD 灵敏度。由于桥流偏大，噪声也急剧增大，从而导致信噪比下降，检出限变大，同时又加速了热丝的氧化，缩短了 TCD 的使用寿命，过高的桥流甚至将热丝烧断。所以，在满足分析灵敏度要求的前提下，尽量选取低桥流。但 TCD 若长期在低桥流下工作，也可能造成池污染。因此，使用 TCD 时，可根据仪器说明书推荐的桥流值进行设定。

c. 检测器温度　TCD 灵敏度与热丝和池体间的温差成正比。分析时可通过提高桥电流或降低检测器池体温度来增大温差，达到提高 TCD 灵敏度的目的。检测器池体温度即是检测器温度，它不能低于样品的沸点，以免其在检测器中冷凝。

（4）单丝流路调制式热导池　Agilent 公司推出的单丝流路调制热导池只用一根热丝，稳定性好、噪声小、响应快、灵敏度高（灵敏度可提高 3 个数量级，线性范围扩大了 2 个数量级），可与毛细管柱配合使用。

如图 5-23 所示，单丝流路调制 TCD 池体由长方形不锈钢制成，其内有环形气体流路，左通道中放有热丝，右通道比左通道略粗。中间为毛细管柱和尾吹气入口，Ⅰ与Ⅱ为切换气（亦称调制气、参比气，实际上为纯载气），上方为气体出口。

开机稳定后，柱和尾吹气以一定流量进入池腔，其流动方向则完全受切换气控制：

① 当切换气以一定流量（如 30mL·min^{-1}）从Ⅰ进入，其中的 20mL·min^{-1} 从左通道进入热丝至出口排出，另外的 10mL·min^{-1} 流量则连同柱流出组分与尾吹气（如其流量为 20mL·min^{-1}）从右通道至出口排出。此时热丝作参考测量［见图 5-23（a）］。

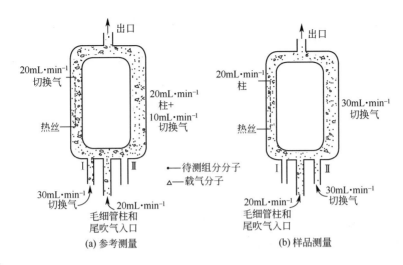

图 5-23　单丝流路调制式 TCD 工作原理示意图

② 当切换气从 Ⅱ 进入，则 $30mL \cdot min^{-1}$ 的流量全部从右通道至出口排出，而 $20mL \cdot min^{-1}$ 的柱流出组分与尾吹气则从左通道进入热丝至出口排出。此时热丝作样品测量 [见图 5-23（b）]。

③ 切换器每秒切换 10 次，5 次为参考臂，5 次为测量臂。

④ 该热丝作为惠斯通电桥的一个臂，组成恒丝温检测电路，利用时域差从一根热丝上分别测得测量信号与参考信号，经调制后得到色谱图。

单丝流路调制 TCD 的优点是：①只用一根热丝，不需要考虑热丝间的匹配问题；②切换速度远大于恒温箱的热波动速度，对温度波动不敏感，噪声与漂移极低；③仅需一根色谱柱；④灵敏度高，检出限达 $4 \times 10^{-10} g \cdot mL^{-1}$。

（5）应用　TCD 特别适用于永久性气体，$C_1 \sim C_3$ 烃类，氮、硫和碳的各类氧化物以及水等挥发性化合物的分析。由于 TCD 检测器是一种非破坏型检测器，既利于样品的收集，也可与其他检测器串联使用。

（6）日常维护　热导检测器使用注意事项有：①使用高纯气源；②做好样品预处理，防止过脏样品进入检测器；③启动前至少先通入载气 $10 \sim 15min$，以防止气路中残留氧的影响；④池体温度达到设定温度后再打开桥电流，以防止桥流过载，烧断热丝；⑤ TCD 结束工作时，先关闭桥流与控温加热，待池体温度降至 100℃ 以下后方能关闭载气；

⑥更换硅胶垫或色谱柱前，一定先关桥流，且降温后方能操作；⑦选用固定相流失小的色谱柱，且其未老化前不能直接接在 TCD 上；⑧桥流不允许超过额定值，如用 H_2 为载气，桥流须 < 270mA；⑨热导池不允许剧烈晃动。

当热导池使用时间长或被玷污后，可将其卸下并用丙酮、乙醚、十氢萘等溶剂多次浸泡（20min 左右）清洗至所倾出溶液比较干净为止。洗净后的 TCD 可加热使溶剂挥发，冷却，装入仪器，升温，通载气数小时后即可。

5.2.5.3　氢火焰离子化检测器

氢火焰离子化检测器（flame ionization detector，FID）又称氢焰检测器，是气相色谱检测器中使用最广泛的一种，是一种典型的破坏型质量型检测器。

（1）FID 结构和工作原理

① 结构　如图 5-24 所示，FID 的主要部件是离子室，一般由不锈钢制成，包括气体入口、出口、火焰喷嘴、极化极和收集极及点火线圈等部件。极化极（负极）为铂丝做成的圆环，安装在喷嘴之上。收集极（正极）是金属圆筒，位于极化极上方。两极间距一般不大于10mm，可调节。在两极间加一直流电压（常用 150 ～ 300V），构成一外加电场。合适流量比的载气（一般用 N_2）和燃气（H_2）由入口处进入从喷嘴喷出，助燃气（空气）由另一侧进入离子室，经喷嘴附近的点火线圈点火后即产生氢火焰。

② 工作原理　如图 5-24（b）所示，含碳化合物（以甲烷为例）进入高温氢火焰（2100℃）中会发生化学电离，形成碳正离子（CHO^+）与负电子（e^-）。在电场作用下正离子移向收集极，负电子移向极化极，从而形成微电流，再经由高电阻（R_1 ～ R_4，电阻值在 10^7 ～ $10^{10}\,\Omega$）放大后，在其两端将产生明显的电压降 E。此电压信号经过微电流放大器放大后，由记录器绘制出组分的色谱峰。显然，该电压信号大小与进入火焰中组分的质量成正比，此即为 FID 定量的理论依据。

当仅有纯载气进入氢火焰时，由于载气中含有极少量的有机杂质和流失的固定液，因此也会在氢火焰中发生化学电离（载气 N_2 本身不电离），产生极小的电流，从而在色谱上产生一恒定信号（即基线）。此电流称为基流。分析时希望基流越小越好。通常可调节 R_5 上反方向

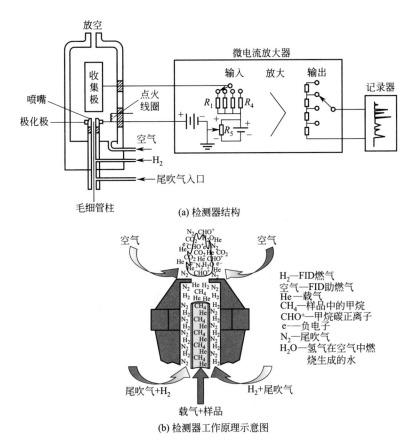

图 5-24 氢火焰离子化检测器结构与工作原理示意图

的补差电压来使流经输入电阻的基流降至"零",此即"基流补偿"。通过"基流补偿"可将基线调至零点。

（2）性能特征 FID 对大多数有机化合物尤其是对碳氢化合物有很高的灵敏度,比 TCD 高约 3 个数量级;检出限低,可达 $10^{-12}g \cdot s^{-1}$;线性范围宽,可达 10^7。FID 结构简单,死体积一般小于 1μL,响应时间仅为 1ms,既可与填充柱联用,也可直接与毛细管柱联用。FID 是目前应用最为广泛的气相色谱检测器之一。FID 的主要缺点是不能检测永久性气体、水、一氧化碳、二氧化碳、氮的氧化物、硫化氢等物质。

（3）检测条件的选择 FID 可供选择的主要参数有:毛细管柱插入深度;载气种类与流速;氢气和空气的流速;色谱柱、汽化室和检测器的温度；极化电压；电极形状和距离等。

① 毛细管柱插入喷嘴深度　毛细管柱通常插入至离喷嘴口平面下
1～3mm处（见图5-25），利于改善色谱峰峰形。若插入太低，则易使
流出组分与喷嘴金属表面接触产生催化吸附；若插入太深，则使柱头进
入氢火焰，造成聚酰亚胺层分解，产生大的噪声。

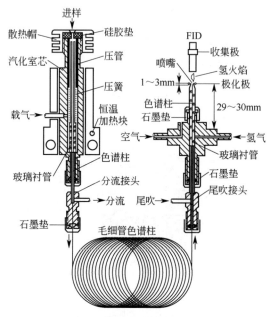

图5-25　毛细管色谱柱与FID的连接

② 载气种类与流速　N_2、Ar、H_2、He均可作FID的载气。N_2、
Ar作载气时灵敏度高、线性范围宽。因N_2价格较低，所以通常选择N_2
作载气。毛细管柱亦常用H_2和He作载气，因在高线速下柱效可高于
N_2和Ar，此时若采用N_2作尾吹可使方法灵敏度不变小。

载气流速通常根据柱分离的要求进行调节。对FID而言，适当增
大载气流速会降低检测限，所以从最佳线性和线性范围考虑，载气流速
以低些为妥。

③ 氢氮比　最佳氢氮比通常在（1∶2）～（2∶1）之间，此时
能得到响应值的最大值，也会使基线更稳定，更利于微量组分的分析。

④ 空气流速　空气是氢火焰的助燃气，既能为火焰电离反应提
供必要的氧，又具有把CO_2、H_2O等产物带走的吹扫作用。空气流

速过小，供氧量不足，响应值低；流速过大，易使火焰不稳，噪声增大。通常可选择氢气与空气流速比在 1：10 左右，即空气流量约在 $300 \sim 500 \text{mL} \cdot \text{min}^{-1}$。

⑤ 气体纯度　常量分析时，载气、氢气和空气纯度在 99.9% 以上即可。痕量分析时，则要求三种气体的纯度达 99.999% 以上，且空气中总烃含量应小于 $0.1 \mu\text{L} \cdot \text{L}^{-1}$。

⑥ 温度　FID 为质量型检测器，对温度变化不敏感，但在作程序升温时有基线漂移，需进行补偿。此外，为防止氢气燃烧生成的大量水蒸气冷凝成水，降低高阻的电阻值，减少灵敏度，增加噪声，分析时要求 FID 检测器的温度必须在 120℃ 以上。

⑦ 极化电压　极化电压的大小会直接影响检测器的灵敏度，通常灵敏度随其值的增大而增大，但当其超过一定值后则不再明显提高检测灵敏度。极化电压一般为 $150 \sim 300\text{V}$。

⑧ 电极形状和距离　收集极要求必须具有足够大的表面积以提高收集效率，为此收集极多做成网状、片状、圆筒状等。圆筒状电极的采集效率最高，内径一般为 $0.2 \sim 0.6\text{mm}$。收集极与极化极之间距离为 $5 \sim 7\text{mm}$ 时，可获得较高的灵敏度。

（4）日常维护　FID 的使用注意事项有：

① 选用高纯气源；

② 在最佳的 N_2/H_2 比及最佳空气流速的条件下使用；

③ 色谱柱必须经过严格的老化处理后才能接在 FID 上；

④ 对双 FID 仪器，若仅用其中一个时，务必堵死另一路氢气；

⑤ 建议 FID 在较高温度（如大于 180℃）下工作；

⑥ FID 长期不用，在重新操作之前，最好在温度为 150℃ 以上烘烤 2h；

⑦ 离子室应处于屏蔽、干燥和清洁的环境中；

⑧ FID 工作时切勿触及离子室外壳，防止被高温烫伤。

（5）应用　FID 广泛应用于烃类工业、化学、化工、药物、农药、法医化学、食品和环境科学等诸多领域。FID 除用于各种常量样品的常规分析外，由于其灵敏度高还特别适合作各种样品的痕量分析。

5.2.5.4　电子捕获检测器

电子捕获检测器（electron capture detector，ECD）也是一种离子化

检测器，可与 FID 共用一个放大器，其应用仅次于 TCD 和 FID，是一种选择型浓度型检测器。

（1）结构　图 5-26 是圆筒状同轴电极电子捕获检测器的结构。ECD 的主体是电离室，阳极是外径约 2mm 的铜管或不锈钢管，金属池体为阴极。离子室内壁装有 β 射线放射源（常用 ^{63}Ni 或 ^{3}H）。在阴极和阳极间施加一直流或脉冲极化电压。载气用 N_2 或 Ar。

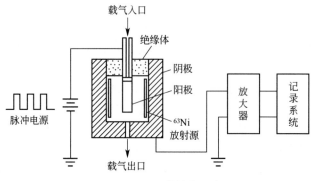

图 5-26　ECD 的结构示意图

（2）检测原理　当载气（N_2）从色谱柱流出进入检测器时，^{63}Ni 放射出的 β 射线，使载气电离，产生正离子及低能量电子：

$$N_2 \xrightarrow{\beta \text{ 射线}} N_2^+ + e^-$$

生成的正离子与电子分别向负极与正极移动，形成约 $10^{-8}A$ 的恒定离子流，此即为检测器基流。

当含电负性元素的组分 AB 随载气进入离子室时，可捕获低能量的电子形成稳定的负离子 AB^-，生成的负离子又会与载气正离子复合：

$$AB + e^- \longrightarrow AB^- + E$$

$$AB^- + N_2^+ \longrightarrow N_2 + AB$$

反应式中，E 为反应释放的能量。

由于上述反应导致电极间电子数和离子数目下降，从而使得基流降低，产生负信号，记录仪得到组分 AB 的倒峰。显然，此倒峰峰面积或峰高的大小与组分浓度成正比，此即为 ECD 定量的理论依据。实际分析时常可通过改变极性使负峰变为正峰。

（3）性能特征及应用　ECD 仅对具有电负性的物质，如含有卤素、硫、磷、氧、氮等的物质有很强的响应信号，检出限可达 10^{-12}～

10^{-14}g，是一种高灵敏度的选择型检测器。ECD 的线性范围较窄，仅有 10^4 左右。

ECD 特别适用于分析多卤化物、多环芳烃、金属离子的有机螯合物，还广泛应用于农药、大气及水质污染的检测，但 ECD 对无电负性的烃类则不适用。

（4）检测条件的选择 影响 ECD 响应值的因素主要有：载气种类、纯度与流速；色谱柱和柱温；检测器温度；电源操作参数等。

① 载气和载气流速 N_2、Ar、H_2、He 均可作 ECD 的载气。N_2 与 Ar 作载气时基流与灵敏度均高于 H_2 和 He，故一般采用 N_2 与 Ar 作 ECD 的载气。使用毛细管柱时，可用 H_2 和 He 作 ECD 的载气，尾吹用 N_2 或 Ar。

载气的纯度直接影响 ECD 的基流，因此 ECD 一般要求载气的纯度大于 99.99%，且要彻底去除残留的水和氧。载气流速可从组分分离的要求进行确定，通常填充柱为 $20 \sim 50$mL·min^{-1}，毛细管柱为 $0.1 \sim 10$mL·min^{-1}。为同时获得较好的柱分离效果和较高基流，通常在柱与检测器间引入尾吹气（N_2），使 ECD 内 N_2 达到最佳流量。

② 色谱柱和柱温 ECD 池体易受污染，因此需选择耐高温、低流失或交联固定相，且柱温尽量偏低。色谱柱必须经过严格老化后才能与 ECD 连接。做程序升温时柱温变化对 ECD 灵敏度和基线无明显影响。

③ 检测器的使用温度 ECD 的响应明显受到检测器温度的影响，因此检测器温度波动必须精密控制在小于（$\pm 0.1 \sim 0.3$）℃，以保证响应值的测量精度能控制在 1% 以内。此外，当 ECD 采用 ^{3}H 作放射源时，检测器温度不能高于 220℃；当采用 ^{63}Ni 作放射源时，ECD 最高使用温度可达 400℃。

④ 极化电压 极化电压对基流和响应值都有影响。最佳极化电压为饱和基流值 85% 时的极化电压。直流供电时，极化电压为 $20 \sim 40$V；脉冲供电时，极化电压为 $30 \sim 50$V。

（5）日常维护 ECD 使用注意事项是：

① ^{63}Ni 是放射源，尾气必须排放到室外，严禁检测器超温使用；

② ECD 的拆卸、清洗应由专业人员进行，严禁私自拆卸 ECD；

③ 尽可能选用高纯度的载气（最好纯度大于 99.9995%）；

④ 所用净化器需及时更换或活化，以防止净化器变成污染源；

⑤ 气路系统需进行严格的试漏检查，以防止氧和水渗入；

⑥ 选用金属材料的气体管路，严禁使用各类塑料材料的气体管路；

⑦ 停机后需连续用补充气（N_2，$5 \sim 10mL \cdot min^{-1}$）吹洗 ECD；

⑧ 选用低流失的硅胶垫，且使用前需先进行老化处理；

⑨ 避免使用含卤素原子的固定相；

⑩ 为防止注射器、样品瓶等的交叉污染，ECD 所用器皿最好专用。

若直流和恒频率方式 ECD 基流下降或恒电流方式基数增高，噪声增大，信噪比下降，或者基线漂移变大，线性范围变小，甚至出负峰，则表明 ECD 可能污染，必须进行净化。常用净化方法是：将载气或尾吹气换成 H_2，调流速至 $30 \sim 40mL \cdot min^{-1}$。汽化室和柱温为室温，将检测器升至 $300 \sim 350℃$，保持 $18 \sim 24h$，使污染物在高温下与氢作用而除去。此方法称为"氢烘烤"。氢烘烤完毕，将系统调回至原状态，稳定数小时即可。

5.2.5.5 火焰光度检测器

火焰光度检测器（flame photometric detector，FPD）是一种选择性质量型检测器，对含硫、磷化合物有高的选择性和灵敏度，适宜于分析含硫、磷的农药及环境分析中监测含微量硫、磷的有机污染物。

（1）结构和工作原理

① 结构　如图 5-27 所示，FPD 主要由火焰发光部分和光度部分构成。火焰发光部分由燃烧器、发光室组成。光度部分包括石英窗、滤光片和光电倍增管等。载气与空气混合后由检测器下部进入喷嘴，尾吹（H_2）从另一处进入，点燃后产生光亮、稳定的富氢火焰。

② 检测原理　含 S 或 P 的化合物由载气携带进入 FPD，在富氢火焰中燃烧时，S、P 被激发而发射出特征波长的光谱（烃类物质在底部富氢火焰中发光，被遮光罩挡住）。当硫化物进入火焰，形成激发态 S_2^* 分子，返回至基态时发射出特征蓝紫色光（波长 $350 \sim 430nm$，最大波长为 394nm）；当磷化物进入火焰，形成激发态 HPO^* 分子，返回至基态时发射出特征绿色光（波长为 $480 \sim 560nm$，最大波长为 526nm）。两种特征光光强度与被测组分的含量均成正比，此即为 FPD 定量分析的理论依据。特征光经滤光片（对 S，394nm；对 P，526nm）滤光，再由光电倍增管进行光电转换后，产生相应的光电流。经放大器放大后由记录仪记录下组分的色谱图。

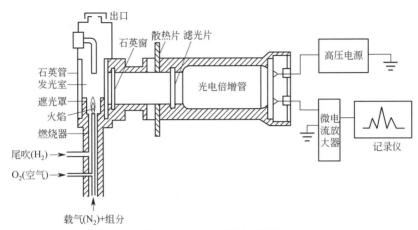

图 5-27　FPD 结构示意图

（2）性能和应用　FPD 是一种高灵敏度检测器，对 P 的检出限达 $0.9pg \cdot s^{-1}$，线性范围大于 10^6；对 S 的检出限达 $20pg \cdot s^{-1}$，线性范围大于 10^5。FPD 现已广泛用于石油产品中微量硫化合物及农药中有机磷化合物的分析。

（3）检测条件的选择　影响 FPD 响应值的主要因素是气体流速、检测器温度和样品浓度等。

① 气体流速　通常 FPD 使用三种气体：空气、氢气和载气。O_2/H_2 比是影响响应值最关键的参数。通常 O_2/H_2 比为 $0.2 \sim 0.4$，不同型号 FPD 间变化较大，最好使用时动手实测。同样型号的 FPD，S 的 O_2/H_2 比稍高于 P。FPD 的载气最好选用 H_2，其次是 He，最好不用 N_2。最佳载气流速可通过实测来确定。

② 检测器温度　检测器温度对 S 和 P 的响应值有不同的影响：S 的响应值随检测器温度升高而减小；而 P 的响应值基本上不随检测器温度而改变。分析时，检测器温度最好不小于 125℃，以确保 H_2 燃烧生成的水蒸气不在检测器中冷凝而增大噪声。

③ 样品浓度　在一定浓度范围内，样品浓度对 P 的检测无影响，呈线性；而对 S 的检测却是非线性的。当被测样品中同时含 S 和 P 时，测定会互相干扰，因此使用 FPD 测 S 和测 P 时，选用不同滤光片和不同火焰温度来消除彼此的干扰。

（4）使用注意事项　FPD 使用注意事项是：

① 使用聚四氟乙烯材料的色谱柱，以尽量减小色谱柱的吸附性；

② 保持FPD燃烧室的清洁，避免固定液、烃类溶剂与冷凝水的污染；

③ FPD在富氢焰下工作，不点火不开氢气且随时观察避免火焰熄灭。

5.2.6 数据处理系统和温度控制系统

5.2.6.1 数据处理系统

数据处理系统的基本功能是将检测器输出的模拟信号随时间的变化曲线（色谱图）绘制出来，是气相色谱仪必不可少的组成部分。常用的数据处理系统有电子电位差计、积分仪、色谱数据处理机及色谱工作站。

（1）电子电位差计 最简单的数据处理装置是记录仪——电子电位差计，满量程通常为5mV或10mV，通过调节变速齿轮来选择合适的纸速，以得到合适的色谱峰。记录仪无法给出所绘制色谱峰峰面积与峰高等数据，需要手工测量，误差大，目前已基本被淘汰。

（2）积分仪 在记录仪的基础上发展起来的数据处理装置是电子积分仪，它其实是一个积分放大器，可直接测量出峰面积、峰高、保留时间等参数。

（3）色谱数据处理机 20世纪70年代后期将单片机引入积分仪后，可对数据进行存贮、变换，可采用多种方法进行定量分析，并可将色谱分析结果（如色谱峰保留时间、峰面积、峰高、色谱图、定量分析结果等）同时打印在记录纸上。这种功能较多的积分仪称为色谱数据处理机。色谱数据处理机还可对色谱仪进行控制，如调节其进样口温度、柱温、检测器温度等，大大减轻了色谱工作者的劳动，同时提高了定性、定量分析结果的准确性与可靠性。

（4）色谱工作站 色谱工作站是由一台微型电脑来实时控制色谱仪器，并进行数据采集和处理的一个系统。它是由硬件和软件两个部分组成。其中硬件即是一台微型计算机，要求具有普通的配置，外加上色谱数据采集卡和色谱仪器控制卡。软件主要包括色谱仪实时控制程序，峰识别和峰面积积分程序，定量计算程序，报告打印程序等。

与色谱数据处理机相比，色谱工作站的优点是：

① 可直接通过显示器屏幕观察出峰情况及计算结果而决定是否打印该次分析结果；

② 能保存并管理大量分离谱图与分析结果；

③ 能提供复杂的定性与定量计算功能；

④ 可通过局域网或 Internet 迅速将分离谱图和分析结果传输到其他电脑，实现数据共享；

⑤ 工作站可对仪器操作条件（如程序升温、载气流量等）进行设置与更改，设置程序后色谱仪可自动进样与自动采集数据；

⑥ 具有反控功能的工作站可对仪器进行远程操作控制、远程故障诊断及远程操作指导等。

5.2.6.2 温度控制系统

气相色谱测定中，温度控制是重要的指标，直接影响柱的分离效能、检测器灵敏度和稳定性。气相色谱分析要求对色谱柱、汽化室与检测器进行温度控制。

（1）柱箱 色谱柱通常放在恒温箱中。恒温箱的使用温度一般为室温～ 450℃，要求箱内上下温差在 3℃ 以内，控制点的控温精度在 ±（0.1 ～ 0.5）℃。恒温箱一般具有程序升温功能，升温速率可为 1 ～ 30℃ /min，也可根据需要进行几阶升温。恒温箱的温度测量主要是数字显示装置，可直接显示柱温大小。

（2）检测器和汽化室 检测器和汽化室均有独立的恒温调节装置，与色谱柱恒温箱类似。

（3）日常维护 通常温度控制系统只需每月一次或按规定的校准方法进行检查，就足以保证其工作性能。为防止温度控制系统受到损害，日常使用时应严格按照仪器说明书操作，不要随意乱动。

5.2.7 常见气相色谱仪的使用

5.2.7.1 GC9790J 型气相色谱仪的使用

图 5-28 显示了浙江温岭福立分析仪器有限公司生产的 GC9790J 型气相色谱仪外形及仪器面板图。该仪器（带 FID）的操作步骤如下。

（1）开机

① 安装填充柱，输入载气（N_2），对气路做气密性检查。

② 打开载气钢瓶总阀，调节减压阀输出压力为 0.4MPa 左右；在确认不漏气的情况下，用皂膜流量计测量载气流量；调节载气刻度阀，使其流量在 20 ～ 50mL • min^{-1}。

③ 打开主机电源总开关和加热开关，分别设定柱箱、注样器（即

汽化室）和检测器温度，仪器升温。

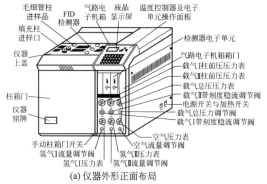

(a) 仪器外形正面布局

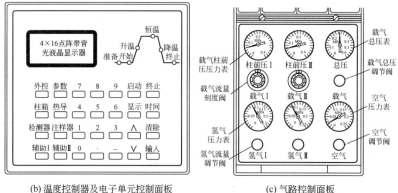

(b) 温度控制器及电子单元控制面板　　(c) 气路控制面板

图 5-28　GC9790J 型气相色谱仪

④ 打开色谱工作站，输入相关参数。

⑤ 待各路温度到达设定值后，打开空气钢瓶或空气压缩机开关，调节空气针形阀（0.03MPa 左右），使其流量在 $200 \sim 500\text{mL} \cdot \text{min}^{-1}$；打开氢气钢瓶，调节减压阀输出压力略高于 0.2MPa，调节氢气流量阀（0.2MPa）；用点火枪在检测器顶部直接点火，若基线未发生变化或将扳手光亮面置于检测器出口处未观察到水珠生成，则表明火未点着，重新点火至点着为止；氢火焰点着后调节氢气压力为 0.1MPa，使其流量约为 $30\text{mL} \cdot \text{min}^{-1}$；调节 FID 合适灵敏度挡（共四挡，由大至小顺序为 1/10/100/1000）。

⑥ 观察色谱工作站基线的变化，待基线稳定。

（2）数据采集

① 用微量注射器抽取一定量的样品进样，同时点击色谱工作站界面的"开始"按钮，采集色谱分离图。

② 待色谱峰出完后，点击色谱工作站界面的"停止"按钮，结束色谱分析。若需要重复测定或在相同色谱条件下测定另一样品，则只需重复①、②操作即可。

（3）结束工作

① 先关氢气钢瓶总阀，回零后关减压阀，然后关氢气流量阀；关空气钢瓶（或空气压缩机开关），关空气针形阀。

② 设置柱箱温度与注样器温度为室温以上约 20℃，检测器温度为 120℃（持续半小时后再将其温度设置为室温以上约 20℃）。

③ 关色谱工作站。

④ 待各路温度达到设定值后，关仪器加热开关，关仪器总电源开关；关载气总阀及减压阀，关柱前压稳流阀。

⑤ 清洗进样器；清理台面，填写仪器使用记录。

该仪器（带 TCD）的操作步骤如下。

（1）开机

①两个通道安装相同填充柱后，输入载气（H_2），对气路做气密性检查。

② 打开载气钢瓶总阀，调节减压阀输出压力约为 0.4MPa；在确认不漏气的情况下，用皂膜流量计测量载气流量；调节载气刻度阀，使两个通道载气流量均在 20mL·min^{-1} 左右。

③ 打开主机电源总开关和加热开关，分别设定色谱柱柱箱、注样器和检测器温度，仪器升温；打开色谱工作站，输入相关参数。

④ 待各路温度达到设定值后，在确保载气进入检测器的前提下，设置桥流在合适的数值（120mA 左右）；观察色谱工作站基线的变化，待基线稳定。

（2）数据采集同 FID。

（3）结束工作

① 先关闭桥电流，设置柱箱温度、检测器温度与注样器温度均为室温以上约 20℃。

② 其余操作同 FID。

5.2.7.2　GC7890 型气相色谱仪的使用

图 5-29 与图 5-30 显示了 Agilent GC7890 型气相色谱仪外形图和操作盘。该仪器（配置毛细管柱、FID 与 ECD）的操作步骤如下。

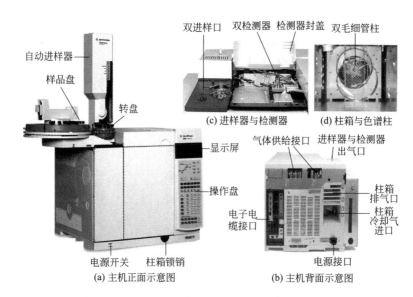

图 5-29　Agilent GC7890 型气相色谱仪外形图

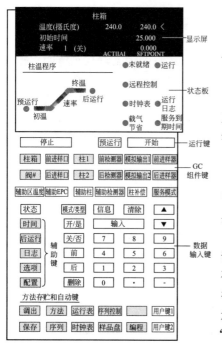

图 5-30　Agilent GC 7890 操作盘

（1）开机

① 打开载气、空气、氢气等气源，调节至合适输出压力。

② 打开 GC 电源开关，双击电脑桌面 EZChrom Elite 图标打开工作站［工作站主要界面图标可参考图 5-31］。

（2）编辑数据采集方法

① 点击"方法"菜单中的"仪器"进入仪器采集参数界面。

② 编辑自动进样器参数。点击"自动进样器"图标（也可直接在"操作盘"上点击"进样器"进行设置，设置后的结果显示在"显示屏"上；大多数操作均可直接在"操作盘"上进行，下同，不再赘述），选择前进样器或后进样器，

设置进样体积、清洗次数、样品清洗次数及清洗体积等，如图 5-31 所示。

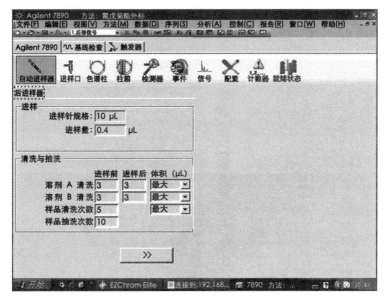

图 5-31　自动进样器参数的设置

③ 编辑进样口参数。点击"进样口"图标，进入分流/不分流参数设定画面。点击"SSL-前"或"SSL-后"，选择"分流/不分流"进样模式，设置进样口温度、分流比、分流出口吹扫流量等参数，如图 5-32 所示。

④ 编辑色谱柱参数。点击"色谱柱"图标，选择恒定压力或恒定流量模式，设置平均线速度、压力、流量等参数，如图 5-33 所示。

⑤ 编辑柱箱参数。点击"柱箱"图标，设置平衡时间、最高柱箱温度、柱温（恒温或程序升温）等参数，如图 5-34 所示。

⑥ 编辑检测器参数。点击"检测器"图标，进入检测器参数设置画面。点击"FID-前"或"µECD-后"，选择检测器温度、空气与氢气流量、尾吹气流量等参数，如图 5-35 所示。

⑦ 根据需要编辑其他参数后，保存所有设置，并为新设置的方法命名，下次分析时即可直接调出该方法。

（3）样品采集

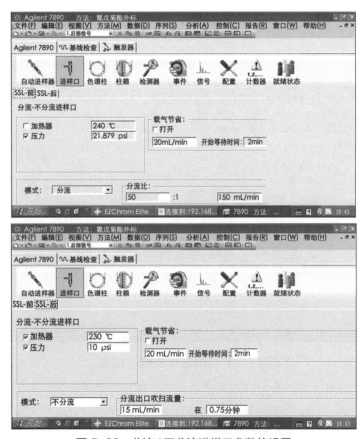

图 5-32　分流/不分流进样口参数的设置

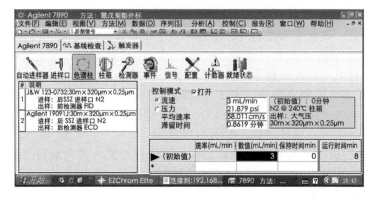

图 5-33　色谱柱参数的设置

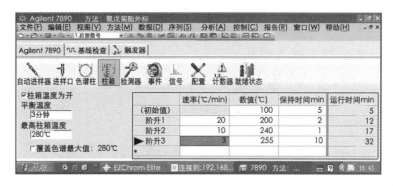

图 5-34　柱温（程序升温）的设置

① 点击"控制"菜单中的"预览运行"，观察基线状态；待基线稳定后结束预览运行。

② 如果要分析单个样品，则点击"控制"菜单中的"单次运行"即可；如果是自动进样器连续分析多个样品，则先设置样品ID，点击"控制"菜单中的"序列运行"后，仪器会按程序自动分析多个样品。

③ 点击"控制"菜单中的"停止运行"可提前结束样品分析；如果原来设定的停止时间太短，可点击"控制"菜单中的"延长运行时间"，设定需延长的运行时间。

（4）谱图优化与报告编辑

① 点击"文件"菜单，选择"数据＞打开"，打开数据采集文件。

② 点击"方法"菜单，进入"积分事件表"，编辑阈值、宽度等积分参数，然后点击"分析"菜单下的"分析"，用编辑的积分参数处理当前谱图。

③ 选择合适的定量方法（归一化法、外标法等）。

④ 编辑报告格式，打印定量分析报告。

（5）结束工作

① 关闭 FID 火焰，关前 / 后进样口和前 / 后检测器的加热器。

② 设置柱箱温度为 40℃，待柱温到达 40℃后将"柱箱温度为开"前面方框的"√"勾掉。

③ 待进样口、检测器温度降至 100℃以下时，先退出工作站，再关 GC 电源。

④ 关载气、空气与氢气总阀。

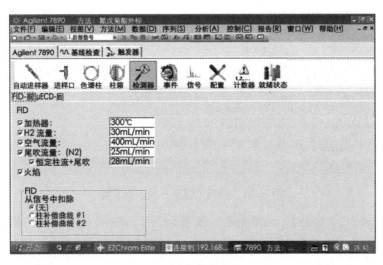

(a) FID参数设置

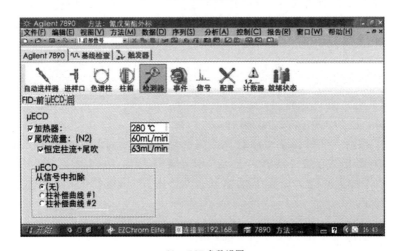

(b) μ-FCD参数设置

图 5-35　检测器参数的设置

5.2.8　气相色谱仪常见故障分析和排除方法

　　气相色谱仪属结构较为复杂的仪器，仪器运行过程中出现的故障可能由多种原因造成；而且不同型号的仪器，情况也不尽相同。表 5-9 列出的各种故障是气相色谱仪（FID 检测器）运行和操作中具有共性和常见的故障，其他型号仪器亦可作参考（更多详细的内容请参考黄一石主编的《分析仪器操作技术与维护》第六章相关内容）。

表 5-9　GC9790J 型气相色谱仪的常见故障和排除方法

故障现象	可能原因	故障排除方法
仪器不能启动	（1）供电电源不通 （2）仪器保险丝被烧断	（1）检查电源故障原因 （2）更换新保险丝
仪器不能升温且报警	（1）"加热"开关未打开 （2）加热保险丝烧断	（1）打开"加热"开关 （2）更换新保险丝
仪器个别加热区不能升温且报警	（1）加热丝（棒）断路 （2）测温铂电阻断路 （3）控温电路故障	（1）检查、更换 （2）检查、更换 （3）检修或更换控温电路板
检测器基线不稳定	（1）柱流失 （2）柱连接漏气 （3）检测系统有冷凝物污染	（1）重新老化或更换色谱柱 （2）重新检漏 （3）适当提高检测器、注样器温度，提高载气流量吹洗仪器 2h
检测器响应小或没有响应	（1）检测器氢火焰已灭 （2）气体配比不当 （3）色谱柱阻力太大，载气不通 （4）火焰喷嘴有异物堵住	（1）重新点火 （2）重新调整气体比例 （3）更换色谱柱 （4）疏通或更换喷嘴
检测器不能点火	（1）空气流量太大 （2）氢气流量太小 （3）点火枪电源不足，无电火花 （4）气路不通	（1）适当增加空气流量 （2）适当增大氢气流量 （3）更换点火枪电池 （4）疏通气路
峰形变宽	（1）载气流量小 （2）柱温低 （3）注样器、检测器温度低 （4）系统死体积大	（1）适当增加载气流量 （2）适当提高柱温 （3）适当提高注样器、检测器温度 （4）检查色谱柱的安装
出现反常峰形	（1）硅橡胶隔垫污染或漏气 （2）样品分解 （3）检测室有污染物 （4）柱污染	（1）更换或活化硅橡胶隔垫 （2）适当改变分析条件 （3）清洗检测器 （4）更换或活化色谱柱

微型气相色谱的特点及应用

　　在现代高科技和实际需求的推动下，各种仪器的小型化和微型化一直是一个重要的发展趋势，突出的例子是各种化学传感器和生物传感器的开发。现已有多种传感器可用于矿井中易燃易爆和有毒有害气体的监测、战地化学武器的监测等。传感器有很高的灵敏度和专属性，但对复杂混合物的分析，如工业气体原料的质量控制、油气田勘探中的气体组成的分析、航天飞机机舱中的气体监测等，单靠传感器显然是不够的。这就需要用小型、轻便、快速的 GC 进行分析。

　　事实上，GC 的微型化一直是人们追求的目标，并已经历了几十年的发展。总的看来，开发微型 GC 有两种思路：一是将常规仪器按比例小型化，如 PE 公司的便携式 GC，其大小相当于一个旅行箱，重量 20 公斤左右；二是用高科技制造技术实现元件的微型化，如 HP 公司的微型 GC，其大小相当于一个文件包，重量只有 5.2 公斤。中国科学院大连化物所的关亚风教授也成功地研制出了微型 GC。这些微型 GC 的共同特点是：

　　（1）体积小，重量轻，便于携带，可安装在航天飞机及各种宇宙探测器上，也可由工作人员随身携带进行野外考察分析；

　　（2）分析速度快，保留时间以秒计，很适合于有毒有害气体的监测和化工过程的质量控制；

　　（3）灵敏度高，对许多化合物的最低检测限为 10^{-5} 级；

　　（4）可靠性高，适合于不同的环境，可连续进行 2500000 次分析；

　　（5）功耗低，省能源，一般采用 12V 直流电，功耗不超过 100W；

　　（6）自动化程度高，可用笔记本电脑控制整个分析过程和数据处理，也可遥控分析；

　　（7）样品适用范围有限。目前市场上的微型 GC 基本都采用 TCD 检测器，进口温度不超过 150℃，故主要用于常规气体的分析，如天然气、炼厂气、氟利昂、工业废气以及液体和固体样品的顶空分析，而不适于分析高沸点样品。

　　目前已开发出多种专用的系列微型 GC，如天然气分析仪、炼厂气分析仪等。

5.3　应用技术

5.3.1　样品的采集与制备

5.3.1.1　样品的采集

　　样品的采集包括取样点的选择和样品的收集、样品的运输与贮存。

　　用于色谱分析的样品主要有气体（含蒸气）样品、液体（含乳液）样品、固体（含气体悬浮物、液体悬浮物）样品的采集，其采集方法主要有直接采集、富集采集和化学反应采集法等。实际采集时应根据色谱分析的目的、样品的组成及其浓度水平、样品的物理化学性质（如样品的溶解性、蒸气压、化学反应活性）等确定合适的采集方法。

　　（1）样品采集前注意事项　采集样品涉及从整体中分离出具有代表性的部分进行收集，因此采样前应先对采样环境和现场进行充分的调查，通常需弄清下列问题。

　　① 样品中可能会存在的物质组成是什么，它们的浓度水平如何？
　　② 样品中的主要成分是什么？
　　③ 采集样品的地点和现场条件如何？
　　④ 应该采用非破坏性采样方法还是采用破坏性采样方法？
　　⑤ 采样完成后需得到哪些色谱分析的结果？

　　由于采集的样品量与使用分析技术的灵敏度成反比，因此对采样地点与采样时间的把握上还需注意以下问题。

　　① 确定采集样品的最佳时机；
　　② 确定采样的位置和采集样品的装置；
　　③ 采样过程可以保证多长的有效时间；
　　④ 确定采集样品的间隔时间。

　　（2）液体样品的采集　液体样品主要是水样（包括环境水样、排放的废水水样及废水处理后的水样、饮用水水样、高纯水水样等）、饮料样品、油料样品、各种溶剂样品等。

　　液体样品的采集要求使用棕色玻璃采样瓶，要求采集时需完全充满采样瓶并使其刚刚溢出，灌样品时不产生气泡，然后使用聚四氟乙烯膜保护的瓶塞密封好采样瓶，且密封好的瓶内也没有气泡。

　　采集好的样品需在 4℃ 的低温箱中保存，以备下一步制备。采集的液体样品的保存时间一般不超过 5 ～ 6h。

　　采集液体样品的容器一般需进行多次酸和碱溶液的清洗，然后用自来水和蒸馏水依次进行冲洗，最后在烘箱中烘干备用。

　　液体样品的采集也可以采用吸附剂吸附富集的方法进行采集（主要是适用于待测组分较低时）。方法是选用适当的吸附剂制成吸附柱，在采样现场让一定量的样品液体流过吸附柱，然后将吸附柱密封好，带回实验室制备色谱分析用样品。

（3）固体样品的采集　固体样品（如合成树脂材料、各种食品、土壤等）一般使用玻璃样品瓶收集并密封保存，有时也用铝箔将样品瓶进行包装后贮存。收集固体样品的容器一般都是一次性的。

固体样品的均匀性较差，一般是多取一些样品，然后再用缩分的方法采集所需要的样品。当原始样品的颗粒较粗时，还需先进行粉碎。

采集固体样品时不能直接用手去拿样品，必要时可戴上干净的白布手套。

5.3.1.2　样品的制备

样品的制备包括将样品中待测组分与样品基体和干扰组分分离、富集和转化成气相色谱仪可分析的形态。

（1）制备好的样品应满足的要求

① 所选用色谱柱的进样要求；

② 所选用色谱分离方法的分离能力（即能将待测组分与其他组分分离开，若不能完全分离开，则需进行预处理）；

③ 所选用色谱方法的检测能力。

（2）固体样品的制备方法　目前用于固体样品的制备方法主要有索氏提取、微波辅助提取、超声波辅助提取、超临界流体萃取和加速溶剂萃取等方法。其中由匈牙利学者 Ganzler K 等提出的微波辅助提取技术（microwave-assisted extraction，MAE）具有设备简单、适用范围广、萃取效率高、重现性好、节省时间、节省试剂、污染小等特点，具有良好的发展前景。下面简单介绍这一方法。

微波辅助萃取技术是利用微波加热均匀、高效、选择性好的特点对目标物进行萃取分离，最早采用的装置是普通家用微波炉，现在已有专用的微波辅助萃取样品前处理商品化装置。图 5-36 显示的是一种典型商品化密闭式微波辅助萃取装置。

商品化密闭式微波辅助萃取装置主要由一个磁控管、一个炉腔、监视压力和温度的监视装置及一些电子器件组成。其中的萃取罐通常由聚四氟乙烯（PTFE）材料制成，要求能允许微波自由通过、耐高温高压且不与溶剂反应。

该装置操作时炉腔中可放置最多容纳 12 个密闭萃取罐的旋转盘，且可自动调节温度、压力。当压力增大时，溶剂的沸点也相应增高，因此利于待分析成分从基体中萃取出来，且待分析成分不易损失。

（3）液体样品的制备方法　目前用于液体样品的制备方法主要有液-液萃取、固相萃取（见本书 6.3.2.5）、固相微萃取（见本书 6.3.2.5）、液膜萃取、吹扫捕集、液相微萃取等。其中由 Jeannot 等提出的液相微萃取技术（liquid phase micro-extraction，LPME）集采样、萃取和富集于一体，灵敏度高、操作简单，消耗溶剂少，萃取效率高，是一种对环境友好的样品制备方法。下面简单介绍这一方法。

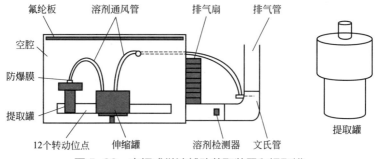

图 5-36　密闭式微波辅助萃取装置和提取罐

液相微萃取实际上就是液相萃取，只是使用的液相溶剂的体积很小，被萃取的样品体积也比较小。直接液相微萃取技术处理样品的操作过程（见图 5-37）是：首先，用 10μL 微量注射器抽取 1μL 有机溶剂，直接将其插入到装有待测液体样品的密封玻璃瓶中。接着，将微量注射

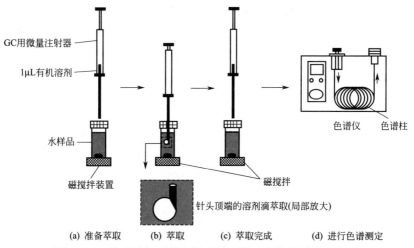

图 5-37　应用液相微萃取技术处理样品的整体过程示意图

器的活塞推至底部，让注射器内的有机溶剂形成一个液滴悬浮在针尖。在磁搅动的作用下，悬浮的有机溶剂液滴在液体样品中对待测组分进行萃取，一段时间后将针尖的液滴抽回至微量注射器内，再拔出微量注射器即可直接进行气相色谱分析。

由于悬浮在针尖的有机溶剂液滴在搅拌时易脱落，因此，1999 年 Bjergaard 等提出了一种以多孔渗水性中空纤维为载体的液相微萃取技术（hollow fiber-based liquid phase micro-extraction，HF-LPME）。这种技术（见图 5-38）是以多孔中空纤维为微萃取溶剂的载体，集采样、萃取和浓缩于一体，成本低，装置简单，易与气相色谱仪等仪器联用。

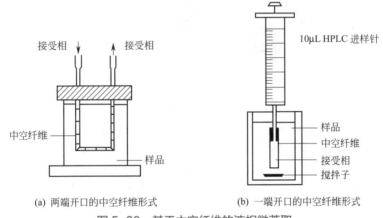

(a) 两端开口的中空纤维形式　　　　(b) 一端开口的中空纤维形式

图 5-38　基于中空纤维的液相微萃取

HF-LPME 的操作步骤是：先将多孔纤维浸入有机溶剂中，使其形成饱和有机溶剂膜，再将适量有机溶剂注入一定长度多孔中空纤维空腔中，然后将萃取纤维置于待测液体样品（一般为 1～4mL）中，充分搅拌后，样品中的分析物经纤维孔中的有机溶剂膜进入纤维腔内的接受相中，分析物在两相间进行分配。

HF-LPME 有两种形式：一种 ［见图 5-38（a）］ 是将中空纤维两端开口，接受相由微量注射器的一端注入，萃取一段时间后，从另一端回收，然后进样分析；另一种 ［见图 5-38（b）］ 是将中空纤维一端开口，另一端火封后，固定在进样针头或样品瓶中央，接受相经进样针注入纤维腔中，萃取后再回收到微量注射器内进样分析。

（4）顶空分析　顶空分析是取样品基质（液体或固体样品）上方的气相部分进行色谱分析，是一种间接分析方法。其理论依据是在一定条件下气相和凝聚相（液相或固相）之间存在分配平衡，气相的组成能反映凝聚相的组成。顶空分析实质是一种气相萃取方法，即用气体作"溶剂"来萃取样品中的挥发性成分，常用来分析挥发性有机物质。

顶空分析依据取样与进样方式不同可分为静态顶空和动态顶空，通常所使用的顶空即为静态顶空，而动态顶空即吹扫捕集。

如图 5-39 所示，顶空操作流程是：先将样品（以液体为例）放置在一密闭容器中，在一定温度和压力下放置一段时间后使汽液两相平衡，液体样品中的挥发性成分进入气相，用气密注射器抽取气相中的样品，进行 GC 分析。此种进样方式为手动进样，不易实现精确定量，可用于要求不高的定性分析。为提高定量的准确度与精度，可采用自动顶空进样方式。图 5-40 显示的是一种常用的商品化顶空自动进样器——压力控制定量管进样系统，其分析过程可分为 4 步。

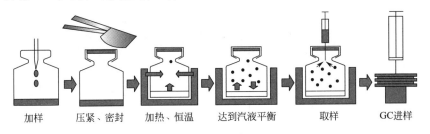

加样　　压紧、密封　　加热、恒温　　达到汽液平衡　　取样　　GC进样

图 5-39　顶空进样流程

① 平衡。样品加入顶空样品瓶，加盖密封，置于恒温槽中，在设定温度、时间等条件下平衡；此时，载气多数直接进入 GC 进样口，少量载气以低流速吹扫定量管，避免定量管污染。

② 加压。待样品平衡后，将取样探针插入样品瓶气相部分，V_4 切换，使部分载气进入样品瓶加压（加压时间和压力大小由进样器自动控制）。此时，大部分载气仍然直接进入 GC 进样口。

③ 取样。V_2、V_4 同时切换，样品瓶中经加压的气体（含待测组分）通过探针进入定量管。取样时间可根据样品瓶压力大小和定量管大小进行设定，一般不超过 10s，要求必须充满定量管。

④ 进样。V_1、V_2、V_3、V_4 同时切换。此时，所有载气均通过定量管，将样品带入 GC 进行分析。

顶空分析是分析复杂基质中挥发性有机物质（volatile organic compounds，VOC）的一种快速而有效的方法，具有简便、环保（不需有机溶剂)、高速、灵敏的特点，主要应用于药物溶剂残留分析、饮用水中 VOC 分析、环境分析（废水或固体废物中 VOC 分析）、印刷品和包装材料中残留溶剂分析、刑侦分析、食品中香气成分分析、聚合物中残留溶剂分析等。

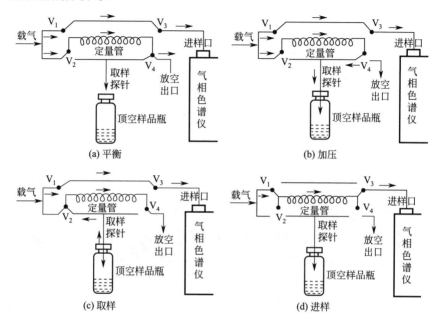

图 5-40　压力控制定量管进样系统工作原理

V_1、V_2、V_3、V_4 均为切换阀

5.3.2　分离操作条件的选择

5.3.2.1　分离度

（1）定义　两相邻组分如何才算达到完全分离？这主要取决于两点：一是两组分色谱峰间的距离，即保留值的差值，与各组分在两相间的分配系数有关；二是色谱峰的峰宽，与各组分在两相间的传质阻力有关。

为判断相邻两色谱峰的分离情况，可用色谱柱总分离效能指标——分离度来描述，其定义为：相邻两组分色谱峰保留值之差与色谱峰峰宽总和一半的比值。

$$R=\frac{t_{R(B)}-t_{R(A)}}{\frac{1}{2}(W_A+W_B)}=\frac{2[t_{R(B)}-t_{R(A)}]}{1.699[W_{1/2(A)}+W_{1/2(B)}]} \tag{5-9}$$

两峰相距越远，且两峰越窄，则 R 值就越大，两相邻组分分离就越完全。一般来说，当 $R=1.5$ 时，两相邻组分分离程度可达 99.7%。因此 $R \geqslant 1.5$，则表明相邻两峰得到完全分离。

（2）色谱分离基本方程式 图 5-41（a）所示的公式是色谱分离基本方程式，表明了分离度 R 与柱效 n、选择性因子 α 和容量因子 k 之间的关系。

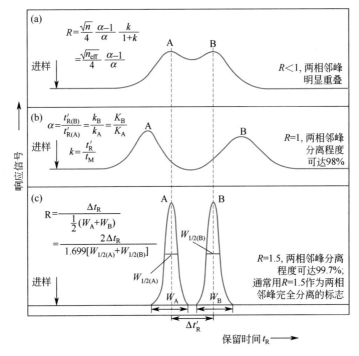

图 5-41 柱效、选择性因子对分离的影响

① 分离度与柱效的关系 分离度 R 与柱效 n 的平方根成正比。显然，增加柱长 L 或降低塔板高度 H 可改进分离度。由于增加柱长的同时延长了分析时间，可使色谱峰扩展，因此在达到分离要求的前提下应使用短一些的色谱柱。

② 分离度与容量因子的关系 k 值大一些对分离有利，但并非越

大越好，因 k 值过大，对 R 的改进不大，分析时间却大为延长。一般选择 k 值的范围在 $1 \sim 10$。由图 5-41（b）可知，k 值与组分调整保留时间 t'_R 和死时间 t_M 有关。因此，可通过改变柱温或相比 β❶ 来调整 k 值。

③ 分离度与柱选择性的关系　α 称为选择性因子［计算公式见图 5-41（b）］，是柱选择性的量度。α 越大，则表明柱的选择性越好，分离效果越好。α 的微小变化即能引起分离度的显著改变，因此增加 α 是提高分离度的有效方法。通常可通过改变固定相或流动相的性质或组成来增大 α 值。如果 $\alpha = 1$，则 $R = 0$，此时，无论怎样提高柱效也无法使两组分分离。

图 5-41 说明了柱效和选择性对色谱分离的影响。图中（a）两色谱峰距离近且峰形宽，彼此严重重叠，柱效和选择性均差；（b）两峰相距较远能较好分离，说明选择性好，但峰形较宽则说明柱效低；（c）的分离情况最为理想，既有良好的选择性，又有高的柱效。

例 5-1　在某一 150cm 长的色谱柱上，分离长链脂肪酸甲酯（C_{18}^0，物质 A）和油酸甲酯（$C_{18}^=$，物质 B），两物质出峰时距进样位置的距离依次为 279.1mm、307.5mm，峰底宽依次为 21.2mm 与 23.2mm，死时间为 5.2mm，若记录纸的纸速为 12.7mm/min，试计算：

（1）C_{18}^0 与 $C_{18}^=$ 的相对保留值（以 C_{18}^0 为基准物）及分离度；

（2）如果在 C_{18}^0 与 $C_{18}^=$ 之间存在一杂质峰（物质 C），该峰与 $C_{18}^=$ 的相对保留值为 1.053，计算杂质与 $C_{18}^=$ 的分离度；

（3）若柱效不变，要使杂质峰与 $C_{18}^=$ 间的分离度达到（1）中 C_{18}^0 与 $C_{18}^=$ 的分离度，则色谱柱长要增加至多少？

解（1）由表 5-4 有，$r = \dfrac{t'_{R(B)}}{t'_{R(A)}} = \dfrac{307.5 - 5.2}{279.1 - 5.2} = 1.104$

由式（5-9）有 $R = \dfrac{t_{R(B)} - t_{R(A)}}{\frac{1}{2}(W_A + W_B)} = \dfrac{307.5 - 279.5}{(21.2 + 23.2)/2} = 1.26$

（2）由图 5-41（a）有 $R = \dfrac{\sqrt{n_{eff}}}{4} \cdot \dfrac{\alpha - 1}{\alpha}$，则 $n_{eff} = 16R^2\left(\dfrac{\alpha - 1}{\alpha}\right)^2$，其中

---

❶ $\beta = V_M/V_S$，指色谱柱内流动相和固定相的体积比，能反映各种类型色谱柱的特性。分配比与容量因子的关系是 $K = k\beta$。

$$\alpha = \frac{t'_{R(B)}}{t'_{R(C)}} = 1.053$$ 又由式（5-5）有 $n_{eff} = 16\left(\frac{t'_{R(B)}}{W_B}\right)^2$，则 $16R^2\left(\frac{\alpha-1}{\alpha}\right) = 16\left(\frac{t'_{R(B)}}{W_B}\right)^2$，即

$$R = \frac{t'_{R(B)}}{W_B} \times \frac{\alpha}{\alpha-1} = \frac{307.5-5.2}{23.2} \times \frac{1.053}{1.053-1} = 0.656$$

（3）由（2）可知 $n_{eff} = 16\left(\frac{t'_{R(B)}}{W_B}\right)^2 = 16 \times \left(\frac{307.5-5.2}{23.2}\right)^2 = 2717$

而 $n_{需要} = 16R^2\left(\frac{\alpha-1}{\alpha}\right)^2 = 16 \times 1.26^2 \times \left(\frac{1.053}{1.053-1}\right)^2 = 10027$

所以 $L_{需要} = n_{需要}H_{需要} = n_{需要} \times \frac{L}{n_{ff}} = 10027 \times \frac{150}{2717} = 554$（cm）

5.3.2.2 分离操作条件的选择

（1）载气及其流速的选择 载气种类的选择首先考虑与所用检测器相匹配，比如 TCD 选用 H_2 作载气能提高灵敏度。其次要求所选载气要有利于提高柱效能和分析速度，比如选用摩尔质量大的载气（如 N_2）可使 D_g 减小，提高柱效能。

由图 5-8 可知，载气流速有一最佳值，称最佳载气流速 u_{opt}。u_{opt} 处对应有最小的塔板高度和最高的柱效。实际进行分析时，为缩短分析时间，同时又不使柱效明显降低，实用载气流速往往稍高于 u_{opt}。气相色谱填充柱，最佳实用线速[1] 为 $10 \sim 14 cm \cdot s^{-1}$（$N_2$ 为载气）或 $15 \sim 25 cm \cdot s^{-1}$（$H_2$ 为载气）；毛细管柱，最佳实用线速为 $20 \sim 30 cm \cdot s^{-1}$（$N_2$ 为载气）或 $30 \sim 40 cm \cdot s^{-1}$（$H_2$ 为载气）。

（2）固定相的选择

① 固体吸附剂的选择 气-固色谱所采用的固定相一般为固体吸附剂，主要有强极性硅胶、中等极性氧化铝、非极性活性炭、特殊作用的分子筛和高分子多孔小球等。表 5-10 显示了常用固体吸附剂的性能、分离特征与活化方法等，可供选用时参考。

固体吸附剂的优点是吸附容量大、热稳定性好、无流失现象且价格便宜，缺点是进样量稍大得不到对称峰、重现性差、柱效低、吸附活性中

---

[1] 体积流量 F（单位 mL·min^{-1}）与线速 u（单位 cm·s^{-1}）之间的换算关系是 $u = 60F/A$（A 为色谱柱截面积，cm^2）。

心易中毒、种类较少等。吸附剂需先进行活化处理，再装入色谱柱中使用。

表5-10 气相色谱法常用固体吸附剂的性能比较

吸附剂	主要化学成分	最高使用温度	性质	活化方法	分离特征
分子筛	$x(MO)\cdot y(Al_2O_3)\cdot z(SiO_2)\cdot nH_2O$	<400℃	极性	在550℃下活化2h，或在350℃真空下活化2h	特别适用于永久性气体和惰性气体的分离
硅胶	$SiO_2\cdot xH_2O$	<400℃	氢键型极性	用6mol·L^{-1} HCl浸泡2h，然后用蒸馏水洗至无Cl$^-$，在160℃左右活化2h	分离永久性气体及低级烃
氧化铝	Al_2O_3	<400℃	弱极性	200~1000℃下烘烤活化	分离烃类及有机异构物，在低温下可分离氢的同位素
活性炭	C	<300℃	非极性	粉碎过筛，用苯浸泡3次，空气吹干后，通450℃水蒸气活化2h，最后于150℃烘干	分离永久性气体及低沸点烃类，不适于分离极性化合物
碳分子筛	C	>225℃		180℃通N_2活化4h	分离永久性气体、低沸点烃类和低沸点极性化合物
石墨化炭黑	C	>500℃	非极性	180℃通N_2活化4h	分离气体、低沸点烃类和低沸点极性化合物，对高沸点有机化合物也能获得较对称的峰形
GDX	多孔共聚物	<250℃	可从非极性到强极性	170~180℃下烘去微量水分后，在N_2中活化处理10~20h	分离强极性、腐蚀性的低沸点及高沸点化合物，特别适于有机物中微量水分的分析

化学键合固定相，又称化学键合多孔微球固定相，是一种以表面孔径度可人为控制的球形多孔硅胶为基质，利用化学反应方法把固定液键合在载体表面上制成的固定相，是一种新型合成固定相，常用于分析 C_1~C_3 烷烃、烯烃、炔烃、CO_2、卤代烃及有机含氧化合物等。优点是：具有良好的热稳定性，适合于作快速分析，对极性组分和非极性组分均能获得对称峰；耐溶剂。

② 固定液的选择　气-液色谱所用的固定相是液体固定相，也称

固定液。固定液可直接涂渍在毛细管色谱柱中，也可先涂渍在载体表面再装填进填充色谱柱中。与气 - 固色谱法相比，气 - 液色谱法具有可获得对称性较好的峰形、分离重复性好、固定液种类多等优点，应用更广泛。

a. 对固定液的要求。固定液一般均是低熔点、高沸点的有机化合物，在操作条件下必须是液态物质，应具备以下条件。

ⅰ. 对组分有良好的选择性，固定液对组分应有不同的溶解度；

ⅱ. 蒸气压低，操作温度下流失少；

ⅲ. 润湿性好，要求其能均匀涂布在载体表面或空心柱内壁；

ⅳ. 热稳定性好，要求其在高温下不发生分解或聚合反应；

ⅴ. 化学惰性好，要求其不与组分、载体或载气发生不可逆的化学反应；

ⅵ. 凝固点低且黏度适当。

b. 分类。常用的固定液有 1000 余种，一般可按"极性"大小进行分类。固定液极性是表示含有不同官能团的固定液，与分析组分中官能团及亚甲基间相互作用的能力。通常用相对极性（P）来表示。方法规定：β，β- 氧二丙腈 $P = 100$，角鲨烷 $P = 0$，其他固定液以此为标准测出其 P 值。应用时将 P 值分为五级，每 20 个相对单位为一级，P 在 $0 \sim +1$ 间的为非极性固定液（亦可用"- 1"表示非极性）；$+2$、$+3$ 为中等极性固定液；$+4$、$+5$ 为强极性固定液（或极性固定液）。表 5-11 列出了常用固定液的性能和分离特征等，可供选用时参考。

表 5-11 常用固定液

固定液名称	型号	相对极性	大致使用温度范围（恒温/程升）/℃	溶剂	分析对象
角鲨烷	SQ	- 1	20 ~ 140/150	乙醚甲苯	烃类和非极性化合物
甲基硅油或甲基硅橡胶	SE-30，OV-101，HP-1，HP-1ms，DB-1，DB-1ms，SPB-1，AT-1，BP-1，CP-Sil5，Rtx-1，007-1，ZB-1	+ 1	60 ~ 325/350	氯仿甲苯	烃、农药、多氯联苯、酚类、含硫化合物、调味剂及香料
苯基（5 %）甲基聚硅氧烷	SE-54，HP-5，HP-5ms，DB-5，DB-5ms，SPB-5，XTI-5，Mtx-5，CP-Sil8CB，Rtx-5，BPX-5，BP-5，ZB-5	+ 1	60 ~ 325/350	丙酮苯	非挥发性化合物、生物碱、药物、脂肪酸甲酯、卤化物、农药、杀虫剂

续表

固定液名称	型号	相对极性	大致使用温度范围(恒温/程升)/℃	溶剂	分析对象
苯基(35%)甲基聚硅氧烷	DB-35，HP-35，Rtx-35，SPB-35，DB-35ms，AT-35，Sup-Herb，MDN-35，BPX-35	+2	40～300/320	丙酮苯	CLP-农药，芳氯物，制药，滥用药物
氰丙基苯基(6%)甲基聚硅氧烷	DB-1301，Rtx-1301，Mtx-1301，CP-1301	+2	20～280/300	氯仿	芳氯物、酚、农药、挥发性有机物
苯基(50%)甲基聚硅氧烷	OV-17，HP-50，DB-17，Rtx-50，BPX-50，SP-2250，CP-sil19CB	+3	40～280/300	丙酮苯	药物、乙二醇、农药、甾类化合物
氰丙基苯基(14%)甲基聚硅氧烷	OV-1701，DB-1701，SPB-1701，Rtx-1701，Rtx-1701，CB-1701，007-1701，BPX-10，DB-1701P	+3	20～280/300	氯仿	农药、杀虫剂、TMS糖、芳氯物
三氟丙基(50%)甲基聚硅氧烷	QF-1 OV-210	+3	0～230/250 0～250/275	氯仿	含卤化合物、金属螯合物、甾类
β-氰乙基(25%)甲基聚硅氧烷	XE-60	+3	0～230/250	氯仿	苯酚、酚醚、芳胺、生物碱、甾类
氰基苯基(50%)甲基聚硅氧烷	OV-225，DB-225，SP-2330，DB-225，Rtx-225，BP-225，007-225，CP-Sil43CB	+4	40～220/240	氯仿	脂肪酸甲酯、中性兴奋剂
聚乙二醇	PEG-20M，BP-20，007-CW，HP-INNOWax，CP-Wax52CB，Stabil-wax，Supelcowax-10，DB-Wax，Rt-Wax	+4	40～250/270	丙酮氯仿	酚、游离脂肪酸、溶剂、矿物油、调味剂及香料
聚乙二醇改性	CAM，CP-51WAX	+4	60～220/240	丙酮氯仿	胺、碱性化合物
聚乙二醇改性	HP-FFAP，OV-351，SP-1000，Stabilwax-DA，007-FFAP，Nukol，DB-FFAP	+4	40～230/250	丙酮氯仿	有机酸、醛、酮、丙烯酸酯
聚己二酸二乙二醇酯	DEGA	+4	20～180/200	丙酮氯仿	分离 C_1～C_{24} 脂肪酸甲酯，甲酚异构体
聚丁二酸二乙二醇酯	DEGS	+4	20～180/200	丙酮氯仿	分离饱和及不饱和脂肪酸酯，苯二甲酸酯异构体

续表

固定液名称	型号	相对极性	大致使用温度范围(恒温/程升)/℃	溶剂	分析对象
1，2，3-三（2-氰乙氧基）丙烷	TCEP	+5	20～145/175	氯仿甲醇	选择性保留低级含氧化合物,伯、仲胺,不饱和烃、环烷烃等
环糊精	CycloSil-B，LIPODEXC，Rt-BDEXm，B-DEX110，B-DEX120	+3	35～260/280		手性化合物(一般用途)

c. 固定液的选择方法。固定液的选择无严格规律可循，合适的固定液需要通过实验进行选择。对已知样品可参考下列方法选择。

ⅰ. 按"相似相溶原则"。根据分离组分的极性选择相应极性的固定液。如非极性样品选择 SQ、SE-30、OV-101 或 HP-1 等，此时各组分按沸点由低到高顺序流出，沸点相同时极性组分先流出；中等极性样品选择 OV-17、OV-210、DB-1701 或 SPB-7 等，组分按沸点顺序流出，沸点相同时极性小的组分先流出；极性样品选择 PEG-20M、HP-FFAP、DB-WAX 或 BP-20 等，此时各组分按极性由小到大顺序流出。

也可根据分离组分的化学结构选择含有相同官能团的固定液。若分离样品含较多支链或同分异构体组分，可选用易生成氢键的 PEG-20M 或液晶。

ⅱ. 按主要差别选择固定液。根据分离样品中难分离物质对的主要差别情况选择合适的固定液。若组分间的主要差别是沸点，选择非极性固定液；若其主要差别是极性，则选择极性固定液。

ⅲ. 选用混合固定液。复杂组分，可选用两种或两种以上的混合固定液，如 OV-17+QF-1 可分析含氯农药。

ⅳ. 利用特殊选择性。特殊选择性固定液对特定样品具有良好的选择性。如手性固定液对旋光异构体化合物具有良好的分离效果。

对于未知样品，可先选用毛细管柱进行定性分离，明确样品中组分的数量与极性范围等，接着用中等极性的 QF-1 进行分析，然后根据分离情况的好坏调整固定液的极性，最终确定合适的固定液。

气相色谱实验室一般配置 5 根极性由小到大的毛细管色谱柱（比较有代表性的是 SE-30、OV-17、QF-1、PEG-20M、DEGS）即可完成大多数分离任务。

③ 载体的选择　载体俗称担体，是一种多孔性固体颗粒，其作用是提供大面积的惰性表面以负载固定液。通常对载体的基本要求是：比表面积大，化学惰性（无吸附性、无催化性），热稳定性与机械强度好，颗粒孔径分布均匀。

a. 载体的分类。气-液色谱常用的载体可分为硅藻土型与非硅藻土型两类。硅藻土型载体又可分为红色载体和白色载体两种。红色载体由天然硅藻土煅烧而成，含氧化铁，呈红色。其优点是表面结构紧密、孔径较小、比表面积大、机械强度好，可涂渍较多固定液；缺点是表面有氢键及酸碱活性作用点，不宜涂渍极性固定液，一般用于分析非极性或弱极性物质。常用的红色载体型号有国产的 201、6201、301 和国外的 Chromosorb P、Gas ChromR 等。

白色载体是将硅藻土加助熔剂（Na_2CO_3）后煅烧而成，氧化铁变成无色铁硅酸钠配合物，呈白色。与红色载体相比，结构疏松、机械强度差、表面孔径和比表面积较小，但表面活性中心显著减少，可用于涂渍极性固定液，分析极性物质。常用的白色载体型号有国产的 101、102 和国外的 Chromosorb AGW、Celite 545 等。

非硅藻土型载体有氟载体、玻璃微球、高分子多孔微球（即 GDX）等。氟载体主要有聚四氟乙烯和聚三氟氯乙烯两个品种，适用于分析腐蚀性气体或强极性物质。玻璃微球载体在使用时往往在微球上涂覆一层硅藻土粉末以增大其表面积，其优点是可以在较低的柱温下以很大的载气线速分析高沸点物质，缺点是柱负荷量太小，柱寿命短。GDX 可直接作为吸附剂用于气-固色谱，也可作为载体涂渍上固定液后使用；其优点是吸附活性低、可选择范围大、热稳定性好，得到的色谱峰峰形好、拖尾现象少，有利于烷烃、卤代烷、醇、酮、脂肪酸、胺、腈以及各种气体的分析，特别适合于有机物中痕量水的分析，也适合作超纯分析与程序升温分析。

b. 载体的预处理。普通的硅藻土载体表面并非完全惰性，存在不同程度的活性中心，分析时会使柱效降低、色谱峰拖尾，因此使用前需进行预处理。载体的预处理方法有酸洗（去除金属铁氧化物等碱性基团）、碱洗（去除 Al_2O_3 等酸性基团）、硅烷化（消除氢键结合力，减少色谱峰的拖尾）、釉化（表面玻璃化，堵住微孔）等。当然，也可购买已经预处理过的载体直接使用。

c.载体的选择。选择载体的一般原则如下：

ⅰ.分析非极性组分可选用红色载体，分析极性组分宜选用酸洗处理过的白色载体；

ⅱ.固定液用量 >15% 时宜选用红色载体，固定液用量 <10% 时宜选用表面处理过的白色载体（指酸洗与硅烷化）；

ⅲ.分析非极性或极性高沸点样品时，可在高柱温下使用低涂渍量的玻璃微球载体；

ⅳ.分析腐蚀性样品时，可使用聚四氟乙烯载体；

ⅴ.分析酸性样品，可选用酸洗载体，分析碱性样品，可选用碱洗载体；

ⅵ.为增强载体惰性，可在涂渍固定液前先涂渍＜1% 的减尾剂（如聚乙二醇、吐温 60 等）；

ⅶ.一般选用 80～100 目的载体，为提高柱效也可选用 100～120 目的载体，但应适当缩短柱长，以免柱压力降增大。

④ 气 - 液填充色谱柱的制备填充柱的制备主要包括下面三个步骤。

a.色谱柱柱管的选择与清洗

ⅰ.色谱柱的选择。色谱柱柱形、柱内径、柱长度均影响柱的分离效果。通常选用 U 形或螺旋形色谱柱，柱内径 3～4mm，长度 1～2m。玻璃柱虽然分离效能更佳，但易碎，所以通常选用不锈钢柱。

ⅱ.柱管的试漏与清洗。柱管试漏的方法是：将柱子一端堵住，全部浸入水中，另一端通入气体，在高于使用操作压力下不应有气泡冒出，否则应更换柱子。

清洗方法是：不锈钢柱依次用 50～100g·L^{-1} 的热 NaOH 水溶液、自来水、蒸馏水冲洗至中性，烘干；玻璃柱则依次用洗涤剂、自来水、蒸馏水冲洗至呈中性，烘干；经常使用的柱管在更换固定相时，只需倒出原固定相，依次用蒸馏水、丙酮、乙醚等冲洗 2～3 次，烘干。

b.固定液的涂渍

ⅰ.固定液用量的选择。固定液与载体的质量比称为液载比。一般来说，液载比低可提高柱的分离效果。但液载比太低，部分载体表面裸露，可造成峰的拖尾，而且柱容量也小，容易造成柱超载。目前常用的液载比在 5% 左右。

ⅱ.固定液的涂渍。固定液的涂渍方法是：确定液载比后，先根据柱的容量，称取一定量的固定液和载体分别置于两个干燥烧杯中，然后在固定液中加入有机溶剂（其种类可参考表 5-11），完全溶解后，倒入一定量经预处理和筛分过的载体（刚好被溶剂浸没），在通风橱中轻轻晃动烧杯，让溶剂均匀挥发，以保证固定液在载体表面上均匀分布。然后在通风橱中或红外灯下除去溶剂，待溶剂挥发完全后，过筛，除去细粉，即可准备装柱。

c.色谱柱的装填　将色谱柱一端塞上玻璃棉，包以纱布，接入真空泵；在柱的另一端放置一专用小漏斗，在不断抽气下，通过小漏斗加入涂渍好的固定相。在装填时，应不断用木棍轻敲柱管，使固定相填充均匀紧密，直至填满（见图 5-42）。取下柱管，将柱入口端塞上玻璃棉，并标上记号。

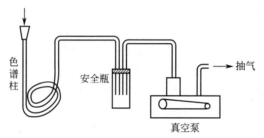

图 5-42　泵抽装柱示意图

在装填色谱柱时要注意以下几点：第一，尽可能筛选粒度分布均匀的载体和固定相；第二，保证固定液在载体表面涂渍均匀；第三，保证固定相在色谱柱内填充均匀；第四，避免载体颗粒破碎和固定液的氧化作用等。

d.色谱柱的老化　新装填好的柱不能马上用于分析，需要先进行老化处理，其目的：一是彻底除去固定相中残存的溶剂和某些易挥发性杂质；二是促使固定液更均匀、更牢固地涂渍在载体表面上。

老化方法是：将色谱柱接入仪器气路中，出气口（接真空泵一端）直接通大气，不接检测器；开启载气，在稍高于操作柱温下（比分析柱温高 30℃左右），以较低流速连续通入载气一段时间（2～72h 不等）；然后将柱出口端接至检测器上，开启工作站，继续老化至基线平直、稳定、无干扰峰时结束。

（3）柱温的选择　在气相色谱分析中，确定了固定相之后，柱温是改善分离度最有效的参数。选择柱温时，首先要求其不能高于固定液的最高使用温度，以防止其流失；也不能低于固定液的最低使用温度，以防止其在色谱柱中冷凝。

升高柱温，可缩短分析时间、减小传质阻力，但分子扩散项增大、分离选择性下降；降低柱温，组分在两相间的扩散速率减小，分配不能迅速达到平衡，峰形变宽、柱效下降，分析时间变长。因此，柱温的选择原则是：在使最难分离对物质尽可能分离好的前提下，采取较低的柱温，但需保证保留时间适宜、峰形对称。分析时，针对不同的样品先按经验值选取初始柱温，再根据试验结果在理论指导下进行调整。

a. 高沸点混合物（沸点在 300 ～ 400℃），使用低固定液含量（质量分数 1% ～ 3%）的色谱柱，选取初始柱温在 200 ～ 300℃之间，需采用高灵敏度检测器。

b. 沸点在 200 ～ 300℃间的混合物，选取初始柱温在 150 ～ 200℃之间，使用较高固定液含量（质量分数 5% 左右）的色谱柱。

c. 沸点在 100 ～ 200℃间的混合物，选取初始柱温在 100 ～ 150℃之间，使用较高固定液含量（质量分数 10% 左右）的色谱柱。

d. 对于气体、气态烃等低沸点混合物，选取初始柱温在其平均沸点或平均沸点以上，一般采用固体吸附剂作固定相，也可选择厚液膜的固定液作固定相。

e. 对于沸点较宽的样品（图 5-43），柱温宜采用程序升温方式。所谓程序升温，即指柱温按预定的加热速度，随时间作线性或非线性的增加。线性升温最为常用，即单位时间内温度上升的速度是恒定的，如 5℃·min^{-1}。在较低的初始温度下，沸点较低的组分得到良好的分离，中等沸点的组分在柱中移动很慢，而高沸点的组分几乎停留在柱头附近；随着柱温的逐渐增加，低沸点至高沸点组分依次流出，且各组分色谱峰宽度基本一致［见图 5-43（c）］。

图 5-43 为某宽沸程试样在恒定柱温及程序升温时分离结果的比较。柱温较低（$T = 45℃$）时低沸点组分分离良好，但高沸点组分未出峰［见图 5-43（a）］；柱温较高（$T = 145℃$）时，保留时间缩短，低沸点组分峰密集，分离不好，高沸点组分峰形变宽［见图 5-43（a）］；使用程序升温（$T = 30℃ \rightarrow 180℃$，升温速度约 4.7℃·min^{-1}）时，低沸点和高沸点组分均能获得良好的分离，且峰形正常。

对单阶程序升温而言［见图 5-44（b）］，起始温度（图中为 50℃）常选取在样品中最易挥发组分的沸点附近，保持时间（图中为 5min）则取决于样品中低沸点组分的含量（保证其完全分离）。

终止温度（图中为 300℃）则取决于组分的最高沸点或固定液的最

高使用温度。若固定液最高使用温度高于组分的最高沸点，则可选取稍高于最高沸点的温度作为终止温度，此时终止时间（图中为10min）可较短；反之，则应选择固定液最高使用温度作为终止温度，此时终止时间需较长，以保证所有高沸点组分被洗脱出来。

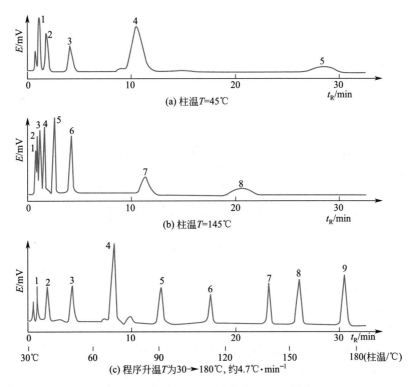

图 5-43　宽沸程试样在恒定柱温及程序升温时分离结果的比较

1—正丙烷（－42℃）；2—正丁烷（－0.5℃）；3—正戊烷（36℃）；4—正己烷（68℃）；
5—正庚烷（98℃）；6—正辛烷（126℃）；7—溴仿（150.5℃）；
8—间氯甲苯（161.6℃）；9—间溴甲苯（183℃）

　　升温速度的选择需兼顾分离度与分析时间两个方面，既要保证所有组分均能完全分离，又要保证分析时间长短合理。对内径3～5mm、长2～3m的填充柱，升温速度通常选取3～10℃·min^{-1}；对内径0.25mm、长25～50m的毛细管柱，升温速度通常选取0.5～4℃·min^{-1}。

　　对于组成复杂的试样，一次升温难以实现各个组分的完全分离时，可考虑选择多次程序升温［见图 5-44（a）］以改善各组分的分离状况。目前，国内外生产的气相色谱仪多能提供 3 ～ 7 阶程序升温。

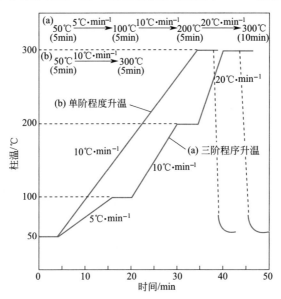

图 5-44 单阶和多阶程序升温示意图

（4）汽化室和检测器温度的选择 汽化室温度取决于样品的化学和热稳定性、沸程范围、进样口类型等。合适的汽化室温度既能保证样品瞬间完全汽化，又不引起样品分解。多数配置分流 / 不分流进样口的色谱仪，汽化室温度通常比柱温高 50 ～ 100℃。对于某些高沸点或热稳定性差的样品，为防止其分解，可调高分流比，在大量载气稀释的前提下，微量样品在低于沸点的温度下也能汽化。

检测器温度取决于样品的沸程范围、检测器类型等，通常高于最高组分沸点 50℃左右。

（5）进样量与进样技术

① 进样量 进样量是色谱分析中的重要操作参数。进样量太大，超过了色谱柱的容量，将导致色谱峰扩展、变形；进样量太小，又会使低含量的组分无法被检测器检出。色谱分析时，若其他操作条件不变，仅逐渐加大进样量，至所出峰的半峰宽变宽或保留值改变时，此进样量即为最大允许进样量。通常情况下，色谱柱长度和直径越大，固定相的

量越大，则最大允许进样量也越大。对于内径 3 ～ 4mm、柱长 2m、固定液用量为 15% 左右的填充柱，液体试样进样量为 0.1 ～ 5μL，气体试样进样量为 0.1 ～ 10mL。

② 进样技术　进样速度快，可使样品随载气以浓缩状态进入色谱柱，保证色谱峰原始宽度窄，利于分离；进样缓慢，样品汽化后被载气稀释，峰形变宽，且不对称，既不利于分离也不利于定量。因此，用微量注射器直接进样时需注意以下操作要点。

a. 一般进样方法。吸取样品前，先用溶剂抽洗 5 ～ 6 次，再用被测样品抽洗 5 ～ 6 次；缓缓抽取一定量样品（稍多于进样量），10μL以上的注射器需防止空气进入（排出方法是在样品瓶中连续抽、推几次），排除过量的样品，并用滤纸吸去针杆处所沾的样品（推出样

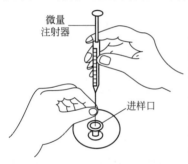

图 5-45　微量注射器进样姿势

品前先在针杆上插入一张滤纸）；取样后立即进样，进样时要求注射器垂直于进样口，左手扶着针头防弯曲，右手拿注射器（见图 5-45），迅速刺穿硅橡胶垫，平稳、敏捷地推进针筒（针尖插到底，针头不能碰着汽化室内壁），用右手食指平稳、轻巧、迅速地将样品注入，完成后立即拔出，要求整个过程稳当、连贯、迅速。进针位置及速度、针尖停留和拔出速度都会影响进样的重现性。手动进样的相对误差一般为 2% ～ 5%。

b. 空气夹心取样进样法。将注射器（≥ 10μL）插入汽化室时，针头部分零点几微升的样品会先汽化进入色谱柱，造成两次进样，出现异常峰。采用空气夹心取样进样法可消除这个问题，方法是：在取样前先吸取一定量的空气，再吸取一定量的样品，接着再吸取一定量的空气，让样品夹在两段空气柱之间，然后进样。这种取样进样法还能在一定程度上克服注射技术欠佳带来的误差。

c. 溶剂闪蒸进样法。为防止进样歧视现象（见本书 5.2.3.2 所述），可使用溶剂闪蒸进样法（也叫空气溶剂夹心取样进样法），方法是：注射器在取样之前，先吸取溶剂（1μL）和空气（0.5μL），再吸取样品，最后再吸取适当的空气后进样。采用这种方法进样，可确保样品全部注射到 GC 中，高沸点的组分也不会残留在注射器中。

5.3.3 定性分析

色谱定性分析的目的是确定试样的组成，即明确每个色谱峰各代表什么物质。由于色谱定性分析所依据的参数主要是各个组分的保留值，而不同组分在相同色谱操作条件下的保留行为可能相同。因此，仅凭色谱峰对未知物进行定性有相当的困难。对于一个未知样品，首先应尽可能充分地了解其来源、性质、分析目的，在此基础上对样品中可能含有的组分进行初步估计，然后再结合有关定性参数采用适当的定性方法进行定性。

5.3.3.1 利用已知标准物对照定性

利用已知标准物对照定性是最简单的定性方法，其依据是：相同的色谱操作条件（如柱长、流动相、固定相、柱温等）下，组分有固定的保留值。由于不同物质在相同色谱操作条件下也可能有相同的保留值，因此，使用保留值进行定性时必须十分慎重。

（1）利用保留时间对照定性　将已知标准物与样品在相同色谱操作条件下分别进样分析，比较其保留时间是否一致，以此判断样品中是否有该物质。若二者相同，则说明未知物可能是该标准物；若二者不同，则说明样品中肯定不含有该标准物。

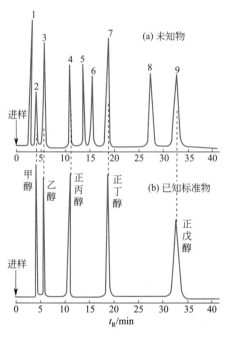

如图 5-46 所示，可以推测未知样品中峰 2 可能是甲醇，峰 3 可能是乙醇，峰 4 可能是正丙醇，峰 7 可能是正丁醇，峰 9 可能是正戊醇。

利用已知标准物对照定性要求样品组成简单，基本组成已知，且有标准物质可以对照。定性过程中色谱操作条件的微

图 5-46 利用已知标准物质直接对照定性

小变化（如柱温、流动相流速等）均会使保留时间 ❶ 发生变化，从而对定性结果产生影响，甚至出现错误的定性结果。

（2）峰高增加法定性色谱分析中可将已知纯物质加入到样品中，观察各组分色谱峰的相对变化来进行定性，这种方法称为峰高增加法定性，特别适合于未知样品中组分色谱峰过于密集、保留时间不易辨别的情况。

如图 5-47 所示，对照（a）、（b）两张色谱图，可知色谱峰 3 的相对峰高明显增加，因此 3 号峰可能是所加标准物质。也有可能加入纯物质后没有色谱峰的峰高增加，而是出现图 5-47（b）虚线的 6 号峰，则可知未知样品中不含有所加的纯物质。

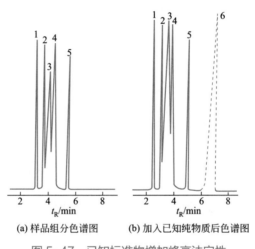

(a) 样品组分色谱图　　　　　(b) 加入已知纯物质后色谱图

图 5-47　已知标准物增加峰高法定性

（3）利用双（多）柱法定性使用一根色谱柱采用已知标准物进行对照定性，其定性结果准确度往往不高。一些同分异构体由于保留行为近似甚至无法区别，或者出现误判。此时，可采用两根（或多根）极性差异较大的色谱柱同时进行定性。如果两纯化合物在性能不同的两根（或多根）色谱柱上有完全相同的保留值，则基本可认定两个纯化合物是同一物质。所用的色谱柱越多，色谱柱的性能差别越大，则定性结果的可

---

❶ 利用比较未知物与已知标准物的保留体积进行定性，可以避免载气流速变化对定性结果的影响，但保留体积的直接测量有困难，往往是通过保留时间与载气流速来进行计算的，因此应用不广泛。

信度越大。

5.3.3.2 利用文献保留值定性

（1）利用相对保留值定性　对于一些组成比较简单的已知范围的样品，可选定一基准物按文献报道的色谱条件进行试验，计算其相对保留值，通过比较相对保留值进行定性。使用相对保留值定性时可作为基准物的主要有正丁烷、正己烷、苯、环己醇等。

相对保留值仅与柱温和固定相性质有关，与柱长、固定相填充情况、固定液用量、载气流速等无关，因此，用它来定性可得到更为准确与可靠的结果。

（2）利用保留指数　保留指数（retention index）又称 Kovats 指数，是先将正构烷烃的保留指数规定为 $100n$（n 代表碳数），再将其他物质置于两正构烷烃间进行标定。某物质 X 的保留指数 I_X 可用下式计算

$$I_X = 100 \times \left[Z + n\, \frac{\lg t'_{Rx} - \lg t'_{Rz}}{\lg t'_{Rz+n} - \lg t'_{Rz}} \right] \tag{5-10}$$

式中，t'_{Rx}、t'_{Rz}、t'_{Rz+n} 分别代表组分 X 和具有 Z 及 $(Z+n)$ 个碳原子数的正构烷烃的调整保留时间（也可用调整保留体积）；n 为两个正构烷烃碳原子差值，一般取 1 或 2。

保留指数是目前使用最广泛且被国际公认的定性标准保留值，它仅与柱温和固定相性质有关，与色谱操作条件无关。保留指数定性的优点是：保留指数在不同实验室测定的重现性较好（精度可达 ±0.03），定性具有较高的可靠性；大多数纯物质的保留指数可方便从文献中查出，避免了寻找已知标准物质的困难。其不足是一些多官能团的化合物或结构比较复杂的天然产物文献上还无法查到其保留指数。

使用保留指数定性的注意事项有：①使用两根极性不同的色谱柱同时定性，可大大提高定性结果的可信度；②文献上给出的保留指数值多是在恒温条件下测得的，不能直接用于程序升温，使用时可将程序升温下测得的保留指数校正后再比对。

5.3.3.3 与其他方法结合定性

（1）化学方法　对某些带有特殊官能团的物质，经试剂处理发生物理变化或化学变化后，其色谱峰将会消失或出峰位置发生变化，比较处理前后色谱图的差异，可了解试样中所含官能团的信息。

（2）检测器的选择性　利用不同类型检测器对各种组分选择性与灵敏度的差异可对未知物进行大致分类定性。比如试样中某组分在 FID 中出峰很小，在 ECD 中出峰很大，则可初步判定该组分是电负性物质。

（3）质谱、红外吸收光谱的联用　GC-FTIR 与 GC-MS 目前已有商品化仪器。复杂混合物经过 GC 分离为单一组分的物质后，利用 FTIR 与 MS 强大的定性功能进行定性，可获得良好的定性结果。这种方法特别适合于对未知样品的定性鉴别。

5.3.4　定量分析

5.3.4.1　定量分析基础

（1）定量分析基本公式　色谱法的定量依据是：在一定色谱操作条件下，进入检测器的组分 i 的质量 m_i 或浓度与检测器的响应信号（色谱峰的峰高或峰面积 A_i）成正比，即

$$m_i = f_i A_i \tag{5-11}$$

式中，f_i 为定量校正因子。

（2）峰面积的测定　峰面积的测量精度将直接影响定量分析的精度。积分仪和色谱工作站可直接给出峰面积的数值，精度可达 0.2% ～ 2%。为使峰面积的测量更为准确，可根据实际峰形调整积分参数（半峰宽、峰高和最小峰面积等）和基线。

使用记录仪时，需要手工测量峰面积。主要测量方法如下。

① 峰高乘以半峰宽法　当色谱峰形对称且不太窄时，可采用此法。即：

$$A = 1.065 h W_{1/2} \tag{5-12a}$$

② 峰高乘以平均峰宽　当峰不对称时，可先分别测出 $0.15h$ 和 $0.85h$ 处的峰宽，然后按下式计算峰面积。

$$A = \frac{1}{2}(W_{0.15} + W_{0.85})h \tag{5-12b}$$

③ 峰高乘以保留值法　在一定操作条件下，同系物的半峰宽与保留时间成正比，因此有：

$$A = h W_{1/2} t_R \tag{5-12c}$$

此法适用于狭窄的峰，或有的峰窄、有的峰又较宽的同系物的峰面积的测量。

对一些对称的狭窄峰，可直接以峰高代替峰面积，这样做既简便

快速，又准确。

（3）定量校正因子的测定　定量校正因子是一个与色谱操作条件有关的参数，其大小主要取决于仪器的灵敏度。定量校正因子分为绝对校正因子和相对校正因子。

① 绝对校正因子（f_i）　绝对校正因子是指单位峰面积或单位峰高所代表的组分的量，即

$$f_i = \frac{m_i}{A_i} , \quad f_{i(h)} = \frac{m_i}{h_i} \tag{5-13}$$

式中，f_i、$f_{i(h)}$ 分别为峰面积与峰高的绝对校正因子。由于绝对校正因子在准确测量时有一定的困难，而且使用时要求严格控制色谱操作条件，不具备通用性，因此实际应用时多采用相对校正因子。

② 相对校正因子（f_i'）　相对校正因子指组分 i 与另一标准物质 S 的绝对校正因子之比：

$$f_i' = \frac{f_i}{f_S} \tag{5-14}$$

相对校正因子通常也叫做校正因子，是一个量纲为 1 的量，数值与所用计算单位有关，通常有以下几种表达方式：

$$f_m' = \frac{f_{i(m)}}{f_{S(m)}} = \frac{m_i A_S}{m_S A_i} , \quad f_M' = \frac{f_{i(M)}}{f_{S(M)}} = \frac{n_i A_S}{n_S A_i} = f_m' = \frac{M_S}{M_i} , \quad f_V' = f_M' \tag{5-15}$$

式中，f_m'、f_M'、f_V' 分别为相对质量校正因子、校正摩尔校正因子和相对体积校正因子。若将上式中的峰面积用峰高代替，则可得到峰高的相对校正因子。

③ 相对校正因子的测定　准确称取色谱纯（或已知准确含量）的被测组分和基准物质（TCD 常用苯，FID 常用正庚烷），配制成已知准确浓度的测试样品。在已定色谱操作条件下，取一定体积的样品进样，准确测量所得组分和基准物质的峰面积，根据式（5-15）即可计算出组分的 f_m'、f_M'、f_V'。

④ 相对响应值 S_i'　相对响应值是物质 i 与标准物质 S 的响应值（灵敏度）之比，单位相同时，与校正因子互为倒数，即：

$$S_i' = \frac{1}{f_i'} \tag{5-16}$$

f_i' 和 S_i' 只与试样、标准物质以及检测器类型有关，与柱温、载气流速、固定液性质等无关，是一个能通用的参数。本书附录 3 列有部分

有机化合物在 TCD 和 FID 上的 f_i'、S_i' 值。

5.3.4.2 定量方法

色谱法中常用的定量方法有归一化法、标准曲线法、内标法和标准加入法。

（1）归一化法 设试样中有 n 个组分，各组分的质量分别为 m_1，m_2，$\cdots$，m_n，在一定色谱操作条件下测得各组分峰面积分别为 A_1，A_2，$\cdots$，A_n，则组分 i 的质量分数 w_i 为：

$$w_i = \frac{m_i}{m_{试样}} \times 100\% = \frac{m_i}{m_1 + m_2 + \cdots + m_n} \times 100\%$$

$$= \frac{f_i' A_i}{f_1' A_1 + f_2' A_2 + \cdots + f_n' A_n} \times 100\% = \frac{f_i' A_i}{\sum\limits_{i=1}^{n} f_i' A_i} \times 100\% \quad (5\text{-}17a)$$

或 $\qquad w_i = \dfrac{f_{i(h)}' h_i}{\sum\limits_{i=1}^{n} f_{i(h)}' h_i} \times 100\%$ $\qquad\qquad\qquad$ (5-17b)

当 f_i' 为摩尔校正因子或体积校正因子时，所得结果分别为组分 i 的摩尔分数或体积。

若试样中各组分的相对校正因了很接近（如同分异构体或同系物）时，可不用校正因子，直接用峰面积归一化法进行定量，即

$$w_i = \frac{A_i}{\sum\limits_{i=1}^{n} A_i} \times 100\% \quad (5\text{-}17c)$$

归一化法的优点是简便、准确，进样量、流速、柱温等条件的变化对定量结果的影响很小；其不足是校正因子的测定比较麻烦，同时要求样品中各个组分能完全分离且均能在检测器上产生响应信号。

例 5-2 有一含四种物质的样品，现用 GC 测定其含量，实验步骤如下：

（1）校正因子的测定 准确配制苯（基准物）与组分甲、乙、丙及丁的纯品混合溶液，其质量（g）分别为 0.594、0.653、0.879、0.923 及 0.985。吸取混合溶液 0.2μL，进样三次，测得平均峰面积分别为 121、165、194、265 及 181 面积单位。

（2）样品中各组分含量的测定 在相同实验条件下，取该样品 0.2μL，进样三次，测得组分甲、乙、丙及丁的平均峰面积分别是

172、185、219 及 192。

试计算：（1）各组分的相对质量校正因子；

（2）各组分的质量分数。

解 （1）由式（5-15）有 $f'_m = \dfrac{m_i A_S}{m_S A_i}$，即 $f'_{m(甲)} = \dfrac{0.653 \times 121}{0.594 \times 165} = 0.806$

同理，$f'_{m(乙)} = 0.923$，$f'_{m(丙)} = 0.710$，$f'_{m(丁)} = 1.11$

（2）由式（5-17a）有 $w_i = \dfrac{f'_i A_i}{\sum\limits_{i=1}^{n} f'_i A_i} \times 100\%$，则

$$w_甲 = \dfrac{f'_甲 A_甲}{\sum\limits_{i=1}^{n} f'_i A_i} \times 100\%$$

$$= \dfrac{0.806 \times 172}{0.806 \times 172 \times 0.923 \times 185 + 0.710 \times 219 + 1.11 \times 192} \times 100\%$$

$$= 20.4\%$$

同理，$w_乙 = 25.2\%$，$w_丙 = 22.9\%$，$w_丁 = 31.4\%$。

（2）**标准曲线法** 又称外标法，是一种简便、快速的定量方法。先用纯物质配制不同浓度的标准系列溶液；在一定的色谱操作条件下，等体积准确进样，测量各峰的峰面积或峰高，绘制峰面积或峰高对浓度的标准曲线（其斜率即为绝对校正因子）；然后在完全相同的色谱操作条件下将试样等体积进样分析，测量其色谱峰峰面积或峰高，在标准曲线上查出样品中该组分的浓度。

也可直接用单点校正法（直接比较法）进行定量。方法是：先配制一个和待测组分含量相近的已知浓度的标准溶液，然后在相同色谱操作条件下，分别对待测样品和标准溶液等体积进样分析，分别得到待测样品和标准样品目标组分的峰面积或峰高，通过下式进行计算：

$$w_i = \dfrac{w_S}{A_S} A_i \times 100\%, \quad w_i = \dfrac{w_S}{h_S} h_i \times 100\% \tag{5-18}$$

显然，当方法存在系统误差时（即标准工作曲线不通过原点），单点校正法的误差比标准曲线法要大得多。

标准曲线法特别适合大量样品的分析。其优点是：可直接从标准工作曲线上读出含量；其不足是：每次样品分析的色谱条件（如检测器的响应性能、柱温、流动相流速及组成、进样量、柱效等）很难完全相同，待测组分与标准样品基体上存在差异，容易出现较大误差。

（3）内标法　内标法是将一种纯物质作为标准物（称内标物 S），定量加入到待测样品中，依据待测组分与内标物在检测器上响应值之比及内标物加入量进行定量分析的一种方法。其计算公式为

$$w_i = \frac{m_i}{m_{\text{试样}}} \times 100\% = \frac{m_S \dfrac{f_i' A_i}{f_S' A_S}}{m_{\text{试样}}} \times 100\% = \frac{m_S}{m_{\text{试样}}} \times \frac{f_i'}{f_S'} \times \frac{A_i}{A_S} \times 100\% \quad (5\text{-}19a)$$

或

$$w_i = \frac{m_S}{m_{\text{试样}}} \times \frac{f_{i(h)}'}{f_{S(h)}'} \times \frac{h_i}{h_S} \times 100\% \quad\quad (5\text{-}19b)$$

式中，f_S'、$f_{S(h)}'$ 为内标物 S 的相对质量校正因子；A_S 为内标物 S 的峰面积；m_S 为内标物 S 加入的质量。

内标法中，若以内标物为基准，则 $f_S' = 1.0$，则式（5-19）可简化为：

$$w_i = f_i' \times \frac{m_S}{m_{\text{试样}}} \times \frac{A_i}{A_S} \times 100\%, \ w_i = f_{i(h)}' \times \frac{m_S}{m_{\text{试样}}} \times \frac{h_i}{h_S} \times 100\% \quad (5\text{-}19c)$$

内标法的关键是选择合适的内标物。选择内标物的要求是：

① 内标物应是试样中不存在的纯物质；

② 内标物的性质应与待测组分性质相近，以使内标物的色谱峰与待测组分色谱峰靠近并与之完全分离；

③ 内标物与样品应完全互溶，但不能发生化学反应；

④ 内标物的加入量应接近待测组分含量。

内标法的优点是：可消除进样量、操作条件的微小变化所引起的误差，定量较准确；其缺点是：选择合适的内标物比较困难，每次分析均要准确称量试样与内标物的质量，不宜做快速分析。

在不知校正因子时，还可采用内标对比法来进行定量。方法是：先称取一定量的内标物 S，加入到待测物已知含量的标准溶液中，配制成测试用标准溶液；再将相同量的内标物，加入到同体积的待测物样品溶液中，配制成测试用样品溶液。两种溶液分别进样，样品溶液中待测物的含量可用正式计算：

$$\frac{(A_i / A_S)_{\text{样品}}}{(A_i / A_S)_{\text{标准}}} = \frac{(w_i)_{\text{样品}}}{(w_i)_{\text{标准}}} \quad\quad (5\text{-}20)$$

式中，$(A_i / A_S)_{\text{样品}}$、$(A_i / A_S)_{\text{标准}}$ 分别为测试用样品溶液和标准溶液中，待测物 i 与内标物 S 面积之比；$(w_i)_{\text{样品}}$、$(w_i)_{\text{标准}}$ 分别为待测物 i 在样

品溶液和待测物标准溶液中的质量分数。

为进一步提高测定结果的准确度，还可以使用内标标准曲线法。方法是：用待测组分的纯物质配制系列标准溶液，分别加入相同量的内标物，然后在相同色谱操作条件下进样分析（进样量不要求相同），以待测组分与内标物响应值之比（A_i/A_S 或 h_i/h_S）为纵坐标，以标准溶液的浓度为横坐标，绘制内标标准曲线。接着在试样溶液中加入相同量的内标物，配制成测试用的试样溶液，在完全相同的色谱操作条件下进样分析，得到 A_x/A_S 或 h_x/h_S，然后在内标标准曲线上直接查出试样溶液中待测组分 i 的浓度。本方法除可省去校正因子的测定外，还特别适用于大批量样品的分析。

例 5-3 测定二甲苯氧化母液中二甲苯的含量时，由于母液中除二甲苯外，还有溶剂和少量甲苯、甲酸，在分析二甲苯的色谱条件下不能流出色谱柱，所以常用内标法进行测定，以正壬烷作内标物。称取试样 1.528g，加入内标物 0.147g，测得色谱数据如下表所示：

组分	A/cm^2	f_m'	组分	A/cm^2	f_m'
正壬烷	90	1.14	间二甲苯	120	1.08
乙苯	70	1.09	邻二甲苯	80	1.10
对二甲苯	95	1.12			

计算母液中乙苯和二甲苯各异构体的质量分数。

解 由式（5-19a）有 $w_i=\dfrac{m_S}{m_{试样}}\times\dfrac{f_i'}{f_S'}\times\dfrac{A_i}{A_S}\times100\%$

则 $$w_{乙苯}=\frac{0.147\times1.09\times70}{1.528\times1.14\times90}\times100\%=7.2\%$$

同理，$w_{对二甲苯}=9.98\%$，$w_{间二甲苯}=12.2\%$，$w_{邻二甲苯}=8.3\%$。

（4）标准加入法 标准加入法实质上是一种以待测组分的纯物质为内标物的内标法。操作方法是：称取质量为 m 的待测组分 i 的纯物质（体积为 V），将其加入到待测样品溶液（其质量为 $m_{试样}$，体积为 $V_{试样}$；要求 $m_{试样}\gg m$，$V_{试样}\gg V$）中，测定增加纯物质前后组分 i 峰面积（或峰高）的增量，按下式计算组分 i 的质量分数：

$$w_i=\frac{\Delta w_i}{\dfrac{A_i'}{A_i}-1}\times100\%=\frac{m}{m_{试样}\left(\dfrac{A_i'}{A_i}-1\right)}\times100\%,\ w_i=\frac{m}{m_{试样}\times\left(\dfrac{h_i'}{h_i}-1\right)}\times100\%$$

$$(5\text{-}21)$$

式中，A_i、A_i' 分别为增加纯物质前后组分 i 的峰面积；h_i、h_i' 分别为增加纯物质前后组分 i 的峰高。

标准加入法的优点是：以待测组分的纯物质作内标物，操作简单；其缺点是：色谱操作条件的微小变化会影响测定结果的准确度，增加纯物质前后两次进样量必须保持一致。

 阅读材料

气相色谱专家系统

现代色谱仪的发展目标是智能色谱仪。它不仅是一种全盘自动化的色谱仪，而且还将具有色谱专家的部分智能。智能色谱的核心是色谱专家系统。气相色谱专家系统是一个具有大量色谱分析方法的专门知识和经验的计算机软件系统，它应用人工智能技术，根据色谱专家提供的专门知识、经验进行推理和判断，模拟色谱专家来解决那些需要色谱专家才能解决的气相色谱方法及建立复杂组分的定性和定量问题。

色谱专家系统的研制始于 20 世纪 80 年代中期，中国科学院大连化学物理研究所的 ESC（expert system for chromatography）有气相与液相两大部分，可以分别用于气相色谱和液相色谱，使用的是个人微型计算机。

许多色谱数据站都有在线定性和定量功能，但其定性、定量软件只起自动化的作用，ESC 气相色谱专家系统，力求的是要起智能化的作用。ESC 气相色谱专家系统智能定性方法其核心是只储存物质在一个柱温和固定液时的保留指数的文献值，在一定范围内，可利用储存的少数与柱温、固定液有关的参数，预测其他柱温及固定液时的计算值，用其供作定性。对于出现组分分离不完全的情况，ESC 专家系统应用曲线拟合法时，先在计算机屏幕上显示色谱图，利用加减法更好地解决数值难以求准确的问题，然后用色谱峰分析软件分析色谱峰。

总之，色谱专家系统经过多年的历程，已取得很大进展和一批可喜的成果，在生化、环保、石油化工等生产实践中愈加显示出其价值。可以预测，今后针对某些特定领域的问题，新的专用性专家系统软件将不断推出，可解决更多的各种实际问题。

5.4　气相色谱法的应用

气相色谱法广泛用于各种领域，如石油化工、高分子材料、药物、食品、香料与精油、农药、环境保护等。下面以几个简单的实例来说明气相色谱的广泛应用。

5.4.1 石油化工产品的 GC 分析

石油产品包括各种气态烃类物质、汽油与柴油、重油与蜡等,早期气相色谱的目的之一便是快速有效地分析石油产品。图 5-48 显示了用 Al_2O_3/KCl PLOT 柱分离分析 $C_1 \sim C_5$ 烃的色谱图。

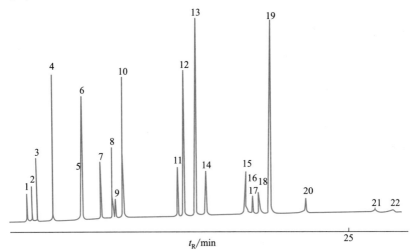

图 5-48 $C_1 \sim C_5$ 烃类物质的分离分析色谱图

色谱柱:Al_2O_3/KCl PLOT 柱,50m×0.32mm,$d_1 = 5.0\mu m$

载气:N_2,$\bar{u} = 26cm \cdot s^{-1}$ 汽化室温度:250℃

柱温:70℃→200℃,3℃·min^{-1} 检测器:FID 检测器温度:250℃

色谱峰:1—甲烷;2—乙烷;3—乙烯;

4—丙烷;5—环丙烷;6—丙烯;7—乙炔;8—异丁烷;9—丙二烯;10—正丁烷;

11—反 -2- 丁烯;12—1- 丁烯;13—异丁烯;14—顺 -2- 丁烯;15—异戊烷;

16—1,2- 丁二烯;17—丙炔;18—正戊烷;19—1,3- 丁二烯;

20—3- 甲基 -1- 丁烯;21—乙烯基乙炔;22—乙基乙炔

5.4.2 高分子材料的 GC 分析

分析高分子材料的主要目的是为了弄清高分子化合物由哪些单体共聚而成。高分子材料的分子量比较大,分析时常用衍生法、裂解法或顶空分析法,具体方法可参阅相关专著。图 5-49 显示了标准单体混合物的色谱图。

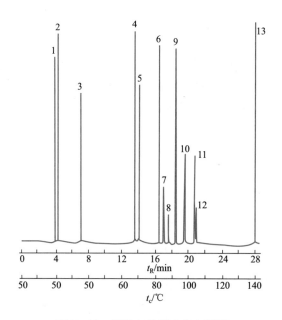

图 5-49 标准单体混合物色谱图

色谱柱：二甲基聚硅氧烷，25m×0.33mm，$d_f = 1.0\mu m$

柱温：50℃（10min）→ 150℃，5℃·min^{-1} → 250℃（10min），40℃·min^{-1}

载气：He 检测器：FID 汽化室温度：220℃ 检测器温度：250℃

色谱峰：1—丙烯酸乙酯；2—异丁烯酸甲酯；3—异丁烯酸乙酯；4—聚乙烯；5—丙烯酸正丁酯；

6—异丁烯酸异丁酯；7—2-羟基丙基丙烯酸酯；8—1-甲基-2-羟基乙基丙烯酸酯；

9—异丁烯酸正丁酯；10—2-羟基乙基异丁烯酸酯；11—2-羟基丙基丁烯酸酯；

12—1-甲基-2-羟基乙基异丁烯酸酯；13—2-乙基己基丙烯酸酯

5.4.3 药物的 GC 分析

许多中西成药在提纯浓缩后，能直接或衍生后进行分析，其中主要有镇静催眠药、镇痛药、兴奋剂、抗生素、磺胺类药以及中药中常见的萜烯类化合物等。图 5-50 显示了镇静药的分离分析色谱图。

5.4.4 食品的 GC 分析

食品分析可分为三个方面：一是食品组成，如水溶性类、类脂类、糖类等样品的分析；二是污染物，如农药、生产和包装中污染物的分析；三是添加剂，如防腐剂、乳化剂、营养补剂等的分析。目前对食品的组成分析居多，其中酒类与其他饮料、油脂和瓜果是重点分析对象。图 5-51 显示了牛奶中有机氯农药的分离分析色谱图。

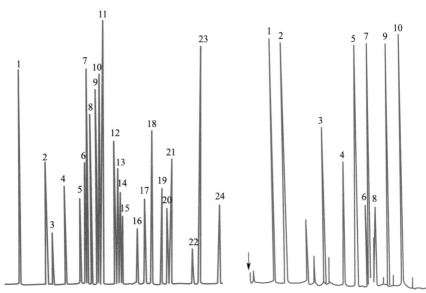

图 5-50　镇静药分离分析色谱图

色谱柱：SE-54，22m×0.24mm　柱温：120℃→250℃（15min），10℃·min⁻¹ 载气：H₂ 检测器：FID　汽化室温度：280℃　检测器温度：280℃　色谱峰：1—巴比妥；2—二丙烯巴比妥；3—阿普巴比妥；4—异戊巴比妥；5—戊巴比妥；6—司可巴比妥；7—眠尔通；8—导眠能；9—苯巴比妥；10—环巴比妥；11—美道明；12—安眠酮；13—丙咪嗪；14—异丙嗪；15—丙基解痉素（内标）；16—舒宁；17—安定；18—氯丙嗪；19—3-羟基安定；20—三氟拉嗪；21—氟安定；22—硝基安定；23—利眠宁；24—三唑安定

图 5-51　牛奶中有机氯农药的分离分析色谱图

色谱柱：SE-52，25m×0.32mm，$d_f=0.15\mu m$　柱温：40℃（1min）→140℃，20℃·min⁻¹→220℃，3℃·min⁻¹ 载气：H₂，2mL·min⁻¹　检测器：ECD　色谱峰：1—六氯苯；2—林丹；3—艾氏剂；4—环氧七氯；5—p'-滴滴伊；6—狄氏剂；7—p,p'-滴滴伊；8—异艾氏剂；9—o,p'-滴滴涕；10—p,p'-滴滴涕

5.4.5　香料与精油的 GC 分析

天然植物用油提等方法预处理后，可分离出很多色谱峰，需要用气

相色谱 - 质谱联用仪（GC-MS）进行定性，实际操作也比较困难。目前国内主要对玫瑰花、玉兰花、茉莉、薄荷、橘子皮等香料或精油进行了分析测定，结果都比较好。图 5-52 显示了香料的分离分析色谱图。

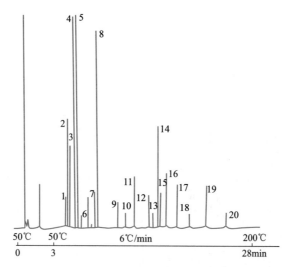

图 5-52　香料的分离分析色谱图

色谱柱：SE-52，25m×0.32mm　柱温：50（3min）→ 200 ℃，6 ℃／min

色谱峰：1—苯甲醛；2—乙基 -α- 羟基异戊酸；3—β- 辛醛 -1；4—己酸乙酯；

5—乙酸己酯；6—苯甲醇；7—1- 苯乙醇；8—里哪醇；9—水杨酸甲酯；

10—橙花醇；11—肉桂醛；12—氨茴酸甲酯；13—丁子香酚；14—肉桂酸甲酯；

15—香草醛；16—α- 紫罗酮；17—β- 紫罗酮；18—甲基 -N- 甲酰氨基茴酸酯；

19—姜油酮；20—苯甲酸苯酯

5.4.6　农药的 GC 分析

气相色谱法在农药的应用主要是指对含氯、含磷、含氮等农药的分析，可使用选择性检测器直接进行痕量分析。图 5-53 显示了用 ECD 分析有机氯农药的色谱图。

5.4.7　GC 在环境监测中的应用

目前利用气相色谱法也可以分析许多环境方面的样品，如有关

气体、水质和土壤的污染情况的分析。图 5-54 显示了水溶剂中常见有
机溶剂的分离分析色谱图。

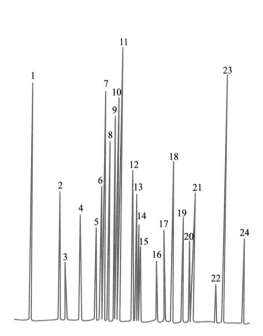

图 5-53　有机氯农药的分离分析色谱图

色谱柱：OV-101，20 m ×0.24 mm　柱温：80 ℃→ 250
℃，4 ℃·min⁻¹ 检测器：ECD　色谱峰：1—氯丹；
2—七氯；3—艾氏剂；4—碳氯灵；5—氧化氯丹；6—
光七氯；7—光六氯；8—七氯环氧化合物；9—反氯丹；
10—反九氯；11—顺氯丹；12—狄氏剂；13—异狄氏
剂；14—二氢灭蚁灵；15—p, p′-DDE；16—氢代灭蚁
灵；17—开蓬；18—光艾氏剂；19—p, p′-DDT；20—
灭蚁灵；21—异狄氏剂醛；22—异狄氏剂酮；23—甲氧
DDT；24—光狄氏剂

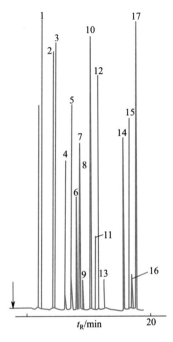

图 5-54　水中溶剂的
分离分析色谱图

色谱柱：CP-Sil 5CB，25 m ×0.32mm 柱
温：35 ℃（3 min）→ 220 ℃，10 ℃·
min⁻¹ 载气：H₂ 检测器：FID　色
谱峰：1—乙腈；2—甲基乙基酮；3—
仲丁醇；4—1, 2- 二氯乙烷；5—苯；
6—1, 1- 二氯丙烷；7—1, 2- 二氯丙烷；
8—2, 3- 二氯丙烷；9—氯甲代氧丙环；
10—甲基异丁基酮；11—反 -1, 3- 二氯丙
烷；12—甲苯；13—未定；14—对二甲
苯；15—1, 2, 3- 三氯丙烷；16—2, 3- 二
氯取代的醇；17—乙基戊基酮

5.5 应用实例

5.5.1 气相色谱仪气路连接、安装和检漏

5.5.1.1 仪器与试剂

（1）仪器　GC9790J 型气相色谱仪（或其他型号气相色谱仪）、气体钢瓶、减压阀、气体净化器、填充色谱柱、聚乙烯塑料管、石墨垫圈与 O 形圈、皂膜流量计。

（2）试剂　肥皂水。

5.5.1.2 实例内容与操作步骤

（1）准备工作

① 根据所用气体选择减压阀。使用氢气钢瓶选择氢气减压阀（氢气减压阀与钢瓶连接的螺母为左旋螺纹）；使用氮气（N_2）、空气等气体钢瓶，选择氧气减压阀（氧气减压阀与钢瓶连接的螺母为右旋螺纹）。

② 准备气体净化器。清洗气体净化管并烘干。分别装入分子筛、硅胶和活性炭。在气体出口处，塞一段脱脂棉（防止将净化剂的粉尘吹入气相色谱仪中）。

③ 准备一定长度（视具体需要而定）的不锈钢管（或尼龙管、聚乙烯塑料管）。

GC9790J 型气相色谱仪（FID）气源至主机的气路连接如图 5-55 所示（带 TCD 的仪器系统只有一路载气，通常为氢气或氦气）。

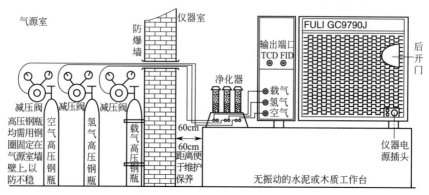

图 5-55　GC9790J 型气相色谱仪外气路连接图

（2）连接气路

① 钢瓶与减压阀的连接。用手将减压阀接高压钢瓶端连接在高压钢瓶的出口端，至不能旋紧时用扳手拧紧（见图 5-56）。

② 减压阀与气体管道的连接。用手将橡胶管旋进减压阀的另一端，旋进后拧紧卡套，再用扳手旋紧卡套。

③ 气路管线连接方式。气相色谱仪的管线多数采用内径为 3mm 的

图 5-56　高压钢瓶与减压阀的连接

不锈钢管，靠螺母、压环和 O 形密封圈进行连接（各部件连接顺序如图 5-57 所示）。有的也采用成本较低、连接方便的尼龙管或聚四氟乙烯管，但效果不如金属管好。连接管道时，要求既要能保证气密性，又不会损坏接头。

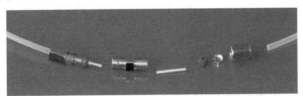

图 5-57　气相色谱仪气路管线连接方式

④ 气体管道与气体净化器的连接。按③的连接方式，将气体管道的出口连接至气体净化器相应气体的进口上。

注意！连接时不要将进出口混淆，不要将气体种类接错。

⑤ 气体净化器与 GC9790J 型气相色谱仪的连接。按③的连接方式，将气体净化器的出口接至气相色谱仪相应的进口上。

注意！连接时同样要求不要将气体种类接错。

⑥ 填充色谱柱的安装。按③的连接方式，将选定的填充色谱柱的一端接在气相色谱仪进样器出口处，另一端接在检测器入口处。

注意！连接时应用石墨垫替换 O 形圈，并应注意石墨垫圈与填充色谱柱直径大小的配套性。此外，安装时还需注意填充色谱柱两端的高度。

（3）气路检漏

① 钢瓶至减压阀间的检漏。关闭钢瓶减压阀上的气体输出节流阀，

打开钢瓶总阀门（此时操作者不能面对压力表，应位于压力表右侧），用皂液（洗涤剂饱和溶液）涂在各接头处（钢瓶总阀门开关、减压阀接头、减压阀本身），如有气泡不断涌出，则说明这些接口处有漏气现象。

② 汽化密封垫圈的检查。检查汽化密封垫圈是否完好，如有渗漏应更换新垫圈。

③ 气源至色谱柱间的检漏（此步在连接色谱柱之前进行）。用垫有橡胶垫的螺帽封死汽化室出口，打开减压阀输出节流阀并调节至输出表压 0.4MPa；打开仪器的载气稳流阀（逆时针方向打开，旋至压力表呈一定值，如 0.2MPa）；用皂液涂各个管接头处，观察是否漏气，若有漏气，必须重新仔细连接。关闭气源，0.5h 后，若仪器上压力表指示的压力下降小于 0.005MPa，则说明汽化室前的气路不漏气，否则，应仔细检查找出漏气处，重新连接，再行试漏，直至不漏气为止。

④ 汽化室至检测器出口间的检漏。接好色谱柱，开启载气，输出压力调在 0.2～0.4MPa。将柱前压对应的稳流阀的圈数调至最大，然后堵死仪器检测器出口，用皂液逐点检查各接头，看是否有气泡溢出，若无，则说明此间气路不漏气（或关载气稳压阀，0.5h 后，若仪器上压力表指示的压力降小于 0.005MPa，则说明此段不漏气，反之则漏气）。若漏气，则应仔细检查找出漏气处，重新连接，再行试漏，直至不漏气为止。

（4）转子流量计的校正

① 打开载气（本次实验用 N_2）钢瓶总阀，调节减压阀输出压力为 0.4MPa。

② 准确调节气相色谱仪总压为 0.3MPa。

③ 将皂膜流量计支管口接在气相色谱仪载气排出口（色谱柱出口或检测器出口）。

④ 调节载气稳流阀至圈数分别为 2.0、2.5、3.0、3.5、4.0、4.5、5.0、5.5、6.0 等示值处。

⑤ 轻捏一下皂膜流量计胶头，使皂液上升封住支管，并产生一个皂膜。

⑥ 用秒表（多数气相色谱仪自带秒表功能）测量皂膜上升至一定体积所需要的时间，记录相关数据。

⑦ 计算测得的与载气稳流阀圈数对应的载气流量 $F_{皂}$，并将结果记录在下表中。

稳流阀圈数	2.0	2.5	3.0	3.5	4.0	4.5	5.0	5.5	6.0
$F_皂$/(mL·min^{-1})									

（5）结束工作

① 关闭气源。

② 关闭高压钢瓶。关闭钢瓶总阀，待压力表指针回零后，再将减压阀关闭（T字阀杆逆时针方向旋松）。

③ 关闭主机上载气净化器开关和载气稳流阀（顺时针旋松）。

④ 填写仪器使用记录，做好实验室整理和清洁工作，并进行安全检查后，方可离开实验室。

5.5.1.3 注意事项

① 高压气瓶和减压阀螺母一定要匹配，否则可能导致严重事故；

② 安装减压阀时应先将螺纹凹槽擦净，然后用手旋紧螺母，确实入扣后再用扳手拧紧；

③ 安装减压阀时应小心保护好"表舌头"，所用工具忌油；

④ 在恒温室或其他近高温处的接管，一般用不锈钢管和紫铜垫圈而不用塑料垫圈；

⑤ 检漏结束应将接头处涂抹的肥皂水擦拭干净，以免管道受损，检漏时氢气尾气应排出室外；

⑥ 用皂膜流量计测流速时每改变载气稳流阀圈数后，都要等一段时间（约 0.5 ~ 1min），然后再测流速值。

5.5.1.4 数据处理

依据实验数据在坐标纸上绘制 $F_皂$- 稳流阀圈数校正曲线，并注明载气种类和柱温、室温及大气压力等参数。

5.5.1.5 思考题

① 为什么要进行气路系统的检漏试验？

② 如何打开气源？如何关闭气源？

5.5.2 丁醇异构体混合物的 GC 分析——归一化法定量

5.5.2.1 方法原理

聚乙二醇是一种常用的具有强极性且带有氢键的固定液，用它制备的 PEG-20M 色谱柱对醇类有很好的选择性，特别是对四种丁醇异构

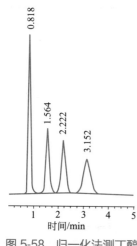

图 5-58 归一化法测丁醇
异构物典型气相色谱图
0.818min—叔丁醇；
1.56min—仲丁醇；
2.22min—异丁醇；
3.15min—正丁醇

化合物的分析，在一定的色谱操作条件下，四种丁醇异构化合物可完全分离（其分离色谱图如图 5-58 所示），而且分析时间短，一般只需 4min 左右。

5.5.2.2 仪器与试剂

（1）仪器 GC9790J 型气相色谱仪（或其他型号气相色谱仪）、气体高压钢瓶（N_2、H_2 与空气，其中空气高压钢瓶可用空气压缩机替代）、氧气减压阀与氢气减压阀、气体净化器、填充色谱柱（PEG-20M，2m×3mm，100～120 目）、石墨垫圈、硅胶垫、色谱工作站、样品瓶、电子天平、微量注射器（1μL）。

（2）试剂 异丁醇、仲丁醇、叔丁醇、正丁醇（此四种标样均为 GC 级）、样品（含少量上述四种醇，溶剂为水）、蒸馏水。

5.5.2.3 实例内容与操作步骤

（1）准备工作

① 测试标样的配制。取一个干燥洁净的样品瓶，吸取 3mL 水，再分别加入 100μL 叔丁醇、仲丁醇、异丁醇与正丁醇（GC 级），准确称其质量（精确至 0.2mg），其质量记为 m_{S_1}、m_{S_2}、m_{S_3}、m_{S_4}。摇匀备用，此为所配制丁醇测试标样。

② 测试样的准备。另取一个干燥洁净的样品瓶，加入约 3mL 丁醇试样，备用。

（2）气相色谱仪的开机及参数设置

① 打开载气（N_2）钢瓶总阀，调节输出压力为 0.4MPa。

② 打开载气净化气开关，调节载气合适柱前压，如 0.1MPa，控制载气流量为约 30mL·min^{-1}。

③ 打开气相色谱仪电源开关和加热开关。

注意！气相色谱仪柱箱内预装 PEG-20M 填充柱（2m×3mm，100～120 目），先完成老化操作（老化时注意不要超过填充色谱柱的最高使用温度）。

④ 设置柱温为 90℃、汽化室温度为 160℃和检测器温度为 140℃。

（3）氢火焰离子化检测器的基本操作

① 待柱温、汽化室温度和检测器温度到达设定值并稳定后，打开空气高压钢瓶，调节减压阀输出压力为 0.4MPa；打开氢气钢瓶，调节减压阀输出压力为 0.2MPa。

② 打开空气净化气开关，调节空气合适柱前压，如 0.02MPa（或 0.03MPa），控制其流量为约 200mL·min^{-1}（流量曲线参见仪器右侧边门）。

③ 打开氢气净化气开关，调节氢气合适柱前压，如 0.2MPa，控制其流量约为 60mL·min^{-1}。

④ 用点火枪点燃氢火焰。

⑤ 点着氢火焰后，缓缓将氢气压力降至 0.1MPa，控制其流量约为 30mL·min^{-1}。

⑥ 让气相色谱仪走基线，待基线稳定。

（4）试样的定性定量分析

① 取两支 10μL 微量注射器，以溶剂（如无水乙醇）清洗完毕后，备用。

② 打开色谱工作站（如 FL9500），观察基线是否稳定。

③ 基线稳定后，将其中一支微量注射器用丁醇测试标样润洗后，准确吸取 1μL 该标样按规范进样，启动色谱工作站，绘制色谱图，完毕后停止数据采集。

④ 按相同方法再测定 2 次丁醇测试标样与 3 次丁醇试样，记录各主要色谱峰的峰面积。

⑤ 在相同色谱操作条件下分别以叔丁醇、仲丁醇、异丁醇与正丁醇（GC 级）标样（用蒸馏水稀释至适当浓度）进样分析，以各标样出峰时间（即保留时间）确定丁醇测试标样与丁醇试样中各色谱峰所代表的组分名称。

（5）结束工作

① 实训完毕后先关闭氢气钢瓶总阀，待压力表回零后，关闭仪器上氢气稳压阀，关闭氢气净化器开关。

② 关闭空气钢瓶总阀，待压力表回零后，关闭仪器上空气稳压阀，关闭空气净化器开关。

③ 设置汽化室温度、柱温在室温以上约 10℃、检测室温度 120℃。

④ 待柱温达到设定值时关闭气相色谱仪电源开关。

⑤ 关闭载气钢瓶和减压阀，关闭载气净化器开关。

⑥ 清理台面，填写仪器使用记录。

5.5.2.4 注意事项

① 注射器使用前应先用丙酮或无水乙醇抽洗 15 次左右，然后再用所要分析的样品抽洗 15 次左右。

② 在完成定性操作时，要注意进样与色谱工作站采集数据在时间上的一致性。

③ 氢气是一种危险气体，使用过程中一定要按要求规范操作，而且色谱实验室一定要有良好的通风设备。

④ 实训过程防止高温烫伤。

5.5.2.5 数据处理

① 记录色谱操作条件。

② 对每一次进样分析的色谱分离图进行适当优化处理。

③ 记录优化后的色谱图上显示出的峰面积等数值。

④ 数据处理

a. 对丁醇测试标样所绘制色谱图，按公式 $f_i' = \dfrac{f_i}{f_s} = \dfrac{m_i A_s}{A_i m_s}$（以正丁醇或其他丁醇异构体为基准物质）计算各丁醇异构体混合物的相对校正因子 f_i'。

b. 对丁醇试样所绘制色谱图，按公式

$$w_i = \frac{f_i' A_i}{f_1' A_1 + f_2' A_2 + \cdots + f_n' A_n} \times 100\% = \frac{f_i' A_i}{\sum f_i' A_i} \times 100\%$$

计算丁醇试样中各同分异构体的质量分数（%），并计算其平均值与相对平均偏差（%）。

5.5.2.6 思考题

① 使用 FID 时，应如何调试仪器至正常工作状态？如果火点不着你将怎样处理？若操作中途突然停电，应如何处置？

② 操作结束时，应如何正常关机？

③ 使用 FID 时，为了确保安全，实际操作中应注意什么？

④ 什么情况下可以采用峰高归一化法？如何计算？

⑤ 归一化法对进样量的准确性有无严格要求？

⑥ 用 DNP 柱分离伯、仲、叔、异丁醇时，出峰顺序如何？有什么规律吗？

附图： GC9790J 型气相色谱仪操作程序

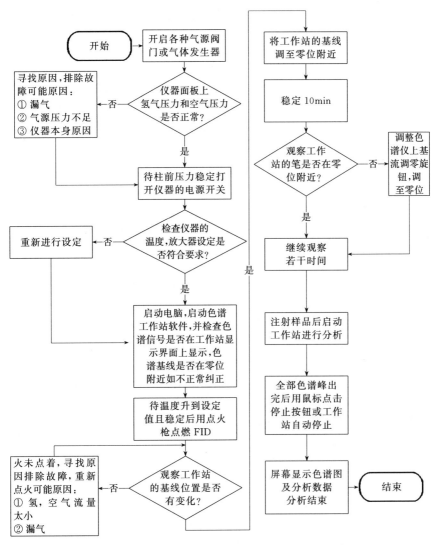

附图 GC9790J 型气相色谱仪操作程序

5.5.3 甲苯的气相色谱分析——内标法定量

5.5.3.1 方法原理

DNP（使用邻苯二甲酸二壬酯作固定液）是中等极性的固定液，在一定的色谱操作条件下可对一些简单的苯系化合物进行完全的分离（其分离色谱图如图 5-59 所示）。

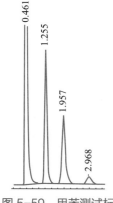

图 5-59　甲苯测试标
样分离色谱图

0.416—正己烷（溶剂）；

1.255—苯（内标）；

1.957—甲苯；

2.968—杂质

5.5.3.2　仪器与试剂

（1）仪器　GC7890F 型气相色谱仪（或其他型号气相色谱仪）、气体高压钢瓶（N_2、H_2 与空气，其中空气高压钢瓶可用空气压缩机替代）、氧气减压阀与氢气减压阀、气体净化器、填充色谱柱（DNP，2m×3mm，100 ～ 120 目）、石墨垫圈、硅胶垫、色谱工作站、样品瓶、电子天平、微量注射器（1μL）。

（2）试剂　苯、甲苯（均 GC 级）、甲苯试样（C.P. 级或自制）、正己烷（A.R.）、蒸馏水。

5.5.3.3　实例内容与操作步骤

（1）准备工作

① 配制标准溶液。取一个干燥洁净的样品瓶，加入 3mL 正己烷。加入 100μL 甲苯（GC 级），准确称其质量，记为 m_{S_1}；加入 100μL 苯（GC 级，内标物），准确称其质量，记为 m_{S_2}。摇匀备用。此为每位同学所配制的甲苯测试标样。

② 配制测试溶液。另取一个干燥洁净的样品瓶，加入 3mL 正己烷。加入 100μL 所测甲苯试样，准确称其质量，记为 $m_{样}$；加入 100μL 苯（GC 级，内标物），准确称其质量，记为 m_{S_3}。摇匀备用。此为每位同学所配制的甲苯测试试样。

（2）气相色谱仪的开机及参数设置（用上海天美 GC7890F 型或其他型号气相色谱仪完成测定过程）

① 打开载气（N_2）钢瓶总阀，调节输出压力为 0.4MPa。

② 打开载气净化气开关，调节载气合适柱前压，如 0.14MPa，稳流阀控制为 4.4 圈，控制载气流量为约 35mL · min^{-1}。

③ 打开气相色谱仪电源开关。

注意！ 气相色谱仪柱箱内预装 DNP 填充柱（DNP，2m×3mm，100 ～ 120 目），先完成老化操作（老化温度不能超过 DNP 色谱柱的最高使用温度 140℃）。

④ 设置柱温为 85℃、汽化室温度为 160℃和检测器温度为 140℃。

（3）氢火焰离子化检测器的基本操作

① 待柱温、汽化室温度和检测器温度达到设定值并稳定后，打开空气钢瓶，调节输出压力为 0.4MPa；打开氢气钢瓶，调节输出压力为 0.2MPa。

② 打开空气净化气开关，调节空气稳流阀为 5.0 圈，控制其流量为约 200mL·min^{-1}。

③ 打开氢气净化气开关，调节氢气稳流阀为 4.5 圈，控制其流量为约 30mL·min^{-1}。

④ 撤"点火"键点燃氢火焰。

⑤ 让气相色谱仪走基线，待基线稳定。

（4）试样的定性定量分析

① 取两支 10μL 微量注射器，以溶剂（如无水乙醇）清洗完毕后，备用。

② 打开色谱工作站（如 N2000），观察基线是否稳定。

③ 基线稳定后，将其中一支微量注射器用甲苯测试标样润洗后，准确吸取 1μL 该标样按规范进样，启动色谱工作站，绘制色谱图，完毕后停止数据采集。

④ 按相同方法再测定 2 次甲苯测试标样与 3 次甲苯测试试样，记录各主要色谱峰的峰面积。

⑤ 在相同色谱操作条件下分别以苯、甲苯（GC 级）标样（用正己烷稀释至适当浓度）进样分析，以各标样出峰时间（即保留时间）确定甲苯测试标样与甲苯测试试样中各色谱峰所代表的组分名称。

注意！实验时注意观察测试试样中苯（内标物）、甲苯、乙苯（主要杂质）的出峰顺序，总结其出峰规律。

（5）结束工作

① 实验完毕后先关闭氢气钢瓶总阀，待压力表回零后，关闭仪器上氢气稳压阀，关闭氢气净化器开关。

② 关闭空气钢瓶总阀，待压力表回零后，关闭仪器上空气稳压阀，关闭空气净化器开关。

③ 设置汽化室温度，柱温在室温以上约 10℃，检测室温度为 120℃。

④ 待柱温达到设定值时关闭气相色谱仪电源开关。

⑤ 关闭载气钢瓶和减压阀，关闭载气净化器开关。

⑥ 清理台面，填写仪器使用记录。

5.5.3.4　注意事项

① 微量注射器使用前应先用环己烷抽洗 15 次左右，然后再用所要分析的样品抽洗 15 次左右。

② 在完成定性操作时，要注意进样与色谱工作站采集数据在时间上的一致性。

③ 氢气是一种危险气体，使用过程中一定要按要求操作，而且色谱实验室一定要有良好的通风设备。

④ 实训过程中防止高温烫伤。

5.5.3.5　数据处理

① 记录色谱操作条件。

② 对每一次进样分析的色谱图进行适当优化处理。

③ 记录优化后的色谱图上显示出的峰面积等数值。

④ 数据处理

a. 相对校正因子的计算。对甲苯测试标样所绘制色谱图，按公式

$$f_i' = \frac{f_i}{f_S} = \frac{m_{S_1} A_{S(苯)}}{A_{i(甲苯)} m_{S_2(苯)}} \quad （以苯为基准物质）$$

计算甲苯的相对校正因子 f_i'。

b. 市售甲苯试剂纯度的计算。对甲苯试样所绘制色谱图，按公式

$$w_i = f_i' \times \frac{m_{S_3(苯)} \times A_{i(甲苯)}}{m_{样} \times A_{S(苯)}} \times 100\%$$

计算甲苯试剂中甲苯的质量分数（%），并计算其平均值与相对平均偏差（%）。

5.5.3.6　思考题

① 内标法定量有哪些优点？方法的关键是什么？

② 本次分析采用峰高或峰面积进行定量分析哪一个更合适，为什么？

5.5.4　丙酮中微量水分的测定——标准加入法定量

5.5.4.1　方法原理

以 GDX 为固定相，利用高分子多孔微球的弱极性和强憎水性可分

析有机溶剂（醇类、酮类、醛类、烃类、氯代烃、酯类和部分氧化剂、还原剂）中的微量水分。其特点是水保留值小，水峰陡而对称，从而使水峰在一般有机溶剂峰之前流出。图 5-60 是用外标法测定丙酮中微量水分的色谱分离图。

5.5.4.2　仪器与试剂

（1）仪器　GC7890T 型气相色谱仪（或其他型号带 TCD 检测器的气相色谱仪）、填充色谱柱（GDX101，2m×3mm，100～120 目）、氢气高压钢瓶与氢气减压阀、微量注射器（10μL）、样品瓶、色谱数据处理机。

（2）试剂　丙酮试样、蒸馏水

5.5.4.3　实例内容与操作步骤

（1）准备工作

① 外加水标样的配制。取一个干燥洁净的样品瓶，吸取 3mL 丙酮试剂，准确称其质量，记为 $m_{样}$；然后在其中加入 20μL 纯蒸馏水，准确称其质量，记为 m_S。摇匀备用，此为所配制的丙酮标样。

② 另取一个干燥洁净的称量瓶，加入约 3mL 丙酮试剂，备用。

（2）气相色谱仪的开机及参数设置（以上海天美 GC7890T 型气相色谱仪为例）

① 打开载气（H_2）钢瓶总阀，调节输出压力为 0.2MPa。

② 打开载气净化气开关，调节载气合适柱前压，如 0.1MPa。

注意！气相色谱仪柱箱内预装两根填充柱（GDX101，2m×3mm，100～120 目），先完成老化操作，而且应同时调节通道 A 与通道 B 载气稳压阀压力，保证柱箱内两根色谱柱均通入载气。

③ 打开气相色谱仪电源开关。

④ 设置柱温为 170℃、汽化室温度为 220℃和检测器温度为 190℃。

（3）热导检测器的基本操作

① 待柱温、汽化室温度和检测器温度达到设定值并稳定后，设置

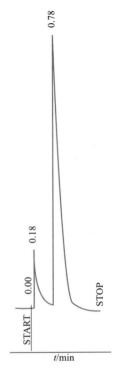

图 5-60　标准加入法测丙酮中水分的含量

0.18min—水；
0.78min—丙酮

合适的桥电流值（如 120mA）。

② 让气相色谱仪走基线，待基线稳定。

（4）试样的定性定量分析

① 取两支 10μL 微量注射器，以溶剂（如无水乙醇）清洗完毕后，备用。

② 打开色谱数据处理机，观察基线是否稳定。

③ 待基线稳定后，将其中一支微量注射器用丙酮试样润洗后，准确吸取 2μL 丙酮试样按规范进样，启动色谱数据处理机，绘制色谱图，完毕后停止数据采集。

④ 按相同方法再测定 2 次丙酮试样与 3 次所配制外加水丙酮标样。

⑤ 取 1μL 纯蒸馏水，进样分析，记录保留时间，根据保留时间确定前 6 次色谱图中水峰的位置，并记录其峰高 h_i（丙酮试样）与 h_{i+s}（所配制外加水丙酮标样）。

（5）结束工作

① 实训完毕后先设置桥电流数值为 0.0（有些气相色谱仪还需同时关闭桥电流开关）。

② 设置汽化室温度、柱温、检测器温度在室温以上约 10℃。

③ 待柱温达到设定值时关闭气相色谱仪电源开关。

④ 关闭载气钢瓶和减压阀，关闭载气净化器开关。

⑤ 清理台面，填写仪器使用记录。

5.5.4.4　注意事项

① 外加水标准溶液应当使用时现配。

② 容量瓶洗净晾干后应置于干燥器中备用。

③ 平行测定时进样量要一致，进样速度要快，针尖在汽化室停留时间要短且统一。

④ 平行测定相对偏差应小于 5%，否则应重做。

⑤ 氢气是一种危险气体，使用过程中一定要按要求操作，而且色谱实验室一定要有良好的通风设备。

⑥ 气相色谱仪开机时一定要先通载气，确保通入热导检测器后，方可打开桥电流开关；在关机时，则一定要先关桥电流，待热导检测器温度降下来后才能断开载气。

⑦ 在完成定性操作时，要注意进样与色谱数据处理机采集数据在

时间上的一致性。

⑧ 实训过程中注意防止高温烫伤。

5.5.4.5 数据处理

① 记录色谱操作条件。

② 记录丙酮试样色谱图中水峰和外加水标准溶液色谱图中水峰峰高。

③ 数据处理

$$w_{水} = \frac{m_S}{m_{样} \times \left(\frac{h_{i+S}}{h_i} - 1 \right)} \times 100\%$$

按公式计算丙酮试样中水分的质量分数（%），并计算其平均值与相对平均偏差（%）。

5.5.4.6 思考题

① 使用热导检测器时，应如何调试仪器至正常工作状态？

② 实训结束应如何正常关机？

③ 为保护热丝，在 TCD 的使用过程中应注意什么？

④ 标准加入法定量有哪些注意事项？

5.5.5 顶空气相色谱法测定盐酸丁卡因原料药中的残留溶剂

5.5.5.1 方法原理

顶空气相色谱法是指通过对样品基质上方的气体成分进行气相色谱分析来测定这些组分在原样品中含量的方法，其关键在于样品的处理与顶空条件的设置与优化。顶空气相色谱法是分析复杂基质中挥发性有机物质（VOC）的一种快速而有效的方法，具有简便、环保、高速、灵敏的特点，广泛应用于药物溶剂残留分析、饮用水中 VOC 分析、环境分析、食品中香气成分分析等。2010 年版《中华人民共和国药典》中多种药品残留溶剂的测定方法是顶空气相色谱法。图 5-61 显示了顶空气相色谱法测定盐酸丁卡因原料药中残留溶剂的色谱分离图。

5.5.5.2 仪器与试剂

（1）仪器　Perkin Elmer Clarus 500 气相色谱仪（带 FID）、Perkin Elmer Turbo Matrix 40 顶空进样器（或其他顶空进样器，如无顶空进

样器，可考虑使用气密注射器，需配置恒温槽）、Navigator-Clarus 500
工作站、超声波振荡仪、顶空进样瓶、Agilent DB-624 石英毛细管色
谱柱（30m×0.53mm×3.0μm）、气体高压钢瓶（N_2、H_2、空气，均为
高纯气）。

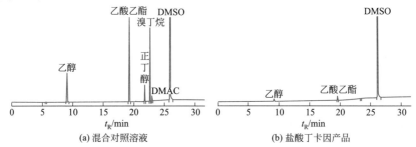

图 5-61　残留溶剂混合对照溶液（a）与盐酸丁卡因产品（b）的色谱分离图

　　（2）试剂　乙醇、乙酸乙酯、正丁醇、溴丁烷、N, N-二甲基乙
酰胺（DMAC）、溶剂二甲基亚砜（DMSO），均为色谱纯；盐酸丁卡因产品。

5.5.5.3　实例内容与操作步骤

　　（1）5 种溶剂系列混合标准溶液的配制　分别准确称取 0.5g 乙
醇标准品、0.3g 乙酸乙酯标准品、0.8g 正丁醇标准品、0.6g 溴丁烷
标准品、1.2g DMAC 标准品（均精确至 0.2mg），用 DMSO 定容，
配制成质量浓度分别为 5.00g·L^{-1}、3.00g·L^{-1}、8.00g·L^{-1}、
6.00g·L^{-1}、12.00g·L^{-1} 的标准贮备液。分别准确移取上述标准贮备液
各 10.00mL 至 100mL 容量瓶中，用 DMSO 定容，配制成质量浓度分别
为 0.500g·L^{-1}，0.300g·L^{-1}，0.800g·L^{-1}，0.600g·L^{-1}、1.20g·L^{-1}
的混合标准贮备液。

　　分别准确移取混合标准贮备液 1.00mL、2.00mL、3.00mL、
4.00mL、5.00mL、6.00mL、8.00mL、10.00mL 至 100mL 容量瓶中，用
DMSO 稀释至刻度，摇匀。分别移取上述溶液各 2mL 置于顶空样品
瓶中，密封，作为系列标准溶液（记为 C1 ～ C8 溶液）。

　　（2）样品溶液的制备　分别准确称取盐酸丁卡因产品约 0.2g（精确
至 0.2mg），置于顶空进样瓶中，定量加入 2.00mL DMSO，密封，超声
辅助溶解 10min，作为样品溶液。

　　（3）气相色谱仪的开机和调试

　　① 顶空进样器的连接。用毛细管柱（空柱，外有加热套）将 PE

Clarus 500GC 的进样口与 PE Turbo Matrix 40 顶空进样器（见图 5-62）相连接。

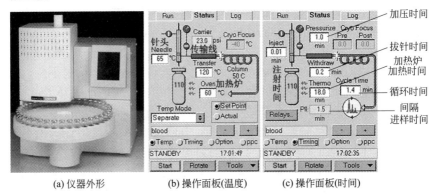

(a) 仪器外形　　　　(b) 操作面板(温度)　　　　(c) 操作面板(时间)

图 5-62　PE Turbo Matrix 40 顶空进样器和操作面板

② 安装毛细管色谱柱，检漏；打开载气（N_2）总阀，调节输出压力为 0.6MPa。

③ 打开 PE Clarus 500 GC 和 PE Turbo Matrix 40 顶空进样器的电源开关。

④ PE Clarus 500 GC 型气相色谱仪的启动。揿"LOG In"，揿"Oven"设置程序升温参数——初始温度 36℃（保持 16min），以 20℃·min^{-1} 的速率升至 180 ℃（保持 10min）；揿"A-FID"设置检测器温度（210℃）；揿"A-PSSI"设置进样器温度（190℃），进样方式设置为不分流进样，并在"Carrier Gas"中输入载气流速（1.75mL·min^{-1}）；待色谱柱、进样器、检测器的温度均达到设定值后，先打开氢气钢瓶与空气钢瓶，放开"Hydrogen"旋钮至"ON"状态，再选中控制面板上的"A-FID"，揿"Ignite"点火，最后旋开"Air"旋子至"ON"状态，此时可听到"噗"的一声，表明火已点着。

⑤ 顶空进样器与气相色谱仪的连接。依次揿顶空进样器操作面板上的"Tools""Configuration""A-Injector""HS-Control""OK""Close"，使两仪器相连接。

⑥ PE Turbo Matrix 40 顶空进样器操作条件的设置。揿"Status"，依次进入"Temp"和"Timing"操作界面［见图 5-62（b）、（c）］，设置顶空进样器的操作条件为：顶空瓶保温温度为 100℃；保温时间为 30min；取样针温度为 130℃；传输线温度为 150℃；加压时间

为 2.0min；进样时间为 0.3min；加压压力为 25psi（1psi=6894.76Pa）。

⑦ 按"Option"选项，在"Option Mode"中选择操作模式为"Constant"、在"Inject Mode"中选择进样模式为"Time"。

⑧ 依次按"Tools""Save As"，点击"Name"后的方框，输入方法名，保存、退出。

⑨ 按"Run"，点击"Vials"后的方框，设置开始和结束小瓶，当"Start"按钮呈现绿色则表明顶空进样器与气相色谱仪均准备好了。

（4）顶空平衡温度的选择 固定顶空平衡时间为 30min，分别设置平衡温度分别为 60℃、70℃、80℃、90℃、100℃、110℃。在不同平衡温度下对混合对照溶液（选 C5）进样分析，比较各残留溶剂色谱峰面积大小，确定最佳平衡温度。由于残留溶剂正丁醇、溴丁烷与 DMAC 的沸点分别为 117.7℃、101.3℃和 167.3℃，属于高沸点组分，为防止其在传输过程中冷凝，实验适当提高取样针与传输线的温度，使其分别达到 130℃与 150℃。

（5）顶空平衡时间的选择 固定平衡温度为 100℃时，对混合对照溶液（选 C5）在平衡时间分别为 5min、10min、20min、30min、40min、60min 时进样分析，比较各残留溶剂色谱峰面积大小，确定最佳平衡时间。

（6）标准曲线的绘制 在色谱最佳操作条件下，将配制好的 8 个系列浓度的混合标准溶液（C1～C8）各进样 6 次。将标准溶液 C1 依次进行稀释，并在最佳色谱操作条件下进行测定，以信噪比为 3 时的浓度，计算最低检出限（LOD）。

（7）盐酸丁卡因产品的检测 在最佳色谱操作条件下，对样品溶液平行测定 6 次。

（8）结束工作

① 实验结束后，对色谱柱老化 1h 左右。

② 用鼠标点击"Run""Control""Build""Exit"退出操作软件。

③ PE Clarus 500 型气相色谱仪的关机。关主机上的"Hydrogen"与"Air"旋钮，待柱温降至室温时，按控制面板上的"Tools""Log Out""OK"，关主机电源；关载气、氢气和空气钢瓶总阀，待指针回 0 后松开减压阀。

④ PE Turbo Matrix 40 顶空进样器的关机。按操作面板上的"Tools""Log Out"，关电源。

⑤ 清理台面，填写仪器使用记录。

5.5.5.4 注意事项

① 顶空进样瓶易碎，将铝盖和垫片卡到样品瓶上时要防止其破碎，同时要注意密封性，盖子要完全不能旋转或需费很大劲才能旋转。

② 连接顶空进样器与 GC 时，需防止空毛细柱破碎，需小心将其旋入 GC 的进样口中。

③ 顶空进样瓶需承受较大压力，装样时需仔细检查进样瓶是否完好，如其有缺陷或破损不能使用，否则可能会有爆炸的危险。

④ 传输线使用一段时间后可能被溶剂污染，建议使用加压水蒸气进行清洗。

5.5.5.5 数据处理

① 记录色谱操作条件。

② 对每一次进样后得到的色谱图进行适当优化处理。

③ 将优化后色谱图上的峰面积等数据填入实验报告中。

④ 绘制各残留溶剂峰面积与浓度的标准曲线，并计算其相关系数。

⑤ 对盐酸丁卡因产品残留溶剂种类采用保留值对照法进行定性鉴别，并从标准曲线上查出其浓度大小，计算产品中残留溶剂的含量。

5.5.5.6 思考题

① 本实例为什么选用高沸点的二甲基亚砜作为测试用的溶剂？

② 顶空分析与直接将盐酸丁卡因的二甲基亚砜溶液进样分析相比，有什么异同？

5.5.6 气相色谱分离条件的选择与优化、分析方法的验证

5.5.6.1 方法原理

理论塔板数（n）或有效理论塔板数（n_{eff}）是衡量色谱柱柱效的重要指标。从理论上讲，理论塔板数越多，柱效越高。但理论塔板数多到什么程度才能满足实际分离的要求呢？一般可用分离度来衡量，因为分离度是色谱柱总分离效能的量化指标。

分离度主要是针对两个相邻色谱峰而言的，由图 5-41（a）可以看出，分离度 R 是有效理论塔板数（n_{eff}）、选择性因子（α）的函数。因此，可通过调整柱温、柱压和选择不同色谱柱等因素来改变 n_{eff} 或 α，从而达到改善分离度的目的。

5.5.6.2　仪器与试剂

（1）仪器　GC9790J 型气相色谱仪（或其他型号气相色谱仪）、气体高压钢瓶（N_2、H_2 与空气，其中空气高压钢瓶可用空气压缩机替代）、氧气减压阀与氢气减压阀、气体净化器、填充色谱柱（PEG-20M，2m×3mm，100 ～ 120 目；SE-30，2m×3mm，100 ～ 120 目；OV-17，2m×3mm，100 ～ 120 目；PEG-20M 毛细管色谱柱，30m×0.25mm；也可根据实验室的配置选择其他类型的色谱柱）、石墨垫圈、硅胶垫、色谱工作站、样品瓶、电子天平、微量注射器（10μL、1μL）。

（2）试剂　甲醇、乙醇、正丙醇、正丁醇、异丁醇、正戊醇和异丙醇（均为 GC 级），未知混合样（含微量甲醇、乙醇、正丙醇、异丙醇、正丁醇、异丁醇、正戊醇），蒸馏水。

5.5.6.3　实例内容与操作步骤

（1）准备工作

① 标准溶液的配制　用蒸馏水将甲醇、乙醇、异丙醇、正丙醇、正丁醇、异丁醇、正戊醇等标样配制成合适浓度（在 FID 上的响应值为几个毫伏）。

② 甲醇标准溶液的配制　用蒸馏水配制适当浓度的甲醇标准溶液。

③ 色谱仪的开机和调试　按 5.5.2.3 步骤（2）、步骤（3）的方法正常开机、设置相关测量参数（汽化室温度为 180℃，检测器温度为 160℃）并调试 FID 检测器至工作状态。（如仪器配置 TCD，则按本书 5.2.7.1 步骤正常开机）。

④ 打开色谱工作站，输入测量参数。

（2）分离条件的选择与优化

① 最佳载气流量的选择　选择一种类型的填充色谱柱，固定柱温为 120℃，将载气流速分别调整为 10mL·min^{-1}、20mL·min^{-1}、30mL·min^{-1}、40mL·min^{-1}、50mL·min^{-1}、60mL·min^{-1}、80mL·min^{-1}、100mL·min^{-1}、140mL·min^{-1}，用甲醇标准溶液和空气重复进样，测量甲醇与空气的保留时间及半峰宽，按式（5-5）计算 n_{eff}、H，绘制 H-u 曲线，获取最佳载气流量值。

② 最佳柱温的选择　选择实际载气流量值比最佳值稍大，柱温分别在 80℃、90℃、100℃、110℃、120℃、130℃（可根据实际情况自行选择合适柱温），重复分析测定未知混合样，记录有效理论塔板数（甲醇）、分离度数值（最难分离对）和拖尾因子（最大值）。

最后根据实验结果，确定未知混合样分析测定的最佳柱温。也可根据需要做程序升温。

③ 色谱柱类型的选择　选择另两种类型色谱柱（含毛细管色谱柱），重复①、②的操作，最后根据实验结果，确定未知混合样分析测定的最佳色谱柱类型。

注意！ 若选择毛细管色谱柱，则可不必测量最佳载气流量，条件允许的话可以测量合适分流比值。

（3）分析方法的验证

① 准备工作　用给定色谱纯标样配制已知准确浓度的甲醇、乙醇、正丙醇、正丁醇、异丁醇、正戊醇（均为 GC 级）混合标准测试溶液和异丙醇标准溶液（此为内标物）。

取一样品瓶，加入 3mL 蒸馏水，加入 100μL 上述标准测试溶液，准确称其质量，再加入 20μL 异丙醇标准溶液，混合均匀，备用。此为分析方法验证用的测试样品。

② 准确度的测定　在最佳测试条件下，取 1μL 或更少量上述测试样品进样分析，记录数据，计算原混合标准测试溶液中甲醇的含量。

将测试数据与已知准确值进行比对，计算回收率。

注意！ 回收率的测定也可以采用"加标法"进行测定，其详细内容可参考相关资料。

③ 精密度的测定　在最佳测试条件下，取 1μL 或更少量上述测试样品连续进样分析 6 次，记录数据，计算各次测定原混合标准测试溶液中甲醇的含量。

最后计算 6 次测定结果的相对平均偏差，以此评价分析方法的精密度。

④ 灵敏度和检测限的测定　记录步骤③各次测定色谱图中甲醇的峰面积、噪声等参数，按下列公式计算该分析方法的灵敏度与检测限。

FID 检测器灵敏度计算公式：$S = \dfrac{A}{\rho V}$（式中，A 为峰面积；ρ 为样品质量浓度；V 为进样体积）

TCD 检测器灵敏度计算公式：$S = \dfrac{\Delta R}{\Delta Q} = \dfrac{A F_0}{\rho V} \times \dfrac{T_{检}}{T_{室}}$（式中，$A$ 为峰面积；F_0 为载气流量；T 为温度；ρ 为样品质量浓度；V 为进样体积）

FID 检测器检测限的计算公式：$D = \dfrac{2N\rho V}{A}$（式中，A 为峰面积；ρ

为样品质量浓度；V 为进样体积；N 为基线噪声）

TCD 检测器检测限计算公式：$D=\dfrac{2N}{S}=\dfrac{2N\rho V}{AF_0}\times\dfrac{T_室}{T_检}$ （式中，A 为峰面积；F_0 为载气流量；T 为温度；ρ 为样品质量浓度；V 为进样体积；N 为基线噪声）

注意！ 如果时间宽裕的话，也可以测定该分析方法的线性及线性范围。

（4）结束工作

① 实验完毕后先关闭氢气钢瓶总阀，待压力表回零后，关闭仪器上氢气稳压阀，关闭氢气净化器开关。

② 关闭空气钢瓶总阀，待压力表回零后，关闭仪器上空气稳压阀，关闭空气净化器开关。

③ 设置汽化室温度、柱温在室温以上约 10℃，检测室温度 120℃。

④ 待柱温达到设定值时关闭气相色谱仪电源开关。

⑤ 关闭载气钢瓶和减压阀，关闭载气净化器开关。

⑥ 清理实验台面，填写仪器使用记录。

5.5.6.4　注意事项

① 改变柱温和流速后，必须待仪器稳定后再进样；

② 为了保证峰宽测量的准确，应调整适当的峰宽参数；

③ 控制柱温的升温速率，切忌过快，以保持色谱柱的稳定性。

5.5.6.5　数据处理

① 记录色谱操作条件。

② 对每一次进样分析的色谱分离图进行适当优化处理。

③ 记录优化后的色谱图上显示出的峰面积等数值。

④ 数据处理　如各个实验步骤所述，完成各个参数的计算。

5.5.6.6　思考题

① 分离度是不是越高越好？为什么？

② 影响分离度的因素有哪些？提高分离度的途径有哪些？

③ k 值的最佳范围是 $2\sim5$，如何调节 k 值？

④ 在实验给定的条件下，如果使丙醇与相邻两峰的分离度为 $R=1.5$，所需的柱长是多少（假设塔板高度为 $H=10mm$）？

附图： *GC 方法开发一般步骤*

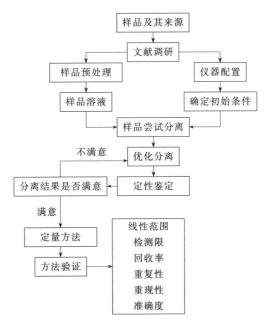

附图 GC方法开发一般步骤

S 本章主要符号的意义及单位

A	峰面积，cm^2，速率理论方程式中的涡流扩散项；		D_g	组分在气相中的扩散系数，$cm^2 \cdot s^{-1}$
A_i	组分 i 的峰面积，cm^2		D_l	组分在液相中的扩散系数，$cm^2 \cdot s^{-1}$
A_s	标准物质的峰面积，cm^2		F_c	校正到柱平均压力及柱温下载气体积流量，$mL \cdot min^{-1}$
B	速率理论方程式中的分子扩散项系数		f'_M	相对摩尔校正因子
C	速率理论方程式中的传质阻力项系数		f'_V	相对体积校正因子
c_G	组分在气相中的浓度，$g \cdot mL^{-1}$		f'_m	相对质量校正因子
c_L	组分在液相中的浓度，$g \cdot mL^{-1}$		H	理论塔板高度，mm
c_0	进样浓度		H_{eff}	有效理论塔板高度，mm
c_1	记录器的灵敏度，$mV \cdot cm^{-1}$		h	峰高，cm
c_2	记录纸速的倒数，$min \cdot cm^{-1}$		$h_{1/2}$	半峰高，cm
D	检测限，$mg \cdot mL^{-1}$ 或 $g \cdot s^{-1}$		I	保留指数
d_f	固定液液膜厚度，μm		I_0	基流

K	分配系数
k	容量因子，分配比
L	柱长，m
N	基线噪声，mV
n	理论塔板数
n_{eff}	有效理论塔板数
p_{i}	柱进口处压力，Pa
p_0	柱出口处压力，Pa
p_{w}	水蒸气压，Pa
R	分离度
$r_{i,\,\mathrm{s}}$	相对保留值
S	检测器灵敏度
T	热力学温度，K
t_{M}	死时间，min
t_{R}	保留时间，min
t'_{R}	调整保留时间，min

u	载气线速度，$\mathrm{cm\cdot s^{-1}}$
$\bar{u}$	载气平均线速，$\mathrm{cm\cdot s^{-1}}$
u_{opt}	载气最佳线速，$\mathrm{cm\cdot s^{-1}}$
V_{G}	柱内气相体积，mL
V_{L}	柱内液相体积，mL
V_{M}	死体积，mL
V_{R}	保留体积，mL
V'_{R}	调整保留体积，mL
W_{b}	峰宽，cm 或 min
$W_{1/2}$	半峰宽，cm 或 min
α	选择性因子
β	相比率
γ	速率理论方程式中气体扩散路径的弯曲因子
η	黏度

表 5-12　气相色谱仪的使用——归一化法测丁醇异构体混合物操作技能鉴定表

项目	要求	记录	分值	扣分	备注
开机、调试（24分）	气路管道连接与安装	正确、规范 √ / 不正确、不规范 ×	2		
	色谱柱的选择与安装	正确、规范 √ / 不正确、不规范 ×	2		
	气路系统的检漏	正确、规范 √ / 不正确、不规范 ×	2		
	开机与关机步骤	正确 √ / 不正确 ×	4		1 处出错扣除 1 分
	钢瓶使用	正确 √ / 不正确 ×	1		
	减压阀的使用	正确 √ / 不正确 ×	1		
	净化器的使用	正确 √ / 不正确 ×	1		
	载气流量的调节	正确 √ / 不正确 ×	1		
	柱箱温度的设置	正确 √ / 不正确 ×	1		
	汽化室温度的设置	正确 √ / 不正确 ×	1		
	检测器温度的设置	正确 √ / 不正确 ×	1		
	空气流量的调节	正确 √ / 不正确 ×	1		
	氢气流量的调节	正确 √ / 不正确 ×	2		
	点火操作	规范 √ / 不规范 ×	2		
	检测参数的设置	正确 √ / 不正确 ×	2		

续表

项目	要求	记录	分值	扣分	备注
测量操作 （8分）	样品处理	正确 √ / 不正确 ×	2		
	注射器使用前处理	正确 √ / 不正确 ×	2		
	抽样操作	规范 √ / 不规范 ×	2		
	进样操作	规范 √ / 不规范 ×	2		
色谱工作 站的使用 （8分）	分析方法的设置	正确 √ / 不正确 ×	3		
	色谱图的绘制	正确 √ / 不正确 ×	1		
	色谱图的处理	正确 √ / 不正确 ×	2		
	色谱图的应用	正确 √ / 不正确 ×	2		
原始记录 （6分）	完整、及时		2		
	清晰、规范		2		
	真实、无涂改		2		
数据处理 与有效数字 运算（6分）	计算公式正确		2		
	计算结果正确		2		
	有效数字正确		2		
平行测定 偏差 （18分）	< 0.5%		18		
	≥ 0.5%，< 1%		14		
	≥ 1%，< 2%		10		
	≥ 2%，< 5%		5		
	≥ 5%		0		
结果准确度 （18分）	< 0.5%		18		
	≥ 0.5%，< 1%		14		
	≥ 1%，< 2%		10		
	≥ 2%，< 3%		5		
	≥ 3%		0		
报告与结论 （4分）	完整、合理明确、规范		4		缺结论扣 10 分
实训态度 （4分）	认真、规范		4		可根据实际 情况酌情扣分
分析时间 （4分）	开始时间： 结束时间： 分析时间：		4		每超 5min 扣 1 分， 超 20min 以上 此项以 0 分计
总分					

高效液相色谱法 06

气相色谱是一种良好的分离分析技术，对于占全部有机物约20%的具有较低沸点且加热不易分解的样品具有良好的分离效果。但是，对沸点高、分子量大、受热易分解的有机化合物、生物活性物质以及多种天然产物（它们约占全部有机物的80%），又如何分离分析呢？实践证明，如果用液体流动相去替代气体流动相，则可达到分离分析的目的，对应的色谱分析方法就称为液相色谱法。事实上早在1906年，俄国植物学家Tswett为了分离植物色素发明的色谱就是所谓的液相色谱，但柱效极低，直到20世纪60年代后期，才将已比较成熟的气相色谱的理论与技术应用于经典液相色谱，经典液相色谱才得到迅速的发展。填料制备技术的发展、化学键合型固定相的出现、柱填充技术的进步以及高压输液泵的研制，使液相色谱实现了高速化、高效化，产生了具有现代意义的高效液相色谱，而具有真正优良性能的商品高效液相色谱仪直到1967年才出现。

高效液相色谱（high performance liquid chromatography，HPLC）还可称为高压液相色谱、高速液相色谱、高分离度液相色谱或现代液相色谱，与经典液相（柱）色谱法比较，HPLC能在短的分析时间内获得高柱效和高分离能力，具体比较如表6-1所示。

表6-1 高效液相色谱法与经典液相（柱）色谱法的比较

项目	高效液相色谱法	经典液相（柱）色谱法
色谱柱：柱长/cm	$10 \sim 25$	$10 \sim 200$
柱内径/mm	$2 \sim 10$	$10 \sim 50$

续表

项目	高效液相色谱法	经典液相（柱）色谱法
固定相粒度：粒径/μm	$5 \sim 50$	$75 \sim 600$
筛孔/目	$2500 \sim 300$	$200 \sim 30$
色谱柱入口压力/MPa	$2 \sim 20$	$0.001 \sim 0.1$
色谱柱柱效/（理论塔板数/m）	$2 \times 10^2 \sim 5 \times 10^4$	$2 \sim 50$
进样量/g	$10^{-6} \sim 10^{-2}$	$1 \sim 10$
分析时间/h	$0.05 \sim 1.0$	$1 \sim 20$

　　高效液相色谱分析法与气相色谱分析法一样，具有选择性高、分离效率高、灵敏度高、分析速度快的特点。它恰好能适于气相色谱分析法不能分析的高沸点有机化合物、高分子和热稳定性差的化合物以及具有生物活性的物质，弥补了气相色谱分析法的不足。这两种方法的比较如表6-2所示。

表6-2　高效液相色谱法与气相色谱法的比较

项目	高效液相色谱法	气相色谱法
进样方式	样品制成溶液	样品需加热汽化或裂解
流动相	（1）液体流动相可为离子型、极性、弱极性、非极性溶液，可与被分析样品产生相互作用，并能改善分离的选择性 （2）液体流动相动力黏度为10^{-3}Pa·s，输送流动相压力高达$2 \sim 20$MPa	（1）气体流动相为惰性气体，不与被分析的样品发生相互作用 （2）气体流动相动力黏度为10^{-5}Pa·s，输送流动相压力仅为$0.1 \sim 0.5$MPa
固定相	（1）分离机理：可依据吸附、分配、筛析、离子交换、亲和等多种原理进行样品分离，可供选用的固定相种类繁多 （2）色谱柱：固定相粒度大小为$5 \sim 10\mu$m；填充柱内径为$3 \sim 6$mm，柱长$10 \sim 25$cm，柱效为$10^3 \sim 10^4$；毛细管柱内径为$0.01 \sim 0.03$mm，柱长$5 \sim 10$m，柱效为$10^4 \sim 10^5$；柱温为常温	（1）分离机理：依据吸附、分配两种原理进行样品分离，可供选用的固定相种类较多 （2）色谱柱：固定相粒度大小为$0.1 \sim 0.5$mm；填充柱内径为$1 \sim 4$mm，柱效为$10^2 \sim 10^3$；毛细管柱内径为$0.1 \sim 0.3$mm，柱长$10 \sim 100$m，柱效为$10^3 \sim 10^4$，柱温为常温~ 300℃
检测器	选择性检测器：UVD，DAD，FLD，ECD 通用型检测器：ELSD，RID	通用型检测器：TCD，FID（有机物） 选择性检测器：ECD*，FPD，NPD
应用范围	可分析低分子量、低沸点样品；高沸点、中分子量、高分子量有机化合物（包括非极性、极性）；离子型无机化合物；热不稳定，具有生物活性的生物分子	可分析低分子量、低沸点有机化合物；永久性气体；配合程序升温可分析高沸点有机化合物；配合裂解技术可分析高聚物

续表

项目	高效液相色谱法	气相色谱法
仪器组成	溶质在液相的扩散系数（$10^{-5}cm^2 \cdot s^{-1}$）很小，因此在色谱柱以外的死空间应尽量小，以减少柱外效应对分离效果的影响	溶质在气相的扩散系数（$0.1cm^2 \cdot s^{-1}$）大，柱外效应的影响较小，对毛细管气相色谱应尽量减小柱外效应对分离效果的影响

注：UVD—紫外吸收检测器；DAD—光电二极管阵列检测器；FLD—荧光检测器；ECD—电化学检测器；RID—折光指数检测器；ELSD—蒸发激光散射检测器；TCD—热导检测器；FID—氢火焰离子化检测器；ECD*—电子捕获检测器；FPD—火焰光度检测器；NPD—氮磷检测器。

6.1　高效液相色谱法的主要类型及选择

高效液相色谱法有多种分类：按色谱过程的分离机制可将其分为液-固吸附色谱法、液-液分配色谱法、体积排阻色谱法、离子交换色谱法和亲和色谱法等；按流动相与固定相极性差别可将其分为正相色谱法（固定相极性大于流动相极性）与反相色谱法（固定相极性小于流动相极性）。表6-3显示了液相色谱常见分离模式的分离原理及应用范围。

表6-3　高效液相色谱常见分离模式的分离原理与应用范围

分离模式	色谱柱种类	分离原理	应用对象
反相色谱	C_{18}、C_8、酚基、苯基	由于溶质疏水性不同导致溶质在流动相与固定相之间分配系数差异而分离	大多数有机物，多肽、蛋白质、核酸等非极性或极性较弱的样品
正相色谱	SiO_2、CN、NH_2	由于溶质极性不同导致在极性固定相上吸附强弱差异而分离	极性较强的化合物
离子交换色谱	强酸性阳离子交换树脂、强碱性阴离子交换树脂	由于溶质电荷不同及溶质与离子交换树脂库仑作用力差异而分离	离子和可离解化合物
凝胶色谱	凝胶渗透、凝胶过滤	由于分子尺寸及形状不同使得溶质在多孔性填料体系中滞留时间差异而分离	可溶于有机溶剂或水的任何非交联型化合物
疏水色谱	丁基、苯基、二醇基	由于溶质的弱疏水性及疏水性对流动相盐浓度的依赖性使溶质得以分离	具弱疏水性及弱疏水性随盐浓度而改变的水溶性生物大分子

分离模式	色谱柱种类	分离原理	应用对象
亲和色谱	聚丙烯酰胺、全多孔 SiO_2 微球	由于溶质与填料表面配基之间的弱相互作用力即非成键作用力所导致的分子识别现象而分离	多肽、蛋白质、核酸、糖缀合物等生物大分子及可与生物大分子产生亲和作用的小分子
手性色谱	手性柱	由于手性化合物与配基间的手性识别而分离	手性拆分

6.1.1 液-固吸附色谱法和液-液分配色谱法

6.1.1.1 分离原理

吸附色谱法的固定相是固体吸附剂，主要基于各组分在吸附剂上吸附能力的差异进行分离。当混合物随流动相通过吸附剂时，与吸附剂结构和性质相似的组分易被吸附，呈现了高保留值；反之，与吸附剂结构和性质差异较大的组分不易被吸附，呈现了低保留值，从而实现了不同组分间的分离。

分配色谱法中，一个液相作为流动相，另一个液相（即固定液）则分散在很细的惰性载体或硅胶上作为固定相，两者互不相溶。固定液对被分离组分是一种很好的溶剂。当混合物进入色谱柱后，各组分很快在两相间达到分配平衡。与气-液色谱法一样，这种分配平衡的总结果导致各组分迁移速度的不同，从而实现了分离。分配色谱法又可根据固定相与流动相两相极性的相对大小分为正相色谱法与反相色谱法。

6.1.1.2 固定相

（1）固定相基质　目前HPLC固定相基质主要有无机基质和有机基质两大类：无机基质主要包括氧化硅、氧化铝等无机氧化物与分子筛、石墨化炭黑等；有机基质主要有聚羟基甲基丙烯酸丙酯（PHAM）、聚乙烯醇（PVA）等亲水性聚合物，聚苯乙烯-二乙烯基苯交联共聚物（PS-DVB）、聚甲基丙烯酸酯等疏水性聚合物及葡萄糖、琼脂糖、纤维素、糊精等软胶。无机基质的优点是机械强度高、溶胀性小、耐高压、应用范围广泛，缺点是表面复杂、重复性与稳定性不够理想。有机基质化学稳定性非常好，在正相、反相、疏水作用和凝胶色谱中应用较多。

　　HPLC常用的填料类型主要有全多孔微球、薄壳型微球、灌注色谱填料与整体材料等（见图6-1）。其中，全多孔微球填料能很好地兼顾柱效、柱容量、使用寿命、灵活性及有效利用率等众多理想的性质，应用最为普遍；薄壳型微球具有实心核表面沉积微米级粒径的孔状结构，传质快、样品容量小、对大分子有突出分离效能；灌注色谱填料的贯穿孔孔径达400～800nm，且里面还有较小的内联孔（如孔径30～100nm），有效减小了峰展宽，非常适于蛋白质等大分子的制备分离，基本不用于小分子的分离分析。

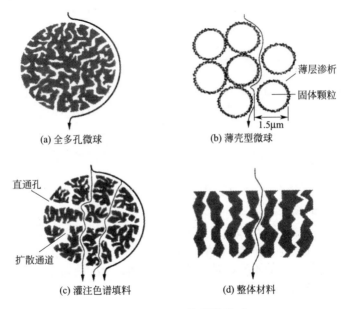

(a) 全多孔微球　　　　(b) 薄壳型微球

(c) 灌注色谱填料　　　　(d) 整体材料

图6-1　HPLC 的微粒类型

（图示大致为所用微粒的相对大小）

　　（2）吸附色谱法的固定相　　吸附色谱法的固定相可分为极性和非极性两大类。极性固定相主要有硅胶（酸性）、氧化镁和硅酸镁分子筛（碱性）等。非极性固定相有高强度多孔微粒活性炭、多孔石墨化炭黑、高交联度PS-DVB共聚物的单分散多孔微球、碳多孔小球等，应用最广泛的是硅胶。目前，全多孔型和薄壳型硅胶微粒固定相已成为HPLC色谱柱填料的主体。其中，薄壳型硅胶微粒固定相出峰快、柱效能高，适于极性范围较宽的混合样品的分析，缺点是样品容量小；而全多孔型硅胶微粒固定相表面积大、柱效高，是吸附色谱法中使用最广泛的固定相。

分析具体样品时应结合样品的特点及分析仪器来选择合适的吸附剂，选择时考虑的主要因素有吸附剂的形状、粒度、比表面积等。

（3）分配色谱法的固定相　分配色谱法的固定相由惰性载体和涂渍在惰性载体上的固定液组成。其中，惰性载体，主要是一些固体吸附剂，如全多孔球形微粒硅胶、全多孔氧化铝等；固定液则主要有应用于正相色谱法的β，β-氧二丙腈、聚乙二醇600等与应用于反相色谱法的甲基硅酮、正庚烷等，其涂渍方法与气-液色谱法基本一致。

机械涂渍固定液后制成的色谱柱在使用时，由于大量流动相通过会溶解固定液而造成固定液的流失，从而导致保留值减小、柱选择性下降。为防止固定液流失，通常采用的方法有：

① 尽量选择对固定液仅有较低溶解度的溶剂作为流动相；
② 流动相进入色谱柱前，预先用固定液饱和；
③ 使流动相保持低流速，并保持色谱柱温度恒定；
④ 避免过大的进样量。

6.1.1.3　流动相

（1）流动相的一般要求　HPLC分析中，流动相（也称作淋洗液）对改善分离效果有重要的辅助效应。HPLC所采用的流动相通常为各种低沸点的有机溶剂与水或缓冲溶液的混合物，对流动相的一般要求是：

① 化学稳定性好，不与固定相或样品组分发生化学反应；
② 与所选用检测器匹配；
③ 对待分析样品有足够的溶解能力，以提高测定灵敏度；
④ 黏度小，以保证合适的柱压降；
⑤ 沸点低，以有利于制备分离时样品的回收；
⑥ 纯度高，防止微量杂质在柱中积累，引起柱性能变化；
⑦ 避免使用具有显著毒性的溶剂，以保证分析人员的安全；
⑧ 价廉且易购。

（2）吸附色谱法的流动相　在吸附色谱法中，若使用硅胶、氧化铝等极性固定相，应以弱极性的正戊烷、正己烷、正庚烷等作为流动相的主体，再适当加入二氯甲烷、氯仿、甲基叔丁基醚等中等极性溶剂，或四氢呋喃、乙腈、甲醇、水等极性溶剂，以调节流动相的洗脱强度❶，实现样品中各组分的完全分离。以氧化铝为吸附剂时，常用流动相洗脱强度次序为甲醇＞异丙醇＞二甲亚砜＞乙腈＞丙酮＞四氢呋喃＞二氯乙烷＞二氯甲烷＞氯仿＞甲苯＞四氯化碳＞环己烷＞异戊烷＞正戊烷。

　　若使用PS-DVB共聚物微球、石墨化炭黑微球等非极性固定相，则应以水、甲醇、乙醇等作为流动相的主体，再适当加入乙腈、四氢呋喃等改性剂，以调节流动相的洗脱强度。

　　应用HPLC分析样品时，可根据流动相的洗脱序列，通过实验，选择合适强度的流动相。若样品各组分的分配比k'值差异比较大，可采用梯度洗脱（即间断或连续地改变流动相的组成或其他操作条件，从而改变其色谱洗脱能力的过程）。

　　（3）分配色谱法的流动相　　正相色谱法的流动相主体为正己烷、正庚烷，再加入异丙醚、二氯甲烷、四氢呋喃、氯仿、乙醇、乙腈等极性改性剂（＜20%）。反相色谱法的流动相主体为甲醇、乙腈与水，再加入二甲基亚砜、丙酮、乙醇、四氢呋喃、异丙醇等改性剂（＜10%）。

　　图6-2表达了溶质保留值随溶质和溶剂极性变化的一般规律。在正相色谱中，使用弱极性溶剂作为流动相时，极性弱的组分B先流出，极性强的组分A后流出；使用中等极性溶剂作为流动相时，组分A、B流出顺序不变，但保留值均减小，分离度变小。在反相色谱中，使用中等极性溶剂作为流动相时，极性强的组分A先流出，极性弱的组分B后流出；使用强极性溶剂作为流动相时，组分A、B流出顺序不变，但保留值均增大，分离度增大。

6.1.1.4　应用

　　吸附色谱法常用于分离极性不同的化合物，也能分离具有相同极性基团、但数量不同的样品。此外，吸附色谱也适于分离同分异构体。

　　分配色谱法既能分离极性化合物，又能分离非极性化合物，如烷烃、烯烃、芳烃、稠环、甾族等化合物。由于不同极性键合固定相的出现，分离的选择性可得到很好的控制。

---

　　❶ 在吸附色谱中，常用溶剂强度参数来表示溶剂的洗脱强度$\varepsilon°$，它定义为溶剂分子在单位吸附剂表面A上的吸附自由能E_a，表征了溶剂分子对吸附剂的亲和程度。$\varepsilon°$数值越大，表明溶剂与吸附剂的亲和能力越强，则越易从吸附剂上将被吸附的溶质洗脱下来，即溶剂对溶质的洗脱能力越强。

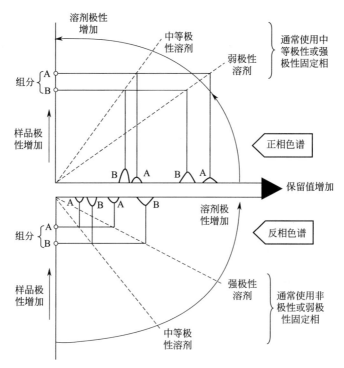

图 6-2　溶质保留值随溶质和溶剂极性变化的一般规律

6.1.2　键合相色谱法

采用化学键合相的液相色谱法称为键合相色谱法。由于键合固定相非常稳定，在使用中不易流失，且键合到载体表面的官能团可以是各种极性的，因此，它适用于各种样品的分离分析。目前键合固定相色谱法已逐渐取代分配色谱法，获得了日益广泛的应用，在高效液相色谱法中占有极其重要的地位。

根据键合固定相与流动相相对极性的强弱，可将键合相色谱法分为正相键合相色谱法和反相键合相色谱法。在正相键合相色谱法中，键合固定相的极性大于流动相的极性，适用于分离各类极性与强极性化合物。在反相键合相色谱法中，键合固定相的极性小于流动相的极性，适用于分离非极性、极性或离子型化合物，其应用范围比正相键合相色谱法广泛得多。据统计在高效液相色谱法中，约 70% ～ 80% 的分析任务是由反相键合相色谱法来完成的。

6.1.2.1　分离原理

键合相色谱中的固定相特性和分离机理与分配色谱法都存有差异，所以一般不宜将化学键合相色谱法统称为液液分配色谱法。

（1）正相键合相色谱法的分离原理　正相键合相色谱法使用的是极性键合固定相［以极性有机基团如氨基（—NH_2）、氰基（—CN）、醚基（—O—）等键合在硅胶表面制成的］，溶质在此类固定相上的分离机理属于分配色谱。

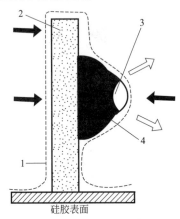

图 6-3　反相色谱中固定相表面上溶质分子与烷基键合相之间的缔合作用

➡ 表示缔合物的形成；
⇨ 表示缔合物的解缔
1—溶剂膜；2—非极性烷基键合相；
3—溶质分子的极性官能团部分；
4—溶质分子的非极性部分

（2）反相键合相色谱法的分离原理　反相键合相色谱法使用的是极性较小的键合固定相（以极性较小的有机基团如苯基、烷基等键合在硅胶表面制成的），其分离机理可用疏溶剂作用理论来解释。这种理论认为：键合在硅胶表面的非极性或弱极性基团具有较强的疏水特性，当用极性溶剂为流动相来分离含有极性官能团的有机化合物时：一方面，分子中的非极性部分与疏水基团产生缔合作用，使它保留在固定相中；另一方面，被分离物的极性部分受到极性流动相的作用，促使它离开固定相，并减小其保留作用（见图6-3）。显然，键合固定相对每一种溶质分子缔合和解缔能力的差异，决定了溶质分子在色谱分离过程中的保留值。由于不同溶质分子这种能力的差异是不一致的，所以流出色谱柱的速度是不一致的，从而使得不同组分得到了分离。

6.1.2.2　固定相

化学键合固定相广泛使用全多孔或薄壳型微粒硅胶作为基体，这是由于硅胶具有机械强度好、表面硅羟基反应活性高、表面积和孔结构易控制的特点。

化学键合固定相按极性大小可分为非极性、弱极性、极性化学键合固定相三种，具体类型及其应用范围如表6-4所示。

表6-4　键合固定相的类型及应用范围

类型	键合官能团	性质	色谱分离方式	应用范围
烷基 C_8、C_{18}	$-(CH_2)_7-CH_3$ $-(CH_2)_{17}-CH_3$	非极性	反相、离子对	中等极性化合物，溶于水的高极性化合物，如：小肽、蛋白质、甾族化合物（类固醇）、核碱、核苷、核苷酸、极性合成药物等
苯基 $-C_6H_5$	$-(CH_2)_3-C_6H_5$	非极性	反相、离子对	非极性至中等极性化合物，如：脂肪酸、甘油酯、多核芳烃、酯类（邻苯二甲酸酯）、脂溶性维生素、甾族化合物（类固醇）、PTH衍生化氨基酸
酚基 $-C_6H_4OH$	$-(CH_2)_3-C_6H_4OH$	弱极性	反相	中等极性化合物，保留特性相似于C_8固定相，但对多环芳烃、极性芳香族化合物、脂肪酸等具有不同的选择性
醚基 $-CH-CH_2$ (O)	$-(CH_2)_3-O-CH_2-CH-CH_2$ (O)	弱极性	反相或正相	醚基具有斥电子基团，适于分离酚类、芳硝基化合物，其保留行为比C_{18}更强（k'增大）
二醇基 $-CH-CH_2$ OH OH	$-(CH_2)_3-O-CH_2-CH-CH_2$ OH OH	弱极性	正相或反相	二醇基团比未改性的硅胶具有更弱的极性，易用水润湿，适于分离有机酸及其聚合物，还可作为分离肽、蛋白质的凝胶过滤色谱固定相
芳硝基 $-C_6H_4-NO_2$	$-(CH_2)_3-C_6H_4-NO_2$	弱极性	正相或反相	分离具有双键的化合物，如芳香族化合物、多环芳烃
氰基 $-CN$	$-(CH_2)_3-CN$	极性	正相（反相）	正相似于硅胶吸附剂，为氢键接受体，适于分析极性化合物，溶质保留值比硅胶柱低；反相可提供与C_8、C_{18}、苯基柱不同的选择性

类型	键合官能团	性质	色谱分离方式	应用范围
氨基 —NH$_2$	—(CH$_2$)$_3$—NH$_2$	极性	正相（反相、阴离子交换）	正相可分离极性化合物，如芳胺取代物，酯类、甾族化合物，氯代农药；反相分离单糖、双糖和多糖碳水化合物；阴离子交换可分离酚、有机羧酸和核苷酸
二甲氨基 —N(CH$_3$)$_2$	—(CH$_2$)$_3$—N(CH$_3$)$_2$	极性	正相、阴离子交换	正相相似于氨基柱的分离性能；阴离子交换可分离弱有机碱
二氨基 —NH(CH$_2$)$_2$NH$_2$	—(CH$_2$)$_3$—NH—(CH$_2$)$_2$—NH$_2$	极性	正相、阴离子交换	正相相似于氨基柱的分离性能；阴离子交换可分离有机碱

非极性烷基键合相是目前应用最广泛的柱填料，尤其是C$_{18}$反相键合相（简称ODS），在反相液相色谱法中发挥着重要作用，它可完成高效液相色谱分析任务的70%～80%。

6.1.2.3　流动相

在键合相色谱法中使用的流动相类似于液固吸附色谱法、液液分配色谱法中的流动相。

（1）正相键合相色谱法的流动相　正相键合相色谱法中，采用和正相液液分配色谱法相似的流动相，流动相的主体成分为己烷（或庚烷）。为改善分离的选择性，常加入的优选溶剂为质子接受体乙醚或甲基叔丁基醚；质子给予体氯仿；偶极溶剂二氯甲烷等。

（2）反相键合相色谱法的流动相　反相键合相色谱法中，采用和反相液液分配色谱法相似的流动相，流动相的主体成分为水、质子接受体甲醇、质子给予体乙腈和偶极溶剂四氢呋喃等。

实际使用中，一般采用甲醇-水体系已能满足多数样品的分离要求。由于乙腈的毒性比甲醇大5倍，且价格贵6～7倍，因此，反相键合相色谱法中应用最广泛的流动相是甲醇。

除上述三种流动相外，反相键合相色谱法中也经常采用乙醇、丙醇及二氯甲烷等作为流动相，其洗脱强度的强弱顺序依次为

水（最弱）＜甲醇＜乙腈＜乙醇＜四氢呋喃＜丙醇＜二氯甲烷（最强）

虽然实际上采用适当比例的二元混合溶剂就可以适应不同类型的样品分析，但有时为了获得最佳分离，也可以采用三元甚至四元混合溶剂作流动相。

6.1.2.4 应用

（1）正相键合相色谱法的应用　正相键合相色谱法多用于分离各类极性化合物如染料、炸药、甾体激素、多巴胺、氨基酸和药物等。

（2）反相键合相色谱法的应用　反相键合相色谱系统由于操作简单，稳定性与重复性好，已成为一种通用型液相色谱分析方法。极性、非极性；水溶性、油溶性；离子型、非离子型；小分子、大分子；具有官能团差别或分子量差别的同系物，均可采用反相液相色谱技术实现分离。

① 在生物化学和生物工程中的应用在生命科学和生物工程研究中，经常涉及对氨基酸、多肽、蛋白质及核碱、核苷、核苷酸、核酸等生物分子的分离分析，反相键合相色谱法正是这类样品的主要分析手段。图6-4显示了用 Spherisorb ODS 色谱柱分离氨基酸标准物的分离谱图。

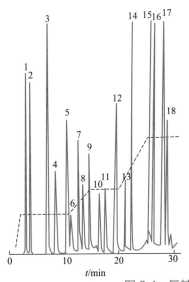

色谱柱：Spherisorb ODS，15cm×4.6mm（内径），5μm

流动相：A，NaNO$_3$处理的0.01mol·L^{-1}二氢正磷酸盐，离子强度为0.08mol·L^{-1}，四氢呋喃1%；B，甲醇

检测器：荧光检测器（λ_{ex} = 340nm；λ_{em} = 425nm）

色谱峰：1—Aap；2—Glu；3—Asn；4—Ser；5—Gln；6—His；7—Hse；8—Gly；9—Thr；10—Arg；11—β-Ala；12—Ala；13—GABA；14—Tyr；15—Val；16—Phe；17—Ile；18—Leu

图 6-4　氨基酸标准物的分离谱图

② 在医药研究中的应用　人工合成药物的纯化及成分的定性、定量测定，中草药有效成分的分离、制备及纯度测定，临床医药研究中人

体血液和体液中药物浓度、药物代谢物的测定，新型高效手性药物中手性对映体含量的测定等，都可以用反相键合相色谱予以解决。

磺胺类消炎药是一种常见的药物，主要用于细菌感染疾病的治疗。图6-5显示了磺胺类药物的反相色谱分离。色谱柱为Partisil-ODS（5μm，ϕ4.6mm×250mm）；流动相：A，10％甲醇水溶液；B，1％乙酸的甲醇溶液。线性梯度程序：B组分以1.7％/min的速率增加。使用紫外检测器（λ=254nm）检测。

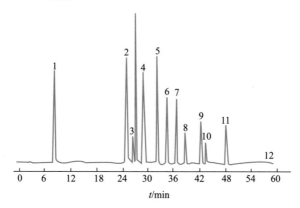

图 6-5　磺胺类药物的反相色谱分析

1—磺胺；2—磺胺嘧啶；3—磺胺吡啶；4—磺胺甲基嘧啶；5—磺胺二甲基嘧啶；
6—磺胺氯哒嗪；7—磺胺二甲基异噁唑；8—磺胺乙氧哒嗪；9—4-磺胺-2,6-二甲氧嘧啶；
10—磺胺喹噁啉；11—磺胺溴甲吖嗪；12—磺胺胍

③ 在食品分析中的应用　反相键合相色谱法在食品分析中的应用主要包括三个方面：第一，食品本身组成，尤其是营养成分的分析，如维生素、脂肪酸、香料、有机酸、矿物质等；第二，人工加入的食品添加剂的分析，如甜味剂、防腐剂、人工合成色素、抗氧化剂等；第三，在食品加工、贮运、保存过程中由周围环境引起的污染物的分析，如农药残留、霉菌毒素、病原微生物等。图6-6显示了用反相键合相色谱法分离常见几种脂溶性维生素的分离谱图。

④ 在环境污染分析中的应用反相　键合相色谱方法可适用于对环境中存在的高沸点有机污染物的分析，如大气、水、土壤和食品中存在的多环芳烃、多氯联苯、有机氯农药、有机磷农药、氨基甲酸酯农药、含氮除草剂、苯氧基酸除草剂、酚类、胺类、黄曲霉素、亚硝胺等。图6-7显示了用反相键合相色谱法分离多环芳烃化合物的色谱图。

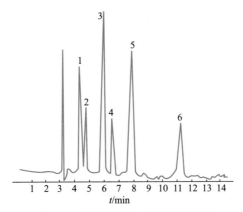

图 6-6 脂溶性维生素分离色谱图

色谱柱: Nucleosil-120-5C$_8$, 250mm×2.0mm (内径)

柱温: 室温

流动相: 甲醇 - 水 (体积比 = 92 : 8)

流速: 0.2mL·min^{-1} 检测器: UV

色谱峰: 1—维生素 A; 2—维生素 A 乙酸盐;

3—维生素 D$_3$; 4—维生素 E; 5—维生素 E; 6—维生素 A 软脂酸盐

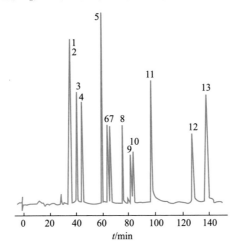

图 6-7 多环芳烃化合物分离色谱图

色谱柱: ISCOC$_{18}$, 键合十八烷基硅, 100mm×0.2 mm (内径); 3μm

流动相: 甲醇 - 水 (8 : 20) 柱温: 室温

流速: 1.2mL·min^{-1} 检测器: UV (254nm)

色谱峰: 1—硝基苯酚; 2—苯酚; 3—乙酰苯酚; 4—硝基苯; 5—苯酮; 6—甲苯;

7—溴苯; 8—萘; 9—杂质; 10—二甲苯; 11—联苯; 12—菲; 13—蒽

6.1.3 体积排阻色谱法

体积排阻色谱法（又称空间排阻色谱法，SEC）是一种主要依据分子尺寸大小的差异来进行分离的色谱方法。根据所用凝胶的性质，它可分成使用水溶液的凝胶过滤色谱法（GFC）和使用有机溶剂的凝胶渗透色谱法（GPC）。

6.1.3.1 分离原理

体积排阻色谱法的分离是基于分子的立体排阻，样品中的组分分子与固定相之间不存在相互作用。当混合组分随流动相进入由多孔性凝胶构成的固定相时，其中的大分子不能进入凝胶孔洞而被完全排阻，只能沿多孔凝胶粒子间的空隙通过色谱柱，首先从柱中被洗脱出来；中等大小的分子能进入凝胶中一些适当的孔洞中，但不能进入更小的微孔，在柱中受到阻滞，以较慢的速度从柱中被洗脱出来；小分子可进入凝胶中的绝大部分孔洞，在柱中滞留的时间更长，以更慢的速度从柱中被洗脱出来；而溶剂分子质量最小，可进入凝胶中的所有孔洞，在柱中滞留的时间最长，最后从柱中流出，从而实现样品中不同分子大小组分的分离。

体积排阻色谱中，溶剂分子最后从柱中流出，对应的保留时间称为死时间，对应的洗脱体积称为柱的死体积。这与其他液相色谱法明显不同。

6.1.3.2 固定相

体积排阻色谱法使用的固定相（见表6-5），依据机械强度的不同可分为软质凝胶、半刚性凝胶和刚性凝胶3类。凝胶是指含有大量液体（通常为水）的柔软而富于弹性的物质，它是一种经过交联而具有立体网状结构的多聚体。分析样品时可根据需要精确控制凝胶孔径的大小。

6.1.3.3 流动相

体积排阻色谱法流动相的作用仅仅在于溶解样品，与样品的分离度没有关系。选择流动相时需考虑的要点有：
① 对样品有良好的溶解能力，以保证良好的分离效果；
② 与柱中填充的凝胶相匹配，能浸润凝胶，防止凝胶的吸附作用；

表6-5 体积排阻色谱法常用固定相

类型	材料	常见型号	流动相
软性凝胶	葡聚糖 聚苯乙烯	Sephadax Bio-Bead-S	水 有机溶剂
半刚性凝胶	聚苯乙烯 交联聚乙烯醋酸酯	Styragel EMgel type OR	有机溶剂（丙酮与醇除外） 有机溶剂
刚性凝胶	玻璃珠 硅胶	CPG-10 Porasil	有机溶剂和水 有机溶剂和水

③ 与所用检测器匹配，尽量选用低黏度溶剂。

（1）凝胶过滤色谱法的流动相 在凝胶过滤色谱法中，通常使用以水为基质的具有不同pH值的多种缓冲溶液作为流动相。当使用亲水性有机凝胶（如葡聚糖、琼脂糖等）、硅胶等为固定相时，可向流动相中加入少量无机盐（如NaCl、KCl等），以维持流动相的离子强度在$0.1 \sim 0.5$，减小固定相的吸附作用和基体的疏水作用；当需洗脱生物大分子（如蛋白质等）时，可向流动相中加入变性剂（如$6mol \cdot L^{-1}$的盐酸胍、PEG-20M等），并在低流速下完成混合物的分离。

（2）凝胶渗透色谱法的流动相 在用于高聚物分子量测定的凝胶渗透色谱法中，优先选择四氢呋喃❶作为流动相，因其对样品具有良好的溶解性和低的黏度，并可使小孔径聚苯乙烯凝胶溶胀。*N,N*-二甲基甲酰胺、邻二氯苯、1,2,4-三氯苯、间甲酚等可在高柱温下使用。强极性六氟异丙醇、三氟乙醇、二甲基亚砜等，可用于粒度小于10μm的硅质凝胶柱。

6.1.3.4 应用

体积排阻色谱法的用途是：
① 测定合成聚合物的分子量分布；
② 分离纯化大分子样品（如蛋白质、核酸等）；
③ 能简便快速地分离样品中分子量相差较大的简单混合物，非常适于对未知样品的初步探索性分离。

---

❶四氢呋喃在储存时易生成过氧化物，尤其在日光的照射下形成得更快。因此，蒸馏四氢呋喃时应有防护罩，在剩余1/10时需停止蒸馏，如若蒸干会引起爆炸。

阅读材料

农药残留物的检验

农药一般可分为杀虫剂、杀螨剂、杀菌剂、除草剂、杀鼠剂及植物生长调节剂等，是当代农业生产中不可缺少的重要生产资料。近10年来，新型高效农药的不断出现，我国使用的农药品种正在迅速地更新换代。使农药的环境影响及残留农药的检测方法发生了新的变化。例如超高效磺酰脲类除草剂在每亩（15亩 = 1公顷）地里只需施洒 $1 \sim 2g$，因此要求土中磺酰脲的最低检测限必须达到皮克级。很多新型农药的水溶性较好，长期积累造成了意想不到的地下水污染，饮用水中低水平化学品对人体内分泌系统的可能影响已经引起了科学家的重视。欧盟制定了饮用水中农药残留标准 [$0.1 \mu g \cdot L^{-1}$ （单一农药），$0.5 \mu g \cdot L^{-1}$ （农药总量，含代谢产物）] 后，农药在水中的残留分析问题引起了各国环境分析化学家的极大兴趣，此外，一些除草剂在应用过程中可对下茬作物产生药害造成减产，因此农田的残留也引起农业化学家的重视。由于目前低浓度（ $\mu g \cdot L^{-1}$ ）、难挥发、热不稳定和强极性农药分析方法不是十分理想，因此发展高灵敏度的多残留可靠分析方法已成为环境分析化学及农业化学家的重要战略目标。高效液相色谱（HPLC）弥补了气相色谱（GC）的缺陷，可以直接测定那些难以用GC分析的农药。但是常规检测器如紫外（UV）及二极管阵列检测器（DAD）不可能对不同类型的农药有较相似的响应，复杂环境样品痕量分析时的化学干扰也常影响痕量测定时的定量精度，因而它们在多残留超痕量分析时有局限性。当20世纪80年代末大气压电离质谱（APIMS）成功地与HPLC联用后，专家们敏感地认识到HPLC-APIMS将成为农药分析的重要技术并将推动痕量有机毒物的环境行为的研究。

6.2　高效液相色谱仪

　　高效液相色谱仪是实现液相色谱分析的仪器设备，自1967年问世以来，由于使用了高压输液泵、全多孔微粒填充柱和高灵敏度检测器，实现了对样品的高速、高效和高灵敏度的分离分析。20世纪70 ～ 80年代，高效液相色谱仪获得快速发展，由于吸取了气相色谱仪的研制经验，并引入微处理技术，极大地提高了仪器的自动化水平和分析精度。

6.2.1　仪器工作流程

　　高效液相色谱仪现在多做成一个个单元组件，然后根据分析要求将各所需单元组件组合起来，最基本的组件是高压输液系统、进样器、色谱柱、检测器和工作站（数据处理系统）。此外，还可根据需要配置自动进样系统、预柱、流动相在线脱气装置和自动控制系统等装置。图6-8是普通配制的带有预柱的HPLC的结构图。

高效液相色谱仪的工作流程：高压输液泵将贮液器中的流动相以稳定的流速（或压力）输送至分析体系，在色谱柱之前通过进样器将样品导入，流动相将样品依次带入预柱、色谱柱，在色谱柱中各组分被分离，并依次随流动相流至检测器，检测到的信号送至工作站记录、处理和保存。

6.2.2　仪器基本结构

6.2.2.1　高压输液系统

高压输液系统一般包括贮液器、高压输液泵、过滤器、梯度洗脱装置等。

（1）贮液器　贮液器主要用来提供足够数量的符合要求的流动相以完成分析工作，对于贮液器的要求是：

① 必须有足够的容积，以备重复分析时保证供液；

② 脱气方便；

③ 能耐一定的压力；

④ 所选用的材质对所使用的溶剂都是惰性的。

贮液器一般是以不锈钢、玻璃、聚四氟乙烯或特种塑料聚醚醚酮（PEEK）衬里为材料，容积一般为 $0.5 \sim 2L$。

所有流动相在放入贮液罐之前必须经过 $0.45\mu m$ 滤膜过滤，除去流动相中的机械杂质，以防输液管道或进样阀产生阻塞现象。

所有流动相在使用前必须脱气。因为色谱柱是带压力操作的，而检测器是在常压下工作。若流动相中所含有的空气不除去，则流动相通过柱子时其中的气泡受到压力而压缩，流出柱子后到检测器时因常压而将气泡释放出来，造成检测器噪声增大，基线不稳，仪器不能正常工作，在梯度洗脱时尤其突出。

（2）高压输液泵　高压输液泵是高效液相色谱仪的关键部件，其作用是将流动相以稳定的流速或压力输送到色谱分离系统。对于带有在线脱气装置的色谱仪，流动相先经过脱气装置后再输送到色谱柱。

① 高压输液泵的要求　为保证分析结果的准确性与稳定性，对高压输液泵的基本要求：

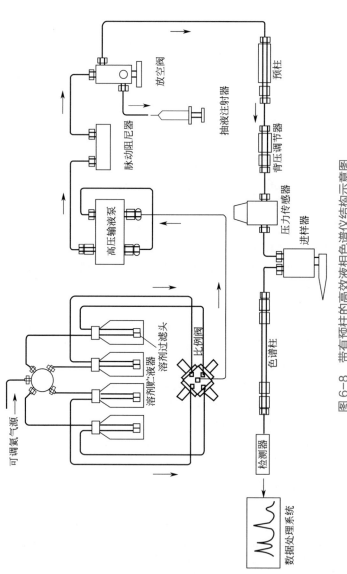

图6-8　带有预柱的高效液相色谱仪结构示意图

a.泵体材料耐化学腐蚀；

b.耐高压，且能在高压下连续工作8～24h，目前，商品化的HPLC高压泵最高设定工作压力一般在41.36MPa（6000psi）左右，超高压液相色谱高压泵的最高压力甚至可达68.94MPa（10000psi）；

c.输液平衡，脉动小，流量重复性（±0.5％内）与准确度高（±0.5％）；

d.流量范围宽，连续可调。HPLC输液泵的流量范围一般在0.001～10mL·min^{-1}。制备色谱则要求流量范围在1～1000mL·min^{-1}左右；

e.溶剂转换容易，系统死体积小；

f.能够自动设定时间流速程序，定量开机关机；

g.具备梯度洗脱功能；

h.耐用且维护方便，更换柱塞杆和密封圈方便、容易；具备柱塞杆清洗功能。

② 高压输液泵类型　高压输液泵一般可分为恒压泵和恒流泵两大类。恒流泵在一定操作条件下可输出恒定体积流量的流动相。目前常用的恒流泵有往复型泵和注射型泵，其特点是泵的内体积小，用于梯度洗脱尤为理想。恒压泵又称气动放大泵，是输出恒定压力的泵，其流量随色谱系统阻力的变化而变化。这类泵的优点是输出无脉冲，对检测器的噪声低，通过改变气源压力即可改变流速。缺点是流速不够稳定，随溶剂黏度不同而改变。表6-6列出了几种常见高压输液泵的基本性能。

表6-6　几种高压输液泵的性能比较

名称	恒流或恒压	脉冲	更换流动相	梯度洗脱	再循环	价格
气动放大泵	恒压	无	不方便	需两台泵	不可以	高
螺旋传动注射泵	恒流	无	不方便	需两台泵	不可以	中等
单柱塞型往复泵	恒流	有	方便	可以	可以	较低
双柱塞型往复泵	恒流	小	方便	可以	可以	高
往复式隔膜泵	恒流	有	方便	可以	可以	中等

目前高效液相色谱仪普遍采用的是往复式恒流泵，特别是双柱塞型往复泵（见图6-9）。恒压泵在高效液相色谱仪发展初期使用较多，现在主要用于液相色谱柱的制备。

（3）过滤器　在高压输液泵的进口和它的出口与进样阀之间，应设置过滤器。高压输液泵的活塞和进样阀阀芯的机械加工精密度非常高，微小的机械杂质进入流动相，会导致上述部件的损坏；同时机械杂质在柱头的积累，会造成柱压升高，使色谱柱不能正常工作。因此管道过滤器的安装是十分必要的。

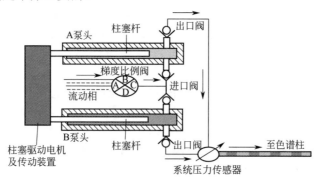

(a) 双柱塞往复式并联泵

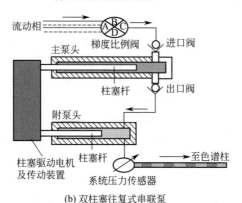

(b) 双柱塞往复式串联泵

图6-9　双柱塞型往复泵结构示意图

常见的溶剂过滤器和管道过滤器的结构，见图6-10。

过滤器的滤芯是用不锈钢烧结材料制造的，孔径为$2 \sim 3\mu m$，耐有机溶剂的侵蚀。若发现过滤器堵塞（发生流量减小的现象），可将其浸入稀HNO_3溶液中，在超声波清洗器中用超声波振荡$10 \sim 15min$，即可将堵塞的固体杂质洗出。若清洗后仍不能达到要求，则应更换滤芯。

（4）梯度洗脱装置　在进行复杂样品的分离时，经常会碰到一些问题，如前面的一些组分分离不完全，而后面的一些组分分离度太大，且出峰很晚或峰型较差。为了使保留值相差很大的多种组分在合理的时间内全部洗脱并达到相互分离，往往要用到梯度洗脱技术。

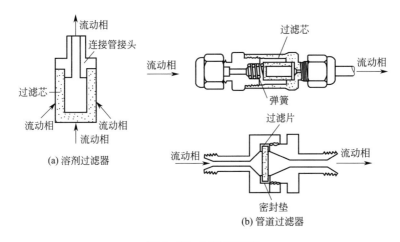

(a) 溶剂过滤器

(b) 管道过滤器

图 6-10　过滤器结构

　　在液相色谱中常用的梯度洗脱技术是指流动相梯度，即在分离过程中改变流动相的组成（溶剂极性、离子强度、pH等）或改变流动相的浓度。梯度洗脱装置依据梯度装置所能提供的流路个数可分为二元梯度、三元梯度等，依据溶液混合的方式又可分为高压梯度和低压梯度。

　　高压梯度系统一般只用于二元梯度 [高压梯度洗脱系统示意图如图6-11（a）所示]，即用两个高压泵分别按设定比例输送两种不同溶液至混合器，在高压状态下将两种溶液进行混合，然后以一定的流量输出。高压梯度系统的主要优点是：只要通过梯度程序控制器控制每台泵的输出，能获得任意形式的梯度曲线，而且精度很高，易于实现自动化控制。高压梯度系统的主要缺点是：必须同时使用两台高压输液泵，因此仪器价格比较昂贵，故障率也比较高。

　　低压梯度系统是将两种溶剂或四种溶剂按一定比例输入高压泵前的一个比例阀中，混合均匀后以一定的流量输出 [低压梯度洗脱系统示意图如图6-11（b）所示]。低压梯度系统的主要优点是只需一个高压输液泵，成本低廉、使用方便。分析时多元梯度泵的流路可以部分空置，因此四元梯度泵也可以只进行二元梯度操作或三元梯度操作。

6.2.2.2　进样器

　　进样器是将样品溶液准确送入色谱柱的装置，要求密封性好，死体积小，重复性好，进样引起色谱分离系统的压力和流量波动要很小。常用的进样器有以下两种。

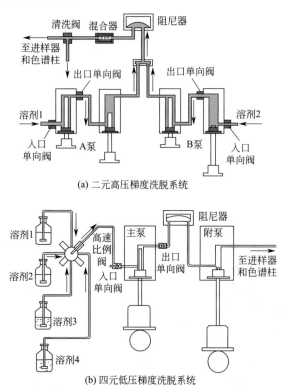

(a) 二元高压梯度洗脱系统

(b) 四元低压梯度洗脱系统

图 6-11　Agilent 1100 梯度洗脱系统示意图

（1）六通阀进样器　目前液相色谱仪所采用的手动进样器几乎都是耐高压、重复性好和操作方便的阀进样器。六通阀进样器是最常用的，进样体积由定量管确定，高效液相色谱仪中通常使用的是 10μL 和 20μL 体积的定量管。六通阀进样器的结构如图6-12所示。

操作时先将阀柄置于图6-12所示的取样位置（load），这时进样口只与定量管接通，处于常压状态。用平头微量注射器（体积应约为定量管体积的4～5倍）注入样品溶液，样品溶液停留在定量管中，多余的样品溶液从5处溢出。将进样器阀柄顺时针转动60°至图6-12所示的进样位置（inject）时，流动相与定量管接通，样品被流动相带到色谱柱中进行分离分析。

（2）自动进样器　自动进样器是由计算机自动控制定量阀，按预先编制的注射样品操作程序进行工作,其结构如图6-13所示。取样、进样、复位、样品管路清洗和样品盘的转动,全部按预定程序自动进行,一次可进行几十个或上百个样品的分析。

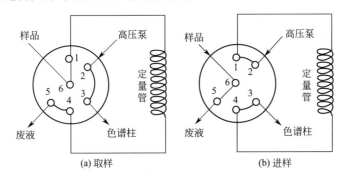

图6-12 高效液相色谱仪六通阀进样器

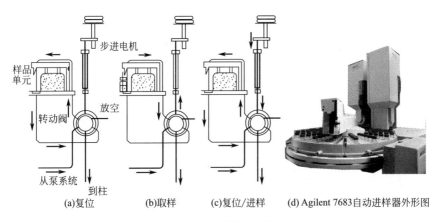

图6-13 自动进样器工作过程

自动进样器的进样量可连续调节,进样重复性高,适合于大量样品的分析,节省人力,可实现自动化操作。但此装置一次性投资较高,目前在国内尚未得到广泛应用。

6.2.2.3 色谱柱

色谱是一种分离分析手段,担负分离作用的色谱柱是色谱仪的心脏,柱效高、选择性好、分析速度快是对色谱柱的一般要求。

(1)色谱柱的结构 色谱柱管为内部抛光的不锈钢或塑料柱管,其结构如图6-14所示。

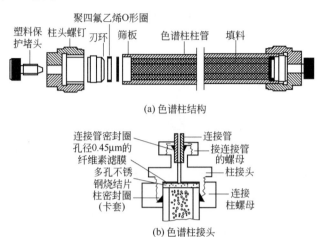

图6-14 色谱柱与色谱柱接头结构示意图

通过柱两端的接头与其他部件（如前连进样器，后接检测器）连接。通过螺帽将柱管和柱接头牢固地连成一体。为了使柱管与柱接头牢固而严密地连接，通常使用一套两个不锈钢垫圈，呈细环状的后垫圈固定在柱管端头合适位置，呈圆锥形的前形圈再从柱管端头套出，正好与接头的倒锥形相吻合。用连接管将各部件连接时的接头也都采用类似的方法。另外，在色谱柱的两端还需各放置一块由多孔不锈钢材料烧结而成的过滤片［见图6-14（b）］，出口端的过滤片起挡住填料的作用，入口端的过滤片既可防止填料倒出，又可保护填充床在进样时不被损坏。

此外，色谱柱在装填料之前是没有方向性的，但填充完毕的色谱柱是有方向的，即流动相的方向应与柱的填充方向（装柱时填充液的流向）一致。色谱柱的管外都以箭头显著地标示了该柱的使用方向（而不像气相色谱那样，色谱柱两头标明接检测器或进样器），安装和更换色谱柱时一定要使流动相能按箭头所指方向流动。

（2）色谱柱的种类　市售的用于HPLC的各种微粒填料如硅胶，以及硅胶为基质的键合相、氧化铝、有机聚合物微球（包括离子交换树脂），其粒度一般为3μm、5μm、7μm、10μm等，其柱效的理论值可达5000～16000块/m理论塔板数。对于一般的分析任务，只需要500块塔板数即可，对于较难分离物质可采用高达2万块理论塔板数柱效的柱子。因此，一般用100 ～ 300mm左右的柱长就能满足复杂混合物分析的需要。

常用液相色谱柱的内径有4.6mm或3.9mm两种规格，国内也生产有4mm和5mm内径的色谱柱。随着柱技术的发展，细内径柱受到人们的重视，内径2mm柱已作为常用柱，细内径柱可获得与粗柱基本相同的柱效，而溶剂的消耗量却大为下降，这在一定程度上除减少了实验成本以外，也降低了废弃流动相对环境的污染和流动相溶剂对操作人员健康的损害。目前，1mm甚至更细内径的高效填充柱也有商品出售，特别是在与质谱联用时，为减小溶剂用量，常采用内径为0.5mm以下的毛细管柱。

细内径柱与常规柱相比，有如下优点：若注射相同量的试样到细内径柱上，则产生较窄的峰宽从而使峰高增大（色谱柱不应过载），峰高的增大又使检测器的灵敏度提高。这种增强效应对痕量分析非常重要，因为在痕量分析中试样总量受到限制。

用作半制备或制备目的的液相色谱柱的内径一般在6mm以上。

（3）色谱柱的评价　一支色谱柱的好坏要用一定的指标来进行评价。一个合格的色谱柱评价报告应给出色谱柱的基本参数，如柱长及内径、填充载体的种类、粒度、柱效等。评价液相色谱柱的仪器系统应满足相当高的要求，一是液相色谱仪器系统的死体积应尽可能小，二是采用的样品及操作条件应当合理，在此合理的条件下，评价色谱柱的样品可以完全分离并有适当的保留时间。表6-7列出了评价各种液相色谱柱的样品及操作条件。

表6-7　评价各种液相色谱柱的样品及操作条件[①]

柱	样品	流动相（体积比）	进样量/μg	检测器
烷基键合相柱（C_8C_{18}）	苯、萘、联苯、菲	甲醇-水（83：17）	10	UV 254nm
苯基键合相柱	苯、萘、联苯、菲	甲醇-水（57：43）	10	UV 254nm
氰基键合相柱	三苯甲醇、苯乙醇、苯甲醇	正庚烷-异丙醇（93：7）	10	UV 254nm
氨基键合相柱（极性固定相）	苯、萘、联苯、菲	正庚烷-异丙醇（93：7）	10	UV 254nm
氨基键合相柱（弱阴离子交换剂）	核糖、鼠李糖、木糖、果糖、葡萄糖	水-乙腈（98.5：1.5）	10	示差折光

续表

柱	样品	流动相（体积比）	进样量 /μg	检测器
SO₃H键合相柱（强阳离子交换剂）	阿司匹林、咖啡因、非那西汀	0.05mol·L⁻¹甲酸铵-乙醇（90∶10）	10	UV 254nm
R₄NCl键合相柱（强阴离子交换剂）	尿苷、胞苷、脱氧胸腺苷、腺苷、脱氧腺苷	0.1mol·L⁻¹硼酸盐溶液（加KCl）（pH9.2）	10	UV 254nm
硅胶柱	苯、萘、联苯、菲	正己烷	10	UV 254nm

① 线速为1mm·s⁻¹，对柱内径为5.0mm的色谱柱最大流量大约为1mL·min⁻¹。

（4）保护柱　所谓保护柱，即在分析柱的入口端、装有与分析柱相同固定相的短柱（5～30mm长），可以经常而且方便地更换，因此，起到保护延长分析柱寿命的作用。图6-15显示了保护柱的结构及其与分析柱的连接方法。

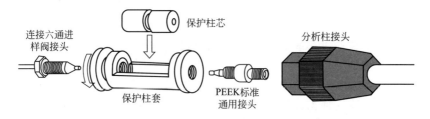

图 6-15　保护柱结构及其与分析柱连接示意图

虽然采用保护柱会使分析柱损失一定的柱效，但是，换一根分析柱不仅浪费（柱子失效往往只在柱端部分），又费事，而保护柱对色谱系统的影响基本上可以忽略不计。所以，即使损失一点柱效也是可取的。

（5）色谱柱恒温装置　提高柱温有利于降低溶剂黏度和提高样品溶解度，改变分离度，也是保留值重复稳定的必要条件，特别是对需要高精度测定保留体积的样品分析而言尤为重要。

高效液相色谱仪中常用的色谱柱恒温装置有水浴式、电加热式和恒温箱式三种。恒温过程中要求最高温度不超过100℃，否则流动相汽化会使分析工作无法进行。

6.2.2.4　检测器

检测器、泵与色谱柱是组成HPLC的三大关键部件。

HPLC检测器是用于连续监测被色谱系统分离后的柱流出物组成和含量变化的装置。其作用是将柱流出物中样品组成和含量的变化转化为可供检测的信号，完成定性定量分析的任务。

（1）HPLC检测器的要求　理想的HPLC检测器应满足下列要求：

① 具有高灵敏度和可预测的响应；

② 对样品所有组分均有响应，或具有可预测的特异性，适用范围广；

③ 温度和流动相流速的变化对响应没有影响；

④ 响应与流动相的组成无关，可作梯度洗脱；

⑤ 死体积小，不造成柱外谱带扩展；

⑥ 使用方便、可靠、耐用，易清洗和检修；

⑦ 响应值随样品组分量的增加而线性增加，线性范围宽；

⑧ 不破坏样品组分；

⑨ 能对被检测的峰提供定性和定量信息；

⑩ 响应时间足够快。

实际上很难找到满足上述全部要求的HPLC检测器，但可以根据不同的分离目的对这些要求予以取舍，选择合适的检测器。

（2）HPLC检测器的分类　HPLC检测器一般分为两类，通用型检测器和选择型检测器。

通用型检测器可连续测量色谱柱流出物（包括流动相和样品组分）的全部特性变化，通常采用差分测量法。这类检测器包括示差折光检测器、电导检测器和蒸发激光散射检测器等。通用型检测器适用范围广，但由于对流动相有响应，因此易受温度变化、流动相流速和组成变化的影响，噪声和漂移较大，灵敏度较低，一般不能用于梯度洗脱（如蒸发激光散射检测器就是通用型检测器，但同样可用于梯度洗脱）。

选择型检测器用以测量被分离样品组分某种特性的变化，这类检测器对样品中组分的某种物理或化学性质敏感，而这一性质是流动相所不具备的，或至少在操作条件下不显示。这类检测器包括紫外检测器、荧光检测器、安培检测器等。选择型检测器灵敏度高，受操作条件变化和外界环境影响小，并且可用于梯度洗脱操作。但与总体性能检测器相比，应用范围受到一定的限制。

（3）检测器的性能指标　常见检测器的性能指标如表6-8所示。

表6-8　高效液相色谱法常用检测器性能指标

检测器 性能	可变波长紫外吸收检测器（UVD）	折光指数检测器（RID）	荧光检测器（FLD）	电导检测器（CD）	蒸发激光散射检测器（ELSD）
测量参数	吸光度 （AU）	折射率 （RIU）	荧光强度 （AU）	电导率 $/(\mu S \cdot cm^{-1})$	质量/ng
池体积/μL	$1 \sim 10$	$3 \sim 10$	$3 \sim 20$	$1 \sim 3$	—
类型	选择型	通用型	选择型	选择型	通用型
线性范围	10^5	10^4	10^3	10^4	约10
最小检出浓度 /$(g \cdot mL^{-1})$	10^{-10}	10^{-7}	10^{-11}	10^{-3}	—
最小检出量	$\approx 1ng$	$\approx 1\mu g$	$\approx 1pg$	$\approx 1mg$	$0.1 \sim 10ng$
噪声（测量参数）	10^{-4}	10^{-7}	10^{-3}	10^{-3}	10^{-3}
用于梯度洗脱	可以	不可以	可以	不可以	可以
对流量敏感性	不敏感	敏感	不敏感	敏感	不敏感
对温度敏感性	低	$10^{-4}℃$	低	$2\%/℃$	不敏感

（4）几种常见的检测器　用于液相色谱的检测器大约有三四十种。以下简单介绍目前在液相色谱中使用比较广泛的紫外吸收检测器、折光指数检测器、荧光检测器以及近年来出现的蒸发激光散射检测器。其他类型的检测器可参阅有关专著。

①紫外吸收检测器　紫外吸收检测器（ultraviolet absorption detector，UVD）属于非破坏型、浓度敏感型检测器，是高效液相色谱仪中使用最为广泛的一种检测器，其使用率约占70%，对占物质总数约80%的在紫外-可见光区范围有吸收的物质均有响应。UVD的检测波长范围包括紫外光区（190～350nm）和可见光区（350～710nm），部分检测器还可向近红外光区延伸。

UVD的工作原理是基于朗伯-比耳定律，即对于给定的检测池，在固定波长下，紫外吸收检测器可输出一个与样品浓度成正比的光吸收信号——吸光度（A）。

UVD的特点是：灵敏度高，可达0.001AU（对具有中等紫外吸收的物质，最小检出量可达ng数量级，最小检出浓度可达pg·L^{-1}级）；噪声低，可降至10^{-5}AU；线性范围宽，应用广泛；需选用无紫外吸收特性的溶剂作为流动相；对流动相流速和柱温变化不敏感，适于梯度洗脱；结构简单，使用维修方便。

UVD可分为三种类型：固定波长、可变波长和光电二极管阵列检测器。

a.固定波长UVD 图6-16（a）显示了固定波长UVD的结构示意图，其工作流程是：低压汞灯发射出固定波长的紫外光（$\lambda=254nm$❶），经入射石英棱镜准直、再经遮光板分为一对平行光束分别进入流通池中的测量臂和参比臂。被流通池中的流动相（测量臂中含待测组分）吸收后的出射光，经遮光板、出射石英棱镜及紫外滤光片后，仅有254nm的紫外光被双光电池接受。双光电池检测的光强度经对数放大器转换成吸光度后，由记录仪绘制出色谱图。

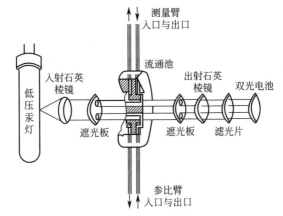

(a) 固定波长紫外吸收检测器

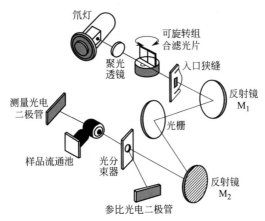

(b) HP1100可变波长紫外吸收检测器

图6-16 紫外吸收检测器结构示意图

❶ 采用磷光转换的方法可获得$\lambda=280nm$的紫外光。

流通池是UVD中的关键部件，是样品流经的光学通道（样品池），也是流动相贮存或流通的光学通道（参比池），一般用不锈钢或聚四氟乙烯材料制作，透光材料选用石英。流通池的标准池体积为5 ~ 8μL，光程为5 ~ 10mm，内径小于1mm。经典的流通池结构为Z形［见图6-17（a）］，现已很少使用。

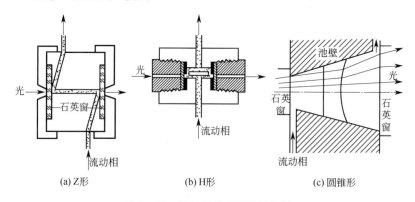

(a) Z形　　(b) H形　　(c) 圆锥形

图6-17　紫外吸收检测器流通池

目前常用的流通池结构为H形［见图6-17（b）］。流动相从池体下方中间流入后，分成两路，按相反方向流动到达石英窗口，从上方中间汇合流出。流通池的侧面是石英窗（见图6-17），用聚四氟乙烯圈密封。为防止孔壁形成多次反射和折射，流通池内壁需精心抛光和保持清洁。H形池体的优点是：利于补偿由于流速变化造成的噪声和基线漂移，可防止峰形展宽。

为了消除由于池内液体折射率的变化而形成的"液体棱镜"效应，还出现了圆锥形池［见图6-17（c）］。

b.可变波长UVD　图6-16（b）显示了可变波长UVD的结构示意图，其工作流程是：光源（氘灯，波长在190 ~ 600nm连续可调）发射的光经聚光透镜聚焦，由可旋转组合滤光片滤去杂散光，再通过入口狭缝至平面反射镜M_1，经反射后到达光栅，光栅将光衍射色散成不同波长的单色光。当某一波长的单色光经平面反射镜M_1反射至光分束器时，透过光分束器的光通过样品流通池，最终到达检测样品的测量光电二极管；被光分束器反射的光到达检测基线波动的参比光电二极管；比较二者可获得测量和参比光电二极管的信号差，此即为样品的检测信息——吸光度。

可变波长UVD在某一时刻只能采集某一特定单色波长的吸收信号。光栅的偏转可由预先编制的采集时间程序加以控制，保证在某个组分出现色谱峰的时段里选择该组分的最大吸收波长作为检测波长，因此可使每个组分峰均获得最灵敏的检测。

c.光电二极管阵列检测器　光电二极管阵列检测器（photo-diode array detector，DAD）是目前液相色谱系统中最有发展前途、最好的检测器（见图6-18），其工作流程是：光源（钨灯与氘灯组合光源❶）发射的复合光经消色差透镜聚焦后，形成一束单色聚焦光进入流通池，透射光经全息凹面衍射光栅色散后，投射到二极管阵列上而被检测。二极管阵列检测元件，可由1024个（或512个）光电二极管组成，可同时检测180～600nm范围内的信号，每10ms完成一次检测，在1s内可进行快速扫描采集到100000个检测数据，绘制出随时间变化进入检测器流动相的光谱吸收曲线，得到由A、λ、t_R组成的三维空间立体色谱图（见图6-19），全部检测过程由计算机控制完成。DAD可对被测组分同时进行定性鉴别与定量分析。

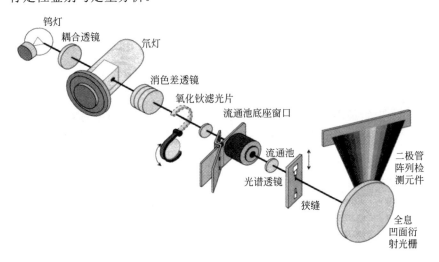

钨灯
耦合透镜
氘灯
消色差透镜
氧化钬滤光片
流通池底座窗口
流通池
光谱透镜
狭缝
二极管阵列检测元件
全息凹面衍射光栅

图 6-18　HP1200 光电二极管阵列检测器结构示意图

② 折光指数检测器　折光指数检测器（refractive index detector，

---

❶ 特殊的后置灯设计使钨灯灯丝的影像恰好聚焦在氘灯放电处，在光学上把两个光源结合在一起，使两束光共用一个光轴进入光学透镜。

RID）又称示差折光检测器，它是通过连续监测参比池和测量池中溶液
的折射率之差来测定试样浓度的检测器。

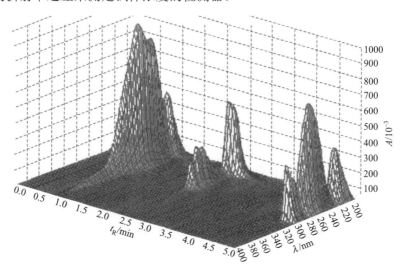

图6-19　由 A、λ、t_R 组成的三维空间立体色谱图

（图中所示混合样品含 3 个组分）

溶液的光折射率是溶剂（流动相）和溶质各自的折射率乘以其物质
的量浓度之和，溶有样品的流动相和流动相本身之间光折射率之差即表
示样品在流动相中的浓度。原则上凡是与流动相光折射率有差别的样品
均可用RID进行检测。表6-9列出了常用溶剂在20℃时的折射率。

表6-9　常用溶剂在20℃时的折射率

溶剂	折射率	溶剂	折射率	溶剂	折射率
甲醇	1.3288	乙酸甲酯	1.3617	溴乙烷	1.4239
水	1.3330	异丙醚	1.3679	环己烷（19.5℃）	1.4266
二氯甲烷（15℃）	1.3348	乙酸乙酯（25℃）	1.3701	氯仿（25℃）	1.4433
乙腈	1.3441	正己烷	1.3749	四氯化碳	1.4664
乙醚	1.3526	正庚烷	1.3876	甲苯	1.4961
正戊烷	1.3579	1-氯丙烷	1.3886	苯	1.5011
丙酮	1.3588	四氢呋喃（21℃）	1.4076		
乙醇	1.3611	二氧六环	1.4224		

RID按工作原理可分为反射式、偏转式和干涉式3种。其中干涉式
造价昂贵，使用较少；偏转式池体积大（约10μL），适用于各种溶剂折

射率的测定；反射式池体积小（约$3\mu L$），应用较多。反射式RID的理论依据是菲涅尔反射原理：当入射角θ小于临界角时，入射光分解成反射光和透射光［见图6-20（b）］；当入射光强度I_0及入射角θ固定时，透射光强度I取决于折射角θ'；因此，一定条件下，测量透射光强度的变化可得到流动相与组分折射率之差，即可检测组分的浓度。

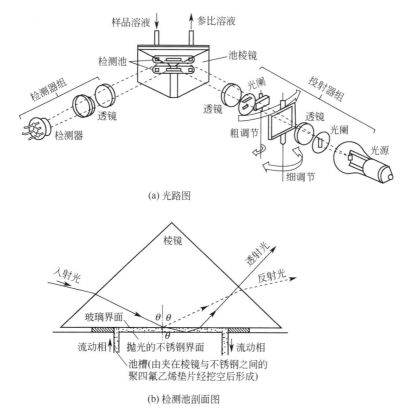

(a) 光路图

(b) 检测池剖面图

图 6-20　反射式 RID 结构示意图

图6-20（a）显示了反射式RID的光路图。反射式RID的工作流程是：光源（通常是钨丝白炽灯）发出的光，经垂直光栏与平行光阑、透镜准直成两束能量相等的平行细光束，射入棱镜，分别照在检测池中的样品池和参比池的玻璃-液体界面上，大部分光被反射成无用的反射光射出，小部分光按菲涅尔定律透射入介质中，在不锈钢界面上反射后经透镜聚焦在光敏电阻（检测器）上，将光信号转变成电信号。若仅有流

动相通过样品池和参比池，则该信号相同；若有样品进入样品池，两只光敏电阻所接收信号之差正比于折射率的变化，即正比于样品中组分的浓度。为适用不同折射率的溶剂，通常配有两种规格的棱镜：低折射率（1.31～1.44）和高折射率（1.40～1.55），根据需要可互换。

RID的特点是：RID属于总体性能检测器，是通用型检测器；RID属于中等灵敏度检测器，检出限可达 10^{-6} ～ 10^{-7} g·mL^{-1}，线性范围一般小于 10^5，一般不宜用于痕量分析；RID对温度和压力的变化均很敏感，使用时为确保噪声水平在 10^{-7} RIU，需将温度和压力控制在 $\pm 10^{-4}$℃和几个厘米汞柱间；RID最常用的溶剂是水，由于流动相组成的任何变化均可对测定造成明显的影响，因此一般不能用于梯度洗脱。

RID的普及程度仅次于紫外检测器，属于浓度敏感型检测器，非破坏型检测器。它对没有紫外吸收的物质，如高分子化合物、糖类、脂肪烷烃等都能够检测。RID还适用于流动相紫外吸收本底大，不适于UVD的体系。在凝胶色谱中RID是必不可少的，尤其是对聚合物，如聚乙烯、聚乙二醇、丁苯橡胶等的分子量分布的测定。此外，RID在制备色谱中也经常使用。

③ 荧光检测器　许多化合物（如有机胺、维生素、激素、酶等）受到入射光（称激发光 λ_{ex}）的照射，吸收辐射能后，会发射比入射光频率低的特征辐射，当入射光停止照射则特征辐射亦同时消失，此即为荧光（也称发射光 λ_{em}）。利用测量化合物荧光强度对化合物进行检测的检测器即为荧光检测器（fluorescence detector，FLD）。荧光的强度与入射光强度、样品浓度成正比。当入射光强度固定时，荧光强度与样品浓度成正比，此即为FLD检测原理。

图6-21是一种双光路固定波长荧光检测器的结构示意图。FLD的工作流程是：中压泵灯发出的连续光经半透半反射镜分成两束，分别通过样品池和参比池。半透半反射镜将10%左右的激发光反射到参比池和光电管上；90%左右的激发光经激发光滤光片分光后，选择其中特定波长的光作为样品激发光，经第一透镜聚光在样品池入口处，样品池中的组分受激后发射出荧光。为避免激发光的干扰，取与激发光成直角方向的荧光，由第二透镜将其会聚到发射滤光片，再通过光电倍增管、放大器至记录仪。

参比池有利于消除外界的影响和流动相所发射的本底荧光，参比光路有利于消除光源波动造成的影响（在光电倍增管之间有一个电压控制器，由参比光电管输出电压控制样品光电倍增管工作电压，补偿光源强度波动对输出信号的影响)。

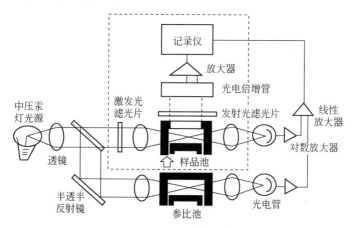

图 6-21　双光路荧光检测器结构示意图

　　FLD 的特点是：灵敏度极高，最小检出限可达 10^{-13} g，特别适合痕量分析；具有良好的选择性，可避免不发荧光成分的干扰；线性范围较宽，约 $10^4 \sim 10^5$；受外界条件的影响较小；若所选流动相不发射荧光，则可用于梯度洗脱。

　　FLD 可检测的物质主要包括某些代谢物、食物、药物、氨基酸、多肽、胺类、维生素、石油高沸点馏分、生物碱、胆碱和甾类化合物等。FLD 的灵敏度比 UVD 高 100 倍，是一种选择性检测痕量组分的强有力的检测工具。FLD 测定中不能使用可熄灭、抑制或吸收荧光的溶剂作流动相。对不能直接产生荧光的物质，需使用色谱柱后衍生技术，操作比较复杂。FLD 现已在生物化工、临床医学检验、食品检验、环境监测中获得广泛的应用。

　　④ 蒸发激光散射检测器　蒸发激光散射检测器（evaporative light-scattering detector，ELSD）是一种新型通用型检测器，可检测任何挥发性低于流动相的样品。

　　ELSD 的工作流程包括雾化、蒸发与检测 3 个部分，详见图 6-22。

　　在光散射室中，光被散射的程度取决于散射室中溶质颗粒的大小和数量。粒子的数量取决于流动相的性质及喷雾气体和流动相的流速。当流动相和喷雾气体的流速恒定时，散射光的强度仅取决于溶质的浓度，这正是 ELSD 的定量基础。ELSD 响应值仅与光束中溶质颗粒的大小和数量有关，而与溶质的化学组成无关。

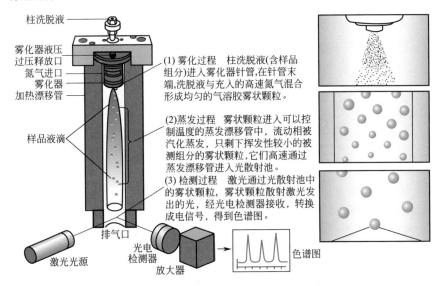

(1) 雾化过程　柱洗脱液(含样品组分)进入雾化器针管,在针管末端,洗脱液与充入的高速氮气混合形成均匀的气溶胶雾状颗粒。

(2)蒸发过程　雾状颗粒进入可以控制温度的蒸发漂移管中,流动相被汽化蒸发,只剩下挥发性较小的被测组分的雾状颗粒,它们高速通过蒸发漂移管进入光散射池。

(3) 检测过程　激光通过光散射池中的雾状颗粒,雾状颗粒散射激光发出的光,经光电检测器接收,转换成电信号,得到色谱图。

图 6-22　蒸发激光散射检测器检测原理示意图

　　ELSD的特点是：属于通用型、质量型检测器，灵敏度高于RID，线性范围较窄；消除了溶剂峰（溶剂不出峰）的干扰，可进行梯度洗脱；对所有物质几乎具有相同的响应因子；对流动相系统温度变化不敏感；可消除流动相和杂质的干扰（因流动相和挥发性盐进入光散射池时已先挥发除去）；使用HPLC-ELSD可以为LC-MS探索色谱操作条件。

　　ELSD主要应用于碳水化合物、类脂化合物、表面活性剂、聚合物、药物、氨基酸和天然产物的检测。ELSD也为无紫外吸收或紫外末端弱吸收的化合物提供了一种高效和可靠的检测手段，其应用日益广泛。

　　（5）馏分收集器　对于以分离为目的的制备色谱，馏分收集器是必不可少的。现代的馏分收集器，可以按样品分离后组分流出的先后次序，或按时间、或按色谱峰的起止信号，根据预先设定好的程序，自动完成收集工作。图6-23是馏分收集器的结构流程示意图。

　　其工作原理是：在无组分流出时，切换阀3与冲洗液回收瓶连接，可收回一部分冲洗剂。当第一个组分流出时，检测器2通过控制器4将阀3切换至收集位置，令试管盘前移一格，收集一个组分。当第二个组分流出时，检测器将试管盘前移一格，收集第二个组分，以此重复，直至最后一个组分收集完成后，控制器才将阀3切回原处，完成一个样品的收集工作。

6.2.2.5 色谱工作站

目前高效液相色谱仪主要使用色谱工作站来记录和处理色谱分析的数据。色谱工作站多采用16位或32位高档微型计算机，如HP1100高效液相谱仪配备的色谱工作站，其主要功能有：自行诊断功能，全部操作参数控制功能，智能化数据处理和谱图处理功能，进行计量认证的功能，控制多台仪器的自动化操作功能，网络运行功能，运行多种色谱分离优化软件与多维色谱系统操作参数控制软件等。详细情况可参阅有关色谱工作站说明书。

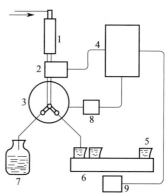

图6-23　馏分收集器

1—色谱柱；2—检测器；3—切换阀；4—程序控制器；5—收集试管；6—试管放置盘；7—冲洗液回收瓶；8，9—电机

色谱工作站不仅大大提高色谱分析的速度，也为色谱分析工作者进行理论研究、开拓新型分析方法创造了有利的条件。随着电子计算机技术的迅速发展、色谱工作站的功能也日益完善。

6.2.3　常用高效液相色谱仪的使用及日常维护

6.2.3.1　常用高效液相色谱仪的使用

国内外常见的HPLC仪器型号有大连依利特的P200型、浙江温岭福立的FL-2200型、美国Agilent的1200系列、Waters的1500系列与Acquity UPLC、PE的LC 200系列、Varian的Pro Star型以及日本岛津的LC 20A等，品种齐全、种类繁多，使用者可根据需要选购合适的仪器型号。

HPLC仪器的型号虽然众多，但操作步骤却大致相同，因此，下面以美国Agilent的1200系列HPLC和日本岛津的LC 20A型HPLC为例，说明其使用方法。

（1）Agilent 1200 HPLC的使用　Agilent 1200 HPLC系统主要包括高压输液泵、真空脱气装置、色谱柱、柱温箱、自动或手动进样器、检测器等部件，图6-24显示了Agilent 1200 HPLC操作面板示意图，其基本操作步骤如下。

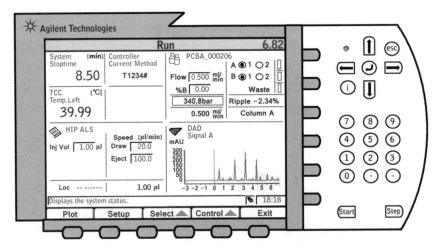

图 6-24　Agilent 1200 HPLC 操作面板

①开机

a.开机前的准备工作。准备工作主要有：选择、安装色谱柱和保护柱；选择、纯化和过滤流动相（若仪器未配置真空脱气装置，流动相需先用超声波清洗器脱气）；检查各贮液瓶中的流动相是否够用，溶剂过滤器是否插入贮液器底部；检查废液瓶存量（若存量不足，需及时倒空），保证排液管道畅通。

b.开机。按自上而下的顺序依次打开真空脱气装置、四元泵（或二元泵）、自动进样器（仪器也可能为手动进样器，）、柱温箱、UVD（或DAD）各模块电源（揿左下角的开关），待各模块右下角指示灯均变绿后（表明仪器自检完毕），双击电脑桌面的"仪器联机"图标，化学工作站自动与1200仪器通信，进入化学工作站主界面（见图6-25）。

c.排气。打开四元泵左侧的黑色"排气"阀，点击工作站主界面的"泵"图标，点击"设置泵"选项，进入泵编辑画面（参考图6-26），设置流速（Flow）为5mL·min^{-1}，设置"溶剂A"为100%，点击"确定"。再点击主界面的"泵"图标，点击"泵控制"选项，选中"启动"和"单次清洗"（"时间"为5min），点击"确定"，则系统开始排气，直到管线内无气泡为止。切换通道继续排气，直至所要求的各通道均无气泡为止（排气的操作也可在仪器"操作面板"上直接设置，大多数操作均可直接在"操作面板"上进行，下同，不再赘述）。

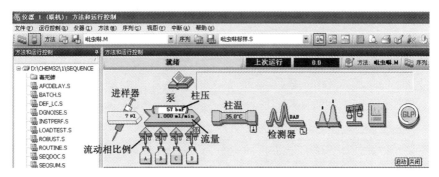

图 6-25 Agilent 1200 HPLC 化学工作站主界面

d.设置体积。点击主界面中的"瓶"图标，输入各贮液瓶实际体积（查看贮液泵外的刻度）、瓶体积、阻止分析与自动关泵的体积，点击"确定"。

② 方法编辑

a.从主界面"方法"菜单中选择"编辑完整方法"，选中除"数据分析"外的其他项，点击"确定"后，在弹出的"方法信息"画面中输入方法信息（如联苯菊酯的分析），点击"确定"。

b.在弹出的画面［见图6-26（a）］中输入流动相名称与比例（通道A、B、C、D总和为100%，若仪器为二元泵，则无通道C、D）、流速（如$1.000mL \cdot min^{-1}$）、停止运行时间、压力限、梯度洗脱（见时间表）等参数，点击"确定"。

c.在弹出的画面中选择"标准进样方式"，并输入进样量，点击"确定"（此界面为自动进样器设置界面，若仪器进样方式为手动，则不会弹出此画面）。

d.在弹出的画面［见图6-26（b）］中选择合适的光源（适用于紫外光区还是可见光区）、输入检测波长（如254nm）或检测波长范围（如190～400nm，适用于DAD）、峰宽（选择合适的响应时间如＞0.1min）、时间表（不同时间段可设置不同检测波长，确保在组分的最大吸收波长处检测，提高检测灵敏度）等参数，点击"确定"。

e.在弹出的画面中输入柱温等参数（如35℃）或选择"不控制"，点击"确定"。

f.在"运行时间表"界面选择"数据采集"与"标准数据分析"，

点击"确定"。

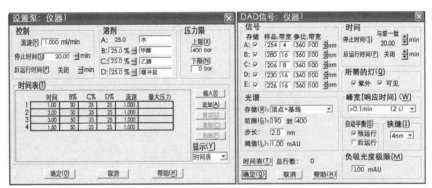

(a) 高压输液泵参数设置　　　　　　　(b) 检测器参数设置

图 6-26　Agilent 1200 HPLC 方法编辑

g.方法编辑完毕，点击"方法"菜单中的"方法另存为"下拉菜单，输入文件名，下次再分析相同样品，可直接调用该方法。

③ 数据采集

a.从"运行控制"菜单中选择"样品信息"选项，输入操作者名称，在数据文件中选择"手动"或"前缀/计数"。

注意！"手动"——每次测样前须设置新名称，否则上次分析数据会被覆盖；"前缀/计数"——在"前缀"框中输入前缀，在"计数器"框中输入计数器的起始位，则仪器会对多次分析自动命名。

b.待基线稳定后，按"平衡"键，使基线回到零点附近。此时，仪器调试完毕。

c.将装有样品溶液的平头注射器插入手动样品器中，推入样品，将六通阀旋转至"LOAD"位置，工作站上即出现竖直红线，开始采集样品，同时界面变成蓝色（界面呈红色表明"未就绪"，呈绿色表明"就绪"，呈蓝色表明正在"采样"）。

④ 数据分析

a.点击"视图"菜单中的"数据分析"进入数据分析界面，从"文件"菜单中点击"调用信号"可调出需分析的数据文件。

b.点击"图形"菜单中的"信号选项"，根据分离谱图情况选择横、纵坐标至合适位置。

c.点击"积分"选项，选择"自动积分"或进行"手动积分"设置，数据被积分。

d.点击"报告"菜单中的"设定报告"选项，选择"定量结果"中的"百分比法"，点击"确定"。点击·打印"即可打印出检测报告。

⑤ 关机　先关UVD或DAD的光源，选用合适溶剂冲洗HPLC系统，退出化学工作站，依据提示关泵及其他窗口，关电脑，按自下而上的顺序依次关检测器等模块电源。填写仪器使用记录。

（2）岛津LC-20A型HPLC的使用　岛津LC-20A型HPLC主要包括LC-20AD输液泵、CTO-20A柱温箱、SPD-20A紫外检测器、色谱数据处理机或色谱工作站等独立单元。图6-27显示了LC-20AD输液泵和SPD-20A紫外检测器的操作面板。LC-20A液相色谱仪的基本操作步骤如下。

① 开机前准备工作

a.选择分析所用试剂（推荐用HPLC纯试剂）配制成流动相，并用0.45μm滤膜过滤，装入贮液器中，置于超声波清洗器中脱气10～20min（若HPLC系统已配置真空脱气装置，也可不必在超声波清洗器中脱气）。

b.将带有过滤头的输液管线插入贮液器中，并确保浸没在溶剂中。

② 开机与调试

a.开启稳压电源，待"高压"红灯亮后，依次打开LC-20AD输液泵、CTO-20A柱温箱、SPD-20A紫外检测器和色谱数据处理机的电源开关（或色谱工作站）。

b.输液泵基本参数设置：打开输液泵电源开关后，仪器进行自检；自检完毕后，进入操作面板主界面（也可多按几次"CE"键返回主界面，见图6-27）；按"func"功能键，光标在流量设置处闪烁，输入流动相流量数值（如$1mL \cdot min^{-1}$），按"enter"；再按"func"功能键1次，可设置仪器在上述流量下的最大限压；再按"func"功能键1次，可设置仪器在上述流量下的最小限压。

c.排除管道气泡或冲洗管道：将排液阀旋转180°至"open"位置，按"purge"键，输液泵以$10mL \cdot min^{-1}$流量排出管道气泡,当确信管道中无气泡后,按"purge"键或"pump"键可使输液泵停止工作,再将排液阀旋转至"close"位置。管道排气也会在3min后自动停止工作。

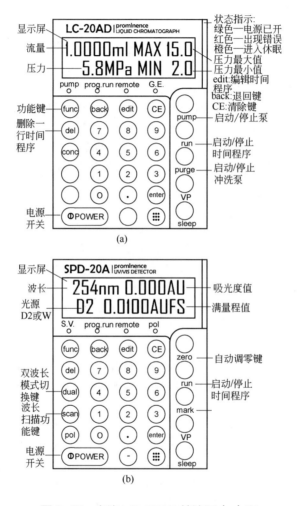

图6-27　岛津LC-20AD输液泵(a)和
SPD-20A紫外检测器(b)操作面板

　　d.色谱柱冲洗:按"pump"键,输液泵以1.0mL·min^{-1}流量向色谱柱输送流动相,在显示屏中可以监测到系统内实际压力(如图6-27

显示的5.8MPa❶）的变化情况。

e. UVD基本参数的设置：打开SPD-20A电源开关后，仪器进行自
检测；自检完毕后，进入操作面板主界面（见图6-27）；按"func"功
能键，可分别设置工作波长（如254nm）、选择光源灯（如氘灯D2、钨
灯W或D2/W）和选择满量程值（如0.0100AUFS）；按"zero"键可调
节输出零点。

f. C-R6A数据微处理机的设置：按"shift down"和"file/plot"键，
色谱数据处理机开始走基线；如果记录笔不在合适位置，按"zero"
和"enter"键；待基线平直后，再重复按一次，停止走基线；依次按
"shift down""print/list""width""enter"键可调出色谱峰分析参数进行
修改或确认。

③ 分析　将六通进样阀旋转到"load"位置，用平头注射器进样
后，转回"inject"位置，并同时按C-R6A色谱数据处理机的"start"
键，仪器开始采集色谱数据，绘制色谱图；待色谱峰完全流出后，按
"stop"键，色谱数据处理机停止采集，并按色谱分析参数表规定的方
法对数据进行处理和打印结果。

6.2.3.2 高效液相色谱仪的日常维护

（1）贮液器

① 高效液相色谱所用流动相溶剂在使用前都应用0.45μm的滤膜过
滤后才可使用，以保持贮液器的清洁。

② 过滤器使用3～6个月后或出现阻塞现象时要及时更换，以保证
仪器正常运行和进入HPLC系统流动相的质量。

③ 用普通溶剂瓶作流动相贮液器时应根据使用情况不定期废弃瓶
子，专用贮液器也应定期用酸、水和溶剂清洗（最后一次清洗应选用
HPLC级的水或有机溶剂）。

（2）高压输液泵

① 每次使用之前应放空排除气泡，并使新流动相从放空阀流出
20mL左右。

② 更换流动相时一定要注意流动相之间的互溶性问题，如更换非
互溶性流动相则应在更换前使用能与新旧流动相均互溶的中介溶剂清洗

---

❶ HPLC系统压力的单位也经常使用bar和psi，它们与MPa的关系是：1bar=0.1MPa，145psi=
1MPa。

输液泵。

③ 如用缓冲液作流动相或一段时间不使用泵，工作结束后应用超纯水或去离子水洗去系统中的盐，然后用纯甲醇或乙腈冲洗。

④ 不要使用存放多日的蒸馏水及磷酸盐缓冲液；如果应用许可，可在溶剂中加入 $0.0001 \sim 0.001 mol \cdot L^{-1}$ 的叠氮化钠。

⑤ 溶剂变质或污染以及藻类的生长会堵塞溶剂过滤头，从而影响泵的运行。清洗溶剂过滤头的方法是：取下过滤头→用硝酸溶液（1＋4）超声清洗15min→用蒸馏水超声清洗10min→用吸耳球吹出过滤头中的液体→用蒸馏水超声清洗10min→用吸耳球吹净过滤头中的水分。清洗后按原位装上。

⑥ 仪器使用一段时间后，应用扳手卸下在线过滤器的压帽，取出其中的密封环和不锈钢烧结过滤片一同清洗，方法同⑤，清洗后按原位装上。

⑦ 使用缓冲液时，由于脱水或蒸发，盐会在柱塞杆后部形成晶体。泵运行时这些晶体会损坏密封圈和柱塞杆，所以应该经常清洗柱塞杆后部的密封圈。方法是：将合适大小的塑料管分别套入所要清洗泵的泵头上、下清洗管→用注射器吸取一定的清洗液（如去离子水）→将针头插入连接清洗管的塑料管另一端→打开高压泵→缓慢将清洗液注入清洗管中，连续重复几次即可。

⑧ 泵长时间不使用，必须用去离子水清洗泵头及单向阀，以防阀球被阀座"黏住"，泵头吸不进流动相（操作时可参阅高压输液泵使用说明书，最好由维修人员现场指导）。

⑨ 柱塞和柱塞密封圈长期使用会发生磨损，应定期更换密封圈，同时检查柱塞杆表面有无损耗。

⑩ 实验室应常备密封圈、各式接头、保险丝等易耗部件和拆装工具。

（3）进样器

① 对六通阀进样器而言，保持清洁和良好的装置可延长阀的使用寿命。

② 进样前应使样品混合均匀，以保证结果的精确度。

③ 样品瓶应清洗干净，无可溶解的污染物。

④ 自动进样器的针头应有钝化斜面，侧面开孔；针头一旦弯曲应该换上新针头，不能弄直了继续使用；吸液时针头应没入样品溶液中，

但不能碰到样品瓶底。

⑤ 为了防止缓冲盐和其他残留物留在进样系统中，每次工作结束后应冲洗整个系统。

（4）色谱柱

① 在进样阀后加流路过滤器（0.45μm不锈钢烧结片），挡住来源于样品和进样阀垫圈的微粒。

② 在流路过滤器和分析柱之间加上"保护柱"，收集阻塞柱进口的来自样品的会降低柱效能的化学"垃圾"。

③ 流动相流速不可一次改变过大，应逐渐增大或降低，以避免色谱柱受突然变化的高压冲击，使柱床受到冲击，引起紊乱，产生空隙。

④ 色谱柱应在要求的pH值范围和柱温范围下使用。不要把柱子放在有气流的地方或直接放到阳光下，气流和阳光都会使柱子产生温度梯度造成基线漂移。如果怀疑基线漂移是由温度梯度引起的，可将柱子置于柱恒温箱中。

⑤ 样品进样量不应过载。进样前应将样品进行必要的净化，以免其中的杂质对色谱柱造成损伤。

⑥ 应使用不损坏色谱柱的流动相。在使用缓冲溶液时，盐的浓度不应过高，并且在工作结束后要及时用纯水冲洗柱子，不可过夜。

⑦ 每次工作结束后，应用强溶剂（乙腈或甲醇）冲洗色谱柱。柱子不用或贮藏时，应将其封闭贮存在惰性溶剂中（见表6-10）。

表6-10　固定相的封存和禁用溶剂

固定相	硅胶、氧化铝、正相键合相	反相色谱填料	离子交换填料
封存溶剂	2,2,4-三甲基戊烷	甲醇	水
禁用溶剂	二氯代烷烃，酸、碱性溶剂		

⑧ 柱子应定期进行清洗，以防止有太多的杂质在柱上堆积（反相柱的常规洗涤办法是：分别取甲醇、三氯甲烷、甲醇/水各20倍柱体积冲洗柱子）。

⑨ 色谱柱使用一段时间后，柱效会下降，此时可对柱子进行再生处理（如反相色谱柱再生时用25mL纯甲醇及25mL甲醇-氯仿1∶1混合液依次冲洗柱子）。

⑩ 对于阻塞或受伤严重的柱子，必要时可卸下不锈钢滤板，超声波洗去滤板阻塞物，对塌陷污染的柱床进行清除、填充、修补工作。如此可使柱效恢复到一定程度（80%），再继续使用。

（5）检测器　检测器的类型众多，下面以在高效液相色谱系统中使用最为常用的紫外吸收光检测器为例说明其日常维护，其他类型检测器的日常维护可查阅相关仪器的使用说明书。

① 检测池的清洗　将检测池中的零件（压环、密封垫、池玻璃、池板）拆出，并对它们进行清洗，一般先用硝酸溶液（1＋4）进行超声波清洗，然后再分别用纯水和甲醇溶液清洗，接着重新组装（注意，密封垫、池玻璃一定要放正，以免压碎池玻璃，造成检测池漏液）并将检测池池体推入池腔内，拧紧固定螺杆。

② 更换氘灯

a.关机，拔掉电源线（**注意!**不可带电操作），打开机壳，待氘灯冷却后，用十字螺丝刀将氘灯的三条连线从固定架上取下（记住红线的位置），将固定灯的两个螺钉从灯座上取下，轻轻将旧灯拉出。

b.戴上手套，用酒精擦去新灯上灰尘及油渍，将新灯轻轻放入灯座（红线位置与旧灯一致），将固定灯的两个螺钉拧紧，将三条连线拧紧在固定架上。

c.检查灯线是否连接正确，是否与固定架上引线连接（红-红相接），合上机壳。

③ 更换钨灯

a.关机，拔掉电源线（**注意!**不可带电操作），打开机壳。

b.从钨灯端拔掉灯连线，旋松钨灯固定压帽，将旧灯从灯座上取下。

c.将新灯轻轻插入灯座（操作时要戴上干净手套，以免手上汗渍沾污钨灯石英玻璃壳；若灯已被沾污，应使用乙醇清洗并用擦镜纸擦净后再安装），拧紧压帽，灯连线插入灯连接点（**注意：**带红色套管的引线为高压线，切不可接错，否则极易烧毁钨灯），合上机壳。

6.2.3.3　高效液相色谱仪常见故障的排除

高效液相色谱仪在运行过程中出现故障，其现象是多种多样的，这里只描述基本故障的症状，及排除时所要采取的措施（更详细的内容请参考由黄一石主编的《分析仪器操作技术与维护》第六章相关内容）。如果以下方法不能解决问题，请与产品公司或相关代理商联系。

（1）高压输液泵　高压输液泵是高效液相色谱仪的重要组成部件，也是液相色谱系统最容易出现故障的部件。表6-11列出了高压输液泵的常见故障及对应处理方法。

表6-11　高压输液泵常见故障及处理方法

故障现象	故障原因	排除方法
1.输液不稳,压力波动较大	(1) 泵头内有气泡 (2) 原溶液仍留在泵腔内 (3) 气泡存于溶液过滤头的管路中 (4) 单向阀不正常 (5) 柱塞杆或密封圈漏液 (6) 管路漏液 (7) 管路阻塞	(1) 通过放空阀排出气泡或用注射器通过放空阀抽出气泡 (2) 加大流速并通过放空阀彻底更换旧溶剂 (3) 振动过滤头以排除气泡;若过滤头有污物,用超声波清洗;若超声波清洗无效,更换过滤头;流动相脱气 (4) 清洗或更换单向阀 (5) 更换柱塞杆密封圈;更换损坏部件 (6) 上紧漏液处螺钉;更换失效部分 (7) 清洗或更换管路
2.泵运行,但无溶剂输出	(1) 泵腔内有气泡 (2) 气泡从输液入口进入泵头 (3) 泵头中有空气 (4) 单向阀方向颠倒 (5) 单向阀阀球阀座粘连或损坏 (6) 溶剂贮液瓶已空	(1) 通过放空阀冲出气泡;用注射器通过放空阀抽气泡 (2) 上紧泵头入口压帽 (3) 在泵中灌注流动相,打开放空阀并在最大流量下开泵,直到没有气泡出现 (4) 按正确方向安装单向阀 (5) 清洗或更换单向阀 (6) 灌满贮液瓶
3.压力不上升	(1) 放空阀未关紧 (2) 管路漏液 (3) 密封圈处漏液	(1) 旋紧放空阀 (2) 上紧漏液处;更换失效部分 (3) 清洗或更换密封圈
4.压力上升过高	(1) 管路阻塞 (2) 管路内径太小 (3) 在线过滤器阻塞 (4) 色谱柱阻塞	(1) 找出阻塞部分并处理 (2) 换上合适内径管路 (3) 清洗或更换在线过滤器的不锈钢筛板 (4) 更换色谱柱
5.运行中停泵	(1) 压力超过高压限定 (2) 停电	重新设定最高限压,或更换色谱柱,或更换合适内径管路
6.泵没有压力	(1) 两泵头均有气泡 (2) 进样阀泄漏 (3) 泵连接管路漏	(1) 打开放空阀,让泵在高流速下运行,排除气泡 (2) 检查排除 (3) 用扳手上紧接头或换上新的密封刃环

续表

故障现象	故障原因	排除方法
7.柱压太高	(1) 柱头被杂质堵塞	(1) 拆开柱头，清洗柱头过滤片，如杂质颗粒已进入柱床堆积，应小心翼翼地挖去沉积物和已被污染的填料，然后用相同的填料填平，切勿使柱头留下空隙；另一方法是在柱前加过滤器
	(2) 柱前过滤器堵塞	(2) 清洗柱前过滤器进行清洗后如压力还高可更换新的滤片，对溶剂和样品溶液进行过滤
	(3) 在线过滤器堵塞	(3) 清洗或更换在线过滤器
8.泵不吸液	(1) 泵头内有气泡聚集	(1) 排除气泡
	(2) 入口单向阀堵塞	(2) 检查并更换
	(3) 出口单向阀堵塞	(3) 检查并更换
	(4) 单向阀方向颠倒	(4) 按正确方向安装单向阀
9.开泵后有柱压，但没有流动相从检测器中流出	(1) 系统中严重漏液	(1) 修理进样阀及泵与检测器之间的管路和紧固件
	(2) 流路堵塞	(2) 清除进样器口，进样阀或柱与检测器之间的连接毛细管或检测池的微粒
	(3) 柱入口端被微粒堵塞	(3) 清洗或更换柱入口过滤片；需要的话另换一根柱子；过滤所有样品和溶剂

（2）检测器 检测器也是液相色谱系统容易出现故障的部件。表6-12列出了检测器的常见故障及对应处理方法。

表6-12 检测器常见故障及其处理方法

故障现象	故障原因	排除方法
1.基线噪声	(1) 检测池窗口污染	(1) 用$1mol \cdot L^{-1}$的HNO_3、水和新溶剂冲洗检测池；卸下检测池，拆开清洗或更换池窗石英片
	(2) 样品池中有气泡	(2) 突然加大流量赶出气泡；在检测池出口端加背压（$0.2 \sim 0.3MPa$）或连一0.3mm×（1～2）m的不锈钢管，以增大池内压
	(3) 检测器或数据采集系统接地不良	(3) 拆去原来的接地线，重新连接
	(4) 检测器光源故障	(4) 检查氘灯或钨灯设定状态；检查灯使用时间、灯能量、开启次数；更换氘灯或钨灯
	(5) 液体泄漏	(5) 拧紧或更换连接件
	(6) 很小的气泡通过检测池	(6) 流动相仔细脱气；加大检测池的背压；系统测漏
	(7) 有微粒通过检测池	(7) 清洗检测池；检查色谱柱出口筛板

续表

故障现象	故障原因	排除方法
2.基线漂移	(1) 检测池窗口污染 (2) 色谱柱污染或固定相流失 (3) 检测器温度变化 (4) 检测器光源故障 (5) 原先的流动相没有完全除去 (6) 溶剂贮存瓶污染 (7) 强吸附组分从色谱柱中洗脱	(1) 用 $1mol\cdot L^{-1}$ 的 HNO_3、水和新溶剂冲洗检测池；卸下检测池，拆开清洗或更换池窗石英片 (2) 再生或更换色谱柱；使用保护柱 (3) 系统恒温 (4) 更换氘灯或钨灯 (5) 用新流动相彻底冲洗系统置换溶剂，或采用兼容溶剂置换 (6) 清洗贮液器，用新流动相平衡系统 (7) 在下一次分离之前用强洗脱能力的溶剂冲洗色谱柱；使用溶剂梯度
3.负峰	(1) 检测器输出信号的极性不对 (2) 进样故障 (3) 使用的流动相不纯	(1) 颠倒检测器输出信号接线 (2) 使用进样阀，确认在进样期间样品环中没有气泡 (3) 使用色谱纯的流动相或对溶剂进行提纯
4.基线随着泵的往复出现噪声	仪器处于强空气中或流动相脉动	改变仪器放置，放在合适的环境中；用一调节阀或阻尼器以减少泵的脉动
5.随着泵的往复出现尖刺	检测池中有气泡	卸下检测池的入口管与色谱柱的接头，用注射器将甲醇从出口管端推进，以除去气泡

（3）色谱峰峰形异常　在进行分析测定时，由于操作不当或其他一些原因往往导致色谱峰峰形异常。图6-28列出了一些出现典型异常色谱峰的主要原因和解决方法。

（4）色谱柱　色谱柱使用一段时间或使用不当后，柱效严重下降，也会影响样品的分离。表6-13列出了部分由色谱柱引起的故障及解决方法。

（5）梯度洗脱　由于梯度洗脱程序设置不合理，也会导致色谱分离不理想。表6-14列出了部分由梯度洗脱引起的分离问题及解决方法。

（6）样品预处理　样品预处理时所选方法不合适或处理不当，既可能影响色谱分离过程，也可能降低测定准确度与精密度。表6-15列出了部分由于样品预处理引起的问题和解决方法。

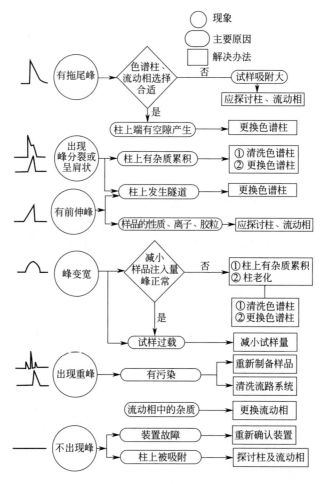

图 6-28　峰形出现异常时的对策

表 6-13　由色谱柱引起的故障及解决方法

故障	现象	解决方法
过滤片阻塞	压力增高，n 下降，峰形差	倒柱冲洗或换过滤片
柱头塌陷	峰分叉，n 下降	修补柱头，可恢复80%以上
键合相流失	保留改变，峰形差，n 下降	换柱
样品阻塞	高压	用能溶解样品的溶剂冲洗柱
强吸附的样品	n 下降，保留减小	强溶剂反冲

表6-14　梯度洗脱引起的分离问题和解决方法

故障原因	现象	解决方法
开始流动相太强	色谱图前面的峰挤成一团，且分离度较差	在开始的梯度中减少溶剂B的比例（%）
条件欠佳	色谱图中间峰分离度差	增加k'、N和a，改变梯度时间、流速、柱长
柱平衡差	色谱图前面的峰保留不重复	（1）增加两次梯度之间的再生时间 （2）一定的间隔进样
溶剂A和B有不同的紫外吸收值	基线漂移	（1）加非保留的紫外吸收剂以抵消溶剂吸收的波动 （2）用不同波长检测 （3）用不同检测器
试剂或流动相不纯	在空白的梯度中有伪峰	（1）用HPLC级试剂 （2）纯化流动相
溶剂分层	部分色谱峰分离度突然变差	用键合相柱代替多孔硅胶柱

表6-15　样品预处理引起的问题和解决方法

问题原因	症状	解决方法
样品过滤器带来污染	色谱图中出现无关的峰	（1）过滤器浸泡在样品溶剂中并进样试验 （2）改变过滤器类型 （3）采用交替清洗技术
样品过滤器表面吸附下降	一些或全部化合物的峰比预期的小，尤其是低浓度的样品	（1）改变过滤器类型 （2）严格按相同条件处理所有样品 （3）采用交替清洗技术
萃取不完全	回收率太低或差	（1）增加萃取时间，使用热溶剂 （2）修改清洗方法
样品带来的干扰与污染	色谱峰变宽，柱寿命缩短	改进清洗方法
回收不完全	精度差	（1）改进或替换衍生化、分离、萃取或其他条件 （2）用自动化预处理装置提高精度

阅读材料

药物分析技术简介

药物质量的好坏，直接关系到病人的用药安全。对药物的分析是控制药物质量的保证。为了保证药品的质量，很多国家都有自己的药典。它是记载药品标准和规格的国家法典，是国家管理药品生产、供应、使用与检验的依据，通常都由专门的药典委员会组织编写，由政府颁布施行。凡属药典收载的药品，其质量在出厂前均需经过检验，并符合药典规定的标准和要求，否则不得出厂、销售和使用。药典中列出许多分析方法，分别用于不同药物的检验。从这些方法可以看出该国的药物分析水平。同时所使用的方法必须是很成熟的，容易推广和掌握的。当然，药典中所规定的指标是该药物应达到的最低标准，各生产厂可制定出自己的高于这些指标的标准，以生产更高质量的药物。

在药典中使用的方法目前多趋于色谱法，尤以高效液相色谱法为普遍。当然，其他如气相色谱、离子色谱及紫外光谱、红外光谱、荧光、拉曼、核磁共振等分析技术也运用广泛。

药物分析不仅对药品进行分析检测，同时还包括像毒物分析、运动员的兴奋剂检测、成瘾药物检查等。因此，分析化学与药物分析有同样的发展方向，概括来说，就是药物分析随分析化学的发展而发展，药物分析的发展也会推动分析化学的发展。

6.3 高效液相色谱基本理论与实验技术

高效液相色谱法与气相色谱法在许多方面有相似之处，如各种溶剂的分离原理、溶质在固定相上的保留规律、溶质在色谱柱中的峰形扩散过程等。速率理论解释了引起色谱峰扩张的因素，了解它对色谱实验的设计和操作都有很大的指导意义。

6.3.1 速率理论

6.3.1.1 速率理论方程式

高效液相色谱分析中，当样品以柱塞状或点状注入液相色谱柱后，在液体流动相的带动下实现各个组分的分离，并引起色谱峰形的扩展，此过程与气液色谱的分离过程类似，也符合速率理论方程式（也就是范第姆特方程式）：

$$H = H_E + H_L + H_S + H_{MM} + H_{SM} = A + \frac{B}{u} + Cu \qquad (6\text{-}1)$$

式中，A 为涡流扩散项（H_E）；B/u 为分子扩散项（H_L）；Cu 为传质阻力项，包括固定相的传质阻力项（H_S），移动流动相的传质阻力项（H_{MM}）以及滞留流动相的传质阻力项（H_{SM}）。

6.3.1.2　影响速率理论方程式的因素

（1）涡流扩散项 H_E　当样品注入由全多孔微粒固定相填充的色谱柱后，在液体流动相驱动下，样品分子不可能沿直线运动，而是不断改变方向，形成紊乱似涡流的曲线运动。由于样品分子在不同流路中受到的阻力不同，而使其在柱中的运行速度有快有慢，加上运行路径的长短本身就不一致，从而使到达柱出口的时间不同，导致峰形的扩展，涡流扩散仅与固定相的粒度和柱填充的均匀程度有关。涡流扩散引起的色谱峰形扩展如图6-29所示。

（2）分子扩散项 H_L　当样品以塞状（或点状）进样注入色谱柱后，沿着流动相前进的方向产生扩散，因而引起色谱峰形的扩展，又称纵向扩散，如图6-30所示。显然，样品在色谱柱中滞留的时间越长，溶质在液体流动相中的扩散系数（D_M）越大，色谱谱带的分子扩散也越严重。由于 D_M 的数值一般都很小，所以在大多数情况下可假设 $H_L \approx 0$。

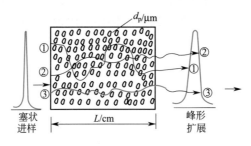

图 6-29　涡流扩散引起的峰形扩展

（3）固定相的传质阻力项 H_S 溶质分子从液体流动相转移进入固定相和从固定相移出重新进入液体流动相的过程，会引起色谱峰形的明显扩展，如图6-31所示。

当载体上涂布的固定液液膜比较薄，载体无吸附效应或吸附剂固定相表面具有均匀的物理吸附作用时，都可减少由于固定相传质阻力所带来的峰形扩展。

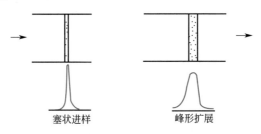

图 6-30　分子扩散引起的峰形扩展

（4）移动流动相的传质阻力项 H_{MM}　在固定相颗粒间移动的流动相，对处于不同层流的流动相分子具有不同的流速，溶质分子在紧挨颗粒边缘的流动相层流中的移动速度要比在中心层流中的移动速度慢，因而引起峰形扩展。与此同时，也会有些溶质分子从移动快的层流向移动慢的层流扩散（径向扩散），这会使不同层流中的溶质分子的移动速度趋于一致而减少峰形扩展（见图6-32）。

（5）滞留流动相的传质阻力项 H_{SM}　柱中装填的无定形或球形全多孔固定相，其颗粒内部的孔洞充满了滞留流动相，溶质分子在滞留流动相中的扩散会产生传质阻力。对仅扩散到孔洞中滞留流动相表层的溶质分子，仅需移动很短的距离，就能很快地返回到颗粒间流动的主流路；而扩散到孔洞中滞留流动相较深处的溶质分子，就会消耗更多的时间停留在孔洞中，当其返回到主流路时必然伴随谱带的扩展（见图6-33）。

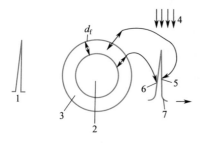

图 6-31　固定相的传质阻力引起的
色谱峰形的扩展

1—进样后起始峰形；2—载体；3—固定液
（液膜厚度为 d_f）；4—液体流动相；5—溶解在固
定液表面溶质分子到达峰的前沿；6—溶解在固定液
内部溶质分子到达峰的后尾；7—样品移出色谱柱时的峰形

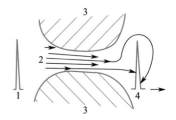

图 6-32　移动流动相的传质阻力
引起的色谱峰形的扩展

1—进样后的起始峰形；2—移动流动
相在固定相颗粒间构成的层流；
3—固定相基体；4—样品移出
色谱柱时的峰形

由式（6-1）可知，将 H 对 u 作图，也可绘制出和 GC 相似的曲线，曲线的最低点也对应着最低理论塔板高度 H_{min} 和流动相的最佳线速 u_{opt}（见图 6-34）。比较图 5-8 和图 6-34 可知，HPLC 中的 H_{min} 和 u_{opt} 远小于 GC 中的 H_{min} 和 u_{opt}，这表明 HPLC 色谱柱与 GC 填充柱相比具有更高的柱效。因此 HPLC 色谱柱的长度远小于 GC 填充柱，一般仅为 150mm。由图 6-34 可知，随着柱填料

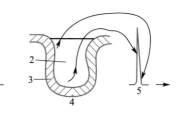

图 6-33 滞留流动相的传质阻力引起的色谱峰形的扩展

1—进样后的起始峰形；2—滞留流动相；3—固定液膜；4—固定相基体；5—样品移出色谱柱时的峰形

颗粒度的下降，色谱柱的 H_{min} 也逐渐减小，柱效逐渐提高，且 H-u 曲线后半段的斜率逐渐趋于平稳，也即采用较高的流动相线速时，色谱柱柱效无明显的损失。因此，对于细填料的液相色谱柱而言，HPLC 实际应用时可采用高线速进行快速分析，在缩短分析时间的同时，分离度没有明显的降低。

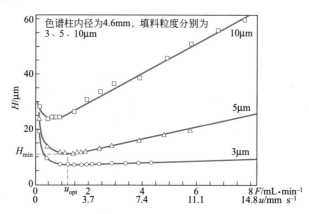

图 6-34 HPLC 理论塔板高度 H 与流动相线速度 u 之间的关系图

6.3.2 实验技术

6.3.2.1 溶剂处理技术

（1）溶剂的纯化 分析纯和优级纯溶液在很多情况下可以满足色谱

分析的要求，但不同的色谱柱和检测方法对溶剂的要求不同，如用紫外检测器检测时溶剂中就不能含有在检测波长下有吸收的杂质。目前专供色谱分析用的"色谱纯"溶剂除最常用的甲醇外，其余多为分析纯，有时要进行除去杂质、脱水、重蒸等纯化操作。

乙腈也是常用的溶剂。分析纯乙腈中含有少量的丙酮、丙烯腈、丙烯醇和镓唑等化合物，产生较大的背景吸收。为减小杂质存在带来的背景吸收，可采用活性炭或酸性氧化铝吸附纯化，也可采用高锰酸钾/氢氧化钠氧化裂解与甲醇共沸的方法进行纯化。

四氢呋喃中的抗氧化剂BHT（3,5-二叔丁基-4-羟基甲苯）可通过蒸馏除去。四氢呋喃长时间放置会被氧化,因此最好在使用前先检查其中有无过氧化物。方法是取10mL四氢呋喃和1mL新配制的10％碘化钾溶液,混合1min后,观察是否有黄色出现,若无，则可使用。

与水不混溶的溶剂（如氯仿）中的微量极性杂质（如乙醇），卤代烃（如CH_2Cl_2）中的HCl杂质可以用水萃取除去，然后再用无水硫酸钙干燥。

正相色谱中使用的亲油性有机溶剂通常都含有$50 \sim 2000\mu g \cdot mL^{-1}$的水。水是极性最强的溶剂,特别是对吸附色谱来说,即使很微量的水也会因其强烈的吸附而占领固定相中很多吸附活性点,致使固定相性能下降。通常可用分子筛床干燥除去有机溶剂中的微量水。

卤代溶剂与干燥的饱和烃混合后性质比较稳定,但卤代溶剂（如氯仿,四氯化碳）与醚类溶剂（如乙醚,四氢呋喃）混合后会发生化学反应,且生成的产物对不锈钢有腐蚀作用,有的卤代溶剂（如二氯甲烷）与一些反应活性较强的溶剂（如乙腈）混合放置后会析出结晶。因此,应尽可能避免使用卤代溶剂,如一定要用,最好现配现用。

（2）流动相的脱气　流动相溶液中往往因溶解有氧气或混入了空气而形成气泡,气泡进入检测器后会引起检测信号的突然变化,在色谱图上出现尖锐的噪声峰。小气泡慢慢聚集后会变成大气泡,大气泡进入流路或色谱柱中会使流动相的流速变慢或不稳定,致使基线起伏。溶解氧常和一些溶剂结合生成有紫外吸收的化合物,在荧光检测中,溶解氧还会使荧光猝灭。溶解气体也有可能引起某些样品的氧化降解或使其溶解从而导致流动相pH发生变化。凡此种种,都会给分离带来负面的影响。因此,HPLC实际分析过程中,必须先对流动相进行脱气处理。

目前,HPLC流动相脱气的方法主要有超声波振荡脱气、惰性气体鼓泡吹扫脱气以及在线（真空）脱气三种。

超声波振荡脱气的方法是将配制好的流动相连同容器一起放入超声水槽中，超声脱气10～20min即可。该法操作简便，又基本能满足日常分析的要求，因此，目前仍被广泛采用。

惰性气体（氦气）鼓泡吹扫脱气的效果好，其方法是将钢瓶中的氦气缓慢而均匀地通入贮液器里的流动相中，氦气分子将其他气体分子置换和顶替出去，流动相中只含有氦气。由于氦气本身在流动相中的溶解度很小，而微量氦气所形成的小气泡对检测没有影响，从而达到脱气的目的。

在线真空脱气的原理是将流动相通过一段由多孔性合成树脂膜构成的输液管，该输液管外有真空容器。真空泵工作时，膜外侧被减压，分子量小的氧气、氮气、二氧化碳就会从膜内进入膜外而被排除。图6-35是单流路真空脱气装置的原理图。在线真空脱气的优点是可同时对多个流动相溶剂进行脱气。

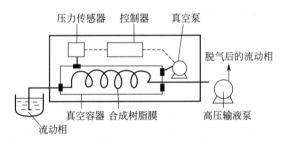

图6-35　单流路真空脱气装置的原理图

（3）流动相的过滤　过滤是为了防止不溶物堵塞流路或色谱柱入口处的微孔垫片。流动相过滤常使用G_4微孔玻璃漏斗，可除去3～4μm以下的固态杂质。严格地讲，流动相都应该采用特殊的流动相过滤器（图6-36显示了实验室最常用的全玻璃流动相过滤器），用0.45μm以下微孔滤膜进行过滤后方可使用。滤膜分有机溶剂专用和水溶液专用两种。

6.3.2.2　色谱柱的制备

如果实验室具备一定的条件，则可自行填充液相色谱柱，填充液相色谱柱的方法主要有干法和匀浆填充法两种。

（1）干法　原则上大于20μm的填料可用这个方法填充液相色谱柱。

方法是：将填料通过漏斗加入到垂直放置的柱管中，同时敲打或振动柱管，以得到填充紧密而均匀的色谱柱。

（2）匀浆填充法　匀浆填充法装柱又称湿法装柱，无论大粒径还是小粒径固定相均可采用此法装柱。方法是：以一种或数种溶剂配制成密度与固定相相近的溶液，经超声处理使填料颗粒在溶液中高度分散，呈现乳浊液状态，即制成匀浆。然后用加压介质（正己烷或甲醇等）在高压下将匀浆压入柱管中，便制成具有均匀、紧密填充床的高效液相色谱柱。

匀浆填充法的关键是匀浆的制备，制备时需要一台性能优良的大流量泵。

图6-36　全玻璃流动相过滤器

6.3.2.3　梯度洗脱技术

梯度洗脱技术可以改进复杂样品的分离，改善峰形，减少脱尾并缩短分析时间，而且还能降低最小检测量和提高分离精度。梯度洗脱对复杂混合物、特别是保留值相差较大的混合物的分离是极为重要的手段，因为这些样品的 k' 范围宽，不能用等度方法简单地处置。图6-37显示了一个复杂样品采用等度洗脱与梯度洗脱时色谱分离谱图的比较。

影响梯度洗脱的因素有起始时间、梯度洗脱时间、强溶剂组分B浓度变化范围、柱温、梯度洗脱程序曲线形状、流动相流量和柱死体积等。

图6-38反映的是梯度洗脱时间对典型样品分离度的影响。由图6-38可知，随着梯度洗脱时间 t_G 的延长，梯度陡度 T [1] 逐渐减少，组分间的分离度R增大，但总分析时间变长。因此，在保证一定分离度的前提下，应当选择合适的梯度洗脱时间 t_G（本例可选择 t_G 为约20min）。

图6-39反映的是强洗脱溶剂组分B浓度变化范围对典型样品分离度的影响。由图6-39可知，若梯度洗脱时强洗脱溶剂组分B浓度值较低，则谱图起始较空旷，无组分峰出现，表明梯度洗脱可从强洗脱溶剂组分B浓度较高值开始。若梯度洗脱开始时强洗脱溶剂组分B浓度值较高，则谱图后部较空旷，表明梯度洗脱未完成时全部组分已被洗脱

---

[1] 梯度陡度类似于气相色谱程序升温中的升温速度，即单位时间内流动相中强洗脱溶剂组分B的浓度变化速度（%/min）。

出，同时部分组分峰会重叠。因此，合理选择强洗脱溶剂组分B浓度变化范围可以获得最佳分离效果（本例可选择组分B浓度变化范围在30%～100%，梯度洗脱时间约30min）。

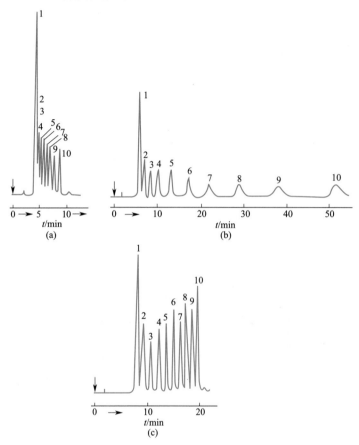

图6-37　用一个 $C_1 \sim C_{10}$ 烷基胺同系列衍生的亚萘基苯并咪唑氨磺酰荧光衍生物的反相 HPLC 分离谱图

（a），（b）等度洗脱；（c）线性梯度洗脱

色谱柱：$\phi 4.2$mm×300mm，填充 C_{18}-Lichrosorb 100固定相，柱死体积 V_m=3.1mL

流动相：（a）甲醇-水（95：5）；（b）甲醇-水（80：20）；

　　　　（c）甲醇-水（70：30）$\xrightarrow[\text{线性梯度}]{20\,min}$100%甲醇

流速：1mL·min^{-1}

检测器：荧光检测器，激发波长为365nm，发射波长为410nm

谱图中色谱峰数与烷基胺同系列的碳数一致

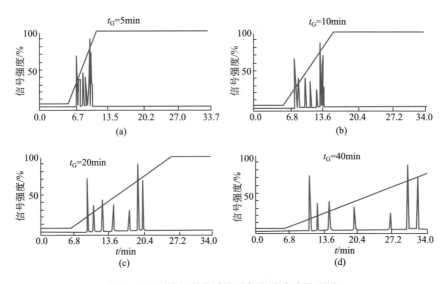

图 6-38 梯度洗脱时间对色谱分离度的影响

由相同起始时间进行梯度洗脱，强组分洗脱溶剂 B 在流动相中的浓度变化均为 10% ~ 60%

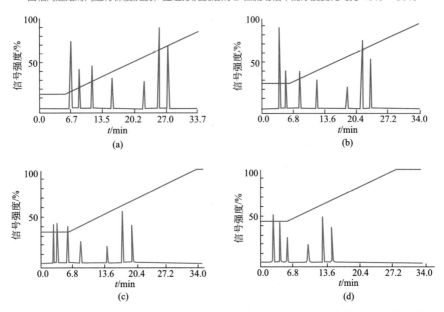

图 6-39 梯度陡度不变时强洗脱溶剂组分 B 浓度变化范围对色谱分离度的影响

溶剂梯度：（a）15% ~ 100% B 在 35min 内；（b）25% ~ 100% B 在 31min 内；
（c）35% ~ 100% B 在 27min 内；（d）45% ~ 100% B 在 22min 内

在梯度洗脱中，有时还可通过更换流动相中强洗脱有机溶剂的种类（如用四氢呋喃替代甲醇）来获取更好的分离效果（如改善相邻峰间的 α 值）。

在梯度洗脱中，如果采用二元梯度洗脱难以达到预期的分离效果，也可采用三元梯度、四元梯度来进一步优化分离效果。

总之，梯度洗脱技术是目前高效液相色谱分析中一个重要的技术，它类似于气相色谱分析中的程序升温技术，给高效液相色谱分离带来了新的活力。

6.3.2.4 衍生化技术

所谓衍生化，就是将用通常检测方法不能直接检测或检测灵敏度比较低的物质与某种试剂（即衍生化试剂）反应，使之生成易于检测的化合物。按衍生化的方法可以分为柱前衍生化和柱后衍生化。

柱前衍生化是指将被检测物转变成可检测的衍生物后，再通过色谱柱分离。这种衍生化可以是在线衍生化，即将被测物和衍生化试剂分别通过两个输液泵送到混合器里混合并使之立即反应完成，随之进入色谱柱；也可以先将被测物和衍生化试剂反应，再将衍生化产物作为样品进样；或者在流动相中加入衍生化试剂，进样后，让被测物与流动相直接发生衍生化反应。

柱后衍生化是指先将被测物分离，再将从色谱柱流出的溶液与反应试剂在线混合，生成可检测的衍生物，然后导入检测器。按生成衍生物的类型又可分为紫外-可见光衍生化、荧光衍生化、拉曼衍生化和电化学衍生化。

衍生化技术不仅使高效液相色谱分析体系复杂化，而且需要消耗时间，增加分析成本，有的衍生化反应还需要控制严格的反应条件。因此，只有在找不到方便而灵敏的检测方法，或为了提高分离和检测的选择性时才考虑用衍生化技术。

（1）紫外-可见光衍生化 紫外衍生化是指将紫外吸收弱或无紫外吸收的有机化合物与带有紫外吸收基团的衍生化试剂反应，使之生成可用紫外检测的化合物。如胺类化合物容易与卤代烃、羰基、酰基类衍生试剂反应。表6-16列出了常见的紫外衍生化试剂。

表6-16　常见紫外衍生化试剂

化合物类型	衍生化试剂	最大吸收波长/nm	ε_{254}/L·mol^{-1}·cm^{-1}
RNH$_2$及RR′NH	2,4-二硝基氟苯	350	$>10^4$
	对硝基苯甲酰氯	254	$>10^4$
	对甲基苯磺酰氯	224	10^4
RCH—NH$_2$ 　| 　COOH	异硫氰酸苯酯	244	10^4
RCOOH	对硝基苄基溴	265	6200
	对溴代苯甲酰甲基溴	260	1.8×10^4
	萘酰甲基溴	248	1.2×10^4
ROH	对甲氧基苯甲酰氯	262	1.6×10^4
RCOR′	2,4-二硝基苯肼	254	
	对硝基苯甲氧胺盐酸盐	254	6200

注：ε_{254}表示在254nm处的摩尔吸光系数。

可见光衍生化有两个主要的应用：一是用于过渡金属离子的检测，即将过渡金属离子与显色剂反应，生成有色的配合物、螯合物或离子缔合物后用可见分光光度计检测；二是用于有机离子的检测，即在流动相中加入被测离子的反离子，使之形成有色的离子对化合物后，用可见分光光度计检测。

（2）荧光衍生化　荧光衍生化是指将被测物质与荧光衍生化试剂反应后生成具有荧光的物质进行检测。有的荧光衍生化试剂本身没有荧光，而其衍生物却有很强的荧光。表6-17列出了常见的荧光衍生化试剂。

表6-17　常见荧光衍生化试剂

化合物类型	衍生化试剂	激发波长/nm	发射波长/nm
RNH$_2$及RCH—NH$_2$ 　　　　　| 　　　　　COOH α-氨基羧酸、伯胺、仲胺、苯酚、醇	邻苯二甲醛	340	455
	荧光胺	390	475
	丹酰氯	350～370	490～530
α-氨基羧酸	吡哆醛	332	400
RCOOH	4-溴甲基-7-甲氧基香豆素	365	420
RR′C=O	丹酰肼	340	525

其他的衍生化法可参阅有关专著。

6.3.2.5　样品预处理技术

与气相色谱中的样品预处理一样，液相色谱样品预处理的目的是去除基体中干扰样品分析的杂质，提高被测定化合物检测的灵敏度和准确度，改善定性定量分析的重复性。用于液相色谱样品预处理的方法繁多，如浓缩、稀释、固相萃取、固相微萃取、超滤、快速溶剂萃取、微渗析等。下面简单介绍目前在液相色谱分析中使用比较广泛的固相萃取、固相微萃取和快速溶剂萃取。

（1）固相萃取　固相萃取（solid phase extraction，SPE）是20世纪70年代后期发展起来的样品前处理技术。它利用固体吸附剂将目标化合物吸附，使之与样品的基体及干扰化合物分离，然后用洗脱液洗脱或加热解脱，从而达到分离和富集目标化合物的目的。

与液-液萃取相比，固相萃取的优点是：

① 回收率与富集倍数高；

② 有机溶剂消耗量低，可减少对环境的污染；

③ 采用高效、高选择性的吸附剂，能更有效地将分析物与干扰物质分离；

④ 无相分离操作过程，容易收集分析物；

⑤ 能处理小体积试样；

⑥ 操作简便、快速，费用低，易于实现自动化及与其他分析仪器联用。固相萃取的缺点是目标化合物的回收率和精密度要低于液-液萃取。

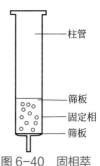

图 6-40　固相萃取柱结构示意图

最简单的固相萃取装置就是一根直径为数毫米的小柱（SPE小柱，如图6-40所示），一般由柱管、筛板与固定相组成。柱管一般做成注射器状，可以是玻璃的、不锈钢的，也可以是聚丙烯、聚四氟乙烯等塑料的。柱管下端有一孔径为20μm的烧结筛板，用以装载固定吸附剂，也能让液体从中流过。聚乙烯是最常见的烧结垫材料，对于特殊要求也可采用聚四氟乙烯或不锈钢材料。固定相是固相萃取中最重要的部分，一般使用键合的硅胶材料。

固相萃取的操作程序一般分为如下几步（见图6-41）。

① 活化吸附剂　在萃取样品之前，吸附剂必须经过适当的预处理，其目的一是为了润湿和活化固相萃取填料，以使目标萃取物与固相表面紧密接触，易于发生分子间的相互作用；二是为了除去填料中可能存在的杂质，减少污染。活化方法一般是用一定量溶剂冲洗萃取柱。

为了使固相萃取小柱中的吸附剂在活化后到样品加入前能保持湿

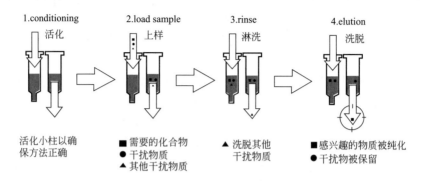

图 6-41　固相萃取全过程示意图

润，活化处理后应在吸附剂上面保持大约1mL活化处理用的溶剂。

②上样　将样品倒入活化后的SPE小柱，然后利用加压、抽真空或离心（见图6-42）的方法使样品进入吸附柱。采取手动、泵以正压推动或负压抽吸的方式，可使液体样品以适当流速通过SPE小柱。此时，样品中的目标萃取物被吸附在SPE柱填料上。

③淋洗　目标萃取物被吸附在SPE柱填料后，通常需要淋洗固定相以洗掉不需要的样品组分，所用淋洗剂的洗脱强度是略强于或等于上样溶剂。淋洗溶剂的强度必须尽量地弱，以保证洗掉尽量多的干扰组分，同时又不会洗脱任何一个被测组分。淋洗溶剂的体积一般为100mg固定相0.5～0.8mL。

淋洗步骤同样要求能确保全部样品与固定相接触，这是由于上样时部分样品溶剂的小液滴可能还沾在管壁上，而淋洗溶剂需把液滴全部洗入固定相中。

有时候淋洗步骤显得并不太重要（似乎只需一个洗脱步骤即可），但通过淋洗能得到更干净的样品，从而得到更简单的色谱图和一定程度上延长GC或HPLC柱子的寿命。

④洗脱　淋洗过后，将分析物从固定相上洗脱。洗脱溶剂用量一般是100mg固定相0.5～0.8mL，其种类必须认真选择。洗脱溶剂太强，一些具有更强保留的不必要组分也将被洗脱出来；洗脱溶剂太弱，就需要更多的洗脱液来洗出分析物，从而削弱SPE萃取小柱的浓缩功能。

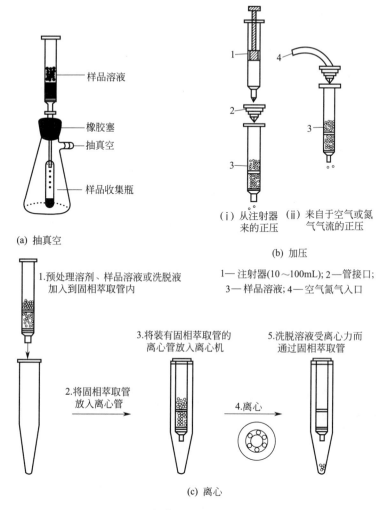

(a) 抽真空

(b) 加压

1— 注射器(10～100mL); 2—管接口;
3— 样品溶液; 4—空气氮气入口

(c) 离心

图 6-42　固相萃取上样三种不同操作方法

　　收集起来的洗脱液可以直接在色谱仪上进样分析，也可以将其浓缩后溶于另一溶剂中进样或进一步净化。

　　如果在选择吸附剂时，选择对目标化合物吸附很弱或不吸附而对干扰化合物有较强吸附的吸附剂时，也可以将目标化合物先淋洗下来加以收集而使干扰化合物保留（吸附）在吸附剂上，从而达到两者相互分离的目的。

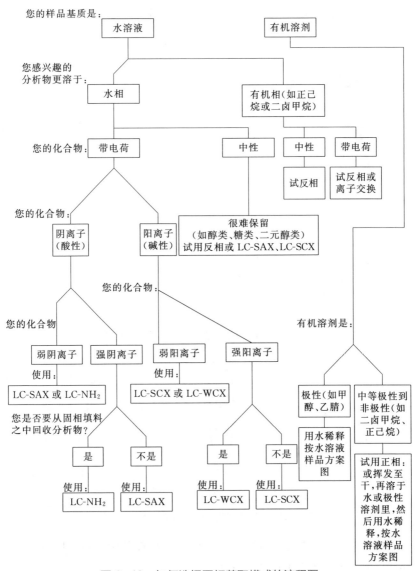

图 6-43　如何选择固相萃取模式的流程图

图6-43给出了如何根据样品的基体（溶剂）、目标化合物和干扰化合物的性质来选择固相萃取模式的流程图，可供使用时参考，更详细的内容可参阅相关专著。

（2）固相微萃取　固相微萃取（solid phase micro-extraction，

SPME）由加拿大Pawliszyn研究小组首次进行开发研究，是在固相萃取的基础上发展起来的一种新的萃取分离技术，主要用于GC与HPLC的样品制备。固相微萃取技术可实现对多种样品的快速分离分析，甚至可实现对痕量被测组分的高重复性、高准确度的测定，具有操作简单方便、分析时间短、样品需要量小、无需萃取溶剂、重现性好、特别适合现场分析等优点，目前广泛应用于环境、食品、天然药物、制药、生物、毒理和法医学等多个领域。

固相微萃取装置类似于色谱微量注射器，由手柄和萃取头两部分组成。萃取头是一根长约1cm、涂有不同固相涂层的熔融石英纤维，石英纤维一端连接不锈钢滤芯，外面套有细不锈钢针管（保护石英纤维不被折断），萃取头在不锈钢针管（可穿透橡胶或塑料垫片进行取样或进样）内可伸缩或进出。手柄用于安装和固定萃取头，萃取头的涂层材料可根据样品的特性进行选择。用于GC分析或HPLC分析的商品化SPME装置在结构上略有差异，如图6-44所示。

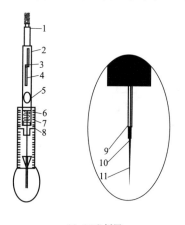

(a) GC分析用

1—推杆；2—手柄筒；3—支撑推杆旋钮；4—Z形支点；5—透视窗；6—针头长度定位器；7—弹簧；8—密封隔膜；9—隔膜穿透针；10—纤维固定管；11—涂层

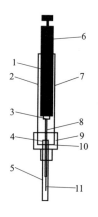

(b) HPLC分析用

1—固定螺钉；2—狭槽；3—不锈钢螺旋套；4—密封隔膜；5—针管；6—推杆；7—手柄筒；8—钢针；9—螺母；10—针套管；11—涂层

图6-44　固相微萃取（SPME）装置结构示意图

固相微萃取主要是通过萃取头表面的高分子固相涂层，对样品中的有机分子进行萃取和预富集，因此其关键在于选择吸附剂，以保证目标化合物被吸附在涂层上，而干扰化合物与溶剂却不被吸附。固相微萃取核心部分纤维头的选择，类似于色谱柱的选择，即小分子或挥发性物质常用100μm厚膜纤维头，较大分子或半挥发性物质采用7μm纤维头；非极性物质选择非极性吸附剂，极性物质选择极性吸附剂。

固相微萃取操作步骤简单，主要分为萃取过程与解吸过程两个操作步骤，如图6-45所示。

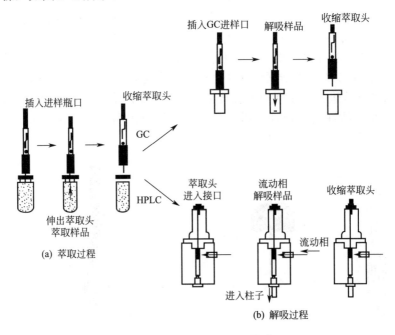

图6-45　固相微萃取的操作步骤

① 萃取过程　将萃取进样针针头插入样品瓶内，压下活塞，使具有吸附涂层的萃取纤维暴露在样品中进行萃取。一段时间后，拉起活塞，让萃取纤维缩回至起保护作用的不锈钢针头内，然后拔出针头完成萃取过程。

② 解吸过程　将已完成萃取过程的萃取器针头插入分析仪器的进样口，当待测物解吸后，可进行分离和分析检测。SPME与GC联用时，可将萃取涂层插入进样口进行热解析；SPME与HPLC联用时，可通过溶剂洗脱，将待测物从萃取头上冲洗出来。

SPME的分析结果与纤维头本身的性质（如极性、膜厚等）有关。由于SPME萃取过程并不是100％完全萃取分析物，并且不需要达到所谓的真正的热力学平衡，所以要想获得重现性好的分析结果，必须严格控制操作条件，如取样时间与温度、萃取头浸入深度、样品瓶体积等。

（3）快速溶剂萃取　快速溶剂萃取（accelerated solvent extraction，ASE）是近年发展起来的一种固体或半固体样品预处理技术。ASE使用常规溶剂，利用提高萃取剂的温度（最高达200℃）与压力（10～20MPa）来提高萃取效率和加快萃取速度。通常需用4～48h的索氏提取，采用ASE则缩短至10～20min。ASE突出的优点是：整个操作处于密闭系统中，减小了溶剂挥发对环境的污染，有机溶剂用量少，快速，回收率高，并以自动化方式进行萃取。

图6-46显示了快速溶剂萃取操作示意图与仪器流路示意图。进行ASE工作时，向萃取池中加入样品，并放置于仪器中，则仪器自动进行下列步骤：

① 由泵向萃取池注入有机溶剂（极性或非极性），可切换4种不同溶剂；

② 将萃取池按设定温度加热，并按设定压力加压；

③ 保持在设定的温度、压力下进行静态萃取；

④ 由泵将萃取池中的萃取液置换出来；

⑤ 通入N_2吹扫萃取池以获得全部萃取液。

ASE萃取仪可满足多种分析需求，可用于植物中有效成分的提取，药物制剂中主要成分或添加剂的提取，食品中蛋白质、脂肪或农药残留物的提取，土壤、固体废弃物中多环芳烃、多氯联苯、二噁英、有机磷农药等的提取等。

实际分析过程中，在GC中适用的样品预处理过程往往也适用于HPLC中样品的预处理，详细内容可参阅本书第5章相关内容。

6.3.3　高效液相色谱分析方法建立的一般步骤

一般情况下，HPLC分离方法的建立遵循以下步骤。

6.3.3.1　了解样品的基本情况

所谓样品的基本情况，主要包括样品所含化合物的数目、种类（官能团）、分子量、pK_a值、UV光谱图以及样品基体的性质（溶剂、填充物等）、化合物在有关样品中的浓度范围、样品的溶解度等。

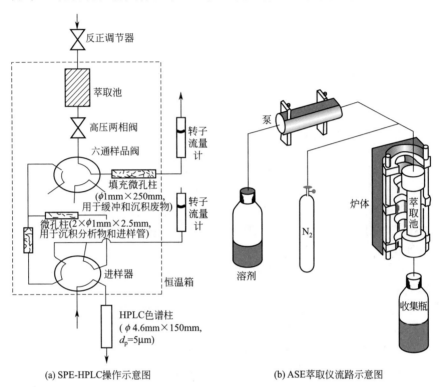

(a) SPE-HPLC操作示意图　　　　　(b) ASE萃取仪流路示意图

图 6-46　快速溶剂萃取

6.3.3.2　明确分离目的

①主要目的是分析还是回收样品组分？

②是否已知样品所有成分的化学特性，或是否需做定性分析？

③是否有必要解析出样品中所有成分（比如对映体、非对映体、同系物、痕量杂质）？

④如需做定量分析，精密度需多高？

⑤本法将适用几种样品分析还是许多种样品分析？

⑥将使用最终方法的常规实验室中已有哪些HPLC设备和技术？

6.3.3.3　了解样品的性质和需要的预处理

考察样品的来源形式，可以发现，除非样品是适于直接进样的溶液，否则，高效液相色谱分离前均需进行某种形式的预处理。例如，有的样品需加入缓冲溶液以调节 pH；有的样品含有干扰物质或"损柱剂"而必须在进样前将其去除；还有的样品本身是固体，需要用溶剂溶解，为了保证最终的样品溶液与流动相的成分尽量相近，一般最好直接用流动相溶解（或稀释）样品。

6.3.3.4 检测器的选择

不同的分离目的对检测的要求不同，如测单一组分，理想的检测器应仅对所测成分响应，而其他任何成分均不出峰。另外，如目的是定性分析或是制备色谱，则最好用通用型检测器，以便能检测到混合物中的各种成分。仅对分析而言，检测器灵敏度越高，最低检出量越小越好；如目的是用作制备分离，则检测器的灵敏度没必要很高。

应尽量使用紫外检测器（UVD），因为目前一般的 HPLC 均配有这类检测器，它方便且受外界影响小。如被测化合物没有足够的 UV 生色团，则应考虑使用其他检测手段：如示差折光检测器、荧光检测器、电化学检测器等。如果实在找不到合适的检测器，才可考虑将样品衍生化为有 UV 吸收或有荧光的产物，然后再用 UVD 或 FLD。

6.3.3.5 分离模式的选择

在充分考虑样品的溶解度、分子量、分子结构和极性差异的基础上，确定高效液相色谱的分离模式，其选择指南可参见图6-47。

6.3.3.6 固定相和流动相的选择

在实际分析过程中，确立了分离模式之后，接下来就应该选择合适的固定相与流动相了，这也是十分重要的。下面以几种常见的液相色谱分析方法来具体说明固定相与流动相的选择。

（1）硅胶吸附色谱 在硅胶吸附色谱中，对保留值和选择性起主导作用的是溶质与固定相的作用，流动相的作用主要是调节溶质的保留值在一定范围内。在吸附色谱中，流动相的弱组分是正己烷，实际分析时，可根据溶质所包含的官能团信息，选择合适的流动相强组分。

① 样品中只含有—OH、—COOH、—NH₂、＞NH 这类质子给予体基团时，可选用异丙醇作为流动相的强组分。

流程图（油溶性样品）：

油溶性样品 → 相对分子质量约大于2000？

- 是 → GPC 大孔硅胶或有机凝胶 有机溶剂 → LSC 大孔硅胶（相对分子质量<5000，小的比表面）有机溶剂
- 否 → 溶质大小差别大？
  - 是 → GPC 小孔硅胶或有机凝胶 有机溶剂 → BPC C$_8$ 或 C$_{18}$ 反相填料 有机 - 水溶剂
  - 否 → 样品为离子或可离子化的？
    - 是 → IPC C$_8$ 或 C$_{18}$ 反相填料 有机 - 水溶剂 → IPC 正相键合相填料（硅胶）有机溶剂
    - 否 → 存在异构体？
      - 是 → LSC 硅胶或氧化铝 有机溶剂
      - 否 → 强亲油性？
        - 是 → BPC C$_{18}$ 反相填料 极性有机溶剂 → LSC 氧化铝或硅胶 非极性有机溶剂
        - 否 → BPC C$_8$ 反相填料 有机 - 水溶剂 → BPC 正相键合相填料（—CN，—NH$_2$，二醇）有机溶剂 → LSC 硅胶 极性有机溶剂

(a) 油溶性样品

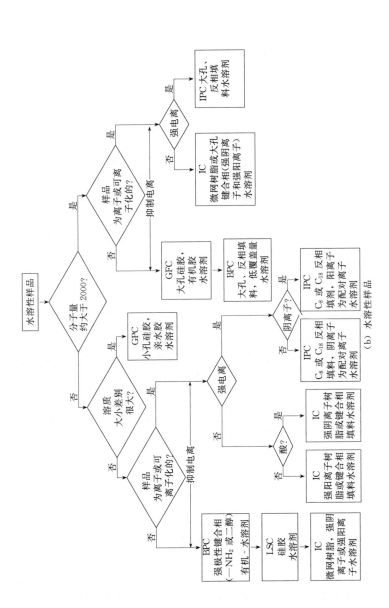

图 6-47 高效液相色谱分离方法选择图

(b) 水溶性样品

LSC—液-固吸附色谱法; BPC—键合相色谱法; IC—离子色谱法; IPC—离子对色谱法; GPC—凝胶渗透色谱法; GFC—凝胶过滤色谱法

② 样品的溶质中含有—COO—、—CO—、—NO$_2$和—C=O这类只接受质子的基团时，可选用乙酸乙酯、丙酮或乙腈作为流动相的强组分。

③ 样品的溶质中只含有—O—和苯基这类极性作用较弱的基团时，可选用乙醚作为流动相的强组分。

④ 样品中若含有规则①、②和③中的两种或两种以上不同类的基团时，可按规则①、②和③的顺序优先选择流动相的强组分。

⑤ 样品中的溶质同时含有多个—H$_2$PO$_4$、—COOH、—OH和—NH$_2$等氢键力较强的基团时，则应在规则①选择的流动相中加入适量的乙醇或乙腈，必要时也可加入水。

（2）正相键合相色谱　正相键合相色谱分离机理与硅胶吸附色谱相似，流动相的选择可引用硅胶吸附色谱中的规则，固定相的选择原则如下。

① 若样品溶质中含有—COO—、—NO$_2$、—CN等具有质子接受体的基团，则可选用氨基、二醇基这一类具有质子给予能力的固定相。

② 若样品溶质中含有—NH$_2$、>NH、—OH、—COOH等具有质子给予能力的基团，则可选用氰基、氨基和醇基键合固定相。

③ 若样品中同时包含有规则①与②中所示的两类基团，则可选用规则①中推荐的键合固定相。

（3）反相色谱　在反相色谱中，水是常用的流动相弱组分，C$_{18}$是常用的填充载体，重要的是选择流动相的强组分，常用的强组分有甲醇、乙腈与四氢呋喃。反相色谱流动相的选择规则如下。

① 若样品溶质中含有两个以下氢键作用基团（如—COOH、—NH$_2$、—OH等）的芳香烃邻、对位或邻、间位异构体，可选用甲醇-水为流动相。

② 若样品溶质中含有两个以上Cl、I、Br的邻、间、对位异构体或极性取代基的间、对位异构体以及双键位置不同的异构体，可选用苯基或C$_{18}$键合固定相、乙腈-水为流动相。

③ 当实际过程中获得溶质的k'值大于30（一般要求$1 < k' < 20$）时，应在反相色谱系统的甲醇-水流动相中加入适量四氢呋喃、氯仿或丙酮，以使被分离溶质的k'值保持在适当范围内。当然，也可通过减少固定相表面键合碳链浓度或缩短碳链长度来达到减小k'值的目的。

④ 若样品溶质中含有—NH₂、$\diagup$NH或$\diagup$N—这一类基团时，应在反相色谱的流动相中加入适量添加剂（如有机胺）来提高样品保留值的重现性和色谱峰的对称性。

（4）凝胶色谱　凝胶是凝胶色谱的核心，是产生分离作用的基础，进行凝胶色谱实验的重要环节是选择和搭配具有不同孔径的性能良好的凝胶。生物大分子分离的传统方法多采用多糖聚合物软胶GPC填料，这种填料只能在低压、慢速操作条件下使用，目前在很大程度上已被微粒型交联亲水硅胶和亲水性键合硅胶取代。填料具有一定的孔径尺寸分布，随孔径大小的差别，分离分子量范围在$10^4 \sim 2\times10^6$之间。对于实验室分析或小规模制备，平均粒度在$3 \sim 13\mu m$的填料，一般有良好的柱效和分离能力；但对于大规模制备和纯化，考虑到成本和渗透性，可选用较粗的粒度。实际分析中，往往实验室只配制有一定的色谱柱，因此，色谱分离方法和色谱柱往往是确定的，有时也谈不上色谱柱的选择，但对装备齐全的实验室而言，色谱柱的选择还是有意义的。

6.3.4　定性与定量方法

6.3.4.1　定性方法

由于液相色谱过程中影响溶质迁移的因素较多，同一组分在不同色谱条件下的保留值相差很大，即便在相同的操作条件下，同一组分在不同色谱柱上的保留也可能有很大差别，因此液相色谱与气相色谱相比，定性的难度更大。常用的定性方法有如下几种。

（1）利用已知标准样品定性　利用标准样品对未知化合物定性是最常用的液相色谱定性方法，该方法的原理与气相色谱法的定性方法相同。由于每一种化合物在特定的色谱条件下（流动相组成、色谱柱、柱温等相同），其保留值具有特征性，因此可以利用保留值进行定性。如果在相同的色谱条件下被测化合物与标样的保留值一致，就可以初步认为被测化合物与标样相同。若流动相组成经多次改变后，被测化合物的保留值仍与标样的保留值一致，就能进一步证实被测化合物与标样为同一化合物。

（2）利用检测器的选择性定性　同一种检测器对不同种类的化合物的响应值是不同的，而不同的检测器对同一种化合物的响应也是不同的。所以当某一被测化合物同时被两种或两种以上检测器检测时，两检测器或几个检测器对被测化合物检测灵敏度比值是与被测化合物的性质密切相关的，可以用来对被测化合物进行定性分析，这就是双检测器定性体系的基本原理。

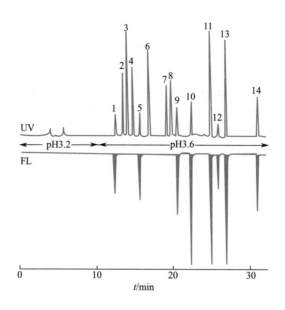

图 6-48　UVD 和 FLD 串联检测食物中的有毒胺

色谱柱：TSK gel ODS 80，250mm×4.6mm,5μm

流动相：0.01mol·L⁻¹三乙胺水溶液（pH3.2 或 pH3.6）

和乙腈；1，5，12—吡啶并咪唑；2，4—咪唑并喹啉；

3，6，7，8—咪唑氧杂喹啉；

9，10，11，13，14—吡啶并吲哚

　　双检测器体系的连接一般有串联连接和并联连接两种方式。当两种检测器中的一种是非破坏型的，则可采用简单的串联连接方式，方法是将非破坏型检测器串接在破坏型检测器之前。若两种检测器都是破坏型的，则需采用并联方式连接，方法是在色谱柱的出口端连接一个三通，分别连接到两个检测器上。

在液相色谱中最常用于定性鉴定工作的双检测体系是UVD和FLD。图6-48是UVD和FLD串联检测食物中有毒胺类化合物的色谱图。

（3）利用紫外检测器全波长扫描功能定性　紫外检测器是液相色谱中使用最广泛的一种检测器。全波长扫描紫外检测器可以根据被检测化合物的紫外光谱图提供一些有价值的定性信息。

传统的方法是：在色谱图上某组分的色谱峰出现极大值，即最高浓度时，通过停泵等手段，使组分在检测池中滞留，然后对检测池中的组分进行全波长扫描，得到该组分的紫外-可见光谱图；再取可能的标准样品按同样方法处理。对比两者光谱图即能鉴别出该组分与标准样品是否相同。对于某些有特殊紫外光谱图的化合物，也可通过对照标准谱图的方法来识别化合物。

此外，利用二极管阵列检测器得到的包括有色谱信号、时间、波长的三维色谱光谱图，其定性结果与传统方法相比具有更大的优势。

6.3.4.2　定量方法

高效液相色谱的定量方法与气相色谱定量方法类似，主要有面积归一化法、外标法和内标法，简述如下。

（1）归一化法　归一化法要求所有组分都能分离并有响应，其基本方法与气相色谱中的归一化法类似。

由于液相色谱所用检测器一般为选择性检测器，对很多组分没有响应，因此液相色谱法较少使用归一化法进行定量分析。

（2）外标法　外标法是以待测组分纯品配制标准试样和待测试样同时作色谱分析来进行比较而定量的，可分为标准曲线法和直接比较法。具体方法可参阅本书5.3.4.2。

（3）内标法　内标法是比较精确的一种定量方法。它是将已知量的参比物（称内标物）加到已知量的试样中，那么试样中参比物的浓度为已知；在进行色谱测定之后，待测组分峰面积和参比物峰面积之比应该等于待测组分的质量与参比物质量之比，求出待测组分的质量，进而求出待测组分的含量。具体方法可参阅本书5.3.4.2。

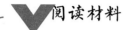阅读材料

高效液相色谱专家系统

　　高效液相色谱专家系统就是一个具有大量HPLC分析方法专门知识和专家实践经验相结合的计算机程序。它是把人工智能的研究方法和化学计量学中的一些数学算法相结合而发展起来的，专家系统设计通常包括知识库、谱图库、数据库、推理机和人机对话界面这五个部分。

　　当用户使用专家系统去解决复杂样品分析的实际问题时，通常按照以下五个步骤进行：

　　（1）样品分离模式的推荐，即首先选择用于分离的柱系统和流动相系统；

　　（2）样品的预处理方法和检测器的选择；

　　（3）色谱分离条件的最优化；

　　（4）在线色谱峰的定性和定量分析；

　　（5）液相色谱仪和专家系统运行过程的自行诊断。

　　由此可知专家系统中的知识库、谱图库、数据库中的信息储存容量和推理机的人工智能化程度直接决定了专家系统的工作质量。

　　高效液相色谱专家系统的构成与用户使用过程的关联如下图所示。

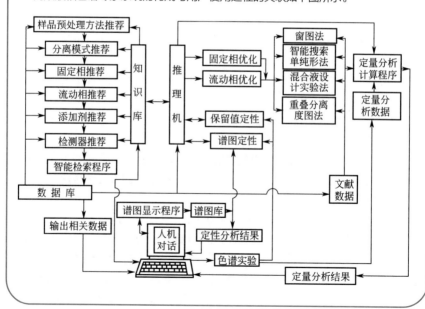

6.4 应用实例

6.4.1 高效液相色谱仪的性能检查

6.4.1.1 方法原理

（1）高效液相色谱仪的性能指标

① 流量精度 仪器流量的准确性，以测量流量与指示流量的相对偏差表示。

② 检测限 本实验使用紫外检测器，其检测限为某组分产生信号大小等于两倍噪声时，每毫升流动相所含该组分的量。

③ 定性重复性 在同一实验条件下，组分保留时间的重复性，通常以被分离组分的保留时间之差的相对标准偏差来表示（RSD≤1%认为合格）。

④ 定量重复性 在同一实验条件下，组分色谱峰峰面积（或峰高）的重复性，通常以被分离组分的峰面积的相对标准偏差来表示（RSD≤2%认为合格）。

（2）液相色谱柱的性能指标 一支色谱柱的好坏要用一定的指标来进行评价。通常色谱柱要求的主要指标包括：理论塔板数 N；峰不对称因子；两种不同溶质的选择性（α）；色谱柱的反压；键合相固定相的浓度；色谱柱的稳定性等。一个合格的色谱柱评价报告至少应给出色谱柱的基本性能参数，如柱效能（即理论塔板数 N）、容量因子 k、分离度 R、柱压降等。

评价液相色谱柱的仪器系统应满足相当高的要求：一是液相色谱仪器系统的死体积应尽可能小；二是采用的样品及操作条件应当合理，在此合理的条件下，评价色谱柱的样品可以完全分离并有适当的保留时间。评价色谱柱性能的样品及操作条件可参阅表6-7。

6.4.1.2 仪器与试剂

（1）仪器 PE200型高效液相色谱仪或其他型号液相色谱仪（普通配置，带紫外检测器）；TC4色谱工作站或其他色谱工作站；色谱柱：PE Brownlee C_{18} 反相键合色谱柱（5μm，4.6mm i.d.×150mm）；100μL平头微量注射器；超声波清洗器；流动相过滤器；无油真空泵；容量瓶等玻璃仪器。

（2）试剂　苯、萘、联苯、菲（均为A.R.），甲醇（HPLC纯），蒸馏水等。

6.4.1.3　实验步骤

（1）准备工作

① 流动相的预处理　配制甲醇-水（体积比83∶17）的流动相，用0.45μm的有机滤膜过滤后，装入流动相贮液器内，用超声波清洗器脱气10～20min（如果仪器带有在线脱气装置，可不必采用超声波清洗器脱气）。

② 标准溶液的配制　配制含苯、萘、联苯、菲各10μg·mL^{-1}的正己烷溶液，混匀备用。

③ 观察流动相流路，检查流动相是否够用，废液出口是否接好。

④ 高效液相色谱仪的开机　按仪器操作说明书规定的顺序依次打开仪器各单元，打开输液泵旁路开关，排出流路中的气泡，启动输液泵，并将仪器调试到正常工作状态，流动相流速设置为1.0 mL·min^{-1}，检测器波长设为254nm。同时打开工作站电源并启动系统软件。

（2）高效液相色谱仪仪器性能测试

① 流量精度的测定　以甲醇为流动相，按表6-7的要求设定流量。待流速稳定后，在流动相排出口用事先清洗称重过的称量瓶收集流动相，同时用秒表计时，准确地收集10mL，记录流出所需时间，并将其换算成流速（mL·min^{-1}），重复3次，记录相关数据。

② 检测限的测定　在基线稳定的条件下，用进样器注入一定量浓度为4×10^{-8}g·mL^{-1}的萘的甲醇溶液，样品峰高应大于或等于两倍基线噪声峰高，按下式计算该仪器最小检测浓度。

$$c_1 = 2\,h_N\,c/h$$

式中，c_1为最小检测浓度，g·mL^{-1}；h_N为噪声峰高；c为样品浓度，g·mL^{-1}；h为样品峰高。

③ 重复性的测定　将仪器连接好，使之处于正常工作状态，用进样阀的定量管注入适当的标准溶液（萘或联苯）或稳定的待分析样品溶液，记录保留时间和峰面积相关数值。连续测量5次，计算相对标准偏差RSD。

（3）色谱柱性能的测定

① 待基线稳定后，用平头微量注射器进样（进样量由进样阀定量管确定），将进样阀柄置于"load"位置时注入样品，在泵、检测器、接口、工作站均正常的状态下将阀柄转至"inject"位置，仪器开始采样。

② 从计算机的显示屏上即可看到样品的流出过程和分离状况。待所有的色谱峰流出完毕后，停止分析（运行时间结束后，仪器也会自动停止采样），记录好样品名对应的文件名（已知出峰顺序为苯、萘、联苯、菲）。

③ 重复进样不少于三次。

（4）结束工作　待所有样品分析完毕后，让流动相继续运行20～30min，以免样品中的强吸附杂质残留在色谱柱中。

6.4.1.4　注意事项

① 操作时需严格遵守实验室要求及仪器操作规程。

② 开泵前应检查流路中的气泡，并确保排除干净。

6.4.1.5　数据记录及处理

（1）流量精度的测定　记录流量精度测定的相关数据，并计算平均流量和相对标准偏差。

（2）检测限的测定　记录检测限测定的相关数据，并进行相关计算。

样品峰高 h ：　　　　　　　　　　　　　　噪声峰高 h_N ：

最小检测限：$c_1 = 2 \times h_N c/h =$

（3）重复性的测定　记录重复性测定的相关数据，并计算平均值和相对标准偏差。

（4）记录色谱柱性能测试的实验条件　包括色谱柱类型；流动相及配比；检测波长；进样量等。记录各测试色谱图中苯、萘、联苯的保留时间 t_R、对应色谱峰峰面积和半峰宽，计算其理论塔板数（柱效能）n 和分离度 R。

6.4.1.6　思考题

① 检测限和灵敏度有何不同？为什么用检测限而不是用灵敏度作为仪器性能的评价指标？

② 列举几种常用液相色谱柱的评价方法？并说明评价色谱柱的指

标有哪些？

6.4.2 混合维生素E的正相HPLC分析条件的选择

6.4.2.1 方法原理

维生素E（V_E）主要有α，β，γ和δ 4种异构体，其中又以α-异构体的生理作用最强。其天然品为右旋体（d-α），合成品为消旋体（dl-α），一般药用为合成品。药典中收载为维生素E，dl-生育酚及其醋酸酯与琥珀酸钙盐、dl-α-生育酚及其醋酸酯与琥珀酸酯。也就是说，通常所说的维生素E是一个混合物，除了游离的生育酚羧酸酯可能同时存在外，也可能共存多种结构异构体，甚至还可能有其他共存有机物。

维生素E的分离既可以用反相HPLC，也可以用正相HPLC。本实验采用正相HPLC。正相HPLC用的是极性填料分离柱（如硅胶柱），流动相是弱极性或非极性溶剂（如正己烷），样品因吸附作用在固定相中保留。在非极性溶剂中适当添加少量极性溶剂可以得到任意所需极性的流动相。色谱分析条件的选择主要包括色谱柱、流动相组成与流速、色谱柱温度、检测波长等条件的选择。通过实验可以了解流动相中添加极性溶剂对样品的保留和分离的影响，基本目标是将α-维生素E与其他成分分离。

6.4.2.2 仪器与试剂

（1）仪器 Agilent 1200型高效液相色谱仪或其他型号高效液相色谱仪（普通配置，带紫外检测器）；Agilent chemstation；色谱柱：硅胶柱Micropak Si-5（4mm i.d.×150mm）；100μL平头微量注射器；超声波清洗器；流动相过滤器；无油真空泵；50mL烧杯2个；50mL容量瓶3个；250mL容量瓶1个；5mL移液管2支；500mL试剂瓶1个；10mL，5mL，1mL移液管各1支。

（2）试剂 异丙醇、正己烷和无水乙醇，纯度均为HPLC级；α-维生素E标准样品；混合维生素E（如市售胶丸）；蒸馏水（本书的本章所用蒸馏水均为二次蒸馏水，以下不另加说明）。

6.4.2.3 实验内容与操作步骤

（1）准备工作

① 流动相的预处理 取HPLC级异丙醇200mL、正己烷1000mL，

用0.45μm的有机滤膜过滤后，装入流动相贮液器内，用超声波清洗器脱气20～30min（若HPLC系统配备有真空在线脱气装置，可不必用超声波清洗器脱气）。

注意！ 脱气时贮液器底部要用橡皮垫圈。

② 试样和标样的预处理　取HPLC级无水乙醇500mL，用0.45μm的有机滤膜过滤后，置于试剂瓶中备用。取市售蒸馏水1瓶，用水相滤膜过滤后，置于原瓶中，备用。

a.混合维生素E试样的配制　称取混合维生素E试样200～300mg（准确至0.2mg）于一洁净50mL烧杯中，用处理过的无水乙醇溶液溶解并定容至50mL的容量瓶中，此为试样的贮备液。移取5mL试样贮备液于另一50mL容量瓶中，用处理过的无水乙醇定容，配制成试样溶液。

b. α-维生素E标准溶液的配制　称取α-维生素E标准样品250mg（准确到0.2mg）于一洁净50mL烧杯中，用处理过的无水乙醇溶液溶解并定容至250mL容量瓶中，此为标样贮备溶液。移取5mL标样贮备液于另一50mL容量瓶中，用处理过的无水乙醇溶液定容，配制成α-维生素E标准溶液。

③ 高效液相色谱仪的开机

a.按仪器说明书依次打开高压输液泵、柱温箱、紫外检测器的电源。

b.打开"Agilent Chem Station"，按本书6.2.3.1（1）的方法建立一个运行方法，运行时间设置为30min，纵坐标满量程设置为500mV。

c.设定流动相流量为1.0mL·min^{-1}，色谱柱柱温为30℃，检测波长为292nm。

注意！ 实验前需弄清仪器前次实验所用的流动相，如果是用含水的流动相作过反相色谱，则应先将反相柱卸下（应用专门的柱塞封好柱两端），依次用无水甲醇、正己烷作流动相运行15～20min，洗净流路中的水。进样器也要进行同样的清洗（以无水甲醇和正己烷为样品依次各注入3～5次）。

d.装上本次实验所用的硅胶柱Micropak Si-5（4mm i.d.×150mm），先用纯的正己烷作流动相，打开输液泵"purge"阀，设置流动相流量为5.0mL·min^{-1}，排出流路中的气泡。排气完毕后，设置流动相流量为1.0mL·min^{-1}，点击工作站主界面的"启动"键，HPLC系统开始走基线。

（2）流动相为100％正己烷时试样和标样的分析

① 混合维生素E试样溶液的测定

a.进样。待基线稳定后，用100μL平头微量注射器取试样溶液约100μL，将进样阀柄置于"load"位置时注入样品，在泵、柱温箱、检测器、接口、工作站均在"ready"的状态下将阀柄转至"inject"位置，仪器自动采样（若仪器未自动采样，也可点击工作站"运行控制"菜单下的"运行序列"，则仪器开始采样）。

注意！ 平头微量注射器用蒸馏水或溶剂清洗3次后再用样品溶液清洗3次，并注意不要吸入气泡。

b.数据采集。从计算机的显示屏上即可看到样品的流出过程和分离状况。待所有的色谱峰流出完毕后，点击工作站"运行控制"菜单下的"停止运行"，则仪器停止采样（设定的运行时间结束后，仪器也会自动停止采样），记录好样品名对应的文件名。

c.谱图优化。从工作站中调出原始谱图，对谱图进行优化处理后，打印出色谱图和分析结果。

② α-维生素E标准溶液的测定用100μL平头微量注射器吸取α-维生素E标准溶液100μL，按混合试样的测定方法进行分析测定，记录好样品名对应的文件名，并打印出色谱图和分析结果。

（3）流动相为正己烷/异丙醇混合溶剂时试样和标样的分析　将流动相换成不同体积比的正己烷/异丙醇（体积比分别为99∶1、95∶5、90∶10等）混合溶剂（可分别配制不同体积比的正己烷/异丙醇混合溶剂，也可将正己烷和异丙醇分别装在高压阀输液泵的A、B两通道中，调节A、B通道不同的配比），待基线稳定后，按混合试样的测定方法分别对混合维生素E试样和α-维生素E标样进行分析测定，并记录好样品名对应的文件名，同时打印出色谱图和分析结果。

（4）结束工作

① 关机

a.待所有样品分析完毕后，先关检测器光源，让流动相继续淋洗20～30min，将色谱柱上残留的强吸附杂质淋洗出来。

b.退出化学工作站，依据提示关泵及其他窗口，关电脑，按自下而上的顺序依次关柱温箱等模块电源。填写仪器使用记录。关闭"Agilent ChemStation"。

② 清理台面，填写仪器使用记录。

6.4.2.4 注意事项

① 各实验室的仪器设备不可能完全一样，操作时一定要参照仪器的操作规程。

② 用平头微量注射器吸液时，防止气泡吸入的方法是：将擦干净并用样品清洗过的注射器插入样品液面以下，反复提拉数次即可驱除气泡，然后缓慢提升针芯至所需刻度。

③ 色谱柱的个体差异很大，即使是同一厂家的同种型号色谱柱，性能也会有差异。因此，色谱条件（主要是指流动相的配比）应根据所用色谱柱的实际情况作适当的调整。

④ 应根据色谱柱说明书上的指导清洗柱子。

⑤ 如果系统使用缓冲盐溶液类，实验结束后应用水冲洗系统，以免溶剂蒸发留下盐结晶等有害沉淀。如果系统使用氯仿等溶剂，应将其从系统中除去，以免其在系统中分解，形成盐酸。

注意! 溶剂在环境中暴露24h以上，必须在使用前再过滤或弃去，以免污染泵。

⑥ 周末停用仪器，可用60∶40的甲醇-水冲洗泵、柱子和检测器流通池（柱子要和甲醇-水兼容）。

⑦ 如果仪器长期停用，完成实验后还应卸下色谱柱，并将色谱柱两头的螺帽套紧。然后先用水再用异丙醇冲洗泵，确保泵头内灌满异丙醇。接着从系统中拆下泵的输出管，套上管套。最后将溶剂入口过滤器从溶剂贮液器中取出并放入干净袋中，妥善保存。

6.4.2.5 数据处理

根据三次试验结果确定α-维生素E与其他成分分离的最佳环己烷-异丙醇配比。

6.4.2.6 思考题

① 假设用硅胶柱和环己烷流动相分离几个组分时，分离度很高，但分析时间太长（后面的组分保留值太大），用什么方法可以在保证相互分离的前提下，使分析时间缩短？说明理由。

② 如果压力指示值突然降低或升高，主要原因和对策是什么？

6.4.3 布洛芬胶囊中主成分含量的测定

6.4.3.1 方法原理

高效液相色谱法是目前应用较广的药物检测技术。其基本方法是将具一定极性的单一溶剂或不同比例的混合溶液，作为流动相，用泵将流动相注入装有填充剂的色谱柱，注入的供试品被流动相带入柱内进行分离后，各成分先后进入检测器，用记录仪或数据处理装置记录色谱图或进行数据处理，得到测定结果。由于应用了各种特性的微粒填料和加压的液体流动相，本法具有分离性能高、分析速度快的特点。

6.4.3.2 仪器与试剂

（1）仪器　岛津LC-20A型高效液相色谱仪或其他型号液相色谱仪（普通配置，带紫外检测器）；色谱数据处理机；色谱柱：PE Brownlee C_{18}反相键合色谱柱（5μm,4.6mm i.d.×150mm）；100μL平头微量注射器；超声波清洗器；流动相过滤器；无油真空泵。

（2）试剂　布洛芬对照品；布洛芬胶囊；醋酸钠缓冲液；蒸馏水；乙腈。

6.4.3.3 实例内容与操作步骤

（1）流动相的预处理　配制醋酸钠缓冲液（取醋酸钠6.13g，加水750mL，振摇使溶解，用冰醋酸调节pH＝2.5），流动相为醋酸钠缓冲液-乙腈（40∶60），用0.45μm有机相滤膜减压过滤，脱气。

（2）对照品溶液的配制　准确称取0.1g布洛芬（精确至0.1mg），置200mL容量瓶中，加甲醇100mL溶解，振摇30min，加水稀释至刻度，摇匀，过滤。

（3）试样的处理与制备　取一定量市售布洛芬胶囊，打开胶囊，倒出里面的粉末，用研钵研细并混合均匀后，准确称取适量样品粉末（约相当于布洛芬0.1g）置于200mL容量瓶中，加甲醇100mL溶解，振摇30min，加水稀释至刻度，摇匀，过滤。

（4）标样分析

①将色谱柱安装在色谱仪上，将流动相更换成已处理过的醋酸钠-乙腈（40∶60）。

②按规范步骤开机，并将仪器调试至正常工作状态，流动相流速设置为1.0mL·min^{-1}；柱温30～40℃；紫外检测器检测波长263nm。

③ 布洛芬对照品溶液的分析测定。待仪器基线稳定后，用100μL平头微量注射器分别注射布洛芬对照品溶液100μL（实际进样量以定量管体积计），打印出色谱分离图。平行测定3次。

（5）试样分析　用100μL平头微量注射器分别注射布洛芬胶囊样品溶液100μL（实际进样量以定量管体积计），打印出色谱分离图。平行测定3次。

（6）定性鉴定　将布洛芬胶囊样品溶液的分离色谱图与布洛芬对照品溶液的分离色谱图进行保留时间的比较即可确认布洛芬胶囊样品的主成分色谱峰的位置。

（7）结束工作

① 所有样品分析完毕后，先用蒸馏水清洗色谱系统30min以上，然后用100%的乙腈溶液清洗色谱系统20 ～ 30min，再按正常的步骤关机。

② 清理台面，填写仪器使用记录。

6.4.3.4　注意事项

① 由于流动相为含缓冲盐的流动相，所以在运行前应先用蒸馏水平衡色谱柱，然后再走流动相，且流速应逐步升到$1.0mL \cdot min^{-1}$。实验完毕后，应再用纯水冲洗色谱柱30min以上，然后用甲醇-水（85 ： 15）或其他合适的流动相冲洗色谱柱。

② 色谱柱的个体差异很大，即使是同一厂家的同种型号的色谱柱，性能也会有差异。因此，色谱条件（主要是指流动相的配比）应根据所用色谱柱的实际情况作适当的调整。

6.4.3.5　数据处理

记录色谱操作条件和布洛芬胶囊测定的相关实验数据，计算布洛芬胶囊中主成分的百分含量或质量浓度。

6.4.3.6　思考题

① 布洛芬胶囊含量的测定还有哪些方法？

② 布洛芬胶囊还可以采用哪些方法进行样品的预处理？请设计至少一种样品预处理方法。

附图1：建立HPLC分离系统方法的过程。

附图2：高效液相色谱条件选择程序。

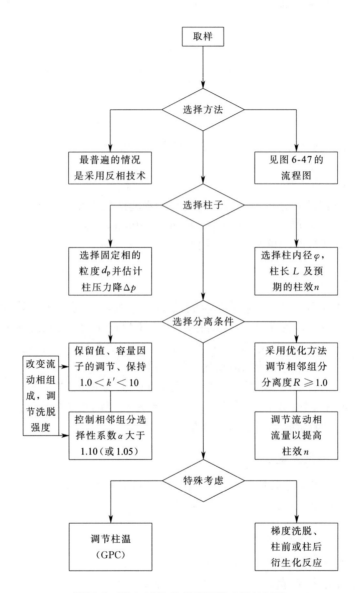

附图 1 建立 HPLC 分离系统方法的过程

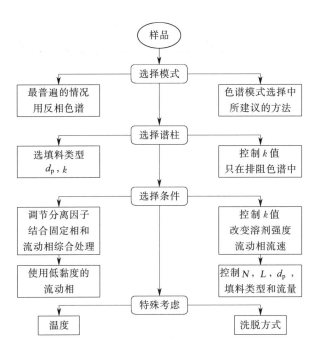

附图 2　高效液相色谱条件选择程序

S 本章主要符号的 意义 及 单位

A	峰面积，mm^2	t_0	死时间，min
D_M	溶质在流动相中扩散系数	t_R	保留时间，min
d_f	固定液厚度	t'_R	调整保留时间，min
d_p	固定相填料粒度	u	流动相速度，$mL \cdot min^{-1}$
f	校正因子	V_0	死体积，mL
H	塔板高度	V_R	保留体积，mL
k'	容量因子，分配比	V'_R	调整保留体积，mL
L	色谱柱长，mm	W_b	峰底宽，mm
n	理论塔板数，块/m	$W_{1/2}$	半峰宽，mm
n_{eff}	有效塔板理论塔板数，块/m	β	相比率
R	分离度	η	黏度，$Pa \cdot s$
S	相对质量响应值	ε^0	溶剂强度参数
T	热力学温度，K		

表6-18　高效液相色谱仪的使用——仪器性能检查操作技能鉴定表

项目	考核内容		记录	分值	扣分	备注
流动相的处理（10分）	溶液混合比例	正确 √/不正确 ×		2		
	滤膜选择	正确 √/不正确 ×		1		
	抽滤装置的安装	规范 √/不规范 ×		2		
	抽滤方法	正确 √/不正确 ×		1		
	流动相脱气	脱 √/未脱 ×		2		
	流动相脱气时间	15～20min √/过短或过长 ×		2		
容量瓶、移液管使用（10分）	移液管使用前洗涤	规范 √/不规范 ×		5		1处错误扣1分
	吸液操作	规范 √/不规范 ×		5		1处错误扣1分
分析前准备（22分）	色谱柱的选择	正确 √/不正确 ×		2		
	色谱柱的安装方向	正确 √/不正确 ×		2		
	色谱柱的安装方法	正确 √/不正确 ×		2		
	输液泵的开启	正确 √/不正确 ×		1		
	流动相的更换（滤头、管线）	规范 √/不规范 ×		2		
	放空排气	已进行 √/未进行 ×		3		
	排除管道气泡或冲洗管道	规范 √/不规范 ×		2		
	流量参数设定	正确 √/不正确 ×		1		
	时间参数设定	正确 √/不正确 ×		1		
	色谱系统平衡	已进行 √/未进行 ×		3		
	检测器预热	已进行 √/未进行 ×		2		
	波长参数设定	正确 √/不正确 ×		1		
分离分析（14分）	打开工作站	正确 √/不正确 ×		1		
	方法设定（采集时间、通道、积分方法等）	正确 √/不正确 ×		4		
	进样针洗涤	规范 √/不规范 ×		1		
	取样体积	正确 √/不正确 ×		1		
	进样方式	正确 √/不正确 ×		1		
	进样阀位置（采样时处于load，进样时处于inject）	正确 √/不正确 ×		2		
	启动数据采集	正确 √/不正确 ×		1		
	结束数据采集	正确 √/不正确 ×		1		
	存储谱图信息	已进行 √/未进行 ×		1		
	是否有失败进样	无 √/有 ×		1		
文明操作（3分）	实训过程台面	整洁有序 √/脏乱		1		
	废液、纸屑等	按规定处理 √/乱扔乱倒 ×		1		
	实训后试剂、仪器放回原处	已放 √/未放 ×		1		

续表

项目	考核内容		记录	分值	扣分	备注
记录数据处理和报告（7分）	原始记录	完整、规范√/欠完整、不规范×		1		
	计量单位与有效数字	符合规则√/不符合×		2		
	计算方法及结果	正确√/不正确×		2		
	报告（完整、明确、清晰）	规范√/不规范×		2		无结论扣10分
结果评价（34分）	流量精度测定	符合仪器本身精度		5		
		不符合仪器本身精度				
	检测限测定	在仪器检测限范围内		6		
		不在仪器检测限范围内				
	重复性测定	符合要求√/不符合要求×		6		
	色谱柱性能评价	符合要求√/不符合要求×		8		
	完成时间	开始时间		4		每超5min扣1分，超20min以上此项以0分计
		结束时间				
		实用时间				
	实训态度（5分）	认真、规范		5		可根据实际情况酌情扣分
总分						

答疑与解惑（附答案）

7.1 电位分析法

7.1.1 选择题

（1）pH玻璃电极和SCE组成工作电池，25℃时测得pH=6.86的标液电动势是0.220V，而未知试液电动势E_x=0.186V，则未知试液pH为（   ）。

A. 7.60 　　　　 B. 4.60 　　　　 C. 6.28 　　　　 D. 6.60

答案：C

（2）电位滴定法中，用高锰酸钾标准溶液滴定Fe^{2+}，宜选用（   ）作指示电极。

A. pH玻璃电极　　 B. 银电极　　　　 C. 铂电极　　　　 D. 氟电极

答案：C

（3）用$AgNO_3$标准溶液来滴定I^-时，指示电极应选用（   ）。

A. 铂电极　　　　 B. 氟电极　　　　 C. pH玻璃电极　　 D. 银电极

答案：D

（4）pH玻璃电极使用前应在（   ）中浸泡24h以上。

A. 蒸馏水　　　　　　　　　　　　 B. 酒精

C. 浓NaOH溶液　　　　　　　　　 D. 浓HCl溶液

答案：A

（5）pH玻璃电极膜电位的产生是由于（　　）。

A.H^+透过玻璃膜　　　　B.H^+得到电子　　　C.Na^+得到电子

D.溶液中H^+和玻璃膜水合层中的H^+的交换作用

答案：D

（6）电位法测定溶液pH时，"定位"操作的作用是（　　）。

A.消除温度的影响

B.消除电极常数不一致造成的影响

C.消除离子强度的影响

D.消除参比电极的影响

答案：B

（7）使pH玻璃电极产生"钠差"现象的原因是（　　）。

A.玻璃膜在强碱性溶液中被腐蚀

B.强碱性溶液中Na^+浓度太高

C.强碱性溶液中OH^-中和了玻璃膜上的H^+

D.大量OH^-占据了玻璃膜上的交换占位

答案：B

（8）测定溶液pH时，采用标准缓冲溶液校正电极，其目的是消除（　　）。

A.不对称电位　　　　　　　　B.液接电位

C.不对称电位与液接电位　　　D.温度的影响

答案：A

（9）用氟离子选择性电极测定水中的氟离子（含微量Fe^{3+}、Al^{3+}、Ca^{2+}、Cl^-）时，加入总离子强度调节缓冲剂，其中柠檬酸根的作用是（　　）。

A.控制溶液的pH在一定范围

B.使标准溶液与试液的离子强度保持一致

C.掩蔽Fe^{3+}、Al^{3+}干扰离子

D.加快响应时间

答案：C

（10）钾离子选择性电极的选择性系数为$K_{K^+,Mg^{2+}}=1.8\times10^{-5}$，用该电极测定浓度为$1.0\times10^{-4}\,mol\cdot L^{-1}$的$K^+$溶液，浓度为$1.0\times10^{-2}\,mol\cdot L^{-1}$的$Mg^{2+}$溶液时，由$Mg^{2+}$引起$K^+$的测定误差是（　　）。

A. 0.00018%　　　　B. 134%　　　　C. 1.8%　　　　D. 3.6%

答案：C

7.1.2　问答题

（1）在测定纯水的pH值时，酸度计值不稳定，这是为什么？应该怎样处理？

【答】这是由于纯水中无电解质，不导电，所以往往会测不准。处理方法是加入一定量的氯化钾（分析纯），使水溶液导电，即可测定。

（2）高锰酸钾、盐酸羟胺、氟化氢铵、磷酸三钠产品能用玻璃电极作为工作电极测定pH值吗？

【答】有色的强氧化剂高锰酸钾和还原剂盐酸羟胺的水溶液能用玻璃电极作为工作电极测定其pH值。氟化氢铵的水溶液中有氟离子，能腐蚀玻璃，不能用玻璃电极测定；磷酸三钠在水溶液中水解，生成磷酸氢二钠和NaOH，溶液呈强碱性，一般钠玻璃电极不能用，可以用锂玻璃电极。

（3）沉淀滴定用的银电极怎样制备，其参比电极的盐桥怎么制备？

【答】在一般浓度（指硝酸银标准滴定溶液浓度高于0.01mol/L以上）时，其银电极作为指示电极，把银电极用细砂纸将表面擦亮，然后浸入含有少量硝酸钠的稀硝酸（HNO_3 ： H_2O=1 ： 1）溶液中，直到有气体放出为止，取出用水洗干净。

在滴定时使用的硝酸银标准滴定溶液浓度低于0.005mol/L时，应使用具有硫化银涂层的银电极。其制备方法为：用金相砂纸（M_{14}）将长15～20cm、直径为0.5mm的银丝打磨光亮，再用乙醇浸泡的脱脂棉花擦洗干净，晾干，浸没于适量的氯化钠溶液[$c(NaCl) = 0.2mol/L$]与等体积的硫化钠溶液[$c(Na_2S) = 0.2mol/L$]中，温度为25℃，浸没深度为3～5cm，浸没时间为30min，取出后先用自来水冲洗10min，再用蒸馏水洗净，备用。要求用上述浓度的硝酸银标准滴定溶液滴定氯化钾标准滴定溶液，其浓度为$c(KCl) = 0.005mol/L$，终点电位突跃值大于60mV。

其参比电极为双盐桥的甘汞电极，电极内部使用室温下饱和的氯化钾水溶液，外部盐桥使用室温下饱和的硝酸钾水溶液。

（4）若溶液中同时含有几种离子M_1、M_2、M_3，都能与EDTA形成配合物，且$K_{M1Y} > K_{M2Y} > K_{M3Y}$，能否使用电位滴定法实现这些离子的连续滴定？如何操作？

【答】当用EDTA滴定时，M_1首先被滴定。这时M_1能否被准确滴定，取决于溶液中M_2和M_3是否干扰的滴定。

干扰主要来自M_2，选择适当的pH值，在lg（$c_{M1}K'_{M1Y} = \lg K_{M1Y} - \lg K_{M2Y} + \lg c_{M1}/c_{M2} \geq 6$的条件下可准确滴定而不干扰。上式中，$c_{M1}$为$M_1$在化学计量点时的浓度；$c_{M2}$为$M_2$在化学计量点时的浓度；$K_{M1Y}$、$K_{M2Y}$分别为金属离子$M_1$和$M_2$与EDTA的配位稳定常数。$K'_{M1Y}$为$M_1$与EDTA的条件络合稳定常数。

以Bi^{3+}、Pb^{2+}和Ca^{2+}为例，它们与EDTA的络合稳定常数分别为28.2、18.0和10.7。当3种离子的浓度都为0.01mol/L时，用电位滴定法可解决无合适指示剂的困难，一次取样可连续地滴定各自的含量。将溶液的pH值调节至1.2，用Hg电极作为指示电极，饱和甘汞电极为参考电机，此时可准确滴定Bi^{3+}而Pb^{2+}和Ca^{2+}不干扰。当Bi^{3+}滴定至终点，将溶液pH值调节至4.0，再滴定Pb^{2+}，这是Bi^{3+}已经络合为BiY不干扰的滴定，Ca^{2+}的存在满足上式也不干扰Pb^{2+}的滴定。当Pb^{2+}滴定至终点后，再将溶液的pH值调节至8.0滴定Ca^{2+}，从而实现连续测定样品中3种离子的浓度。

（5）在用卡尔·费休法测定水分含量时，加于双铂电极上的电压是多少？在滴定终点前后电流计的电流是多少？

【答】加于双铂电极的电压一般为$1 \sim 2V$，在滴定终点前，由于被测的试样溶液中存在水，使阴极极化，没有（或只有几微安）电流通过。当水分被滴定后，阴极去极化伴随着电流突然增加，这时电流计指针偏转至$10 \sim 20\mu A$，并能保持1min。

返滴定时，先加卡尔·费休试剂至试样溶液呈棕色，再用标准水-甲醇溶液滴定至电流计的指针突然回到零。

（6）在进行重氮化滴定时使用的双铂电极应怎样预处理，加于此电极上的电压是多少？使用电流计应注意什么？

【答】双铂电极可以用加有少量三氯化铁的硝酸浸洗，也可以用铬酸洗液浸洗。浸洗后用蒸馏水把电极洗净。

加于双铂电极上的电压一般是50mV。由于电流计要用$10^{-9}A$/格，在进行产品的重氮化滴定时，电极在溶液中极化，在未达到滴定终点前，仅有很小或无电流通过；在到达滴定终点时（指标准滴定溶液略有过量），则使电极去极化，溶液中会有电流通过，这时电流计的指针偏转，不再回零点。由于此电流计灵敏度要求高，所以化验人员要注意所加电压不要高于50mV，另外不要让其指针偏转时间太长，以免损坏电流计。

（7）如何进行玻璃电极的失效判断？

【答】有明显的破碎（如玻璃球泡上出现裂纹）或过期，应更换。无明显损坏时，判断电极好坏的方法是：可配制两种标准缓冲液，以一个作为标液，另一个作为待测液。在仪器和甘汞电极可靠的情况下，若测得的待测液pH值和其标值基本上相符，则证明此玻璃电极是好的。若相差过多或不相符，则说明此电极的转换系数严重下降或电极失效。也可用一已知的好的玻璃电极进行比较。

（8）如何进行甘汞电极的失效判断？

【答】当甘汞电极内的汞及甘汞发黑后，应更换。甘汞电极内阻的判断：最好用交流电桥或用电导仪在饱和KCl溶液中测量。若无这些条件，也可以用三用表来测量。方法是将电极浸入饱和KCl溶液中，将红表棒接在电极或电极引线上，黑表棒迅速接触一下溶液，所测得的电阻为电极的正向电阻，正向电阻阻值为5～10kΩ。若大于几十千欧以上，说明甘汞电极的渗漏孔部分堵塞，应放入蒸馏水中浸泡溶解后再用。用这种方法测量时，时间一定要尽可能短暂，否则会引起电极极化。而且测量后的电极，最好放置一段时间再用。甘汞电极正向电阻（内阻）与KCl溶液向外渗漏的速度有关。渗漏的速度过小时，电极内阻变大，会引起测量的不稳定，其表现为仪器表征不稳；流速过大，KCl溶液会影响、污染被测溶液。一般其流速在5～10min内不得大于一滴。

（9）如何进行离子选择性电极的失效判断？

【答】作为判断一个离子选择性电极好坏的指标之一，如在室温下一般玻璃膜电极直流内阻为数十兆欧，氟化镧单晶电极的直流电阻为$1M\Omega$左右。如果测得电极的直流电阻为数千欧以下，则说明玻璃膜电极有裂隙或者氟化镧单晶电极的膜片胶合处有裂隙。相反，如果测得的内阻为无穷大，则说明电极引出线开路，或者测得玻璃膜电极内阻超过$10^9\Omega$且反应迟钝，则说明电极可能老化，不宜使用。

（10）玻璃电极被污染后，应怎样清洗？怎样保存？

【答】当电极上沾有油污时，可用5%～10%的氨水溶液或丙酮清洗；沾有无机盐类时，可用浓度为0.1mol/L的盐酸溶液清洗；沾有胶质或蛋白质时，可用浓度为1mol/L的盐酸溶液清洗。但不要用脱水性溶液，如铬酸洗液、硫酸清洗。用上述溶液清洗后，应立即用水清洗。

洗涤后，在水中浸泡24h以上，使电极活化后才能用于pH值的测定。若几天内需要再测定时，可以将电极浸泡于水中保存。若较长时间不用时，应置于电极盒内，放在干燥的、温度无剧变的地方。电极的导线和插头应保持干净、防止受潮和漏电。

（11）离子选择性电极在使用时有哪些注意事项？

【答】各种离子选择性电极由于其结构、原理的差异，在使用中需要注意的方面也不尽相同，部分电极（如氟离子电极、钙离子电极）的使用注意事项如前所述，这里仅将共同注意点列举如下：

① 电极使用前，应在一定浓度含有所测离子的溶液（或纯水）中浸泡一段时间活化，以使电极平衡，然后再用去离子水反复清洗，直至达到所要求的空白电位值为止。

② 与双盐桥饱和甘汞电极（部分电极仅需与单盐桥甘汞电极）配合使用，外盐桥应充入不含所测离子且不与其反应、液接电位很小的合适电解质溶液。

③ 应防止电极敏感膜被碰擦和沾污。如已沾污、磨损，可先用酒精棉球轻擦，再用去离子水洗净；若效果不好，应在抛光机上抛光处理，以更新敏感面。

④ 电极使用完毕后，应清洗至空白电位值。电极若暂时不用，可浸泡在一定浓度的所测离子溶液中保存；若较长时间不用，则使用滤纸吸干后存放与电极盒内。

（12）酸度计电源接通以后，显示屏上的数字乱跳。

【答】可能原因：①仪器输入端形成开路，即未接入电极，检查电极插头是否插入；②电极引出线有短路，焊头已脱落或有松动现象，或者是电极插头与插口处接触不良，也可能是电极处有气泡。可重新焊接引线，如仍无效，只有更换新电极。如果接触不良可用细砂纸将生锈处磨光，再用乙醇溶液清洗，然后吹干即可。如果电极内有气泡应排除气泡。

（13）电位滴定预滴定找不到终点。

【答】可能原因：①先检查滴定剂或样品是否错误，如有错误，应立即更换滴定剂或正确取样；②终点突跃太小，此时应将滴定突跃设置为"小"；③终点体积较小，此时应改用"空白滴定"模式；④电极选择错误，如有错误应重新对电极进行选择。

（14）电位滴定预滴定找到假终点。

【答】可能原因是预滴定参数设置不合适，此时应先将假终点关闭，再将滴定突跃设置为"大"，重新进行预滴定。

（15）电磁搅拌器不转。

【答】可能原因：①电磁搅拌器没连接，连接好电磁搅拌器连线；②搅拌速度设置错误，可以加快搅拌速度；③溶液杯内无搅拌子，放置搅拌子即可；④如排除以上原因，则可能是电磁搅拌器本身的故障，可以更换电磁搅拌器。

7.2 紫外-可见分光光度法

7.2.1 选择题

（1）摩尔吸光系数很大，则说明（　　）。
A.该物质的浓度很大
B.光通过该物质溶液的光程长
C.该物质对某波长光的吸收能力强
D.测定该物质的方法的灵敏度低

答案：C

（2）在一定波长处，用2.0cm吸收池测得某试液的百分透射比为62%，若改用3.0cm吸收池时，该试液的吸光度A应为（　　）。
A. 0.032　　　　B. 0.38　　　　C. 0.31　　　　D. 0.14

答案：C

（3）某有色配合物溶液，其吸光度为A_1，经第一次稀释后测得吸光度为A_2，再次稀释后测得吸光度为A_3，且$A_1 - A_2 = 0.500$，$A_2 - A_3 = 0.250$，则其透射比$\tau_3 : \tau_2 : \tau_1$为（　　）。
A. 5.62 : 3.16 : 1.78　　　　B. 5.62 : 3.16 : 1
C. 1 : 3.16 : 5.62　　　　D. 1.78 : 3.16 : 5.62

答案：B

（4）有甲、乙两个不同浓度的同一有色物质的溶液，用同一厚度的吸收池，在同一波长下测得的吸光度为：$A_甲$=0.20；$A_乙$=0.30。若甲的浓度为4.0×10^{-4} mol·L^{-1}，则乙的浓度为（　　）。

A.$8.0 \times 10^{-4} mol \cdot L^{-1}$ B.$6.0 \times 10^{-4} mol \cdot L^{-1}$

C.$1.0 \times 10^{-4} mol \cdot L^{-1}$ D.$2.0 \times 10^{-4} mol \cdot L^{-1}$

答案：B

（5）符合比耳定律的有色溶液稀释时，其最大的吸收峰的波长位置
（　　）。

A.向长波方向移动   B.向短波方向移动

C.不移动，但峰高降低   D.无任何变化

答案：C

（6）下列为试液中两种组分对可见光的吸收曲线图，在进行分光测
定时不存在互相干扰的是（　　）。

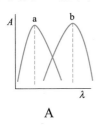 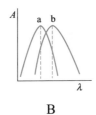 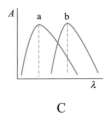

A   B   C

答案：A

（7）测定硫酸锌中微量锰时，在酸性溶液中用KIO_4将Mn^{2+}氧化成
紫红色的MnO_4^-后进行光度测定。若采用纯金属锰标准溶液在相同条件
下作标准曲线，则标准曲线的参比溶液应为（　　）。

A.含Zn^{2+}的试液

B.含Zn^{2+}的KIO_4溶液

C.含锰的KIO_4溶液

D.显色后取部分显色液，滴加$NaNO_2$溶液至紫红色褪去后的溶液

答案：D

（8）测定铬基合金中的微量镁，常用铬黑T为显色剂，EBT本身呈
蓝色，与Mg^{2+}配位后，配合物呈酒红色。用分光光度法测定铬基合金
中微量镁时宜选用的参比溶液是（　　）。

A.含试液的溶液   B.蒸馏水

C.含试液-EBT-EDTA的溶液   D.含EDTA的溶液

答案：C

（9）分光光度计接通电源后，指示灯和光源灯都不亮，电流表无偏
转的原因有（　　）。（多选）

A. 电源开头接触不良或已坏　　　B. 电流表坏

C. 保险丝断　　　　　　　　　D. 电源变压器初级线圈已断

答案：ACD

（10）某化合物在正己烷和乙醇中分别测得最大吸收波长为$\lambda_{max}=$317nm和$\lambda_{max}=305$nm，该吸收的跃迁类型为（　　）。

A. $\sigma \to \sigma^*$　　　B. $n \to \sigma^*$　　　C. $\pi \to \pi^*$　　　D. $n \to \pi^*$

答案：D

（11）下列化合物中，吸收波长最长的化合物是（　　）。

A. $CH_3(CH_2)_6CH_3$

B. $(CH_2)_2C=CHCH_2CH=C(CH_3)_2$

C. $CH_2=CHCH=CHCH_3$

D. $CH_2=CHCH=CHCH=CHCH_3$

答案：D

（12）下列化合物中，吸收波长最长的是（　　）

A. 　　　B.

C. 　　　D.

答案：C

（13）某非水溶性化合物，在200～250nm有吸收，当测定其紫外可见光谱时，应选用的合适溶剂是（　　）。

A. 正己烷　　　　　　　　　B. 丙酮

C. 甲酸甲酯　　　　　　　　D. 四氯乙烯

答案：A

（14）在异丙叉丙酮$CH_3-C(=O)-CH=C(CH_3)_2$中，$n \to \pi^*$跃迁的吸收带，在下述（　　）溶剂中测定时，其最大吸收的波长最长。

A. 水　　　　　　　　　　　B. 甲醇

C. 正己烷　　　　　　　　　D. 氯仿

答案：C

7.2.2 问答题

（1）目前在化工产品检验上应用分子吸收的几个光区情况如何？

【答】以可见光区的应用最广，主要用于产品中杂质项目的测定，也用于部分产品主体含量的测定。少部分产品中用于做其性能试验，例如特效试剂测定某种物质的灵敏度试验。

紫外光区在国家标准、行业标准中应用较少，主要用于产品杂质项目的测定。

红外光区在《中华人民共和国药典》中被广泛应用于产品的定性鉴定，在化工产品中应用的还不是很多。红外光区的定量测定应用极少。

（2）什么是标准溶液？它在产品检验中作为哪些方面的标准？还有什么其他用途？

【答】GB/T 20001.4—2001《标准编写规则　第4部分：化学分析方法》中"3.6"规定，标准溶液是由用于制备该溶液的物质而准确知道某种元素、离子、化合物或基团浓度的溶液。在该标准的"A.10.4.1.3"规定此种溶液浓度应用克每升（g/L）或其分倍数表示。其附录B（资料性附录），给出有关溶液的制备标准中规定GB/T 602—2002《化学试剂杂质测定用标准溶液的制备》作为可选要素。

标准溶液在产品检验中用作以下4种标准。

① 测定产品中杂质项目的标准；

② 测定产品含量（主体）的标准，例如用分光光度法测定特效试剂或酸碱指示剂的含量；

③ 产品使用性能测定的标准，例如用分光光度法测特效试剂的灵敏度；

④ 检验产品用仪器性能的检定，例如对原子吸收光谱仪特征浓度和检出极限的测定。

其他用途有：①实验室用水中杂质项目的检验；②环境监测用标准。

（3）标准溶液的稳定性如何？

【答】大部分标准溶液可以使用两个月，少数易变质的应使用新配制溶液，例如亚铁标准溶液易被空气中的氧气氧化；乙酸酐标准溶液容易吸收空气中的水发生水解；醛类标准溶液可能发生聚合反应等。

（4）分子吸收光谱法使用的标准试剂有哪些？

【答】有以下7种：

① 可见紫外分子吸收光谱仪校正用的标准试剂，如校正仪器波长用的GBW（E）130112氧化狄滤光片标准物质，GBW（E）130111镨钕滤光片标准物质；

② 红外分子吸收光谱仪校正用的聚苯乙烯薄膜；

③ 特效试剂含量测定的标准吸光度值；

④ 酸碱指示剂变色域测定用标准溶液；

⑤ 质量吸收系数标准值；

⑥ 紫外吸收标准物质；

⑦ 红外吸收标准物质。

（5）哪些规程规定了分光光度计的技术要求?

【答】在GB/T 9721—2006《化学试剂　分子吸收分光光度法通则（紫外和可见光部分）》中规定"依据样品的测试要求，应选用符合JJG 178—1996《可见分光光度计检定规程》，JJG 682—1990《双光束紫外可见分光光度计检定规程》，JJG 689—1990《紫外、可见、近红外可见分光光度计检定规程》规定的单波长单光束或单波长双光束的紫外、可见分光光度计的"的规程。这些规程中规定了不同分光光度计的技术要求。上述三个化学计量标准已被JJG 178—2007《紫外、可见、近红外可见分光光度计检定规程》取代。

（6）在作可见分光光度法测定时应注意哪些问题?

【答】应注意以下4个方面的问题：

① 干扰测定的消除。例如用5-磺基水杨酸测定杂质铁时，铜存在干扰，需在酸性溶液中加入锌粒，将Cu^{2+}还原为Cu后过滤除去。

② 试剂的纯度。试剂不纯不但会影响测定的准确度，有时甚至会影响显色反应的发生。

③ 量具的使用。例如要加入0.01mg的杂质，使用杂质标准溶液的浓度为0.10mg/mL，这时应移取0.10mL，应使用总体积接近移取体积的移液管。如果测定的准确度要求比较高，例如对于测定产品摩尔吸收系数，此处若使用1.00mL的移液管，此项操作的准确度就偏低。

④ 安全。选择测定方法时，应尽量避免使用毒性很强的试剂。如必须使用，则应严格遵守相关操作规程。

（7）产品检验中，如果一种待测离子有多种显色剂与其反应，且都可应用于可见分光光度法的分析中，此时应如何做出选择?

【答】以化工产品中铁的测定为例。常用于测定铁的方法主要有三种，邻菲罗啉法、5-磺基水杨酸法和硫氰酸法。在表7-1中对这三种方法进行简单的比较。

表7-1　三个常用测铁方法的比较

比较项目	邻菲罗啉法	3-磺基水杨酸法	硫氰酸法
测定离子	Fe^{2+}	Fe^{3+}	Fe^{3+}
pH范围	$2\sim9$	$8\sim11.5$	$c(H^+)$为$0.1\sim1mol/L$
吸收峰/nm	510	420	$450\sim500$
摩尔吸收系数/[L/(mol·cm)]	1.1×10^4	5.8×10^3	6.3×10^3
显色稳定性	半年	$2\sim3d$	不稳定
能否萃取	不能	不能	可以

目前在化工行业的标准中应用邻菲罗啉测铁的方法较多。但化验员在工作中会遇到不同的产品，具体测定时还是应该根据产品的实际情况进行选择。

（8）使用工作曲线定量时的注意事项有哪些？工作曲线不过原点有哪些原因？

【答】工作曲线只能在绘制曲线的浓度范围内使用，不可随意向原点方向或向浓度增大方向延伸查找测试结果。

工作曲线不通过原点可能有以下4种原因：

① 空白溶液选择不当。空白溶液不能恰好抵消干扰物质对光的吸收；

②吸收池的厚度或光学性能不一致；

③ 显色反应灵敏度不高。当被测物质低于某一浓度时，溶液不能显色；

④ 显色剂选择性不高。显色剂不仅与待测物质反应，而且与溶液中共存杂质显色。

（9）工作曲线不成直线的原因是什么？

【答】排除操作失误以及溶液浓度过大或过小的原因，工作曲线不成直线的常见原因有以下2种：

① 单色光纯度不够导致工作曲线上端向下弯曲。

② 显色反应生成的有色化合物组成不固定。在显色反应中，若有色化合物组成不固定，会引起溶液颜色深度或色调的改变，造成工作曲线弯曲。

（10）在紫外吸收光谱法中常用的有机溶剂有哪些？其最低使用波长分别是多少？应用时对其吸光度有何要求？

【答】常用的有机溶剂有乙酸乙酯、乙醇、乙醚、二甲基甲酰胺、二氯甲烷、乙腈、正丁醇、三氯甲烷、正己烷、丙酮、异丙醇、甲醇、吡啶、甲苯、乙酸甲酯、苯、丙三醇、异辛烷等。这些溶剂的最低使用波长如表7-2所示。

表7-2 纯溶剂的最低使用波长

溶剂	最低波长/nm	溶剂	最低波长/nm	溶剂	最低波长/nm
环己烷	190	二氯甲烷	230	丙酮	330
异辛烷	220	三氯甲烷	245	苯	280
甲醇	210	乙腈	212	甲苯	285
异丙醇	210	乙酸乙酯	255	吡啶	305
正丁醇	220	乙酸甲酯	260	二甲基甲酰胺	270
乙醚	270	乙醇	210	丙三醇	230

在《中华人民共和国药典（2015版）》和GB/T 9721—2006《化学试剂 分子吸收分光光度法通则（紫外和可见光部分）》中要求有机溶剂的吸光度值见表7-3。

表7-3 对有机溶剂吸光度的要求

波长范围/nm	吸光度A	波长范围/nm	吸光度A
220～240	＜0.4	251～300	＜0.1
241～250	＜0.2	300以上	＜0.05

测定方法是用厚度为1cm的石英吸收池，以空气为参比，在标准规定的波长（指被测物产品标准）下测定有机溶剂的吸光度。

（11）作紫外吸收测定时应怎样选择有机溶剂？

【答】首先应选用光谱纯级的有机溶剂；其次看该溶剂在不同波长时的透光率和其最低使用波长，要注意所用溶剂在测定波长处应没有明显的吸收；再进一步考虑溶剂对被测物溶解性要好，不和被测物发生作用；最后还应注意溶剂中不应含有干扰测定的物质，例如乙醇在放置时间长时可能被空气氧化成乙醛，乙醛会干扰某些产品的紫外鉴定。

（12）在作产品紫外定性鉴定时，哪些测定条件会影响其吸收峰波长？

【答】主要有以下2个测定条件影响其吸收峰波长。

① 使用的溶剂的极性：例如在作产品丙酮的紫外吸收测定时，使用不同的溶剂，即水、乙醇、己烷时，其吸收峰不同（如图7-1所示）。其规律是溶剂的极性强时，吸收峰波长向短波方向移动。

② 溶液的pH值：例如产品苯酚在水溶液中的吸收峰为210nm和270nm，其ε分别为6200L·$(mol·cm)^{-1}$和1450L·$(mol·cm)$。苯酚钠（碱性条件下），由于苯酚转变为阴离子，增强了电负性，吸收峰向长波方向移动，见图7-2，波长为236nm和287nm，ε分别为6200L/$(mol·cm)$和2600L/$(mol·cm)$。

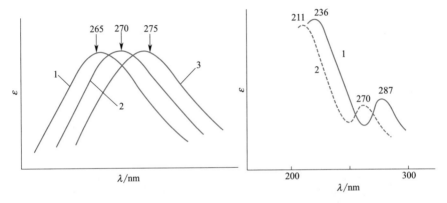

图 7-1　溶剂对丙酮吸收峰的影响　　　图 7-2　苯酚与苯酚钠的紫外吸收光谱图

1—水；2—乙醇；3—己烷　　　　　　　1—苯酚钠盐；2—苯酚

（13）光源灯是易损件，当损坏件更换或由于仪器搬运后均可能偏离正常的位置。为了使仪器有足够的灵敏度，需要对光源灯进行调整，应如何进行？

【答】不同仪器光源灯的调整方法有所不同，以下以721型可见分光光度计为例对光源的调整步骤进行说明。

仪器处于可见光工作状态，将波长调到580nm处，把狭缝调到最大，把一张白纸放置于比色皿盒边出光口处。开启仪器电源，上、下、左、右移动灯的位置，直到成像在入射狭缝上，调节灯座上螺钉与螺母的相对距离可改变钨灯灯丝的高度。灯的水平位置可通过旋松装有灯座、开有长槽的底板中两个螺钉，整个底座连同底板在水平位置作前后移动或左右移动。直到反色光对准狭缝中心。白纸出现光斑后，继续缓慢移动灯座使光斑最大最亮及中间色泽均匀，然后将螺钉紧固。

（14）如何更换光源灯？在更换光源灯的操作中应注意什么？

【答】不同仪器光源灯的更换方法有所不同，以下以UV1801紫外可见分光光度计为例对光源的调整步骤进行说明。

① 更换氘灯

a.关闭仪器电源，拔去电源插头。

b.卸去仪器上罩。拧下仪器上罩后面的三个螺钉，然后轻轻从后面向上小心取下仪器上罩，置于仪器左侧（**注意!** 卸去仪器上罩时，不要用力扯拉与上罩相连的连接线，不要碰到仪器内部各光学部件）。卸去上罩后露出灯室（见图7-3）。

c.卸灯室上盖。用螺丝刀卸去固定灯室上盖的两个螺钉。卸去灯室上盖，露出氘灯、钨灯（见图7-4）。

d.拆卸旧氘灯。先将氘灯接线螺钉拧松（不必卸掉），将氘灯三根引线与接线座脱离。

注意! 氘灯三根引线中有一根的颜色不同于其他两根，它的安装位置一定要牢记。然后拧下两个氘灯紧定螺钉（逆时针转为拆卸，反之为紧固），将氘灯垂直向上拔出氘灯座。

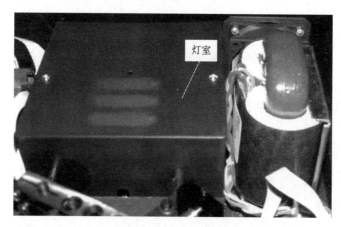

灯室

图7-3 灯室（外）

e.安装新氘灯。将新氘灯小心地插入氘灯座，氘灯三根引线从氘灯座底部小孔穿出引至接线座的位置。按原来安装位置拧紧两个氘灯紧定螺钉。然后将氘灯三根引线接入接线座（**注意!** 氘灯上颜色不同于其他两根的那一根引线一定要跟换灯前的安装位置一致，千万别接错），最后拧紧接线螺钉（拧钉时如果螺钉掉入仪器里应及时取出，以免造成短路）。

图7-4 灯室（内）

注意！安装灯的过程中不要触摸氚灯发光孔正对的玻璃窗和钨灯灯丝周围的玻璃窗（最好戴手套操作），以免沾上污物，影响能量。如果不慎沾上污物，可用干净细木棍缠上脱脂棉蘸清洁酒精轻轻擦净，然后用干脱脂棉擦干。

检查氚灯所有连线是否接触良好，相应紧固螺钉是否紧固牢靠。在确认接触良好后，通电检查氚灯光是否进入狭缝，若有差距应做适当调整。最后紧固螺钉，小心装上灯室上盖和仪器上罩（**注意！**装上灯室上盖和仪器上罩时不要压住仪器内的连线）。

f.通电开机，自检正确，则氚灯更换完毕。

② 更换钨灯

a.关闭仪器电源，拔去电源插头。

b.卸去仪器上罩（具体操作同更换氚灯）。

c.卸去灯室上盖（具体操作同更换氘灯）。

d.拆卸旧钨灯将钨灯接线螺钉拧松（不必卸掉），将钨灯两根引线与接线座脱离。然后拧松钨灯紧定螺钉，将钨灯垂直向上拔出钨灯座。

e.安装新钨灯将新钨灯小心地插入钨灯座，钨灯两根引线从钨灯座底部穿出引至接线座的位置，拧紧钨灯紧定螺钉。然后将钨灯两根引线接入接线座，拧紧接线螺钉。

f.检查所有连线是否接触良好，相应紧固螺钉是否紧固牢靠，在确认接触良好后，通电检查钨灯光斑是否正常，若有变动应做适当调整，直至光斑均匀完整，亮度强。

g.装上灯室上盖和仪器上罩。

h.通电开机，自检正确，则钨灯更换完毕。

（15）杂散光的主要来源是什么？要消除杂散光影响，应注意哪几点？

【答】杂散光的主要来源是仪器的光学元件保护不好，例如透镜或反射镜上有尘埃或指纹印；仪器光学系统的暗箱中的黑体被划伤或脱落；在操作时样品室盖未盖好等。因此要消除杂散光应注意以下几点：

① 做好仪器（特别是光学系统）的防潮和防霉工作。绝对不允许用手或其他硬物摸碰光学元件和暗箱的黑体；

② 保护好吸收池架，并应经常保持其清洁和干燥；

③ 测定时，必须盖好样品室盖。

（16）在实际工作中，有无较为简便的方法进行吸收池的配套性检验？

【答】可以用铅笔在洗净的吸收池毛面外壁编号并标注光路走向。在吸收池中分别装入测定用溶剂，以其中一个为参比，测定其他吸收池的吸光度。若测定的吸光度为零或两个吸收池吸光度相等，即为配对吸收池。若不相等，可以选出吸光度值最小的吸收池为参比，测定其他吸收池的吸光度，求出修正值。测定样品时，将待测溶液装入校正过的吸收池，测量其吸光度，所测得的吸光度减去该吸收池的修正值即为此待测液真正的吸光度。

（17）钨灯不工作的原因是什么？

【答】可能原因：①钨灯灯丝烧断（此种原因概率最高），在说明书指导下更换钨灯保险丝，如更换后再次烧断则要检查电路；②光源供电器坏，检查电路，看是否有电压输出，通知维修人员维修或更换电路板；③仪器电源开关接触不良，联系厂家由维修人员或在说明书指导下更换仪器电源开关；④钨灯烧坏，在说明书指导下更换新灯，具体方法可参考本节问答题"14"。

（18）氘灯不工作的原因是什么？

【答】如果灯丝电压、阳极电压均有，则可能原因是灯丝烧断或氘灯寿命到期（此种原因概率最高），在说明书指导下更换新灯，具体方法可参考本章相关内容；如果氘灯在启辉的开始瞬间灯内闪动一下或连续闪动，并且更换新的氘灯后依然如此，有可能是启辉电路有故障，一般灯电流调整用的大功率晶体管损坏概率最大，联系厂家由维修人员进行修理。

（19）测定时吸光度显示不稳定。

【答】首先更换一种稳定的试样判定是属于仪器原因还是样品原因。如果确认是仪器原因，则有以下七种可能性，可逐一排查，找出原因进行排除。可能原因：①仪器预热时间不够，相应的延长预热时间，一般仪器需预热20min；②电噪声太大，一般是由暗盒受潮或电器故障引起的，首先检查干燥剂是否受潮，若受潮需更换干燥剂，若还不能解决，要检查线路，如果确认是线路问题，通知维修人员维修；③环境振动过大，光源附近气流过大或外界强光照射，需要按照仪器安装环境要求，改善工作环境；④电源电压不良，检查电源电压，如有条件可以加装稳压电源；⑤仪器接地不良，需要请相关专业技术人员改善接地状态；⑥样品架定位没定好，造成遮光现象，需修理推拉式样品架的定位碰珠；⑦样品浓度太高，可以稀释样品后进行测定。

（20）样品室内无任何物品的情况下，基线噪声大。

【答】可能原因：①如仅紫外区基线噪声大，则可能是氘灯老化，进行氘灯更换即可；②光源镜位置不正确，需重新调整光源镜的位置，使光源照射到入射狭缝的中央；③石英窗表面被溅射上样品，可用乙醇清洗石英窗。

（21）样品室放入空白后基线噪声较大。

【答】可能原因：①比色皿表面或内壁被污染，清洗比色皿；②在紫外区使用了玻璃比色皿；③空白样品对紫外光谱的吸收太强烈，更换空白。

（22）测定时，τ调不到0%。

【答】首先看状态有没有设在"T"挡，如果确认状态无误，可能是仪器出现故障。可能原因:①光门漏光,联系厂家由维修人员修理光门;②光路放大器坏,联系厂家由维修人员修理放大器;可能原因三是暗盒受潮,在说明书指导下更换暗盒内干燥剂。

(23)测定时,τ调不到100%。

【答】可能原因:①卤钨灯不亮,检查灯电源电路,通知维修人员维修或更换电路板;②样品室有挡光现象,检查样品室,移除挡光的东西;③光路不准;联系厂家由维修人员调整光路;④光路放大器坏,联系厂家由维修人员修理放大器。排除仪器原因以后还应考虑是否是参比溶液不正确,此时应改善分析方法;⑤可能样品溶液不正确,此时应更换溶液。

(24)测试数据重复性差。

【答】先排除池或池架是否晃动,如有晃动,则卡紧池或池架;然后观察吸收池溶液中是否有气泡,如有气泡,需重新洗涤并更换溶液;还要考虑是否是样品不稳定,如发生光化学反应,可以加快测试速度或改善分析方法;排除以上原因后就可能是仪器问题,看仪器噪声是否太大,如噪声过大,则可能是电路故障,检查电路,通知维修人员维修或更换电路板。

7.3 红外吸收光谱法

7.3.1 选择题

(1)在下面各种振动模式中,不产生红外吸收带的是( )。(多选)

A.乙炔分子中的—C≡C—对称伸缩振动

B.乙醚分子中的C—O—C不对称伸缩振动

C.CO_2分子中的C—O—C对称伸缩振动

D.HCl分子中的H—Cl键伸缩振动。

答案:C

(2)有一含氧化合物,如用红外光谱判断它是否为羰基化合物,主要依据的谱带范围为( )。

A.3500～3200cm^{-1} B.1950～1650cm^{-1}

C. $1500 \sim 1300cm^{-1}$ D. $1000 \sim 650cm^{-1}$

答案：B

（3）迈克尔逊干涉仪的核心部分是（   ）。

A.动镜   B.定镜   C.分束器   D.光源

答案：C

（4）若固体样品在空气中不稳定，在高温下容易升华，则红外样品的制备宜选用（   ）。

A.压片法   B.石蜡糊法

C.熔融成膜法   D.漫反射法

答案：D

（5）用红外光谱测试薄膜状聚合物样品时，可采用（   ）。（多选）

A.全反射法   B.漫反射法

C.热裂解法   D.镜面反射法

答案：AD

（6）红外光谱分析中，对含水样品的测试可采用（   ）材料作载体。（多选）

A. NaCl   B. KBr   C. KRS-5   D. CaF_2

答案：CD

7.3.2 问答题

（1）怎样验收傅里叶变换红外吸收光谱仪（FT-IR）？

红外吸收光谱仪属于实验室的高档仪器。新购置的FT-IR光谱仪安装调试完毕后，仪器管理人员应当与仪器安装工程师共同对仪器进行验收。验收合格后方可在检验报告上签字，并将验收结果作为仪器的初始性能参数记录在案，作为仪器性能指标参考。实验员在后续的使用过程中也应该定期对红外吸收光谱仪的各项参数进行测试，做好记录，以及时了解仪器的性能变化情况。

红外光谱仪验收的主要指标有本底光谱能量分布、100％ τ 线倾斜范围、仪器信噪比、透光率重复性、仪器最高分辨率、波数的准确度和重复性。

① 本底光谱能量分布 要求 $4000cm^{-1}$ 处能量值不小于最高点能量值的20％。检测方法是：仪器开机预热30min以上，设定仪器分辨率为

$4cm^{-1}$，扫描速度置于最佳位置，扫描次数32。采集空气本底光谱，分别测量本底光谱中能量最高点波数处本底光谱的能量τ_{max}和$4000cm^{-1}$处的能量τ_{4000}，计算τ_{4000}/τ_{max}。

②100％τ线倾斜范围　仪器100％τ线倾斜范围要求是$800\sim500cm^{-1}$在98.0～102.0间，$2200\sim1900cm^{-1}$在99.5～100.5间，$3200\sim2800cm^{-1}$在99.5～100.5间，$4400\sim4000cm^{-1}$在98.5～101.5间。检测方法是：按7.2.3.1-（1）的条件，采集空气本底光谱和空气样品光谱，测100％τ线。分别测量$800\sim500cm^{-1}$、$2200\sim1900cm^{-1}$、$3200\sim2800cm^{-1}$、$4400\sim4000cm^{-1}$各波数段的透光率。判断其是否在规定范围之内。

③仪器信噪比　红外光谱仪的信噪比是衡量一台仪器性能好坏的一项非常重要的技术指标，测量红外光谱仪的信噪比也就是测量仪器基线噪声。仪器信噪比的要求是：$4100\sim4000cm^{-1}$，信噪比≥2500∶1；$2200\sim2100cm^{-1}$（或$2100\sim2000cm^{-1}$），信噪比≥8000∶1；$1000\sim900cm^{-1}$，信噪比≥2500∶1。

检测方法（以透射率表示）是：按本书3.2.3.1（2）的条件，分别以相同的扫描次数采集空气本底光谱和空气样品光谱，得到透射率光谱。在100％线中$4100\sim4000cm^{-1}$、$2200\sim2100cm^{-1}$、$1000\sim900cm^{-1}$区间，将基线纵坐标满刻度放大，测量峰最大值与最小值之差N，用$100/N$即得到仪器的信噪比。

④透光率重复性　要求仪器透光率重复性不大于0.5％τ。检测方法是：按本书3.2.3.1（2）的条件，采集空气本底光谱，放入0.05mm聚苯乙烯薄膜标样，采集样品光谱，得到样品的透光率光谱。连续测量6次，记录各次测量906、$1942cm^{-1}$吸收峰的透光率τ，计算透光率的最大值τ_{max}与最小值τ_{min}之差，即为透光度重复性。

⑤仪器的最高分辨率　仪器的最高分辨率是红外光谱仪最重要的指标。不同档次仪器的分辨率是不同的，验收方法也不一样。

a.研究级红外光谱仪。研究级红外光谱仪的最高分辨率需小于$0.125cm^{-1}$。检测方法是：在处于真空状态下的10cm长红外气体池中引入压力为$400\sim650Pa$的CO，密封。将其置于仪器样品室，设置仪器为最高分辨率，红外光阑为最小值，绘制CO气体的红外光谱（见图7-5）。

在CO气体的红外光谱$2300\sim2000cm^{-1}$间挑选一个吸收峰（如

2107.424cm^{-1}），测量吸收峰的半高宽（指峰高一半处的峰宽），即为实际测得的分辨率（图中显示的实测值为0.075cm^{-1}）。

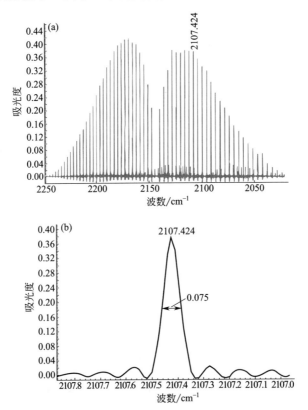

图7-5 0.125cm^{-1}分辨率CO气体红外吸收峰半高宽的测量

（b）为（a）的局部放大图

b.分析级红外光谱仪。分析级红外光谱仪的最高分辨率需小于0.5cm^{-1}，检测方法（参数设置同研究级红外光谱仪）是：在空光路的情况下采集背景光谱，然后往样品室中吹入一口气（目的是增加空气中水蒸气的浓度），关闭样品室，绘制空气中水蒸气的红外光谱（见图7-6）。

在水蒸气红外光谱2000～1300cm^{-1}间挑选一个吸收峰（如1436.70cm^{-1}），测量吸收峰的半高宽，即为实际测得的分辨率（图中显示的实测值为0.464cm^{-1}）。

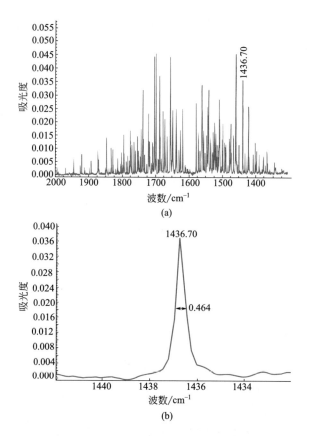

图 7-6 0.5cm⁻¹ 分辨率水蒸气红外吸收峰半高宽的测量

（b）为（a）的局部放大图

⑥ 波数准确度 仪器波数准确度的要求是小于设定分辨率的
1/2（分辨率 ≥0.5cm⁻¹ 的红外光谱仪）或不超过 ±1cm⁻¹（分辨率 <
0.5cm⁻¹ 的红外光谱仪）。

检测方法是：分辨率 ≥0.5cm⁻¹ 的红外光谱仪，设定仪器最高分辨
率，扫描速度置于最佳位置，扫描次数 32，截止函数 BOXCOR，仪器
光阑设置最小值，采集本底光谱；然后放入 10cm 长充入 CO 的红外气体
池，采集样品透光率光谱。连续测量 3 次，记录每次特征吸收峰波数值
与标准值（标准值 2193.36cm⁻¹）之差并取最大值，即为波数准确度。

分辨率 <0.5cm⁻¹ 的红外光谱仪，设定仪器分辨率 4cm⁻¹，扫描

速度置于最佳位置，扫描次数32，采集本底光谱；然后放入0.05mm厚的聚苯乙烯薄膜标样，采集样品透光率光谱。连续测量3次，记录每次特征吸收峰波数值（3个）与各自标准值（标准值分别为3081.87cm^{-1}、1601.15cm^{-1}、906.62cm^{-1}）之差并取最大值，即为波数准确度。

⑦ 波数重复性　波数重复性的要求是小于设定分辨率的1/2（分辨率≥0.5cm^{-1}的红外光谱仪）或不超过±1cm^{-1}（分辨率＜0.5cm^{-1}的红外光谱仪）。

检测方法是：分辨率≥0.5cm^{-1}的红外光谱仪，设定仪器最高分辨率，扫描速度置于最佳位置，扫描次数32，截止函数BOXCOR，仪器光阑设置最小值，采集本底光谱；然后放入10cm长充入CO（1.2kPa）的红外气体池，采集样品透光率光谱。连续测量6次，记录每次特征吸收峰波数值（约2193.36cm^{-1}），计算最大值与最小值之差，即为波数重复性。

分辨率＜0.5cm^{-1}的红外光谱仪，设定仪器分辨率4cm^{-1}，扫描速度置于最佳位置，扫描次数32，采集本底光谱；然后放入0.05mm厚的聚苯乙烯薄膜标样，采集样品透光率光谱。连续测量6次，记录每次特征吸收峰波数值（3个，约3081.87cm^{-1}、1601.15cm^{-1}、906.62cm^{-1}），计算各特征吸收峰波数最大值与最小值之差并取最大值，即为波数重复性。

（2）用聚苯乙烯标准薄膜校准色散型红外光谱仪时波数位置产生线性误差原因是什么？如何解决？

【答】用聚苯乙烯标准薄膜校准色散型红外光谱仪时波数位置产生线性误差的原因及解决措施如下。

① 记录笔位置不准确。解决措施是：重新装笔，笔尖应垂直对准记录纸。

② 记录器起点不对。解决措施是：调整记录器的起始点。

③ 波数步进电机上的定位件相对位置松动。解决措施是：调整波数步进电机上定位件位置。

（3）FT-IR光谱仪干涉仪不工作的原因是什么？如何解决？

【答】FT-IR光谱仪干涉仪不工作的原因及解决措施如下。

① 计算机与红外仪器通信失败。解决措施是：检查计算机与仪器的连接线是否连接好，重新启动计算机和光学台。

② 更换分束器后没有固定好或没有到位。解决措施是：将分束器重新固定。

③ 红外仪器电源输出电压不正常。解决措施是：检查仪器面板上灯和各种输出电压是否正常。

④ 分束器已损坏。解决措施是：请仪器维修工程师检查、更换分束器。

⑤ 控制电路板元件损坏。解决措施是：请仪器公司维修工程师检查并进行维修。

⑥ 空气轴承干涉仪未通气或气体压力不够高。解决措施是：通气并调节气体压力至合适压力。

⑦ 主光学台和外光路转换后，穿梭镜未移动到位。解决措施是：光路反复切换，重试，以确保穿梭镜位置到位。

⑧ 室温太低或太高。解决措施是：打开空调调节室温至合适温度。

⑨ He-Ne激光器不亮或能量太低。解决措施是：检查激光器是否工作正常，若其不正常，请维修工程师检查修复或更换激光器。

⑩ 红外工作软件出现问题。解决措施是：红外工作软件可能中毒或者被操作者误删，可重新安装红外操作软件。

（4）FT-IR光谱仪工作时干涉图能量太低的原因是什么？如何解决？

【答】FT-IR光谱仪工作时干涉图能量太低的原因及解决措施如下。

① 分束器出现裂缝。解决措施是：请仪器维修工程师检查或更换分束器。

② 光阑孔径太小。解决措施是：增大光阑孔径，增大光通量，提高检测器灵敏度。

③ 光路准直不到位。解决措施是：让仪器自动准直或动态准直，使光路准直到位。

④ 光路中有衰减器且衰减值过大。解决措施是：取下光路衰减器或降低衰减值。

⑤ 检测器损坏或MCT检测器无液氮。解决措施是：请仪器维修工程师检查、更换检测器或添加液氮。

⑥ 红外光源能量太低。解决措施是：更换新红外光源。

⑦ 仪器内部各种反射镜太脏。解决措施是：请仪器维修工程师清洗各类反射镜，管理员切记不能自己进行清洗。

⑧ 非智能红外附件位置安装不到位。解决措施是：调整红外附件至合适位置。

（5）FT–IR光谱仪工作时干涉图能量溢出的原因是什么？如何解决？

【答】FT-IR光谱仪工作时干涉图能量溢出的原因及解决措施如下。

① 光阑孔径太大。解决措施是：缩小光阑孔径，减小光通量，降低检测灵敏度。

② 增益太大或灵敏度太高。解决措施是：减小增益或降低灵敏度。

③ 动镜移动速度太慢。解决措施是：重新设定动镜移动速度。

④ 使用高灵敏度检测器时未插入红外光衰减器。解决措施是：插入红外光衰减器。

（6）FT–IR光谱仪工作时干涉图不稳定的原因是什么？如何解决？

【答】FT-IR光谱仪工作时干涉图不稳定的原因及解决措施如下。

① 控制电路板元件损坏或疲劳。解决措施是：请仪器维修工程师检查、维修或更换。

② 水冷却光源未通冷却水。解决措施是：光源确保通冷却水。

③ 液氮冷却检测器真空度降低，窗口有冷凝水。解决措施是：MCT检测器重新抽真空。

（7）FT–IR光谱仪工作时空气背景单光束光谱有杂峰的原因是什么？如何解决？

【答】FT-IR光谱仪工作时空气背景单光束光谱有杂峰的原因及解决措施如下。

① 光学台中有污染气体。解决措施是：请维修工程师吹扫光学台。

② 使用红外附件时，附件被污染。解决措施是：清洗红外附件。

③ 反射镜、分束器或检测器上有污染物。解决措施是：请仪器维修工程师检查、清洗。

（8）FT–IR光谱仪空光路检测时基线漂移的原因是什么？如何解决？

【答】FT-IR光谱仪空光路检测时基线漂移的原因及解决措施如下。

① 开机时间不够长，仪器不稳定。解决措施是：开机1h后重新检测。

② 高灵敏度检测器（如MCT检测器）工作时间不够长。解决措施是：等检测器稳定后重新测试。

7.4　原子吸收光谱法

7.4.1　选择题

（1）下列关于原子吸收法操作描述正确的是（　　）。（多选）

A.打开灯电源开关后，应慢慢将电流调至规定值

B.空心阴极灯如长期搁置不用，将会因漏气、气体吸附等原因而不能正常使用，甚至不能点燃，所以，每隔3～4个月，应将不常用的灯通电点燃2～3h，以保持灯的性能并延长其使用寿命

C.取放或装卸空心阴极灯时，应拿灯座，不要拿灯管，不得碰灯的石英窗口，以防止灯管破裂或窗口被沾污，导致光能量下降

D.空心阴极灯一旦打碎，阴极物质暴露在外面，为了防止阴极材料上的某些有害元素影响人体健康，应按规定对有害材料进行处理，切勿随便乱丢

答案：ABCD

（2）导致原子吸收分光光度计噪声过大的原因中下列哪几个不正确（　　）。（多选）

A.电压不稳定

B.空心阴极灯有问题

C.灯电流、狭缝、乙炔气和助燃气流量的设置不适当

D.实验室附近有磁场干扰

答案：BC

（3）WFX-2型原子吸收分光光度计，其线色散率倒数为2nm·mm^{-1}，在测定Na含量时若光谱通带为2nm，则单色器狭缝宽度（单位：μm）为（　　）。

A.0.1　　　　B.0.15　　　　C.0.5　　　　D.1

答案：D

（4）下列这些抑制干扰的措施，其中错误的是（　　）。

A.为了克服电离干扰，可加入较大量易电离元素

B.加入过量的金属元素，与干扰元素形成更稳定或更难挥发的化合物

C.加入某种试剂，使待测元素与干扰元素生成难挥发的化合物

D.使用有机络合剂，使与之结合的金属元素能有效地原子化

答案：C

（5）碱金属及碱土金属的盐类在紫外区都有很强的分子吸收带，可（　　）加以消除。

A.在试样及标准溶液中加入同样浓度的盐类

B.进行化学分离

C.采用背景校正技术

D.另选测定波长

答案：C

（6）在原子吸收光谱法中，由于分子吸收和化学干扰，应尽量避免使用（　　）来处理样品。（多选）

A.H_2SO_4　　　　B.HNO_3　　　　C.H_3PO_4　　　　D.$HClO_4$

答案：AC

（7）采用原子吸收光谱法分析无机痕量离子时，一般采用（　　）水。

A.一级　　　　B.二级　　　　C.三级　　　　D.分析纯

答案：B

7.4.2　问答题

（1）原子吸收分析如何确定是否存在干扰？

【答】原子吸收中的干扰普遍存在，有物理干扰、化学干扰、电离干扰、光谱干扰、背景干扰等。要判断样品是否存在干扰，通常要通过回收率试验确定。在排出了其他因素对回收率影响后如果加标回收很差，如小于80％或大于120％，则表明可能存在干扰。也可通过稀释样品，如果不同稀释倍数所得到的测定值不在误差范围内，则说明样品可能存在干扰。

（2）如何评价测定结果的质量？

【答】与其他分析方法一样，原子吸收测定结果的质量用精密度、准确度衡量。测定结果的精密度可通过平行测定多次（6次以上）数据计算平均标准偏差（RSD），实际工作中通常每个样品平行测定两次，根据结果的偏差要求评价是否合格。结果准确度采用标准物质的测定结果评价，在测定样品的同时进行标准物质的测定。也可采用加标回收率进行判断。

（3）原子吸收如何测定高含量样品？

【答】原子吸收通常测定的是微量成分，但是通过改变实验条件也可测定高含量样品。采用的措施主要有如下几个。

① 选择次灵敏线。原子吸收可选择的分析线有多条，其灵敏度差异很大，可以选择灵敏度低的分析线进行高浓度样品的分析。

② 将燃烧器旋转一定角度，使吸收光程长度减小。

③ 调节雾化器的进样量，通过调节雾化器减少进样量，降低灵敏度可提高线性范围。

（4）样品分离富集在什么情况下采用，有哪些分离富集的方法？

【答】原子吸收的特点是灵敏度高、选择性好、干扰少。但是对于样品含量极低的痕量成分，原子吸收的灵敏度还是不能满足测定需要；此外，对于一些基体复杂的样品，可能存在多种干扰形式，无法采用简单的方法彻底消除。在这种情况下就需要对样品中的被测元素进行分离、富集以提高测量灵敏度，消除干扰。

常用的分离富集方法包括液－液萃取、固相萃取、共沉淀、浊点萃取、膜分离、离子交换树脂分离等方法。

（5）用于配制原子吸收光谱测试用的标样或试样的玻璃仪器使用前如何清洗？

【答】原子吸收光谱测定的是微量金属元素，实验室常用玻璃仪器会析出或吸附被测金属元素，使用时应严格清洗。常用清洗方法是：首先用洗涤剂清除玻璃仪器内外的有机物，接着用自来水冲洗洗涤剂，再将玻璃器皿浸入10％的硝酸溶液中浸泡24h，取出，然后用自来水冲洗，蒸馏水润洗三次。

（6）使用笑气-乙炔火焰时的注意事项有哪些？

【答】笑气（即氧化亚氮）-乙炔火焰温度高、还原性气氛强，适合测定易形成高温氧化物的元素。使用中应注意以下事项。

① 笑气-乙炔火焰应用专用笑气减压阀，专用燃烧器。

② 严格按照仪器操作说明书的规定使用笑气-乙炔火焰。

③ 笑气使用时应先开启加热装置，再点火。

④ 首先应点燃空气-乙炔火焰，等燃烧稳定后切换成笑气，转入笑气-乙炔火焰。

⑤ 笑气-乙炔火焰燃烧速度快，产生大量的积碳，会堵塞燃烧缝，所以要注意通风和刮除积碳。

（7）用原子吸收光谱法测定金属离子含量前为何要做空白试验？如何进行空白试验？

【答】空白试验的目的是校正由于试剂不纯、容器残留、样品存放、运输或测定过程中的污染。由于试剂质量参差不齐（虽然标识上是优级纯，但经常出现某些元素含量高，空白较大），所以应购买纯度高，质量有保证的试剂（可以采取蒸馏的方式进行提纯）。所有与样品接触的器皿均要用硝酸浸泡处理，用去离子水反复冲洗才可使用。样品前处理过程中注意不要人为带入污染，试验前应先清理通风橱（特别是痕量测定）。

空白试验的做法是：按样品前处理方法同步处理后的试剂，用样品测定结果扣除空白测定结果作为样品含量。例如称样品 1g 用浓硝酸 10mL 溶解，记为 1 号；而空白试验就是量取 10mL 浓硝酸，记为 2 号，将 1 号和 2 号按安全相同的处理方式处理后测定得出结果，用 2 号测定含量减去 1 号测定含量作为最终结果。

（8）原子吸收测试分析结果偏高的原因及解决办法？

【答】导致原子吸收测试分析结果偏高的原因及解决办法如下。

① 溶液中的固体未溶解，造成假吸收。解决办法：调高火焰温度，使固体颗粒蒸发离解。

② 由于"背景吸收"造成假吸收。解决办法：在共振线附近用同样的条件再测定。

③ 空白未校正。解决办法：做空白校正试验。

④ 标准溶液变质。解决办法：重新配制标准溶液。

⑤ 谱线覆盖造成假吸收。解决办法：降低试样浓度，减少假吸收。

（9）原子吸收测试分析结果偏低的原因及解决办法？

【答】导致原子吸收测试分析结果偏低的原因及解决措施如下。

① 试样挥发不完全，细雾颗粒大，在火焰中未完全离解。解决措施：调整撞击球和喷嘴的相对位置，提高喷雾质量。

② 标准溶液配制不当。解决措施：重新配制标准溶液。

③ 被测试样浓度太高，仪器工作在非线性区域。解决措施：减小试样浓度，使仪器工作在线性区域。

④ 试样被污染或存在其他物理化学干扰。解决措施：消除干扰因素，更换试样。

（10）原子吸收光谱仪开机电源指示灯不亮，无法开机，有哪些原因？

【答】原子吸收光谱仪电源指示灯不亮表明电源未接通，可能存在原因如下。

① 仪器电源线断路或接触不良；

② 仪器保险丝熔断；

③ 保险管接触不良；

④ 电源输入线路中有断路处；

⑤ 仪器中的电路系统有短路处因而将保险丝熔断，或某点电压突然增高；

⑥ 指示灯泡坏；

⑦ 灯座接触不良。

（11）为什么原子吸收光谱仪开机时与电脑不联机？

【答】原子吸收光谱仪与电脑不连机就无法利用电脑操控仪器、设置试验条件等，不连机的可能原因及解决措施如下所述：

① 主机电源未打开。解决措施：打开主机电源。

② 通信线连接断路。解决措施：检查通信线，保证连接正常，重新开机。

③ 计算机串口设置不正确。解决措施：重新设置计算机串口。

④ 计算机串口不能工作正常。解决措施：可能是计算机软件安装的问题。重新安装工作软件，或系统重装。

⑤ 开机顺序错误。解决措施：按照仪器说明书的正确开机顺序操作。有些仪器设置了固定的开机顺序，例如北京普析通用仪器有限公司的TAS-990型仪器使用时应首先打开计算机，然后开启原子吸收光谱仪主机；如果先开主机再开电脑就会出现主机与电脑无法连接的情况。

（12）噪声过大是由于什么原因造成的？

【答】主要原因如下：

① 由于火焰的高度吸收，当测定远紫外区域的元素如As或Se等时，分析噪声大；

② 阴极灯能量不足，伴随从火焰或溶液组分来的强发射，引起光电倍增管的高度噪声；

③ 吸喷有机样品时燃烧器污染；

④ 灯电流、狭缝、乙炔气和助燃气流量的设置不适当；

⑤ 水封管状态不当，排液异常；

⑥ 燃烧器缝隙被污染；

⑦ 雾化器调节不当，雾滴过大；

⑧ 乙炔钢瓶和空气压缩机输出压力不足；

⑨ 燃气、助燃气不纯。

（13）原子吸收测试时重现性差，读数漂移的原因是什么？

【答】主要原因如下。

① 乙炔流量不稳定；

② 燃烧器预热时间不足；

③ 燃烧器缝隙或雾化器毛细管堵塞；

④ 废液流动不通畅，雾化筒内积水，影响样品进入火焰，导致重现性差；

⑤ 废液管道无水封或废液管变形；

⑥ 燃气压力不够不能保持火焰恒定或管道内有残存盐类堵塞；

⑦ 雾化器未调好；

⑧ 火焰高度选择不当，基态原子数变化异常，使吸收不稳定。

（14）为何原子吸收测试标准曲线会弯曲？

【答】主要原因有：

① 光源灯漏气，发射背景大；

② 光源内部的金属释放氢气太多；

③ 工作电流过大，由于"自蚀"效应使谱线增宽；

④ 光谱狭缝宽度选择不当；

⑤ 废液流动不畅通；

⑥ 火焰高度选择不当，无最大吸收；

⑦ 雾化器未调好，雾化效果不佳；

⑧ 样品浓度太高，仪器工作在非线性区域。

（15）出现空心阴极灯不亮的故障原因有哪些？

【答】主要原因是：

① 灯电源出问题或未接通；

② 灯头与灯座接触不良；

③ 灯头接线断路；

④ 灯损坏。

查处方法：分别检查电源、连线和插接件；若不是电路问题，再进行换灯检查。

（16）怎样判断空心阴极灯是否已坏？

【答】空心阴极灯使用一段时间后，灯内惰性气体泄漏，灯阴极蒸发，在内壁出现黑色斑块。一般空心阴极灯的寿命大致为5000毫安小时（mAh），即在5mA条件下可以用1000h；但各元素灯的使用寿命是不相同的，低熔点的元素（如Ga、Cs）灯易坏，寿命较短。

空心阴极灯已坏的表现有：

① 空心阴极灯不亮；

② 空心阴极灯能量不稳定；

③ 空心阴极灯使用时，负高压偏高；

④ 空心阴极灯发光异常，出现闪烁、拉弧等现象。

（17）为何发生雾化器堵塞？堵塞后应如何处理？

【答】由于样品的前处理不彻底致使样品中含有固体小颗粒，在样品被吸入到雾化器时往往造成局部或全部堵塞，影响了提升量，造成灵敏度下降。

① 避免方法如下：

a.样品在前处理阶段就要防止微小颗粒的存在，必要的话可采用过滤、离心等措施去除颗粒物。样品溶液上机前不能有沉淀物。

b.每次测量结束后，在点火状态下，立即吸入5％的硝酸水溶液进行冲洗雾化器数分钟；然后吸入蒸馏水数分钟，洗去硝酸残留。

② 采取措施是：当发现雾化器被堵塞后，金属雾化器可用仪器附带的金属通丝进行疏通。在疏通时需要注意的是，金属丝要从雾化器的进样端插入，然后从出口处轻轻拉出，一次不成可以反复数次。切忌将通丝在雾化器内往返拉扯，这样会造成雾化器内管的损伤，使雾化效率下降。

国内很多仪器配用的玻璃雾化器，玻璃毛细管堵塞时，不要用金属细丝疏通，防止损坏玻璃毛细管。清除堵塞物的方法是：拆下雾化器，拿下撞击球套，用压缩空气从喷雾端口反吹或用注射器反向注水冲掉堵塞物。如果堵塞物系有机质、盐类，则需将前端插入重铬酸钠洗液中溶去堵塞物，再用水清洗，注意勿使洗液进入雾化器内部。

（18）火焰燃烧时为何呈锯齿状？如何处理？

【答】燃烧器的燃烧缝被堵塞，火焰出现锯齿状：正常的中性火焰应为月牙状，颜色为天蓝色。堵塞造成火焰有效光程变短，根据朗伯-比尔定律$A=kcl$，燃烧缝被堵塞导致l变小，所以吸光度下降；同时由于燃烧缝的堵塞，使雾化器（喷嘴）的空气流速受阻，间接影响到样品的提升量，灵敏度自然受到影响；并且火焰燃烧不稳定会导致测定精密度变差。

减少燃烧缝被堵塞的积极有效办法是：平时测试完毕后对燃烧器进行及时清洁。清洗方法是：测试完毕后在点火状态下，吸入5％的硝酸水溶液2～3min，换成蒸馏水再吸入2～3min，最后干烧1min后关闭火焰。

如果火焰在使用中发现有轻微堵塞现象，简单的办法是熄灭火焰，待燃烧器冷却后用干净的硬纸片插入燃烧缝来回擦拭燃烧缝。如果用硬纸片擦拭效果不好，被盐类物质堵塞，可卸下燃烧器用稀盐酸或水清洗。有些仪器厂家配备了专用除垢工具，用此工具插入燃烧缝中往复轻拉并与盐酸配合使用，可比较容易地清除燃烧缝中的结垢。**注意**，清除结垢切不可刮伤燃烧缝。

（19）如果出现燃烧器不能点火，点火器没有火焰喷出该如何处理？

【答】当按下点火钮后，燃烧器右侧的引导火焰口没有火焰喷出，同时听不到点火器高压放电针发出的"啪啪"声，此种故障可能有两种情况造成。

① 排水安全联锁装置的排水槽中未加满水，导致仪器自动切断点火电源，这是仪器厂家设置的安全保护系统。解决方法：向排水槽内加满水，直至有液体从废液排放管中流出。

② 两只点火放电针的间隙被乙炔燃烧后的积碳短路所致。解决方法：用乙醇棉签清除积碳即可。

（20）为何用火焰原子吸收法分析时燃烧室内发出"咕噜"声响，同时火焰发生跳动及颜色改变？

【答】故障的原因：燃烧器的废液排放管堵塞，废液排放不畅。多数是由于样品中含有机物，在废液排放管中由于微生物的作用孳生了絮状菌丝，堵塞了管道，于是废液慢慢地被抬高到雾化室里，经气体的吹动便产生"咕噜"响声。

解决方法：取下废液排放管，用试管毛刷沾上洗衣粉疏通即可。

（21）为何空气压缩机要进行放水？

【答】空气压缩机在开机过程中由于空气被压缩，空气中的水蒸气在高压下会凝结成液态水，这些液态水如果进入仪器会影响流量计的准确性，堵塞过滤网、电磁阀，也影响雾化器的雾化效果，所以要及时排除水分。

原子吸收用空气压缩机都有专门的排水阀，在运行状态按下排水阀就可排除水分，有时也会在空气管路中安装气液分离器。要求及时排除液态水。

（22）原子吸收测量中火焰出现异常的情况有哪些？

【答】正常的火焰（以中性焰为例）应该呈天蓝色。但是当出现异常后会呈各种不同颜色。

① 当乙炔气体纯度不足时，火焰一般呈粉红色，并且无论如何改变乙炔的流量，火焰只是高度（火焰强度）发生变化，而颜色不发生变化。

② 当空气量不足时，尽管流量设置正确，火焰的颜色为深黄色并且不稳定，有时甚至在火焰上部（即尾焰部）冒出黑烟（这是由于燃烧不完全的炭所致）。需要指出的是：当辅助气不足或富燃焰时，火焰也会变黄，同时火焰尾部不会产生黑烟，这点需要仔细加以区别。

如果遇到上述情况，最简单的判断方法是：正常情况下若逐渐减少乙炔的流量，则火焰的颜色也随之由深黄逐渐变成蓝色，同时火焰高度（即强度）也会随之降低。

③ 当燃烧头的燃烧缝局部被结晶物或样品颗粒堵塞时，火焰会产生断焰，同时由于不纯物的干扰，火焰还会局部变成深黄色。

（23）石墨炉分析时为何石英窗表面结露？

【答】产生原因：石墨炉的加热电极为了散热，一般均采用水冷方式，而且石英窗也附在电极上。因此，石墨炉加热电极的温度直接影响着石英窗的温度。如果循环水温度过低，造成石墨炉的石英窗温度过低时，室内空气的水汽便被冷凝而附在石英窗上，造成了一个很大的假背景吸收，使得测定值重现性变差，直接影响分析结果。此种故障尤其是在潮热的季节、地方和测试波长较短的元素时更加严重。遇到此类故障，许多操作者往往在石墨炉进样量、升温程序、石墨管等诸方面找原因，而忽略了石英窗结露这个隐性故障。

排除方法：提高水冷温度，使其与室温接近。

（24）由于石墨环与石墨管接触不良造成的重现性变差如何处理？

【答】①产生原因如下：

a.在正常情况下，由于石墨环的电阻远远小于石墨管的电阻，加之石墨管中部位置的阻值又大于管子两端的阻值，因此在加热时，石墨管中间部位也就是注样的位置首先受热升温。给人直观的判断就是：在原子化的瞬间，正常情况下，石墨管首先是从中间发亮，然后向两边延伸发亮。可是当石墨环与石墨管接触部位结垢时，其接触面的电阻就会变大，于是石墨管在此时变为两端先升温。

b.石墨炉另一个接触不良的隐性故障是：夹持石墨管的电极弹簧因滑轨生锈致使阻力加大，在石墨管受热膨胀后电极复位不良，产生一个假的变动的背景值，使测试结果重现性变差。

② 排除方法如下：

更换新石墨环或者对原有的石墨环进行研磨。方法是：取下电极（连同石墨环一起取下），然后用一只两端完好的石墨管对结垢或被污染的石墨环进行研磨，待到石墨环接触面洁净后再用无水乙醇进行多次擦净复位。

（25）原子吸收光谱仪器工作时发生紧急情况如何处理？

【答】仪器工作时，如果遇到突然停电，此时如正在做火焰法原子吸收分析，则应迅速关闭燃气。若正在做石墨炉原子吸收分析时，则应迅速切断主机电源；然后将仪器各部分的控制机构恢复到停机状态；待通电后，再按仪器的操作程序重新开启。在做石墨炉原子吸收分析时，如遇到突然停水，应迅速切断主电源，以免烧坏石墨炉。操作时如嗅到乙炔或石油气的气味，这是由于燃气管道或气路系统某个连接头处漏气，应立即关闭燃气进行检测，待查出漏气部位并密封后再继续使用。

7.5 气相色谱法

7.5.1 选择题

（1）气相色谱谱图中，与组分含量成正比的是（　　）。（多选）
A.保留时间　　　B.相对保留值　　　C.峰高　　　　　　D.峰面积

答案：CD

（2）在气-液色谱中，首先流出色谱柱的组分是（　　）。（多选）
A.吸附能力大的　　　　　　B.吸附能力小的
C.挥发性大的　　　　　　　D.溶解能力小的

答案：D

（3）在气-液色谱中，色谱柱使用的上限温度取决于（　　）。

A.试样中沸点最高组分的沸点

B.试样中各组分沸点的平均值

C.固定液的沸点

D.固定液的最高使用温度

答案：D

（4）在气-液色谱中，色谱柱使用的下限温度（　　　）。

A.应该不低于试样中沸点最低组分的沸点

B.应该不低于试样中各组分沸点的平均值

C.应该超过固定液的熔点

D.不应该超过固定液的凝固点

答案：C

（5）下列哪些情况发生后，应对色谱柱进行老化？（　　　）（多选）

A.每次安装了新的色谱柱后

B.色谱柱使用过程中出现鬼峰

C.分析完一个样品后，准备分析其他样品之前

D.更换了载气或燃气

答案：AB

（6）测定以下各种样品时，宜选用何种检测器？

① 从野鸡肉的萃取液中分析痕量的含氯农药（　　　）。

② 测定有机溶剂中微量的水（　　　）。

③ 啤酒中微量硫化物（　　　）。

④ 白酒中的微量酯类物质（　　　）。

A. TCD　　　　　　B. FID　　　　　　C. ECD　　　　　D. FPD

答案：①C；②A；③D；④B

（7）在色谱流出曲线上，两峰间的距离取决于相应两组分在两相间的（　　　）。

A.分配系数　　　　B.扩散速度　　　　C.理论塔板数

D.理论塔板高度

答案：A

（8）在气-液色谱法中，当两组分的保留值完全一样时，应采用哪一种操作才有可能将两组分分开（　　　）。

A.改变载气流速　　　　　　　　　B.增加色谱柱柱长

C.改变载气种类　　　　　　　　　D.改变柱温

E.减小填料的粒度

答案：D

（9）对于多组分样品的气相色谱分析一般宜采用程序升温的方式，其主要目的是（　　）。（多选）

A.使各组分都有较好的峰高　　　B.缩短分析时间

C.使各组分都有较好的分离度　　D.延长色谱柱的使用寿命

答案：AC

（10）毛细管气相色谱分析时常采用"分流进样"操作，其主要原因是（　　）。

A.保证取样准确度　　　　　　　B.防止污染检测器

C.与色谱柱容量相适应　　　　　D.保证样品完全气化

答案：C

（11）在缺少待测物标准品时，可以使用文献保留值进行对比定性分析，操作时应注意（　　）。（多选）

A.一定要是本仪器测定的数据

B.一定要严格保证操作条件一致

C.一定要保证进样准确

D.保留值单位一定要一致

答案：BD

（12）为了提高气相色谱定性分析的准确度，常采用其他方法结合佐证，下列方法中不能提高定性分析准确度的是（　　）。

A.使用相对保留值作为定性分析依据

B.使用待测组分的特征化学反应进行佐证

C.与其他仪器联机分析（如GC-MS）

D.选择灵敏度高的专用检测器

答案：D

（13）如果样品比较复杂，相邻两峰间距离太近或操作条件不易控制时，则准确测量保留值有一定困难，此时可采用（　　）。（多选）

A.相对保留值进行定性

B.加入待测物的标准物质以增加峰高的方法进行定性

C.文献保留值进行定性

D.利用选择性检测器进行定性

答案：AB

（14）在法庭上涉及审定一个非法的药品，起诉表明该非法药品经气相色谱分析测得的保留时间，在相同条件下，刚好与已知非法药品的保留时间一致，辩护证明，有几个无毒的化合物与该非法药品具有相同的保留值。你认为用下列哪个鉴定方法为好？（　　）

A.用加入已知物以增加峰高的办法

B.利用相对保留值进行定性

C.用保留值的双柱法进行定性

D.利用文献保留指数进行定性

答案：C

7.5.2　问答题

（1）气体纯度对气相色谱分析有何影响？

【答】为满足气相色谱仪的正常工作要求，同时延长色谱柱和仪器系统的使用寿命，所用气体的纯度需达到或略高于仪器系统自身对气体纯度的要求，否则会造成一系列的不良影响。

① 气体纯度对气相色谱分析的影响

a.待分离样品中含可能被还原或被氧化的物质时，如果载气中同时含有还原性成分（如H_2等）或氧化性成分（如O_2等），在进样口高温下容易发生化学反应。如气体杂质中的水使氯硅氧烷样品水解，影响分析检测结果。

b.载气或辅助气中的杂质可能污染仪器系统，或在仪器系统中沉积，不但会缩短仪器使用寿命，有时还会产生鬼峰。

c.载气中的水和杂质氧容易导致色谱柱柱流失增大或固定液液膜氧化，缩短色谱柱寿命，影响分离效果。如载气中的杂质水可使聚乙二醇等固定液保留值增加，或者使聚酯类固定液分解。

d.气体不纯可使色谱图异常，出现诸如鬼峰、负峰、基线升高、柱流失等现象，影响分离效果和检测结果。如果载气中杂质含量过高，低温时保留在色谱柱中的大量杂质会在柱箱程序升温的过程中流出，在谱图上出现比较宽的"假峰"，覆盖少数含量低的组分色谱峰，严重影响检测结果。

e.载气不纯可降低检测器性能和寿命；辅助气不纯可增加背景噪声、缩小检测器线性范围，甚至污染检测器。水汽会影响FID分析结果，降低TCD信噪比；气体中氧含量过高在高温下会加速检测器元件老化，缩短使用寿命，影响检测灵敏度。

② 解决方案。除更换更高纯度的气体外，还可采用以下方式予以解决：

a.尽量避免用气相色谱法分析在高温下易发生氧化、还原、水解的样品。

b.装机前先严格清洗载气和辅助气管道，各种气体在进入仪器系统前一定要安装过滤、净化装置，并且时时关注净化剂是否失活，及时对净化剂进行活化处理。

c.在分析色谱柱前连接一段1m左右的保护柱（填料与分析色谱柱相同），并且及时更换保护柱；或者运行一段时间后，将毛细管色谱柱前端截去1m左右。

d.因载气或辅助气纯度不够影响色谱分析时，可通过溶剂空白样品进行空白谱图予以扣除，优化待分析样品的分离色谱图。

e.仪器运行一段时间后，对检测器进行老化处理，必要时将检测器作拆洗处理。以FID为例，如果出现基线漂移的现象，可通过依次降低柱温、关闭载气和尾吹气、更换氮气钢瓶等方法判断问题是出在固定液流失、氮气纯度不够，还是气路污染上，然后做相应的调整。

（2）如何保证高压气体使用的安全性？

【答】为了保证所用高压气体的纯化效果和使用安全，需要从以下方面予以考虑：

① 选用气体的纯度要求达到或略高于仪器自身对气体纯度的要求即可，避免高配低用（增加运行成本和气路的复杂性）或低配高用（无法实现预期的分析精度）情况的出现。

② 条件允许的情况下推荐使用高压钢瓶，且将高压钢瓶置于实验室外或者独立的气源室；如果实验室换气频繁、存放不方便、换气困难（如在山顶的大气监控实验室）或者进行野外考察，建议使用气体发生器。

③ 保证实验室的环境清洁；压缩空气使用前严格去除水蒸气和有机杂质（如压缩机机油等）；保证用于氢气发生器与氮气发生器的试剂的纯度，且保证管路不漏气。

④ 净化剂需定期做活化处理或及时更换，防止净化器成为主要污染源；同时避免净化剂粉末进入气路管道中堵塞管道。

⑤ 氢气作载气时必须将其排出至实验室外；同时将废气（如隔垫

吹扫气、分流放空口、检测器放空口等）排出室外，避免有毒有害物质污染实验室内空气，危害分析人员健康。

（3）如何测量尾吹气流量？如何设置合适的尾吹气流量？

【答】使用毛细管色谱时，假定色谱柱末端到检测器之间有12μL的死体积，若载气流量为1mL/min，则载气充满上述死体积时需要0.72s，这会严重影响色谱柱的柱效和峰形。为提高检测器的响应值和响应速度，同时改善色谱峰峰形，毛细管色谱柱通常需加尾吹气。

① 尾吹气的测量　通常的测量方法是：在检测器出口处用皂膜流量计测得柱内载气流量与尾吹气流量之和，用计算死时间的方法计算柱内载气流量❶，两者相减即可得到尾吹气流量。一引起高端气相色谱仪由于采用电子压力传感器或电子流量控制器，可直接在仪器控制面板上设置或读取尾吹气流量。

② 尾吹气流量　通常情况下，使用FID、FPD、NPD检测器时，色谱柱内载气与尾吹气载气流量之和约30mL/min。当毛细管色谱柱内流量为2mL/min时，FID等检测器需要约28mL/min的尾吹气流量。当用大口径毛细管色谱为柱时，由于柱内流量的上限可达15mL/min，因此FID需要约15mL/min的尾吹气流量。

（4）气路系统漏气对色谱图有何影响？如何检测气路系统是否漏气？

【答】气路系统漏气会导致气路系统无法正常工作。气路系统漏气主要分为载气漏气和辅助气漏气。

① 气路系统漏气对色谱图的影响

a.基线变化

（a）基线不稳定。第一,基线噪声大，可能是载气流速过大或者漏气；第二,基线正弦波波动，可能是载气流量不稳定，或者漏气；第三,恒温操作时基线无规则波动或者向一个方向漂移，可能是载气漏气，也可能是FID辅助气气源控制失调、流量不稳定。

（b）基线不能调零。对TCD而言，可能是漏气或者TCD热丝已烧断。

b.色谱峰变化

---

❶ 用甲烷或空气峰的保留时间作为死时间，将死时间除以毛细管色谱柱的体积，即可得到毛细管色谱柱载气流量。

（a）峰形变小，保留时间正常。可能是载气在色谱柱后漏气，或者进样器、硅胶垫在进样时漏气；也可能是FID辅助气漏气导致氢火焰变小，灵敏度下降。

（b）峰形变小，保留时间变大。可能是从进样器到检测器间的气路漏气，或者进样垫已戳穿导致连续漏气。

c.多次进样重现性差

② 导致漏气的原因

气路系统出现漏气的地方，主要集中在气路接头处。导致漏气的原因主要有：

a.接头密合处有污染物；

b.接头垫片不合适；

c.没有拧紧；

d.气路阀件内部松动、脱落或有污染物；

e.塑料管道中间折断（这种情况较少出现）。

③ 检漏的方法

a.严重漏气。打开气源能听到明显的"嗞嗞"声，说明管道严重漏气。可调大气路流量，在漏气声的附近，用皂液依次检查管道接头，明确漏气的位置。

b.一般漏气。堵住气路出口，转子流量计不能回零，或者压力表缓慢下降，表明气路系统存在漏气。可对气路系统分段采用此法试漏。方法是：依次堵住转子流量计、进样口、色谱柱、检测器出口，观察转子流量计和压力表的读数变化情况，以明确气路系统何段漏气。

（5）怎样判断进样口隔垫是否需要更换？

【答】隔垫通常也称硅胶垫，判断隔垫是否需要更换主要有两种方法：

① 根据日常工作经验进行判断。

a.更换大尺寸针头后，隔垫更换的频率应该加快；

b.仪器改为分析高沸点❶、易使橡胶老化的样品，隔垫更换的频率也应该加快；

c.使用更高的进样口温度，隔垫更换的频率也应该加快；

------

❶ 如果频繁分析组成复杂、高沸点的样品，出于样品性质的考虑进样口温度不能设置较高，则衬管可能会积累污染物，导致色谱图峰形前伸、拖尾或者出现分叉，此时可考虑在高温下对衬管进行老化处理，或者清洗衬管，必要时可更换衬管。

　　d.如果分析时能听到进样口有轻微的"嗞嗞"声，堵住进样口时声音消失，则需立即更换隔垫；

　　e.进样口温度不能超过隔垫的最高使用温度（易出现鬼峰），否则应该更换耐高温的隔垫。

　　② 根据仪器工作时的色谱图特征进行判断。

　　a.色谱峰保留时间变大、峰高与峰面积变小，需立即更换隔垫；

　　b.谱图显示色谱柱柱效明显下降或者出现鬼峰，在色谱操作条件正常、样品无误的前提下，首先应该更换隔垫。

　　（6）色谱柱密封不好会产生什么问题？如何解决？

　　【答】使用不合适的或者已磨损的密封垫圈来连接色谱柱会导致检测结果的重现性变差和色谱系统的不稳定。

　　① 出现的问题

　　a.氧气渗入色谱柱导致信/噪比下降；

　　b.色谱柱内固定液氧化流失导致柱效下降；

　　c.部分样品流失导致检测结果不正确；

　　d.保留时间重复性变差。

　　② 解决方案　为保证获得色谱柱的最佳性能，要求在每次更换色谱柱时更换密封垫圈。同时要求根据分析条件选择合适的密封垫圈和规范安装色谱柱。

　　a.选择合适的色谱柱密封材料

　　（a）金属（铝、铜、不锈钢）垫圈。仅适用于填充色谱柱，最高温度可达450℃；有些密封结构的金属垫圈不可重复使用。

　　（b）Vespel（100%）垫圈。其成分是聚酰亚胺树脂，具有良好的耐热、耐磨和可塑性。适用于填充色谱柱与毛细管色谱柱，安装方便，使用温度可达280℃。不足之处是程序升温后易失去密封性。

　　（c）石墨（100%）垫圈。适用于各种类型毛细管色谱柱和填充柱。使用温度可达450℃，安装方便，可重复使用。不太适合质谱检测器和对氧气敏感的检测器。

　　（d）Vespel（85%）/石墨（15%）复合垫圈。适用于各种类型的色谱柱和检测器。使用温度可达350℃，安装方便，可重复使用。需定期检漏。

　　（e）橡胶密封垫（含硅、氟、氯等）。使用温度不超过250℃，通常用于玻璃填充色谱柱的密封。

b.色谱柱安装时的注意事项

（a）确保安装位置的重现，否则色谱峰灵敏度会发生变化；

（b）防止碎屑进入色谱柱引起峰形的变化（如拖尾、出现鬼峰等）；

（c）安装时不需要拧得太紧；

（d）使用清洁的密封垫且安装时手不直接接触密封垫，防止手上油脂造成污染；

（e）安装时确保密封垫无损伤和存在缺陷；

（f）不宜重复使用的密封垫，重新安装时要及时更换。

（7）如何减小气相色谱柱固定液的流失？

【答】减小气相色谱柱固定液流失的主要措施有：

① 尽量使用高纯气体（纯度≥99.999%）作为载气。

② 确保载气的净化效果，严格去除载气中的氧、水分和碳氢化合物。

③ 尽量选用金属材质的气路管道和密封件（不含石墨垫、衬管和色谱柱），防止长期使用时气体的渗透。

④ 定期检查毛细管色谱柱的气密性，防止氧气和其他物质对色谱柱的污染。

⑤ 在确保样品中各组分能完全分离的前提下，尽量选用低的柱温。

a.确保柱温不超过仪器和色谱柱的最高使用温度。

b.组成简单的样品，通常选用低于样品平均沸点10～40℃的柱温。

c.组成复杂的样品，采用程序升温的方式，初温越高越好，终温以低于最高组分沸点10～20℃为宜。

⑥ 为预防难挥发组分进入色谱分离系统，强烈建议进样前先对样品进行预处理，同时使用填充有石英棉的衬管、安装预柱。

（8）怎样对气相色谱柱进行再生处理？

【答】当气相色谱柱使用一段时间后，出现柱效明显下降、基线波动或产生鬼峰等现象。此时，需对色谱柱进行再生处理，即去除色谱柱中残留的高沸点污染物、恢复柱效与基线至原来的位置。色谱柱的再生不等同于老化，它是在色谱柱性能明显下降后通过处理尽量恢复其性能的过程。

① 色谱柱需进行再生处理的几种情况

a.使用一段时间，柱效明显下降（原来能分开的相邻峰，现在重叠）；

b.程序升温时基线漂移和噪声变大或出现鬼峰；

c.由于柱头塌陷出现尖峰或分叉峰；

d.峰形展宽，保留时间明显变化；

e.保留时间较短的色谱峰明显拖尾或出现双峰。

② 色谱柱再生的方法

a.长时间通入载气将色谱柱污染物冲洗出来；

b.将毛细管色谱柱柱头截去100mm或更长（**注意!** 应以45°进行快速切割，切割后需用放大镜仔细观察切面是否平整）；

c.反复注射溶剂冲洗交联毛细管色谱柱（可选溶剂依次为丙酮、甲苯、乙醇、氯仿、二氯甲烷），每次进样5～10μL；

d.将交联色谱柱卸下后用20mL左右的氯仿或二氯甲烷进行冲洗。

（9）为什么进样后不出峰？

【答】正常情况下检测器对样品响应信号良好且稳定。实际分析时由于种种原因造成检测器无信号。

① 主要原因

a.样品未注入（如注射器针头堵塞、进样口硅胶垫漏气、未赶气泡进的是空气、进样口选择错误等）；

b.检测器选择错误，信号线连接不正常，或色谱工作站采集器未与电脑数据传输接口正常连接；

c.色谱工作站采集器未正常打开（含两个通道，选择错误的通道），色谱软件设置不正确；

d.测试样品浓度低于检测器检测限，或分流比太大，进入色谱柱的样品量太小，低于检测器的检测限；

e.色谱柱未与进样口、检测器正常连接（含严重漏气）；

f.色谱柱温度、进样器温度、检测器温度设置不正确（或者设置后仪器系统未加热，如柱温太低，样品冷凝在色谱柱中；进样器温度太低，样品无法汽化）；

g.色谱柱中间断裂（特别是毛细管色谱柱易出现此种情况）；

h.检测器参数设置不正确（如TCD未开桥流，FID灵敏度档设置过低）；

i.载气、氢气、空气等气路管道连接不正常（含严重漏气）；

j.记录仪或检测器的衰减太大，导致色谱峰太小。

② 解决方案

a.样品。首先确认待测样品是否含有目标检测物，且浓度是否合适。

b.信号连接与采集。查看检测器输出信号线是否松脱，检查色谱工作站采集器输出端与电脑USB（或COM）接口是否连接正常，工作站通道是否选择正确，且色谱工作站是否能正常工作。

c.进样。确认样品是否正确注入指定的进样口，进样针有无堵塞，检查进样口硅胶垫是否老化或已戳穿造成漏气，确认衬管是否过脏已需清洗或更换。

d.检测器。确认检测器选择正确，确保目标检测物在检测器上有明显响应（如水分在FID上无响应，无电负性的物质在ECD上无响应，普通碳氢化合物在ECD上响应信号较小）；检查确认检测器温度、桥流、灵敏度档、衰减等参数的设置是否正确；FID、FPD、NPD需检查氢气、空气及点火状况，TCD、ECD需检查电流设置是否正确；连接毛细管色谱柱时需检查检测器尾吹设置是否正确；FPD需检查S、P滤光片是否安放正确。

e.色谱柱。检查色谱柱与进样口、检测器的连接是否正确，检查毛细管色谱柱中间是否有断裂。

f.气路。检查载气、氢气、空气等气路是否连接正确，气体流量与压力设置是否正确，是否漏气等。

（10）FID不能点火或使用过程中熄灭的主要原因是什么？

【答】FID是气相色谱仪中使用最广泛的检测器，使用过程中常常出现不能点火或火焰突然熄灭的现象。

① 原因

a.检测器积水（检测器温度太低，导致氢气在空气中燃烧生成的大量水蒸气冷凝在收集极上）；

b.检测器被污染（检测器温度太低导致部分样品冷凝在检测器上）；

c.检测器的氢气和空气流量设置过小或流量比设置不正确；

d.气路漏气致空气或氢气未能正常到达检测器内（含接错钢瓶，如将氮气钢瓶当成空气钢瓶用）；

e.载气流速设置过大；

f.尾吹气流量设置不合适（过大会吹灭氢火焰）；

g.检测器温度设置过低或未达到设定温度时不易点火。

② 解决方案

a.检测器积水。积水不严重时可将检测器温度升至200℃，加大载气流量吹扫；积水严重时，需将检测器卸下用乙醇或丙酮清洗并烘干。

b.检测器污染。选择更大的空气流量，让氢气完全燃烧，将污染物烧掉并从FID中排出。

c.氢气流量过小或空气流量过大。选择合适的氢气、空气、氮气流量比。通常情况下三者的比值接近1∶10∶1为宜，若氢气流量过小或空气流量过大，则氢火焰不易点燃。常见的做法是点火前先适当增加氢气的流量（如增加1倍左右），点着后再降低氢气流量至正常水平。

d.载气流量过大。载气流量过大会使火焰熄灭，适当降低载气流量即可。

e.尾吹气流量过大。FID尾吹气流量与载气流量总和约30～50mL/min，尾吹气流量过大也会使火焰熄灭。

f.检测器温度设置过低或未达到检测器设置的温度。分析时，应适当增加检测器的温度（如大于120℃，或在200℃左右；有的型号仪器，如Agilent 7890要求FID温度必须大于180℃才能点火），且温度到达设定值后还应当稳定一段时间再点火（有时仪器长时间不用，由于空气的渗透使得氢气管道充满了空气，需要较长一段时间才能使氢气将管道内的空气完全置换，在此过程中，氢火焰是不易点着的）。

（11）柱箱恒温时，怎样解决基线单方向漂移的问题？

【答】柱箱采用程序升温的方式时，基线可能会随着柱温的上升单方向漂移，但柱箱恒温时通常基线容易平直。下面简要说明造成恒温时基线单方向漂移的原因及解决方案。

① 原因

a.气路系统漏气；

b.气体流速不稳（变高或变低，如高压钢瓶中的气体总量不足会导致气体流速缓慢变低）；

c.检测器受潮或被污染；

d.检测器温度变化（如检测器温度未恒定）；

e.热导检测器电源电压不稳或电力不足；

f.热导检测器热敏元件损坏或钨丝污染至电桥不平衡；

g.进样口污染；

h.隔垫受损致严重漏气；

i.新安装的色谱柱未老化或者色谱柱使用较长时间后未及时进行老化处理；

j.柱温不稳定；

k.色谱工作站信号输出线断路。

② 解决方案

a.基线向上漂移

（a）检查检测器温度是否已经达到设定值且已恒定2h以上。

（b）检测器温度是否比柱温高30℃左右。

（c）检查进样口是否受污染。特别需要关注的是衬管是否干净，注意及时对衬管进行清洗和更换。

（d）检查柱箱温度的设定值与实际温度是否有差异，必要时需检查柱箱温度的稳定性；若柱箱温度在运行过程中有突然跳动的现象，需及时进行温度控制系统故障检查与排除。

（e）检查色谱柱是否因固定液流失过多导致柱效下降和柱容量下降。方法是：将平时分析检测的样品稀释后进样，如果色谱峰拖尾现象明显好转或者保留值重复性提高，则可考虑对色谱柱进行老化处理，必要时选择更换色谱柱。

（f）检查检测器是否被污染。方法是：在检测器达到设置温度且稳定2h以上之后，长时间通入高纯载气，观察基线是否能平直；如果基线仍不能平直，则应该清洗检测器。

b.基线向下漂移

（a）检查进样口隔垫是否漏气，如果漏气需立即更换隔垫。

（b）检查气路系统是否漏气，如果漏气则应该立即采取措施确保气路系统的气密性。

（c）检查色谱工作站采集器与检测器、电脑是否正常连接。必要时可采用万用表逐段进行检查。

（d）检查TCD是否电源不足或热敏元件损坏。

（12）引起波浪状基线波动的原因是什么？

【答】正常情况下，分析者希望基线平直，但有时基线也会出现波浪状波动，或像正弦波。下面简要说明出现这种波浪状基线波动的原因及解决方案。

① 原因

a.载气和辅助气压力波动或高压钢瓶总压太小；

b.柱箱温度或检测器温度波动；

c.电源电压不稳；

d.双柱双气路气相色谱仪的补偿效应。

② 解决方案

a.检查载气或辅助气高压钢瓶总压是否太小导致无法满足仪器系统的正常需要，或者输出压力过大以致无法精确控制，出现较大的压力波动。可考虑更换新的高压钢瓶或者更换气体稳压、稳流装置。

b.检查柱箱温度和检测器温度是否上下波动（可测量两者的温度稳定性）。必要时可检查仪器的温度控制系统性能是否良好。

c.检查仪器供电电压的稳定性。必要时可以增加稳压器。

（13）为什么基线会出现不规则的尖刺？

【答】尖刺是孤立的基线朝上或朝下的突然抖动，像一根线一样。尖刺的出现会严重影响气相色谱法的分析检测结果。基线出现这种不规则尖刺的原因及解决方案如下。

① 原因

a.载气出口压力的突然变化；

b.载气不干净，氢气或空气过脏；

c.色谱柱填料涂层松动；

d.电子部件接触不良或电源接触不良，或电子元件接线柱不干净；

e.检测器中有灰尘或污染物；

f.火焰不稳，烧到极化电压环；

g.离子化检测器静电计出现故障，或调零电路故障；

h.环境机械振动故障。

② 解决方案

a.检查载气出口处是否有异物，若有，应立即去除。

b.检查载气纯度。关掉载气，更换更高纯度的载气，若基线噪声和尖刺明显下降，则说明载气纯度不够，应当立即更换载气。

c.按上述方法检查氢气、空气的纯度；如果仍未能解决问题，可考虑检查净化器。

d.检查检测器。使用FID时，若石墨或SiO_2微粒崩裂落入检测器中会导致信号异常。此时，需拆开检测器进行清洗。

e.最后检查FID电位计或信号线路板的电子元件是否存在故障。

（14）怎样解决平头峰或圆头峰问题？

【答】圆头峰指色谱峰顶点圆钝的峰，平头峰指色谱峰顶点在一段时间呈现直线的峰。出现这两种类型的色谱峰均会造成对组分无法准确定量的后果，因此分析时应予以避免。

解决方法主要有：

① 减少进样量，或对样品进行合理稀释，或进样时加大分流比；

② 适当调节检测器的衰减或检测器的灵敏度；

③ 清洗检测器可在一定程度上消除圆头峰。

（15）怎样解决色谱峰展宽的问题？

【答】正常情况下，色谱峰是对称峰，符合高斯正太分布曲线。但分析实际样品时色谱峰往往会展宽。下面简要说明导致色谱峰展宽的原因及解决措施。

① 载气流量小。解决措施：适当增加载气流量。

② 柱温过低。解决措施：适当提高柱温（前提是保证样品中各组分能完全分离）。

③ 汽化室或检测器温度过低。解决措施：适当提高汽化室或检测器温度（前提是样品不会被分解）。

④ 系统死体积过大。解决措施：重新安装色谱柱，减小死体积。

（16）怎样解决前伸峰的问题？

【答】前伸峰指前沿较后沿平缓的不对称色谱峰。出现前伸峰的主要原因及解决方案如下。

① 原因

a. 色谱柱超载，进样量过大；

b. 载气流速太低；

c. 手动进样技术欠佳；

d. 进样口不干净；

e. 进样口汽化温度过低；

f. 试样与固定液或载气发生化学反应；

g. 两个相邻组分未能完全分离；

h. 色谱柱安装不正确。

② 解决方案

a. 检查进样量是否太大。采用减少进样量、稀释待测样品或增加分流比等方法可明显改善色谱峰峰形。

b.检查进样口温度是否太低，可适当提高进样口温度。

c.观察前伸峰是否系两个或多个色谱峰重叠所致。通过降低柱温、降低升温速率或更换更合适的高效色谱柱等方法可使相邻峰完全分离。

d.检查载气流速是否太低，可适当增加载气流速。

e.最后可重新安装色谱柱，减小系统死体积。

（17）怎样解决拖尾峰的问题？

【答】拖尾峰指后沿较前沿平缓的不对称色谱峰。出现拖尾峰的主要原因及解决方案如下。

① 原因

a.色谱柱严重污染或色谱柱有活性；

b.色谱柱安装不合适，漏气，或色谱柱柱端切割不平整；

c.衬管或密封垫圈被污染，或衬管未去活导致待测物质被吸附；

d.衬管中有固体颗粒；

e.进样针刺坏或损伤衬管中的填料；

f.溶剂/色谱柱不相溶；

g.分流比太低；

h.进样技术欠佳或进样量太大；

i.进样口温度太高（早流出峰更易拖尾）或太低（随保留值增加拖尾越严重）；

j. PLOT柱过载。

② 解决方案

a.检查进样量是否太大。适当减少进样量可在一定程度上改善色谱峰的拖尾现象。

b.进样口检查。进样针碰到并破坏了衬管中的填充物会导致色谱峰拖尾，可取出衬管中的填充物或清理破碎物，或更换无填充物的衬管。

c.衬管脱活。衬管上的活性点可能吸附待测组分造成拖尾。可对衬管进行脱活处理。对痕量分析而言，全新的衬管比清洗并脱活的衬管更能减小色谱峰的拖尾。

d.色谱柱温度。柱温过高会造成固定液大量流失、柱效严重降低，在分析活性组分时更易出现拖尾。而柱温过低会使得后出峰的组分拖尾越来越严重。所以应该选择合适的柱温。

e.色谱柱污染。毛细管色谱柱可以切断前端被污染的0.5～1m柱子，必要时需同时更换衬管、隔垫，清洗进样口或直接更换色谱柱。

f.溶剂种类。针对不同的待测样品和固定液类型选择合适的溶剂进行溶解。

g.进样方式。不分流进样时溶剂效应显著，可降低色谱柱初始温度，改善柱拖尾。手动进样则需严格按照进样的要求进行。

（18）怎样解决出现鬼峰的问题？

【答】鬼峰指待测样品中不含有物质的色谱峰。出现鬼峰的主要原因及解决方案如下。

① 原因

a.载气不纯，杂质在低温时凝聚，柱温升高时流出；

b.前次进样后残留在色谱柱中的高沸点组分在接下来的进样中流出；

c.液体样品中溶解的少量空气出峰；

d.待测样品将以前吸附在色谱中的杂质解吸出来；

e.待测样品在进样口或色谱柱高温下分解生成其他物质；

f.样品在预处理或进样过程中被污染；

g.高温下或程序升温时隔垫部分分解；

h.待测样品与固定液或载体相互作用产生新的物质；

i.衬管中的玻璃棉吸附的物质在高温下解吸出来进入色谱柱。

② 解决方案

a.空白运行或进溶剂时出现鬼峰，说明色谱柱中残留有前次进样的高沸点组分，可多进样几次空针或进溶剂进行清洗。也有可能说明进样口被污染，必要时可降低进样口温度或清洗进样口、更换隔垫与衬管。

b.纯样品进样时出现鬼峰，可先做溶剂空白。如果鬼峰依然存在，则表明鬼峰的出现与样品无关，可能原因是进样口温度过高导致待测样品分解，可适当降低进样口温度；如果鬼峰消失，则表明鬼峰的出现与样品有关，可能样品在预处理过程中被污染，需要认真检查样品的提取、纯化、转移与储存等环节。

7.6 高效液相色谱法

7.6.1 选择题

（1）液-固色谱中，若使用硅胶、氧化铝等极性固定相，应以弱极性溶剂作为流动相主体，适当加入中等极性或极性溶剂作为改性剂，以调节流动相的洗脱强度，（　　）不适合作为该条件下加入的改性剂。

A.氯仿　　　　　B.乙醚　　　　　　C.甲醇　　　　　　D.正戊烷

答案：D

（2）凝胶渗透色谱柱能将被测物按分子体积大小进行分离，一般来说，分子体积越大，则该分子（　　）。（多选）

A.在流动相中的浓度越小　　　　B.在色谱柱中保留时间越短

C.在色谱柱中保留时间越长　　　　D.在固定相中的浓度越大

E.流出色谱柱越早

答案：BE

（3）为保护色谱柱，延长其使用寿命，可采取以下哪些方法？（　　）（多选）

A.在适宜的温度范围内使用

B.ODS柱在pH为2～8的范围内使用

C.流动相应过滤和脱气

D.加保护柱

答案：ABCD

（4）下列关于高效液相色谱仪所用检测器的叙述中，正确的是（　　）。（多选）

A.通用型检测器对流动相总的物理及物理化学性质有响应

B.示差折光检测器属于通用型检测器

C.紫外检测器属于通用型检测器

D.电化学检测器属于选择性检测器

E.蒸发激光散射检测器属于通用型检测器

答案：ABDE

（5）一般评价液相色谱烷基键合相色谱柱时所用的流动相为（　　）。

A.甲醇：水（85：15）　　　　　B.甲醇：水（57：43）

C.正庚烷：异丙醇（93：7）　　　D.水：乙腈（98.5：1.5）

答案：A

（6）一般评价液相色谱烷基键合相色谱柱时所使用的样品是（　　）。

A.苯、萘、联苯、菲

B.三苯甲醇、苯乙醇、苯甲醇

C.核糖、鼠李糖、木糖、果糖、葡萄糖

D.阿司匹林、咖啡因、非那西汀

答案：A

（7）分析时发现高效液相色谱仪（带紫外检测器）基线噪声大，其可能的原因是（　　）。（多选）

A.检测池窗口污染　　　　　B.流通池中有气泡

C.进样量偏小　　　　　　　D.流动相液体泄漏

E.进样量偏大

答案：ABD

（8）分析时发现高效液相色谱仪输液泵不吸液，（　　）可能解决此故障。（多选）

A.排除泵头内聚集的气泡　　B.按正确的方向重新安装单向阀

C.将流动相重新过滤　　　　D.关闭输液泵后重新启动

E.将流动相重新脱气

答案：AB

（9）高效液相色谱法中引起色谱峰扩张的主要因素是（　　）。

A.涡流扩散　　　　　　　　B.纵向扩散

C.传质阻力　　　　　　　　D.待分离物的浓度

答案：C

（10）在高效液相色谱法中，提高色谱柱柱效最有效的途径是（　　）。

A.减小填料粒度　　　　　　B.适当升高柱温

C.降低流动相流速　　　　　D.加大色谱柱的内径

答案：A

（11）欲测定聚乙烯的分子量及分子量分布，应选用（　　）。

A.液液分配色谱　　　　　　B.液固吸附色谱

C.反相键合相色谱　　　　　D.凝胶色谱

答案：D

7.6.2　问答题

（1）怎样对高效液相色谱仪进行检定？

高效液相色谱仪的主要性能指标较为繁多，需要分别对输液泵、色谱柱、检测器以及整机进行检定。具体的技术指标、检定条件、检定项目和方法可参考JJG 705—2002《液相色谱仪检定规程》。由于篇幅限制，下面仅介绍仪器使用过程中需要检定的几个项目。

① 检定条件

a.环境条件。安装仪器的房间应清洁无尘，无易燃、易爆和腐蚀性气体，室内排风良好。仪器应平稳地放在工作台上，便于操作，周围无强烈的机械振动和电磁干扰，仪器接地良好。环境温度为10～30℃，8h内温度波动不超过±3℃（有RID检测器的，温度变化不要超过±2℃），相对湿度低于85%。

b.电源要求。电源电压范围为（220±22）V，电源频率在（50±0.5）Hz。

② 检定项目和检定方法

a.泵的耐压检定。将仪器各部分连接好，以100%甲醇为流动相，流量为1mL/min，按说明书启动仪器，压力平稳后保持10min，用滤纸检查各管路接头处应无湿迹。卸下色谱柱，堵住泵出口端（压力传感器以下），使压力达到最大允许值的90%，保持5min无泄漏。

b.泵流量设定值误差 S_S、流量稳定性误差 S_R 的检定。按表7-4的要求设定流量，启动仪器，以甲醇为液动相，压力稳定后，在流动相出口处用事先清洗称重过的容量瓶收集流动相，同时用秒表计时，准确地收集表7-4规定时间流出的流动相，称重，按式（7-1）和式（7-2）计算 S_S 和 S_R。

$$S_S = \frac{F_m - F_S}{F_S} \times 100\% \tag{7-1}$$

$$S_R = \frac{F_{max} - F_{min}}{\overline{F}_m} \times 100\% \tag{7-2}$$

式中，$F_m = (W_2 - W_1)/(\rho_t t)$，流量实测值，mL/min；$W_2$ 为容量瓶＋流动相的质量，g；W_1 容量瓶的质量，g；ρ_t 为实验温度下流动相的密度，g/cm³；t 为收集流动相的时间，min；$\overline{F}_m$ 为同一组测量中的算术平均值，mL/min；F_S 为流量设定值，mL/min；F_{max} 为同一组测量中流量最大值，mL/min；F_{min} 为同一组测量中流量最小值，mL/min。

表7-4 S_s 和 S_R 的检定

流量设定值/（mL/min）		0.5	1.0	2.0
测量次数		3	3	3
收集流动相时间/min		10	5	5
允许	S_s	5%	3%	2%
误差	S_R	3%	2%	2%

注：1.最大流量的设定值可根据用户使用情况而定。

2.对特殊的、流量小的仪器，流量的设定可根据用户使用情况选大、中、小三个流量，流动相的收集时间则根据情况缩短或延长。

c.紫外检测器（基线漂移和基线噪声）的检定。选用 C_{18} 色谱柱，以100%甲醇为流动相，流量为1.0mL/min，紫外检测器的波长为254nm，检测灵敏度调到最灵敏档，记录纸速调至 5～10mm/min。开机，待仪器稳定后记录基线30min，由检测器的衰减倍数和测得的基线峰-峰高对应的记录仪标度，计算基线噪声，用检测器自身的物理量（AU）作单位表示。

$$N_d = KB \qquad (7-3)$$

式中，N_d 为检测器基线噪声；K 为衰减倍数；B 为测得的基线峰-峰高对应的记录仪标度，AU。

基线漂移用1h内基线偏离原点的值（AU/h）表示。

d.紫外检测器（最小检测浓度）的检定。在上述c色谱条件下，用微量注射器从进样口注入 1×10^{-7} g/mL萘/甲醇溶液 10～20μL，记录色谱图，由色谱峰高和基线噪声峰峰高，按式（7-4）计算最小检测浓度 c_L（按20μL进样量计算）。

$$c_L = \frac{2N_d cV}{20H} \qquad (7-4)$$

式中，c_L 为最小检测浓度，g/mL；N_d 为检测器基线噪声峰-峰高，mm；c 为标准溶液浓度g/mL；H 为标准溶液的色谱峰高，mm；V 为进样体积，μL。

e.整机性能（定性、定量测量重复性）的检定。将仪器各部分连接好，选用 C_{18} 色谱柱，根据仪器配置的检测器，选择流动相和测量参数。以紫外检测器举例：用100%甲醇为流动相，流量为1.0mL/min，紫外检测器的波长选在254nm，灵敏度选择在0.04左右，基线稳定后由进样器注入 5～10μL的 1×10^{-4} g/mL萘/甲醇标准溶液。连续测量6次，记录色谱峰的保留时间和峰面积，按式（7-5）计算相对标准偏差RSD_6。

$$RSD_{6(定性)} = \sqrt{\frac{\sum_{i=1}^{6}(X_i - \overline{X})^2}{6-1}} \times \frac{1}{\overline{X}} \times 100\% \qquad (7\text{-}5a)$$

$$RSD_{6(定量)} = \sqrt{\frac{\sum_{i=1}^{6}(Y_i - \overline{Y})^2}{6-1}} \times \frac{1}{\overline{Y}} \times 100\% \qquad (7\text{-}5b)$$

式中，$RSD_{6定性（定量）}$为定性（定量）测量重复性相对标准偏差；X_i为第i次测得的保留时间；$\overline{X}$为6次测量结果的算术平均值；Y_i为第i次测得的峰面积；$\overline{Y}$为6次测量结果的算术平均值；i为测量序号。

（2）一般情况下，HPLC分离方法的建立应遵循什么样的步骤？

【答】通常样品的HPLC分离分析方法的建立按图7-7所示的步骤进行。

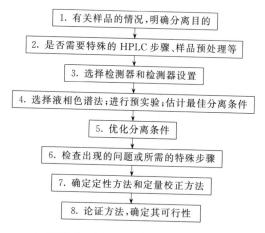

图7-7　HPLC方法建立的步骤

（3）建立HPLC方法前，对样品要做什么样的预处理？

【答】样品来源形式有如下情况：

① 可直接进样的溶液；

② 需稀释、缓冲pH或添加另一液体的溶液；

③ 能在流动相中溶解的固体；

④ 含有干扰物质或"损柱剂"而必须在进样前将其去除的溶液；

⑤ 含有不溶性赋性剂的混合物。

除非样品适于直接进样，HPLC分离前均需某种形式的预处理。

大多数进行HPLC分析的样品，需经称重和/或稀释后再进样。一般使最终样品液与流动相的成分尽量相近。即建议最好用流动相溶解（或稀释）样品。一般也应考虑到用容量瓶和移液管所带来的容量稀释误差，尤其应注意那些最终定量结果要求精密度在±1%（变异系数）之内的样品。

许多样品有背景干扰，这种将使HPLC分离变得更为复杂。还有些样品中有损害色谱柱的成分，在高效液相色谱分离前需进行某种形式的预处理。

（4）初次HPLC分离条件的如何选择？

【答】一般的样品可分为中性或离子样品，离子样品包括酸、碱、两性化合物和有机盐类，表7-5为一般样品首次（反相）分离的实验条件，如样品为中性，一般不需在流动相中加缓冲液或添加剂，但对于酸性或碱性样品，通常需在流动相中加入缓冲剂。

表7-5　首次HPLC分离的较好实验条件

分离条件	较好的首要选择
色谱柱	C_8或C_{18}，5μm，150mm×4.6mm
流动相	缓冲盐-甲醇缓冲盐可以选择25mmol/L磷酸缓冲盐（根据需要的pH值选择K_2HPO_4或KH_2PO_4，2.0＜pH＜3.5）
流速	1.0～1.5mL/min
温度	25～35℃

（5）初次分离过程中常会遇到哪些问题？

【答】在方法建立中仅仅达到分离并非是所遇到的唯一挑战。常见的问题还有很多，如实验开始所得到的峰峰形较宽和（或）拖尾；色谱图开始部分的色谱峰挤在一起，分不开，而后面的色谱峰则保留时间太长且难以检测；所要检测的组分在紫外检测器或荧光检测器中没有响应等等问题。所以对于初始的分离方法，应通过实验，对分离模式或分离条件作一定的改变，以得到完美的色谱峰和较好的分离度。

（6）如何优化分离条件？

【答】大多数情况下，高效液相色谱法分离质量的关键是各组分的响应、分离度和运行时间，为改善检测灵敏度、分离度和保留值，需改变某些条件，如选择合适的溶剂、对样品进行衍生化处理和梯度洗脱等措施。图7-8说明了通过改变流动相的组成、种类及pH，调整色谱柱温度，选择不同填料及长度的色谱柱，在流动相中增加添加剂等等方法，都可以改变分离方法的容量因子、选择性和柱效，继而得到较好的分离度和良好的色谱峰峰形。

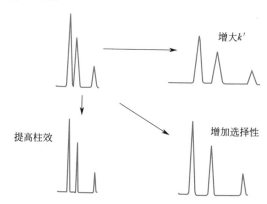

图 7-8　容量因子、柱效及选择性对分离效果的影响

（7）如何选择溶剂？

【答】分析纯和优级纯溶液在很多情况下可以满足色谱分析的要求，但不同的色谱柱和检测方法对溶剂的要求不同，如用紫外检测器检测时溶剂中就不能含有在检测波长下有吸收的杂质。目前专供色谱分析用的"色谱纯"溶剂除最常用的甲醇外，其余多为分析纯，有时要进行除去紫外杂质、脱水、重蒸等纯化操作。

乙腈也是常用的溶剂，分析纯乙腈中还含有少量的丙酮、丙烯腈、丙烯醇和噁唑等化合物，产生较大的背景吸收。可以采用活性炭或酸性氧化铝吸附纯化，也可采用高锰酸钾/氢氧化钠氧化裂解与甲醇共沸的方法进行纯化。

四氢呋喃中的抗氧化剂BHT（3,5-二特丁基-4-羟基甲苯）可以通过蒸馏除去。四氢呋喃在使用前应蒸馏，长时间放置又会被氧化，因此最好在使用前先检查有无过氧化物。方法是取10mL四氢呋喃和1mL新配制的10%碘化钾溶液，混合1min后，不出现黄色即可使用。

与水不混溶的溶剂（如氯仿）中的微量极性杂质（如乙醇），卤代烃（CH_2Cl_2）中的HCl杂质可以用水萃取除去，然后再用无水硫酸钙干燥。

正相色谱中使用的亲油性有机溶剂通常都有含有50～2000μg/mL的水。水是极性最强的溶剂，特别是对吸附色谱来说，即使很微量的水也会因其强烈的吸附而占领固定相中很多吸附活性点，致使固定相性能下降。通常可用分子筛床干燥除去微量水。

卤代溶剂与干燥的饱和烃混合后性质比较稳定，但卤代溶剂（氯仿、四氯化碳）与醚类溶剂（乙醚、四氢呋喃）混合后发生化学反应，生成的产物对不锈钢有腐蚀作用，有的卤代溶剂（如二氯甲烷）与一些反应活性较强的溶剂（如乙腈）混合放置后会析出结晶。因此，应尽可能避免使用卤代溶剂或现配现用。

（8）色谱柱管外标注的箭头有无特殊意义，色谱柱的安装有没有方向性？

【答】色谱柱在装填料之前是没有方向性的，但填充完毕的色谱柱是有方向的（见图7-9），色谱柱管外标注的箭头方向与柱的填充方向（装柱时填充液的流向）一致。因此该箭头标示了该柱的使用方向，安装和更换色谱柱时一定要使流动相能按箭头所指方向流动。色谱柱的管外都以箭头显著地

图7-9　液相色谱柱外形图

（9）六通阀漏液的原因是什么？如何解决？

【答】进样阀比较常见的故障之一是泄漏，进样阀经常出现泄漏的地方是：①进样针口；②放空管；③靠近进样阀定子的间隙。

进样阀泄漏的原因，大部分是因为进样阀的转子密封和定子表面受到损坏（绝大部分是机械杂质划伤其表面。这些机械杂质可能来源于样品、流动相或缓冲溶液中盐的结晶体，当然粗糙的进样针也可能带来损坏）。

此外，当进样阀的手柄处于"LOAD"和"INJECT"之间时，流路被完全隔断，导致阀内产生一定压力，液体就从进样针口漏出。

解决泄漏的方法是拆卸进样阀，检查转子密封和定子面密封总成情况。如果其表面有划痕或裂纹，或是发现转子密封和定子面密封总成上也有堵塞，则必须更换损坏的转子密封和定子面密封。在进样时，无论是从"LOAD"到"INJECT"，还是从"INJECT"到"LOAD"的过

程，动作需要迅速、果断，否则在此过程中将造成压力骤增。过高的压力经常会冲击六通阀内的各部件和色谱柱柱头，容易造成阀内各部件和色谱柱的损坏。

（10）六通阀堵塞的原因是什么？如何解决？

【答】 堵塞是进样阀比较常见的故障，有多种物质能够堵塞进样阀的管路，如缓冲溶液的盐结晶，样品或流动相中的颗粒等。

解决堵塞的方法是：对流动相和样品进行过滤处理，以除去其中的固体小颗粒；在泵与进样阀之间安装过滤器（也称在线过滤器）；如果流动相或样品中含有缓冲盐，那么工作结束后必须用清水冲洗进样阀。

（11）色谱柱的柱压突然升高的原因是什么？如何解决？

【答】 色谱柱反压增加，如果是在长时间使用过程中缓慢增加，属于正常现象。但柱压在使用过程中突然升高（系统管路堵塞及压力传感器故障除外），可能的原因及解决措施如下。

① 色谱柱头的过滤筛板堵塞或污染。解决措施：如确定是色谱柱头的过滤筛板被污染，可以将色谱柱反方向用甲醇冲洗至正常压力，或者卸下色谱柱头，将其放在10%的稀硝酸内超声清洗10min，后再用纯水超声10min，重新装入色谱柱。

② 色谱柱头的填料被样品污染。解决措施：如确定色谱柱头的填料被污染，将柱头螺钉卸下，挖出柱内前段被污染的填料，用相同的柱填料重新填入，仔细修复后，重新安装上柱头螺钉。

③ 色谱柱内缓冲液中的盐遇到高浓度的甲醇或其他有机溶剂，形成结晶析出。解决措施：如确定是盐结晶，用10%的甲醇/水冲洗色谱柱，使柱内盐全部溶解，再换上纯甲醇冲洗。

④ 流动相pH值过大或过小使固定相结构破坏或溶解。解决措施：如果确认是因pH值使用不当造成的，则很难恢复。

（12）分析时色谱峰的保留值发生变化的原因是什么？如何解决？

【答】 分析时色谱峰的保留值发生变化的原因及解决措施如下。

① 柱温变化。解决措施：柱恒温，必要时需配置恒温箱。

② 等度与梯度间未能充分平衡。解决措施：至少用10倍柱体积的流动相平衡柱。

③ 缓冲液容量不够。解决措施：用大于25mmol/L的缓冲液。

④ 柱污染、柱内条件发生变化、柱快达到寿命。解决措施：每天

冲洗柱、稳定进样条件，调节流动相采用保护柱。

（13）分析时色谱峰保留时间缩短的原因是什么？如何解决？

【答】分析时色谱峰保留时间缩短的原因及解决措施如下。

① 流速增加。解决措施：检查泵，重新设置流速。

② 样品超载。解决措施：降低样品量。

③ 键合相流失。解决措施：流动相pH值保持为3.0～7.5，检查色谱柱的安装方向是否正确。

④ 流动相组成变化。解决措施：在仪器运行过程中，防止流动相蒸发或沉淀。

⑤ 温度增加。解决措施：保证柱在恒温状态。

（14）分析时色谱峰的保留时间延长的原因是什么？如何解决？

【答】分析时色谱峰的保留时间延长的原因及解决措施如下。

① 流速下降，管路泄漏。解决措施：更换泵密封圈，排除泵内气泡。

② 硅胶柱上活性点变化。解决措施：用流动相改性剂，如加三乙胺，或采用碱来钝化色谱柱。

③ 键合相流失。解决措施：键合相流失，同问题（12）解决方法③。

④ 流动相组成变化。解决措施：流动相组成变化，同问题（12）解决方法④。

⑤ 温度降低。解决措施：温度降低，同问题（12）解决方法⑤。

（15）基线噪声高和漂移较大的原因是什么？如何解决？

【答】出现噪声高和基线漂移的原因及解决措施如下。

① 气泡（尖锐峰）。解决措施：流动相脱气，加柱后背压。

② 污染（随机噪声）。解决措施：清洗柱，净化样品，用HPLC级试剂。

③ 检测器灯连续噪声。解决措施：更换氘灯。

④ 电干扰（偶然噪声）。解决措施：采用稳压电源，检查干扰的来源（如水浴等）。

⑤ 检测器中有气泡。解决措施：流动相脱气，加柱后背压。

（16）系统选择性出现差异的原因是什么？如何解决？

【答】出现选择性差异的原因及解决措施如下。

① 流动相组成发生变化。解决措施：检查泵和滤网，防止流动相

的挥发或降解。

② 流动相的强度太小。解决措施：使用缓冲溶液和离子对系统。

③ 溶解样品的溶剂选用不当。解决措施：将样品在流动相中溶解；如果不行，尽可能将进样体积降低（如 1μL）。

④ 色谱柱被污染，色谱柱的寿命已到。解决措施：更换色谱柱；改进样品预处理；使用测试样品混合物检查色谱柱；使用色谱纯溶剂。

⑤ 温度发生变化。解决措施：使用色谱柱恒温箱。

⑥ 色谱柱之间的重现性有差异（如不同生产厂家的柱子）。解决措施：更换色谱柱，同时检查色谱柱的生产厂家。

附　　录

附录1　标准电极电位表（25℃）

半反应	$\varphi^{\ominus}/V$
$Ag^+ + e^- \rightleftharpoons Ag$	0.79996
$AgCl + e^- \rightleftharpoons Ag + Cl^-$	0.2221
$AgBr + e^- \rightleftharpoons Ag + Br^-$	0.0713
$AgI + e^- \rightleftharpoons Ag + I^-$	-0.1519
$[Ag(CN)_2]^- + e^- \rightleftharpoons Ag + 2CN^-$	-0.395
$Ag_2S + 2e^- \rightleftharpoons 2Ag + S^{2-}$	-0.7051
$Al^{3+} + 3e^- \rightleftharpoons Al$	-1.676
$AlF_6^{3-} + 3e^- \rightleftharpoons Al + 6F^-$	-2.07
$H_3AsO_3 + 3H^+ + 3e^- \rightleftharpoons As + 3H_2O$	0.2475
$H_3AsO_4 + 2H^+ + 2e^- \rightleftharpoons H_3AsO_3 + H_2O$	0.58
$As + 3H^+ + 3e^- \rightleftharpoons AsH_3$	-0.225
$As + 3H_2O + 3e^- \rightleftharpoons AsH_3 + 3OH^-$	-1.37
$Au^+ + e^- \rightleftharpoons Au$	1.46
$[AuCl_4]^- + 3e^- \rightleftharpoons Au + 4Cl^-$	1.0
$[Au(CN)_2]^- + e^- \rightleftharpoons Au + 2CN^-$	-0.60
$Ba^{2+} + 2e^- \rightleftharpoons Ba$	-2.90
$Be^{2+} + 2e^- \rightleftharpoons Be$	-1.70
$Bi^{3+} + 3e^- \rightleftharpoons Bi$	0.277
$BiO_3^- + 6H^+ + 2e^- \rightleftharpoons Bi^{3+} + 3H_2O$	1.73
$Br_2(aq) + 2e^- \rightleftharpoons 2Br^-$	1.087
$HBrO + H^+ + 2e^- \rightleftharpoons Br^- + H_2O$	1.33
$BrO_3^- + 6H^+ + 6e^- \rightleftharpoons Br^- + 3H_2O$	1.44
$BrO_3^- + 3H_2O + 6e^- \rightleftharpoons Br^- + 6OH^-$	0.61
$HCOOH + 2H^+ + 2e^- \rightleftharpoons HCHO + H_2O$	0.056
$CO_2 + 2H^+ + 2e^- \rightleftharpoons HCOOH$	-0.196
$Ca^{2+} + 2e^- \rightleftharpoons Ca$	-2.76
$Cd^{2+} + 2e^- \rightleftharpoons Cd$	-0.402

半反应	$\varphi^\ominus / V$
$Cd^{2+} + 2e^- \rightleftharpoons Cd(Hg)$	-0.3519
$Ce^{3+} + 3e^- \rightleftharpoons Ce$	-2.34
$Cl_2 + 2e^- \rightleftharpoons 2Cl^-$	1.3583
$HClO + H^+ + 2e^- \rightleftharpoons Cl^- + H_2O$	1.498
$HClO_2 + 3H^+ + 4e^- \rightleftharpoons Cl^- + 2H_2O$	1.57
$ClO_3^- + 6H^+ + 6e^- \rightleftharpoons Cl^- + 3H_2O$	1.45
$ClO_4^- + 8H^+ + 8e^- \rightleftharpoons Cl^- + 4H_2O$	1.36
$ClO^- + H_2O + 2e^- \rightleftharpoons Cl^- + 2OH^-$	0.88
$ClO_2^- + 2H_2O + 4e^- \rightleftharpoons Cl^- + 4OH^-$	0.77
$ClO_3^- + 3H_2O + 6e^- \rightleftharpoons Cl^- + 6OH^-$	0.62
$ClO_4^- + 4H_2O + 8e^- \rightleftharpoons Cl^- + 8OH^-$	0.53
$Co^{2+} + 2e^- \rightleftharpoons Co$	-0.277
$Co^{3+} + e^- \rightleftharpoons Co^{2+}$	1.842
$Cr^{3+} + 3e^- \rightleftharpoons Cr$	-0.0557
$Cr^{3+} + e^- \rightleftharpoons Cr^{2+}$	-0.40
$Cr_2O_7^{2-} + 14H^+ + 6e^- \rightleftharpoons 2Cr^{3+} + 7H_2O$	1.36
$CrO_4^{2-} + 4H_2O + 3e^- \rightleftharpoons Cr(OH)_3 + 5OH^-$	-0.12
$Cs^+ + e^- \rightleftharpoons Cs$	-2.923
$Cu^+ + e^- \rightleftharpoons Cu$	0.522
$Cu^{2+} + 2e^- \rightleftharpoons Cu$	0.3460
$Cu^{2+} + 2e^- \rightleftharpoons Cu(Hg)$	0.3511
$Cu^{2+} + e^- \rightleftharpoons Cu^+$	0.170
$Cu^{2+} + 2CN^- + e^- \rightleftharpoons Cu(CN)_2^-$	1.12
$Cu(CN)_2^- + e^- \rightleftharpoons Cu + 2CN^-$	-0.44
$Cu(NH_3)_2^+ + e^- \rightleftharpoons Cu + 2NH_3$	-0.100
$F_2 + 2e^- \rightleftharpoons 2F^-$	2.87
$F_2 + 2H^+ + 2e^- \rightleftharpoons 2HF$	3.053
$Fe^{3+} + e^- \rightleftharpoons Fe^{2+}$	0.771
$Fe^{2+} + 2e^- \rightleftharpoons Fe$	-0.44
$Fe(CN)_6^{3-} + e^- \rightleftharpoons Fe(CN)_6^{4-}$	0.361
$Ga^{3+} + 3e^- \rightleftharpoons Ga$	-0.529
$Ga^{3+} + e^- \rightleftharpoons Ga^{2+}$	-0.65
$Ga^{2+} + 2e^- \rightleftharpoons Ga$	-0.45
$Ge^{4+} + 2e^- \rightleftharpoons Ge^{2+}$	0.0
$Ge^{2+} + 2e^- \rightleftharpoons Ge$	0.247
$H_2GeO_3 + 4H^+ + 4e^- \rightleftharpoons Ge + 3H_2O$	-0.255
$2H^+ + 2e^- \rightleftharpoons H_2$	0.0000
$2D^+ + 2e^- \rightleftharpoons D_2$	0.029
$2H_2O + 2e^- \rightleftharpoons H_2 + 2OH^-$	-0.828

半反应	$\varphi^{\ominus}/V$
$Hg^{2+}+2e^- \rightleftharpoons Hg$	0.852
$Hg_2^{2+}+2e^- \rightleftharpoons 2Hg$	0.7986
$Hg_2Cl_2+2e^- \rightleftharpoons 2Hg+2Cl^-$（饱和 KCl）	0.2412
$Hg_2Cl_2+2e^- \rightleftharpoons 2Hg+2Cl^-$	0.2677
$Hg_2Br_2+2e^- \rightleftharpoons 2Hg+2Br^-$	0.1396
$Hg_2I_2+2e^- \rightleftharpoons 2Hg+2I^-$	-0.0405
$I_2+2e^- \rightleftharpoons 2I^-$	0.5355
$IO_3^-+6H^++6e^- \rightleftharpoons I^-+3H_2O$	1.085
$IO_3^-+3H_2O+6e^- \rightleftharpoons I^-+6OH^-$	0.26
$In^{3+}+3e^- \rightleftharpoons In$	-0.338
$K^++e^- \rightleftharpoons K$	-2.9241
$K^++Hg+e^- \rightleftharpoons K(Hg)$	-1.9
$La^{3+}+3e^- \rightleftharpoons La$	-2.38
$Li^++e^- \rightleftharpoons Li$	-2.9595
$Li^++Hg+e^- \rightleftharpoons Li(Hg)$	-2.00
$Mg^{2+}+2e^- \rightleftharpoons Mg$	-2.375
$Mn^{2+}+2e^- \rightleftharpoons Mn$	-1.18
$Mn^{3+}+e^- \rightleftharpoons Mn^{2+}$	1.51
$MnO_2+4H^++2e^- \rightleftharpoons Mn^{2+}+2H_2O$	1.23
$MnO_4^{2-}+8H^++4e^- \rightleftharpoons Mn^{2+}+4H_2O$	1.74
$MnO_4^-+8H^++5e^- \rightleftharpoons Mn^{2+}+4H_2O$	1.51
$MnO_4^{2-}+2H_2O+2e^- \rightleftharpoons MnO_2+4OH^-$	0.58
$MnO_4^-+2H_2O+3e^- \rightleftharpoons MnO_2+4OH^-$	0.58
$Mo^{3+}+3e^- \rightleftharpoons Mo$	-0.2
$MoO_4^{2-}+4H_2O+6e^- \rightleftharpoons Mo+8OH^-$	-0.913
$2NO+2H^++2e^- \rightleftharpoons N_2O+H_2O$	1.59
$NO_3^-+10H^++8e^- \rightleftharpoons NH_4^++3H_2O$	0.88
$NO_2^-+8H^++6e^- \rightleftharpoons NH_4^++2H_2O$	0.86
$NO_2+8H^++7e^- \rightleftharpoons NH_4^++2H_2O$	0.89
$Na^++e^- \rightleftharpoons Na$	-2.7131
$Na^++Hg+e^- \rightleftharpoons Na(Hg)$	-1.84
$Ni^{2+}+2e^- \rightleftharpoons Ni$	-0.23
$NiO_4^{2-}+4H^++2e^- \rightleftharpoons NiO_2+2H_2O$	1.8
$NiO_2+4H^++2e^- \rightleftharpoons Ni^{2+}+2H_2O$	1.593
$Ni(NH_3)_6^{2+}+2e^- \rightleftharpoons Ni+6NH_3$	-0.49
$Nb_2O_5+10H^++4e^- \rightleftharpoons 2Nb^{3+}+5H_2O$	-0.1
$Nb_2O_5+10H^++10e^- \rightleftharpoons 2Nb+5H_2O$	-0.65
$Nb^{3+}+3e^- \rightleftharpoons Nb$	-1.1
$O_2+4H^++4e^- \rightleftharpoons 2H_2O$	1.229

半反应	$\varphi^{\ominus}$/V
$O_2 + 2H^+ + 2e^- \Longrightarrow H_2O_2$	0.682
$H_2O_2 + 2H^+ + 2e^- \Longrightarrow 2H_2O$	1.77
$O_2 + 2H_2O + 4e^- \Longrightarrow 4OH^-$	0.401
$H_3PO_3 + 3H^+ + 3e^- \Longrightarrow P + 3H_2O$	-0.50
$H_3PO_4 + 5H^+ + 5e^- \Longrightarrow P + 4H_2O$	-0.41
$P + 3H_2O + 3e^- \Longrightarrow PH_3 + 3OH^-$	-0.87
$Pb^{2+} + 2e^- \Longrightarrow Pb$	-0.1263
$PbO_2 + 4H^+ + 2e^- \Longrightarrow Pb^{2+} + 2H_2O$	1.46
$PbO_2 + SO_4^{2-} + 4H^+ + 2e^- \Longrightarrow PbSO_4 + 2H_2O$	1.685
$Pd^{2+} + 2e^- \Longrightarrow Pd$	0.915
$PtCl_6^{2-} + 2e^- \Longrightarrow PtCl_6^{2-} + 2Cl^-$	0.726
$Pt^{2+} + 2e^- \Longrightarrow Pt$	1.188
$S + 2H^+ + 2e^- \Longrightarrow H_2S(aq)$	0.144
$SO_4^{2-} + 10H^+ + 8e^- \Longrightarrow H_2S + 4H_2O$	0.30
$H_2S_2O_3 + 4H^+ + 4e^- \Longrightarrow 2S + 3H_2O$	0.50
$H_2SO_3 + 4H^+ + 4e^- \Longrightarrow S + 3H_2O$	0.45
$SO_4^{2-} + 8H^+ + 6e^- \Longrightarrow S + 4H_2O$	0.356
$S_4O_6^{2-} + 2e^- \Longrightarrow 2S_2O_3^{2-}$	0.06
$S + 2e^- \Longrightarrow S^{2-}$	-0.48
$SO_3^{2-} + 3H_2O + 4e^- \Longrightarrow S + 6OH^-$	-0.61
$SO_4^{2-} + 4H_2O + 6e^- \Longrightarrow S + 8OH^-$	-0.72
$Sc^{3+} + 3e^- \Longrightarrow Sc$	-2.03
$Se(c) + 2H^+ + 2e^- \Longrightarrow H_2Se(aq)$	-0.115
$Se + 2e^- \Longrightarrow Se^{2-}$	-0.670
$H_2SeO_3 + 4H^+ + 4e^- \Longrightarrow Se + 3H_2O$	0.74
$Sb(OH)_6^- + 2e^- \Longrightarrow SbO_2^- + 2OH^- + 2H_2O$	-0.465
$SbO^- + 2H^+ + 3e^- \Longrightarrow Sb + H_2O$	0.204
$Sb + 3H^+ + 3e^- \Longrightarrow SbH_3$	-0.510
$SiO_2(quartz) + 4H^+ + 4e^- \Longrightarrow Si + 2H_2O$	-0.909
$Si + 4H^+ + 4e^- \Longrightarrow SiH_4(g)$	-0.143
$SiF_6^{2-} + 4e^- \Longrightarrow Si + 6F^-$	-1.37
$Sn^{2+} + 2e^- \Longrightarrow Sn$	-0.1496
$Sn^{4+} + 2e^- \Longrightarrow Sn^{2+}$	0.15
$Sr^{2+} + 2e^- \Longrightarrow Sr$	-2.89
$TeO_3^{2-} + 3H_2O + 4e^- \Longrightarrow Te + 6OH^-$	-0.415
$Te + 2H^+ + 2e^- \Longrightarrow H_2Te(aq)$	-0.740
$H_2TeO_3 + 4H^+ + 4e^- \Longrightarrow Te + 3H_2O$	0.589
$Ti^{3+} + e^- \Longrightarrow Ti^{2+}$	-0.37
$Ti^{2+} + e^- \Longrightarrow Ti$	-1.63

续表

半反应	$\varphi^{\ominus}$/V
$TiO^{2+}+2H^{+}+e^{-} \Longrightarrow Ti^{3+}+H_2O$	-0.10
$Tl^{+}+e^{-} \Longrightarrow Tl$	-0.336
$Tl^{3+}+2e^{-} \Longrightarrow Tl^{+}$	1.247
$U^{4+}+e^{-} \Longrightarrow U^{3+}$	-0.52
$UO_2^{2+}+4H^{+}+2e^{-} \Longrightarrow U^{4+}+2H_2O$	0.27
$V^{3+}+e^{-} \Longrightarrow V^{2+}$	-0.253
$VO^{2+}+2H^{+}+e^{-} \Longrightarrow V^{3+}+H_2O$	1.00
$2WO_3+2H^{+}+2e^{-} \Longrightarrow W_2O_5+H_2O$	-0.029
$WO_3+6H^{+}+6e^{-} \Longrightarrow W+3H_2O$	-0.090
$H_4XeO_6+2H^{+}+2e^{-} \Longrightarrow XeO_3+3H_2O$	2.42
$XeF+e^{-} \Longrightarrow Xe(g)+F^{-}$	3.4
$Zn^{2+}+2e^{-} \Longrightarrow Zn$	-0.7628
$Zn(NH_3)_4^{2+}+2e^{-} \Longrightarrow Zn+4NH_3$	-1.04
$Zn(CN)_4^{2-}+2e^{-} \Longrightarrow Zn+4CN^{-}$	-1.34
$Zr^{4+}+4e^{-} \Longrightarrow Zr$	-1.55
$ZrO_2+4H^{+}+4e^{-} \Longrightarrow Zr+2H_2O$	-1.45

附录2 某些氧化-还原电对的条件电位

半反应	$\varphi^{\ominus'}$/V	介质
$Ag(II)+e^{-} \Longrightarrow Ag^{+}$	1.927	$4mol \cdot L^{-1}HNO_3$
$Ce(IV)+e^{-} \Longrightarrow Ce(III)$	1.74	$1mol \cdot L^{-1}HClO_4$
	1.44	$0.5mol \cdot L^{-1}H_2SO_4$
	1.28	$1mol \cdot L^{-1}HCl$
$Co^{3+}+e^{-} \Longrightarrow Co^{2+}$	1.84	$3mol \cdot L^{-1}HNO_3$
$Co(乙二胺)_3^{3+}+e^{-} \Longrightarrow Co(乙二胺)_3^{2+}$	-0.2	$0.1mol \cdot L^{-1}KNO_3+0.1mol \cdot L^{-1}乙二胺$
$Cr(III)+e^{-} \Longrightarrow Cr(II)$	-0.40	$5mol \cdot L^{-1}HCl$
$Cr_2O_7^{2-}+14H^{+}+6e^{-} \Longrightarrow 2Cr^{3+}+7H_2O$	1.08	$3mol \cdot L^{-1}HCl$
	1.15	$4mol \cdot L^{-1}H_2SO_4$
	1.025	$1mol \cdot L^{-1}HClO_4$
$CrO_4^{2-}+2H_2O+3e^{-} \Longrightarrow CrO_2^{-}+4OH^{-}$	-0.12	$1mol \cdot L^{-1}NaOH$
$Fe(III)+e^{-} \Longrightarrow Fe(II)$	0.767	$1mol \cdot L^{-1}HClO_4$
	0.71	$0.5mol \cdot L^{-1}HCl$
	0.68	$1mol \cdot L^{-1}H_2SO_4$
	0.68	$1mol \cdot L^{-1}HCl$
	0.46	$2mol \cdot L^{-1}H_3PO_4$
	0.51	$1mol \cdot L^{-1}HCl \sim 0.25mol \cdot L^{-1}H_3PO_4$

续表

半反应	$\varphi^{\ominus'}$ / V	介质
$Fe(EDTA)^- + e^- \rightleftharpoons Fe(EDTA)^{2-}$	0.12	$0.1mol \cdot L^{-1}EDTA$ $pH4 \sim 6$
$Fe(CN)_6^{3-} + e^- \rightleftharpoons Fe(CN)_6^{4-}$	0.56	$0.1mol \cdot L^{-1}HCl$
$FeO_4^{2-} + 2H_2O + 3e^- \rightleftharpoons FeO_2^- + 4OH^-$	0.55	$10mol \cdot L^{-1}NaOH$
$I_3^- + 2e^- \rightleftharpoons 3I^-$	0.5446	$0.5mol \cdot L^{-1}H_2SO_4$
$I_2(aq.) + 2e^- \rightleftharpoons 2I^-$	0.6276	$0.5mol \cdot L^{-1}H_2SO_4$
$MnO_4^- + 8H^+ + 5e^- \rightleftharpoons Mn^{2+} + 4H_2O$	1.45	$1mol \cdot L^{-1}HClO_4$
$SnCl_6^{2-} + 2e^- \rightleftharpoons SnCl_4^{2-} + 2Cl^-$	0.14	$1mol \cdot L^{-1}HCl$
$Sb(V) + 2e^- \rightleftharpoons Sb(III)^-$	0.75	$3.5mol \cdot L^{-1}HCl$
$Sb(OH)_6^- + 2e^- \rightleftharpoons SbO_2^- + 2OH^- + 2H_2O$	−0.428	$3mol \cdot L^{-1}NaOH$
$SbO_2^- + 2H_2O + 3e^- \rightleftharpoons Sb + 4OH^-$	−0.675	$10mol \cdot L^{-1}KOH$
$Ti(IV) + e^- \rightleftharpoons Ti(III)$	−0.01	$0.2mol \cdot L^{-1}H_2SO_4$
	0.12	$2mol \cdot L^{-1}H_2SO_4$
	−0.04	$1mol \cdot L^{-1}HCl$
	−0.05	$1mol \cdot L^{-1}H_3PO_4$
$Pb(II) + 2e^- \rightleftharpoons Pb$	−0.32	$1mol \cdot L^{-1}NaAc$

附录3　部分有机化合物在TCD和FID上的相对质量校正因子（基准物：苯）

化合物	TCD	FID	化合物	TCD	FID
一、饱和烃			2,3-二甲基丁烷	0.95	1.09
甲烷	0.58	1.15	2,2,3-三甲基丁烷	0.99	1.10
乙烷	0.75	1.15	异戊烷	0.91	1.06
丙烷	0.86	1.15	新戊烷	0.93	
正丁烷	0.87	1.09	2-甲基戊烷	0.92	1.06
正戊烷	0.88	1.08	3-甲基戊烷	0.93	1.08
正己烷	0.89	1.09	3-乙基戊烷	0.98	1.10
正庚烷	0.89	1.12	2,2-二甲基戊烷	0.96	1.10
正辛烷	0.92	1.15	2,3-二甲基戊烷	0.95	1.14
正壬烷	0.93	1.14	2,4-二甲基戊烷	0.99	1.10
正癸烷	0.92		3,3-二甲基戊烷	0.96	1.09
正十一烷	1.01		3,5-二甲基戊烷	0.96	
正十四烷	1.09		2-甲基-3-乙基戊烷		1.14
$C_{20} \sim C_{36}$（正构烷烃）	0.92		2,2,3-三甲基戊烷		1.10
异丁烷	0.91		2,2,4-三甲基戊烷	1.00	1.12
2,2-二甲基丁烷	0.95	1.08	2,3,3-三甲基戊烷		1.11

续表

化合物	TCD	FID	化合物	TCD	FID
2,3,4-三甲基戊烷		1.14	1,2,4-三甲基环戊烷(CCT)	1.00	
2,4-二甲基-3-乙基戊烷		1.14	1-甲基-顺 2-乙基环戊烷		1.12
2,2,3,3-四甲基戊烷		1.12	1-甲基-反 2-乙基环戊烷		1.11
2,2,3,4-四甲基戊烷		1.14	1-甲基-顺 3-乙基环戊烷		1.12
2,3,3,4-四甲基戊烷		1.14	1-甲基-反 3-乙基环戊烷		1.15
2-甲基己烷	0.94	1.10	1,1,2-三甲基环戊烷		1.09
3-甲基己烷	0.96	1.10	1,1,3-三甲基环戊烷		1.08
3-乙基己烷		1.12	顺 1,4-反 2-三甲基环戊烷	1.05	
2,2-二甲基己烷		1.11	顺 1,2-反 4-三甲基环戊烷	1.00	1.12
2,3-二甲基己烷		1.14	环己烷	0.94	1.11
2,4-二甲基己烷		1.14	甲基环己烷	1.05	1.11
2,5-二甲基己烷		1.11	乙基环己烷	0.99	1.11
3,4-二甲基己烷		1.14	正丙基环己烷	1.02	
2,2,3-三甲基己烷		1.11	异丙基环己烷		1.14
2,2,4-三甲基己烷		1.14	1,1-二甲基环己烷	1.02	
2,2,5-三甲基己烷		1.14	1,4-二甲基环己烷	0.98	
2,3,3-三甲基己烷		1.12	顺 1,2-二甲基环己烷		1.13
2,3,5-三甲基己烷		1.16	反 1,2-二甲基环己烷		1.11
2,4,4-三甲基己烷		1.11	1-甲基-顺-4-乙基环己烷		1.16
2,2,3,4-四甲基己烷		1.11	1-甲基-反-4-乙基环己烷		1.14
2,2,4,5-四甲基己烷		1.12	1,1,2-三甲基环己烷		1.11
2-甲基庚烷		1.15	1,1,3-三甲基环己烷	1.17	
3-甲基庚烷		1.11	环庚烷		1.11
4-甲基庚烷		1.10	三、不饱和烃		
2,2-二甲基庚烷		1.15	乙烯	0.75	1.10
3,3-二甲基庚烷		1.12	丙烯	0.83	
3,3,5-三甲基庚烷		1.14	异丁烯	0.88	
二、环烷烃			1-正丁烯	0.88	
环戊烷	0.92	1.08	2-反丁烯	0.84	
甲基环戊烷	0.93	1.11	2-顺丁烯	0.82	
乙基环戊烷	0.99	1.12	3-甲基-1-丁烯	0.91	
异丙基环戊烷		1.12	2-甲基-1-丁烯	0.91	
正丙基环戊烷		1.15	1-戊烯	0.91	
1,1-二甲基环戊烷	1.01	1.09	2-反戊烯	0.86	
顺 1,2-二甲基环戊烷	1.00	1.12	2-顺戊烯	0.91	
反 1,2-二甲基环戊烷	1.00	1.11	2-甲基-2-戊烯	0.96	
顺 1,3-二甲基环戊烷	1.00	1.12	2,4,4-三甲基-1-戊烯	0.91	
反 1,3-二甲基环戊烷	1.00	1.12	1-己烯		1.14
1,2,4-三甲基环戊烷(CTO)	1.06		1-辛烯		0.97

续表

化合物	TCD	FID	化合物	TCD	FID
1-癸烯		0.99	1-甲基-3-异丙基苯		1.11
丙二烯	0.97		1-甲基-4-异丙基苯		1.14
1,3-丁二烯	0.86		联苯	1.17	
环戊二烯	1.23		三苯基甲烷	1.35	
异戊间二烯	0.95		萘	1.18	
1-甲基环己烯	1.07		四氢萘	1.17	
双环戊二烯	1.28		1-甲基四氢化萘	1.19	
4-乙烯基环己烯	1.07		1-乙基四氧化萘	1.21	
环戊烯	1.09		顺十氢化萘	1.16	
降冰片烯	1.06		反十氢化萘	1.18	
降冰片二烯	1.05		五、醛、酮、醇、醚		
环庚三烯	1.14		乙醛	0.87	
1,3-环辛二烯	1.10		丙醛	0.99	
1,5-环辛二烯	1.05		丁醛		1.82
1,3,5,7-环辛四烯	1.16		庚醛		1.45
环十二三烯（TTT）	1.23		辛醛		1.43
环十二三烯	1.37		癸醛		1.40
乙炔		1.04	甲乙酮	0.95	1.85
丙炔	0.88		二乙酮	1.00	
四、芳烃			丙酮	0.87	2.27
苯	1.00	1.00	丁酮	0.95	
甲苯	1.02	1.04	3,3-二甲基二丁酮	1.23	
乙苯	1.05	1.09	甲基异丁基酮	1.10	1.59
邻二甲苯	1.08	1.10	乙基丁基酮		1.59
间二甲苯	1.04	1.08	二异丁基酮		1.56
对二甲苯	1.04	1.12	环戊酮	1.01	
正丙苯	1.05	1.11	甲基正戊酮	1.10	
异丙苯	1.09	1.15	甲基异戊酮	1.06	
仲丁苯	1.09	1.12	环己酮	1.01	1.55
叔丁苯		1.10	甲基正己酮	1.11	
正丁苯		1.14	2-己酮	0.98	
对乙基苯	1.04		3-己酮	1.04	
1,2,3-三甲苯	1.03	1.14	2-壬酮	1.07	
1,2,4-三甲苯	1.02	1.15	异佛尔酮		1.32
1,3,5-三甲苯	1.03	1.14	甲醇	0.75	4.76
1-甲基-2-乙基苯		1.10	甲基异丁基甲醇		0.39
1-甲基-3-乙基苯		1.11	乙醇	0.82	2.43
1-甲基-4-乙基苯		1.12	正丙醇	0.92	1.87
1-甲基-2-异丙基苯		1.14	异丙醇	0.91	2.13

化合物	TCD	FID	化合物	TCD	FID
正丁醇	1.00	1.69	正丁胺	0.82	
异丁醇	0.98	1.64	正戊胺	0.73	
仲丁醇	0.97	1.79	正己胺	1.25	
叔丁醇	0.98	1.52	三甲基胺		2.44
2-甲基-2-丁醇	1.06		二乙基胺		1.85
1,3-二甲基丁醇		1.52	叔丁基胺		2.08
正戊醇		1.56	二正丁基胺		1.49
2-戊醇	1.02		苯胺		1.49
3-戊醇	1.04		乙腈	1.05	2.86
环戊醇	1.01		丙腈	0.83	
甲基戊醇	1.02	1.72	正丁腈	0.84	
正己醇	1.11	1.52	丙烯腈	0.87	
2-己醇	0.98		乙酸甲酯		5.56
3-己醇	1.02		乙酸乙酯	1.01	2.94
环己醇	1.14		乙酸异丙酯	1.08	2.27
正庚醇	1.16		乙酸正丁酯	1.15	2.03
辛醇		1.31	乙酸仲丁酯		2.17
癸醇	1.10	1.34	乙酸异丁酯		2.08
2,5-己二醇	1.19		乙酸正戊酯	1.14	
1,6-己二醇	1.25		乙酸异戊酯	1.10	1.82
1,10-癸二醇	2.08		乙酸正庚酯	1.19	
2-十二烷醇	1.19		七、含卤素化合物		
C_{14}-二醇	2.31		1-氟己烷	1.08	
乙醚	0.86		氟代苯	1.18	
乙二醇乙醚	1.08	2.26	邻氟代甲苯	1.20	
异丙醚	1.01		间氟代甲苯	1.19	
正丙醚	1.00		对氟代甲苯	1.20	
正丁醚	1.04		间二氟代甲苯	1.37	
正戊醚	1.10		1-氯-3-氟代苯	1.38	
二-异丙基醚	1.01		间溴-α,α,α-三氟代甲苯	1.92	
乙基正丁基醚	1.01		二氯甲烷	1.14	
六、羧酸、胺、腈、酯			溴氯甲烷	1.64	
甲酸		111.11	1,1-二氯乙烷	1.23	
乙酸		4.76	1,2-二氯丙烷	1.30	
丙酸		2.78	1-溴-2-氯乙烷	1.69	
丁酸		2.33	氯仿	1.41	
己酸		1.79	四氯化碳	1.64	
庚酸		1.85	1-氯-2-甲基丙烷	1.10	
辛酸		1.72	2-氯-2-甲基丙烷	1.14	

续表

化合物	TCD	FID	化合物	TCD	FID
1,2-二氯丙烷	1.30		环氧丙烷	0.93	
1-氯丁烷	1.06		甲基硫醇	1.04	
2-氯丁烷	1.10		乙基硫醇	0.92	
1-氯戊烷	1.10		1-丙基硫醇	0.96	
1-氯己烷	1.14		吡咯	1.00	
氯代环己烷	1.27		二氢吡咯	1.06	
1-氯庚烷	1.16		四氢吡咯	1.00	
顺 1,2-二氯乙烯	1.23		吡咯啉	1.06	
2,3-二氯丙烯	1.30		吡咯烷	1.00	
三氯乙烯	1.45		吡啶	1.01	
氯代苯	1.25		1,2,5,6-四氯吡啶	1.04	
邻氯代甲苯	1.27		呱啶	1.06	
二溴甲烷	2.08		喹啉	0.86	
溴代乙烷	1.43		顺十氢喹啉	1.51	
1,2-二溴乙烷	2.08		反十氢喹啉	1.51	
1-溴丙烷	1.47		四氢呋喃	1.11	
2-溴丙烷	1.47		噻吩烷	1.09	1.96
1-溴-2-甲基丙烷	1.52		硅酸乙酯	1.27	
1-溴丁烷	1.47		羰基铁	1.67	
2-溴丁烷	1.52		2-乙氧基乙醇		2.50
1-溴戊烷	1.52		2-丁氧基乙醇		1.82
溴代苯	1.61		九、水和常见气体		
碘代甲烷	1.89		水	0.70	
碘代乙烷	1.89		氩	1.22	
1-碘丙烷	1.85		氮气	0.86	
1-碘丁烷	1.82		氧气	1.02	
2-碘丁烷	1.92		二氧化碳	1.18	
1-碘-2-甲基丙烷	1.92		一氧化碳	0.86	
1-碘-戊烷	1.82		硫化氢	1.14	
八、杂原子化合物			氨	0.54	
环氧乙烷	0.97				

附录4 一些重要的物理常数

量	符号	数值与单位	量	符号	数值与单位
光速(真空)	c	$2.99792\times10^8 m\cdot s^{-1}$	法拉第常量	F	$96485.31 C\cdot mol^{-1}$
普朗克常量	h	$6.62608\times10^{-34} J\cdot s$	摩尔气体常量	R	$8.31451 J\cdot mol^{-1}\cdot K^{-1}$
电子电荷	e	$1.602177\times10^{-19} C$	玻耳兹曼常量	k	$1.38066\times10^{-23} J\cdot K^{-1}$
电子(静止)质量	m_c	$9.10939\times10^{-31} kg$	电子伏特能量	eV	$1.60218\times10^{-19} J$
阿伏伽德罗常量	N_A	$6.022137\times10^{23} mol^{-1}$			

附录5 常见分析化学术语汉英对照
（摘自 GB/T 14666—2003）

1 化学分析
1.1 一般术语 general terms
采样 sampling
试样 sample
四分法 quartering
测定 determination
平行测定 parallel determination
空白实验 blank test
检测 detection
鉴定 identification
校准 calibration
校准曲线 calibration curve
分步沉淀 fractional precipitation
共沉淀 coprecipitation
后沉淀 postprecipitation
陈化 aging
倾析 decantation
掩蔽 masking
解蔽 demasking
封闭 blocking
同离子效应 common ion effect
熔融 fusion
灼烧 ignition
标定 standardization
滴定 titration
恒重 constant weight
变色域 transition interval
化学计量点 stoichiometric point
滴定终点 end point
滴定度 titer
滴定曲线 titration curve
纯度 purity

含量 content
量值 value of a quantity
物质的量 amount of substance
摩尔 mol
基本单元 elementary entity
摩尔质量 molar mass
摩尔体积 molar volume
物质的量浓度 amount of substance concentration
质量摩尔浓度 molality
质量浓度 mass concentration
称量因子 gravimetric factor
灰分 ash
酸值 acid value
酸度 acidity
碱度 alkalinity
pH值 pH value
皂化值 saponification number
酯值 ester value
溴值 bromine value
碘值 iodine value
残渣 residue

1.2 方法 methods
化学分析 chemical analysis
仪器分析 instrumental analysis
定性分析 qualitative analysis
定量分析 quantitative analysis
常量分析 macro analysis
半微量分析 semimicro analysis
微量分析 micro analysis
超微量分析 ultramicro analysis
痕量分析 trace analysis

超痕量分析　ultratrace analysis

干法　dry method

湿法　wet method

系统分析　systematic analysis

称量分析［法］　gravimetric analysis

滴定分析［法］　titrimetric analysis

元素分析　elementary analysis

斑点试验　spot test

气体分析　gasometric analysis

酸碱滴定［法］　acid-base titration

氧化还原滴定［法］　redox titration

高锰酸钾［滴定］法　premanganate titration

重铬酸钾［滴定］法　dichromate titration

溴量法　bromometry

碘量法　iodimetry

沉淀滴定［法］　precipitation titration

非水滴定［法］　non-aqueous titration

卡尔·费休滴定［法］　Karl Fischer titration

反滴定［法］　back titration

配位滴定［法］　compleximetry

凯氏定氮法　Kjeldahl determination

熔珠试验　bead test

焰色试验　flame test

吹管试验　blowpipe test

1.3　试剂和溶液　reagent and solution

化学试剂　chemical reagents

参考物质　reference material（RM）

一级标准物质　primary reference material

二级标准物质　secondary reference material

标准溶液　standard solution

试液　test solution

储备溶液　stock solution

缓冲溶液　buffer solution

配合剂　complexing agent

滴定剂　titrant

沉淀剂　precipitant

指示剂　indicator

酸碱指示剂　acid-base indicator

氧化还原指示剂　redox indicator

金属指示剂　metal indicator

吸附指示剂　adsorption indicator

混合指示剂　mixed indicator

外［用］指示剂　external indicator

内指示剂　internal indicator

1.4　仪器　apparatus

分析天平　analytical balance

砝码　weights

称量瓶　weighing bottle

容量瓶　volumetric flask

滴定管　buret

移液管　pipet

锥形瓶　erlenmeyer flask

碘瓶　iodine flask

坩埚　crucible

玻璃砂坩埚　sintered-glass filter crucible

表面皿　watch glass

干燥器　desiccator

滤纸　filter paper

试纸　test paper

点滴板　spot plate

研钵　mortar

2　电化学分析

2.1　一般术语　general terms

离子强度　ionic strength

活度　activity

活度系数　activity coefficient

电解　electrolysis

电导率　electric conductivity

过电压　over voltage

分解电压　decomposition voltage

电流效率　current efficiency

标准电位　standard potential

氧化还原电位　oxidation-reduction potential

液接电位　liquid junction potential

膜电位　membrane potential

迁移率　mobility

浓差极化　concentration polarization

2.2　方法　methods

电流滴定［法］　amperometric titration

电位滴定［法］　potentiometric titration

永停终点［法］　dead-stop end point

电导滴定［法］　conductometric titration

高频电导滴定［法］　high frequency conductometric titration

库仑法　coulometry

库仑滴定法　coulometric titration

控制电位库仑滴定［法］　controlled potential coulometric titration

内电解法　internal electrogravimetry

恒电流电解法　constant current electrolysis

电质量法　electrogravimetry

极谱法　polarography

方波极谱法　square wave polarography

交流极谱法　alternating-current polarography

示波极谱法　oscillopolarography

示波极谱滴定［法］　oscillopolarographic titration

脉冲极谱法　pulse polarography

常规脉冲极谱法　normal pulse polarography

微分脉冲极谱法　differential pulse polarography

伏安法　voltammetry

阳极溶出伏安［法］　anodic stripping voltammetry

阴极溶出伏安［法］　cathodic stripping voltammetry

电分析化学新技术　new techniques in electroanalytial chemistry

光谱电化学　spectroelectrochemistry

扫描隧道电化学显微技术　scanning electrochemical microscopy

2.3　仪器　apparatus

电位滴定仪　potentiometric titrator

电导仪　conductometer

pH 计　pH meter

极谱仪　polarograph

电解池　electrolytic cell

电导池　conductance cell

电极　electrode

极化电极　polarized electrode

去极化电极　depolarized electrode

参比电极　reference electrode

甘汞电极　calomel electrode

指示电极　indicating electrode

氢电极　hydrogen electrode

标准氢电极　standard hydrogen electrode

离子选择电极　ion selective electrode

玻璃电极　glass electrode

汞膜电极　mercury film electrode

滴汞电极　dropping mercury electrode

铂电极　platinum electrode

银电极　silver electrode

玻碳电极　glassy carbon electrode

热解石墨电极　pyrolytic graphite electrode

［超］微电极　ultra-micro electrode

电化学石英晶体振荡微天平 electrochemical quartz crystal microbalance

2..4 参数及其他 parameters and others

盐桥 salt bridge
底液 base solution
支持电解质 supporting electrolyte
去极化剂 depolarizer
极谱极大 polarographic maxima
极大抑制剂 maxima suppressor
能特斯方程 Nernst equation
法拉第电流 Faradaic current
阴极电流 cathodic current
阳极电流 anodic current
迁移电流 migration current
动力电流 kinetic current
吸附电流 adsorption current
峰电流 peak current
极限电流 limiting current
扩散电流 diffusion current
残余电流 residual current
极谱波 polarographic wave
不可逆波 irreversible wave
可逆波 reversible wave
催化波 catalytic wave
吸附波 adsorption wave
半波电位 half-wave potential
峰电位 peak potential
电毛细管曲线 electrocapillary curve
等电点 isoelectric point
扩散电流常数 diffusion current constant

3 光谱分析

3.1 一般术语 general terms

电磁辐射 electromagnetic radiation
波长 wavelength
波数 wave number

基态 ground state
能级 energy level
共振能 resonance energy
激发态 excitation energy
电离能 ionization energy
光谱范围 spectral range
有效光谱范围 effective spectral range
谱线激发电位 excitation potential of spectral line
谱线轮廓 line profile
特征线 characteristic line
共振线 resonance line
原子线 atom line
离子线 ion line
原子发射光谱 atomic emission spectra
原子吸收光谱 atomic absorption spectra
原子荧光光谱 atomic fluorescence spectra
带通 pass band
[分子] 谱带 [molecular] band
光谱带宽 spectral bandwidth
波长定位的重复性 repeatability of wavelength setting
波长定位的准确度 accuracy of the wavelength setting
光谱最后线 persistent line
谱线变宽 line-broadening
半强宽度 half-intensity width
等吸收点 isoabsorptive point
吸收 absorption
透射 transmission
分辨率 resolution
色散 dispersion
色散力 dispersive power
线色散 [率] linear dispersion
倒线色散 [率] reciprocal linear dispersion

杂散辐射　stray radiation
杂散辐射率　level of stray radiation
自吸　self-absorption
自蚀　self-reversal

3.2　分析方法　analytical methods
比色法　colorimetry
比浊法　turbidimetry
浊度法　nephelometry
发射光谱法　emission sepectrometry
原子吸收分光光度法　atomic absorption spectrometry
分光光度法　spectrophotometry
磷光分析　phosphorescence analysis
荧光分析　fluorescence analysis
原子荧光分光光度法　atomic fluorescence spectrophotometry
红外吸收光谱法　infrared absorption spectrometry
拉曼光谱法　Raman spectrometry
X射线荧光光谱法　X-ray fluorescence spectrometry
X射线吸收光谱法　X-ray absorption spectrometry

3.3　仪器　apparatus
比色计　colorimeter
光谱仪　spectrometer
原子吸收分光光度计　atomic absorption spectrophotometer
分光光度计　spectrophotometer
傅里叶变换红外分光光度计　Fourier transform infrared spectrometer
荧光计　fluorimeter
分光荧光计　spectrofluorometer
X射线荧光光谱计　X-ray fluorescence spectrometer
磷光计　phosphorometer

火焰光度计　flame photometer
辐射源　source of radiation
波长选择器　wavelength selector
固定带通选择器（通称滤光片）　fixed pass band selector（generally known as filter）
吸收滤光片　absorbing filter
干涉滤光片　interference filter
连续变化波长选择器　selector for continuous variation of wavelength
棱镜　prism
衍射光栅　difraction grating
吸收池　absorption cell
光管　light pipe
参数　parameters
入射辐射［光］通量　incident flux
透射辐射［光］通量　transmitted flux
透射比　transmittance
试样辐射［光］通量　sample flux
参比辐射［光］通量　reference flux
百分透射率　percentage transmittance
吸光度　absorbance
特征部分内吸光度（通称特征吸光度）　characteristic partial internal absorbance
吸光度加和性　additive nature of absorbance
吸光系数　absorptivity
质量吸光系数　mass absorptivity
摩尔吸光系数　mol absorptivity
光路长度　optical path length
比耳定律　Beer's law
朗伯-波格定律　Lambert-Bouguer's law
朗伯-比耳定律　Lambert-Beer law

4　色谱分析
4.1　一般术语　general terms
固定相　stationary phase

固定液　stationary liquid
吸附剂　adsorbent
手性固定相　chiral stationary phase
化学键合相　chemically bonded phase
离子交换剂　ion exchanger
载体　support
流动相　mobile phase
载气　carrier gas
补充气　make-up gas
辅助气体　auxiliary gas
内标物质　internal standard
标记物　marker
色谱图　chromatogram
指纹色谱图　fingerprint chromatgram
色谱峰　chromatography peak
前伸峰　leading peak
拖尾峰　tailing peak
负峰　negative peak
假峰　ghost peak
斑点　spot

4.2 方法　methods

色谱法　chromatography
吸附色谱法　adsorption chromatography
分配色谱法　partition chromatography
气相色谱法（GC）　gas chromatography（GC）
气固色谱法（GSC）　gas solid chromatography（GSC）
气液色谱法（GLC）　gas liquid chromatography（GLC）
反应气相色谱法　reaction gas chromatography
反相气相色谱法　inverse gas chromatography
液相色谱法（LC）　liquid chromatography（LC）
液固色谱法（LSC）　liquid solid chromatography（LSC）
液液色谱法（LLC）　liquid liquid chromatography（LLC）
反相液相色谱法（RPLC）　reversed phase liquid chromatography（RPLC）
高效液相色谱法（HPLC）　high performance liquid chromatography（HPLC）
体积排除色谱法（SEC）　size exclusion chromatography（SEC）
假相液相色谱法　pseudophase liquid chromatography
亲和色谱法　affinity chromatography
离子色谱法　ion chromatography
薄层色谱法　thin layer chromatography（TLC）
纸色谱法　paper chromatography
超临界流体色谱法　supercritical fluid chromatography
毛细管胶束电动色谱法　micellar electrokinetic capillary chromatography
电泳　electrophoresis
界面电泳　boundary electrophoresis
区带电泳　zone electrophoresis
纸电泳　paper electrophoresis
凝胶电泳　gel electrophoresis
高压电泳　high voltage electrophoresis
等电点聚焦　isoelectric focusing
等速电泳　isotachophoresis
毛细管区带电泳　capillary zone electrophoresis（CZE）

4.3 仪器　apparatus

色谱仪　chromatograph
气相色谱-质谱联用仪　gas chromatograph-mass spectrometer
液相色谱-质谱联用仪　liquid chromatograph-mass spectrometer

气相色谱-傅里叶红外光谱仪 gas chromatograph-Fourier transform infrared spectrometer

气相色谱-傅里叶红外光谱-质谱联用仪 gas chromatograph-Fourier transform infrared -mass spectrometer

进样器 sample injector

裂解器 pyrolyzer

检测器 detector

热导检测器（TCD） thermal conductivity detector（TCD）

火焰离子化检测器（FID） flame ionization detector（FID）

电子俘获检测器（ECD） electron capture detector（ECD）

火焰光度检测器（FPD） flame photometric detector（FPD）

紫外-可见光检测器 ultraviolet-visible detector

［示差］折光率检测器［differential］refractive index detector

电化学检测器 electrochemical detector

薄层扫描仪 thin layer scanner

［色谱］柱［chromatographic］ column

填充柱 packed column

毛细管柱 capillary column

吸附柱 adsorption column

分配柱 partition column

参比柱 reference column

4.4 参数及其他 parameters and others

戈雷方程式 Golay equation

范弟姆特方程式 Van Deemter equation

传质阻力 mass transfer resistance

纵向扩散 longitudinal diffusion

涡流扩散 eddy diffusion

分子扩散 molecular diffusion

渗透性 permeability

洗脱剂 eluent

展开剂 developer

减尾剂 tailing reducer

硅烷化 silylanization

分流比 split ratio

液相色谱-质谱仪界面（接口） liquid chromatograph-mass spectrometer interface

热喷雾界面（接口） thermospray interface

电喷雾界面（接口） electrospray interface

大气压化学电离界面（接口） atmospheric chemical ionization interface

5 质谱分析

5.1 一般术语 general terms

质谱［图］ mass spectrum

基峰 base peak

质荷比 mass charge rat

［质量］分辨率［mass］ resolution

质谱本底 background of mass spectrum

质量范围 mass range

电离 ionization

初现能 appearance energy

电离能 ionization energy

碎裂 fragmentation

离子束 ion beam

母离子 parent ion

子离子 daughter ion

分子离子 molecular ion

碎片离子 fragment ion

亚穗离子　metastable ion
加合离子　adduct ion
质子化分子　protonated molecule
总离子流　total ion current
同位素峰　isotopic peak
同位素丰度　isotopic abundance

5.2　方法　methods
质谱法　mass spectrometry
质量分离/质量鉴定法（MS/MIS）　mass separation/mass identification spectrometry（MS/MIS）
同位素稀释质谱法　isotopic dilution mass spectrometry
热电离　thermal ionization
表面电离　surface ionization
电子电离（EI）　electron ionization（EI）
化学电离（CI）　chemical ionization（CI）
场电离（FI）　field-ionization（FI）
场解吸（FD）　field desorption（FD）
光电离　photo ionization
激光电离　laser ionization
高频火花电离　high frequency spark ionization
快速原子轰击电离（FAB）　fast atom bombardment ionization（FAB）
碰撞诱导解离　collisional inductive dissociation
电场扫描　electric field scanning
磁场扫描　magnetic field scanning
联动扫描　linked scan
多峰扫描　multiple peak scanning
峰匹配法　peak matching method
基质辅助激光解吸电离（MALDI）　matrix assisted laser desorption /ionization（MALDI）
电喷雾电离（ESI）　electrospray ionization（ESI）

5.3　仪器　apparatus
质谱仪　mass spectrometer
单聚焦质谱仪　single-focusing mass spectrometer
双聚焦质谱仪　double-focusing mass spectrometer
四极质谱仪（QMS）　quadrupole mass spectrometer（QMS）
飞行时间质谱仪（TOF）　time-of-flight mass spectrometer（TOF）
离子回旋共振质谱仪（ICR）　ion cyclotron resonance mass spectrometer（ICR）
傅里叶变换质谱仪（FT-MS）　Fourier transform mass spectrometer（FT-MS）
离子源　ion source
分子分离器　molecular separator
离子阱质谱仪　ion-trap mass spectrometer

5.4　参数及其他　parameters and others
归一化强度　normalized intensity
相对灵敏度系数　relative sensitivity coefficient
离子动能谱（IKES）　ion kinetic energy spectroscopy（IKES）
质量分析离子动能谱　mass ion kinetic energy spectroscopy
反应气　reagent gas

6　核磁共振波谱分析
6.1　一般术语　general terms
核磁矩　nuclear magnetic moment
磁性核　magnetic nuclear
旋磁比　gyromagnetic ratio
进动　precession
拉摩频率　Larmor frequency
自由感应衰减（FID）　free induction de-

cay

饱和 saturation

内锁 internal lock

外锁 external lock

一级图谱 first order spectrum

二级图谱 second order spectrum

旋转边峰 spinning side band

化学位移 chemical shift

参比物 reference compound

内标 internal standard

外标 external standard

屏蔽效应 shielding effect

去屏蔽 deshielding

自旋-自旋偶合 spin-spin coupling

自旋-自旋裂分 spin-spin splitting

远程偶合 long-range coupling

弛豫 relaxation

横向弛豫 transverse relaxation

纵向弛豫 longitudinal relaxation

弛豫时间 relaxation time

氘交换 deuterium exchange

核欧沃豪斯效应（NOE） nuclear Overhauser effect（NOE）

6.2 方法 methods

核磁共振波谱法（NMR） nuclear magnetic resonance spectroscopy（NMR）

碳-13核磁共振 C-13 nuclear magnetic resonance

质子磁共振 proton magnetic resonance

二维谱 two-dimensional spectrum

多维谱 multi-dimensional spectrum

固体核磁共振 solid NMR

6.3 仪器 apparatus

核磁共振波谱仪 NMR spectrometer

连续波核磁共振波谱仪 continuous wave NMR spectrometer

超导核磁共振波谱仪 NMR spectrometer with superconducting magnet

脉冲傅里叶变化核磁共振波谱仪 pulsed Fourier transform NMR spectrometer

6.4 参数和其他 parameters and others

偶合常数 coupling constant

δ 值 δ value

谱宽 spectral width

脉冲序列 pulse sequence

脉冲宽度 pulse width

脉冲间隔 pulse interval

取数时间 acquisition time

位移试剂 shift reagent

弛豫试剂 relaxation reagent

氘代溶剂 deuterated solvent

7 数据处理

7.1 [量的]真值 true value [of a quantity]

7.2 测定值 measured value

7.3 算术[平]均值 arithmetic mean

7.4 准确度 accuracy

7.5 不确定度 uncertainty

7.6 精密度 precision

7.7 重复性 repeatability

7.8 再现性 reproducibility

7.9 [测量]误差 error [of measurement]

绝对误差 absolute error

相对误差 relative error

随机误差 random error

系统误差　systematic error

方法误差　methodic error

仪器误差　instrumental error

操作误差　operational error

7.10　偏差 deviation

绝对偏差　absolute deviation

相对偏差　relative deviation

［算术］平均偏差　arithmetic average de-viation

相对平均偏差　relative average deviation

方差　variance

标准［偏］差　standard deviation

相对标准［偏］差　relative standard de-viation

7.11　显著性检验　significant test

7.12　校正　calibration

7.13　因子分析　factor analysis

7.14　化学模式识别　chemical pattern recognition

7.15　人工智能　artificial intelli-gence

7.16　优化与实验设计　optimi-zation and experiment design

7.17　分析信号处理　analytical signal processing

参考文献

[1] GB 9723—2007，GB 9724—2007，GB 9725—2007，GB 605—2006，GB 9721—2006，GB 9739—2006，GB/T 14666—2003，GB/T 21186—2007，GB/T 23942—2009，JJG 178—2007，JJG 700—1999，JJG 705—2002，GB/T 15337—94，JJG 694—2009，JJG 768—2005.

[2] 黄一石，吴朝华，杨小林编. 仪器分析. 第3版. 北京：化学工业出版社，2013.

[3] 黄一石. 分析仪器操作技术与维护. 第2版. 北京：化学工业出版社，2013.

[4] 吴朝华，徐瑾编. 实用分析仪器操作与维护. 北京：化学工业出版社，2015.

[5] 刘玉海，杨润苗. 电化学分析仪器使用与维护. 北京：化学工业出版社，2011.

[6] 刘崇华. 光谱分析仪器使用与维护. 北京：化学工业出版社，2010.

[7] 刘天煦. 分析化验中常遇问题的处理方法. 北京：化学工业出版社，2006.

[8] 徐明全，李仓海主编. 气相色谱百问精编. 北京：化学工业出版社，2013.

[9] 卢小泉，薛中华，刘秀辉. 电化学分析仪器. 北京：化学工业出版社，2010.

[10] 刘天煦. 化验员基础知识问答. 第2版. 北京：化学工业出版社，2010.

[11] 邓勃主编. 应用原子吸收与原子荧光光谱分析. 第2版. 北京：化学工业出版社，2007.

[12] 陈宏主编. 常用分析仪器使用与维护. 北京：高等教育出版社，2007.

[13] 李梦龙，蒲雪梅主编. 分析化学数据速查手册. 北京：化学工业出版社，2009.

[14] John A.Dean主编. 常文保等译. 分析化学手册. 北京：科学出版社，2003.

[15] 叶宪曾，张新祥编著. 仪器分析教程. 第2版. 北京：北京大学出版社，2007.

[16] 刘密新，罗国安，张新荣等编著. 仪器分析. 第2版. 北京：清华大学出版社，2002.

[17] 武汉大学主编. 分析化学（下册）. 第5版. 北京：高等教育出版社，2006.

[18] 朱明华，胡坪编. 仪器分析. 第4版. 北京：高等教育出版社，2008.

[19] 李克安主编. 分析化学教程. 北京：北京大学出版社，2005.

［20］曾泳淮主编. 分析化学（仪器分析部分）. 第3版. 北京:高等教育出版社，2010.

［21］杜一平主编. 现代仪器分析方法，上海:华东理工大学出版社，2008.

［22］祁景玉主编. 现代分析测试技术. 上海:同济大学出版社，2006.

［23］魏福祥等著. 现代仪器分析技术及应用. 北京:中国石化出版社，2011.

［24］吴性良，朱万森，马林编. 分析化学原理. 北京:化学工业出版社，2004.

［25］Satinder Ahuja，Neil Jespersen.Modern Instrumental Analysis.Netherlands:Elsevier B.V.，2006.

［26］R.Kellner，J.-Mermet，M.Otto，et al.李克安等译. 分析化学.北京:北京大学出版社，2001.

［27］Douglas A.Skoog，F.James Holler，Stanley R.Crouch.Principles of Instrumental Analysis.U.S.A.:Thomason Brooks/Cole，Thomason Corporation，2007.

［28］Gary M.Lampman，Donald L.Pavia，George S.Kriz，et al.Spectroscopy.U.S.A.:Brooks/Cole，Cengage Learning，2007.

［29］Lloyd R.Snyder，Joseph J.Kirkland，John W.Dolan.Introduction to Modern Liquid Chromatography，Third Edition.U.S.A.:John Wiley & Sons，Inc.，2010.

［30］Brian C.Smith.Fundamentals of Fourier Transform Infrared Spectroscopy，Second Edition.U.S.A.:Taylor & Francis Group，2011.

［31］Dudley H.Williams，Ian Fleming.Spectroscopic Methods in Organic Chemistry，Sixth Edition（影印版）. 北京:世界图书出版公司，2009.

［32］Bruno Kolb，Leslie S.Ettre.Static Headspace-Gas Chromatography，Second Edition，U.S.A.:John Wiley & Sons，Inc.，2006.

［33］Kenneth A.Rubinson，Judith F.Rubinson.Contemporary Instrumental Analysis（影印版）. 北京:科学出版社，2003.

［34］Robert M.Silverstein，Francis X.Webster，David J.Kiemle.药明康德新药开发有限公司分析部译.有机化合物的波谱解析.上海:华东理工大学出版社，2007.

［35］Hans-Joachim Kuss，Stavros Kromidas著.陈小明，唐雅妍译.液相与气相色谱定量分析使用指南.北京:人民卫生出版社，2010.

［36］宁永成著. 有机波谱学谱图解析. 北京:科学出版社，2010.

［37］宁永成编著. 有机化合物结构鉴定与有机波谱学. 第2版. 北京:科学出版社，2000.

［38］翁诗甫编著. 傅里叶变换红外光谱仪. 北京:化学工业出版社，2005.

［39］邓勃，王庚辰，汪正范编著. 分析仪器与仪器分析概论. 北京:化学工业出版社，2005.

［40］Hans-Joachim Kuss，Stavros Kromidas.陈小明，唐雅妍译.液相与气相色谱

定量分析使用指南.北京:人民卫生出版社,2010.

[41] 傅若农编著.色谱分析概论.第2版.北京:化学工业出版社,2005.

[42] 苏立强,郑永杰主编.色谱分析法.北京:清华大学出版社,2009.

[43] 武杰,庞增义等编著.气相色谱仪器系统.北京:化学工业出版社,2007.

[44] 刘虎威编著.气相色谱方法及应用.第2版.北京:化学工业出版社,2007.

[45] 吴烈钧编著.气相色谱检测方法.第2版.北京:化学工业出版社,2005.

[46] 于世林著.图解气相色谱技术与应用.北京:科学出版社,2010.

[47] 李彤,张庆合,张维冰编著.高效液相色谱仪器系统.北京:化学工业出版社,2005年.

[48] 于世林编著.高效液相色谱方法及应用.第2版.北京:化学工业出版社,2005.

[49] 云自厚,欧阳津,张晓彤编著,液相色谱检测方法.第2版.北京:化学工业出版社,2005.

[50] 于世林著.图解高效液相色谱技术与应用.北京:科学出版社,2009.

[51] 朱岩主编.离子色谱仪器.北京:化学工业出版社,2007.

[52] 严宝珍编著.图解核磁共振技术与实例.北京:科学出版社,2010.

[53] 王乃兴编著.核磁共振谱学——在有机化学中的应用.第2版.北京:化学工业出版社,2010.

[54] 李攻科,胡玉玲,阮贵华等编著.样品前处理仪器与装置.北京:化学工业出版社,2007.

[55] 刘珍主编.化验员读本.北京:化学工业出版社,2004.

[56] 刘瑞雪编.化验员习题集.第2版.北京:化学工业出版社,2006.

[57] 陈培榕,李景虹,邓勃主编.现代仪器分析实验与技术.第2版.北京:清华大学出版社,2006.

[58] 杨万龙,李文友主编.仪器分析实验.北京:科学出版社,2008.

[59] 北京大学化学与分子工程学院分析化学教学组编著.基础分析化学实验.第3版.北京:北京大学出版社,2010.

[60] 钱晓荣,郁桂云主编.仪器分析实验教程.上海:华东理工大学出版社,2009.

[61] 韩喜江主编.现代仪器分析实验.哈尔滨:哈尔滨工业大学出版社,2008.

[62] 李志富,干宁,颜军主编.仪器分析实验.武汉:华中科技大学出版社,2012.

[63] 张宗培主编.仪器分析实验.郑州:郑州大学出版社,2009.

[64] 白玲,石国荣,罗盛旭主编.仪器分析实验.北京:化学工业出版社,2012.

[65] 吴朝华,王秀梅,顾保明.顶空毛细管气相色谱法测定盐酸丁卡因原料药中的残留溶剂[J].药物分析杂志,2011,31(6):1188-1192.